第十二届全国高等院校制冷与暖通空调学科发展与教学研讨会文集

主　编　刘圣春　刘　斌
副主编　代宝民　孙庆利　王雅博

天津大学出版社
TIANJIN UNIVERSITY PRESS

图书在版编目(CIP)数据

第十二届全国高等院校制冷及暖通空调学科发展与教学研讨会论文集 / 刘圣春, 刘斌主编 ; 代宝民, 孙志利, 王雅博副主编. -- 天津 : 天津大学出版社, 2023.3
ISBN 978-7-5618-7423-3

Ⅰ.①第… Ⅱ.①刘… ②刘… ③代… ④孙… ⑤王… Ⅲ.①制冷装置－文集②采暖设备－文集③通风设备－文集④空调－文集 Ⅳ.①TB65-53②TU83-53

中国国家版本馆CIP数据核字(2023)第042515号

DI-SHIER JIE QUANGUO GAODENG YUANXIAO
ZHILENG JI NUANTONG KONGTIAO XUEKE FAZHAN
YU JIAOXUE YANTAO HUI LUNWEN JI

出版发行	天津大学出版社	
地　　址	天津市卫津路92号天津大学内(邮编：300072)	
电　　话	发行部：022-27403647	
网　　址	www.tjupress.com.cn	
印　　刷	北京虎彩文化传播有限公司	
经　　销	全国各地新华书店	
开　　本	889mm×1194mm　1/16	
印　　张	27.875	
字　　数	903千	
版　　次	2023年3月第1版	
印　　次	2023年3月第1次	
定　　价	70.00元	

目　录

4

"工业通风除尘"课程建设实践

张　样,鲁月红,黄志甲

（安徽工业大学建筑工程学院,安徽　马鞍山　243032）

摘　要：**"工业通风除尘"是建筑环境与能源应用工程专业的核心专业课。本文介绍了该课程的建设实践,提出了将科研成果融入教学内容、探究式教学和考核方式改革等建设措施,形成了冶金行业通风除尘净化技术的课程行业特色及徽州传统民居自然通风技术传承的课程区域特色,实践成果为该课程的一流课程申报与建设提供了基础。**

关键词：工业通风除尘；一流课程；建设实践

1 引言

"工业通风除尘"课程是建筑环境与能源应用工程专业（以下简称建环专业）的必修课,授课对象是本专业四年级学生,教学计划为32学时。课程目标是要求学生掌握通风微分方程式、空气质量平衡与热平衡、气流组织原理、局部排风罩风量计算原理和设计计算方法,粉尘特性、除尘机理、主要除尘设备的设计计算方法,烟气脱硫、脱硝、脱碳等净化技术原理,通风系统测试和调试方法,防排烟通风设计方法、人防和地下室通风设计方法,隧道通风设计方法,自然通风原理及其在绿色建筑设计上的应用[1]。

2 课程建设情况

安徽工业大学"工业通风除尘"课程是以营造卫生、健康的室内环境和保护室外大气环境为目标,以通风、除尘和有害气体净化的原理、设备和设计为主要内容,面向建筑环境与能源应用工程专业四年级学生开设的必修课。该课程 2016 年被评为校级精品建设课程,后进行了冶金行业特色建设；2018年被评为省级线下精品建设课程,后着重对课程组、课程实践基地、课程网站等进行了建设。

2.1 课程目标

该课程紧紧围绕我校"培养基础扎实、知识面宽、实践能力强,具有创新精神和社会责任感的创新型应用人才"总目标,以立德树人为根本。

（1）知识目标：通过系统的知识传授和实验,让学生掌握全面通风、局部通风、隧道通风、防排烟通风、气体除尘与净化、通风管道、通风测试等基本概念、基本原理和基本方法。

（2）能力目标：通过设计与实践训练,让学生具备通风系统、除尘系统和工业烟气脱硫、脱硝、脱碳系统等的设计能力、施工能力和运营能力。

（3）思政目标：通过课程思政等内容,在教学过程中润物无声地融入社会主义核心价值观,培养学生营造健康的室内环境和保护室外大气环境的使命感和责任感。

2.2 课程与教学改革要解决的重点问题

（1）课程教学内容更新问题。增加碳捕集技术内容,更新通风、除尘、脱硫、脱硝等内容,解决教材内容落后于实际技术应用的问题。

（2）学生学习主观能动性不足问题。采用现代化和信息化教学手段,创新课堂教学模式和教学方法,将"学银在线"融入教学全过程,实现课前预习、课堂互动、课后作业等,在教学中实现翻转课堂,进行探究式教学,提高课程的挑战度和学生学习的主动性。

（3）不同专业分层教学问题。提出面向建筑环境与能源应用工程、安全工程、环境工程等不同专业的通风除尘净化教学内容解决方案[2]。

作者简介：张样（1982—）,女,硕士,安徽工业大学建筑工程学院讲师。邮箱：80773566@qq.com。

基金项目：安徽省教学示范课"工业通风除尘"（2020SJJSFK0408）；安徽工业大学"课程思政"建设项目（2020xkcsz046）；安徽省课程思政示范课程（2020szsfkc0135）。

2.3 课程内容与资源建设及应用情况

（1）实验内容建设。在教师科研基础上，形成了课程的综合性和开放性实验，如气流组织实验、布袋除尘器性能测试、脱硫实验、脱硝实验、CO_2 捕集实验；开发了通风工程课程虚拟仿真实验。

（2）特色内容建设。在教学科研基础上，形成了具有行业特色和区域特色的教学内容，如冶金行业通风除尘技术、烟气脱硫脱硝技术、烟气碳捕集技术等，以及徽州传统民居自然通风技术在夏热冬冷地区民居设计中的传承与创新等[3-5]。

（3）前沿内容建设。邀请国内外通风专业学者做技术报告，拓展课程内容，保障了课程内容的前沿性。

（4）课程网站资源建设。"工业通风除尘"课程网站已发布到"学银在线"（https://www.xueyinonline.com/detail/216562725），利用教室录播并剪辑了1 000多分钟的视频，根据网络学习特点，每个小视频时长在 20 min 以内，课程 PPT 也按知识点进行了设计，尝试进行线上线下混合式教学，创新教学模式。

（5）课程知识点。对"工业通风除尘"课程从知识体系和应用领域两个维度梳理知识点，形成了课程知识点矩阵，如表 1 所示。

表 1 "工业通风除尘"课程知识点矩阵

知识点	生产车间环境控制	工业烟气治理	地下室通风	防排烟通风	住宅通风	隧道通风
基本概念	通风、气态污染物、气流组织、卫生标准	排放标准、粉尘性质、排烟罩、除尘器、脱硫脱硝、脱碳脱白、吸收平衡线、气力输送	置换通风、混合通风、正压通风、负压通风	防火分区、防烟分区、人防系统	置换通风、混合通风、空气龄、热压、风压、余压、中和面、自然通风、机械通风	特征污染物、施工通风、运营通风、横向通风、纵向通风
基本原理	风量平衡和热平衡	除尘机理、双膜理论、脱硫机理、脱硝机理	通风微分方程式	建筑物内烟气扩散机理及影响因素	热压和风压形成机理	施工和运营通风量计算原理
基本方法	风量计算方法及其影响因素分析、通风管道设计及优化					
基本方法	控制风速法、不同罩口风量计算	除尘器的设计计算及性能影响因素	人防地下室通风	防烟措施、排烟措施	热压通风、风压通风	施工通风、运营通风
能力	通风系统设计、测试与调试					
能力		工业烟气脱硫脱硝脱碳系统设计、除尘系统设计			自然通风在绿色建筑设计中的应用	

通过对该课程知识点矩阵的梳理，使课程内容对知识、能力、素质进行了有机融合，以培养学生解决复杂问题的综合能力和高级思维，并具有较高的创新性和挑战度。同时，该课程组织以学生为中心，以分组形式开展实践教学，具体实施由工程实践教研所、教学办和教学班组协作开展各项教学活动。

3 课程成绩评定及改革建设成效

3.1 课程成绩评定方式

课程成绩评定方式采用过程性考核，课程考试和平时成绩相结合，课程考试占 50%，平时成绩占 50%。其中，课程考试采取开卷考试和面试的形式，开卷考试试题除了结合课本内容之外，也采用了注册公用设备工程师考试中的相关内容，拓宽了学生对通风课程的认识；在面试环节，建立试题库，面试时运用电脑随机抽取，锻炼了学生的表达能力，提高了学生对通风工程的理解程度；平时成绩则由考勤、作业、课堂报告等组成。

3.2 课程改革建设成效

在传统的通风工程基础上，强化了工业烟气脱硫、脱硝、脱碳、脱白等技术内容，增加了徽州传统民居自然通风技术的传承与创新等,形成了明显的行业特色和区域特色。课程教学理念和教学目标有了新的发展,由讲授式转变为探究式,提高了课程的挑战度和学生学习的主动性[6-8]。

选课学生或者授课教师指导的团队在全国大学生节能减排社会实践与科技竞赛中连续两年(2019年和2020年)获得国家级一等奖等奖项,项目负责人被聘为2019—2024年度全国通风专业委员会委员,教改论文获全国大学生创新创业年会一等奖,相关教改成果多次获得省级教学成果一、二、三等奖。

4 课程特色与创新

4.1 课程特色

根据建环专业的学生毕业要求和培养目标要求,为学生提供通风、除尘、净化等专业知识及相关问题解决方案,课程特别设计了冶金高炉、转炉、烧结、焦化等工序的环控和除尘技术及方案,具有鲜明的行业特色。

课程设计了隧道通风、防排烟通风、脱硫脱硝脱碳等烟气治理技术,为学生在环境污染控制、隧道等基础设计工程、消防工程领域就业提供了知识保障,具有学科交叉特色[9-11]。

将立德树人放在实践教学的首要位置,将中国故事与通风技术深度融合,在培养学生工程能力的同时,培养学生的高尚品德。

4.2 教学改革创新

(1)科研资源向教学转化。课程组教师在自然通风技术、除尘技术、脱硫技术、脱硝技术、碳捕集技术等方面具有多年的科研积累,教师的科研成果丰富了教学内容,并为课程教学提供了设计性实验条件和校外实习基地。

(2)面向注册工程师考核。建环专业毕业生毕业后要参加注册工程师考试,考试的形式和内容与大学的课程考试差别较大,为了让学生适用注册工程师考试,课程采取开卷考试,试题形式和注册工程师考试相同。课程还采取面试的方式,以提高学生的交流能力和分析问题能力。

(3)积极推进教学方法和教学模式创新。增加线上教学内容和翻转课堂,教学设计以学生为中心,采取案例教学、研讨式和团队合作式教学方式,在提升课堂教学信息化水平的同时,提高学生的参与度和活跃度。

5 结语

"工业通风除尘"课程是建环专业本科教学中的必修课。本文结合多年的教学实践以及课题组内教师的不懈努力,在"工业通风除尘"课程内容方面增加了气流组织、布袋除尘器性能测试、脱硫脱硝等开放性实验,同时形成了冶金行业特色和徽州传统民居自然通风区域特色应用。

为改善学生学习主观能动性不足的问题,采用现代化信息手段,做到翻转课堂、探究式教学等多种教学方法相结合。在考核方式上,不采取传统的闭卷考试,课程讲授过程中采用"学银在线"实现考勤、互动和作业等平时考核成绩评定,课程结束后采用开卷考试和面试相结合的方式,多方位地考核和综合评价学生对课程的掌握程度。课程内容、教学方法、考核方式的改革与创新,让学生将课本知识与实际运用联系起来,激发了学生学习的热情,让他们形成系统的思维体系,为之后的专业课程学习、毕业设计以及工作打下良好的基础。

参考文献

[1] 王汉青. 通风工程 [M]. 北京:机械工业出版社,2018.

[2] 徐超,王凯,郭海军. 安全工程专业"工业通风与除尘"课程教学方法优化与实践 [J]. 教育现代化,2018,5(20):163-165.

[3] HUANG Z, WU Z, YU M, et al. The measurement of natural ventilation in Huizhou traditional dwelling in summer[J]. Procedia engineering, 2017, 205:1439-1445.

[4] 黄志甲,董亚萌,程建. 徽州传统民居气密性实测研究 [J]. 建筑科学,2016,32(8):115-118.

[5] 黄志甲,沈洁. 马鞍山市大型商场室内空气质量研究 [J]. 暖通空调,2006(5):101-104.

[6] CHEN L M, YE M M, LIU Z, et al. Experimental investigation on low-pressure pulse dust cleaning performance of plate-frame microporous membrane filter media[J]. Powder technology, 2020, 375: 352-359.

[7] 方璨,钱付平,叶蒙蒙,等. 无纺针刺毡滤料褶式滤袋的阻力特性分析 [J]. 过程工程学报,2020,20(3):285-293.

[8] 叶蒙蒙,钱付平,王来勇,等. 基于响应面法 SCR 脱硝反应器喷氨格栅的优化研究 [J]. 中国环境科学,2021,41(3):1086-1094.

[9] JIA Y, JIANG J, ZHENG R Z, et al. Insight into the reaction mechanism over PMoA for low temperature NH_3-SCR: a combined in-situ DRIFTS and DFT transition state calculations[J]. Journal of hazardous materials, 2021, 412:125 258.

[10] JIANG J, ZHENG R, JIA Y, et al. Investigation of SO_2 and H_2O poisoning over Cu-HPMo/TiO_2 catalyst for low temperature SCR: an experimental and DFT study[J]. Molecular catalysis, 2020, 493: 111044.

[11] 蒋仲安,邓权龙,时训先,等. 石棉筛分车间粉尘质量浓度分布规律的数值模拟 [J]. 湖南大学学报(自然科学版),2017,44(12):135-141.

[12] 曹侃. 线上线下混合式教学模式的探索与实践:以"无机及分析化学"课程为例 [J]. 攀枝花学院学报,2017,34(2):106-108.

枝状风管与散流器送风的 CFD 演示实验

王友君 [1,2,3,4]，程新宇 [1]，汪勇达 [5,6]，万金庆 [1]，李元开 [7]

（1. 上海海洋大学制冷与空调系,上海　201306;2. 农业部冷库及制冷设备质量监督检验测试中心,上海　201306;
3. 上海冷链装备性能与节能评价专业技术服务平台,上海　201306;4. 上海交通大学环境科学与工程学院,上海　200240;
5. 山东省制冷空调行业协会,济南　250000;6. 山东农业大学水利土木工程学院,泰安　271018;
7. 上海临港新城建设工程管理有限公司安全与质量管理部,上海　201306）

摘　要:针对"流体输配管网"配套实验课开发设计占地面积大、成本高的问题,本文将CFD技术应用于本科教学的实验开发,完成了基于CFD技术的枝状风管流体输配与散流器下送气流组织综合演示实验创新设计,具体内容包括实验目的、系统模型、流场和压力场显示以及流量和阻力的读取和计算。该实验可以使学生全面了解枝状风管流体输配与散流器下送气流组织的实际规律和形成原因,拓展学生解决工程问题的能力。

关键词:计算流体力学;枝状风管;散流器送风;演示实验

1　引言

建筑环境与能源应用工程专业的专业基础课"流体输配管网"中有关气体管网水力特征和设计方法的实验课设计需要让学生了解阻力平衡、流量分配等规律。为了实现这一目的,传统物理实验设计一般需要装配空调送风系统和人工气候室,其占地面积较大且只能测量宏观参数,如风速、流量、压力等 [1-3]。如果要详细了解流场特征,往往需要采用PIV(Particle Image Velocimetry,粒子图像测速)技术,设备仪器成本很高 [4]。而CFD(Computational Fluid Dynamics,计算流体力学)技术能够快速灵活、成本低廉地给出流体输送的压力场、流场以及阻力平衡和流量分配规律,过去大多用于分析科研问题或复杂的工程问题 [5-8]。其实, CFD技术用于建环专业本科教学实验,具有更强大的优势,不仅能克服传统物理实验占地面积大、成本高的缺点,还能给出更详细的流体输配参数 [9]。因此,本文利用CFD技术创新设计了枝状风管流体输配与散流器下送气流组织综合演示实验,具体内容包括实验目的、系统模型、型、流场和压力场显示以及流量和阻力的读取和计算。

2　实验目的

为了使建环专业本科学生了解枝状气体管网的形式、水力特征以及散流器下送的气流组织,特设计该演示实验,具体实验目的如下:

（1）了解全空气空调系统的一种房间送、回风管道布置形式;

（2）了解送风管道内空气流动、压力分布特征;

（3）了解送风管道系统中各管段沿程阻力、局部阻力的大小;

（4）了解枝状风管各支路流量分配规律,并分析原因;

（5）了解散流器下送房间的气流组织以及送、排风口对气流组织的影响。

3　演示内容

3.1　系统模型

模型房间高 3.0 m,进深 3.0 m,宽 9.0 m,每个散流器服务面积为 3.0 m × 3.0 m。送风干管管径为 0.5 m;每个支管的管径为 0.2 m,长 0.4 m(不包括散流器高度)。圆形散流器直径为 0.4 m,导流叶片角度为 45°,垂直高 0.1 m。方形格栅回风口宽 0.3 m。

作者简介:王友君(1980—),男,博士,讲师。电话: 15618063165。邮箱: wangyoujun@shou.edu.cn。

基金项目:2019 年教育部第二批产学合作协同育人项目(No. 201902061008; No.201902250004);2019 年上海海洋大学食品学院食品科学与工程高原学科中青年人才培育项目(No. A1-3201-19-300501);2020 年上海海洋大学科技发展专项基金(No.A2-2006-20-200204);2021 年上海市崇明区可持续发展科技创新行动计划(No. ckst2021-3)。

具体系统模型的结构示意图如图 1 所示。假设散流器喉部风速为 3 m/s,则送风干管进风口风速设为 3.6 m/s;假设回风量占风管总送风量的 70%,则回风口风速设为 4.2 m/s。

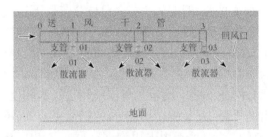

图 1　系统模型结构示意图

根据送风系统的几何对称性,将系统模型简化为二维模型。根据实际工作条件和实验目的,假设流体为不可压空气,风管壁面粗糙度为 0.000 15 m,房间壁面粗糙度为 0.001 m,所有壁面均绝热。干管总进口为速度入口,回风口为速度出口,流体区域的湍流模型选择标准 κ-ε 模型[8]。

该系统模型代表了中央空调系统最常见的风管及散流器布置形式,即有回风的全空气空调送风管道系统以及散流器均匀布置下送风且格栅侧面布置上回风的室内气流组织形式。

3.2　送风管道和房间内压力及速度分布特征

整个送风系统的静压分布特征如图 2 所示。图 2 清晰地显示了送风干管管径不变,流速变小,动压降低,静压变大的过程,可用来说明气体管网的水力特征;各支路内压力梯度比较大,说明流速在分流三通内发生剧烈的变化;各支路之间的静压差异说明通过各支路侧向流入房间的流速和流量必然很大;室内静压分布均匀,符合较大腔体内压力分布规律。

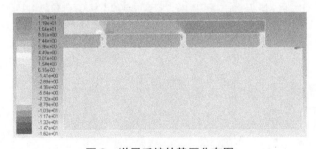

图 2　送风系统的静压分布图

整个送风系统的速度矢量图以及各支路局部的速度矢量图如图 3 所示。图 3 既显示了干管流速逐渐变小的规律,又显示了室内气流组织和分流三通的特征。图 3(a)显示了散流器位置、数量、导流叶片角度以及出口位置对室内气流组织有显著的影响。其中 3 个散流器导流叶片角度均为 45° 时,室内气流混合程度很好,但回风口不利于距其较近的散流器向地面送风。对比图 3(b)至(d)可以发现,各支路内空气流动形式和速度均匀性存在很大的差异,越靠前的支路的流速均匀性越差,越往后的支路的流速均匀性越好。支路 01 内左侧一半空间内存在顺时针涡旋,造成支路的实际出流面积减小,局部流速变大,而实际流量变小。支路 03 的流速均匀性较好,涡旋较小,实际出流面积较大,流速较小,而实际流量较大。这与图 2 所示静压分布规律一致,因为管道内静压较大位置的向下分速度较大。

（a）整体

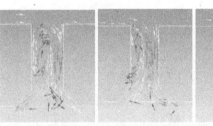

（b）01 支管　　（c）02 支管　　（d）03 支管

图 3　送风系统的速度矢量图

3.3　各管段的沿程阻力和局部阻力

送风管道各管段的沿程阻力(比摩阻)和局部阻力分别如表 1 和表 2 所示。由表 1 可以看出,顺流方向各管段的比摩阻急剧下降,这符合管径不变时比摩阻与速度的平方成正比的基本规律。由表 2 可以看出,风管系统中分流三通和弯头是局部阻力比较大的构件,而对于三通节点的两个方向,分流三通的局部阻力远大于直流三通。

表 1　送风管道各管段的沿程阻力和比摩阻

参数	0-1 管段	1-2 管段	2-3 管段
沿程阻力（Pa）	0.40	0.23	0.03
管段长（m）	1.3	2.6	2.6
比摩阻（Pa/m）	0.31	0.09	0.01

表2 送风系统中分流三通与弯头的局部阻力

参数	支管 01 处三通		支管 02 处三通		支管 03 处弯头
	直流	分流	直流	分流	
局部阻力（Pa）	0.03	14.23	0.10	11.21	7.31

3.4 各支路的流量分配

送风管道各支路的流量如表3所示。由表3可以看出，各支路的流量存在显著的差异，末端支路的流量是前端支路的1.625倍，也就是说，该模型所示枝状管网送风系统的送风均匀性需要改进。这种送风不均匀性是图2所示干管压力变化和图3所示支管气流组织的必然结果。

表3 送风管道各支路的流量

参数	支管 01	支管 02	支管 03
流量（m³/s）	0.40	0.57	0.65

4 思考题

该演示模型从工程上来讲并不是一种比较合理的设计，而这种非优设计所反映的问题，可以用来启发学生利用所学气体管网的理论知识分析实际工程中存在的问题以及培养解决问题的能力。因此，给出以下两个思考题。

（1）为什么各支路流量分配不均，怎样从工程设计中解决这一问题？

（2）回风量占风管总送风量的70%（新风量占30%），为什么房间没有很高的正压？

5 结语

为了使学生了解枝状气体管网的形式、水力特征以及散流器下送的气流组织，本文设计了基于CFD技术的枝状风管流体输配与散流器下送气流组织综合演示实验。该演示实验可以展示全空气空调系统的一种房间送回风管道布置形式，管道与房间的压力场和流场，管道沿程阻力和局部阻力以及枝状管网各支路的流量。与传统物理实验相比，其给出的压力、速度、阻力和流量的信息更全面、更形象、更快捷，而且不用占用物理空间。与PIV技术相比，其能极大程度地节约人力、物力和时间成本。该实验不仅有助于学生理解和应用所学流体输配的理论知识，更适应于疫情期间线上教学或远程教学的教学改革。

参考文献

[1] 游思亮,马宗俊,张芳. 高校共享型人工气候室的管理模式探索 [J]. 实验室研究与探索,2022,39(11):250-252.

[2] 孙宗宇,王兴国,于国辉,等. 某高湿负荷大幅变参数的恒温恒湿人工气候室工程实例研究 [J]. 建筑科学,2014,30(10):115-119.

[3] 路峻岭,顾晨,秦联华,等. 关于流体力学黏滞及伯努利方程演示实验 [J]. 物理与工程,2020,30(1):80-86.

[4] 岳廷瑞,李付华,张鑫,等. 大型风洞 PIV 试验的关键技术 [J]. 计算机测量与控制,2022,30(1):273-281.

[5] 王友君,穆广友,李元开,等. C 型地铁列车主风道出风均匀性研究 [J]. 东华大学学报（自然科学版）,2015,41(6):838-841.

[6] 王友君,李元开,彭云,等. 超长鸡舍夏季湿帘通风时舍内气流组织研究 [J]. 制冷与空调,2021,21(3):36-40.

[7] WANG Y J, MU G Y, LI Y K, et al. Optimization design on air supply duct of a B-type subway vehicle [J]. Procedia engineering, 2017, 205: 2967-2972.

[8] 王福军. 计算流体动力学分析:CFD 原理与应用 [M]. 北京:清华大学出版社,2004.

[9] 阚永葭,马崇启,蔡薇琦,等. 基于 Fluent 的小型人工气候室出风口风场的模拟及优化 [J]. 流体机械,2016,44(11):84-87.

防疫常态化背景下能源动力工程国家级实验教学示范中心教学与管理工作探索

盛　健，张　华，武卫东，杨其国，李　凌

（上海理工大学能源动力工程国家级实验教学示范中心，上海　200093）（Tel:15121088972，　Email:sjhvac@usst.edu.cn）

摘　要：在防疫常态化背景下，国家级实验教学示范中心加速了在实验教学与管理的信息化、线上实验课件、虚拟仿真实验项目等建设工作以及具有物联网功能的实验教学装置方面的研制工作等。本文总结了上海理工大学能源动力工程国家级实验教学示范中心自2020年1月新冠疫情发生以来实验教学与管理等方面的工作与创新，对高校实验教学与管理等工作有一定借鉴意义。

关键词：国家级实验教学示范中心；新冠疫情；实验教学；实验管理

1　引言

国家级实验教学示范中心是高等学校实践育人的主阵地，是提升大学创新人才培养能力的主战场，是高等学校组织高水平实验教学、培养学生实践能力和创新精神的重要教学基地，应起到示范引领、辐射带动作用，推进实验教学改革，促进优质教学资源整合与共享[1-2]。上海理工大学能源动力工程国家级实验教学示范中心2009年获批，2012年通过验收。根据"卓越工程师"培养计划与"新工科"创新能力培养要求，按照基础知识、专业素质、综合能力协调发展的人才培养理念，以强化实践能力为重点，以培养复合型高层次人才为目标，以"依托学科、特色创新、科学管理、创建一流"为发展方针，改革实验教学体系、创新实验教学方法和提升实验管理能力，强化国家级实验教学示范中心示范引领、辐射带动的重要作用[3]。

随着信息科技的发展，实验教学与管理已经变得多样化。2020年新型冠状病毒引起的肺炎疫情给高校实验教学与管理带来了前所未有的挑战[4-5]。

如何在防疫常态化背景下，做好实验教学与管理工作是国家级实验教学示范中心必须率先突破的难题，并总结形成可复制、可推广的经验成果，强化示范引领作用。

2　防疫时的困难及应对措施

从2020年1月21日落实疫情防控工作开始，上海理工大学能源动力工程国家级实验教学示范中心的教学指导委员会和管理层立即密切关注疫情动态，并准备新学期实验教学与管理工作。其中，最大的难题是在师生均不能返校的情况下，如何开展实验教学和实验室管理工作；以及防疫形势好转后，在防疫常态化背景下，师生返校后，如何开展实验教学和实验室管理，这是今后一段时间主要的工作难点。

2.1　实验教学困难及措施

困难①：学生不返校时，实验教学课程如何开展？在防疫关键时期，各学校均延迟开学，并开展了丰富多彩的线上教学工作。但实验教学不同于理论教学，其对实验教学设备和实验室的要求很高，实验操作技能是重点培养目标之一。近年来，虽然建设了一些虚拟仿真实验教学软件，但遵循"能实不虚"的建设原则，主要是针对一些实验条件难以实现或存在危险性或实验成本过高的实验项目进行建设。因此，已建设的虚拟仿真实验教学软件资源是远远

作者简介：盛健（1985—），男，博士，高级实验师。电话：15121088972。邮箱：sjhvac@usst.edu.cn。

基金项目：教育部第二批新工科研究与实践项目（E-NYDQH-GC20202210）；2020年上海高校本科重点教育改革项目（20200165）；上海市2020年度"科技创新行动计划"技术标准项目（20DZ2204400）；上海市2021年度"科技创新行动计划"科普专项项目（21DZ2305500）。

不够的[6]。如何准备足够的实验教学线上资源,以提供给学生进行线上学习,保质保量完成实验教学培养目标和要求是非常紧迫的。

创新措施:录播线上课件、收集相关虚拟仿真实验教学软件等线上实验资源。针对学生不能返校的特殊情况,根据上海理工大学建设的超星"学习通"平台、"一网畅学"平台和华为"WeLink"智慧校园平台,中心迅速组织教师编制实验课程的网络课件,主要包括实验项目的理论教学内容和线上实验操作部分。

实验项目的理论教学内容的视频录播课件适合网络授课和学习,包括实验目的、实验项目对应的理论知识、实验设备的原理和构造、实验流程、数据处理方法和实验结果分析与思考等。收集实验项目相关的视频、动图、软件、阅读材料等电子资源并发布,拓展相关知识和应用的学习,学习内容更加丰富。

实验项目的线上实验操作主要有四种方式:第一种是原实验项目的装置本就具有远程通信监测与操控功能,对学生进行分组后,每组学生同时进行线上实验,由组长带领操控、记录实验数据和实验现象,用于撰写实验报告,教师线上辅助监视和指导,效果较好,但这类实验装置很少;第二种是实验项目具有离线仿真软件,通过"学习通"平台发布给学生,按实验工况在个人电脑上进行单机实验,记录实验数据并撰写实验报告;第三种是中心教师联系和收集各实验设备厂家制作的线上实验资源,以及"实验空间——国家虚拟仿真实验教学项目共享平台"上的相关资源,并发布给学生进行线上实验,虽然有些线上实验项目与实际实验项目有差别,但在特殊时期还是能够弥补线下实验的缺失;第四种是对无法提供信息化资源的实验项目,中心教师在教学实验室直播实验操作过程、实验现象及数据,并进行在线互动等,以学生观察并互动交流的方式进行实验操作的授课。

困难②:学生返校后,在限制人员聚集的要求下,实验课程的组织和实验室管理工作如何安排?此外,如何考核学生实验学习效果,如何提交实验报告,如何开展课程答疑等都亟待解决。

创新措施:采取"线上"+"线下"组合式实验教学模式[7-8]。实验项目的理论教学内容仍采用学生自学线上录播课件与线上互动答疑的方式,而实验操作过程、实验现象观察和数据记录等是实验教学的核心内容,如果没有实验设备或不能够实际到实验室,是无法有效开展的[9]。因此,在疫情防控有一定好转后,制订了详细的线下实验教学方案,组织学生分组分批到教学实验室进行实验操作。

具体实验组织方式如图1所示,中心教师根据教务处提供的各实验课程选课学生名单,按照各实验室的面积、实验设备台套数、通风及现场路线情况,确定每组实验学生数为8~12人(即2人使用一个实验台),在中心网站上发布预约实验时间通知[10],并在网站预约系统中设置足够多的组数,学生根据各自的课程表时间来预约实验时间。

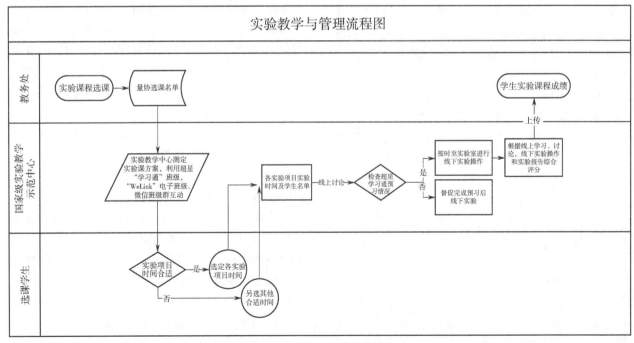

图1　"线上线下相结合"实验教学与管理流程图

以"工程热力学实验"为例,2020—2021年第1学期共有学生393人,"空气定压比热容测定实验""饱和水蒸气压力-温度关系测定实验""单级活塞式压气机性能测试实验"和"制冷压缩机性能测试实验"均各有8个实验台位,每组12人,共34组;"渐缩喷管流动特性实验""缩放喷管流动特性实验""循环式空调性能实验"和"等焓加湿与等温加湿特性实验"均各有4个实验台位,每组8人,共50组。学生进入实验室后,必须戴好口罩,使用免洗消毒液洗手,按照规定的线路进出,避免交叉接触。实验中,仅同一实验台位的学生可相互交流,只有实验教师可往返走动,以观察学生操作和答疑指导。

学生实验学习质量考核也采取线上与线下相结合的方式,最终实验成绩包括三部分:线上学习情况,占30%,包括学习平台统计的线上资源学习时间长度、线上学习思考题应答、线下实验课中的提问等;线下实验操作情况,占30%,包括学生的考勤、实验中的表现和实验数据与现象记录等;实验报告,占40%,包括实验报告中是否按中国工程教育认证标准和教师的要求进行实验数据处理、实验现象分析与趋势图绘制、实验思考题回答等。

实验报告采取线上投递或实验报告箱投递两种方式,各教学实验室门口均设置实验报告投递箱,以投递不同实验课程的实验报告。

2.2 实践环节困难及措施

除实验教学外,实践环节育人也是中心教师的重点工作,主要包括大学生创新创业训练、大学生科技竞赛、专业实习和其他实践内容。在防疫常态化背景下,同样需要创新教学手段和合作方式[11]。

困难①:以往开展大学生创新创业训练项目和大学生科技竞赛时,一般共用科研实验室,这也是我校创新践行的"教师—博士研究生—硕士研究生—本科生"的师生共同体育人模式,实现师生纵向跨学段交流。而研究生日常使用科研实验室已经很频繁,如果本科生再加入并开展创新训练和科技竞赛项目,难以满足防疫要求[12]。

创新措施:挖掘国家级实验教学示范中心3000余平方米的教学实验室场地资源,在中心网站上增加了各教学实验室的空闲时间预约模块,排除实验教学时间,其他时间面向全院师生进行预约和使用,并重新梳理教学实验室公共借用规定,极大地缓解了本科生创新训练与科技竞赛的场地问题。同时,对中心"工艺创新实验室"内的2台3D打印机、2台小型钻床和一大批电动、手动工具发布公共预约使用通告。

此外,中心网站的创新模块发布学院各专业相关的电子学习资料,供学生根据兴趣、课题方向等进行选择性学习。其中,突出能源动力相关技术及装备在国民生产生活中的重要作用,激发学生的学习兴趣和专业认同感、使命感。例如,在防疫过程中产生了大量的医疗废弃物("医废"),尤其是日常使用的口罩数量非常庞大,因此"医废"的处置被称为疫情阻击战的"最后一道防线",引起师生的关注,并提出"紧凑型传染性'医废'快速消杀技术和设备"的新思路,设计了"医废"处置的新装置——可移动的小型"医废"处理方舱。即采用撬装车载式结构,通过技术创新,把燃烧、除尘、烟气净化等关键技术集成在车辆上,深度开发后可以建成智能化系统,使传染性"医废"能够在医院被就地、及时、安全处理掉,综合效益得到很大的提升。

困难②:在能源动力类专业的培养计划中,有6个学分的实践课程需要到校外相关企业、基地等开展实践教学。在防疫常态化背景下,无论是校外基地,还是校内师生组织安排难度都很大[13]。

创新措施:主要采用线上线下相结合的方式进行实践教学安排。第一,线上直播与本校模型教学实验室相结合,如由于学生无法到上海科技管理学校的制冷与空调技术开放实训中心,因此邀请该校实训中心负责老师进行线上直播,我校教师组织学生按防疫要求在多个智慧教室观看和互动,每个教室安排一位专业教师负责协助直播教学和现场答疑工作,并组织学生到本校模型教学实验室观摩实物模型,以加深理解。第二,观看录播课件和线上答疑相结合,由于企业生产需要,只能采用录播生产工艺、产品结构等实践课件并上传到中心网站,由学生线上学习和观看,再集中时间由企业技术负责人进行线上答疑解惑。第三,对于有条件的实习单位,仍安排教师分批分组带领学生到生产、培训单位进行实地实践学习。

2.3 互动交流

针对传统实验教学互动较少等问题,在网络课程中设置在线讨论环节(通过超星"学习通"班级讨论模块、"一网畅学"互动模块、"WeLink"电子班级功能以及微信班级群),学生可以将实验预习、实验过程以及实验报告撰写过程中遇到的问题发起讨论,老师和其他学生参与讨论,提高实验的积极性。此外,由于交流更为方便,在实验实践教学中,还产生了很多创新点子[14]。2020 年和 2021 年中心教师指导的大学生创新创业训练项目获奖 65 项（其中国家级 22 项、上海市级 19 项、校级 24 项），大学生科技竞赛获奖 12 项，申请发明专利 5 项、软件著作权 5 项，已批准软件著作权 3 项。

3　实验教学与管理制度创新

如图 2 所示，通过信息化手段，进行"线上线下混合式"实验教学与管理创新探索。

3.1　实验教学网络课件必不可少，实验教学资源更丰富

在国家级实验教学示范中心网站建设"实验课程板块"，包括实验课程的教学大纲、教案、实验指导书等，并增加各实验项目的录播网络课件，用于学生实验前的预习。教师在录制课件时，将收集到的相关电子资源全部发布到课程网站中，学生在线预习时可以学到更多；而以往线下教学，教师只能筛选核心资源进行讲解，受课时所限，无法展开。每个实验项目下发布相关的电子书、视频、网站链接、往届优秀实验报告、大学生创新创业项目结题报告、科技竞赛申报书等，供学生进行选择性自主学习。各学生按其学号和密码登录中心网站后，才可以进行浏览，并根据其学习内容及时长，统计其学习情况作为平时成绩的考核依据。

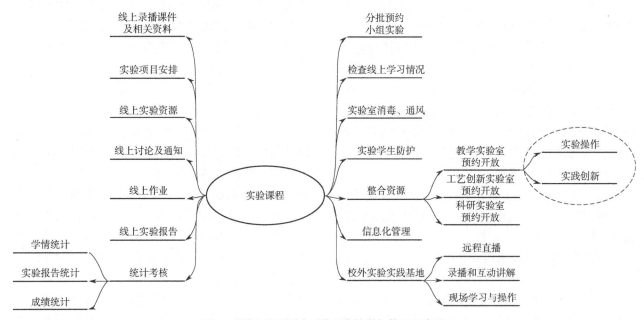

图 2　"线上线下混合式"实验教学与管理示意图

3.2　线上实验教学课程中增设能源动力专业实验室安全教育课件

采用虚拟现实和增强现实技术手段，结合能源动力专业实验室使用的安全风险特点，制作了相关安全教育课件，以及安全事故处理的仿真互动实验操作训练项目。

3.3　现代化数字科技手段应用到课程建设

分解实验教学环节，采取不同教学手段，从教学目标、教学视频、实验操作和教学讨论等方面丰富课程内容。采取线上和线下相结合的实验教学方式，从实验教学内容、实验教学方法、实验教学形式、答疑解惑、教学拓展、教学评价等多方面创新，有利于学生感知、理解和记忆知识，提高学生掌握新技术、新方法的能力。根据线上预习情况，补充讲解必要的实验教学内容，并合理安排实操训练。

3.4　整合实践教学资源，深化产学协同育人

（1）实验实践教学与上海理工大学制冷空调产业学院工作相结合，因此在整合资源方面很容易，在一些专业实验课程的开展方面，收集教学资源、联合培养和现场实习参观很方便。

（2）联合行业协会、企业等开展好大学生科技竞赛。2020 年 8 月和 2021 年 7 月，中心分别主办"天加杯"第十四届中国制冷空调行业大学生科技竞赛和"比泽尔杯"第十五届中国制冷空调行业大学生科技竞赛，通过线上报名、线上提交科技作品材料、线上答辩和线下决赛等方式顺利完成。此外，还组织参加了全国大学生节能减排大赛、"互联网 +"大赛、中国研究生能源动力装备创新设计大赛等。

3.5 思政教育融入课堂

一般来讲,实验教学主要侧重于实验理论知识和操作技能的讲解,对学生安全环保意识、社会责任感、思想政治素质等方面的引导较少。而能源动力类专业涉及范围广泛,在日常生活中均能够找到相应技术和设备,因此教师整理了很多如节能减排与环保、核电站、新能源等方面的电子素材,既能增强教学效果,扩大学生知识面,也可激发其对专业的兴趣和使命感。

3.6 信息化管理方式

将中心网站、实验教学与管理等纳入学校智慧校园建设网络中,将实验教学与管理和师生健康监测、行程管理等相结合,实验室门禁连接实验室预约系统,禁止未授权人员进入实验室,防止交叉感染。建立电子班级和互动平台,便于教学信息的发布、实验安排与管理,以及及时组织线上答疑和讨论,线上监督学生的学习进度和质量等。这也是以往线下教学所无法想象和实现的。

3.7 形成优秀案例和研究成果

以线上线下混合式教学条件下教学方法及评价机制、实验教学探索、课程思政育人模式创新等主题为培训和研讨重点,进一步激发教师从事教学改革和教学研究的积极性和主动性,以期形成一批可借鉴、可复制、可推广的线上线下混合式教学优秀案例和研究成果。

4 结语

在防疫常态化背景下制定的一些好的举措,在日常应用时能够达到更好的实验教学和管理的效果和效率。应该认真总结,加强交流,形成制度,推广落实,进一步建设好国家级实验教学示范中心,进一步发挥示范引领作用,强化育人功能。在突发困难面前,通过直/录播线上教学、数字化资源的运用、授课形式的转变、评价体系的调整等一系列应急措施,在实验教学中取得了较好的效果。这不仅与理论课程形成了良好的配合,充分保障了实验教学的内容和质量,而且大大促进了学生的自主学习能力,还引发了对高校实验教学发展的思考,即不应在疫情等特殊情况下才思考求变,实验教学应坚持不懈地着力于学生培养和持续改革。

参考文献

[1] 毛桂芸."双一流"建设背景下高等学校国家级实验教学示范中心建设与管理研究 [J]. 中国现代教育装备,2020(15):31-33.

[2] 王保建、王永泉、段玉岗,等."新工科"背景下国家级实验教学示范中心建设与实践 [J]. 高等工程教育研究,2018(6):47-54.

[3] 盛健、豆斌林、侯昊,等. 空气横掠圆管表面传热特性实验教学装置改进 [J]. 实验技术与管理,2018,35(10):92-95.

[4] 邵冰梅、刘展."新冠肺炎"疫情环境下实验教学形式多样化的运用 [J]. 力学与实践,2020,42(1):80-84.

[5] 高等教育出版社实验空间运营工作组.2020 年春季学期虚拟仿真实验教学项目使用情况与分析思考 [J]. 中国大学教学,2020(11):81-84.

[6] 代立波、郑志功、龚凌诸. 后疫情时代化工原理实验教学设计研究 [J]. 化工时刊,2020,34(9):48-50.

[7] 秦玉梅、沈星灿. 混合式教学在无机化学实验教学中的初步探索与实践 [J]. 广东化工,2020,47(15):188-189.

[8] 徐改改、秦豪雅、李小娟,等. 特殊时期高校特色专业实验实践课混合教学模式探析:以郑州轻工业大学烟草专业实验实践教学为例 [J]. 现代农业科技,2020(19):255-256.

[9] 李瑞乾、姜广鹏、董秋静,等. 疫情期间"工程力学"线上混合式教学模式探索与实践 [J]. 山东化工,2020,49(18):161-163.

[10] 袁吉仁、胡萍、黄伟军,等. 国家级物理实验教学示范中心信息化教学平台建设与实践 [J]. 大学物理实验,2020,33(3):122-126.

[11] 高东锋、李泰峰. 国家级实验教学示范中心建设回顾、总结与展望 [J]. 实验技术与管理,2017,34(1):1-5.

[12] 王淑静、李久芹、毕建杰,等. 依托国家级实验教学示范中心提高学生创新创业能力 [J]. 中国现代教育装备,2017(19):11-13.

[13] 杨富琴、周家乐、王嵘. 实验教学中心培养大学生创新创业能力的实践与探索 [J]. 实验技术与管理,2020,37(10):20-23.

[14] 严红、张源、徐营. 大学生校外实习教学模式研究与探索 [J]. 实验技术与管理,2020,37(7):26-30.

新工科专业导论通识课程探索——上海理工大学能源与动力工程学院"工程创新及实践"课程实践

盛　健,章立新,张　华,武卫东,杨其国,李　凌

（上海理工大学能源动力工程国家级实验教学示范中心,上海　200093）

摘　要:上海理工大学能源与动力工程学院依据"双一流"和"新工科"人才培养工作创新要求,从现代工程实践要求出发,以培养行业知识扎实、工程实践与创新能力突出、国际视野开阔和政治敏锐性强等综合素养高的新工科人才为目标,重构本科生培养计划,并针对大一升大二的学生开设专业通识课程"工程创新及实践",强化多元主体协同合作育人,采用主题讲座与参观和小班化创新实践教学两个模块,丰富课程内容,特别是安全教育、创新思维与实践、行业发展报告、技术文献检索与分析等方面,注重培养工科学生的设计思维、工程思维、批判性思维和数字化思维,提升创新精神和创新能力。

关键词:新工科;专业导论;通识课程

1　引言

为应对新一轮科技革命和产业变革的挑战,主动服务国家创新驱动发展和"一带一路"倡议、《中国制造 2025》和"互联网 +"等重大战略实施,加快工程教育改革创新,培养造就一大批多样化、创新型卓越工程科技人才,支撑产业转型升级,教育部提出了一系列"新工科"建设要求 [1]。上海理工大学能源与动力工程学院（以下简称"学院"）按照"双一流"和"新工科"人才培养工作的新要求,从现代工程实践需求出发,根据行业、企业长期合作交流、调研及教学经验,发现满足未来行业要求的"新工科"人才应具备扎实的行业知识及工程实践能力、开阔的国际视野、敏锐的政治敏锐性、深厚的人文素养及洞察力、厚实的自然科学理论基础、高超的协调和组织能力、突出的创新应用能力等,并以此为依据多次修改本科专业培养计划 [2]。

专业导论通识课程具有帮助学生了解专业、树立专业学习信心和拟定专业学习规划等重要意义,而目前专业导论通识课程存在授课形式单一、教学内容随意、教师积极性不高、学生没有兴趣和缺少实践创新环节等不足 [3]。近年来,学院通过设置"工程创新及实践"课程,持续引入政府、行业、企业资源以及师生教学反馈,不断改革课程教学内容、教学方式方法等,形成了一门系统深厚的工科通识课程,为"新工科"人才能力达成打好基础。

2　课程建设与实践

2.1　教学目标

该课程的授课对象是工科智造类学生,教学集中安排在大学第一学年结束后的短学期,即大一下学期结束后的 2 周,该时段学生只有专业导论通识课程,从课程时间安排、学习内容等方面聚焦专业导论学习。课程学分为 2.0,总学时为 64 学时（理论 8 学时,实验实践 56 学时）。核心目标是培养安全教育、创新创业和启蒙性探索实验能力,为后续专业基础课程和专业课程做好铺垫 [4-7]。

2.2　教学内容

根据"新工科"通识课程的教学目标设置教学

作者简介:盛健（1985—）,男,博士,高级实验师。电话:15121088972。邮箱:sjhvac@usst.edu.cn。

基金项目:上海理工大学 2022 年教师发展研究项目（CFTD222001）;教育部第二批新工科研究与实践项目（E-NYDQHGC20202210）;2020 年上海高校本科重点教育改革项目（20200165）;上海市 2020 年度"科技创新行动计划"技术标准项目（20DZ2204400）;上海市 2021 年度"科技创新行动计划"科普专项项目（21DZ2305500）。

内容,如图1所示,主要包括主题讲座与参观模块和小班化创新实践教学模块,前者安排4天,后者安排6天。主题讲座与参观模块主要邀请政府、协会、行业、高校等知名专家学者,给学生传授能源动力发展规划和产业技术现状、创新理念和方法、安全教育、工程法规与工程伦理等知识[8],例如"碳达峰、碳中和""绿色""环保""科创辩证律"等丰富而有行业特色的主题报告。同时,组织学生走进上海理工大学国家级大学科技园、能源动力工程国家级实验教学示范中心和上海市动力工程多相流动与传热重点实验室,展示能源动力行业发展、实验室科研发展与特色,从宏观与微观入手,强化对专业的认知和理解,如图2所示。

第一天	第二天	第三天	第四天	第五天	第六天	第七天	第八天	第九天	第十天
主题讲座与参观				小班化创新实践教学					
大学生创新思维、绿色低碳系统创新、超级工程与智慧城市等	创业实践、大学科技园资源、智能化时代、人工智能创新与实践等	工程与实验安全教育、课程导论、国家级实验教学示范中心及上海市重点实验室参观	产教融合模块(论创新辨证律、项目路演技巧、图书馆资源与服务、科技竞赛交流)	项目研究与设计模块、行业入门指导与实践模块、开放式装置设计与制作模块、软件学习与编制实践模块、综合性工程项目实践模块					

图1 《工程创新及实践》课程安排表

图2 大学科技园、示范中心和实验室参观(组图)

为使资源利用最大化,借助智慧教室功能,部分讲座向上海市科技创业导师群、中国通用机械工业协会企业家群、国家级换热技术与冷却装备工程实践教育中心和上海市级能源动力专业学位研究生实践基地的师生等开放,不仅本校学生听得津津有味,而且服务社会,反响极好,很多科技创业导师表示愿意来我校为学生讲授创新创业知识,并以此为起点,组织科技创新创业讲师团,在辅助企业成长的同时,将精力多一点投入高校的创新创业教育中。

小班化创新实践教学模块主要分为5个子模块,即项目研究与设计实践模块、行业入门指导与实践模块、开放式装置设计与制作模块、软件学习与编制实践模块和综合性工程项目实践模块,如图3所示[9]。各模块均以"任务"为导向,学生以4人为一组,根据自己的课题,查找线上MOOC、教学视频、图书、设备说明书等,自学所需要使用的知识、软件和设备等,并在教师的指导下,通过6天的实验室自主学习、团队互助和创新实践,最终完成课题任务。

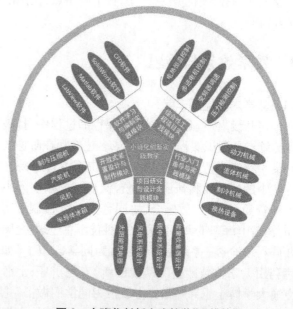

图3 小班化创新实践教学"五模块"

例如,开放式装置设计与制作模块中,以基于云端控制的半导体冰箱系统设计、嵌入式自动制冷系统设计等6个创新项目为背景,通过创新立项书、专利交底书、创业计划书的编制,进行全流程的创新创业教学实践;综合性工程项目实践模块中,以基于西门子S7-200PLC的恒温系统设计与实践为任务,让学生从日常生活中常见的恒温问题入手[10-11],分析受体在环境中通过自然对流、辐射等方式散热,同时通过电加热进行热量补偿,如何才能实现恒温。这就激发了学生的兴趣,课题任务不是单纯的传热学计算,也不是枯燥的电路控制系统说教,而是反其道而行之。为了实现恒温,必须测量受体温度,因此就需要知道如何测量,测量的温度如何与目标温度进行对比,对比后又如何对电加热棒进行控制,进而实现受体在目标温度周围一定区间内波动而实现恒温。通过需求侧分析,各组学生循序渐进地对各个问题发起挑战,学习能够解决这一问题的必要知识,并在实验室有相应的部件、工具等支撑其完成设计、搭建、实验和改进,完全颠覆了传统的教师讲解和学生被动理论学习的模式。

此外,由于疫情原因,有多名同学不能返校,因此将他们全部编入行业入门指导与实践模块,通过"腾讯会议"平台、"智慧教室直录播云平台"为他们专门开设了线上课程,以翻转课堂的形式,针对泵、风机等6个通用机械的小行业,利用标准网、专利网、中国知网、行业协会网站了解行业动态,使用Endnote软件进行文献管理,通过对标准、专利、论文的分析和对行业协会的了解,研究行业的国内外现状及发展趋势,找优势、找差距、找卡脖子点,挖掘创新方向。

3　教学效果与反思

3.1　教学内容更加丰富

在开设"工程创新及实践"课程的过程中,打破了传统专业通识课程中由一位或多位教师在阶梯教室集中宣讲专业背景知识的模式,充分发挥学院在行业中的特色及科研成果等资源,广泛联系多元主体的资源,开展产教融合、协同育人的新机制。例如,邀请上海理工大学国家大学科技园总经理、全国九届科协全委、青专委委员荆勇为同学们做了《如何利用大学科技园资源助推创新》专题讲座;上海交通大学博士生导师张秀彬教授为同学们做了《论创新辩证律》专题讲座;上海市科技创业导师、上海

交通大学特聘教授、长叶投资与长叶基金董事长、知名传统文化学者韩建君从个人丰富的风投行业经历出发,为同学们讲解《如何梳理路演BP》等。

适度扩充教学内容,积极发动教师力量,早布局早准备,力求在为期两周的集中学习期间,通过主题讲座、参观学习和小班化创新实践等理论讲座和实践环节相结合的教学方式,植入课程思政元素,激发学生创新意识、训练创新思维、掌握创新技法,进而提升创新创业综合能力。

3.2　项目式实践教学

根据学院在行业中的特色及科研成果,在小班化创新实践教学模块中,从能源动力类专业常用的软件、装置、行业资讯及工程案例组织授课内容,编制符合国家一流专业特色的教学内容及讲义,采用项目式实践教学法,深入浅出地介绍了能源动力类专业的具体内容及在国民经济中的重要作用,推动学科交叉融合,产生交叉专业,推进培养跨院系、跨学科、跨专业的工程人才[12]。

3.3　团队课题任务及团队考核方式

在小班化创新实践教学中,采用分组团队领取课题任务和团队考核方式,结合个人考勤及表现,给出每位学生的最终成绩。

首先,加强课程管理。一是每节课都记考勤,凡旷课、迟到和请假都会相应减分,从而保证学生自主学习投入的时间;二是将实验室表现纳入平时考核内容,制定相应的实验室表现细则,如玩手机、睡觉、走神等相应扣分,组织小组团队讨论、知错能改并有较大进步等相应加分;三是把教学活动的参与度和效果纳入平时考核当中[13]。

3.4　多样化工程教育培养模式

激发学生的主动性、自主性和团队合作,给学生布置相应的工程案例,转换课堂角色,分组进行不同问题攻关,并讲解给其他组同学,同时分享学习经验和心得,最终共同完成一个工程课题,如图4所示。加深学生对所学知识的理解和应用,培养学生分析工程问题和解决问题的思维能力,锻炼学生的归纳总结能力和表达能力,提高团队合作意识和方法,实现了"以教为主"向"以学为主"的教学理念和学生学习习惯的转换[14-15]。

图4 小班化创新实践教学模块（组图）

4 结语

按照"新工科"要求改革，新设"工程创新及实践"课程，作为学生进入大二专业学习前的专业导论通识课程。围绕培养学生的专业兴趣、专业认同与使命感及学业与职业规划等，广泛动员力量，积极推进产教融合、协同育人的新机制，拉近"行业大咖"与"专业小白"的距离，并用其专业知识、行业经验和个人成长故事"征服"学生。再结合参观学习与小班化创新实践，培养学生发现问题、分析问题、自主学习、团队合作和解决问题的能力和习惯。

参考文献

[1] 王晓鸥，张伶莉，袁承勋，等. 新工科背景下的大学物理课程建设与实践 [J]. 大学物理，2021，40（4）：45-49.

[2] 雷ında镜，张华，武卫东，等."政产学研用"多元协同育人机制探索：以上海理工大学制冷空调产业学院（含山）为例 [J]. 高等工程教育研究，2020（6）：81-85.

[3] 董桂伟，赵国群，王桂龙，等. 面向新工科的层次化实验教学体系设计与实践 [J]. 实验科学与技术，2020，18（3）：55-58.

[4] 冯艳刚，沈佳欣. 高校专业导论课程教学改革的思考 [J]. 黑龙江教育，2021（6）：20-21.

[5] 张总. 测控技术与仪器专业导论课教学研究 [J]. 中国教育技术装备，2019（10）：56-57.

[6] 马利敏，姬忠礼，张磊. 能源与动力工程专业导论课教学改革与实践 [J]. 化工高等教育，2018（6）：47-50.

[7] 史小慧，李志，袁小亚，等. 新工科背景下材料科学与工程专业"高分子科学"课程教学改革初探 [J]. 广东化工，2021，48（1）：216-217.

[8] 张丽娟，葛运旺，王新武. 深化产教融合的本科人才培养研究与实践 [J]. 实验技术与管理，2020，37（7）：169-172.

[9] 胡榕华，陈玉凤，宾月景. 新工科背景下化工原理课程设计教学改革 [J]. 化工时刊，2021，35（2）：50-53.

[10] 潘天红，张德祥，陈山. 基于案例导学的PID控制技术课程教学 [J]. 实验科学与技术，2021，19（2）：63-67.

[11] 杨富琴，周家乐，王嵘. 实验教学中心培养大学生创新创业能力的实践与探索 [J]. 实验技术与管理，2020，37（10）：21-24.

[12] 赵利容，冯妍，白秀娟. 以问题式教学法为基础的实验教学探索与实践 [J]. 实验室科学，2020，23（1）：88-91.

[13] 鲍永杰，王永青，钱希兴，等. 新工科"以学生为中心"实践探索性教学改革 [J]. 实验室科学，2020，23（4）：139-143.

[14] 李天英，李利军. 创新创业教育模式下的"专业导论"精神探索 [J]. 教育文化论坛，2018（2）：66-70.

[15] 赵洪洋. 多元化实验教学模式研究 [J]. 实验科学与技术，2021，19（2）：123-127.

制冷专业本科生实践教学探索

刘　晔，张兴群

（西安交通大学 能源与动力工程学院 制冷与低温工程系，陕西　西安　710049）

摘　要：以成果导向教育为核心的工程教育改革新理念在工科人才培养环节受到了广泛关注。本文结合制冷专业实践教学特点和存在的问题，分析了成果导向教育理念在教学改革工作中的可行性，以制冷专业方向的代表性课程教学实验为例，简要介绍了相关实验设备改造和实验教学方法改革的内容，实现了以学生掌握知识为中心、教学质量改进为原则、课程学习成果目标为导向的课程实践教学新模式，可为能源动力类本科生实践教学提供新思路和参考。

关键词：教育理念；制冷专业；实践教学

1　引言

近年来，以成果导向教育（Outcome Based Education，OBE）为核心的工程教育改革新理念得到了众多高等教育机构的重视。Spady 在 1981 年首次提出了 OBE 教学理念[1]，经过这些年的发展，其已经在西方的工程教育改革中成为主流理念，其中美国工程教育认证协会将 OBE 理念贯穿于整个工程教育认证全流程中[2]。在我国已有不少高校在开展专业教学课程改革中借鉴 OBE 理念[3]。OBE 教学理念的核心内容是以学生的学习成果作为最终导向而设计和开展的一种教学方法，在这个过程中，针对不同的学科专业特征构建相适应的课程教学体系和成果评价体系，以确保学生达到既定的学习目标，掌握预期的学习成果[4]。

2　OBE 理念在实践教学环节的应用

制冷与低温技术从工业革命以来得到了飞速的发展和广泛的应用。从传统的制造加工业到高新技术智能制造产业，从国防军工科技到航空航天技术等国民社会经济的各环节都离不开制冷与低温技术及其设备装置。制冷与低温技术的高速发展也带来了对该领域专业人才需求的持续增长，这也使制冷与低温专业高等工程教育的人才培养面临巨大的机遇和挑战。在现有的人才培养体系中，针对工程类专业的课程教学一般分为理论知识教学和实践应用教学两部分，其中理论知识教学是教授学生专业知识、专业能力和专业素质的基础教育手段和主要方式，而实践应用教学则侧重于学生的专业应用能力和实践操作能力，这两种教学模式互相联系、互相支撑、互相补充，以使学生毕业时具备综合的工程专业特色实践能力和创新能力。然而，在现有的工程类专业人才培养过程中，在实验场地、时间分配、考核比重等因素的综合影响下，教学形式更多以课堂理论教学为主，形式单一的实验实践教学环节逐渐被边缘化，学生对实践实验课程的参与性和积极性差，实验教学过程容易流于形式、无所收获。再加之本科生的工程专业知识和经验有限，制冷与低温专业相关实验内容多与压缩机、制冷剂、液氮等高速运转设备、易燃易爆化学制剂和高温/低温工质流体接触频繁，实验教学操作过程的安全风险较大，不能完全让学生独自实操完成全部实验内容。以上众多因素导致学生所能得到的工程实践知识和动手实操经验很有限，距离课程实践教学目标有一定距离。

因此，借鉴 OBE 理念，结合制冷与低温专业实践教学特点，以"制冷与低温技术原理"课程教学为例，选择制冷专业方向的代表性教学实验"制冷压缩机性能测试实验"，开展相关实验设备改造和实验教学方法改革，为当前制冷与低温专业实践教学改革提供新思路和参考。

"制冷压缩机性能测试实验"的实验目的是让

作者简介：刘晔（1988—），男，博士，高级工程师。邮箱：liuye52t@xjtu.edu.cn。

制冷专业方向的本科生了解冷冻冷藏领域的小冷量单级蒸气压缩制冷系统的工作原理、实际制冷系统构成和操作调节方法，掌握制冷系统和制冷压缩机主要性能参数的测试方法和测试原理，能够诊断和解决制冷系统常见故障并分析其原因。在实验过程中，引导学生全员参与，在保证安全的前提下，让学生自主讨论提出个性化的实验设计方案，指导学生结合理论知识调节控制实验台，验证个性化实验方案，总结制冷系统性能变化规律和工况调节参数的耦合关系，通过实际操作、测量与计算等实验环节，使学生巩固和加深对相关课程核心内容的理解，拓宽学生的专业知识面，训练学生的动手能力，培养学生解决工程实际问题的思路与方法。该实验课程将传统热工参数测量技术、现代数字化测量与控制技术、计算机应用技术有机地结合起来，形成了系统、完整的实验体系，具有与工程实际结合密切，并能反映新的测控技术发展与变化以及在工程中广泛应用等特点。通过该实验，一方面完成了教学实验环节的任务，另一方面对本科生来说也是专业科研实验的初次尝试和启蒙，为学生顺利完成毕业设计和研究生阶段开展科研实验提供了先期实践训练契机，并为学生自主开展专业性科研实验奠定了良好基础。最终让学生全方位地掌握制冷系统运行、调节控制、故障诊断等实践成果，完成制冷与低温专业学生在制冷系统应用实践方面的教学目标。

3　制冷专业方向教学实验介绍

"制冷压缩机性能测试实验"主要依托本实验室设计定制的"冰箱压缩机量热计"设备开展，该设备核心部件如图1所示。该教学实验设备在设计搭建之初考虑到教学的用途，在原型机的基础上专门配置改装了自动运行和手动运行两种操作控制模式。自动模式主要是通过对计算机内的测试软件按规定选择其实验类型后，由测试软件对测试系统各个环节进行自动开启和自动停止，其运行流程严格按照国标规定和行业标准流程进行，这也是目前压缩机生产厂家输出压缩机性能参数的主要手段和方法。手动模式主要是按照实验设计方案对测试设备手动地进行逐个操控方式的操作。无论是自动运行模式还是手动运行模式，其关键操作流程和规范是一致的，即检查水、电、气是否就绪→被测压缩机接入系统→充注冷媒并检漏→被测压缩机冷态绕组测量→环境风机开启→环境加热开启→环境机组开启

→被测压缩机开启→量热器加热开启→过冷机组开启→过冷器加热→冷凝器加热→开始测试→判稳保存数据→按相反次序关停各设备→测量被测压缩机热态绕组→测试完成→回收冷媒→更换压缩机或关闭水、电、气。手动操作控制界面如图2所示。

图1　"制冷压缩机性能测试实验"核心部件实物图

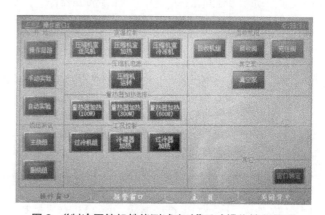

图2　"制冷压缩机性能测试实验"手动操作控制界面

学生在手动模式操作过程中，一方面可以熟悉制冷压缩机性能测试的原理和流程，了解各实验环节先后顺序对实验结果的影响；另一方面可以掌握制冷或热工系统关键参数（温度、压力、流量）等的数据读取和采集方法。在制冷系统开启到稳定运行状态过程中，通过监测不同管路节点上的温度、压力、流量传感器的实时数据，还可对制冷系统在启动降温整个过程中的工况状态参数有初步的认识和掌握，这对于下一步指导学生开展制冷系统故障诊断和分析可奠定基本的感性基础。该实验软件数据监测界面如图3所示。

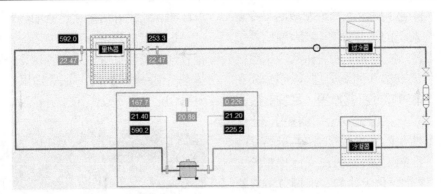

图3 "制冷压缩机性能测试实验"软件数据监测界面

表1 教学实验台常见故障、原因及处理方法

常见故障	原因	处理方法
被测压缩机不能启动	（1）被测压缩机接线有误；（2）被测压缩机无电压；（3）吸排气压力不平衡	（1）检查压缩机接线是否有误；（2）检查压缩机回路断路器；（3）检查平衡阀是否动作
排气压力超压	（1）系统充入的冷媒过多；（2）排气阀损坏未打开；（3）过冷机组冷量低	（1）回收冷媒；（2）检查阀体；（3）检查过冷机组是否故障
膨胀阀前温度高	（1）过冷器冷冻机停机；（2）系统中制冷剂不足	（1）启动过冷器冷冻机；（2）补充适量制冷剂
吸气压力低下	（1）系统冷媒不足；（2）装置测量范围之外	（1）补充系统冷媒；（2）更换装置
压缩机室温度高	压缩机室冷冻机停止	启动压缩机室冷冻机

在该实验进行过程中，系统运行的大部分时间都是处于国标工况调节、自判稳阶段。在这个过程中，可以借机给学生讲解制冷系统调节控制、故障诊断相关知识，引导学生通过一些简单细微的数据变化或现象改变判断制冷系统运行中可能存在的故障，结合课堂理论教学所学知识分析故障出现的原因，提出排除故障所需的方法与措施，并以此推广至日常生活中的冰箱、冷柜、空调等常见制冷器具的故障诊断分析，进一步加深学生对制冷系统相关技术

的掌握。在此引导学生针对该实验台开展故障分析，如表1所示。

在教学环节，受到教学课时数的限制，不要求学生完成所有国标规定工况[6-7]下的完整测试内容，指导教师可选择具有代表性的工况测试点加入实验方案。首先让学生全流程手动操作完成实验方案设计内容，在汇总实验数据的同时，开启设备自动运行模式，让实验设备在测试软件控制下逐项开启自动测试。最终将学生手动测试实验数据与设备自动测试实验数据相比对，主动查找差异化数据出现的环节和原因，以设备自动测试实验数据为标准，反推学生手动实验过程中存在的问题，并提出相应的改进措施。经过一系列完整的实验操作流程，学生需要提供的成果包括：

（1）该制冷压缩机的性能变化曲线和性能参数表；

（2）该制冷压缩机所属制冷系统的实际运行压焓图；

（3）实验数据不确定度分析报告；

（4）完整实验报告。

4 思考与总结

在完成"制冷压缩机性能测试实验"教学的同时，通过实际操作让学生进一步深入了解和掌握了制冷系统的工作原理和运行工况参数的变化规律，可有效地将理论课堂上所学的知识点全部转化到实验实践教学中，利用压力传感器、温度传感器显示数值或亲自触摸感知制冷系统压焓图上每个工作过程的实际表现。指导学生通过一些简单细微的数据变化判断制冷系统运行中可能存在的故障，结合课堂理论教学所学知识分析故障出现的原因，提出排除故障所需的方法与措施，并以此推广至日常生活中的家用制冷器具的故障诊断分析,进一步加深学生对制冷系统相关技术的掌握。

总体来讲,紧密结合 OBE 理念所开设的"制冷压缩机性能测试实验"完成了制冷与低温专业学生在制冷循环系统理论知识学习和成果应用实践方面的教学目标,实现了以学生掌握知识为中心、教学质量改进为原则、课程学习成果目标为导向的课程实践教学新模式,不仅为制冷与低温专业本科生专业技能培养提供了新思路,也可为整个能源动力类专业本科生实践教学提供了借鉴和参考。

参考文献

[1] SPADY W G. Choosing outcomes of significance[J]. Educational leadership, 1994, 51(6): 18-22.

[2] 刘德军,左建平,周宏伟,等. OBE 理念下的材料力学教学方法改革与实践 [J]. 力学与实践, 2021, 43(1): 112-119.

[3] 黄朋勉,周智慧,黄子杰,等. 基才 OBE 理念培养创新性化工专业人才 [J]. 化工高等教育, 2018, 2: 25-27.

[4] 顾佩华,胡文龙,林鹏,等. 基于"学习产出"(OBE)的工程教育模式:汕头大学的实践与探索 [J]. 高等工程教育研究, 2014(1): 27-37.

[5] 陆鑫,任立勇. 基于 OBE 工程教育理念的课程实践教学模式探索 [J]. 实验科学与技术, 2018, 16(6): 107-111.

[6] 容积式制冷剂压缩机性能试验方法: GB/T 5773—2016. 中国国家标准化管理委员会 [S]. 北京:中国标准出版社, 2016.

[7] 缪道平,吴业正. 制冷压缩机 [M]. 北京:机械工业出版社, 2010.

建环专业开放实验教学的探讨

陈 俭,张春枝,李冠男,刘冬华

（武汉科技大学城市建设学院,武汉 430065）

摘 要:实验教学是建筑环境与能源应用工程专业人才培养的重要环节之一。为了提高大学生的创新意识,应加强专业实验室建设,将传统教学型实验向开放创新型实验转化,加大实验室开放力度,完善开放实验室功能。为了更好地适应开放型实验教学,本文从设置独立实验课、开放创新式教学、校企合作共建实验室、配置实验室管理人员和培养教师工程素养五个方面进行了研究与探讨。

关键词:实验教学;独立实验课;开放式教学

1 引言

专业实验课程是建环专业实践教学的重要组成部分,也是学生理论联系实际的一个重要环节,而且实验课程对于培养学生工程意识、动手能力和创新能力,以及提高学生综合素质具有重要的作用。实验室开放是教育改革与顺应社会发展的必然趋势,是提高本科生综合能力的必要手段,是学生开展创新创业项目和培养科研能力的重要条件[1]。为了适应高等教育的快速发展,提高教学质量,突出各类高校的办学特色,高等学校建筑环境与设备工程学科专业指导委员会颁布了《高等学校建筑环境与能源应用工程本科指导性专业规范》[2],其中指出目前建环专业学生的培养目标主要还是工程应用型人才,这在某种程度上决定了建环专业实验课程的重要性以及加强和改进实验教学环节的必要性。

2 专业实验存在的问题

（1）传统的教学实验都是放在各门专业课程中,而且都是在该课程理论学习期间进行。因此,实验进行的时间比较分散,学生得不到有效、系统的训练,这也势必造成实验设备仪器和实验室的利用率较低。

（2）传统的教学实验绝大多数都是演示型、验证型和综合型实验,没有学生真正动手设计与操作的设计创新型实验。学生只需在指定时间内完成规定的实验操作,实验主题、实验内容、实验操作等以演示型、验证型实验为主。创新型实验和综合设计型实验较少,满足不了学有余力的学生培养科研和创新能力的要求[3-4],这其实是与专业规范相违背的。

（3）传统的教学实验都是封闭式管理,实验项目计划都是在学期开学初安排好的,到时安排学生与老师按时做实验,而且本专业的课程比较多,给出的实验项目也比较多,如果当天学生有课或者有其他什么情况,学生就不能完成此项实验,事后就只是简单地把其他同学做的实验数据拿来凑数。本专业实验课程与实验项目如表1所示。

表 1　实验课程与实验项目数

课程	基础课实验项目数	专业课实验项目数
传热学	3 项	
工程热力学	3 项	
流体力学	6 项	
建筑环境学	1 项	
流体输配管网	2 项	
热质交换原理与设备	2 项	
空调工程		2 项
制冷技术		2 项

作者简介:陈俭（1978—）,从事暖通空调的教学与研究。邮箱:chenjian@wust.edu.cn。

基金项目:2021 年校级教研项目"新工科背景下建环专业开放创新实验研究"（2021X011）。

续表

课程	基础课实验项目数	专业课实验项目数
通风工程		2项
燃气输配		2项
建筑环境测量		1项
供热工程		2项
锅炉与锅炉房设计		2项

（4）传统的教学实验中各门课程各自为政,开设的实验课程存在交叉和重复现象[5],如"空调工程"课程开设的"空调系统的综合实验"与"制冷技术"课程开设的"热泵机组性能系数测定实验"、"空调工程"课程开设的"空气气象参数的测定实验"与"建筑环境学"课程开设的"室内空气品质的测定实验"等。由表1可以看到,虽然专业给出的实验课程很多,但是存在有些理论课程内容重复和实验过于简单的问题,因此有必要整合相应的实验。而且随着专业学时的减少,有些实验将改成虚拟仿真实验来开展。

3 实验教学的改革

3.1 设置独立实验课

为了适应人才培养的要求,本专业先后摸索开设了两门独立实验课,每门课均为16学时。其中一门为已经开设几年的"小型制冷设备的组装与维修"选修实验课,这门课程主要是围绕家用空调简单的组装与故障维修开展,例如铜管的切割、喇叭口的制作、充氟与抽真空等实验。学生在校学习期间很少能有机会参与实践性特别强且与专业联系比较紧的实验,并动手去理论结合实际,该实验的开展可以很好地为学生打开一扇窗。独立实验课在大三下学期开设,因为专业的"空调工程"与"制冷技术"两门理论课也在这学期开设,学完这两门理论课,对独立实验课有理论指导意义。另一门为从2020级开始设置的"创新能力锻炼（开放自主实验）"必修课,这门课程的设置主要围绕专业领域前沿研究热点,引导学生开展自主创新实验和自主设立探索性研究课题,旨在充分调动学生的主观能动性,培养学生的创新意识与创新能力,从多方面提升学生的科研能力和团队合作意识。该独立实验课安排在大四下学期开设,此时专业课程已全部结束,学生可以按照自己的兴趣爱好选择研究方向,锻炼自己的科研能力。

3.2 开放创新式教学

本专业有4类实验室,各实验室的开放情况如表2所示。为了打通各类实验室的开放渠道,采取开放创新式实验教学模式,使学生成为实验主体,成为专业实验教学改革的主要方向[6]。利用网络平台,将实验室的仪器设备及其主要功能整理成文档,并发送到网络平台,使学生可以及时了解实验室的资源。学生通过参加学术报告、专业查新或者根据大学生创新创业项目、互联网＋或者以专业的科技竞赛为依托等手段,增进对专业前沿研究领域及当前研究热点的了解,从而实现自主创新性实验课题的选题设计。同时,专业老师在自己熟悉的研究方向对学生的实验给出指导与方案优化。学生针对自主设计的创新性实验课题,综合运用课堂理论知识开展分析、研究与实践活动,解决实验课题中遇到的复杂问题,并能够应用专业软件,完成自主研究课题实践或设计研究,掌握相关研究报告撰写的基本方法,针对研究成果进行提炼分析以及多媒体制作与成果汇报。通过创新性实验课题的实施,培养学生多学科协同发展能力、动手能力、刻苦钻研能力和独立创新实践能力,从多方面提升学生团队合作和终身学习的意识与能力。该开放创新课程的开设可以增强学生的动手实践能力,使学生可以沉下心仔细观察实验现象、不断发现问题,并充分发挥创造力和想象力,在团队协作下完成整个实验,提高学生的科研创新能力和实践动手能力[7]。

表 2 实验室开放情况

实验室分类	开放形式	实验室管理人员	实验项目
本科专业实验室	预约开放	实验教师	培养方案要求开设的实验
教师科研实验室	预约开放	专任教师	导师的相关科研实验、科技竞赛、毕业设计
本科生创新实验室	预约开放	实验教师	大创项目、科技竞赛
校企共建实验室	预约开放	专任教师	科研实验、科技竞赛、毕业设计

3.3 校企合作共建实验室

本专业校友资源丰富,能够开展校企合作共建实验室、深化产教融合。近几年,得益于良好优质的校友资源,本专业的实验室建设得到了飞速发展。

2012 年,校友投资建成了陆特能源、武汉科技大学地源热泵研究基地。2016 年,住建部在对本专业进行评估时,校友按照专业规范与标准为我系改造了空调系统,在评估期间获得了评估专家的一致好评与认可。2017 年,校友搭建了大空间柔性分布式系统。2019 年,校友建立了武汉科技大学舒适易佰建筑环境智能控制系统。这些系统的安装与运行,已经产生了效益,为学生的科技创新项目立项提供了实验平台与帮助,为学生开展实习与科研实验创造了良好的条件,也为实验室的发展添砖加瓦。校企合作共建实验室的一些成果也可以反哺企业,真正做到双赢和良性互动。

3.4 配置实验室管理人员

开放实验一般都是在课外时间进行的。此时老师都已经下班不在办公室,学生要开展实验就不太方便,如果直接把实验室的钥匙交给学生,万一出了安全事故,也不好交代。因此,配置实验室管理人员是大学生创新创业项目和实验室开放创新得以开展的重要保障之一,而目前专业实验室没有专门负责开放创新实验的管理人员,通常是由实验教师和专业教师顺带管理,但是实验教师主要负责本科教学实验的开展和设备的维护等工作,专业教师可能只负责其所带创新项目的相关管理工作,且学校或学院并无此类相关工作岗位,更没有相关工作量的说明。在国家大力提倡创新创业的背景下,希望专门配置实验室管理人员负责开放创新实验的开展,此管理人员最好从专业实验教师中选拔,只需给予相关额外工作量补偿,既不会增加编制,也会使开放创新实验顺利开展。同时,为提升管理人员的专业水平与管理水平,要定期对管理人员进行统一的技术培训,安排其到国内优秀高校交流学习,学习先进的管理经验和实操技术,拓宽视野,使管理人员的水平与时俱进,提高实验室管理人员的综合素养。总而言之,管理人员的管理水平和工作积极性对于培养大学生的创新竞赛和开放创新实验的开展具有重要作用。

3.5 培养教师工程素养

过去,专业教师只负责理论课的教学,专业实验由实验教师来承担,这样会造成专业教师不知道要做什么实验,也不知道所做实验涉及的实验仪器和设备,更有甚者根本不知道专业的某些仪器和设备是什么或者怎么用。同时,实验教师也不了解专业教师如何授课,只是简单重复某些理论、操作方法与注意事项等。为了满足开放实验的需要,同时重视专业教师的梯队建设,只有专业教师走进实验室、熟悉实验室,才能更好地为本科生讲解实验与答疑解惑。要提倡新进青年教师必须在实验室助课 1 年,由老教师或者实验教师"传帮带",让他们尽快掌握实验室的所有规章制度和熟悉实验仪器仪表,最后可以独立开展实验。这样专业教师从实践中得到锻炼,可以更好地理解专业知识,做到理论与实践相结合,提高自身的工程素养。

4　结语

传统的专业实验教学遇到了许多问题。本文针对目前实验教学过程中存在的问题进行了积极的探讨,给出了具有建设性的改革方案。希望通过对设置独立实验课、开放创新式教学、校企合作共建实验室、设置实验室管理人员与培养教师工程素养等方面的探讨,能够为学生提供更优质的实验教学环境,完成好普通高校建环专业人才的培养任务。

参考文献

[1] 方正美,陈燕,朱丽君,等. 基于大学生创新创业背景下实验室开放管理的几点思考 [J]. 卫生职业教育,2020,38(23):87-88.

[2] 高等学校建筑环境与设备工程学科专业指导委员会. 高等学校建筑环境与能源应用工程本科指导性专业规范 [M]. 北京:中国建筑工业出版社,2013.

[3] 邓晓莉,何强,胡帝斌,等. 重庆大学城市建设与环境工程类专业实验实践教学体系构建 [J]. 实验室技术与管理,2012,29(9):142-144.

[4] 王华,曹琳琳,陈燕. 面向"双一流"建设的电气信息类专业开放实验室管理新模式研究 [J]. 实验技术与管理,2020,37(9):278-281.

[5] 胡玉秋,范军,刘福胜. 建筑环境与能源应用工程实验改革探讨 [J]. 实验科学与技术,2017,15(5):110-112.

[6] 程向明,李翠敏. 建筑环境与能源应用工程专业实验教学改革研究 [J]. 教育教学论坛,2015(51)106-107.

[7] 李雪. 基于创新人才培养的实验独立设课研究 [J]. 实验科学与技术,2017,15(5):131-134.

对能源与动力工程专业"流体力学"课程的几点思考

单雪媛

（潍坊理工学院新能源工程学院，山东　潍坊　262500）

摘　要： 作为能源与动力工程专业的专业基础课，"流体力学"课程建设的合理与否直接关系到最终的学生培养质量。本文分析总结了面向能源与动力工程专业开设的"流体力学"课程的部分问题，并针对存在的问题提出了可行的解决方案及改进措施。

关键词： 能源与动力工程；流体力学；课程改革；实践教学

1　引言

"流体力学"作为能源动力类、化工、土建、水利、机械、航空航天等专业的专业基础课，课程理论性强，基本概念抽象，流动方程复杂，对实际工程具有很强的指导作用[1]。能源与动力工程专业学生毕业后大部分在企业或科研院所从事技术、管理、设计等工作，工作中所面临的问题多与流体的运动状态、运动规律、流体与固体壁面的相互作用规律等有关。如何应用流体力学的理论知识解决生产实际中遇到的问题或者预防可能出现的安全隐患，是每一个工程技术人员的基本职责。这就要求"流体力学"在授课过程中应该做到理论知识与实践能力并重，课堂教学与实践教学相结合，不断完善教学方法，积极探索适合于工科类专业学生的课程教学新模式[2]。本文针对潍坊理工学院能源与动力工程专业"流体力学"课程建设现状，重点分析在教学过程中存在的问题及具体的改进措施。

2　教学过程中存在的问题

2.1　课程设置与课程内容

目前，国内各高校开设的"流体力学"课程并无统一标准，课程学分在2~4学分不等，学时在32~64学时不等。由于该课程涉及范围较广，对学生的数学及物理素养要求较高，故开课学期多为大二下学期或大三上学期。该课程各章节间逻辑性强，如何将诸多复杂的知识点在有限的课时内讲解清楚，让学生学习该课程后具备应用所学知识解决问题的能力是该课程授课过程中的关键问题。

由于"流体力学"课程内容范围较广，且涉及数学、物理学、力学等方面的相关知识，因此根据学生自身情况及后续课程安排对课程内容进行精简和选择性讲解是必要的。以潍坊理工学院新能源工程学院能源与动力工程专业学生为例，这些学生高考分数相对较低、基础相对薄弱，与省内其他设置该专业的高校学生相比，存在物理、数学基础较差的问题，对于教材中存在的大量理论公式的推导理解起来较为困难，且对于教材中比较晦涩难懂的章节难以真正地搞懂吃透。根据近两年授课情况来看，学生普遍认为"流体力学"课程知识点多、内容难理解，是一门非常难学的课程。且目前该课程教学仍以理论讲解为主，大量复杂、枯燥的公式推导使学生对课程内容提不起兴趣，学生的主动性不高，进而导致最终的成绩不理想。

2.2　理论与实践脱节

传统的《流体力学》教材中仅包含流体静力学、运动学、动力学及流动阻力等内容，这一部分内容理论性较强且公式繁多，仅通过课上的理论讲解难以达到理想的教学效果，学生缺乏对与工程实践密切相关的项目案例的直观感受。而流体输送机械这一部分内容恰好是流体力学理论知识的实际工程应用，对后续课程的开展及就业后解决实际工程问题具有重要意义。基于该课程内容繁杂、学时有限的情况，单独开设"流体输送机械"课程并不现实，因此可以考虑将此部分内容合并到"流体力学"课程

作者简介： 单雪媛（1992—），女，硕士，助教。电话：18863603150。邮箱：wfitxny@wfit.edu.cn。

基金项目： 山东省教改项目"基于OBE理念的多维度协同育人模式探索与实践——以能源与动力工程专业为例"（M2021160）。

内,作为"流体力学"课程的应用部分来讲解。

2.3　考核方式不合理

为应对新一轮科技革命与产业变革,2017年以来教育部积极推进"新工科"建设,相对于传统的工科人才,未来工科专业需要的是实践能力强、创新能力强、具备国际竞争力的高素质复合型人才。目前,"流体力学"课程的考核方式与大多数课程一样,仍然沿用传统的考核方式,均是基于"30%平时成绩+70%期末成绩"的考核模式,其中缺乏对学生学习过程的考核评价及对学生创新实践能力和动手能力的考核评价,不利于"新工科"人才的培养。

3　课程改革措施

结合当前该课程存在的问题,为了更好地进行教学改革,建议从整合教学资源、改革教学方式、注重以培养学生实践创新能力为导向的多种混合式教学手段的使用、丰富实验教学等多项举措继续加强课程改革。

3.1　精选内容,整合资源

"流体力学"课程章节众多、内容繁杂,在授课过程中任课教师不应该只是照本宣科,更重要的是对整体知识脉络的把握,构建知识点与知识点之间的逻辑关联,帮助学生真正理解教材内容。根据本校学生反映的普遍情况,特对该课程进行了调整,简化了明渠流、渗流及气体射流等章节内容,重点强化了静力学、动力学、流动阻力、能量损失及压力管路计算等内容,在课程学时的分配中适当偏重此部分内容,并对其进行适当的拓展和延伸。对于该课程而言,按照模块化教学可分为流体静力学、流体运动学、流体动力学及管中流动等几部分。而实际上,流体力学的核心内容主要是围绕定常流动的能量方程即伯努利方程展开,研究定常流动过程中各运动要素如流速、压强、水头损失之间的转化关系,流速为零并不计水头损失的情况可以看作特殊的定常流动,即流体静力学所研究的内容。

目前,国内有众多优质网络课程平台,如中国大学MOOC、智慧树、超星学习通、国家实验室虚拟平台等,与"流体力学"相关的课程资源更是十分丰富。潍坊理工学院作为一所普通二本院校,生源质量与其他高校存在一定差距,因此在引入线上课程资源时要充分考虑学生的实际情况,根据课程自身建设的需要合理引用适当的优质资源,切忌盲目追求名校课程。

3.2　拓展实践教学环节

"流体力学"课程中设置有流体静力学实验、雷诺实验、伯努利方程实验、文丘里流量计实验、沿程阻力及局部阻力实验、水泵特性曲线实验等。目前课程设置的8学时的实验课时难以满足实验教学的需要,笔者认为应适当加大实验学时,以拓展到16学时为宜。与此同时,在理论学习的基础上,可以利用传统实验和模拟软件并行的方式对同一项目进行实验探究,在用理论知识支撑实验结果的同时,利用模拟软件验证结果的准确性。通过实验与模拟并行的方式,可以拓展学生的思维,提高学生的建模能力、分析问题及解决问题的能力;同时可以孵化和培育一些大学生创新创业项目,提升学生的实践创新能力,为学生毕业后可能遇到的相关工程案例开辟新的思路。

3.3　建立多维度考评体系

打破传统的"三七分"的课程考核原则,积极探索项目式教学新方式,更加注重对学生学习过程的考核评价,督促学生自觉地发现问题、解决问题。通过项目团队组建、任务划分、项目研究报告和成果展示等对学生的学习情况进行多维度评价,如教师评价、专家评价及小组间互评等,并结合学生的日常表现进行打分,最终按比例对不同的环节进行评议。在教学实施过程中记录每位学生独自处理问题的能力和团队协作能力,根据各个考核点的打分情况,取平均分数作为项目式教学考核成绩的重要依据[3]。也可以根据对课程达成目标的要求,实施对"知识能力培养、实践能力、团队协作能力"三个不同维度的考核。

4　结语

"流体力学"课程是能源与动力工程专业一门重要的专业基础课,基于该课程的特点及教学过程中存在的问题,在教学过程中应注重理论知识与实践教学相结合,并灵活运用多种教学方法培养学生的学习兴趣,提高学生的学习效率。面对创新型人才培养的机遇和挑战,应以培养学生的创新能力、团队协作能力和动手能力为目标,为以企业需求为导向的人才教育打下良好基础。

参考文献

[1]　朱晖,张智明,王毅刚.实验引导法在流体力学课程中的创新与实践

[J]. 教育教学论坛, 2019(40):3-4.

[2] 魏伟,张兴宇,程屾,等.科教融合背景下流体力学课程的教学改革与实践 [J]. 高教学刊,2021(23):150-153.

[3] 王燕,郑健. 新工科背景下流体力学课程项目式教学与考核评价体系研究 [J]. 高教学刊,2021(28):9-12.

"工程热力学"案例式教学改革与实践

徐瑞莉，孙海朋，宗　荣

（潍坊理工学院新能源工程学院，山东　潍坊　262500）

摘　要："工程热力学"是能源动力类工科专业的重要专业基础课程之一，本文从"工程热力学"课程的特点及"新工科"建设需求出发，介绍了"工程热力学"课程在教学过程中的困境，并以具体案例说明案例式教学实施方式。课堂实践表明，将工程实际案例引入教学，能使学生更深刻地理解"工程热力学"的相关理论，对学生解决具体的工程实践问题有很大的促进作用。

关键词：工程热力学；案例式教学；新工科；教学改革

1　引言

2017 年以来，教育部主导召开了多次围绕高校工程教育发展战略方面的研讨会，会逐步明确了"三问、三构建"（问产业需求建专业、构建工科专业新结构，问技术发展改内容、构建工程人才知识新体系，问学生志趣变方法、创新工程教育方式和手段）和"五个更加注重"（更加注重理念引领、更加注重结构优化、更加注重模式创新、更加注重质量保障、更加注重分类发展）的教改思路和要求[1]。这要求现今的工科专业教学不仅要传授学科基本理论知识，更要注重学生实践能力、创新能力和自主学习能力的培养[2]。

"工程热力学"是能源动力类专业必修的专业基础课，其教学目标是解决工程中热能与其他形式能量间的转换问题，其也是"空气动力学""空气调节""制冷技术"等专业课的先修课程。"工程热力学"本身是一门典型的高度理论化、工程应用强的课程，内容较为丰富，涉及的领域广且复杂多变。

2　教学困境

作为专业基础课，该课程开设于大二下学期，该学期的学生已经具有高等数学及大学物理的知识储

备，还不具备工程思维能力和热功设备认知，也不具备将工程问题建模转化为科学问题的能力。基于此，在"工程热力学"教学过程中出现学生普遍感觉概念抽象、难以理解，对该课程学习积极性不高等现象。这也反映出当前"工程热力学"课程在教育教学上还存在诸多不足，主要体现在以下几个方面。

2.1　内容多，学时有限

传统"工程热力学"课程涵盖基本概念、基本定律、工质性质、工质的流动、热机工作过程及其热力循环五个部分。

每个部分的内容又可以分列出很多内容和知识点。大部分学生在学习初期会感到内容多而繁，甚至杂乱无章[3]。受学时限制，学生必须在有限的时间内接受大量的知识，部分学生不能够充分消化所学内容[4]。

2.2　教学内容陈旧，缺少创新性

传统"工程热力学"授课内容主要侧重基本概念、基本定律、工质性质和基本循环的理解和应用，虽然体系完整、覆盖全面，但对于工程背景知识涉及甚少。随着高校工程教育发展战略的不断推进，"新工科"建设已成为当代高等教育的旗帜，对"新工科"内涵的纵深研究与广泛探索为不同层次的人才培养工作指明了宏观发展方向。显然，该课程采取的传统授课内容已经不能满足"新工科"建设对学生的培养要求[5]。

2.3　缺少有效教学手段，师生交流少

传统"工程热力学"多采取教师讲授和课堂提问的教学方法，缺少互动嵌入式教学，极少有以学生

作者简介：徐瑞莉（1988—），女，硕士，讲师。电话：15953637568。邮箱：xinnengyuan202205@163.com。

基金项目：潍坊理工学院 2021 年校级课程建设项目——"工程热力学"课程建设项目（KC-X202113）。

科学素养和创新理念培养为导向的教学方法创新[4]。虽然课堂教学采用多媒体方式,但现有教学内容不够丰富,缺乏实战性,学生学习积极性和主动性不够,导致课堂提问和讨论等活动环节往往只有个别学生参与。

针对现阶段教学过程中出现的各种问题,力图改变传统的教学方法,通过引用工程实例来解释热力学基本定律和基本过程,所选案例既包含传统热力学工程案例,又包含非传统经典热力学案例,方便学生将所学理论与实际工程相结合[6-7]。通过案例式教学课程建设,使学生更多地了解热力学问题的工程背景和实际应用,加深感性认识,提高学习兴趣,培养创新精神,使"工程热力学"课程的教学水平迈上一个新台阶[8]。

3 工程案例式教学法简介

工程案例式教学是一种以工程案例为基础的教学方法,这种教学方法可以有效引导学生参与课堂讨论,有助于培养学生的工程观念,提高学生的综合能力和解决实际问题的能力,进而达到激励学生主动参与教学活动、改善教学效果的目的[9-10]。工程案例设计是实施工程案例式教学的核心,开展工程案例式授课前,教师应结合工程实际,精心选择工程案例[11]。

本文以"工程热力学"课程中的蒸汽热力性质及热力过程知识点为背景,提出有关冰箱制冷的实际工程案例。教学案例主要包括三个设计环节:工程案例的引出(背景介绍)、案例问题分析与讨论、总结评述与拓展[8]。

3.1 工程案例的引出

冰箱是保持恒定低温的一种制冷设备,也是一种使食物或其他物品保持恒定低温状态的民用产品。第一台人工制冷压缩机是由哈里森于1851年发明的。他发现将醚涂在金属上有强烈的冷却作用,后经过研究制出了使用醚和冰箱压力泵的冷冻机。1873年,德国化学家、工程师卡尔·冯·林德发明了以氨为制冷剂的冷冻机。他利用一台小蒸汽机驱动压缩机,设计制造了一台工业用冰箱。后来,他将其小型化,于1879年制出了世界上第一台人工制冷的家用冰箱。世界第一台用电动机带动压缩机工作的冰箱是由瑞典工程师布莱顿和孟德斯于1923年发明的。1925年,一家美国公司生产出第一批家用电冰箱。最初的电冰箱的电动压缩机和冷藏箱是

分离的,后者通常是放在家庭的地窖或储藏室内,通过管道与电动压缩机连接,后来才合二为一。在20世纪30年代以前,冰箱使用的制冷剂大多不安全,如醚、氨、硫酸等,这些制冷剂或易燃,或腐蚀性强,或刺激性强等。后来人们开始探寻比较安全的制冷剂,结果找到了氟利昂。氟利昂是无毒、无腐蚀、不可燃的氟化合物,很快它就成为各种制冷设备的制冷剂,一直沿用了50多年。但后来人们又发现氟利昂对地球大气的臭氧层有破坏作用。于是,人们又开始寻找新的、更好的制冷剂。

3.2 案例问题分析与讨论

从冰箱的发展历程可以看出,制冷剂是影响冰箱发展的重要因素,那么制冷剂选取的决定因素有哪些?吸、放热过程是制冷剂在不同的状态下进行的,这两个状态的又是如何确定的?制冷剂是通过哪种热力过程实现的制冷?

结合本文所给出的实际案例,引导学生运用学过的蒸汽热力性质及热力过程知识,结合冰箱制冷循环实际过程,分析和讨论制冷剂热力过程建模和蒸汽定压加热或放热过程特点,使学生深入理解并掌握蒸汽热力工程应用及热力过程建模方法。

3.2.1 冰箱制冷原理分析

冰箱是学生都见过和使用过的家用电器,对其应用非常熟悉,对其运行循环分析也有一定了解,但对各部分热力过程分析并没有清晰的分析思路。学生已经了解冰箱制冷的基本原理,即冰箱通过制冷剂将食物中的热量不断带走,在蒸发器内制冷剂吸收食物中的热量。制冷剂经压缩机压缩升压,高压制冷剂在冷凝器放热,放热后制冷剂经毛细管降压回到蒸发器,完成循环。实现热量从温度较低的物质(或环境)转移到温度较高的物质(或环境)。

3.2.2 热力过程建模分析

制冷循环中发生关键热力过程的设备是蒸发器、压缩机、冷凝器、毛细管。这四部分的热力过程建模分析如下。蒸发器中制冷剂由液相变为气相,在这个汽化过程中实现吸热,汽化过程中制冷剂状态参数中的 T、v、s 都发生了变化,不变的是 P,压力变化的主要部位为压缩机和毛细管,因此该过程为定压加热汽化过程。冷凝器中实现高压制冷剂在箱体外由气相变为液相,在这个液化过程中实现放热,其过程分析与蒸发器相同,也是定压过程,但为定压放热液化过程。将蒸发器与冷凝器连接起来的中间设备为压缩机和毛细管,在压缩机工作过程中制冷剂所有状态参数都会发生改变,但该部分散热量与

前面的吸、放热量相比较,可以忽略不计,因此压缩机工作过程在制冷循环中可以认为是绝热过程。毛细管实现的是节流过程,节流为典型的不可逆过程。

3.2.3　制冷剂热力性质分析

蒸发器和冷凝器都是通过制冷剂相变实现热量传递,对制冷剂的选取所考虑因素除无毒、无腐蚀、不可燃、易获取、环境友好外,还需要有大的比热容,而汽化和液化过程的比热容可认为无穷大。制冷剂在蒸发器中完成吸热后需要升压才可放热,因为使制冷剂的温度高于环境温度才可实现对外放热,要达到这个温度实现液化过程所需的饱和压力显然高于此前的汽化压力,因此需要压缩机进行升压。由于在高、低温热源温度下都需要完成相态转变,因此制冷剂临界温度要高,凝固温度要低。考虑设备承压,要求蒸发压力最好接近大气压力,冷凝压力不易过高。蒸发器及冷凝器都是换热设备,要求导热系数要高,黏度和密度要小。压缩过程为绝热过程,同时也是耗功过程,因此运行过程中要求绝热指数小。

3.3　总结评述与拓展

总结评述与拓展是案例式教学的重要组成部分,通过多种形式组织该环节,可以有效提高学生的总结归纳能力,增强工程观念,提高分析和解决工程问题的能力,是对工程案例式教学过程的高度概括和提升。

结合本文所给案例,对冰箱制冷加以总结和扩展。冰箱包括冷冻室和冷藏室,如何实现有效的温度控制也是制冷循环中的重要研究课题。要求学生运用“工程热力学”中所掌握的蒸汽热力学性质特点,结合前述冰箱制冷原理,分析制冷剂在不同储藏室内热力过程状态的变化。此外,在火力发电、真空锅炉供暖等工程中,都会用到蒸汽热力过程及蒸汽性质分析。

四　结语

本文针对现有“工程热力学”教学“新工科”教改需求,以及学生能力培养需求,分析了现有“工程热力学”教学困境,探究了通过案例式教学激发学生学习兴趣的教学环节。经过一年实践,教学效果良好,让学生意识到了工程热力学应用就在身边,实现了学生参与教学、教师引导教学的互助合作模式,将学生被动式接受改为主动性发现与探讨,进一步响应了“新工科”教育理念的“三问、三构建”的教改理念。

参考文献

[1] 张映辉. 适应新工科的大学物理、物理实验课程改革方向与路径初探 [J]. 物理与工程,2018(5):101-105.
[2] 汪宇玲,陆玲,谌洪茂,等. 培养新工科生自主学习力的 SPOC 翻转课堂教学设计:以“计算机组成原理”课程为例 [J]. 东华理工大学学报(社会科学版),2021(4):392-396.
[3] 张净玉. 以目标为导引的“工程热力学”教学思路分析 [J]. 教育教学论坛,2021(25):112-115.
[4] 黄晓明,许国良,王晓墨,等. 工程热力学课程改革如何适应“新工科”建设 [J]. 高等工程教育研究,2019(S1):99-101,107.
[5] 于娟. 工程类基础课程多元化教学模式及评价:以工程热力学教学实践为例 [J]. 高等工程教育研究,2017(4):174-177.
[6] 方嘉,杨亿,杨言."工程热力学"教学改革探索 [J]. 科教导刊,2019(21):28-29,32.
[7] 许伟伟,黄善波,张克舫. 工程热力学形象化教学方法探讨与实践 [J]. 实验室研究与探索,2018,37(5):191-194.
[8] 李德玉,李嘉薇,陈更林. 工程流体力学课程案例式教学初探 [J]. 中国教育技术装备,2017(2):91-93.
[9] 贾绍义,夏清,吴松海,等. 工程案例教学法在化工原理课程教学中的应用 [J]. 化工高等教育,2010(3):78-81.
[10] 米伟哲. 案例教学法在工程实践教学中的应用 [J]. 实验室研究与探索,2010,29(3):145-146,178.
[11] 欧俭平. 工程案例教学法在热能与动力工程专业课教学改革中的实践 [J]. 高教论坛,2006(5):131-132.

"互联网+"背景下"制冷压缩机"纯线上课程全过程化考核案例分享

田雅芬，赵兆瑞

（上海理工大学能源与动力工程学院，上海 200093）

摘　要：近几年来，随着互联网技术的发展与疫情的影响，各大高校开始相继建设精品线上课程，积极推进教学改革。对于能源动力类纯线上专业课程，尚缺乏与全过程化考核相关的评价机制。因此，本文结合"制冷压缩机"线上课程建设与全过程化考核线上教学的案例，总结分享了相关经验与提升路径，可为相关课程的后期建设积累经验。

关键词：线上课程；过程化考核；评价指标

1　引言

近几年来，随着互联网信息技术与高校课程教学改革的发展，越来越多的在线课程开始进入课堂，如 MOOC、SPOC、微课、雨课堂等。在线课程可以结合线下教学，实现线上线下混合式的教学模式；同时，在线课程也可以较好地完成纯线上教学模式[1-2]。自从 2020 年新冠疫情肆虐以来，各大高校开始相继进行线上课程的建设，积极推进教学改革。相比线上线下混合式教学来说，纯线上教学由于缺少师生间的面对面交流，课堂教学效果与学生课堂体验会稍差，因此更应该注重教学过程中的互动交流与教学成效。但是，由于缺少系统的评价机制，目前对于能源动力类纯线上专业课程的全过程化考核相关指标尚无统一标准的定论[3-5]。笔者在上海理工大学能源与动力工程专业承担专业理论课的教学，结合"制冷压缩机"相关专业理论课的线上教学经验，提出一些自己的思考，并总结经验和不足，给出建议和完善途径，为课程后期建设积累经验，供同行参考。

作为能源与动力工程本科专业的一门核心专业课，"制冷压缩机"是一门理论性与实践性都很强的传统理工科课程。相较于学科基础课程而言，"制冷压缩机"的课程内容广泛，涉及多种类型的制冷压缩设备工作原理、主要结构部件、动力学分析等，包括往复活塞式、滚动转子式、涡旋式、螺杆式和离心式等各种不同形式的制冷压缩机，涵盖制冷原理、工程热力学、传热学、流体力学、机械与材料等相关知识，是从事制冷及低温工程专业技术领域需要掌握的必备专业基础知识。因此，该课程的教学内容决定了其具有如下特点：知识复杂、难以全面掌握、考核指标难以确定。

2　全过程化考核案例分享

由于 2022 年上海新冠疫情防控的原因，学校从 3 月就开始进行纯线上教学，相关考核也是通过线上方式进行的。在上海理工大学一流本科课程建设项目的资助下，"制冷压缩机"教学团队早在两年前就开始线上课程的建设，包括 MOOC、超星、一网畅学等平台，为线上教学与全过程化考核积累了大量经验[6-7]。

"制冷压缩机"的选课对象为能动专业的大三学生，每年约有 100 名学生，开设 5~6 个小班，保证每个班的学生人数控制在 15~20 人，以实现小班教学。具体的考核方式主要分为两大类，即平时表现与期末考试。在传统线下课程中，平时表现成绩占最终成绩的比重仅为 20%~30%，而线上课堂的全过

作者简介：田雅芬（1991—），女，博士，讲师。电话：13162500878。E-mail：yftian_usst@qq.com；赵兆瑞（1991—），男，博士，讲师。邮箱：smile90613@163.com。

基金项目：本文受到上海高校青年教师培养资助计划（ZZslg21005）的资助。

程化考核指标更为复杂,包括考勤与签到、课堂参与度、平时作业与测验等,于是将平时表现成绩占比提高到了60%以上,更加注重课堂过程的学习效果。图1给出了过程考核的不同形式,其具体分类如下。

图1　过程考核的不同形式(组图)

2.1　考勤与签到(占比10%)

线上课程由于无法保证学生是否出勤,为了保证到课率,需设置签到等考勤方式,考勤成绩占最终成绩的10%,以此来监测学生的出勤情况,并起到一定的监督作用。

2.2　课堂参与度(占比20%)

为了保证学生在课堂的学习效果,设置多样化的课堂参与活动,包括讨论、抢答、视频观看、课件下载等。讨论与抢答一般设置在课堂过程中,针对相关疑难知识点发起讨论或抢答,提高学生上课的热情,将学生注意力吸引到课堂内容上面。另外,为了保证课后的学习效果,将课件与录制好的视频上传到网络平台,供学生下载与点播观看。以上课堂与课后的参与程度也一并计入最终成绩,占比20%。

2.3　平时作业与测试完成情况(占比30%)

课堂知识需要配套作业与习题来强化练习,在每个章节设置对应的练习题作为平时作业,还包括一些测试题目,方便了解学生的学习情况,根据反馈结果及时调整教学进度与授课重点。平时作业与测试完成情况也计入最终成绩,占比30%。

2.4　期末考试成绩(占比40%)

"制冷压缩机"期末考试采用开卷的形式进行,并采用百分制,期末考试成绩也计入最终成绩,占比40%。

3　提升路径

表1给出了全过程化考核情况汇总。从中可以看出,过程考核占比提高至60%,期末考试占比仅为40%。由于期末考试采用开卷的形式,命题难度与灵活性增加,卷面成绩平均分仅为76分。对于班级人数20人,60~69分数段4人,70~79分数段8人,80~89分数段8人,表明多数学生已基本掌握本课程的知识,但少量学生过于依赖开卷时所带的课本与课件,导致答题时间不够,因此分数较低。这也体现出少量学生在学习过程中还是存在较严重的应试思维,不够重视知识与能力的获取。在后续的教学过程中,应该更加注重学生对知识的运用能力的培养,将理论与实际案例结合,加深学生对制冷领域各类压缩机的理解。

表1　全过程化考核情况汇总

考核方式	考核形式	成绩占比	平均分	实考人数	通过率
过程考核60%	考勤与签到	10%	83	20	100%
	课堂讨论与抢答	10%	70	20	100%
	视频观看进度	10%	85	20	100%

续表

考核方式	考核形式	成绩占比	平均分	实考人数	通过率
过程考核 60%	平时作业与测验	30%	96	20	100%
期末考试 40%	开卷考试	40%	76	20	100%
总评	过程考核成绩×60%+期末考试成绩×40%		83	20	100%

因此,基于"制冷压缩机"线上课程全过程化考核的经验,提出以下几点改善措施。

(1)分享行业发展历史与典型案例,增强学生的行业荣誉感与使命感,提高学生学习制冷压缩机相关知识的内在动力。

(2)邀请企业专家做报告,帮助学生了解企业最新技术,增进对市场需求与先进技术的了解。通过最新行业信息与案例的学习,帮助学生清楚认识行业需求与痛点,带着问题去学习,培养自主学习的能力。

(3)完善考核指标,注重过程化考核,激发学生学习过程的兴趣,注重能力与知识并重。改变学生的应试思维,提高学习兴趣,激发学生自主学习的意识,从考核方式入手,推动学生养成良好的学习习惯。

4 结语

在新时代教育改革背景下,如何结合"互联网+"信息技术与平台建设精品线上课程是高等教育传统工科课程改革的必经之路。实施全过程化考核是提高学生自主学习积极性的有效途径之一。笔者结合"制冷压缩机"线上教学的案例,分享了全过程化考核指标与形式相关的经验,并根据自己有限的理解,给出了具体的提升路径。在以后的教学过程中,应该更加注重知识与能力并重,完善过程考核指标,结合行业历史与最新案例,激发学生自主学习的动力。但其中也面临着一系列的挑战,过程考核的有效性需要教师将更多的精力投入教学,在教学形式、授课技巧、课程设计、行业信息搜集等方面付出更多的时间和心血,也对学生的自主学习能力提出了更高的要求。

参考文献

[1] 刘聪,段成栋. 新工科建设下专业课教学模式的探索[J]. 中国现代教育装备,2022(7):99-100.

[2] 纪国剑,王政伟,高颖. 能动类专业教学过程考核改革与实践[J]. 教育现代化,2019,6(50):37-38.

[3] 王欣,王曜,彭为微,等. 过程化考核在"食品安全与控制"课程的实践[J]. 食品工业,2022,43(3):334-337.

[4] 李钊,曲明璐,李奕霖,等. 工程认证背景下实践类课程过程化考核方法探索[J]. 产业与科技论坛,2021,20(4):189-191.

[5] 张桂菊,秦琳玲. "信息光学"过程化考核的课堂教学建设与实践[J]. 教育教学论坛,2022(7):97-100.

[6] 田雅芬,赵兆瑞. 课程思政改革要求下"制冷压缩机"线上教学设计与资源建设探索[J]. 山海经:教育前沿,2021(20):298.

[7] 赵兆瑞. 从西方教育方法论借鉴与反思角度看"制冷与压缩机原理"课程教学改进与实践[J]. 才智,2020(17):223.

应用型本科院校"大学物理"教学与专业课相结合探究
——以能源与动力工程专业为例

孙淑臻,王小娟,宗 荣,赵玉祝

（潍坊理工学院新能源工程学院,山东 青州 262500）

摘 要:目前,高等院校尤其是应用型本科院校"大学物理"传统的教学模式已不能满足现代技术人才培养的需要。因此,要对应用型本科院校"大学物理"课程内容进行整合优化,根据专业对物理知识的需求调整其教学内容和考核办法,加强与专业课相结合,立足学科特点,在课程建设中构建以提高能源与动力工程专业学生创新精神和实践能力为核心的课程新体系,推进"大学物理"教学的改革和创新。

关键词:大学物理;人才培养;课程建设;改革创新

1 引言

"大学物理"是应用型本科院校理工类学生的一门必修专业基础课程,它的知识体系、科学思维以及研究方法等贯穿人们学习自然科学知识和进行科学创造的始终。21世纪的人类社会是信息化的社会,培养高素质创新应用型技术人才是当前应用型本科院校均要面临的一项重要任务。物理学作为自然科学和现代工程技术的基础,是高素质创新应用型技术人才培养中必不可少的一部分[1]。"大学物理"在应用型本科院校众多专业课程中具有基础铺垫作用,有利于学生学习其他专业课程。掌握物理学研究方法以及分析和解决问题的能力,对学生成长成才具有积极的意义。

目前,高等院校尤其是应用型本科院校"大学物理"的教学现状如下:教师普遍年轻化,自身知识结构单一;物理知识理论性过强,学生对学习"大学物理"的兴趣不够;教学内容繁多,课时数相对紧张;教学内容陈旧,教学模式、方法单一化,与学生所学专业课知识脱节;考核办法传统、单一化,不够科学。多年不变的课程体系、缺乏时代信息的教学内容、传统的教学模式和方法、不够科学的考核方式、综合性和设计性不足等,已使其不能适应现代科技的发展。

因此,要对应用型本科院校"大学物理"课程进行整合优化,合理利用教学课时数,在课程建设中构建以提高学生能力为核心、加强与专业课相结合为宗旨的"大学物理"课程新体系。

2 建立教学新体系,提高教学指导价值和应用价值

"大学物理"是学生学习专业课的基础(如图1),探寻与专业课相结合的"大学物理"教学新模式,根据专业的需求调整"大学物理"的教学内容以及教学方法,增加与专业课衔接紧密的知识点,有利于学生更好地学习专业课程。对于能源与动力工程专业来说,"大学物理"中的力学部分知识(量纲、应力、刚体、力矩等)可与后期开设的"工程力学"相结合,侧重讲解力学与工程力学的衔接;热力学部分知识(热力学第一定律和第二定律、卡诺循环、卡诺热机、制冷机)可与后期开设的"工程热力学""制冷原理与设备""太阳能空调技术相结合"侧重讲解热力学与工程热力学、制冷原理与设备、太阳能空调技术的衔接,例如在讲解卡诺热机、制冷机计算热机效率和制冷系数时,可以增加蒸汽机、热泵和空调的实例讲解,做到理论联系实际,更加贴近学生所学专业,进而提高学生学习"大学物理"的兴趣,从而增强教师的课堂教学效果。

作者简介:孙淑臻(1986—),女,硕士,讲师。电话:13563635558。邮箱:461117205@qq.com。

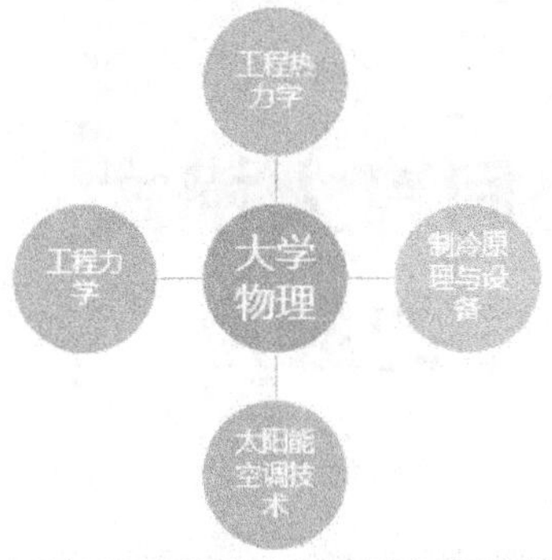

图1 "大学物理"与专业课关系图

学生在学习中都会有这样的感受:上课都懂,下课就忘,后期学习专业课时与物理知识联系不起来。这是因为他们只是简单、机械地了解每个知识点,而没有综合地将这些知识点与专业课知识点关联起来。所以,在"大学物理"课程讲解中将物理知识点在后期专业课哪些地方会用到作为重点,促使学生建立相互关联的概念,以便于后期专业课的开展。本文对于同类应用型高校的化工、电信、自动化、能动专业的高素质创新应用型技术人才的培养具有一定的指导意义,有利于专业人才培养目标的实现,有利于学生更好地掌握知识,使课堂教学更加贴近生活,提高学生分析和解决实际问题的能力,有利于增强学生的探索精神和创新意识,为学生今后步入社会打下坚实的基础[2]。现在的就业形势比较严峻,这不是因为用人单位不招贤纳士,而是因为他们找不到适合的人才。大部分学生只是记住了大量的计算公式、会做题,但是不会将所学的理论知识应用于解决生产过程中的实际问题。建立教学新体系,增加与专业课结合知识的讲授,有利于学生将所学知识应用于实际生活中,提高学生的就业率。

3 加大"大学物理"任课教师对专业知识的学习深度

"大学物理"任课教师应该拓宽自身的专业知识面,加深对专业知识的学习,提高自身专业知识水平。高校"大学物理"教师一般是物理学专业出身,对于物理理论知识比较熟悉,而对于学科专业的专业知识不够了解。因此,"大学物理"教师应该进入学院,与专业任课教师进行详细的交谈,了解学科交叉知识点,更好地了解专业需求,这样才能在教学过程中做到有的放矢,有针对性地讲授"大学物理"知识[3]。大部分学生会对专业知识更感兴趣一点,加

强"大学物理"与专业课之间的联系,更有利于减轻学生对"大学物理"的畏惧感,使学生更好地接受"大学物理"知识。

4 调整传统的考核办法,加入与专业课相关的知识考查

传统的考核办法通常是以期末成绩为主,以课堂出勤率以及课后作业为辅,平时成绩占30%,期末成绩占70%。可以对考核办法进行调整,增加过程性考核的比重,在平时成绩中增加对课堂表现以及物理知识在实际生活中应用等方面的考核,平时成绩占50%,期末成绩占50%。目前已经实施此种过程性考核办法。例如,可以让学生撰写一两篇"大学物理"知识在本专业中的应用的小论文或者"大学物理"知识和本专业课程关系的学习心得等。鼓励学生自学,自己上网搜集资料,充分发挥学习的主动性。这样,在文章的撰写过程中不仅可以加深学生对"大学物理"理论知识的理解,还能使学生对于物理与本专业的相关性有更深层面的认识,便于他们学习专业知识,从而也能改变他们对学习"大学物理"的看法[4]。

5 结语

本文初步探讨了应用型本科院校"大学物理"教学与专业课相结合,对于应用型本科院校而言,更加注重学生实践应用能力的提升,将大学物理和专业课相结合,有利于提高学生自主动手动脑的能力,有利于提高课堂教学效率,给学生带来良好的学习效果,有利于学科专业人才培养目标的实现。虽然在实际的推行过程中面临诸多问题,探寻之路非常艰辛,但只要敢于尝试、潜心研究,相信"大学物理"教学与专业课相结合将会收到越来越好的效果。

参考文献

[1] 李宏,谷建生,莫文玲. 结合专业特色的大学物理课程教学改革探索[J]. 物理与工程,2014,24(3):48-50.
[2] 陈丽,陈巧玲. 与专业相结合的大学物理教学探索[J]. 中国教育技术装备,2010(12):42-43.
[3] 周雪,杨旭. 新时代工科大学物理新课堂模式的探索与实践[J]. 智库时代,2022(19):122-125.
[4] 唐慧敏,安志壮,马璨. 基于非物理学专业"大学物理"课程分类教学的研究[J]. 广西物理,2021(42):58-61.

基于OBE理念的多维度协同育人模式在"空气调节"课程教学中的应用

王小娟,孙淑臻,单雪媛,赵玉祝,宗　荣

（潍坊理工学院,山东　青州　262500）

摘　要："空气调节"是能源与动力工程专业一门重要的专业课,传统的教学模式已不能满足工程人才培养需要。本文首先分析了传统教学目标导向下的"空气调节"课程教学现状和存在的问题;然后在OBE理念的指导下,结合我校能动专业现状,将枯燥的专业课理论知识与实践创新相结合,以第二课堂——书院为载体,建立多维度、全方位、深度的协同育人培养模式。对"空气调节"课程的教学目标、教学内容、教学方法、考核方式等方面进行教学改革,旨在培养学生的创新思维,以达到培养学生分析和解决实际工程问题能力的目的,有利于实现以能力为本位的课程教学。

关键词:OBE理念;实践能力;多维度;空气调节

1　引言

培养具有实践创新能力的应用型新工科人才是能动专业重要的人才培养目标。以理论知识简单讲授为主的教学方法显然已难以适应社会发展的需要,也难以调动学生的学习积极性[1]。"空气调节"课程是高校能动专业一门实践性较强的专业课程,因此基于OBE理念促进人才培养模式的转变,对"空气调节"课程传统的实践教学模式进行改革,充分发挥"第二课堂"影响力,使学生在掌握基础理论知识的前提下,多维度、多层次地进行学习实践,以最大限度地发挥该专业在能动专业人才培养中的关键性作用,从而加强学科建设,深化教学改革。

2　传统"空气调节"课程教学存在的问题

2.1　理论与实践断层,学生理论知识掌握不扎实

传统的教学模式是以课堂上专业课程的理论知识传授为主,而"空气调节"课程的最大特点是实践性、应用性和综合性强,课程讲解结束后,在配套的"空气调节课程设计"实践性教学环节,并没有很好地解决学生对理论知识理解不深刻和不能灵活应用的问题,反而反映出学生对专业课知识点遗忘严重,对重要知识点的掌握零散、不成系统等问题,导致学生在大四毕业设计课题中综合应用知识的能力不足,整体教学效果不理想,理论与实践脱节。为提高专业课程教学质量,就必须合理设置及更新学科实践教学内容。

2.2　教学过程中学生的主动学习积极性不够

在课堂教学过程中,以教师为主体,采用板书结合多媒体课件的形式,教师讲解专业课程知识,而学生的实践经验为零,跟不上教师的讲课思路,对课堂上所讲知识点领会不深刻;学生在课堂上以听为主,不断记笔记,但是自己对专业知识的思考不深,对理论知识缺乏感性认识,导致他们既不能很好地吸收、消化知识,也常常会对这样的课程产生乏味、厌倦的感觉,从而失去学习兴趣[2],极大地降低了学生主动学习的积极性。由于对课堂上理论知识的理解不深刻,学生在后面的专业实践教学中也缺乏主观能动性,从而无法达到专业课程相应的实践性教学目标,导致学生认为学习专业课程没有实际用处,工作中也并不需要这些理论知识和技能,而学生被动地学习专业课程仅是为了应付期末考试或者升学考试。

作者简介:王小娟(1986—),女,硕士,讲师。电话:15263695126。邮箱:wangxiaojuanlsxy@126.com。

2.3 学生专业认知不清晰，学习定位不准确

工科学生对自己的专业不了解，课外时间与其他专业的学生缺乏沟通交流，对自己的专业学习没有一定的规划。"新工科"提出了培养具有实践创新能力、社会竞争力强的高水平复合型人才的要求。因此，高校要着眼于培养实践创新型人才，必须从多方面深入分析，深化教学改革。

3 以第二课堂——书院为载体，构建多维度实践教学体系，改革传统教学

教师在第一课堂上的理论教学如何与第二课堂的实践教学有效结合，达到良好的教学效果，提高学生的学习兴趣与积极性，培养出综合素质高、应用能力强以及面向生产、管理和服务一线的应用型本科人才等，这对专业课程教学改革提出了更高的要求。教育要充分尊重学生作为学习主体的地位，发挥好教师作为学习促进者的作用，改革传统的教学方式，彻底打破理论教学与实践教学各自为政的局面[3]。以第二课堂——书院为载体，鼓励不同专业背景的学生互相学习交流，充分发挥"第二课堂"影响力，使学生在掌握基础理论知识的前提下，多维度、多层次地进行学习实践，积极参与各类学科竞赛、创新创业大赛等，将能源与动力工程专业打造成特色鲜明的应用型本科专业。"空气调节"作为能动专业一门理论性和实践性都很强的专业课程，基于OBE理念，采用多维度协同育人的理论与实践教学体系，既满足解决现实问题的需要，也具备很强的可操作性。具体课程教学改革实施过程如下。

3.1 确定课程教学目标

基于OBE理念的教学目标是使学生能够把所学专业知识转化为解决实际工程问题的能力。所以，"空气调节"课程的教学目标是使学生学习完该课程后，能在多方面的实训实践中提升自己的工程创新意识，在工程实践中具备发现问题、解决问题的能力，从而培养学生的工程创新素质和科研创新能力，具体包括将空调负荷的计算、空调系统的选择、空调设备的选型和气流组织等理论知识应用于实际空调工程的案例分析和实际工程的空调系统设计中。通过实训项目锻炼学生的实践能力，顺利完成"空气调节"课程的教学目标，如图1所示。

图1　OBE理念下的"空气调节"课程教学目标

3.2 采用多维度实践教学体系强化教学内容

制订教学计划，合理设置课程的教学内容和教学进度，建立包含基础实验、技能实训、课程设计、毕业设计的实践教学体系，包含认识实习、金工实习、毕业实习的实习教学体系，以及以学生自主参与的大学生科技竞赛和创新创业项目为主导的创新实践体系，形成以能力培养为核心，以提高工程实践能力为目的，促进学生全面协调发展的实践教学体系。要让学生在掌握原有理论知识的基础上，能够对当前空气调节方面的一些节能新理念、新技术和各种空调节能新设备有所认识，使学生的知识体系能够符合当前社会的发展形势[4]。在各种实践训练中，让学生明白一个建筑完整的空调系统设计包含哪些环节（表1），在每个环节中加深对相应专业理论知识的掌握，通过理论联系实际，顺利完成空调系统的设计。在实践教学中，培养学生综合运用所学专业基础课和专业课知识在实践中发现问题、分析问题、解决问题的能力，提高学生的独立思考和独立操作能力。

表1　空调系统设计的知识与能力目标

设计内容	教学内容与能力目标
空调系统的选择及风管的计算	对一栋建筑物的负荷计算，设备选型及风管的布置，掌握空调负荷计算、设备选型及风管与气流组织的计算过程
空调水系统的选择与计算	对空调水系统的分析，掌握空调冷冻水及冷却水的选择与计算
空调系统的噪声计算能力	对空调系统噪声的计算，掌握噪声计算的方法及消音器的选择

3.3 优化课程教学过程性考核方式

课程教学考核是评价教师的教和学生的学的一个重要的过程。结合书院制改革，积极推进"第二

课堂成绩单"，深入探索第一课堂、第二课堂协同育人模式，充分发挥第二课堂协同育人作用，促进学科交叉与融合。在教学阶段及时对学生的实践训练进行检查和考评，并以此作为学生综合成绩的评定依据，从而激发学生的学习动机，积极有效地推动第一课堂的专业理论知识的学习；不断加强实践环节的建设和管理，深化教学内容和课程体系改革，建立科学合理的实践教学评价体系[5]。首先，检查学生对"空气调节"课程重要知识点的掌握情况，如空调系统方案确定是否正确，风管流速的选取和管径的选取是否正确，以及风管在图纸上的位置布置是否正确，图纸绘制是否清晰等；其次，考查学生对相关理论知识的掌握程度以及规范的熟练程度。此外，借助第二课堂对学生的考核还能考查学生的团队合作意识、节能环保意识、实践创新能力，以及在丰富多彩的书院活动中实现自我价值，提高学生的综合实践能力。

4　基于 OBE 理念的多维度协同育人模式教学的实践效果

以第二课堂——书院为载体，建立基于 OBE 理念的多维度协同育人实践教学体系，将枯燥的专业课理论知识与实训实践、创新创业有效结合，从而实现人才培养模式的改革创新。从而使学生更好地学习"空气调节"课程，学生变被动接受为主动学习，课堂气氛活跃，学生对手机的依赖情况明显减少，凸显学生的学习主体地位，充分体现了"学生为主体，教师为主导"的现代教学理念下的教育模式，很好地解决了传统教学中理论与实践脱离的问题，对培养具有节能减排理念，富有社会责任感，具有创新思维、竞争意识和工程实践能力的应用型工科人才有一定的作用。

参考文献

[1]　张锐. 基于 OBE 教育理念的空气调节课程教学改革探索 [J]. 科技风，2020(32)：51-52.

[2]　胡冰，郭晓娟. 基于 OBE 教育理念的供热工程课程教学探讨 [J]. 东莞理工学院学报，2019,6(3)：116-119.

[3]　何叶从. 空气调节课程教学实践中的问题与改革思路分析 [J]. 新课程教师，2015(5)：118.

[4]　张红婴，刘伟，罗凯. 空气调节课程"校企联合，项目驱动型"教学模式改革研究 [J]. 高等建筑教育，2014(2)：90-93.

[5]　赵仙花，王卫东. 基于 OBE 应用型创新性人才培养的机械制造基础课程改革研究 [J]. 河北农机，2018(12)：50-51.

"工程材料"课程思政建设探索

陈秀娟

（潍坊理工学院,山东 潍坊 262500）

摘 要: 本文针对能源与动力工程专业的基础课程"工程材料",首先分析课程性质及目标、课程思政建设现状及目标,继而从教学内容整合更新、建立"教学思政案例库"、改革课程考核方式、加强教师思政能力等多个途径进行课程思政建设,从而实现专业知识与思政元素有机融合,完成"立德树人"的根本教育任务。

关键词: 工程材料;课程思政;教学改革

1 引言

在全国高校思想政治工作会议上,习近平总书记提出了提高学生思想政治素质的明确要求,即"四个正确认识",其要义就在于要学会用正确的立场、观点和方法分析问题,把学习、观察、实践与思考紧密结合起来,善于把握历史和时代的发展方向,把握社会的主流和支流、现象和本质,养成历史思维、辩证思维、系统思维和创新思维[1]。在这个思想的指导下,全国各大高校积极进行课程思政的建设,围绕全面提高人才培养能力这个核心点,推动所有学校所有课程都担负起育人责任,构建全员、全过程、全方位的育人大格局。课程思政,旨在将学生的思想政治教育与专业知识的讲授有机融合,潜移默化地影响学生的思想意识和行为举止。本文针对"工程材料"课程,从多个方面进行课程思政建设,使学生在学习专业课的同时,受到思想政治教育,实现"立德树人"的根本教育任务。

2 课程性质及目标

"工程材料"是潍坊理工学院能源与动力工程专业及新能源科学与工程专业等多个工科专业的基础课程,是后续其他专业课程学习和专业核心能力培养提高的基础,起着承上启下的重要作用,同时也为专业岗位能力的深度提升和拓展打下坚实的理论基础[2]。根据学校培养应用型新工科人才的培养目标,学生应达到的课程目标如下。

（1）熟悉材料的成分、组织结构与性能间的关系,以及有关加工工艺对材料的影响。

（2）初步掌握常用材料的性能和应用,具备选用常用材料的能力,并初步具有正确选定一般机械零件的热处理方法及确定工序位置的能力。

（3）具有节能减排理念,可以运用材料学知识提出优化设计方案,具有创新思维、竞争意识和工程实践能力,成为满足社会发展需要的应用型新工科专业人才。

3 课程思政建设现状及目标

多年来,"工程材料"作为能源与动力工程专业及新能源科学与工程专业等多个工科专业的基础课程,普遍存在课程内容固化和教学方法单一的问题。因此,首先需要对课程内容进行整合和更新,提高课程内容的高阶性、先进性、创新性,内容结构应符合学生成长规律,依据学科前沿动态与社会发展需求动态更新知识体系,教学资源要更加丰富多样,体现思想性、科学性与时代性;其次需要创新课堂教学模式和教学方法,如何实现以学生为中心的教学转变,如何有效融入信息化及数字化教学工具,如何开展线上线下一体化的混合式教学,如何做到理论与实践的融合,都是我们在教学模式和教学方法方面需要解决的问题;最后专业课教师擅长理性思维,对于思政元素缺乏积累和敏感度,缺乏思政教育方法及经验[3],是导致课程思政建设效果不明显的重要原因。

作者简介:陈秀娟（1987—）,女,硕士,潍坊理工学院新能源工程学院教师。电话:15063668372。

针对上述问题，学校积极推行课程思政改革，教研组经过论证研讨，从多个方面完善课程内容与资源建设，创新教学方法和教学设计，完善师资队伍建设，充分挖掘与课程内容相契合的课程思政元素，将思政元素融入各个教学环节，达到通过课程教学提升学生专业素养和政治觉悟的效果，使学生专业知识的学习和理想信念的树立与国家方针和路线达到契合，从而将学生培养为建设中国特色社会主义道路的中坚力量[3]。

4　课程思政建设方法及途径

4.1　教学内容整合更新

按照我校应用型人才培养模式要求，全面提高学生理论联系实际、注重工程应用、发展终身学习、适应经济社会的能力，对教学内容进行整合更新。教学内容主要包括材料的性能、材料结构及铁-碳合金相图、常用钢材的热处理方法及选用、工业用钢、有色金属及其合金、非金属材料、新型功能材料、工程材料选用等。在新时代课程思政教学改革背景下，在教学内容中融入奉献精神、爱国情怀、工匠精神等思政元素，充分利用网络教学平台，建立"教学思政案例库"，通过课前、课中、课后全过程学习环节，使学生在学习课程知识的同时树立正确的世界观、人生观、价值观，让学生通过学习掌握事物发展的规律，丰富学识，增长见识，塑造品格，努力成为德智体美劳全面发展的社会主义建设者和接班人[4]。

4.2　建立"教学思政案例库"

充分分析课程内容，深度挖掘课程思政元素，典型思政案例如下。

思政案例一：绪论中介绍工程材料的分类，通常按材料的化学属性，将材料分为金属材料、高分子材料、陶瓷材料及复合材料四大类。在教学中通过分析各类材料在防疫过程中的应用，如钢铁材料在火神山、雷神山两座医院建设中的应用，高分子材料在医疗防护物资中的应用等，向学生展示面对防疫这场没有硝烟的战争，中国企业全力增产扩能，为抗击疫情提供了有力的物资支撑，彰显"中国制造"的硬核力量，增强学生的民族自豪感和使命感，同时号召学生在疫情防控常态化的形势下，同全国人民团结一心，积极服从各项防疫政策，最终一定能够战胜新冠病毒；课后通过网络教学平台进行分组主题讨论——"防疫物资中的科技创新"，让学生通过资料搜集、文献查找等方法进行主题讨论，提升学生的

团队合作意识、资料搜集整理能力、学习能力和表达能力。

思政案例二：在介绍纯铁的性能时，引入央视《探索发现》视频片段讲述铁钚工艺艺术家费尽周折只为找一块纯度非常高的纯铁来作为艺术品的原材料，是因为纯铁具有良好的塑性和韧性。铁钚工艺艺术家对材质精益求精的"工匠精神"值得每一个人学习。工匠精神是一种认真精神、敬业精神，其核心是不仅把工作当作赚钱、养家糊口的工具，还要秉持对职业敬畏、对工作执着、对产品负责的态度，极度注重细节，不断追求完美和极致，将一丝不苟、精益求精的精神融入每一个环节，做出打动人心的一流产品。通过对"工匠精神"的阐述，加深学生对纯铁性能的理解，同时引导学生学习铁钚工艺艺术家的"工匠精神"。

思政案例三：在讲解"固溶强化"的概念时，引入固溶强化经典案例——"南京长江大桥"，说明锰元素在合金钢中的固溶强化作用，通过锰元素的加入，提高了材质的强度和硬度，从而节约了钢材，并减轻了大桥结构的自重。南京长江大桥是长江上第一座由中国自行设计和建造的双层式铁路、公路两用桥梁，在中国桥梁史和世界桥梁史上具有重要地位，是中国经济建设的重要成就、中国桥梁建设的重要里程碑，具有极大的经济意义、政治意义和战略意义，有"争气桥"之称[5]。它不仅是新中国技术成就与现代化的象征，更承载了中国几代人的特殊情感与记忆。通过引入此课程思政元素，让学生对"固溶强化"概念的理解更加深刻，同时提升学生的民族自豪感和使命感。

此外，在教学过程中，时刻注重结合专业特色，聚焦能源问题及能源梯级利用，通过展示工程材料在能源利用上的最新科研成果以及展示我国材料新技术、新工艺等思政素材，激发学生的民族自豪感和使命感，并注重环境保护和可持续发展，形成生态文明理念。

4.3　改革课程考核方式

围绕提升学生能力这个中心，在引导学生真正掌握课程的基本理论和分析方法的基础上，加大过程性考核比重，重视学生对知识的综合应用、分析与创新能力的发展。考核方式采用平时学习成绩＋学科论文成绩＋期末考试成绩的形式，其中平时学习成绩占25%，学科论文成绩占25%，期末考试成绩占50%。此考核方式经过实践验证，受到绝大多数学生欢迎，能切实学到知识，且大大调动了学生的学

习积极性,避免了以往死记硬背知识的现象,提高了学生的自主创新能力和实践应用能力。

4.4 加强教师思政能力提升

教师定期进行思政案例学习,共同探讨开发课程知识与思政元素融合支撑的典型案例,同时结合已有教学经验,创新教学模式,丰富教学资源,增强学生的理论认知程度,提升学生的综合素质。

5 结语

课程思政是当今社会对高校教育提出的新要求,需要通过多种形式、多种途径做到在专业知识的讲授中恰到好处地融入思政元素,充分发挥课堂教学在育人中的主渠道作用,着力将思想政治教育贯穿于学校教育教学的全过程,着力将教书育人落实于课堂教学的主渠道,深入发掘各类课程的思想政治理论教育资源,发挥所有课程的育人功能,落实所有教师的育人职责[6],潜移默化地引导学生在学习专业知识的同时,树立科学正确的世界观、人生观和价值观。

参考文献

[1] 新时代课程思政的内涵、特点、难点及应对策略. 中国知网.2019-11-1.
[2] 丰崇友,唐普洪,王进满,等. 思政元素融入"工程材料基础"课程的教学改革探析 [J]. 汽车教育:114-116
[3] 孙春景,杜晓方. 土木工程材料课程思政的教学改革探索 [J]. 福建建材,2022(1):112-115
[4] 李叶青,羊省儒,徐泉,等. 课程思政在"工程材料基础"本科课程中的应用 [J]. 广州化工,2022,50(4):167-168
[5] 南京长江大桥:符号、情感与中国人的集体记忆. 凤凰网.2018.10.8.
[6] 高德毅,宗爱东. 课程思政:有效发挥课堂育人主渠道作用的必然选择. 中国知网,2017.

能源与动力学科博士学位论文自主隐名送审的思考与实践

史　琳，段远源，刘　红

（清华大学能源与动力工程系，北京　100084）

摘　要： 做好博士学位论文同行专家评审是保证博士学位论文质量、加强博士培养质量目标管理的有效措施之一。笔者基于调研，结合实际情况，制订了动力工程及工程热物理学科博士学位论文自主隐名评审制度，形成了一套能实现对博士学位论文评审的科学准确、无缝连接、互相制衡的院系自主评审体系，且经过多年实践，取得了较好的效果。本文介绍了该院系自主隐名评审的制度设计思路、专家数据库建立、基本流程方法、实践结果分析等。

1　引言

作为创新性学术研究工作的总结，学位论文是博士生申请学位的重要依据。论文送审是研究生培养过程中的重要环节和博士学位论文质量的重要保障。做好论文送审的前提是准确找到研究方向对口的同行评审专家，达到科学评价的目的。

我们调研了美国、英国、德国、日本等国一流大学的博士学位论文典型评审办法，发现国外的博士学位论文评审主要以导师为第一责任人，论文的评审人也基本由导师指定，可以最大限度地找到专业方向适合的评审专家。这是基于国外学术共同体的责任感浓厚，学生的论文水平与导师个人的利益挂钩小，导师更重视学术声誉等。

我国的培养机构则多半采用隐名送审方法，国内博士学位论文评审可分为全部双向隐名、全部单向隐名、部分公开＋部分隐名等。公开送审专家一般由导师指定，隐名送审由管理机构送审，有的交给教育部学位中心，有的交给相关学会，有的交给学校研究生院送审。国内的学位论文选择隐名评审，主要是因为目前国内学术共同体的氛围还有待完善，完全交给导师选择评审人的条件还不具备。为避免非学术因素影响，隐名评审交给教育部学位中心或学校研究生院是目前消除人情因素的主要方法。

但目前国内的隐名送审方式，还存在一些问题。问题一，无论是教育部学位中心、还是学校的研究生院，因为工作人员非同行学者，只能主要依靠数据库的专家关键词进行遴选，很难做到科学准确。问题二，随着近年来科研创新的迅速发展，研究生的研究领域以及专家的研究领域都在不断拓展，一批新的学术专家也在不断加入和成长，官方的机构很难及时更新专家库。问题三，学科交叉是现代研究的大趋势，研究生的选题内容越来越多地涉及学科交叉，如本学科与化学化工、石油化工、材料、光学、管理学科的交叉等，从而增加了非学术机构遴选合适的评审专家的难度。若不能保证由合适的专家评审论文，就不能给学位论文提出更符合实际的评价，以及提供有价值的指导意见，也不利于对学生和导师给出更好的反馈，从而不利于论文质量的提高。

为妥善解决上述问题，从 2016 年开始，本系基于对国内外著名大学博士学位论文评审的调研，结合我校实际情况，研究制订了动力工程及工程热物理学科博士学位论文 2 个公开 +2 个自主隐名的评审体系。经过 5 年多的实践探索，取得了较好的效果。

作者简介： 史琳（1964—），女，教授，清华大学能源与动力工程系，动力工程及工程热物理学位分委员会主席。电话：010-62787613。邮箱：rnxsl@mail.tsinghua.edu.cn。
段远源（1971—），男，教授，清华大学能源与动力工程系，教学委员会主任。
刘红（1970—），女，副教授，清华大学能源与动力工程系，研究生教务。

2　评审体系的主要做法

2.1　基本做法

本学科的博士学位论文一般采用 2 个公开 +2 个自主隐名的评审体系。2 个公开评审专家由导师确定，以充分尊重导师对博士学位论文的理解以及对合适评审专家的选择；2 个隐名评审专家由系里学位论文隐名评审工作团队负责送审。

学位论文隐名评审的基础是有一个完备的评审专家数据库。通过多种方式收集和不断完善，采用的方式包括往年论文送审的专家名单、与各学校本学科研究生办公室的交流、不同高校教师间的交流、学术会议的通讯录、各学校网站的信息、近五年国内外学术会议和主要学术期刊论文作者团队的信息收集等，逐渐形成了超过 1 000 人的评审专家库。该专家库中还根据与学科交叉的特点，专门开辟了本学科与化学化工、石油化工、管理学科等的交叉背景评审专家分库。专家库信息实行动态更新，以保障适应学科发展的需要，并采用关键词为导引，包括专家姓名、工作单位、职称、研究方向、电子邮箱、手机电话和邮寄地址等。

学位论文隐名评审工作团队由四个层级工作团队组成，第一层级为系研究生办公室，负责评审专家数据库的维护和更新；第二层级由 2 名本学科不同专业的年轻教师兼任，负责根据学位论文初选出 8 位候选评审专家；第三层级为 3 名在本学科对于专业具有学科视野和交往广泛、公信力强的资深教授，该层级专家可对第二层级年轻教师给出的名单进行修改，其中 2 名专家根据候选评审专家和自己的判断，给出 4 位隐名评审专家的排序，第 3 名专家专门负责上面 2 名专家给出的 4 位隐名评审专家的选择，选出的 4 位隐名评审专家直接邮件送达第四层级。第四层级是具体操作向外送审的人员，该人员非教师编制，根据收到的 4 位评审专家名单，兼顾每位评审专家每次不超过 2 篇论文评审的原则，根据排序及接收专家意向选出其中 2 位实际评审专家发出，并回收评审意见，直接返回研究生办公室。

2.2　基本流程

（1）博士生给研究生办公室提交送审申请，包括学位论文电子版、公开送审专家名单、送审论文中文摘要和关键词。

（2）研究生办公室将上述信息发给相关专业的第二层级人员。

（3）第二层级人员从专家数据库初选评审专家，选出 8 位候选评审专家，并将 8 位候选评审专家信息直接发送给相应专业的资深教授。

（4）资深教授根据初选出的 8 位候选评审专家，以及自己的判断可新增评审专家，再选出 4 位建议隐名评审专家，直接发送给第四层级人员。

（5）第四层级人员根据 4 位建议隐名评审专家名单及专家每次评审数量限制，选择其中 2 位为最终评审专家，并实施外送，且负责回收评审意见，直接返回研究生办公室形成闭环。

2.3　注意事项和考虑因素

四个层级的参与人员，除第一层级是研究生办公室人员外，其他三个层级的人员均对外保密，以减少不必要的压力和干扰。

第四层级人员采用专有邮箱，由其确定每个学生隐名评审专家编号，评审结果以专家编号给出，评审费用发放由研究生办公室根据第四层级人员给出的评审专家总表发放，总表仅有专家信息，无相关学生信息。

本评审系统，所有参与的相关学术人员，既根据其学术经验选出最匹配的评审专家，又均不知最终的实际送审名单，同时也实现了参与隐名送审专家的个人回避，最终形成了一套能实现对博士学位论文评审的科学准确、无缝连接、互相制衡的院系自主评审体系。

3　实施效果

2016 年 1 月—2021 年 12 月，总计完成了 254 名学生的隐名送审工作，总计送出论文 513 份，收到反馈意见 511 份，隐名评审意见回收率为 99.6%。

3.1　遴选专家的匹配程度

在给专家的评审表中，有一项表示专家对论文研究内容熟悉程度的选项，包括"很熟悉""熟悉""一般"和"不熟悉"。

从评审结果看，其中对论文研究内容"很熟悉"占 50.1%，"很熟悉 + 熟悉"占 97.5%，"一般"占 2.5%，评审专家无人对所评审的论文研究内容不熟悉，具体数据见表 1，达到了较好的评审专家专业匹配度。

表1 2016年1月—2021年12月评审专家专业匹配度数据

	数量	占比（%）
回收总数	511	99.6
很熟悉	256	50.1
熟悉	242	47.4
一般	13	2.5
不熟悉	0	0

3.2 隐名评阅和公开评阅的对比

为便于比较，我们整理了2021年全年毕业的50名学生的隐名送审100份、公开送审101份（有一位博士生有3份公开送审）的数据，重点整理了论文评审专家针对论文的研究工作和论文写作及总结水平提出的重要意见和建议，见表2。

表2 公开评审和隐名评审数据分布对比

反馈情况	公开评审101人次		隐名评审100人次	
	总数	人均	总数	人均
意见总数	400	3.96	481	4.81
研究工作意见数量	293	2.9	360	3.6
论文写作及总结水平意见数量	105	1.04	117	1.17

101人次公开评审专家总计反馈意见和建议400条，人均3.96条，其中反馈研究工作相关类意见和建议293条，人均2.9条，反馈论文写作及总结水平方面意见和建议105条，人均1.04条。

100人次隐名评审专家总计反馈意见和建议481条，人均4.81条，其中反馈研究工作相关类意见和建议360条，人均3.6条，反馈论文写作及总结水平方面意见和建议117条，人均1.17条。

从表2可以看出，隐名评审专家反馈意见和建议的总数比公开评审专家多约20%，其中在对研究工作和论文写作及总结水平方面的人均意见和建议均多于公开评审专家。

从提问的问题数分布来看，隐名评审专家均提出了意见和建议，有2位公开评审专家未指出论文的不足之处；隐名评审专家提出意见和建议超过4条的占59%，而公开评审专家占45%；隐名评审专家提出意见和建议超过6条的占20%，而公开评审专家占12%，见表3。

表3 隐名和公开评审专家对论文提出意见和建议数对比

提出问题数	隐名评审专家人数	公开评审专家人数
0	0	2
1~3	41	54
4~6	39	33
7~9	12	10
>9	8	2

从针对论文的研究工作提出的问题数分布来看，隐名评审专家有3位未提出意见和建议，公开评审专家有11位未指出论文研究工作方面的不足之处；提出1~3个论文研究工作意见和建议的公开评审专家超过60%，对比来看隐名评审专家此数据为50%；有9%的隐名评审专家提出论文研究工作方面的意见和建议超过6条，有不足3%的公开评审专家提出论文研究工作方面的意见和建议超过6条，见表4。

表4 隐名和公开评审专家在研究工作方面提出意见和建议数对比

研究工作问题数	隐名评审专家人数	公开评审专家人数
0	3	11
1~3	50	61
4~6	38	26
7~9	8	2
>9	1	1

从针对论文的总结与写作提出的问题数分布来看，有46位隐名评审专家，37位公开评审专家未提出论文总结和写作方面的意见，占总评审人数的41.29%，有超过一半的评审专家对博士生的论文写作与总结提出了意见和建议，见表5。

表5 隐名和公开评审专家在总结与写作方面提出意见和建议数对比

写作与总结问题数	隐名评审专家人数	公开评审专家人数
0	46	37
1	27	38
2	10	20
	10	3

续表

写作与总结 问题数	隐名评审专家 人数	公开评审专家 人数
4	3	1
>4	4	2

清华大学博士学位论文评审的总评分为 A、B、C、D 四档，A 表示达到博士学位论文要求的水平，可以申请答辩；B 表示达到博士学位论文要求的水平，但需对论文内容及文字进行适当修改后方可申请答辩；C 表示基本达到博士学位论文要求的水平，但需对论文内容进行较大修改后方可进行答辩；D 表示没有达到博士学位论文要求的水平，不同意申请答辩。

对于送出的 201 份论文，将近 75% 的隐名评审专家认为所评审的论文达到博士学位论文要求的学术水平，可以申请答辩（A）；超过 25% 的隐名评审专家认为所评审的论文达到博士学位论文要求的学术水平，但需要对论文内容进行适当修改后方可申请答辩（B）。对比来看，超过 95% 的公开评审专家认为所评审的论文达到博士学位论文要求的学术水平，可以申请答辩（A）；只有不超过 5% 的公开评审专家认为所评审的论文达到博士学位论文要求的学术水平，但需要对论文内容进行适当修改后方可申请答辩（B）。

从以上隐名评审和公开评审的对比来看，总体来说，隐名评审专家给出的对论文的意见和建议数量更多，掌握的尺度明显比公开评审专家更严格，隐名评审和公开评审结果结合使用可以提供更为客观的评审结果。总之，现阶段隐名评审还是很有必要性的，对于严把学位论文质量，把好博士生培养环节最后一道关口具有非常重要的作用。

博士学位论文院系自主评审体系实施 5 年来，全体与论文送审相关的博士生和导师对论文送审选择的评审专家无异议，从另一个角度也表明了我系的博士学位论文隐名送审工作的科学性和有效性。

4　结语

（1）制订了博士学位论文院系自主评审体系，在隐名评审专家的选择过程中，充分发挥了学科专家的作用，最大限度地实现了隐名评审专家与博士学位论文研究方向的科学匹配，便于提出专业意见，提高论文质量。

（2）基于学术共同体还不完善的现状，本自主评审体系通过流程设计，实现了无缝连接、互相制衡，避免了不必要的干扰。

（3）从本博士学位论文自主评审体系实施 5 年来的效果看，由于遴选出的评审专家的专业性，可对博士学位论文给出更为专业和客观的评审结果，对于提高学位论文质量具有非常重要的作用。

建环专业实验教学仿真平台建设探索研究

曹为学[1]，李自朋[2]，李凤华[1]，孙　博[1]，武振菁[1]，李　军[1]

（1. 天津城建大学，天津　300384；2. 河北工程技术学院，石家庄　050091）

摘　要：本文以天津城建大学暖通燃气实验室建设及虚拟仿真平台为例，结合该平台在建设、运行及管理中存在的问题，利用信息和"互联网+"技术赋能，探索构建具有多方向实验教学资源管理、多种类实验教学管理和双平台实验教学仿真等模块的虚拟仿真平台，借助平台多方向融合、规范统一、资源开放、内容跨区域和可扩充模块等鲜明特色，为我院建环专业实验教学信息化和虚拟仿真建设提供新的发展思路，也为推动建环专业实验培养方案的信息化发展提供经验。

关键词：建环专业实验；实验教学；虚拟仿真；信息化平台

1　引言

随着虚拟现实技术的高速发展和日趋成熟，利用虚拟现实进行仿真和学习在将来必将成为一大趋势[1-2]。高校通过虚拟实验室实验操作或实习等方式，可使学生沉浸到虚拟现实的实验课程场景中，不仅可以避免仅依靠书本传授知识和传统视频教学等方式存在的局限性问题，还可以有效地满足建筑环境与能源应用工程（以下简称建环）专业相关专业实验课程的教学需求[3-5]。

我院建环专业在培养方向上分为暖通和燃气两个方向，在培养方案中分为课程类教学、实践类教学和实验类教学等内容。近年来，随着线上课程的普及，大部分的课程类教学工作已经成功实现线上教学；关于实践类课程的线上化也开始逐步展开，部分高校已经成功实施线上实践教学平台的教学工作；关于实验类课程，特别是专业实验课程，如何更好地实现虚拟实验教学平台的建设是一个相对较为迫切的问题[6-7]。

2　当前我院建环专业实验教育平台存在的问题

2.1　实验教学资源不足

我院建环专业分为暖通（4个教学班）和燃气（2个教学班）两个教学方向，专业实验教学同样分为两个方向，共四个模块。实验教学内容烦琐复杂，未能很好地全面覆盖暖通和燃气两个方向的专业知识，且两个方向教师分布不均匀，专业实验室面积分布不均匀，从而在整体上导致实验教学资源不足的现象。

2.2　实验室开放性不充分

很多高校的实验室均存在过程管理中侧重实验室的预约、登记、安全检查等问题，而未能较好地进行多学科交叉教学组织活动，如建环专业与给排水、电气、材料等专业的交叉。同样，对于专业课程建设、学生实验操作、课后交流互动等内容均存在很多不足，如专业课设置较为分散，相同的教学内容重复讲授，学生实验操作单一化，实验心得交流封闭化等问题。

2.3　实验测试成本高

建环专业实验测试对象一般为大型公共建筑、居住建筑的冷热源、通风空调末端等设备，此类设备占地面积大，系统运行复杂，且专业知识要求高，操作不当会产生危险，甚至造成重大经济财产损失。

作者简介：曹为学（1989—），男，博士，讲师。电话：13820743378。邮箱：caorainy@163.com。

基金项目：教育部高等教育司2021年第二批产学合作协同育人项目，项目编号：202102102024；天津市教委科研计划项目，项目批准号：2019KJ109。

2.4 高校资源建设同质化严重

全国 200 余所设置暖通类专业高校，相关市级、校级一流课程建设重复率高，教学资源重复建设比例较大，很多相对良好的建设资源平台往往集中在少数高校内，其他高校很难获得，时空壁垒打破难度较大。另外，很多国家级精品课程、思政课程建设课题组将相关教改课题作为科研项目执行，得到的相关教学成果也集中在部分高校内部，造成资源的浪费[8]。

2.5 "互联网+"赋能作用不突出

在"互联网+"和 AI 人工智能时代，传统工科高校实验室囿于实验室改造成本、难度等问题，未能很好地利用现代信息技术进行升级改造，且很多已经建成的虚拟实验中心平台信息更新慢、人机互动性差，不能满足新时代高校学生教学和科研个性化的需求。

3 专业实验教学内容拓展

借助天津城建大学能源与安全工程学院实验室平台，基于学院"暖通燃气并重发展"理念，提出专业实验教学内容分类管理。将建环专业本科专业实验分为专业基础实验和专业特色实验两部分，其中专业基础实验为暖通和燃气两个方向学生必须完成的实验课程，而专业特色实验则更加细分为暖通和燃气两个专业方向，两个专业方向专业特色实验同时建设发展。具体专业基础实验清单见表 1。

表 1 专业基础实验清单

序号	实验项目名称	学时	实验类型
0	概述：实验的总体安排和实验数据的处理方法	2	讲授型
1	风管内风速、风量的测定	2	基础型
2	水泵工作特性测定	2	基础型
3	热水网络水压图及水力工况	2	综合设计型
4	喷水室内空气与水的热湿交换实验	2	综合设计型
5	锅炉内胆温度位式控制	2	综合设计型
6	上水箱液位控制	2	综合设计型

从表 1 可以看出，专业基础实验共分为三类，即讲授型、基础型和综合设计型，根据培养方案设置在

不同学期的不同专业阶段分别进行。表 1 中相关专业基础实验依托建环专业三门专业基础课设立，即"流体输配管网""热质交换原理与设备"及"热工热量及自动控制原理"课程开设。首次专业基础实验采用集中讲授的方式进行，为本科专业学生整体讲述实验的总体安排，相关实验测试设备仪器的使用以及相关实验数据的处理方法，在此基础上开设 6 个专业基础实验，这 6 门专业基础实验为暖通和燃气两个方向学生的必选课程，其中跟随暖通行业的发展，开放性地增设了相关自动控制类的专业基础实验，从而不仅可以扩展学生的基础知识面，也可以拓展实验内容的开放性和包容性。

在专业基础实验的基础上，随着专业课程的推进，相关专业特色实验也逐步展开。专业特色实验的安排主要在"建筑环境与能源应用工程专业基础实验"课程的基础上，主动配合两个方向的专业课分别设立专业特色实验。具体两个方向的专业特色实验情况见表 2。

表 2 专业特色实验清单

序号	实验名称		学时	实验类型
	暖通方向	燃气方向		
1	热网系统认识实验	燃气输配管网系统的组成	2	基础型
2	室内采暖系统模拟	燃气相对密度的测定（泄流法）	2	基础型
3	空调净化综合实验系统认识实验	燃气热值测定	2	基础型
4	制冷热泵综合实验系统认识实验	土壤腐蚀性测定	2	基础型
5	室内空气含尘浓度的测定	烟气分析	2	基础型
6	冷凝器传热性能研究	燃气热水器性能测定	2	综合设计型
7	板式换热器性能测试	火焰传播速度测定	2	综合设计型
8	管路系统定压方式比较	民用燃具热负荷、热效率测定	2	综合设计型

续表

序号	实验名称		学时	实验类型
	暖通方向	燃气方向		
9	管路系统恒压差控制方式	燃气调压器特性实验	2	综合设计型
10	超声波流量计在热网中的应用	燃气分配管网计算流量折算系数测定	2	综合设计型
11	室内环境综合测试	—	2	综合设计型
12	空调系统风量调节实验	—	3	综合设计型
13	制冷与热泵系统变工况性能测试	—	3	综合设计型
14	管网阻力特性测定	—	3	综合设计型
15	空气净化系统的验收与测试	—	4	综合设计型

首先,针对表2中暖通专业特色实验,主要是配合专业课"供热工程""空调工程""通风工程"及"空气调节用制冷技术"等课程开设的共15个实验,而在教学过程中,本科专业学生需从上述15个实验中选修16学时的实验。从上述实验中可以看出,其共包含基础型和综合设计型两类实验。其次,针对表2中燃气专业特色实验,主要是配合"燃气输配""燃气燃烧应用""燃气气源"和"燃气测试技术"等课程并设的共10个实验,而在教学过程中,本科专业学生需从上述10个实验中选修16学时的实验。从上述实验中可以看出,其共包含基础型和综合设计型两类实验。

由于燃气专业自身独特的属性,如燃气实验危险性高、实验测试平台搭建审查严格、课程体量小等多方面原因,使得燃气专业特色实验内容,特别是综合设计型实验少于暖通类,这也为后期燃气专业方向发展指明了方向。

4 专业实验虚拟仿真平台建设

通过将信息化技术、互联网技术、数字孪生技术

等新兴技术融入建环专业实验建设和发展,建立相应的数字化实验室,特别是将虚拟仿真实验平台建设和专业实验课程建设相融合,从基础上及时更新专业实验教学内容。同样,利用虚拟仿真平台,在更新教学内容的同时,也可拓展专业实验教学在时间、空间以及工程应用场景上的维度,提高实验教学效率,改善实验教学效果,为建环专业探索新工科建设进行初步探索。

利用虚拟仿真实验测试平台,对虚拟仿真实验、真实物理化学实验、建筑建造运维管理案例拓展交叉方式,实现专业实验虚实结合,工程案例可全流程、全方位地参与到工程实验教学中,从而充分发挥虚、实两种教学手段的优势,如图1所示。借助实际工程应用拓展而来的虚拟实验和专业知识点链条的桥梁及链接功能,可以实现构建涵盖专业理论知识、实验知识和操作技能相结合的立体化教学方法,进而可更好地实现教学质量的提升。

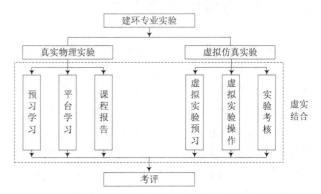

图1 虚拟仿真实验平台和真实物理实验平台搭建

虚拟仿真实验项目建设改造工程将在我院原有实验室及机房等现有环境的基础上进行,目标是结合现有实验条件,建立虚实结合的实验教学平台。虚实结合实验教学平台依托现实、多媒体、人机交互、数据库等技术构建高度仿真的虚拟实验和实验对象,学生在虚拟实验环境中开展实验,不仅可以完成教学大纲要求的教学活动和教学内容,还可以让学生直观感受诸如通风管道、流体管道的具体形式和安装形式,并可动手独立完成实验教学大纲要求的初调节及运行调节中的相关内容。在加深对基本原理理解的基础上,能够更好地学习专业知识,为未来的就业或继续深造打下基础。

上述虚实结合实验教学平台能够扩展实验的开展条件,完成真实实验所不能完成的高大空间、高温高湿车间等环境实验;另外,在现实实验条件下,部分实验测试结果转瞬即逝,且不易观察记录,而虚拟

仿真系统利用虚拟仿真技术和互联网技术,能够将实验测试结果更加清晰明了地展现出来,还可以对其中的细节进行深化分析,进而巩固学生对专业知识难点的掌握和理解。另外,真实物理实验的虚拟化不仅可以极大地节省实验设备、实验操作时学时内的讲解时间,学生通过虚拟实验操作,还可基本掌握实验设备的基本特征、真实物理实验的操作流程和注意事项,优化实验教学环节的时间配置。

虚拟仿真实验平台的建设需以实验教学大纲为准则,以物理实验为基础,运用多媒体、人机交互、数字孪生等技术将现有教学资源、实验预习、实验考评等进行数字化整合,虚拟仿真实验平台建设的重点是数字资源的建设。以流体输配类实验为例,可分为数字虚拟实验和真实物理实验。数字虚拟实验将信息技术、物联网技术引入流体流动状态的模拟过程中,将湍流、紊流、阻力系数等内容重新导入实验教学环节。通过数字虚拟实验教学资源的建设,更新实验教学项目内容,且结合全新的实验教学方法,拓展实验教学在时间、空间、工程应用领域的维度限制,不仅改善了实验教学条件,还提升了实验学效果。

在平台建设完成后,同步开展相关的课程体系建设,对现有的实践教学环节和实验教学环节进行优化配置。基于该虚拟仿真实验平台,重点结合建筑环境与能源应用工程专业的空调工程、供热工程、通风工程和燃气输配等课程特点,梳理传统土木类工科专业课程对虚拟仿真实验教学平台的实际需求,研究虚拟仿真实验平台在课程教学、实验教学、实习环节等的具体应用,规划和重构课程教学内容和教学资源配置,形成一套适用于建筑环境与能源应用工程专业实验的虚拟仿真教学培训课程体系。

5 结语

依托天津城建大学能源与安全工程学院实验平台,探索专业实验教学和虚拟仿真实验测试平台建设方案,不仅可以推动我院实验教学平台的网络化、信息化、交叉融合化发展,对深化虚拟和真实专业实验教学内容的改革也具有重要意义。

(1)基于现有建环专业实验教学项目内容,探索建立以专业基础实验和专业特色实验相结合的实验课程安排,并将暖通、燃气两个方向的专业实验进行耦合发展,不仅扩展了学生的专业实验操作能力,同时也解决了专业方向发展不均的问题。

(2)虚拟仿真实验平台的建设,不仅解决了学生实际生产实习中动手操作难、运行成本高、管理复杂等问题,在现代互联网信息技术的赋能作用下,还为新时代建环专业实验教学带来了新的变化。

参考文献

[1] 杨晴,王晓墨,成晓北,等. 新工科背景下的新能源科学与工程专业:哈佛大学工科教育在学科交叉方面的启示 [J]. 高等工程教育研究,2019(S1):23-24,33.

[2] 邱海洋,王慧,智鹏飞,等. 新工科教育改革教育模式调研与分析 [J]. 教育现代化,2019,6(66):80-82.

[3] 李家俊. 以新工科教育引领高等教育"质量革命" [J]. 高等工程教育研究,2020(2):6-11,17.

[4] 别敦荣. "双循环"视角下中国高等教育普及化发展的意义 [J]. 中国高教研究,2021(5):22-28,35.

[5] 石碧,廖学品,彭必雨,等. 高校传统工科专业教育改革模式探索:"轻化工程"专业教育改革研究 [J]. 高等工程教育研究,2020(2):12-17.

[6] 袁俊飞,王林,陈茜. 流体输配管网课程改革实践与体会 [J]. 教育教学论坛,2019(43):106-107.

[7] 王静,马楠,张应敏,等. 数字时代高等工程教育发展策略:基于教师教学发展的视角 [J]. 高等工程教育研究,2022(1):93-97.

[8] 郭哲,王玉佳,王孙禺. 聚焦专业认证改革 提升工程人才培养质量:"评估认证与中国高等工程教育质量保障座谈会"综述 [J]. 高等工程教育研究,2021(6):196-198.

以节能减排大赛为依托 培养应用型本科生实践创新能力

宗　荣,王小娟,赵玉祝,孙海权,孙淑臻

（潍坊理工学院,山东　青州　262500）

摘　要:学科竞赛在深化理论教学、培养学生实践创新和团队协作方面发挥着显著作用。本文以潍坊理工学院能源动力类专业为例,以节能减排大赛为抓手,依托校企合作共建平台,将课堂内容与实践有机融合,启发学生创新思维。本文分析了节能、减排大赛对本科生专业知识、创新意识及团队协作能力等综合素质的影响。实践证明,节能减排大赛在学生兴趣培养、专业素养提升、创新氛围营造及科研能力训练等方面发挥着积极作用,是应用型本科高校人才培养的重要方式之一。

关键字:节能减排大赛;应用型高校本科生;实践创新能力;专业素养

1　引言

第一课堂是大学本科生获取专业知识的基本途径;第二课堂是第一课堂的补充和延伸,是培养学生实践创新能力的有效途径。应用型高校本科生注重理论知识与实践经验的有机融合,重点培养学生的实践创新能力[1-2]。潍坊理工学院从建校之初就明确办学定位为"培养应用型人才,引领服务地方经济社会发展"。学校以"立德树人"为根本,坚持"校企一体化,产学研用一体化"办学模式,创建山东禄禧新能源科技有限公司等多家学科性公司,发挥学校在太阳能制冷空调、生物质真空燃烧锅炉、低温空气源热泵等产品的研发实力,以及在多能互补、清洁供暖以及智慧能源等方面领先的技术优势,产教深度融合,强化基础知识,突出能力培养,努力把学生培养成为专业基础扎实、实践能力强、具有理想与责任、富有创新品质、适应社会发展需要的高素质应用型新工科人才。

发挥校企一体化机制办学优势,利用校企双方教育资源和科研条件,搭建"全过程、深层次、高稳固"的校企一体化协同育人平台,并以"多能互补、集中示范、可再生能源100%替代"的技术方案为整个校园提供绿色能源供应,其中"绿色低碳智慧校园"荣获国家级节约型公共机构示范单位,在2020年世界绿色大学中排名全球第19名;绿色校园的打造为学生提供了良好的竞赛、教学实训条件。

学校以"培养应用型新工科人才,建设高水平应用型名牌大学"为目标,发挥国家节能减排大赛的引领作用,积极营造校内节能减排氛围,增强节能降耗意识,达到思政育人效果。依托第二课堂——"节能减排大赛""环保之星大赛""绿色低碳智慧校园"入学教育以及协同育人实践项目等课外活动,提升本科生对本专业的认知度,激发学生学习兴趣,开拓学生创新思维,增强学生解决实际问题的能力,进而让学生达到科研思维与实践能力的融合训练的目的。

2　增强专业认知,激发学生学习兴趣

"兴趣是最好的驱动力。"以节能减排社团和学科竞赛交流会为载体,搭建高、中、低年级梯队,鼓励学生结合自身优势积极组织团队参赛或是加入感兴趣的团队一起培育项目作品,在准备大赛的过程中,可以让学生提前学习如何查阅文献资料,将课本中抽象的专业知识与实际相联系,提升学生对本专业的认同感及成就感,开拓学生的创新思维[3]。通过竞赛实践,不仅提升了学生的团队协作精神,而且激发了学生对本专业进一步学习探索的欲望。

作者简介:宗荣(1986—),女,硕士,副教授。电话:15169568900。邮箱:zongrongyuan@163.com。

能源动力类专业的专业课中经常涉及热力学计算,如"热量"计算。通过课堂教学,学生仅对"热量"这一概念有初步认知,对热量传递的计算仅限于数学运算,缺乏对热量的感知,与后续专业课的学习无法建立有效衔接,进而无法灵活运用。为了实现理论教学与实践接轨,学校依托学科性公司,搭建校企一体化协同育人实践平台,鼓励学生结合兴趣主动参与教师的科研项目,锻炼学生的科研思维能力,真正实现理论与实践的有效融合。2019届毕业生王某毕业时曾说"非常荣幸参与到'热力式自动换热设备'项目",通过与指导教师不断地沟通磨合、设计和验证,其对所学的理论知识有了更深入的理解,激发了学习后续专业课程的兴趣。该参赛项目荣获了第十一届全国大学生节能减排大赛三等奖,在校内选拔赛评审过程中,评审专家提出的有关换热器传热计算方面的改进意见,激发了王某对后续开设的"换热器原理与设备"课程的学习兴趣,也更好地理解了所学的传热学知识。竞赛期间通过赛前教师指导和赛时专家评阅拓宽了学生视野,进一步提高了学生专业认知,帮助很多参赛学生发现了本专业的"美"。2020届毕业生孙某从大一开始就跟着高年级的学长参加节能减排大赛,加入小组项目"热力式自动换热设备",激发了他参赛兴趣,为后续自己组队参加竞赛积累了丰富的经验。其参赛项目"吸收式风冷空调"荣获第十二届全国大学生节能减排大赛二等奖。

3 促进沟通协作,提升专业素养

当前世界范围内新一轮科技革命和产业变革加速进行,以新技术、新业态、新模式、新产业为代表的新经济蓬勃发展,为经济社会发展注入新动能,高等教育步入新阶段,对应用型新工科人才的需求变得愈加强烈。新时期新工科背景下,大学生综合素质的提升显得格外重要。当今社会对大学生的评价不再以学业成绩作为唯一标尺,良好的品德、团队协作能力以及专业素养都成为衡量优秀大学生的标准。本科生毕业后,仅依靠在学校所学到的专业知识是远远不够的,大学生应该学会如何分析问题、解决问题,加强沟通协调和组织管理能力,而不是仅局限于书本知识的学习[4-5]。

3.1 团队协作

节能减排大赛采用小组参赛制,对参赛队伍团队协作能力的提升有很大帮助。一件优秀的作品是

一个团队沟通协作的结果。优秀作品的培育不仅需要教师参与指导,更重要的是团队的沟通协作。学会如何与他人相处,学会如何处理意见分歧,学会项目分工以及最后的凝练整合,都是对团队协作能力的考验[4]。团队成员要结合自身优势,积极贡献自己的一份力量,不要过多计较谁付出多谁付出少。在竞赛的整个准备过程中,小组的团队沟通协作能力都会得到提升。通过参加比赛,学生会在团队氛围中意识到团队的重要性,形成良好的竞争氛围,提升自己的专业素养,实现学校到社会的有机衔接[6]。

3.2 专业素养

专业素养是专业知识、专业技能、专业能力、专业作风以及专业精神的统一。参赛团队在准备作品期间一定会遇到很多知识盲区,这时就需要学生通过实践去解决问题,通过查阅文献资料消除知识盲区。新的创意和想法需要通过查阅大量文献资料和实践不断验证其合理性和可行性[7]。节能减排大赛的作品需要进行 PPT 现场展示,这就需要学生具备一定的 Auto CAD 和 SolidWorks 软件使用功底,以便更好地展现作品。通过竞赛实践,可进一步提升大学生的工程绘图能力和资料收集分析能力,深化学生对所学专业知识的理解和专业能力的提升。

节能减排大赛从学科领域角度强化了大学生作为能源学子的责任与意识,深入理解了"节能减排,绿色能源"的主题含义,让工科学生能够结合自身主动作为,节能降耗,助力碳达峰、碳中和。"双碳"战略目标不再只是大学生口中的标语,他们也能助力"双碳"发展。作为能源动力类专业的学生,节能减排就是能源学子专业素养的最佳体现。逐年提高能源动力类专业招生计划,以节能减排大赛为载体,全面提升学生的专业素养,真正做到"授学生以渔",提升学生的就业竞争力。

4 激发创新意识,培养创新能力

21 世纪,各国之间的竞争主要体现在人才之间的竞争,所以培养学生的创新精神与创造能力已成为高等教育界的共识。对于新工科人才的培养,首先要有创新热情,对实际问题进行探索并给出解决方案;其次要有创新能力,能力是热情的实施基础,创新能力包括敏感的观察力、丰富的想象力以及灵活的思维能力,以合理的知识结构加强团队之间的协作[1,6]。要培养学生的创新能力,必须激活学生的创新意识。通过参加节能减排大赛,让大学生能够

学会自主求知、自觉实践,形成能力,有效地提升素质。通过竞赛准备,团队成员的创意和想法经过一次次碰撞,不断激发学生探究的兴趣,潜移默化地增强了学生创新意识的培养。

全国大学生节能减排社会实践与科技竞赛是由教育部高等教育司主办,唯一由高等教育司办公室主抓的全国大学生学科竞赛,是教育部确定的全国十大大学生学科竞赛之一,也是在全国高校产生广泛影响力的大学生科创竞赛之一[6]。潍坊理工学院充分发挥校企合作优势,依托第二课堂活动,以节能减排社团为载体,以创新创业实践学分为抓手,以节能减排大赛为契机,着力培育节能减排大赛项目,鼓励学生在实践中发现问题、分析问题、解决问题,从而激发学生的创新意识,提升学生的创新能力。毕业生吴某在谈及"低温热源双效海水制取纯净水设计"项目时说到,"查阅文献资料—项目选题确定—负荷计算—材料的选择—换热器的设计—实物制作—设备实验",这一系列过程让她真正理解了如何将理论知识与实践进行有机结合,使理论知识得到了真正消化,激发了创新热情。该项目荣获了第九届全国大学生节能减排大赛三等奖。在原海水淡化设备的基础上,该同学与指导教师进一步研究探讨,提出了多级真空海水淡化装置的设计想法,并以此作为本科毕业设计题目,荣获 2017 届校级优秀论文。毕业生孙某在获得第十二届全国大学生节能减排大赛二等奖的基础上,以此项目为依托完成了本科毕业设计,荣获 2020 届校级优秀论文。

近五年,潍坊理工学院在全国大学生节能减排社会实践与科技竞赛中获奖比率逐年提升,荣获二等奖 2 项、三等奖 12 项。通过竞赛实践,依托校企一体化协同育人平台,让学生的设计梦想成真,营造了良好的创新氛围,培养了学生勇于探索的创新精神和善于解决问题的实际能力。

5 营造创新氛围,搭建校企一体化协同育人平台

创新驱动发展,科技引领未来。在新时代背景下,培养具有更强实践能力、创新能力、国际竞争力的高素质应用型新工科人才是当前高校教育教学的重要教学目标[8]。高校作为培养创新创业人才的重要基地,在培养学生创新理念和创新能力方面具有关键作用。因此,探索校企深度融合的人才培养体系对于高校贯彻落实国家教育改革和发展规划纲要具有重要的现实意义。

潍坊理工学院从 2013 年起以"校企一体化、产学研用一体化"的理念建设能源动力类专业,共建共享优质科教资源,积极搭建校企一体化协同育人实践平台,让学生的设计和创新梦想成真,提高学生参与教师科研项目的积极性和成就感。依托全国大学生节能减排大赛,发挥实践课程思政育人效果,全面提升学生的综合素养和学习专业课的兴趣,锻炼学生的科研能力水平。通过竞赛实践,弥补了课堂教学时间上的不足,加强了师生之间的沟通交流,形成了良好的学习氛围。团队建立高、中、低梯队,高年级学生对低年级学生进行指导和培训,不仅增进了学生间的年级情谊,而且会对高年级学生形成一定的压力,积极发挥榜样力量,促使学生更加勤奋学习和研究,互相促进成长。自 2014 年以来,能源动力类专业的学生在全国大学生节能减排大赛中获奖 16 余项,学生考研录取率保持在 40% 以上,毕业生就业率达 95% 以上。

对接新工科人才评价标准,围绕创新实践型工科人才培养需求,潍坊理工学院以"激发创新兴趣,培养创新思维,引导自主实践"为核心,以全国大学生节能减排大赛为抓手,以第二课堂为载体,依托学科性公司,采取多种形式、多种方式共育大学生科技创新成果。书院、团委、学院和节能减排社团为竞赛活动确定方向、制定规划、协调实施,为大赛提供组织协调平台。

(1)建立节能减排竞赛校内外双导师制度,明确指导任务,保证大赛项目的可行性和创新性,促成大赛项目成果转化,为学生提前了解社会市场需求和步入社会工作打下基础。

(2)依托学科性公司,建立校内外协同育人实践平台,为学生将创新想法通过实践变成现实提供路径。

(3)共建校企混编师资队伍及运行机制,培养具有"应用科研"能力的"双师型"教师,保障竞赛项目的创新性。

(4)构建"团委—书院—学院"三级竞赛实践活动管理与执行队伍,保障学生参加竞赛活动渠道畅通。

(5)结合新工科评价标准,构建以"工程应用能力"为核心的新工科人才培养体系,制定科学合理、可持续发展的创新创业实践学分评价与奖励办法,激发学生参与课外实践活动的主动性和积极性。

6 结语

通过参加全国大学生节能减排大赛活动,不仅提升了学生"节能减排、绿色能源"意识,还从学科领域角度进一步提升了学生的专业素养,强化了学生工程实践创新和团队协作能力的培养,充分发挥了应用型高校本科生在创新实践活动中的主动性,增强了学生的创新意识和工程意识,为培养真正符合社会需求的应用型新工科人才奠定了基础。

以节能减排竞赛活动为载体,为校园创造了良好的创新氛围,将创新创业实践与实践教学有机结合,保障了学生专业素养培养的可持续性,激发了学生创新意识和节能降耗意识,以实际行动助力"双碳"战略目标的实现。应用型高校能源动力类专业本科生的教育需要全国大学生节能减排大赛这样的平台提升本科生的综合素养。

参考文献

[1] 王强. 以实践创新促进本科人才培养 [C]// 陈焕新:制冷空调学科发展与教学研究:第六届全国高等院校制冷空调学科发展与教学研讨会论文集. 武汉:华中科技大学出版社, 2010:103-105.

[2] 单延龙,唐抒圆. 地方高校本科人才分类培养模式的改革与探索 [J]. 北华大学学报(社会科学版),2018(7):142-146.

[3] 孔松涛,蔡萍,刘娟,等. 基于节能减排竞赛的大学生科技创新能力培养 [J]. 教育现代化,2019,6(A2):43-44.

[4] 王强. 以科技实践提高本科生的培养质量 [C]. 第四届全国高等院校制冷空调学科发展与教学研讨会论文集. 南京:东南大学出版社, 2006. 2006:330-333.

[5] 叶钊,邱挺,赵素英,等. 深化专业实验教学改革突出创新人才的培养 [J]. 化工高等教育,2005(4):113-115.

[6] 夏侯国伟,鄢晓忠,田向阳,等. 实践教学中创新人才培养的思考与探索:以节能减排大赛为依托 [J]. 湖南科技学院学报,2019,40(5):57-58.

[7] 刘德明,傅振东,鄢斌,等. 以节能减排竞赛活动为抓手,可持续培养学生专业素养的实践 [J]. 教育现代化,2019,6(82):199-200.

[8] 薛丽华,李雨健,朱大明. 科研创新能力的培养体系研究 [J]. 中国集体经济,2020(15):160-161.

"制冷原理"课程中融入思政元素的探索

杨果成

（上海理工大学，上海　200093）

摘　要： 本文在"制冷原理"课程中融入思政元素为研究切入点，在分析课程特点的基础上，进行了思政元素的梳理，提炼了社会责任感、工匠精神、专业使命感等思政元素。为解决工程专业教学融入思政元素容易产生不契合、突兀的问题，提出了多样化互动、挖掘多媒体资源、理论联系实践等多种教学途径。这些教学方法与途径为"制冷原理"课程思政建设提供了一些思考。

关键词： 课程思政；制冷原理；教学

1　引言

"要坚持把立德树人作为中心环节，把思想政治工作贯穿教育教学全过程"[1]，这是习近平总书记在全国高校思想政治工作会议上对教育工作者提出的殷切期望。我国高校长久以来注重理论与技能的教育，而忽视了"德育"工作，"德育"任务主要由思想政治学科教师承担。但随着互联网的蓬勃发展，我国的意识形态受到西方资本主义渗透与冲击的形势日趋严峻，现有的高校"德育"体系如不改革发展将可能无法满足未来的需求。因此，高校各学科的教师有必要共同参与到"德育"体系中，将各类课程与思想政治理论课同行，形成协同效应，共同解决教育培养什么人、怎样培养人、为谁培养人等根本性问题。

对于如何将各类课程与思想政治理论课同行的问题，近年来有不少高校各学科教育工作者进行了探索和研究[2-4]。在各学科课程中融入思政元素的过程中，如何做到润物细无声，使思政元素的融入不显突兀是课程思政的难点[5]。这需要高校教师进一步拓宽视野，扩充知识储量，在教学过程中充分挖掘课程内容中的思想政治教育资源或元素。对于看似与思想政治教育无关的专业课程和实践课程，要找到知识背后的切入点和开发要素。

"制冷原理"课程是制冷及低温工程专业重要的基础理论课程，该课程兼具理论性与实践性的特点。本文对"制冷原理"课程特点进行分析，对各个章节可能存在的思政元素进行一一梳理，并提出将这些元素融入课程的方法与途径。在已有的学科知识范畴内，充分挖掘相关的思政元素，将思想观念、政治观点、道德规范教育融入课程教学过程中。

2　"制冷原理"课程简介与特点

将思政元素融入"制冷原理"课程时，需要结合本学科课程的特点，具体问题具体分析，才能使思政内容与教学内容更加契合。"制冷原理"课程主要是讲授制冷方法、制冷剂、载冷剂和润滑油、单级压缩式制冷循环、两级压缩和复叠式制冷循环、吸收式制冷循环及其他制冷方法、制冷设备等内容[6]，其具有基础性、理论性、实践性的特点。通过该课程可以培养学生综合运用知识，将理论与实践相结合，初步具备分析和解决制冷空调领域实际问题的能力。

"制冷原理"定位为专业基础课程，是专业基础知识与专业实践技能之间的桥梁，其教学对象为刚接触专业课程的本科三年级学生。这些学生经历了专业通识课的学习，已经具备一定的专业理论基础，然而对已掌握的理论知识如何去应用，大部分学生仍然不够明确。而"制冷原理"课程在回顾已学习的专业基础知识的基础上，增加了一些应用层面的联系与实践训练。因此，通过该课程的学习，一方面可以帮助学生更深刻地理解之前学习的专业理论，另一方面可以帮助学生理论联系实践，掌握运用专

作者简介： 杨果成（1988—），男，博士，讲师。电话：13585737016。邮箱：gcyang@usst.edu.cn。

基金项目： 上海高校青年教师培养资助计划（ZZslg21006）。

业知识的能力。

该课程中知识的应用面十分广泛,涉及日常生活、医疗卫生、食品药品储藏运输、航空航天、国防、轻工、体育等领域。因此,教学的素材存在于生产生活的方方面面,可以讲述的故事十分丰富,其中就包含许多带有思政色彩的内容,如冬奥会运动场馆中的人工造雪技术、二氧化碳制冷技术等。

该课程内容与学科发展结合紧密,不断更新迭代,符合社会技术经济发展的趋势。该课程的发展反映了整个制冷学科的发展,介绍的技术更新替代都是以环境保护为目标,为的是解决全球变暖、臭氧层空洞等问题。该课程除包含一些已成熟的技术与材料的介绍外,也会额外讲述正在发展中的新技术和新材料,如自然工质制冷剂、制冷剂回收技术、新型制冷技术等。

3 "制冷原理"课程中的思政元素梳理

寻找符合课程需要的思政元素素材是重要的一环。正如《舌尖上的中国》讲述的那样,高端的食材往往只需要最简单的烹饪方式,就可以做出美食。寻找与教学内容相契合的思政元素素材,可以润物细无声地将之融入课堂中,自然而然地渗透思想政治教育。通过对"制冷原理"课程内容分析和对课程思政理念的理解,依据各章节列出的思政元素如表1所示。

表1 "制冷原理"课程的思政元素梳理

章节	思政元素	德育目标
第一章 绪论	以中国古代的自然制冷技术作为引子,例如"冰权""凌人""冰商"、冰块避暑、七轮扇、瓷枕、凉屋等	使学生了解中国古人的智慧,让学生体会中华文化的源远流长,培养学生的民族自信心和自豪感
第二章 制冷剂、载冷剂及润滑油	讲述全球变暖和臭氧层空洞导致的环境问题,包括紫外线辐射、海平面上升、物种灭亡等危害;同时介绍中国积极应对全球变暖和臭氧层空洞问题采取的措施和颁布的政策	让学生站在技术全球化的角度看待技术发展问题,使他们认识到全球环境污染问题的严重性,培养学生保护环境的专业意识,进行家国情怀熏陶
第三章 单级压缩蒸汽制冷循环	紧跟时政新闻,列举一些新冠疫情下单级压缩制冷技术的应用,如疫苗储运、食品冷链等;讲述国内制冷行业企业为应对防疫需求,在技术上做出的努力与贡献	通过新冠疫情的时政案例,使学生更贴切地感受到学科专业的重要性,明白学以致用的道理,培养学生的社会责任感
第四章 两级压缩和复叠制冷循环	介绍一些企业积极研发复叠式制冷循环所做的工作,如 NH_3/CO_2 复叠制冷循环技术、$CO_2/R134a$ 复叠制冷循环技术等	通过对新技术的介绍,让学生意识到学科不断发展进步,培养学生终身学习的学习态度和精益求精的工匠精神
第五章 吸收式制冷循环及其他制冷	在碳中和、碳达峰的背景下,介绍吸收式制冷与余热利用、太阳能利用相结合的应用案例,与单一制冷循环进行比较,阐述其如何提高能源利用率	让学生了解国家碳中和、碳达峰的战略目标和意义,并结合本学科的知识学习如何提高能源利用率,意识到本学科在"双碳"经济中扮演的重要角色,培养学生的专业使命感
第六章 制冷设备	介绍中国在制冷设备制造中从初步发展到主导地位的历史过程,对比国内外的设备产品,说明技术差距正在逐步缩小。	让学生了解学科的发展历程,使之肩负起让我国从"制冷大国"演变为"制冷强国"的历史使命

4 思政元素的融入途径

为了将思政元素更好地融入"制冷原理"课程教学中,需要根据教学内容,转变传统的教学方式,确保学生在教学过程中潜移默化地接受思政教育。将思政元素融入课程中的具体途径如下。

(1)多样化互动,引导学生积极思考。在探索专业知识的同时,对社会发展和专业的学习规划提出自己的看法,课堂形式可以包括研讨式、讨论式、案例式和专题式等。

(2)充分挖掘多媒体资源。对于包含思政元素的新闻报道、视频资源进行搜寻和整理,充分利用这些多媒体资源中潜在的思政元素,在播放多媒体资源的同时,教师可以加入自身的理解。

(3)注重理论联系实践,让学生明白专业知识的用途。可以带领和鼓励学生参观每年的制冷展览,参加行业相关的主题报告会以及申请大学生创新项目,促使学生在实践中更深刻地理解知识。

思政元素的融入需要根据教学内容确定具体的融入途径,进行多样化的选择,才能使思政元素与教学活动更加契合,达到润物细无声的效果。

5　结语

为了解决"制冷原理"课程中融入思政元素可能产生不契合、突兀的问题,本文对课程特点进行了分析,给出了课程思政建设中可融入的思政元素,同时提出了将这些思政元素融入课程教学的具体途径,为在教学中融入思政元素提出了探索性的方法。

参考文献

[1] 习近平:把思想政治工作贯穿教育教学全过程. 2016. http://edu.people.com.cn/n1/2016/1208/c1053-28935842.html

[2] 贾永英, 徐颖, 王忠华, 等. "工程热力学"课程思政改革探析 [J]. 制冷与空调, 2022, 36(2): 328-331

[3] 胡晓花, 穆丽娟, 张连山. "工程热力学"课程思政的研究与探索 [J]. 制冷与空调, 2021, 35(6): 937-940

[4] 李志国, 刘学东, 邵理堂. 传热学课程中的思政教育实践 [J]. 现代职业教育, 2021(31): 194-195

[5] 董慧, 杜君. 课程思政推进的难点及其解决对策 [J]. 学科与课程建设, 2021(5): 70-74

[6] 郑贤德. 制冷原理与装置 [M]. 北京: 机械工业出版社, 2021.

思政元素融入"低温技术基础"课程探索

许婧煊¹，林文胜²，陈　曦³，张　华³

（1. 能源清洁利用国家重点实验室，杭州　310000；2. 上海交通大学，上海　200240；3. 上海理工大学，上海　200082）

（Tel：18217105157，Email：xujingxuan@usst.edu.cn）

摘　要："低温技术基础"是一门面向高年级本科生的专业课程，能源与动力工程专业（制冷低温方向）在完成"工程热力学""流体力学""传热学""制冷原理"等课程的基础上，可系统学习获得低温的方法、流程与设备。坚持立德树人与三全育人理念，在教学过程中，注重知识传授与价值引领相结合，理论与实际相结合，将思想政治教育融入教学全过程。本文分析了"低温技术基础"课程思政教学现状及存在问题，并提出了几种思政元素融入策略，可为高校能源动力类专业工科课程思政建设提供参考。

关键词：课程思政；低温技术基础；价值引领

1　引言

为贯彻落实习近平总书记关于教育的重要论述和全国教育大会精神，教育部于 2020 年 6 月 1 日发布了《高等学校课程思政建设指导纲要》（以下简称《纲要》），提出把思想政治教育贯穿人才培养体系，全面推进高校课程思政建设，发挥好每门课程的育人作用，以提高高校人才培养质量[1]。坚持立德树人与三全育人理念，在教学过程中，教师应该注重知识传授与价值引领相结合，理论与实际相结合，将思想政治教育融入教学全过程[2]。"低温技术基础"是一门面向高年级本科生的专业课程，能源与动力工程专业（制冷低温方向）在完成"工程热力学""流体力学""传热学""制冷原理"等课程的基础上，可系统学习获得低温的方法、流程与设备。该课程面向低温设备制造行业与低温应用领域，培养学生熟悉低温技术领域的各种知识和能力，为学生进行企业实习和毕业设计等提供专业知识，同时为学生以后的低温工程设计和相关科学研究工作打下良好的理论基础。本文分析了"低温技术基础"课程的特点和教学现状，研究了"低温技术基础"思政元素融入策略，引导学生在专业学习过程中体会和体验家国情怀、理想信念、价值观、辩证思维和创新创业意

识，为高校工科课程思政建设提供参考。

2　课程教学基本情况

2.1　课程内容

"低温技术基础"课程面向低温设备制造行业与低温应用领域，培养学生熟悉低温技术领域的各种知识和能力，为学生进行企业实习和毕业设计等提供专业知识。"低温技术基础"从工程实际出发，系统讲授低温技术基本理论、低温技术及其应用，着重讲述低温工质物性、低温液化系统计算、低温精馏、低温换热器与低温绝热、低温真空等知识点，为学生提供理解、分析和设计各种低温设备所必需的基本知识，同时也为以后从事低温系统及设备的设计、运行和控制，以及低温应用技术等方面工作打下必要的基础。

2.2　核心学习成效

通过"低温技术基础"课程的学习，使学生掌握各种低温装置和系统的基础理论及专业知识，了解低温相关的工程应用，初步具备分析和解决各种低温工程问题的基本能力，熟悉能源与动力工程专业及低温科学与技术领域的发展动态，为以后从事低温系统与设备的设计、运行、控制及低温应用技术等工作打下必要的基础。

2.3　教学方法

以课程目标为导向，运用现代教学技术，使用多

作者简介：许婧煊（1993—），女，博士，讲师。电话：18217105157。邮箱：xujingxuan@usst.edu.cn。

基金项目：能源清洁利用国家重点实验室开放基金课题（ZJU-CEU2021014）。

媒体课堂教学课件,多媒体课件和黑板板书相结合,辅以网络教学资源,采用案例教学等方法,以学生为主体,通过教师线下讲解和学生线上查阅、分析、归纳的混合传授方式提高教学的互动性,实现高效课堂,提高学生学习的兴趣与主观能动性,促进其对低温技术与设备的理解与掌握,使其由被动接受转变为主动学习,培育其自主学习能力及科研探索精神。

3　课程思政存在的问题

《纲要》按照公共基础课、专业课和实践类课程类别,明确了每类课程进行课程思政建设的重点。对于工学类专业课程,要求在课程教学中把马克思主义立场、观点和方法的教育与科学精神培养结合起来,提高学生正确认识问题、分析问题和解决问题的能力[1]。课程思政作为高校教学改革的重要举措,相关教师及教学团队对"低温技术基础"课程思政已经开展一些有益的探索,但目前仍然存在一些问题。

3.1　课程思政教学理念存在偏差

课程思政实施的主体是教师团队,由于教师团队中各成员的年龄、学识水平、研究方向和教学方法不尽相同,在教学过程中,对课程思政的理解和实施方式方法也存在差异。在传统的教学观念中,课程思政是公共思想政治课程的任务,一些教师对课程思政融入专业课的意识不强,没有积极主动参与其中。专业课教师在完成专业知识传授的同时,保证课程思政富有成效是一项具有挑战性的任务。

3.2　课程思政实施的方式过于单一

"低温技术基础"作为一门高年级本科生的专业课,本身专业知识复杂,教师的课程思政行为在时间上受限于较少的课时数,在讲授基础知识的时间已经比较紧凑的情况下,实施课程思政的主要方式只是简单引入一些案例分析,方式比较单一。

3.3　课程思政战略方案的缺失

"低温技术基础"课程中涉及的制冷低温领域的知识点,其实有很多值得挖掘的点可作为课程思政的载体,但是在具体教学大纲、教学设计过程中没有对思政元素的融入进行系统的梳理,目前的实施方式基本是在一些零散的知识点片段中硬性插入与之相关的思政内容,不能融会贯通,略显老套,容易使学生学习兴趣下降,达不到预期的思政教育目标。

4　课程思政实施措施探索

结合上述提出的目前"低温技术基础"课程思政存在的一些问题,提出以下几点改进课程思政的实施措施。

4.1　教学团队构建课程思政战略方案

从大到小形成系统性的思政教学设计,不仅要向学生介绍低温技术在国民经济和国防航天上的应用,还要深入分析解读我国在低温技术领域的巨大进步,使学生了解低温技术对我国可持续发展及国家安全的重要性,引导学生品德向正确、健康的方向发展,养成实事求是、注重实效的工作作风。在教学实施上,分为课前预习与测试、课堂讲授演示与实操、课后作业三部分。课前,教师将基础知识课件、视频发布到"一网畅学"平台,学生进行线上预习,并完成课前作业。课堂上,教师根据学生测试的情况,讲解"单级压缩制冷循环""循环热力计算"等重点难点,引导学生思考"为什么要进行热力计算""如何对制冷系统的 COP 进行优化提升",培养学生刻苦钻研的工匠精神。课后,教师发布实训任务书,以"针对某特定制冷机进行性能提升"为例进行逐步演示,让学生跟随老师进行练习,并即时将结果展示到"一网畅学"平台,由教师点评。教师点评过程中,重点强调学生中的优化方法与目前工程实际中采用的性能提升方法有哪些,目前实际工程中由于哪些限制使制冷系统的能耗无法进一步降低、性能指标无法进一步提升,最终教师再抽取部分结果进行点评,强调学生除了要有精益求精的精神,也要理论联系实际,实际工程中还有很多技术需要他们的创新钻研精神去突破。

4.2　思政教学理念传输与引导

针对教师团队进行系统的思政设计培训,并且注重资深教师与青年教师教学相长、互相学习的环节。对于资深教师来说,他们拥有更多的教学经验,并且掌握更多贴近工程的实际案例,在教学过程中很容易理论联系实际,对学生进行引导;但是资深教师由于大多数没有受到过系统性的课程思政培训,尤其存在一些固化思维,认为课程思政是政治老师的任务,很容易忽略将课程思政融入专业知识教学。对于青年教师来讲,他们没有丰富的教学经历,尤其对于工程实际案例了解不够深入;但是青年教师大多接受过专业的课程思政融入课程的培训,他们也更加容易产生有创意的课程思政方法。所以,青年教师和资深教师之间加强沟通交流、教学相长是很好地进行思政教学理念融合统一的方法。

4.3 以身作则，自我思政

教师作为课程思政的主体，其自身也是一种课程思政元素，在教学过程中起着示范辐射作用，其一言一行都在潜移默化地影响学生。在全面推进课程思政建设，帮助学生塑造正确的世界观、人生观、价值观的总体要求下[2]，作为课程思政"主阵地"的教师，要牢固树立立德树人意识，紧紧抓住课程建设"主战场"和课堂教学"主渠道"；在转变理念观念、改进方式方法、融入深度精度上下功夫，切实履行好教书育人职责，寓价值观引导于知识传授和能力培养，确保课程思政的教育教学质量；课堂内关注学生，课堂外了解学生，关注年轻人的追求、消费、心理等，成为他们的朋友。教师以自身的高尚道德情操感化学生，以自己的仁爱之心关爱学生，是实现立德育人和课程思政的最优策略。

5 结语

基于"低温技术基础"课程教学，本文分析了目前课程教学中的思政教学存在的问题，并且提出了几种课程思政元素融入策略，将家国情怀、理想信念、价值观、辩证思维和创新创业意识等融入课程教学和学习中，从教学团队和自我思政角度提升了课程思政层次，有效促进了新工科"立德树人"的引领作用。

参考文献

[1] 中华人民共和国教育部. 高等学校课程思政建设指导纲要 [EB/OL]. http://www.moe.edu.cn/.[2020-06-01]

[2] 肖傲."立德树人"理念下新工科人才培养模式的思考 [J]. 理论观察, 2019（1）:119-122.

[3] 薛庆国, 臧勇. 北京科技大学"课程思政"案例选编 [M]. 北京：冶金工业出版社, 2020.

面向混合式教学的"流体力学"双语课程思政创新实践

田　镇,刘红敏,高文忠,章学来

（上海海事大学商船学院,上海　201306）

摘　要:课程思政是落实高校"立德树人"的重要举措,在信息现代化的背景下,"线上线下"混合式教学模式得到了广泛发展。本文以"流体力学"双语课程为例,通过挖掘课程思政元素、改进教学设计、优化教学方法,探讨了面向混合式教学模式的课程思政的创新实践,力求实现对学生创新能力与理想信念的双指引。

关键词:"流体力学";混合式教学;课程思政;双语课程;创新实践

1　引言

2020 年 6 月教育部印发的《高等学校课程思政建设指导纲要》指出,在专业课程教学过程中融入思政教育是提高人才培养质量的重要任务[1]。专业课教师在传递专业知识的同时,应注重对学生的价值引领。此外,基于信息化教学手段的线上线下混合式教学模式也得了广泛应用。在这种背景下,面向混合式教学模式的课程思政的实施需要充分了解学生的学习难点和痛点,合理调整课程内容,完善线上线下课时比例分配,优化混合式教学模式;与此同时,如何有效地检测混合式教学成果、科学设定混合式教学模式评价体系、设定学生综合素质能力提升的评价指标亦是亟待解决的关键问题。

"流体力学"是能源与动力工程、安全工程、船舶与海洋工程等专业学生的一门专业基础课程,在课程体系中起着承上启下的作用,其重要地位不言而喻[2]。关于"流体力学"课程思政的探讨也在不断推进[3-5]。随着专业发展的需要、现代化教学手段的完善[6-7]和学生特质的改变,有必要对"流体力学"进行创新改革。上海海事大学能源与动力工程专业的"流体力学"教学团队针对面向"线上线下"混合式教学模式的双语课程思政教学实践进行了积极探索,结合学科和专业特点,修订课程目标、改进教学内容、创新教学设计、优化教学评价,旨在实现"立德树人"教育的根本。该课程获评上海高校市级重点课程、校级"领航计划"课程、校级"课程思政示范课程"。

2　混合式教学模式下课程目标与课程思政设计思路

针对课程思政教学要求,结合我校应用研究型大学定位,充分考虑能源与动力工程专业学生的基础水平、就业前景、行业特色等因素,基于学情分析,从知识、能力和素质三个层面,制定"流体力学"的课程目标如下。

（1）知识目标:通过本课程的学习,使学生掌握流体静力学、动力学等基本概念、原理和计算方法;掌握流动阻力与水头损失、有压管路、孔口管嘴的分析计算方法;掌握相似理论与量纲分析的一般原理等。

（2）能力目标:掌握一定的"流体力学"实验能力;培养学生理论联系实际、辩证思维的能力;培养学生从事和能源与动力工程专业有关的系统设计、研制开发等应用能力;培养学生在能源与动力工程及交叉学科继续学习的能力。

（3）素质目标:注重科学伦理的教育,做到知识传授和价值引领;培养学生探索未知和追求真理的

作者简介:田镇(1989—),女,博士,副教授,热能教研室主任。电话:18818213836。邮箱:ztian@shmtu.edu.cn。

基金项目:上海市教委 2021 年重点课程建设项目(沪教委高〔2021〕34 号);上海市教委 2022 年重点课程建设项目(沪教委高〔2022〕27 号);上海海事大学教学改革项目"基于教学竞赛的教师教学设计能力提升路径研究"。

责任感和使命感;培养学生精益求精的工匠精神,激发学生科技报国的家国情怀和使命担当,完成立德树人的综合教学目标。

基于上述课程目标,结合学科专业的特色和优势,深度挖掘"流体力学"中所蕴含的思想价值和精神内涵。基于以产出为导向、全过程持续改进的教学设计理念,推进教学方法、教学内容、教学组织、教学反馈多维度创新的教学体系,构建定量与定性相结合的评价指标;通过过程性和终结性评价相结合、隐性和显性知识相结合、工程案例与抽象理论相结合的创新理念和思路,充分利用已建设的在线资源,完成所设定的教学目标。具体思路如图1所示。

图1 "流体力学"混合式教学模式下课程思政设计思路

3 混合式教学模式下课程思政实施

针对"线上线下"混合式教学模式下的"流体力学"课程思政的实施,分别从教学内容、教学组织与实施、教学方法与手段和教学评价等方面进行改革和创新。

在对国内外"流体力学"课程教学调查研究的基础上,针对我校能源与动力工程专业的特点,对"流体力学"课程体系进行了改革,通过修订教学大纲和编写《流体力学》教学补充材料规范教学,确保教学按照新的课程体系实施。新的课程体系大大加强了实践教学及能力的培养,并培养学生的创新思维能力和解决问题能力,具有鲜明的时代特征,更加适合当代三全育人的需要。针对课堂教学内容,分别从专业工程案例、实验课程、课程思政三方面进行改进。首先,深入挖掘与本专业紧密相关的工程案例,以实际工程案例和最新科研成果为引例,强化工程应用背景,克服专业基础课的抽象性,并增加开放性题目,培养学生的专业兴趣,树立正确的学习态度;其次,现有的实验课程以演示实验为主,分三个层次进行改进,即开设基础演示实验、理论拓展实验、数值模拟实验;最后,通过挖掘工程案例中的课

程思政内容,构建以问题为导向的"流体力学"思政案例库,同时融合大国重器、时事新闻、科研示范工程、科学家故事等相关内容,培养学生的科学精神、工程伦理、责任与担当,达到立德树人的教学效果。

针对"流体力学"公式多、理论性强、内容抽象等特点,采用"3+X"教学新模式,即课前线上预习、课堂讲授、课后习题测试、课外拓展。全方位改进教学大纲和教学设计,如图2所示。充分利用在线课程习题资源,结合线下随堂测试、课后习题测试完成教学活动,保证教学活动的全过程性。通过对教学内容的反复讨论和对学生的调研反馈,针对"流体力学"教学过程中的重点、难点进行进一步的梳理,并完成在线课程的建设。在线课程约500分钟,包含45个教学重(难)点,每个视频后均配有测试习题。针对"线上线下"混合式课程实施方式,重新修订教学日历,保证教学内容和教学进度的合理性。根据教学内容特点,为实现以学生为中心的教学目标,采用讲授法、自主学习法、现场演示法相结合的教学方法。此外,教学过程中设置2次翻转课堂,提高学生的学习兴趣,同时强化学生主动学习的能力。为了对学生的课程学习情况进行科学评价,建立阶段性测验和期末考试的试题库。试题库中的每一道题都通过精心设计和修订,力求对学生的应用能力进行科学评价。基于"课前线上预习—课堂线下讲解—课后线上复习"的教学模式,课前预习和课后巩固交流非常重要,尤其需要一个便捷的答疑及交流平台,故建立基于在线教学平台——智慧树和班级微信群的交流答疑平台。

该课程的总成绩按下式计算:课程总成绩=期末成绩×50%+平时成绩×50%。其中,平时成绩包括课前和课后环节的个人表现、线上测试成绩、个人课堂表现、阶段性测验成绩。为了避免盲目性,采用全方位、多角度、定性与定量相结合的评价方法。通过随堂测试、线上作业和课后作业完成情况等,充分了解学生的学习质量并完成定量评价,以便及时调整教学内容;设置相当量的开放性题目,便于完成定性评价。从试卷分析结果看,学生成绩平均分有所提升,对知识点的掌握更加灵活和全面。教学团队成员的学生评教结果良好,连续两学年均为A+,评教得分均在学校前15%。

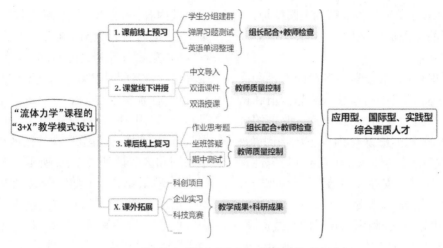

图2 "流体力学"课程的"3+X"教学模式设计

4 思考与建议

"流体力学"课程的思政案例库正在逐步完善，但有些提炼的思政元素过于生硬，与课程内容结合不够紧密，在现有基础上，如何有效提炼思政元素且与知识点有效融合是值得思考的问题。此外，提炼的思政元素如何有效地让学生吸收，真正做到润物细无声，也是值得深入思考的问题。基于此，提出以下几点建议。

（1）突出能源与动力工程专业中"流体力学"共性问题的提炼，增加专业基础课与专业课之间的关联。通过对"流体力学"功能与作用的阐述，帮助学生在专业知识体系中进行恰当定位。

（2）提高案例分析和思政元素在课程内容中的比重。"流体力学"的理论分析较多，公式复杂且难以理解，因此在理论教学中通过典型案例揭示抽象理论更容易被学生接受。可以通过授课中的案例导入和小结中的典型案例分析应用以及布置大作业等方式开展，使学生深入理解基本概念和原理。

（3）增加最新科研成果作为知识拓展。"流体力学"是一门经典的课程，其教材逻辑体系较为完整，但是有些知识与现有实际工程应用略有脱节。应适当增加一些前沿的研究，对于本科生而言，可以有效拓展学生的视野，助力创新性人才培养，为学生参加科创竞赛提供坚实的基础。

（4）提升教学团队的认知和教学能力。完善创新应用环节的教学方法，并引入更多的国际合作项目素材，让学生进行创新应用实践训练。

5 结语

针对"流体力学"课程公式多、理论性强、内容抽象等难题，分别从教学内容、教学实施和教学评价三方面进行了创新改进。首先，优化了课程结构，构建了课程思政案例库，增加了学术前沿知识；其次，采用"三段式"的教学实施机制，有效地推进了"线上线下"混合式课程的实施，提高了学生参与课堂的积极性；最后，采用"全过程、全方位、全员"的"三全"课程评价机制，完善了课程评价机制。基于上述创新改革措施，该课程取得了良好的应用效果，学生课堂活跃度明显提升，教师教学评价优秀，取得了良好的教学实践成果；同时，教师师资队伍水平明显提升，教学资源与教师素质"双促进"模式可推广。

参考文献

[1] 教育部. 高等学校课程思政建设指导纲要. 高教〔2020〕3号 [Z].2020.

[2] 李雅侠,战洪仁,张静,等. 工科专业课程思政的探索与实践:以工程流体力学为例 [J]. 化工高等教育,2021,38(5):52-55,117.

[3] 闫小康. 高校"工程流体力学"课程教学中的思政建设 [J]. 高教学刊,2020(36):185-188.

[4] 李雪珂,吴琰杰. 理工科专业基础课思政教育探索:以"工程流体力学"课程为例 [J]. 科技与创新,2021(16):81-82.

[5] 蔡佳佳,邹琳江,杨筱静,等. 能源与动力工程专业课程思政元素教学资源库建设的思考:以安徽工业大学能源与动力工程专业思政教学为例 [J]. 教育观察,2021,10(44):108-110.

[6] 刘大虎. 信息化智慧课堂教学模式在高职院校思政课教学中的应用研究 [J]. 深圳信息职业技术学院学报, 2019(6):34-37.

[7] 苏瑞浓,黄瑁. 现代信息技术与高校思政课教学融合研究:江门职业技术学院马院线上教学为例 [J]. 文化创新比较研究,2021(1):131-133.

上海理工大学制冷空调现代产业学院建设实践

盛　健[1]，张　华[1]，邵乃宇[2]，周卫民[3]，李　凌[1]，武卫东[1]，龚青伟[2]

（1. 上海理工大学能源动力工程国家级实验教学示范中心，上海　200093；2. 上海冷冻空调行业协会，上海　200060；
3. 上海科技管理学校，上海　200438）

摘　要：以制冷空调产业发展急需的新工科人才、技术创新和协同发展为牵引，发挥学科发展优势，紧密依托行业特色，深度融合中国制冷空调工业协会、上海冷冻空调行业协会、安徽省含山县人民政府、合肥通用机电产品检测院、海立、海尔、美的等多元主体共建共管共享制冷空调现代产业学院。本文主要创新工作：①联合培养"双师双能"型教师；②开发校企合作课程；③打造校内外实习实训基地；④创新人才培养模式，不仅立足于提高上海理工大学制冷空调专业本硕博学生的培养，还创新跨学段新工科教育人才培养模式。从而促进对制冷空调产业人才培养改革的体系化思考，突破传统教育路径依赖，探索产业链、创新链、教育链有效衔接机制，完善产教融合协同育人机制，构建高等教育与产业集群联动发展机制。

关键词：新工科；现代产业学院；产教融合；协同发展

1　引言

改革开放40多年来，我国制冷空调工业已经发展成为世界第一，但在向制造强国转变过程中，高素质行业人才培养面临新的挑战。《国务院办公厅印发〈关于深化产教融合的若干意见〉》（国办发〔2017〕95号）[1]，《教育部 工业和信息化部 中国工程院关于加快建设发展新工科 实施卓越工程师教育培养计划2.0的意见》（教高〔2018〕3号）[2]以及《现代产业学院建设指南（试行）》（教高厅函〔2020〕16号）[3]均要求，培养适应和引领现代产业发展的高素质应用型、复合型、创新型人才，是高等教育支撑经济高质量发展的必然要求，是推动高校分类发展、特色发展的重要举措。在特色鲜明、与产业紧密联系的高校建设与地方政府、行业企业等多主体共建共管共享的现代产业学院，扎实推进新工科建设再深化、再拓展、再突破、再出发，全面提高人才培养能力。

上海理工大学制冷空调现代产业学院立足于"新工科"建设理念与前期探索实践，持续深化创新型、综合化、全周期、开放式工程人才培养理念，对接长三角区域一体化经济和制冷空调产业发展需求，集聚优质工程教育资源，开展制冷空调行业"政产学研用"多元主体协同育人机制模式探索与实践，打造现代产业学院的工程教育示范样板，实现引领未来中国制冷空调工业"由大转强"发展的卓越人才培养工作[4]。

2　现代产业学院架构

2.1　建设目标

（1）创新"战略认同、优势互补、资源共享、互利共赢"理念，解决"政产学研用"五位一体深度融合中的资源聚集难题，打破体制壁垒，集聚优质工程教育资源，在新工科人才培养上形成合力。

（2）创新工程教育人才培养组织模式，进一步推动开放式办学，强化高校、地方政府、行业协会、企业机构等多元主体之间的协同育人，全面践行"学生中心、产出导向、持续改进"的质量理念，明确参与主体的责任和权利，探索共建共管的组织架构和治理模式，配套完备的运行制度和组织载体，合作办

作者简介：盛健（1985—），男，博士，高级实验师。电话：15121088972。邮箱：sjhvac@usst.edu.cn。

基金项目：教育部第二批新工科研究与实践项目（E-NYDQH-GC20202210）；2020年上海高校本科重点教育改革项目（20200165）；上海市2020年度"科技创新行动计划"技术标准项目（20DZ2204400）；上海市2021年度"科技创新行动计划"科普专项项目（21DZ2305500）。

学、合作育人、合作就业、合作发展,形成深度协同共进人才培养的发展格局[5-6]。

（3）根据长三角地区制冷空调制造业的转型与发展规划,发挥上海理工大学办学特色,以提升人才培养质量为主线,以办学模式创新为切入点,以体制机制改革为动力,着力开展并打造"政产学研用"多元主体深度融合协同育人的工程教育示范样板——上海理工大学制冷空调现代产业学院,实现引领未来中国制冷空调工业"由大转强"发展的卓越人才培养工作,形成可推广的改革成果。

2.2 多元主体协同

制冷空调现代产业学院由上海理工大学、中国制冷空调工业协会、上海冷冻空调行业协会、合肥通用机电产品检测院、安徽省含山县人民政府和制冷空调产业企业等多元主体合作成立,并设立理事会,每年召开理事会会议,如图1所示。由上海理工大学牵头,并担任理事长,中国制冷空调工业协会和安徽省含山县人民政府为副理事长单位,合肥通用机电产品检测院、上海冷冻空调行业协会、上海海立（集团）股份有限公司、上海汉钟精机有限公司、青岛海尔特种电器有限公司等企业为理事单位。此外,每年举办主题论坛,涉及产业导向、技术研发、产品升级、资本融合、人才培养等。

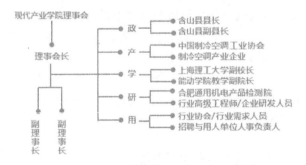

图1　制冷空调现代产业学院多元主体架构

2.3 管理机制

制冷空调现代产业学院的人事任免、规章制度、教学方案与管理、产学研合作与服务等工作均由理事会进行审议并发布,理事会秘书处由各理事单位派员担任,负责理事会事务性工作[7]。日常工作由制冷空调现代产业学院院长负责实施,下设行政办公室、教务办公室和科研办公室,分别负责产业学院的建设、管理和运行,以及产业学院教学、科研计划与安排的制定和实施,如图2所示。制冷空调现代产业学院在理事会及行政机构的领导下,扩大产业学院理事会成员,吸引更多的企业进入并转型升级,

柔性引进优秀师资,不断扩充组织形式,不断完善教学、科研等活动形势[8]。

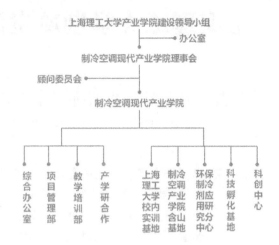

图2　制冷空调现代产业学院行政架构

3 教学设计

3.1 创新人才培养模式

制冷空调现代产业学院的人才培养主要对象是纳入产业学院的制冷空调专业学生和企业技术人员,前者包括上海理工大学本硕博学生、上海科技管理学校和马鞍山电子工程学校的中专生等,后者则包含长三角相关协会、企业等技术人员。

创新人才培养模式是协调推进多元主体之间的开放合作,整合多元主体创新要求和资源,在教学过程中有机融入生产过程内容,融合人才培养与产业需求,促进对制冷空调产业人才培养改革的体系化思考。制冷空调现代产业学院的人才培养方案、课程体系设计、教学内容和教学方法等均由产业学院的学校教师和企业教师根据学校培养计划、企业生产条件和研发要求,共同调研、讨论、协商制订,并由产业学院理事会审核通过,由产业学院教学管理部门具体安排和监督执行[9-10]。通过学生项目课程、联合指导毕业设计（论文）、参与产学研科研项目或企业科研（技改）项目、专业创新实践训练、毕业实习等多种方式,围绕学生的专业实践和综合知识应用能力,分析和解决制冷及低温工程领域的设计、开发、制造、运行维护和管理等方面的复杂问题能力,加强理解工程师职责、工程规范、职业操守,并具有国际视野和终身学习能力,进而开展多学科的技术交流与创新,形成"政产学研用"多元主体共建、共管、共享人才培养模式。

创新人才培养模式的另一内涵是跨学段新工科

教育人才培养模式创新。在制冷空调现代产业学院平台上,联合上海科技管理学校等单位援助马鞍山电子工程学校建设"制冷和空调设备运行与维修(052900)"中专专业申报、建设和人才培养,既贯彻落实长三角区域一体化发展国家战略,增强安徽省职业教育专业建设,拓展当地初中学生的专业选择,为迁移至当地的制冷空调企业提供专业对口、技能扎实的技术人员,又促进跨上海理工大学-上海科技管理学校-马鞍山电子工程学校的跨学段新工科教育人才培养模式创新。此外,还将上海市制冷空调维修技工和技师等职业技能证书考评进行推广普及。

3.2 提升专业建设质量

实施一流本科建设引领计划。以"卓越工程师计划"试点专业及相关专业的建设为抓手,与行业协会和龙头企业合作成立专业建设指导委员会,探索并实践卓越工程 2.0 一流专业建设标准,构建一流新工科工程教育体系。

坚持以人才培养为中心,确立"对接行业、改造专业、引导就业、鼓励创业"的人才培养理念以及"工程型、创新型、国际化"的人才培养特色;确立创新创业教育在工程人才培养中的核心地位,获批"全国深化创新创业教育改革示范高校"等多项荣誉。

积极引入国际标准,开展国际实质等效的专业认证。2016 年,能源与动力工程专业通过欧洲工程教育(EUR ACE)国际 ASIIN 认证。2019 年,能源与动力工程专业(制冷空调方向)获批国家级一流本科专业建设点[11]。

3.3 开发校企合作课程

邀请行业企业深度参与教材编制和课程建设,在编写《制冷压缩机》教材和建设"制冷压缩机"课程时,积极联系海立等企业专家,提供并参与编写相关最新技术部分内容,使教材、课件和教学模型等均与"制冷压缩机"最新技术和生产工艺相匹配[12]。

师生深度参与行业标准、生产流程、项目开发等,紧密结合产业实际创新教学内容、方法、手段,增加综合型、设计型实践教学比重,把行业企业的真实项目、产品设计等作为毕业设计和课程设计等实践环节的选题来源。例如,参与上海冷冻空调行业协会组织的多个上海市地方标准的编写以及标准中使用到的测试、数学模型、仿真和计算软件程序等工作,既提高了参与师生的专业素养和经验,也使相关课程知识点的讲解更加生动。又如,为保障学生到校外单位做毕业论文(设计)的质量,产业学院多次向教务管理部门汇报,促成《上海理工大学全日制本科生赴校外做毕业论文(设计)管理办法》,鼓励和支持毕业论文与社会上的科研、生产、管理、服务等实践相结合。

3.4 校企合作模式

随着智能制造、物联网和大数据技术的迅猛发展,其对制冷空调传统行业的影响越来越大,制冷空调行业面临多行业交叉转型与升级的巨大挑战。

构建合作共赢的校企合作生态,主要落实在人才培养和产学研合作两个方面[13-14]。

(1)产学合作协同育人模式:坚持立德树人的根本任务,以对接制冷空调行业和企业的发展需求,加强人才培养对制冷空调先进制造业转型升级的支撑作用,拓展卓越工程人才培养实践渠道,促进教、学、用持续发展;依托专业特色与优势,改革课堂教学讲授模式,形成产教融合、注重实践的知识运用模式。

(2)产学研服务平台建设:通过产业学院理事会、技术转移工作站、科技孵化基地和科创中心等多渠道搭建产学研服务平台,将制冷空调行业的协会、高校、研究所、上下游企业等技术骨干联合起来,每年召开长三角制冷空调行业发展论坛 1 次,并结合协会的主题论坛、高校的学术报告会等举办行业技术发展交流会每年 10 余场;在教学、技术交流等活动中,统计企业产学研技术需求,并发布在产学研服务平台中,整合各方资源,成立联合实验室或研发中心,进行制冷空调行业科研攻关及预研工作,助力制冷空调行业转型升级。

3.5 实习实训基地建设

根据制冷空调行业具有应用领域广、涉及生产部件设备多、企业规模和需求差异大等特点,因地制宜地利用各类企业资源,以参观见习、顶岗实习、实训实操、参与科研设计与实验等多种实践教学方式,统筹各类实践教学资源,构建实习实训基地数量多、产品种类丰富、生产工艺和生产流程全面的各类专业或跨专业实践教学平台,满足能源动力类本科生、制冷与低温工程等专业研究生的实习实训、项目科研等实践需求,并积极开展基于企业生产和科研实际需要的创新活动。整合行业资源,建立长效稳定的校企联合培养机制,形成完善牢固的实习实训基地,联合建立 20 余个实习实训基地(图3),为培养工程型、创新型人才奠定基础,毕业生质量逐年提升,得到业内知名企业广泛认同。

图 3　制冷空调现代产业学院实习实训基地

3.6　高水平教师队伍建设

制冷空调现代产业学院着力打造"双师双能型"教师队伍，在能力要求方面不仅包含教学能力、科研能力，而且着力培养其社会服务能力及文化传承创新能力。"双师双能型"教师的"双"不能简单地解释为两个，而应该理解为综合的、复合的、多维度的。促进专业教师从单一教学型人才向教学、科研、实践型人才转化，提高教师工程实践能力和应用研究能力，从而提升课堂教学效果和教育教学质量，加强学生对专业知识应用的了解，激发学生自主学习兴趣，将学生培养成为兼具广博知识和专门知识的复合型人才，培养学生的实践和创新能力，促进学生就业创业。

校企合作共建"双师双能型"教师培养基地，与校企合作单位，与行业协会，采取自主筹建、自主管理的方式，结合专业建设情况，在师资培养、教师职业技能与素养提升和企业实践等方面开展活动。鼓励教师加强多元主体产学合作关系，深入了解行业企业发展动态，积极加入行业协会。

此外，还通过多种创新举措和更灵活的方式引进兼职企业教师，共同组建教师队伍，加大柔性引进力度，扩大兼职教师比例。同时，这些企业技术骨干还可以担任传帮带其他校内教师的"种子"角色，传承工匠精神，传授精湛技艺，为校内教师的成长提供精准指导。

4　论语

为使我国从制冷空调工业制造大国转变为制造强国，满足行业转型升级的高素质、应用型、复合型、创新型人才的培养是关键，上海理工大学制冷空调现代产业学院由国家级一流专业建设点（能源与动力工程专业）有机融合中国制冷空调工业协会、合肥通用机电产品检测院、上海冷冻空调行业协会、安徽省含山县人民政府、上海海立（集团）股份有限公司等，探索多元主体共建共管共享育人模式。

参考文献

[1] 中华人民共和国国务院办公厅. 国务院办公厅印发《关于深化产教融合的若干意见》[EB/OL].〔2017-12-19〕. http://www.gov.cn/zhengce/content/2017-12/19/content_5 248 564.html.

[2] 中华人民共和国教育部. 关于加快建设发展新工科 实施卓越工程师教育培养计划 2.0 的意见 [EB/OL].〔2018-10-08〕.http://www.moe.gov.cn/srcsite/A08/moe_742/s3860/201 810/t20181017_351 890.html.

[3] 中华人民共和国教育部. 关于印发《现代产业学院建设指南（试行）》的通知 [EB/OL].〔2020-08-11〕.http://www.moe.gov.cn/srcsite/A08/s7056/202 008/t20200820_479 133.html.

[4] 雷明镜, 张华, 武卫东, 等. "政产学研用" 多元协同育人机制探索——以上海理工大学制冷空调产业学院（含山）为例 [J]. 高等工程教育研究, 2020(6): 81-85.

[5] 李露, 罗晓燕, 刘博, 等. 面向新工科的"多元交叉"实践教学改革研究 [J]. 实验科学与技术, 2021, 19(1): 53-58.

[6] 杨景发, 王淑芳, 李盼来, 等. "科 - 专 - 创 - 场" 四位一体双创实践平台构建与实践 [J]. 实验技术与管理, 2021, 38(2): 16-19.

[7] 许礼刚, 周怡婷, 徐美娟. "学、练、竞、践" 四位一体 "双创" 型人才培养模式研究 [J]. 实验技术与管理, 2021, 38(7): 17-22.

[8] 张永成, 范钦满, 刘长平, 等. "多元一体、多维协同" 理念下高校实验室文化建设与实践 [J]. 实验室研究与探索, 2021, 40(10): 256-260.

[9] 仝月荣, 肖雄子彦, 张执南, 等. 产教深度融合背景下项目式教学模式探析 [J]. 实验室研究与探索, 2021, 40(7): 185-189.

[10] 仝月荣, 陈江平, 张执南, 等. 产教深度融合协同探索面向新工科的创新人才培养模式: 以上海交通大学学生创新中心为例 [J]. 实验室研究与探索, 2020, 39(11): 194-198.

[11] 钱炜, 丁晓红, 沈伟, 等. 应用研究型地方大学产教融合培养机制探索 [J]. 高等工程教育研究, 2020(2): 130-134.

[12] 万伟平. 现行机理下产业学院的运行困境及其突破 [J]. 教育学术月刊, 2020(3): 82-87.

[13] 胡伟. 构建以产业学院为依托的校企合作模式路径探析 [J]. 中外企业家, 2020(20): 171-172.

[14] 李国杰. 多元主体参与办学模式下产业学院内部运作机制研究 [J]. 教育科学论坛, 2020(6): 37-40.

基于科技竞赛的地方高校大学生创新实践能力培养研究

阚安康,曹 丹,田 镇,华维三

(上海海事大学商船学院,上海 201306)

摘 要:国家对创新人才培养高度重视,学科竞赛是学校培养学生创新能力的重要手段,也是激发学生创新热情、锻炼学生创新思维、增强学生创新意识、提高学生实践能力、实现学生个性化培养的重要途径。本文分析了大学生学科竞赛开展的现状,针对存在的问题,提出从参赛学生、指导教师、学校政策等方面构建大学生创新实践能力培养体系,阐述加强高等学校创新体系建设,全面提升大学生创新能力的举措。

关键词:科技竞赛; 创新能力; 创新体系;培养模式

1 引言

国家《统筹推进世界一流大学和一流学科建设总体方案》中提出"拔尖创新型"人才培养战略,习近平主席在十九大报告中指出"创新是引领发展的第一动力",李克强总理在第八届夏季达沃斯论坛上发出"大众创业,万众创新"的号召[1-3]。大学生是我国未来创新创业的主体,是推进创新创业("双创")的生力军,因此高校在创新创业氛围的营造、大学生创新能力的培养等方面负有不可推卸的责任[4-9]。工程教育专业认证(以下简称工程认证)着重考察培养目标设定的科学性、课程体系 安排的合理性、教学质量保障的有效性,继而通过对上述各方面的综合研判评定毕业要求的达成情况[10-15]。工程教育的出发点是培养适应经济社会发展需求的应用型工程技术人才,而工程认证则是围绕毕业要求的达成考查高等教育机构为社会输送各类合格工程师的能力水平[16-20]。通过参与国际标准工程认证,助推创新型人才培养质量提升,已成为高校高等教育工科专业的紧迫任务[21-23]。

2 科技竞赛对大学生创新能力培养的必要性

大学生科技创新活动已成为我国高校发展最快、潜力最大的学生品牌活动。大学生科技竞赛在工科专业领域内依托现实工程问题,训练学生的专业综合素养、工程实验技巧及创新创业能力,与工程认证标准要求高度契合[9]。大学生科技竞赛有力促进了工程认证视域下培养目标及毕业要求的实现[15]。科技竞赛指导工作是工程认证中一项重要而紧迫的任务[22]。因此,紧密围绕工程认证"以学生为中心、以综合能力塑造为成果导向、坚持质量持续改进"的三大核心理念,构建大学生科技竞赛平台,是高校提升大学生科技创新能力、科学素养和教育质量的有效途径。

科技竞赛活动是课堂教学活动的延伸和补充,是大学生创新能力培养的有效载体,让大学生综合运用相关课程的知识设计并解决实际问题或者特定问题,受到高校大学生的追捧。科技竞赛一般具有实践性、创新性,要求大学生理解相关专业的基础知识,运用专业知识分析问题、总结思路、设计方案,并实际动手完成。同时,科技竞赛通常以团队的方式组织,要求参与的学生具有较好的团结协作能力、人际沟通能力以及组织领导能力等。科技竞赛既能培养大学生的创新能力,又能提高其综合素质,这使得

作者简介:阚安康(1981—),男,博士,高级工程师。电话:+86-21-38282971。邮箱:ankang0537@126.com。

基金项目:上海海事大学教学改革和管理改革项目;上海市高校重点课程建设项目;2022年高水平地方高校教学建设项目。

科技竞赛越来越受到学校的重视,已经发展成为培养大学生创新能力的一种重要载体。鉴于科技竞赛在培养大学生创新能力和实践能力方面的强大作用,它越来越受到大学生和教师的欢迎,也逐渐受到用人单位的重视,成为高等教育教学改革的热点之一。积极探索科技竞赛管理体系和建设科技竞赛平台,从而建立创新型人才培养模式,改革人才培养方案,是所有高等院校面临的教改课题。全国性科技竞赛最早源于1989年开始的"挑战杯"竞赛活动,高校一般将其作为导生活动开展,由学生工作部门牵头组织实施。目前,高校每年参加的各类科技竞赛有全国大学生节能减排大赛、全国大学生交通运输科技大赛、全国制冷空调行业大学生竞赛和全国大学生电子设计竞赛等。笔者一直从事创新实践的教学和指导科技竞赛活动,通过多年实践,依托科技竞赛,对课程教学与高技能创新型人才的培养进行思考,希望能有机结合,促进课程教学改革,提升本专业甚至高校大学生创新能力及水平。

大学生科技竞赛工作作为高校创新创业教育的重要舞台,是培养学生创新创业能力、提升学生素质的实践平台和有力抓手。《教育部关于深化本科教育教学改革　全面提高人才培养质量的意见》中明确指出,统筹规范科技竞赛和竞赛证书管理,引导学生理性参加竞赛,达到以赛促教、以赛促学的效果。这就为高校科技竞赛的组织和实施指明了发展方向,科技竞赛作为高校教育理念中科研育人或者实践育人的组成部分,对于促进"十全育人"融合具有不可替代的作用。

科技竞赛是学生理论学习与专业实践联系的重要桥梁,科技竞赛的组织与实施可以让学生在比赛中将所学的理论知识与实践有效结合,在发现问题、解决问题中检验理论知识的掌握程度,让学生了解相互之间的关系和各自的重要性,有利于学生更加清晰地认识自己的学习状况,激发学生的求知欲望和学习热情。

科技竞赛是锻炼学生个人能力的重要途径。学生在参加竞赛的过程中,不可避免地会碰到很多专业问题,通过这些问题的发现、分析和解决,有利于学生专业兴趣的养成以及解决问题思维的形成,不断弘扬创新精神,锻炼创新思维,提升创新能力。

科技竞赛是学生学习先进的有效方式。在高校的各类竞赛中,很多竞赛是团队竞赛,需要团队中数人共同合作完成,这就为学生提供了一个充分展示能力、广交朋友、相互学习、共同进步的平台。许多大规模的竞赛,例如全国大学生"互联网+"大赛、全国大学生结构设计竞赛、数学建模竞赛等,会吸引全国各地的高校或者企业参赛,通过和其他高校或者企业的优秀参赛者交流,与他们同台竞技,更有利于开阔自己的视野,增长自己的见识。

科技竞赛是促进教学相长的重要载体。根据大学生科技竞赛对学生能力要求的特点,教师的教学方法和重心也会有所调整,科技竞赛的指导可以使教师和学生的教学阵地发生变化,由第一课堂转移到第二课堂,由教室转移到竞赛平台,由理论教学转为实践教学,有利于教师检验自身的教学成果,并不断改进教学策略,革新教学方法,探索更适合教师与学生之间教与学关系的有效途径。

3　研究现状及存在的问题

由于高校一直以来主要将教学重点放在课程教学,以知识的讲解和理解作为教学的主要内容,导致学科竞赛和创新活动的开展存在一定不足,主要体现在以下方面。

3.1　大学生参赛积极性不高,运动力不足

大学生科技竞赛的有序开展,不仅能为学生群体提供展现自身才能、实现自身价值的广阔平台,更能很好地帮助大学生树立信心、获得成功。值得肯定的是,大部分学生参与科技竞赛是基于个人兴趣,但仍有少部分学生抱有功利性目的参赛,如获得研究生保研资格、奖学金评选加分或是在推荐就业等方面获得一些优势。

目前,科技竞赛在参赛人数上一般都设置了一定限制,包括名额的限制、作品申报的限制以及获奖比例等,例如全国大学生"挑战杯"规定每个学校选送参加竞赛的作品总数不得超过6件,全国大学生节能减排大赛规定每个学校选送参加竞赛的作品总数不多于15件且每人限报一件等,类似规定在多数大学生科技竞赛中都能见到,且已经成为默许的常规,虽然这样做能够将申报与推荐的权利交给高校,让高校从大学生申报作品中优中选优,继而推荐到市级或省级竞赛中参加竞技,但是有些高校为了避免不必要的麻烦,在高校对"挑战杯"的宣传不力,很多高校参赛队伍遵循"重点选拔、针对性培养"模式,即学校先甄选出一小批学生精英进行重点、有针对性的培养,通过反复培训再参加比赛。在这种模式中,全程只有少部分人参与并受益,科技竞赛已退化为几个少数优胜者的表演舞台,学校大部分学生

成为旁观者。且有的高校连校内初赛都不进行,直接由负责老师或指导教师进行选手选拔,致使很多学生丧失了参加竞技比赛的机会。且在老师选拔的学生中,如果有的学生是非自愿参加的,那么这些学生就算在学习或实操上很优秀,结果可能仍然是差强人意的。所以,在每年的科技竞赛中,不是所有的高校都能够有效地、科学地、广泛地选拔参赛选手,从而导致我国科技竞赛学生实际参与率较低的现状。此外,在科技竞赛理论培训与实践环节,很多高校为了能够快速培养学生的知识掌握能力和应变能力,在技能实践操作和理论学习上采用"题库重复式"训练在培训学生的过程中对比赛题库中的每一道题,不求其"为何",只求其"结果",造成理论与实践相脱节,同样不利于大学生创新能力的培养。

3.2 缺乏有专业技能的教师有效指导

在科技竞赛中,凡是能够获得较好成绩的参赛队伍,除与学生的自我素质和创新能力相关外,还离不开有经验教师的指导。一般来说,指导教师的水平决定着参赛队伍的水平,指导教师从科技作品准备到科技作品完成,都发挥着重要的指导作用。但是,在我国大学生科技竞赛中存在的第二个问题就是我国各高校之间所指派或选拔的参赛指导教师的科技创新素质和能力存在极大差别,且极不平衡。在多数科技竞赛中,来自重点大学和综合性大学的指导教师比较尽责,且有很强的主导能力和较高的专业素质;而来自一般大学或地方院校的指导教师,其专业能力整体相对不足;民办大学的教师整体科技素质层次更弱。究其原因,主要是在这类学校中,科技竞赛起步较晚,科技创新发展较慢。再加上如果学校领导不予以充分重视,只安于现状,那么其结果必然是整体科技创新能力不足,缺乏有经验的科技竞赛指导教师也就不足为奇。在缺乏教师指导和帮助的情况下,参赛队伍中的大学生也存在自身科技水平能力不足、基本技能不扎实等问题。在一些普通院校和专科类院校,尽管有很多学生有意愿参加各种技能竞赛和科技竞赛,但是由于缺乏指导教师的培训和引导,导致学生的学习兴趣无法被激发以及学生学习的主动性被埋没。此外,有些指导教师主要是以拿奖为目标,要求学生强记理论,反复训练题库中的习题,导致学生被灌输知识,创新思维被掩盖。

3.3 缺乏动手能力培养

当前高校对于人才培养的方案主要是以专业类别为基础,但是当前高校在专业设置上存在"跟风"的趋势,即开设能源类热门专业。随着社会经济发展的深入,学科门类也越来越多,专业设置也更加精细化,由于不同专业的人才培养目标和方案存在较大的差异,科技竞赛门类的发展跟不上专业建设的发展速度,无法满足每一个专业的科技竞赛需求。因此,创新型人才培养就成为重要的话题。在高校人才培养中,必须充实通识性科技教育相关内容,以专业竞赛的方式,组织小型内部的科技竞赛。此外,还应该改变高校重理论轻实践的人才培养方式,当前高校实践课程缺乏学生自主的设计性实验,且多以验证性为主,即学生走到实验室(实践场所),在实验室中将印在书本中的内容和理论还原成为常态的"知识原件"。这样的做法虽然也是一种实践,但是久而久之会让学生疲于实验,缺少创新思维。

3.4 科技竞赛自身存在的问题

除与科技竞赛相关的主体外,我国科技竞赛在发展中也存在一定的问题,如人文科学与理工科学存在差距、缺乏资金和物质支持、竞赛成果转化能力不强、竞赛氛围有待进一步提升等,为了更好地保障与促进我国科技竞赛的健康发展,必须正视这些问题的存在。

从1989年我国举办科技竞赛至今,我国大学生能参加的科技竞赛种类越来越多,但是在日益丰富的科技竞赛背后,仍存在一个不可忽视的问题,即无论是在数量上,还是在质量上,抑或是在参赛人数和获奖人数上,人文科学与理工科学的竞赛类别和效果都存在很大的差距,理工科学类的科学竞赛种类要明显多于人文科学类,在全国科技竞赛中,与理工科学相关的竞赛项目多达上百项,而与人文科学相关的竞赛只有数十项;此外,由于人文科学的作品是以论文的形式进行展示的,而理工科学的作品多是以实物形式为主,因此在科技竞赛的成果社会化运用方面,理工科学也要强于人文科学,如智能汽车竞赛、数学建模竞赛、电子设计竞赛、机械创新设计大赛等等;而与人文科学相关的竞赛项目多是以英语、广告、动画为主。理工科学类竞赛与人文科学类竞赛相比,前者更易于培养大学生的创新创造能力。在今后的科技竞赛发展中,文理融合、互补有无是一条重要的发展途径。

3.5 科技竞赛前期资金投入渠道少,对创新作品奖励不足

科技竞赛的组织者多是以国家相关部门和协会主办,地方组织或企业或高校承办,例如全国大学生"挑战杯"在发展初期即是如此,"挑战杯"全国大学

生课外学术科技作品竞赛起源于天津大学首创的"大学生挑战杯竞赛",至今由全国各高校争相举办。而在高校承办的过程中,由于不同学校的发展战略不同,对于承办所提供的资金与物质支持并不充分,其资金多来自大学生科技创新基金,大学生科技创新基金主要是用于资助大学生科技创新项目研究以及表彰与奖励在国际国内各类学术科技竞赛中获奖的学生、指导教师;还有一部分资金来自指导教师科研项目投入或校友资助,如在全国大学生电子设计竞赛的准则中明确规定,其项目的资金来源为每个参赛队的报名费,各赛区教育管理部门可适当资助,各赛区组委会可争取社会各界的赞助,提倡社会各界以协办的身份共同组织各赛区竞赛活动。总之,科技竞赛的资金和物质支持来源虽然是多元化的,但是缺乏一种主体性的、固定化的财政支持,如果对于竞赛选手奖励不当,必然会影响其参赛的热情和积极性,若竞赛经费未能及时投入,将难以保证各类竞赛活动稳定有序开展。

3.6　竞赛创新成果难转化为社会效益

根据相关学者对多年来大学生科技竞赛的研究,在科技竞赛中,大学生的科技创新作品以"体验型"居多,"社会需求型"作品偏少,能够被企业看重并转化为社会实践的作品较少。根据 2005 年的相关数据统计,在复旦大学举行的第九届"挑战杯"飞利浦全国大学生课外学术科技作品竞赛科技成果转让签约仪式上,共有 17 件科技作品与上海各大企业顺利签约,但如果按照参与决赛终审的科技作品 701 件计算,作品签约率不到 3%。同样,有着"中国科技奥林匹克"之称的中国大学生"挑战杯",自第一届至今,直接或间接参与比赛的大学生总人数高达 200 多万,但是与企业签约的作品仅有数百件,约占作品总数的 4%。那些获奖但是没有被企业看重与签约的作品,虽然创意不错,但是绝大多数都停留在技术层面,其在研发前很少考虑市场运用,因此这些创意作品最终无法转化为实际的生产力,这是制约当前科技竞赛健康发展的最为现实,也最为关键的问题。

3.7　科技竞赛对创新能力评价制度缺失

在科技竞赛中,科技竞赛的主办方都会建立完善的科技创新评价制度,而在高校教育中,对于学生的评价则是以传统评价方式为主,即以学生的理论分数为标准,一切奖励都是以此作为参照标准。因此,多数学生为了获得更多的奖励,在实践过程中往往会采用记忆和填鸭式的学习方式来迎合该评价标准,虽然这种以分值为标准的评价制度能够强化大学生的知识吸收能力,但是久而久之就会弱化与限制学生的自我创新思维和创新能力的形成,束缚大学生发现新问题、发表新看法、提出新见解的思想,扼杀学生的问题意识和探究能力。

该评价制度背离了当前我国建设创新型国家和加强高校学生创新能力培养的目标,如果不能建立适应科技创新发展进程的评价制度,就很难引导大学生明确自己的社会责任和激发学生的内在潜能,并成为束缚科技创新教育健康发展的瓶颈。此外,由于受到科技竞赛中利益的挟制,致使高校为了在科技竞赛中取得较好的成绩,将"获奖"和"实际利益"作为科技竞赛的培训指标,在对参赛队伍进行培训时,培训内容与课堂教学脱节的现象也时有发生,使学生的素质教育产生畸变,使科技竞赛创新陷入"应试"教育模式的泥潭。

3.8　学校重视程度及制度的导向

当前,我国大学生科技创新竞赛活动在发展过程中普遍呈现出发展不均衡的态势。首先,从学校层次来讲,"双一流"建设高校及省部共建高校在开展科技创新竞赛活动方面积极性较高;而对于民办高校及大部分地方院校,科技创新竞赛活动不仅没有得到学校领导的重视,更难以吸引学生参与。其次,从地域分布来看,经济发展水平高且教育资源丰富的中东部地区,高校学生对参加科技创新竞赛活动表现出较高的热情;而经济发展水平相对滞后、教育资源较为落后的西南、西北地区,高校学生对参加科技创新竞赛活动的意愿较低。再次,从学科结构来看,理工科学生参加科技创新活动竞赛的积极性明显高于人文社科类学生。最后,从学生层次来看,参加大学生科技创新竞赛活动的主力多是本科三年级以上的学生,同时研究生参与科技竞赛的比例也在逐年增加。大学生科技创新竞赛活动的开展既有赖于学生群体集思广益,更离不开专业指导教师在其中所发挥的关键作用。如若在项目实际操作过程中,指导教师未能及时给参赛学生提供专业指导,将在较大程度上导致指导教师对于当前研究进展缺乏主动指导。而且从客观上来看,指导教师大多是被临时抽调过来的,对于参赛作品及参赛成员本身不够了解,加上自身还承担着应有的教学科研任务,在科技创新竞赛活动中所遇到的困难也间接地影响了大学生参加科技竞赛的热情。

综合来说,如何培养大批适应时代需要,具有创新精神和实践能力的高素质人才,是 21 世纪高等教育的重要目标之一。大学生科技创新竞赛活动的开展对加强大学生的创新意识、创新能力和创业精神的培养具有积极的作用,已经成为提高大学生综合素质的重要内容和举措。

4 基于科技竞赛创新能力培养的建议及举措

针对当前高校在学生科技竞赛创新能力培养方面存在的问题,以笔者所在学院为例,探讨了以科技竞赛为载体的高校教改应对措施,有助于学校重视大学生科技竞赛的开展,以冀学生取得众多高质量的奖项,提高学生就业质量。科技竞赛工作是高校育人工作的重要组成部分,是培养学生团队协作、创新能力、实践能力、研究能力的有效途径,有助于促进"十全育人"向更细、更深、更实发展。通过创新科技竞赛工作思路,整合师生资源,强化校企联合,积极搭建平台,努力营造氛围,学院整体呈现一种积极向上的良好氛围。高校应当克服困难,积极为学生和教师提供良好的竞赛保障和平台支撑,不断革新竞赛组织和制度,紧跟学生成长规律,使高校科技竞赛工作真正实现育人目标。具体构建基于科技竞赛的大学生创新实践能力培养体系举措如下。

4.1 学生层面

根据不同阶段学生的特点,构建多阶段人才培养体系。大一阶段,加强竞赛宣传,增强学生参与科技竞赛的兴趣;大二阶段,建立与专业指导教师的对接关系,加强对学生参加科技竞赛所需专业知识的培训,参与教师的科研项目;大三阶段,指导学生参加科技竞赛,引导学生应用所学知识独立完成竞赛;大四阶段,引导学生和研究生等传帮带前几个阶段的学生。通过四个阶段大学生科技竞赛创新实践体系构建,打造良性闭环循环。

4.2 教师层面

构建高水平、专业化、高素质的指导教师队伍。创新型专业化指导教师队伍是做好大学生创新实践能力培养的关键要素,依托科技竞赛平台构建一支高素质、专业化、创新型教师队伍迫在眉睫。调动现有教师积极性,改变科技竞赛管理和奖励模式,构建多维度科技竞赛管理评价模式,提升教师指导科技竞赛获奖评价,与发表科研论文、获得科研项目和科研奖励进行对等评价,并使政策具有延续性。在现有教师考核评价指标体系中,使其切实将指导学生

获奖加入考核指标体系,切实在教师职称评聘中起到关键作用。对获得突出成绩的教师的学生加强宣传力度,增加指导教师和参与学生的成就感,进一步吸引和激励更多高素质、专业化、创新型教师加入指导教师团队。

4.3 学校层面

结合学校自身实际,整合各种资源(包括高水平的科研平台、校企合作创新平台、高层次人才队伍等),协调学校相关部门,通过科技竞赛平台将教师和学生有效联系起来,构建科技竞赛制度保障体系和高水平科技竞赛平台,从指导教师、学生的成就感出发,充分挖掘参与者最大潜力和积极主动性。为更好地提高大学生创新实践能力,学校主管部门要改变被动接受的科技竞赛管理制度,积极探索构建针对大学生学习生活特点的全过程、全方位、多层次、大范围的科技竞赛管理制度,修订更为积极主动的科技竞赛管理制度,使管理制度具有可操作性、可控性、可延续性构成良性闭环循环模式。首先是构建统一科技竞赛平台,成立独立的科技竞赛平台管理机构,集中管理,统一调配;其次是形成独立的行政机构,负责大学生创新实践;最后是构建大学生科技创新平台行之有效的管理制度,形成有效的教师和学生评价指标体系。

5 结语

"不忘初心,牢记使命""为谁培养人,培养什么样的人和怎样培养人"是当前高校在大学生教育方面需要思考和解决的关键问题。按照国家对创新型人才培养的总体要求,在分析科技竞赛中大学生创新能力培养现状的基础上,本文提出了基于科技竞赛的大学生创新能力培养举措,从学生、教师和学校层面提出了针对性的意见和建议。从学生学习生活特点,教师评价体系和内心归属感,学校管理制度等出发,对于加强大学生科技竞赛对大学生创新能力培养所起的关键作用提出了可行性建议,对于加强创新型人才的培养,加强高校创新体系建设,全面提升高校大学生创新能力具有参考价值。

参考文献

[1] 朱宏涛. 普通高校大学生科技竞赛组织与实施中的问题及对策研究[J]. 科技风,2022(13):151-153.

[2] 陈明,孔令振,刘朝阳. 以"科技竞赛"为驱动的港航专业人才培养与实践研究[J]. 教师,2022(1):99-101.

[3] 高见. 打造科技竞赛支撑平台 提升大学生科技创新能力 [J]. 科技风, 2021(26):3-5.

[4] 刘恩海, 钱英芝, 王永利, 等. 基于工科院校校企合作的实践教学环节改革与创新模式研究 [J]. 大学教育, 2021(9):69-71,84.

[5] 刘永红, 纪仁杰, 蔡宝平. 高水平科技竞赛平台提升研究生培养质量的研究: 以中国研究生能源装备创新设计大赛为例 [J]. 高教论坛, 2021(7):104-107.

[6] 刘想云, 张静. "双一流"背景下基于科技竞赛的"双创"人才培养模式研究 [J]. 中国高新科技, 2021(11):159-160.

[7] 刘敏, 李振. 大学生科技竞赛活动组织管理模式研究 [J]. 科教文汇(中旬刊), 2021(5):19-21.

[8] 王先凤, 高兆建, 范晓博, 等. 对融合科技竞赛的课外创新实践教学的探索与研究 [J]. 现代职业教育, 2021(9):1-3.

[9] 徐成, 刘宏哲, 代松银. 基于课程思政和科技竞赛的工学研究生学术创新能力提升研究 [J]. 吉林教育, 2021(Z2):134-136.

[10] 张翔, 黄启军, 耿辉, 等. 科技竞赛在航空宇航学科研究生创新能力培养中的作用研究 [J]. 高等教育研究学报, 2020, 43(4):107-110, 114.

[11] 杨莉琼, 古松. 基于科技竞赛的大学生创新实践能力培养模式 [J]. 中国教育技术装备, 2020(21):138-139,144.

[12] 闫昕, 梁兰菊, 王猛, 等. 基于科技竞赛的大学生创新实践能力培养研究 [J]. 枣庄学院学报, 2020,37(5):141-144.

[13] 蔡越江, 杜金莲, 金雪云, 等. 以科技竞赛促进创新型人才培养 [J]. 计算机教育, 2020(8):89-92.

[14] 施瑶, 潘光, 马云龙, 等. 基于无人水下运载技术平台探索创新型人才培养 [J]. 实验室科学, 2020,23(3):207-210.

[15] 袁玖根, 杨晶, 危丽雅. 科技竞赛视角下大学生创新能力培养策略研究 [J]. 发明与创新(职业教育), 2020(6):160.

[16] 王海. "互联网+"背景下高校创新创业教育现状研究 [J]. 传播力研究, 2020,4(17):130-131.

[17] 李敏, 刘俊, 杜基赫, 等. 大学生科技竞赛活动组织管理模式改革与实践 [J]. 教育教学论坛, 2020(19):9-11.

[18] 陈齐平, 田玥, 章海亮, 等. 基于科技竞赛的研究生创新创业能力培养探索 [J]. 南方农机, 2020,51(7):129-130.

[19] 吴兵, 李屹. 以科技竞赛为引导 促进实验室开放建设 [J]. 实验室科学, 2020,23(1):157-159.

[20] 董铮, 徐德刚, 詹彬, 等. 科技竞赛与创新能力人才培养模式研究 [J]. 计算机时代, 2019(12):102-104.

[21] 时颖, 陈义平, 杨庆江. 依托科技竞赛培养大学生创新实践能力的方法研究 [J]. 黑龙江教育(理论与实践), 2019(11):10-11.

[22] 刘德明, 傅振东, 鄢斌, 等. 基于科技竞赛的大学生创新精神和实践能力培养模式研究 [J]. 教育现代化, 2019,6(86):34-35.

[23] 王承林, 王晓旭, 刘清华, 等. 科技竞赛践行创新教育的探究 [J]. 邢台学院学报, 2019,34(3):190-192.

英文专业基础课的在线教学实践

葛天舒

（上海交通大学机械与动力工程学院,上海 200240）

摘 要：在线教学已经成为高等教育过程中的重要模式,本文基于上海交通大学英文专业基础课程"工程热力学 II"的在线课程开展教学研究,采用定性分析(包括观察、访谈、文件分析(如课件)、作品分析(如学生作业))和定量分析(问卷调查、数据统计)相结合的研究方法,对英文专业基础在线课程的规划研究、直播讲授方法、调动学生主观能动性及考核方法开展实践研究,得到在线新学习环境下提高学生积极性的方法并进行实践,揭示英文在线教学的授课方法与优势。

关键词：线上教学;英文授课;教学实践;专业基础课

1 引言

随着信息时代的发展,线上课堂已成为高校课程改革的重要内容,实行在线课程建设与改革是顺应科技发展、提升教学质量的重要手段。特别是在新冠疫情肆虐全球的 2020 年,如何做好在线教学工作是每位老师、每个学校都要研究解决的问题[1-3]。其中的关键手段包括提高和改善在线教学的方法[4]、提高教师的在线教学能力[5] 和建立保障在线教学效果的体系[6] 等。

目前,国内外已有一些线上教学资源,分析总结这些教学模式和方法不难发现,现有的线上教学多以"提前录播 - 平台播放 - 线上答疑"这一模式为主,其中较为成功的案例有哈佛大学公开课和中国大学 MOOC 平台。在内容上笔者对以上两个平台进行了大概统计,其中哈佛大学公开课多数以人文类课程及理科基础课程为主,其特点是受众面比较广,特别是人文类课程的对象不仅局限于学生,而且这类课程往往口碑很好,例如其最受欢迎的课程"幸福课"就说明了这一现象;而对于更加具体的专业类课程,例如本文所提及讲授的"工程热力学"课程则没有涉及。中国大学 MOOC 平台则在专业课程方面相对较为丰富,笔者统计了 MOOC 平台共有与"工程热力学"相关专业课程 16 门,但是一方面课程都是中文讲授,另一方面 MOOC 模式（小模块

式教学,每个模块 15~20 分钟）导致其授课时长又与课堂教学差别较大。

分析总结上述线上教学的现状不难发现,我国针对流传性较高的英文专业基础课的在线教学资源和经验较为缺乏,为此本文以笔者所在授课团队2020 年进行英文"工程热力学 II"在线课程为例开展教学研究,探索英文专业基础课在线教学改革的有效途径。

2 课程介绍及研究方法

本研究所选取课程为动力工程及工程热物理一级学科的专业必修基础课程英文"工程热力学 II"（Engineering Thermodynamics II）。上海交通大学自 2010 年开始逐步针对本科英文授课进行教学改革,特别设立了一些英文基础必修课程,并开展了英文相关课程教学实践,自 2011 年起开设了系列英文专业基础课程,其中包括"工程热力学 II"课程,该课程主要面向校内热动试点班级学生和美国普渡大学交流学生。通过该课程有效增加了中外双方学生间的有效互动,同时启发了学生的研究和探索兴趣,有利于培养高层次创新型人才。

英文"工程热力学 II"课程为 3 个学分,48 个学时,需进行 12 个教学周授课,每个班级课堂学生数在 20~30 人。此次在线教学研究项目针对英文基础专业课程的直播教学,分析出课程在线教学资料及考核的规划和筹备特点并进行实践,总结提升英文

作者简介：葛天舒(1982—),女,博士,教授。联系电话：021-34206546。邮箱：baby_wo@sjtu.edu.cn。

在线教学效果的方法并进行实践,得到新学习环境下调动学生积极性、促进授课效果的方法并进行实践,揭示英文在线教学的授课方法。

为实现上述研究目标,在授课中具体围绕以下几个方面的内容进行研究探讨。①英文专业基础在线课程的规划研究。在保证课程大纲和教学知识点完整的前提下,研究在线主播讲授方式下课程具体内容的安排(如每节课程的知识点容量、例题排布等),探讨有效整合与贯通相关知识点的方法,探索线上直播与线下作业的匹配模式。②英文专业基础在线课程的直播讲授方法研究。研究并实践在线授课软件与在线课件的特点及其教学关联性,分析英文在线讲述技巧例如语调、语速、停顿等对学生接受能力的影响,总结分析得到提升英文在线教学效果

的方法。③英文专业基础在线课程中调动学生主观能动性研究。探讨保证学生在线英文听课的聚焦性、调动学生积极性、提高学生参与性的在线教学方法,建立针对英文在线教学师生间互动的方法并进行实践。④英文专业基础在线课程的考核方法研究。探索在线教学的作业批改、难题点评、随堂考核、测验及最终考核方式,总结上述各种不同考核方式与线上、线下模式的有效结合方法,得出不同的考核方法并进行实践,同时注重研究助教在新考核模式下的融入方法与工作方式。

该课程采用定性分析(包括观察、访谈、文件分析(如课件)、作品分析(如学生作业)和定量分析(问卷调查、数据统计)相结合的研究方法。具体研究方法与研究内容的对应关系如图1所示。

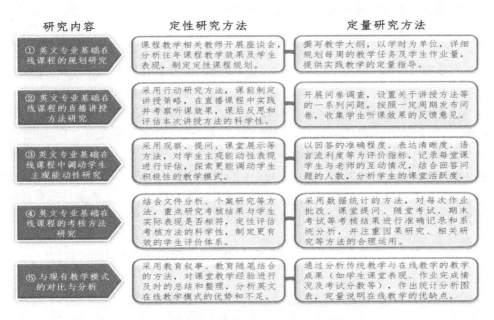

图1　该课程研究内容及对应的研究方法

3　结果与讨论

3.1　课程规划及知识点

线上课程仍然以完成课程教学大纲为主要目标,在课程规划上仍采用与线下课程一样的大纲,课程第1—6周进行热力学基础概念的学习,并要求学生能运用热力学分析方法解决实际工程系统的热力学问题;第7—12周则将研究对象拓展到混合气体、反应系统等更为复杂的热力学系统,要求学生具备从实际问题中抽象出理论的能力。但是,在具体知识点传授中发现以下几个方面需要与线下课程有所区别。

首先,经过一个学期的课程实践发现针对类似的基础课程,线上课程可在同样的课程时间内完成线下课程的知识点讲授,但是在具体课件内容排布上却有明显的区别。线下课程授课教师可以根据学生的实时反馈(眼神、表情等)及时调整授课内容,例如有些知识点重复讲解或者重点语句突出,并且可以在讲解例题时对一些部分进行简化并一带而过。但是对于线上课程,发现授课教师很难获得学生反馈,这就要求课件在准备上要十分充分,一方面每个详细的推导步骤、每个主要结论都要列出,另一方面在例题布置方面尽量通过几个不同类型的小例题让学生对知识点变化有所了解,而以往线下课程

的大型例题模式(主要指一个有很多步骤和问题的大例题)则不太适合,否则很容易导致学生前面没跟上进而所有的知识点都没有锻炼到。

其次,发现对于英文在线专业课程,45分钟课程,25~30页课件比较适合学生。除授课的线上模式外,作业推荐采用一体化的线下模式。该课程使用所在学校自主研发的CANVAS在线教学管理平台进行学生信息管理,实现线下课件发布、作业发布与评分、录播发布、课程公告发布、测验及考试发布等。当然具体所采取的软件也可以考虑商用的通用软件。

3.2　在线讲授方法

如前所述,线上教学没有办法捕捉学生的面部表情等,而且教师在讲授过程中也很难根据反馈调整授课速度,因此需要仔细研究线上英文授课的讲授方法。针对这一内容本研究分别在第3周、第6周、第7周、第10周对学生开展问卷调研,通过学生反馈进行授课方法调整并总结。

对于英文授课课程,教师的语速快慢把控尤为重要。我们对学生对教师的语速快慢感觉进行了3次调研,如表1所示。在第一次调研时,大概估算了一下教师每分钟大概讲授140~160个单词。在这样的语速下,超过一半的学生都觉得语速有点快,特别是很多专业名词他们需要反应时间。所以,在后续的课程中有意识地调整了语速,每分钟讲授单词数量减少到120~130个,调研结果显示大多数学生都认为这样的语速可以接受,加权平均值不断减小,可见教学方式与学生的听课习惯更为相互适应。但是当同样的语速维持到第3次调研时,虽然加权平均值仍然减小,但是感觉语速快的学生数又有所增加,与学生进行交流座谈发现主要原因是课程后面的内容深度逐渐加深,特别是一些化学热力学方面的内容,本身难度较大,在正常语速下学生反应时间会变长。总结这些结果,建议教师在授课过程中每分钟讲授单词数量不宜超过120~130个,同时语速还应该与授课内容的难易程度结合考虑,对于一些全新的概念和内容,语速应该进一步变缓。

表1　教师语速调研结果

语速值 第1次		学生选择数量		
		第2次	第3次	
快	3	0	1	0
	2	2	2	0

续表

语速值 第1次		学生选择数量		
		第2次	第3次	
中等	1	9	4	8
	0	9	11	11
	-1	0	2	1
	-2	0	0	0
慢	-3	0	0	0
加权平均值		0.65	0.45	0.35

表2　学生对英文课堂适应度的调研结果

适应度		学生选择数量
低	1	0
	2	0
	3	2
	4	3
	5	4
	6	7
高	7	5
加权平均值		5.5

在前面3次调研的基础上,第四次调研围绕学生对英文课堂的适应程度展开,将课堂适应度划分为7个级别,让学生根据自己的实际情况选择,结果如表2所示。可以发现,经过上述课程授课调节,学生对英文课堂的适应程度在中上水平。

3.3　在线互动

由于在线教学不如线下教学有直观的听课学习感,因此需要授课教师注重在线上进行师生互动,例如采用提问、讨论等方式吸引学生的注意力,提高学生的参与度。同样通过调研问卷的形式对课堂互动频率进行了总结分析,结果如表3所示。在第一次调研前的授课阶段,每堂45分钟的授课,教师提问互动次数为1~2次,大多数学生反映互动次数中等,但是加权平均值显示互动次数偏低。因此,在第二次互动前将每堂课程的互动次数提升为2~3次,不再有学生觉得互动次数少,相反一些学生觉得互动次数多,加权平均值也变为正值。但是,当这一频率维持到第三次调研时,反而出现了多数学生觉得互动次数有点多的情况,分析其原因与上述语速类似,由于后期课程内容较深,学生更倾向于多听取老师的深入讲解。此外,在互动方式上,可以不局限于让学生去回答问题,还可以通过让学生来讲例题、针对一个有趣的话题开展小讨论等增加课堂活跃度,并保证学生精神集中。

表3　课堂互动频率的调研结果

频率		学生选择数量		
		第1次	第2次	第3次
高	3	0	1	0
	2	0	2	3
	1	4	4	7
中等	0	11	10	10
	-1	3	1	0
	-2	2	2	0
低	-3	0	0	0

续表

频率	学生选择数量		
	第1次	第2次	第3次
加权平均值	-0.15	0.3	0.65

为了更了解学生的上课状态,课程助教在每堂课中都会观察学生的课程表现,并记录他们的课堂提问回答情况,以此来评估学生的课程专注度(表4)。在所有17次课中,学生最少被提问了2次,最多被提问了8次。其中,有9名同学(总人数的45%)的回答正确率为100%,有14名同学(总人数的70%)的回答正确率在70%以上,回答正确率最低的学生为37.5%,结合他们被提问的总次数考虑,可以得出结论:约1/2的学生课堂专注度比较高,约1/5的学生回答情况较差,可能在听课过程中有分心走神现象。

表4　学生回答课堂提问情况

学生	题目序号																	答题数目	正确率
	1	2	3	4	5	6	7	8	9	10	11	12	13	14	15	16	17		
A				√									√				√	3	100%
B		√		√							√		√		√	√	√	7	100%
C							√				√				√		×	4	75%
D				√							√		√		√	√		5	100%
E			√								√	√						4	100%
F		√			×	√					√	×	√	√				7	71%
G				×				×				×		√	√	√		6	50%
H						√						√						2	100%
I							√				√	√	√	√	√	√		8	100%
J	√										√	√			√	√		6	100%
K	√				√		×						√					5	80%
L	√											√			√			5	100%
M					×	√			×		√			√		√		6	67%
N		√		√						×						√		4	75%
O			√						×					√		×		4	50%
P		√		√							×	√						4	75%
Q			√	√														3	100%
R			√	√										×		×		4	50%
S					√			×					√					3	67%
T										√	×	√	×	×	√	×	×	8	38%

注:"√"表示回答正确,"×"表示回答错误。

3.4 考核方式

线上课程考核方式设置与线下课程相比增加了项目汇报考核,主要是考虑到这门基础课程的特点是使学生能将理论所学与实际工程案例等进行连接,以往线下课程都是通过增加实验操作课程来加强学生这方面能力的培养,线上授课模式则采用将学生划分为4~5人的学习小组,每个小组自行选题进行一个实际供热案例的设计和汇报,在考核学生所学基础知识的同时,锻炼他们的英文表述能力。课程具体考核设置:平时表现(包括作业、课堂积极程度等)(20%)、项目汇报(10%)、期中考试(30%,第7周举行,只考察前6周所学内容)、期末考试(40%,只考察后6周所学内容)。课程结束后调研了学生对此考核方式设置的认同度(图2),可以发现绝大部分学生(75%)认为本课程考核组成合理,20%的学生对此持中立态度,只有5%的学生(1位)认为该考核方式较不合理。整体来看,课程考核设置是比较合理的。

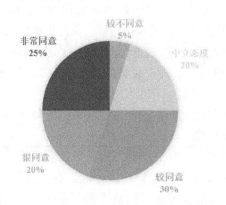

图2 学生对课程考核方式的认同度

4 结语

本文的教学研究针对英文专业基础课的在线教学实践开展。在授课模式上,突破了现有线上课程"提前录播-平台播放-线上答疑"的模式,采用"实时直播-录播复习-线上线下结合答疑"这一新在线课程模式进行研究,初步建立新模式下的线上教学资源。在授课内容上,研究项目挖掘了哈佛大学公开课与中国大学MOOC平台中间的空白地带,针对英文专业基础课进行线上教学研究。本次英文专业基础课的在线教学实践,综合运用了定性和定量的方法,对课程规划、讲授方式、学生主观能动性、考核方式进行了表征和分析。教学前期,从宏观角度制订课程大纲及考核方案,并与学生共同测试网络设备,确保课程顺利开展。教学过程中,密切关注学生的听课状态,通过问卷调查的方式了解他们的接受程度及对课程讲授的各类有关建议,并根据他们的反馈有针对性地调整教学方法。教学后期,注重考核方式的科学性与合理性,严格把握评分标准,从平时表现、项目汇报、期中考试、期末考试四个方面对学生成绩进行综合评价。研究发现,通过定期调研的方式实时改进讲授方式的教学方法,能有效增强教学效果,提高学生的课堂积极性。本研究对今后专业基础课程的在线教育具有一定的参考和启发效果。

参考文献

[1] 苟斐斐,刘振天. 高校教师线上教学平台功能及环境支持认知评价的实证分析 [J]. 教育发展研究,2020,10:49-59.
[2] 邬大光,沈忠华. 我国高校开展在线教学的理性思考:基于6所本科高校的实证调查 [J]. 教育科学,2020,2:1-8.
[3] 郭瀛霞,李广平,陈武元. 我国高校大规模线上教学的区域差异 [J]. 教育发展研究,2020,10:37-48.
[4] 付庄,冯新,王尧. 多维互动线上教学法在教学中的应用 [J]. 高等工程教育研究,2021(1):193-196.
[5] 杨程. 高校教师在线教学能力提升:历程、困境及展望 [J]. 高等工程教育研究,2021(03):152-157.
[6] 赵立莹,赵忆桐. 在线教学效果评价及质量保障体系建设 [J]. 高等工程教育研究,2021(02):189-194.

关于温度及温标

王飞波

（临沂大学机械与车辆工程学院,山东　临沂市　276000）

摘　要:温度是热力学的关键基本概念之一。本文简明扼要地概述了温度概念的发展历史,即从经验温标到理想气体温标及热力学温标的形成,阐述了温度的物理学本质及各种温标,包括温度的新发展,如负绝对温度;还论述了经典温度概念从宏观唯象到统计热力学及量子物理学的不同定义与诠释。由于奇异的热力学状态,即当能量增加时,也就是当能量被添加到系统中时,熵可能不会增加,从而导致与其相关联的绝对温度出现异常,即出现负温度。本文讨论式地研究了不同阶段关于温度概念的观点,并专注于分析其物理清晰度与基本概念的一致性。

关键词:热力学;绝对温度;温标;负温度

1　引言

居住在地球上的人类会经常感觉到季节的变化,也会感觉到周围环境的冷热变化,而对热冷程度的定量描述参数就是温度。温度也是物理学,尤其是热物理学中的一个重要强度参数。如何准确地衡量热度,对热力学而言是至关重要的。从而就需要建立温标,通常有摄氏温标、华氏温标、热力学温标等。为了测量温度,就必须有温度计,从而定量、准确地确定温度,并给出热度的准确量度和科学解释。本文旨在梳理温度概念及温标发展历史的基础上,对它们进行一些物理含义上的探讨。

2　回顾

对温度的计量,首先需要确定温标。最初的也是最有影响力的温标有华氏温标和摄氏温标。华氏温标以德国物理学家、仪器制造商华伦海特(Gabriel Daniel Fahrenheit, 1686—1736 年)命名;而摄氏温标以瑞典物理学家、天文学家安德斯·摄尔修斯(Anders Celsius, 1701—1744 年)命名。

华伦海特在 1714 年利用水银在玻璃管内的体积变化而建立了华氏温标。根据华伦海特 1724 年的文章,他通过参考三个固定的温度点来确定他的

量度:①零点温度,将冰、水和氯化铵(盐)混合并达到将其取为 0 ℉;②高端温度,其温度校准点为人体温度,取为 96 ℉,这透露着强烈的实用情怀;③冰点温度,将冰与水的混合物的温度取为 32 ℉。假设水银的测温属性(即热胀冷缩)与温度之间呈线性关系,即可将其变化量(体积或长度)等分为若干格作为温度标刻。

1742 年,摄尔修斯发明了摄氏温度计。该温度计以水银作为感温物质。他规定在气压为 760 mm 汞柱下,纯冰与纯水达到平衡时的温度(常称为水的冰点温度)为 0 ℃,纯水与水蒸气达到平衡的温度(常称为水的汽点温度)为 100 ℃。他也利用水银的体积(或长度)随温度线性变化的特性,等分了温度间隔。

华伦海特和摄尔修斯等人相继提出的华氏温标和摄氏温标对日常生活有极大的便利,温度逐渐成为物理学研究中常用的一个参数,并逐渐受到重视。温度作为一个物理参数,与其他物理参数的关联性不够简洁(线性),同时由于不同温标制定时的参考点和分度值不一样,而采用不同形式的温度计则各有利弊,导致对同一个客观温度而言,会有一系列不同的数字来表示其温度值,这在科学研究上是极其不方便的。更有在实验中采用的温度计实际上依赖于测温物质的属性给出温度,如水银、酒精和石油等液体温度计是根据液体体积和温度的关系,气体温度计是根据气压和温度的关系,没有一种温度计是

作者简介:王飞波(1964—),男,博士,教授。邮箱: Feibo_w@outlook.com。

完全不依赖于测温物质本身属性的。

寻找另一个既能反映自然规律，又与其他物理参量关联性足够简单的温标就成为科学家的研究课题。而温度的高低是与气体变化规律密切相关的，这就是基于理想气体的温度。这需要从认识气体规律开始。

3　气体状态方程与理想气体温标

人们对热度的认识由来已久，但如何科学地衡量热度的高低却是与气体认识相关的。对气体的科学认识最早可以追溯到 1662 年，英国科学家罗伯特·玻意耳（Robert Boyle，1627—1691 年）根据实验结果提出"在密闭容器中的定量气体，在恒温下其压强和体积成反比关系"。之后这一发现被称为玻意耳定律，即对于给定数量的气体，当温度一定时，压力与体积成反比，有

$$(PV)_{t=constant} = 常数 \tag{1}$$

这一发现开启了科学认识气体的先河。值得注意的是，尽管玻意耳设定了恒温条件，但也表明他注意到温度是与 PV 变化有关联的。

1787 年法国物理学家雅克·查理（Jacques Cesar Charles，1746—1823 年）发现气体的压强随温度线性变化，即

$$P = P_0 \left(1 + \beta_p t\right) \tag{2}$$

式中：下标 0 代表有关物理量的基准值，如取 0 ℃时的值；β_p 为压强（压缩）系数；t 为温度。

研究发现，当 $P_0 \to 0$ 时，各种气体的 β_p 都趋于一个相同的常值，即 $\lim\limits_{P_0 \to 0} \beta_p = \beta_{P_0}$。

1802 年，法国科学家盖-吕萨克（Gay-Lussac，1778—1850 年）发现，对于一定质量的气体，当压强保持不变时，它的体积 V 随温度 t 呈线性变化规律，即

$$V = V_0 \left(1 + \beta_V t\right) \tag{3}$$

式中：下标 0 代表有关物理量的基准值，如取 0 ℃时的值；t 为温度；β_V 为膨胀系数。

研究发现，当 $P_0 \to 0$ 时，各种气体的 β_V 都趋于一个相同的常值，即 $\lim\limits_{P_0 \to 0} \beta_V = \beta_{V_0}$。

在上述两式中，压强 P 和体积 V 与温度 t 的线性关系，对不同气体，气体越稀薄则其准确度越高。对不同气体进行实际测量可知，当 $P_0 \to 0$ 时，不同气体的膨胀系数 β_V 和压强系数 β_p 都趋于同一定值，即

$\beta_{P_0} = \beta_{V_0} = \beta_0$。当时测定的这一定值 $\beta_0 = 100 / 26\ 666$。后来经过多人大量的实验修正，最后确定 $\beta_0 = 1/273.15$。

因此，上述气体体积与温度的关系可表示为

$$V = V_0 \left(1 + \frac{1}{273.15} t\right) = V_0 \left(\frac{t + 273.15}{273.15}\right) \tag{4}$$

式中：V 是摄氏温度为 $t/℃$ 时的气体体积。

若定义 $t + 273.15 \equiv T$，则

$$V = V_0 \frac{1}{273.15} T = V_0 \beta_0 T \tag{5}$$

由此可以建立定压气体温标，即

$$T_P(V) = 273.15 \lim_{P_0 \to 0} \frac{V}{V_0} \tag{6}$$

同样，可以建立定体气体温标，即

$$T_V(P) = 273.15 \lim_{P_0 \to 0} \frac{P}{P_0} \tag{7}$$

值得注意的是，这两种温标不依赖于物质的具体化学成分组合。

实验中还发现，当 $P \to 0$ 时，气体还遵从玻意耳定律，即当温度保持不变时，PV= 常数。鉴于实际气体在极低压强下都遵从查理定律、盖-吕萨克定律及玻意耳定律，于是科学家就"虚构"了一种气体——理想气体，即一种近似于实际气体在极低压强下的气体，该气体严格遵从查理定律、盖-吕萨克定律及玻意耳定律。

于是，基于极低压强，从定体积和定压强两种角度建立温标，这一温标可利用不同气体在极端低压（极其稀薄）下的实验数据进行外推得到，如图 1 所示。

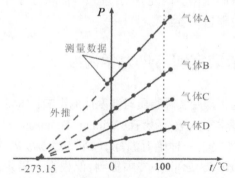

图 1　一些气体的压强与温度的走向测量结果及在 $P \to 0$ 时的外延情况

任何一种气体，无论是在定体条件下还是在定压条件下，当气体压强趋于零时，其温度趋向于同一确定值，即 $T = \lim\limits_{P \to 0} T(P) = \lim\limits_{P \to 0} T(V)$。这种基于极端

低压条件下的气体特性所建立起的新温标,也就是今天所称的"理想气体温标"。

应该指出的是,理想气体是一种气体模型,是一种理想化的、"虚构"的气体,它实际上并不存在。对于真实气体,当 $P \to 0$ 时,其行为符合理想气体特征。

1834 年,法国科学家埃米尔·克拉佩龙(Emile Clapeyron,1799—1864 年)在总结玻意耳 - 马略特定律、查理定律、盖 - 吕萨克定律和阿伏伽德罗定律等的基础上,提出理想气体状态方程[1],定义理想气体的温度、压力和比容之间的关系为

$$P = \frac{R(C_t + t)}{v} \qquad (8)$$

式中:t 为摄氏温度。

如果对温标进行一下位移,则可定义另一个温标,即 $T = C_t + t$,这个 T 可称为理想气体温度,表示为 T_{IG}。则式变为

$$P = \frac{RT_{IG}}{v} \qquad (9)$$

式(9)可进一步写为

$$PV = mRT_{IG} = \frac{M}{\mu}RT_{IG} \qquad (10)$$

式中:v 为比容(m³/mol);V 为体积(m³);m 为摩尔数(mol);M 为质量(kg);μ 为摩尔质量(kg);R 为普适气体常量,$R = 8.31\,\text{J}/(\text{mol·K})$。

在理想气体状态方程中,P 和 V 都是比较确定的物理量,它们与长度及力有密切的关系。但温度 T 却是一个新的物理量,它的高低是一个不确定的参量。可以说,物理参量温度 T 是依据理想气体状态方程确定的。因此,符合理想气体状态方程的温度称为理想气体温度。

4　卡诺定理与热力学温度

为了摆脱实际物质对温度计的影响,1848 年英国物理学家威廉·汤姆森(William Thomson,即开尔文)在《关于一种绝对温标》(On an Absolute Thermometric Scale)[2]一文中提到,他根据卡诺定理提出了新的温度和温标概念,即绝对温标。他进而指出,这个温标的特点是它完全不依赖于任何特殊物质的物理性质。汤姆森将卡诺定理中的热量作为测定温度的工具,即热量是温度的唯一量度。卡诺原理是法国科学家尼古拉·卡诺(Nicolas Garnot)在 1824 年提出的,他从影响热能转化效率的角度对温度进行了论述,即"热动力与用来产生它的工作物质无关,它的量唯一地由在它们之间产生效力的物体(热源)的温度确定,最后还与热质(即热量)的输运量有关[3]。

可以设定三个可逆热机,其中一个处于高温 T_H 和低温 T_L 之间,一个处于高温 T_H 和中温 T_M 之间,一个处于中温 T_M 和低温 T_L 之间。根据卡诺定理,有

$$\frac{Q_H}{Q_L} = f(\theta_H, \theta_L) = \frac{\varphi(\theta_H)}{\varphi(\theta_L)} \qquad (11)$$

式中:φ 为温度函数,其选择是完全任意的。最为简单的方法就是使 $\varphi(\theta) = T$,这也是汤姆森的选择。这样就证明了在开尔文的绝对温标尺度上,温度比取决于可逆热机和热源之间的热量传输比,并且与任何物质的物理性质无关。使用这样定义的温度,可以得到运行在温度 T_H 的高温热库和温度 T_L 的低温热阱之间的可逆循环的热效率为

$$\eta_{\text{th,rev}} = 1 - \frac{\varphi(\theta_L)}{\varphi(\theta_H)} \qquad (12)$$

那么,如果把理想气体(也即满足理想气体状态方程的气体)作为工质,可逆卡诺循环又是怎样的呢?

如图 2 所示为以理想气体作为工质的卡诺循环,它由四个可逆过程组成:$4 \to 1$ 为绝热压缩过程,工质温度从 T_L 升至 T_H;$1 \to 2$ 为等温膨胀过程,过程中吸收热量 Q_H;$2 \to 3$ 为绝热膨胀过程,工质温度从 T_H 降至 T_L;$3 \to 4$ 为等温压缩过程,过程中对外释放热量 Q_L。

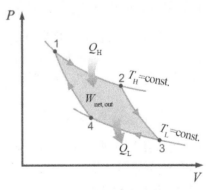

图 2　卡诺循环示意图

对于等温过程,有

$$|Q_H| = RT_H \left| \ln \frac{V_2}{V_1} \right| \qquad (13)$$

和

$$|Q_L| = RT_L \left| \ln \frac{V_3}{V_4} \right| \qquad (14)$$

则

$$\frac{|Q_H|}{|Q_L|} = \frac{T_H \left| \ln \frac{V_2}{V_1} \right|}{T_L \left| \ln \frac{V_3}{V_4} \right|} \qquad (15)$$

对于绝热过程,由于 $\delta Q = 0$,结合理想气体状态方程 $P = RT/V$,则

$$C_V dT + RT \frac{dV}{V} = 0 \qquad (16)$$

积分可得

$$\left| \int_{T_L}^{T_H} \frac{C_V}{R} \frac{dT}{T} \right| = \left| \ln \frac{V_4}{V_1} \right| \qquad (17)$$

同理有

$$\left| \int_{T_L}^{T_H} \frac{C_V}{R} \frac{dT}{T} \right| = \left| \ln \frac{V_3}{V_2} \right| \qquad (18)$$

故

$$\left| \ln \frac{V_3}{V_2} \right| = \left| \ln \frac{V_4}{V_1} \right| \qquad (19)$$

进而有

$$\left| \ln \frac{V_2}{V_1} \right| = \left| \ln \frac{V_3}{V_4} \right| \qquad (20)$$

参照式(14),则有

$$\frac{|Q_H|}{|Q_L|} = \frac{T_H}{T_L} \qquad (21)$$

上式说明热量与理想气体温度呈线性关系。

1873 年,荷兰物理学家范德瓦尔斯(Johannes Diderik van der Waals, 1837—1923 年)提出了著名的范德瓦尔斯方程,即

$$\left(P + \frac{a}{v^2} \right)(v - b) = RT \qquad (22)$$

此方程对大多数实际气体在较高温度区域内比理想气体状态方程更符合实际,也就是说范德瓦尔斯方程更为正确。实际上,范德瓦尔斯方程考虑了理想气体模型中未考虑的两个因素效应,即分子间相互作用力和分子本身所占体积。分子间的相互作用力,由于分子相距较远,其作用力非常微弱。而这一修正项也称为"内压力"。由式(10)和式(21)可得

$$\frac{T}{T_{IG}} = \frac{\left(P + \frac{a}{v^2} \right)(v - b)}{Pv} \neq 1 \qquad (23)$$

也可以说,"真实气体温度"并不等同于"理想气体温度"。

值得注意的是,由理想气体状态方程可知,无论温度如何低,甚至非常接近绝对零度,物质也不会"聚"集,不会发生相变,这与实际是不符的。由于理想气体是"虚构"的,因此由理想气体温度走向外推的绝对零度这一"点"的独特性或者说合理性也是存疑的。

早在 1702 年,法国物理学家、仪器制造商纪尧姆・阿蒙顿(Guillaume Amontons, 1663—1705 年)就已经提到"绝对零度"的概念。他从空气受热时体积和压强都随温度的升高而增大,设想在某个温度下空气的压力将等于零。根据他的计算,这个温度即后来提出的摄氏温标,约为 -239 ℃。1854 年,他又进一步提出,需要一种以"绝对的冷"(绝对零度)作为零点的温标,使用摄氏度作为其单位增量。这也是汤姆森所说的绝对零度,开氏绝对温度温标的起点设定为绝对零度。这一绝对零度在温度测量中甚至在热力学的发展过程中具有深远的影响。在开尔文温标尺度上,温度的值域可从零到无穷大。不同的近似于理想气体的气体,当从较高压强逐渐变为低压强,直至趋于 0 时,它们的温度曲线会交于一点,而这一点就是 -275.15 ℃。

值得一提的是,汤姆森在其《关于一种绝对温标》中虽说是基于卡诺原定理,但在引用上有明显错误,他说:"我现在提出的尺度的特征性质是所有度数都具有相同的值;也就是说,一个单位的热量从温度 T 的物体 A 下降到温度 $T-1$ 的物体 B,将产生相同的机械效应,无论 T 是多少。这可以被恰当地称为绝对尺度,因为它的特征完全独立于任何特定物质的物理性质。"依据现代热力学温度的定义,从 2 000 ℃ 减到 1 999 ℃ 与从 200 ℃ 减到 199 ℃ 的机械效应(做功效率)肯定是不同的。

由式(11)可知,如果用 $\varphi(\theta) = T$ 来定义开尔文的绝对温度,则绝对温度与理想气体温度是一致的,则运行在温度为 T_H 的高温热库和温度为 T_L 的低温热阱之间的可逆循环的热效率可表述为

$$\eta_{th,rev} = 1 - \frac{T_L}{T_H} \qquad (24)$$

当 $T_L = 0$ K 时, $\eta_{th,rev} = 1$。对于逆向卡诺可逆循环,其制冷系数为

$$EER_{th,rev} = \frac{T_L}{T_H - T_L} \qquad (25)$$

当 $T_L \to 0$ K 时, $EER_{th,rev} \to 0$。也就是说,制冷

效果在绝对温度趋于 0 K 时，其制冷系数趋于 0，这就意味着不可能用机械循环的方法实现绝对零度。这一结论的正确性取决于绝对温度的定义，尤其是其原点 0 K 的定义。从汤姆森的《关于一种绝对温标》一文中可以看出，汤姆森并未正确运用卡诺定理。

如何定义温度及其原点（零点）是一个颇具影响的大问题。对于如何定义温度这一物理参量，需要考虑温度是什么物理参量，它的本质是什么。

5 温度本质的探讨

以上所说的理想气体温度是基于理想气体行为的温度概念。从现代科学观点来看，理想气体是由一组随机移动、非相互作用的点粒子组成的理论气体。建立在理想气体基础上的理想气体温标虽然摆脱了实际物质，或者说不依赖于实际物质，其后也得到了普遍应用，但它是建立在"虚构"气体而非客观存在的实际气体基础之上的，如果把它作为实际物质热度的量度，其是否能涵盖其他物质形态（如固态）也是存在疑问的。也就是说，基于理想气体的温标是否能客观地反映不同物质、不同物质形态、不同状态物质的热度，需要做进一步深入的研究。

无论是基于实际物质对热度的变化规律，还是由实际气体理想化（"虚构"）理想气体以及卡诺定理，都是从宏观也就是以唯象方法来确定的。随着科学的发展与深入，从微观上探索温度更深层次的物理含义是必要的。

我们知道，实际气体是由分子或原子等微观粒子组成的，因此对反映气体状态的温度可以从微观粒子运动状况进行解释，即气体动理学。气体动理学建立在牛顿力学和统计学的基础上。

气体动理学认为组成物体的分子不停地做无规则运动，从大量分子整体来看，在一定条件下，它们遵循一定的统计规律，涉及与热运动有关的宏观量——温度。从现代统计物理学的角度来看，温度是大量分子热运动的统计平均值。分子动能与温度有关，温度越高，分子的平均动能就越大，反之越小，即 $E_k \propto T$。所以，从分子运动理论的角度来看，温度是物体分子热运动的平均动能的标志。所谓的分子热运动，就是由热度引起的运动，但热度在物质的哪些运动中起主导作用，或者说物质的哪些运动是由热度引起的，这是一个值得探讨的问题。

无论是相对论性理想气体，还是非相对论性理想气体，系统的温度都正比于系统中粒子的平均动能。因此，理想气体温度是对组成气体的粒子无规则运动剧烈程度的度量。推而广之，从本质上讲，温度源于大量微观粒子的无规则运动，是对组成系统的大量微观粒子的无规则运动的剧烈程度的度量。

理想气体状态方程可以使用气体动理学原理进行推导。其前提是有几个简化的假设，其中最主要的假设是气体的分子或原子是点质量，其具有质量但没有显著的体积，并且仅经历彼此之间的弹性碰撞以及线性动量和动能守恒的容器的侧面。

设 $\boldsymbol{q}=(q_x,q_y,q_z)$ 和 $\boldsymbol{p}=(p_x,p_y,p_z)$ 分别表示理想气体粒子的位置向量和动量向量，并设 $\boldsymbol{F}$ 表示该粒子上的净力，则

$$
\begin{aligned}
\boldsymbol{q} \cdot \boldsymbol{F} &= q_x\frac{\mathrm{d}p_x}{\mathrm{d}t} + q_y\frac{\mathrm{d}p_y}{\mathrm{d}t} + q_z\frac{\mathrm{d}p_z}{\mathrm{d}t} \\
&= -q_x\frac{\partial H}{\partial q_x} - q_y\frac{\partial H}{\partial q_y} - q_z\frac{\partial H}{\partial q_z} \quad (26) \\
&= -3k_B T
\end{aligned}
$$

式中：H 为哈密顿函数；k_B 为玻尔兹曼常数。

进一步推导可得出

$$3N_A k_B T = 3Pv \quad (27)$$

式中：N_A 为阿伏伽德罗常量。

从而就得到理想气体状态方程为

$$PV = mN_A k_B T \quad (28)$$

进而有

$$P = \frac{mN_A}{V}k_B T \quad (29)$$

因为 $\dfrac{mN_A}{V}$ 是体积为 V 的 m mol 理想气体的组分粒子的数密度 n，则理想气体状态方程可以改写为

$$P = nk_B T \quad (30)$$

利用牛顿力学原理，可以得到非相对论理想气体的压强为

$$P = \frac{2}{3}n\bar{\varepsilon}_k \quad (31)$$

式中：n 为粒子的数密度；$\bar{\varepsilon}_k$ 为粒子的平均动能（即能量）；$n\bar{\varepsilon}_k$ 为系统的平均动能密度。

比较式（30）和式（31），可得

$$T = \frac{2}{3}\frac{\bar{\varepsilon}_k}{k_B} \quad (32)$$

这一关系式将温度参量与粒子的平均动能关联起来。对于理想气体，由于粒子是"点质量"和粒子之间无相互作用势能的假设，这样的结论对理想气

体是合理的。但对于近似于理想气体的真实气体,其构成分子不但具有体积及相互之间的作用力,其构成也是不同的,即单原子、双原子及多原子之分。对刚性双原子分子组成的理想气体,有 $T = 2/5\left(\bar{\varepsilon}_\mathrm{k}/k_\mathrm{B}\right)$;对非刚性双原子分子组成的理想气体,有 $T = 2/7\left(\bar{\varepsilon}_\mathrm{k}/k_\mathrm{B}\right)$;对刚性多原子分子组成的理想气体,有 $T = 1/3\left(\bar{\varepsilon}_\mathrm{k}/k_\mathrm{B}\right)$。虽然绝对温度 T 与粒子动能呈线性关系,但由于分子组成的不同,其线性关系也是不同的。

1865 年,克劳修斯(R. J. E. Clausius, 1822—1888 年)首先引入熵的概念。熵的概念源于克劳修斯的发现,即

$$\oint \frac{\delta Q}{T} \leqslant 0 \qquad (33)$$

从而就定义了一种新的热力学参量——熵,有

$$\mathrm{d}S = \left(\frac{\delta Q}{T}\right)_\mathrm{rev} \qquad (34)$$

迄今为止对熵有各种解释,其中最为通用的是熵代表系统的混乱度或者说无序度。熵是一个广延量,它没有绝对值,也不可能计算其绝对量。但可以设定一个起点,并设定在该起点上熵值为零。

改写式(34)可得

$$T = \left(\frac{\delta Q}{\mathrm{d}S}\right)_\mathrm{rev} \qquad (35)$$

则可表现出热量(能量)、熵与温度的关系。

1909 年,希腊裔数学家卡拉西奥多里(Constantin Carathéodory, 1873—1950 年)发表了他在热力学公理化方向的开创性著作[4],对热力学进行了公理化描述。在他的著作中,温度在数学上被定义为允许对能量守恒(第一定律)表达式的非恰当微分进行积分的积分因子,以这种方式证明了能量、熵和温度之间的经典热力学关系。故可以定义温度 T 为

$$T = \frac{\mathrm{d}E}{\mathrm{d}S} \qquad (36)$$

式中: E 为系统的能量。如果把 E 限定为与热度相关的能量,可称之为内热能。这样就可把经典的内能总能量分为内热能与其他能,明确内热能的概念有助于理解温度与内能的关系。无疑,这一定义也是符合热力学第零定律的。

对于熵的微观解释,最著名的是玻尔兹曼运用统计热力学建立的微观熵的概念。熵在微观层面上,被解释成与微观态数有关,即

$$S = k_\mathrm{B}\mathrm{lin}\Omega \qquad (37)$$

式中: Ω 为宏观系统对应的微观状态总数(即宏观状态 E 的概率)。由于 $\mathrm{lin}\,\Omega$ 是无量纲的,故在 S 和 $\mathrm{lin}\,\Omega$ 之间加入一个系数,即玻尔兹曼系数 k_B,其量纲为能量/温度($\mathrm{M}\cdot\mathrm{L}^2\cdot\mathrm{T}^{-2}\theta^{-1}$)。这样就将式(37)右侧变成了与克劳修斯熵同样的量纲。玻尔兹曼系数 k_B 也使微观熵与开尔文温标联系到一起。结合温度的定义及统计热力学的诠释,温度被赋予了新的物理概念——描述体系"内能"随体系混乱度(即熵)变化强度的热力学量。

结合式(36)与式(37),可得

$$T = \frac{1}{k_\mathrm{B}} \frac{\mathrm{d}E}{\mathrm{d}(\mathrm{lin}\,\Omega)} \qquad (38)$$

或

$$\mathrm{d}E = T \cdot k_\mathrm{B}\mathrm{d}(\mathrm{lin}\,\Omega) \qquad (39)$$

这与量子力学中的定义是一致的[5],所不同的是量子力学所用的 E 为系统的本征能量。对式(39)积分可以得到 $E = k_\mathrm{B}T$。

综上所述,温度是表征系统热能的热力学强度量,是能量得以以热量形式传递的驱动特征。

2018 年 11 月 16 日,国际计量大会通过决议,将开尔文(符号 K)指定为热力学温度的国标标准单位。它的定义是将玻尔兹曼常数的固定值取为 $1.380\,649 \times 10^{-23}$ J/K,并确定水三点的热力学温度为 273.16 K,其相对标准不确定度与本决议通过时建议的 k 值(即 3.7×10^{-7})相近,今后其数值将通过实验确定[6]。

6 超高与极低温度

温度源于日常生活与对气体运动规律的认识,至今温度的温标仍然与气体密切关联。具体而言,温度是物质内部物质运动的一种表象,不仅是"热运动"。组成物质的分子或原子,其内能除平移动能外,还有旋转动能和内部振动能;多原子分子的原子作为分子将原子保持在一起力产生的键能,也可能围绕它们的共同质心振动。在亚分子尺度上,内能与原子的电子和原子核有关。原子中的电子围绕原子核旋转,在物质的其他状态(相)还有电子飘动(如等离子状态)。在涉及电子的激发、电离的物理过程中或发生化学反应时,分子内部(不包括原子核内部)的能量将大幅变化,此时内能中必须考虑分子内部的能量。当然还有核内部能量,而这仅在核物理过程中才会变化。

依据理想气体而外推出的绝对零度,

即 $-273.16\ ℃$，得到了较为普遍的认同，并认为其一道不可逾越的底线。

尽管物质的温度与其内能有关，但内能并不能完全对应于其温度。可以把温度作为表征物质具有的内热能的量度，温度越高，其热能品位越高。

热在热力学中被定义为通过温差在两个系统（或一个系统及其周围环境）之间传递的能量形式。也就是说，只有由于温差而引发能量相互作用时，它才是热。热量总是从高温物体传至低温物体，当两个物体温度相等时，它们之间不会有热量传递，即它们达到了热平衡。

在形成热能概念之前有热质说，虽然热质说被否定了，但它代表的与温度相关的能量传递是确实存在的，这就是"热量"。其中涉及另一个问题，即"热量"是传递的"热能"，那么热能的本质是什么？热量不同于热能，热量是传递过程中的热能。热能是物质所含的与温度相关联的能量，它随温度的升高而增加。但这种表述并不严密，物质相变时有热量的传输，但并无温度变化。热能是一种与温度相关联的具有标量，但没有方向性的能量，它的品质与温度成正比关系，热能的温度越高其品位越高，但它的绝对量是很难确定的。

内能没有简明的热力学定义，早期被定义为系统所有微观形式能量的总和。但内能是物质的一个状态量，一旦其状态确定，其内能也就固定。从微观上讲，系统内能是构成系统的所有分子无规则运动动能、分子间相互作用势能、分子内部以及原子核内部各种形式能量的总和。

由气体及液体引入的温标，其内部的粒子运动主要限于分子及分子间，对于分子内部和亚原子层面涉及甚少。对于固体，套用以气体为基础的温标固然在适度的范围内是适用的，但对于处于比较极端温度范围及特殊结构的物质（如晶体），绝对温度温标就显得"力不从心"。

以粒子运动学为主要依据的统计物理学虽然在一般气体状态领域取得了很好的效果，在原子和亚原子层次仅包括分子动能、旋转能是不够的。在不同的物态中，物态的不同与内能相关联的存在形式会影响内能，如顺磁性、核磁性、电子跃迁与游离飘逸等。

1912 年，荷兰物理学家德拜（Peter Joseph Wilhelm Debye，1884—1966 年）对爱因斯坦模型修正了原子是独立谐振子的概念，而考虑晶格的集体振动模式，即德拜模型，进而提出了德拜温度 θ_D 的概念：

$$\theta_D = \frac{h\nu_D}{k_B} \tag{40}$$

式中：h 为普朗克常量；ν_D 为晶体的德拜频率（最高振动频率）；k_B 为玻耳兹曼常量。

晶体粒子在极端低温下，其振动能与温度 T 的关联性越来越弱，以至于无关。但当 T 趋于零时，晶体粒子的振动能并不趋于零。德拜在处理微观粒子时，并没有沿用牛顿力学的思想，他把某些量子能级不是归于单个粒子，而是归于点阵整体的本征振动，也可以说是基于波的观点，而不是基于粒子的观点。

按照经典的热力学理论，温度的上限是无限的，即 $T \to +\infty$，这在物理学上是很难令人信服的。对温度上限的研究吸引了许多科学家。早期估计一个"基本"温度在 10^{12} K 左右，但如果涉及宇宙的更多基本成分，可能要有高得多的极限温度。在早期的热宇宙学模型中，宇宙演化早期的宇宙温度被粗略地估计为 $T_U \approx 10^{28}$K。哈格多恩（Hagedorn）在一系列论文 [8-11] 中提出了一种解决这个问题的新方法，即定义一个新的温度——哈格多恩温度。所谓的哈格多恩温度，是强子中黏附夸克的强力被夸克的振动能量所超越，从而使普通物质分解成夸克物质。物质汇聚到夸克等离子体后，该等离子体可以进一步加热，直到达到它的最大温度。有学者认为，普朗克温度为最大温度，约为 $\sim 1.4 \times 10^{32}$ K，且有

$$\theta_P = \frac{\sqrt{hc^5/G}}{k_B} \tag{41}$$

式中：c 为真空中的光速；h 为约化普朗克常数（又称狄拉克常数）；k_B 为玻尔兹曼常数；G 为万有引力常数。

从概念上讲，最可能与普朗克温度有条件地相关。普朗克温度可以认为是自然界的温度上限 [12-14]。

众所周知，绝对零度是热力学温标的最低极限取为 0 K。在该状态下，冷却的理想气体的熵达到其最小值。

值得一提的是，在马费（Mafe）等人的论文 [15]，熵的统计定义经常被用来以非常图形的形式证明热力学第三定律。对于 0 K 的非退化基态系统，应该处于其最低能量（基）状态，然后根据熵的统计定义 $S = 0$，这在许多教科书中很常见。这些陈述是有用的，但可以辅以其他观点，即低温在热力学中的物理极限以及当熵取小值时宏观系统仍然可以获得的大量状态。

1951 年就已经在局部自旋系统实现了负温

度[16-18]中,现在也能够实现运动自由度的负温度状态。由统计物理学原理可知,能量从只有基态填充的最小开始,其增加会导致对更多状态的占领,从而导致熵的增加。当温度接近无穷大时,所有状态变得均匀,熵达到其最大可能值。然而,一种例外的情况出现了,即高能态比低能态数目更多,能量可以进一步增加。在这种状态下,熵不是随能量的增长而增长,而是随能量的增长而减小,根据式(36)中温度的热力学定义,导致负温度。如果从温度对应的能量高低多寡来看,负温度状态比正温度状态更热,即在热接触中,热量将从负温度系统流向正温度系统[19]。这是与热力学绝对温度的定义相矛盾的,也给绝对温度的定义(至少是统计热力学上的定义)提出了挑战。温度作为物理参量由气相状态推理的下限虽然没有被宏观突破,但在微观上呈现出了裂缝,这无疑需要对现行温度温标体系进行再探讨。

7　议论与结论

综上所述,对应温度的定义,从不同的物质形态(相)、不同的微观层次进行统一定义是必要的。比如,在微观层次有费米理想气体、玻色理想气体、光子气体,还有两级系统中的非相互作用粒子。这些"实体"中,如果简单将以理想气体为基础的热力学温度作为衡量基准,很难准确地反映这些微粒系统的"温度"与能量(分布与能级)的关系。科学家为了探索各种"极端"状态下的物理规律,引入了诸如"西曼"温度、"偶极子 - 偶极子"温度等。因此,除定义物理系统中的每一个都有一个与其微观成分的性质和组织相关的特征温度外,还需要明确不同层次的能量在物质不同形态时对"热度"的贡献,引入总体温度θ_{Total}和各能量对总体温度的贡献度,也可称之为分温度θ_i。例如,范德瓦尔斯方程就是对物质(热)内能贡献不同的修正。

考虑不同结构层次的系统,组成系统的微观粒子可以相差很远。例如,在温度不太高的情况下,热能不足以影响原子以下层次的微观粒子的运动状态,所以对常见的正常条件下的热力学系统,其温度可以仅在分子或原子层面,也即仅考虑分子(或原子)的热运动动能和它们之间的相互作用势能。但如果考虑更为广阔的视野,如天体中的中子星和高能重离子碰撞形成的"火球"系统,其组分包括质子、中子、超子、介子、电子、中微子,甚至更深层次的夸克和胶子等,那么对于系统温度,就要考虑所有核子、超子、介子、电子、中微子等的动能,以及这些粒子间的相互作用势能。总之,考察热力学温度应该考虑组成系统的结构层次。考虑到极端低温和超高温状态,与系统的温度密切相关的除组成系统的微观粒子的动能外,还有微观粒子间的相互作用势能以及粒子之间的距离,而后两项是理想气体忽略的。在次原子的层次,仅用经典力学进行描述是不够的,也需要用量子力学进行描述,这就涉及微观层次温度的概念。如何将微观各层次的温度与宏观唯象温度统一起来是我们面临的重大课题。

参考文献

[1]　[苏]ю.A. 赫拉莫夫. 世界物理学家词典 [M]. 梁宝洪,译. 长沙:湖南教育出版社,1988.

[2]　THOMSON W. On an absolute thermometric scale[J]. Philosophical Magazine, 1848:100-106.

[3]　CARNOT M S. Réflexions sur la Puissance Motrice du Feu. 1824.

[4]　CARATHÉODORY C. Studies on the fundamentals of thermodynamics[J]. Math Ann, 1909, 67:355-386.

[5]　E. 薛定谔. 统计热力学 [M]. 北京:高等教育出版社,2014.

[6]　26th CGPM-Resolutions adopted, 13 to 16 November 2018, Versailles, Paris, France.

[7]　BRAUN S, RONZHEIMER J P, SCHREIBER M, et al. Negative absolute temperature for motional degrees of freedom[J]. Science, 339(6115):52-55.

[8]　HAGEDORN R. Statistical thermodynamics of strong interactions at high energies[J]. Nuovo Cimento, 1965, 3:147-186.

[9]　HAGEDORN R. Hadronic matter near the boiling point[J]. Nuovo Cimento, 1968, 56 A, 1027-1046.

[10]　HAGEDORN R. Thermodynamics of strong interactions at high-energy and its consequences for astrophysics[J]. Astron Astrophys, 1970, 5:184-205.

[11]　HAGEDORN R, RAFELSKI J. Hot hadronic matter and nuclear collisions[J]. Physics Letters B, 1980, 97:136-142.

[12]　HUANG K, WEINBERG S. Ultimate temperature and the early universe[J]. Physical Review Letters, 1970, 25:895.

[13]　STAUFFER D. Temperature maximum of the early(hadron)universe[J]. Physical. Review. D, 1972, 6:1797.

[14]　VAYONAKIS C E. Superunification and the ultimate temperature of the Universe[J]. Physics Letters. B, 1982, 116:223-226.

[15]　MAFE S, MANZANARES J A, DE LA RUBIA J. On the use of the statistical definition of entropy to justify Planck's form of the third law of thermodynamics[J]. Am. J. Phys, 2000, 68:932.

[16]　PURCELL E M, POUND R V. A nuclear spin system at negative temperature[J]. Physical Review, 1951, 81:279.

[17]　OJA A S, LOUNASMAA O V. Nuclear magnetic ordering in simple metals at positive and negative nano kelvin temperatures[J]. Review of Modern Physics, 1997, 69:1.

[18]　MEDLEY P, WELD D M, MIYAKE H, etal. Spin gradient demagnetization cooling of ultra cold atoms[J]. Physical Review Letters, 106:195301.

[19]　BRAUN S, RONZHEIMER J P, SCHREIBER M, et al. Negative absolute temperature for motional degrees of freedom[J]. Science, 2013, 339(6115). 52-55.

混合工质低温自动复叠制冷虚拟仿真实验教学探索

盛　健，张　华，魏　燕，刘　聪，陈家星，黄晓璜

（上海理工大学能源动力工程国家级实验教学示范中心，上海　200093）

摘　要：自动复叠制冷技术因为只用一台制冷压缩机实现复叠制冷达到低温而广泛应用于航空航天、低温医疗等领域。但因其具有热力学状态复杂、部件种类多、实验等待时间长、制冷剂安全风险高等特点而无法开展线下实验。中文根据制冷与低温工程专业新工科人才培养要求，结合学科科研成果，利用 Unity3D、3D Studio Max、Maya 等技术，开发了开放共享的混合工质自动复叠制冷系统虚拟仿真实验教学软件，取得了优异的实验教学效果和学生培养质量。

关键词：新工科；实验教学；虚拟仿真；制冷

1　引言

复叠制冷系统适宜于制取 -80 ℃及更低的蒸发温度，而自动复叠制冷系统可以实现一台制冷压缩机运行复叠制冷系统，具有系统紧凑、运行稳定、制冷效果较高等独特优势[1]，因此广泛应用于航空航天、低温医疗、能源等高科技领域。

复叠式制冷循环是"制冷原理"课程的重点内容和知识难点[2]。然而"制冷原理"的理论性强、热力学概念和循环相对抽象，还涉及诸多部件，如制冷四大件、回热器、气液分离器、干燥过滤器等，仅凭理论讲解、图片展示、动画演示等难以使学生理解。自动复叠制冷系统实验装置均要对蒸发器、回热器和气液分离器及管路进行整体发泡保温，复杂的管路流程不可视；为测试自动复叠制冷系统实验性能，从开机到稳态的等待时间动辄七八个小时。为研究新型环保制冷剂在自动复叠制冷系统中的应用，如果更换制冷剂进行对比实验，则需要 2~3 天才能完成。此外，制冷剂压力高、温度低，甚至有燃烧和爆炸的隐患。因此，作为本科生专业实验，自动复叠制冷系统性能实验开展难度太大，目前各高校基本以单级蒸气压缩制冷系统性能实验为主，实验技术、内容过

于陈旧[3]。

综上所述，迫切需要寻求新的实验教学方法和手段[4]，将虚拟仿真技术引入实验教学，开发和利用虚拟仿真实验教学软件是目前实验教学的创新路径之一。

上海理工大学能源动力工程国家级实验教学示范中心以自主研发并产业化应用的两级自动复叠制冷系统样机为基础，利用 Unity3D、3D Studio Max、Maya 等技术[5]，开发了开放共享的混合工质自动复叠制冷系统虚拟仿真实验教学软件，具有友好的人机交互界面，可以完成制冷原理、系统流程、循环热力计算、抽真空与制冷剂充注、工况调节等实验内容。其中，"学习模式"用于学生预习和自学，"实验模式"用于实验教学和实验操作，"复盘模式"用于实验报告提交和答疑，三者共同构成学生实验成绩[6-8]。

该虚拟仿真实验教学软件于 2020 年建成以来，服务学校制冷及低温工程、生物医学工程等专业本科生和研究生，显著促进了"制冷原理与装置""医疗器械系统设计"等理论课程教学效果。本文介绍了混合工质自动复叠制冷虚拟仿真实验教学软件的建设和实验教学探索。

2　制冷模型

2.1　系统流程

两级自动复叠制冷系统流程如图 1 所示，压焓

作者简介：盛健（1985—），男，博士，高级实验师。电话：15121088972。邮箱：sjhvac@usst.edu.cn。

基金项目：教育部第二批新工科研究与实践项目（E-NYDQH-GC20202210）；2020 年上海高校本科重点教育改革项目（20200165）；上海市 2020 年度"科技创新行动计划"技术标准项目（20DZ2204400）；上海市 2021 年度"科技创新行动计划"科普专项项目（21DZ2305500）。

图如图2所示。以二元混合工质 R600a/R170 为例，制冷压缩机 A 将低温低压混合制冷剂气体吸入并压缩至高温高压过热状态，再送入风冷冷凝器 C，高沸点制冷剂（R600a）被冷凝，而低沸点制冷剂（R170）被冷却，在气液分离器 S1 中进行分离，其中液态高沸点制冷剂（溶解少量低沸点制冷剂）从气液分离器底部流出，经过辅毛细管 J1 节流至低压，再进入冷凝蒸发器 K1，蒸发制冷；气态低沸点制冷剂（混合少量高沸点制冷剂）从气液分离器顶部流出，进入冷凝蒸发器，放热而凝结，低沸点制冷剂液体经主毛细管 J2 节流至低压状态，再进入蒸发器 E 制冷而汽化，并与低压高沸点制冷剂气体混合，再由制冷压缩机吸入。通过不断循环，最终蒸发器可以达到低沸点制冷剂低压下的蒸发温度，进而实现一个制冷压缩机的复叠制冷。

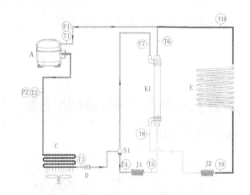

图1　两级自动复叠制冷系统流程图
A—压缩机；C—冷凝器；D—干燥过滤器；E—蒸发器；
H—干燥过滤器；K1—冷凝蒸发器；J1—辅毛细管；
J2—主毛细管；S1—气液分离器

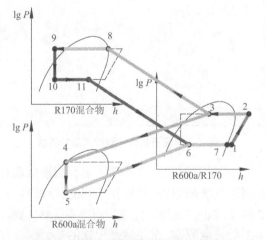

图2　两级自动复叠制冷系统压焓图

2.2　设备模型

建立制冷设备的 3D 模型，一方面可用于"学习模式"下学生对单个设备及制冷系统进行漫游、拆装、系统连接等深度认知，还可用于抽真空、制冷剂回收与加注、保压等实验操作[9]。

两级自动复叠制冷系统的完整 3D 模型如图3所示，包括制冷压缩机、油分离器、缓冲罐、风冷冷凝器、干燥过滤器、视液镜、气液分离器、辅毛细管、冷凝蒸发器、回热器、主毛细管、蒸发器和膨胀罐、压力传感器、温度传感器、接线盒等。

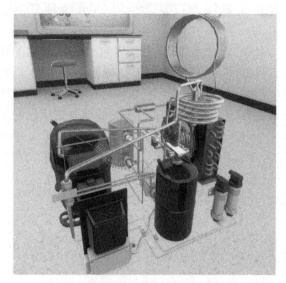

图3　两级自动复叠制冷系统模型

两级自动复叠制冷系统专业实验室模型如图4所示，自动复叠制冷系统设置在实验装置底部，上部为人机界面，进行工况设置和监视、数据采集及交互等，还有实验中需要的制冷剂回收机、真空泵、各类制冷剂罐、制冷压力表等。

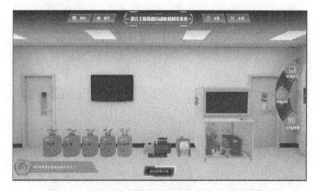

图4　两级自动复叠制冷系统专业实验室模型

2.3　制冷剂

随着《蒙特利尔议定书》的严格执行，自动复叠系统混合工质也经历了 R11、R12、R13、R22 等工质的替代，根据当前对新一代制冷剂零 ODP 和 GWP 值环保制冷工质的要求，在低温自动复叠系统中目前使用最广泛的 HFC23 也将面临被淘汰,新型环保制冷剂的研究也将弥补我国在低温环保、安全、廉价型制冷剂技术上的空白,促进我国低温技术的发展。然而,在低温自动复叠系统中,除氟化物外,碳氢化合物也是应用较多的制冷剂,其弊端是易燃易爆,且爆炸下限低。由于小型低温制冷系统中制冷剂的充注量较少,因此碳氢制冷剂可以作为替代制冷剂。目前,该虚拟仿真实验中设置 R22、R134a 和 R290 三种中温制冷剂以及 R23 和 R170 两种低温制冷剂。

对于 ARC 系统,混合工质组分的选取和配比会直接影响自动复叠制冷系统能否正常运行,以及循环系统效率等问题。进入气液分离器的混合工质必须是气液两相流,进入节流阀的混合工质最好是液体,因此可以先确定蒸发器的温度以及冷凝器的压力,综合冷凝温度以及下一级蒸发温度来确定工质的组分以及蒸发器的压力。然后选择合适的工质配比,通过蒸发器混合工质的组分计算出气液分离器前混合工质组分和气相混合工质组分,逐级向前计算,进而确定整个自动复叠制冷系统的混合工质组分。

3　虚拟仿真软件

3.1　功能需求及总体架构

混合工质低温自动复叠制冷虚拟仿真实验教学软件应满足的主要教学需求如下:①复叠制冷原理相关基础知识;②复叠制冷系统流程及主要设备的认知、连接、拆装等;③制冷系统工况设计与调节,混合制冷剂选取,制冷压缩机润滑油匹配,制冷剂充注量计算,制冷系统抽真空、保压检漏,混合制冷剂充注操作等;④实验观测、数据分析,总结不同混合制冷剂配比的运行特性;⑤电子实验报告提交以及线上答疑、互动交流等。

同时,按照突出以学生为中心的教学理念,紧扣重点和难点知识,提高理论和实验教学的开放性、交互性、共享性和自主性等虚拟仿真实验教学要求,搭建了该虚拟仿真实验总体架构[10-11],如图 5 所示。

3.2　学习模式

本虚拟仿真实验共 4 个学时,其中第 1、2 学时布置学生学习任务,启动实验软件,如图 6 所示;点击"开始实验",进入"学习模式"和"实验模式"选择界面,如图 7 所示。

图 5　虚拟仿真实验总体架构

图 6　虚拟仿真实验首页界面

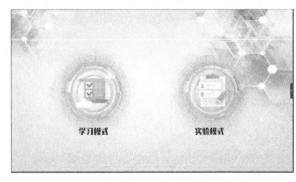

图 7　学习模式和实验模式选择界面

选择"学习模式",开始学习混合工质低温自动复叠制冷系统的原理、背景知识、热力学循环、系统及部件等,如图 8 所示;再进行制冷系统热力循环及制冷工质选取原则、充注量及配比的热力学计算方法的学习,如图 9 和图 10 所示。教师结合理论课已学习的单级蒸气压缩制冷热力循环进行引导,带领学生进行探索性、研讨性学习。

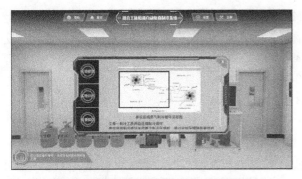

图8 自动复叠制冷基础知识学习界面

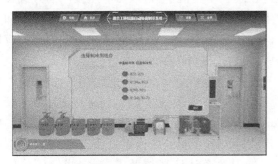

图9 混合工质选取及计算界面

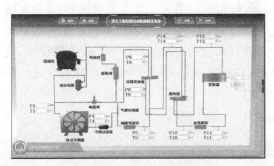

图10 人机界面

进而开展制冷系统及部件拆装、各部件特性功能学习、制冷系统抽真空及保压检漏、混合工质充注操作等实操技能训练。图11为两级自动复叠制冷系统漫游、部件拆装和系统连接界面,图12为制冷系统抽真空练习界面,图13为混合制冷剂充注练习界面,图14为制冷系统实验数据采集与分析界面。

图11 制冷系统拆装与连接界面

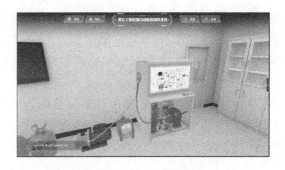

图12 制冷系统抽真空练习界面

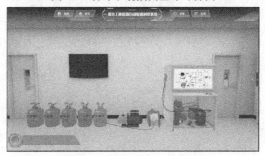

图13 制冷剂充注练习界面

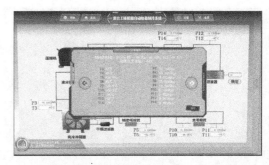

图14 制冷系统实验数据采集与分析界面

"学习模式"中,课堂教学以学生为主体,教师为主导,学生通过自行组建团队、分工合作、讨论分析,激发思考,加深印象,提升复杂制冷热力循环的掌握效果和创新实践意识,教师从旁协助指导促进。

3.3 实验模式

第3、4学时,首先由学生分组讲解自动复叠制冷系统的热力学循环、工质选取原则、充注比例和充注量计算方法、系统流程与主要部件的功能、制冷系统抽真空和保压检漏的操作方法、混合工质充注的操作要点和注意事项、影响制冷系统运行参数和性能的主要因素等;其次进行学生分组自评与互评,教师再结合平台管理端了解学生预习情况,包括学习时长、学习内容、预习操作情况等,讲解本课时重要知识点和共性问题。其中,符合预习考核要求的学生登录虚拟仿真实验平台,进入"实验模式"。

"实验模式"中,学生首先独立完成预习考核题,如图15所示;再开始实验操作,包括自动复叠制冷系统的组装、制冷系统的抽真空和保压检漏以及混合工质充注等操作，每个重要操作前，需完成关键知识点考核题，如图 16 所示。实验准备完成后，依次开启实验台和监控大屏，设定低温冷箱温度，启动制冷系统，观察监控大屏上显示的各重要位置的压力和温度。待实验数据稳定后，记录各点热工参数，以便进行热力计算和性能分析，如图 17 所示。

图 15　混合制冷剂选取及计算考核界面

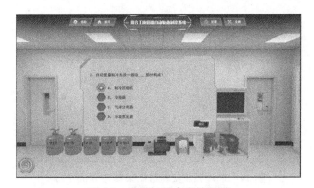

图 16　关键知识点考核界面

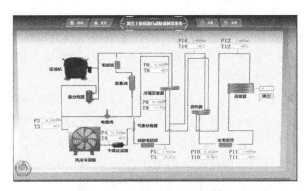

图 17　实验数据动态显示界面

调节低温冷箱设定温度，进行变工况特性实验，重复上述实验操作，并记录稳定后的实验数据。更换混合工质种类，再进行不同混合工质及不同工况的自动复叠制冷系统特性对比实验研究。对照两级自动复叠制冷系统热力循环图和选取的混合工质性质图表，进行热力学计算和性能分析，撰写并提交实验报告和心得体会。"实验模式"中主要考核学生在"学习模式"中的学习效果，即对混合工质自动复叠制冷相关知识点、操作技能、实验研究与数据分析等的掌握情况。

3.4　成绩评价

课后，学生可线上复盘该实验项目的"学习模式"和"实验模式"，对实验课程中掌握薄弱的知识点或操作进行复习，加强理解，也可通过在线互动交流进行讨论。教师批改实验学生的实验报告后，也通过在线互动交流平台，以点对点或广播方式反馈学生实验中的个别错误和共性问题；也可发布和共享课外学习阅读资料等，拓展学生对低温技术应用领域的学习，提高学生的学习兴趣和知识广度。

虚拟仿真实验中，学生交互性操作步骤共 12 步，制定每个步骤的目标要求、目标达成度赋分模型（知识点检验、部件组装与连接、制冷剂充注量、操作步骤等）、各步骤分值权重以及成绩类型等，按照中国工程教育认证考核要求，制定成绩评价体系[12]。

4　教学实践与总结

根据国家虚拟仿真实验教学课程共享平台（www.ilab-X.com）检索，虚拟仿真实验教学课程中涉及"空调"的课程有 3 门，而涉及"制冷"或"低温"的虚拟仿真课程则一门都没有。上海理工大学研制的"自动复叠制冷低温冰箱"于 2012 年获得国家科技进步奖二等奖，掌握自动复叠低温制冷核心技术，依托学科动力工程及工程热物理一流学科，在此基础上进行混合工质低温自动复叠制冷系统的虚拟仿真实验平台建设。

利用 Unity3D 引擎开发，使用 3D Studio Max 和 Maya 专业软件建模、动画、人机交互等技术，实现了学生在线学习自动复叠制冷原理、系统流程及热力学循环设计、部件功能及系统拆装、混合工质选配、充注量计算及充注与回收方法。在完成自主学习考核后，可进行自动复叠制冷系统实验操作、改变不同低温室温度以测试系统运行参数，并进行制冷系统性能分析，帮助学生掌握自动复叠制冷系统的理论知识和操作技能。

参考文献

[1]　赵巍,张华,肖传晶,等. 环保制冷剂 R290 在四级自动复叠制冷系

统中的应用 [J]. 低温工程,2013(1):34-37.

[2] 郑贤德. 制冷原理与设备 [M]. 2 版. 北京:机械工业出版社,2008.

[3] 盛健,邵旻君,陈淑梅. 单级蒸汽压缩式制冷循环探究性实验教学实践 [J]. 实验科学与技术,2018,16(4):96-100.

[4] 郭美荣,孙淑凤. 自制实验仪器在制冷专业教学中的应用 [J]. 实验技术与管理,2017,34(5):205-207.

[5] 刘焕卫,赵海波. 虚拟仿真实验在制冷压缩机拆装教学改革中的应用 [J]. 中国教育技术装备,2020(8):127-128.

[6] 张立琛. 制冷与空调实验课程教学改革 [J]. 教育教学论坛,2020(51):214-215.

[7] 王美霞,邵莉,韩吉田. 溴化锂吸收式制冷机模拟实验教学系统设计

[J]. 实验技术与管理,2011,28(9):50-56.

[8] 侯其考,邹同华,贾功利,等. 制冷实验研究中心建设与实验教学改革的几点经验 [J]. 实验技术与管理,2007,24(7):100-102.

[9] 高兴奎,刘焕卫. 目标牵引式制冷空调综合实验教学改革 [J]. 中国教育技术装备,2020(14):114-115.

[10] 李玉苹. 虚拟仿真实验在制冷压缩机拆装教学改革中的应用 [J]. 现代交际,2021(19):13-15.

[11] 闫莎莎,秦忠诚,刘进晓,等. 基于 Unity3D 的综采工艺虚拟仿真实验教学探索 [J]. 实验技术与管理,2020,37(8):137-140.

[12] 卢婧,杨峰. 水力发电全过程虚拟仿真实验教学系统建设 [J]. 实验科学与技术,2021,19(4):131-134.

课程思政在"建筑冷热源"课程教学中的探索

王志强

（天津市制冷重点实验室,天津商业大学机械工程学院,天津　300134）

摘　要:"课程思政"是当下高校思想政治工作的新模式,是教育界高度关注的理论和实践问题。本文以天津商业大学建筑环境与能源应用工程专业课程"建筑冷热源"为例,探讨在大学工科专业课程中融入思政教育,将建筑环境领域与冷热源相关的知识传授和新时期的价值引领相结合,利用学校制冷学科优势对学生进行德育教育,引导学生践行社会主义核心价值观,这是本课程思政教育的总体目标。"工匠精神"是工科专业思政教育的重要抓手之一,节能减排以及人居环境改善作为国家发展的重大战略,对建环专业的发展提出了新的需求,需要培养严谨、耐心、精益求精、具有工匠精神的建环工程师。

关键词:课程思政;教学改革;工匠精神;德育结合

1　引言

为深入贯彻落实习近平新时代中国特色社会主义思想和党的十九大精神,深入落实《高等学校课程思政建设指导纲要》《高等学校思想政治理论课建设标准(2021年本)》要求,落实《关于深化新时代学校思想政治理论课改革创新的若干意见》文件精神,推进实施学校课程思政建设工作,有必要将思想政治工作贯穿教育教学全过程,提高高等学校思政课程和课程思政改革创新向纵深方向发展。

在高等学校专业课程教学中开展思想政治教育称为"课程思政"[1]。"课程思政"教育的提倡无疑符合快速发展、文化多元冲突等社会特征的要求。研究当下社会对人才的要求,不难发现专业知识和个人修养同等重要,甚至个人修养在涉及特殊行业时比专业知识更为重要。工程师的个人修养尤其是与其所从事的专业领域相关素养的培养,不是一朝一夕能完成的,需要在专业课中加入"思政"元素,做到在学习专业知识的过程中,也能培养未来工程师的人文素养[2]。因此,"课程思政"的教学目的主要是以此为载体,探索如何把"专业知识传授与价值引领"相结合,满足社会对新时期复合应用型人才的需求。

"建筑冷热源"是建筑环境与能源应用工程专业非常重要的专业课程之一[3],主要介绍空调冷热源设备的基本原理、选择及冷热源系统的设计方法,旨在培养学生运用基础理论进行建筑冷热源选择和热工计算能力,以及建筑冷热源机房工艺的设计能力。近年来,随着国家社会经济的发展,人们的生活水平逐步提高,同时在可持续发展背景下,能源环境问题成为全世界普遍关注的焦点,也成为制约发展的重大问题。节能减排以及人居环境改善作为国家发展的重大战略,对建环专业的发展提出了新的需求,需要培养严谨、耐心、精益求精、具有工匠精神的建环工程师。"工匠精神"的核心内涵在于不仅把工作当作职业,而且当作事业,树立对职业敬畏、对工作执着、对技术产品负责的态度,注重细节,不断追求完美和极致,因此"工匠精神"是工科专业思政教育的重要抓手之一。

对于高等学校理工科课程来说,在专业课时十分有限的情况下,研究如何实现"课程思政",让专业课程不仅能传授知识、提高实践能力,更能突出育人价值,让立德树人做到"润物细无声",这就显得特别重要。本文以"建筑冷热源"课程为例,研究工科课程思政的教育模式及实践。

作者简介:王志强(1981—),男,博士,副教授,专业背景为建筑环境与能源应用工程。电话:13512830852。邮箱:zqwang@tjcu.edu.cn。

2 课程思政的教学目标

教书育人是教育的本质所在,其中立德树人是教育的根本目的。通过"建筑冷热源"课程思政建设,将建筑环境领域与冷热源相关的知识传授和新时期的价值引领相结合,利用学校制冷学科优势对学生进行德育教育,引导学生践行社会主义核心价值观,这是本课程思政教育的总体目标。

整体教学目标是从理念认知上统一思想,将"建筑冷热源"课程的知识目标、能力目标与课程思政目标相互交融,做到"专业理论"与"思想政治"的有机结合,进而实现全方位育人的目的。在课程思政思路的引领下,将"建筑冷热源"课程的知识目标、能力目标和课程思政目标进行整合,如图1所示。

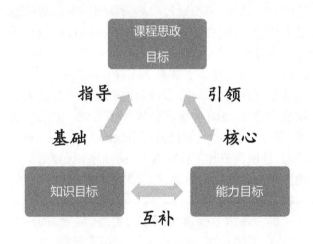

图1 "建筑冷热源"课程思政总体目标

2.1 知识目标

通过本课程教学,使学生完成下列知识目标:掌握蒸气压缩式制冷(热泵)的热力学原理;掌握蒸气压缩式制冷(热泵)系统主要设备的工作原理、性能特性及影响因素;掌握吸收式制冷(热泵)的工作原理及与蒸气压缩式制冷(热泵)的区别;掌握锅炉的工作原理、性能参数,明确锅炉的核心技术问题;明确建筑冷热源设备与建筑空调系统的关系,掌握空调系统中的主要冷热源设备。

2.2 能力目标

通过学习逆卡诺循环和饱和循环的知识,使学生明白热力学原理是构建制冷循环、设备、系统的基础。在应对工程技术问题时,首先明确实际问题(从实物图引出原理图);然后寻找分析工具(利用压焓图、温熵图分析原理图),进而利用质量、动量、能量守恒建立平衡关系,通过自变量对因变量的影响分析影响规律;最后提出具体措施,以解决制冷系统中的实际问题。

通过制冷系统主要设备的学习,明确压缩机是制冷热泵系统的心脏,挖掘压缩机技术发展的潜在改进方向,明白制冷剂直接关系到环境保护、能源效率、经济发展和制冷技术的发展方向,关注其替代现状,深知我们的历史使命。吸收式制冷(热泵)的基本原理与蒸气压缩式制冷(热泵)相同,但必须明确二者的区别与联系。吸收式制冷与热泵都有多种类型,需在实际工程中进行技术经济分析,最终选择适宜的技术方案。

通过锅炉部分知识的学习,使学生明白提高锅炉等热源利用效率、减少污染排放是目前乃至今后很长时间内的工作重点,今后的工作要加大技术投入,研究清洁燃烧、提高锅炉热效率的技术途径和实现方法。通过冷热源系统及设备的学习,明确冷热源设备与系统的关系、原理是设备的基础,设备是原理的载体和具体实现形式,灵活应用科学原理提升工程创新能力,针对具体工程的"唯一性"和"当时当地性"的基本特征,灵活应用自然科学和工程技术原理,从全局出发提出因地制宜的创新技术方案和技术实现途径。

最后,使学生应用所学知识和方法提升建筑冷热源设备与系统性能,以系统的角度考察整个系统的全工况性能、系统能效和技术经济性,因地制宜、科学客观地确定建筑冷热源方案,用最少的能源消耗满足建筑和实际工艺的需求。

2.3 课程思政目标

培养学生对国情、世情的把握,增强建设富强、民主、文明、和谐社会的历史责任感,通过探讨冷热源设备与系统的工作原理、基本结构、性能调节和工程应用等问题,使学生逐步形成"为人民创造美好生活环境"的家国情怀,从而为我国的建筑节能事业做出应有的贡献。让学生明白应根据实际需要用好并研发新型制冷工介,以推动制冷与热泵技术的发展。制冷系统辅助设备的研发涉及学科交叉、知识点多、技术含量高,是大有作为的研究方向之一。让学生建立自由、平等、公正、法制观念和意识,做爱国、敬业、诚信、友善的新时代有责任、有担当的时代青年。

培养具有人文社会科学素养、社会责任感,能够在工程实践中理解并遵守工程职业道德和规范的"21世纪建环人"。在今后的工作中,提出更为高效的空调系统形式,针对性地提出产品设计条件,利用冷热源设备的构建原理,研发满足需求的冷热源产品与系统。利用建筑冷热源设备原理,做好自动控制和运维管理,挖掘系统的节能潜力,推动建筑节能工作的开展。节能减排,任重道远,需要全社会共同参与和努力,我们建环人责无旁贷,为人类创造美好未来,其功在千秋。在整个教学过程中,注重将"绿色""生态""人文"和"创新"思维融合到课程的每个章节中,如图2所示。

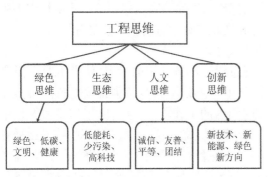

图2 结合"课程思政"的工程思维框图

3 课程思政下"建筑冷热源"课程教学的改进

本项目研究主要围绕"教学内容"的改进、"教学模式"的转变以及"教学技术手段"的革新三个层面进行,打破传统建环专业课程的固有模式,提升学生对"建筑冷热源"这门专业课程学习的兴趣感和专注度。

3.1 教学内容的改进

节能减排与人类居住环境改善等国家重大战略的实施,使建筑环境行业的发展日新月异,"建筑冷热源"课程的授课内容也需要与时俱进,即需结合国家重大科研项目以及行业发展需求,每年更新相关课件内容,将科研与实践的相关成果应用到课堂教学中,推动产学研的结合;将相关的社会热点问题作为课件内容,如南方供暖、家用变频空调的节能问题、无氟空调等,提高学生对专业知识的兴趣与理解。

3.2 教学模式的转变

在课堂授课中引入"雨课堂"软件、"翻转课堂"和"交互式教学"等形式,在授课过程中及时了解学生的反应,根据学生对知识的理解程度及时调整教学内容和进度,采取恰当的教学方法和手段,及时解决学生在学习过程中出现的问题。将课堂教学与实验、实训教学相互穿插,保证教学中理论与实践紧密

结合,加深学生对专业知识的掌握程度。

3.3 教学技术手段的革新

在课程教学过程中利用可视化软件分别将"建筑冷热源"相关土建、机械二维图纸转换为三维直观图像作为课件素材,帮助学生对机械细节各"点"和建筑系统全"面"的综合学习。本项目利用机械行业软件 SolidWorks 作为设备构建平台,利用 BIM 设计常用软件 Revit 设计冷热源系统,二者通过CAD 实现零件转化。

4 "建筑冷热源"课程各章节中的思政元素

第一章绪论部分的内容为建筑与冷热源的关系及建筑冷热源的种类和系统组成。为维持健康、舒适的室内环境,需要通过冷热源系统向室内提供冷量和热量。建筑需要的冷热量的品位较低,应尽量避免高品位能源的直接利用,包括利用可再生的自然能源(冷源、热源),提高人工冷热源的制备效率,因地制宜地选配系统,通过合适的设计将合适的技术应用于合适的场所。引领学生走进"建筑冷热源"课堂,探讨冷热源设备与系统的工作原理、基本结构、性能调节和工程应用等问题,为人民创造美好的生活环境,为我国的建筑节能事业做出应有的贡献。

第二章内容为蒸气压缩式制冷(热泵)的热力学原理。热力学原理是构建制冷循环、设备、系统的基础。工程技术的发展是以热力学中的理想循环作为切入点,以可以实现的理论循环为参考,最后落实到真实空调系统中的实际循环。这一过程是科学转化为技术、理论指导实际的具体体现,也反映了制冷技术发展的历史进程。通过本课程的学习,将学生从基础理论知识引入实际工程技术问题的解决中。工程技术问题的研究方法如下,首先明确实际问题(从实物图引出原理图);然后寻找分析工具(利用压焓图、温熵图分析原理图),进而利用质量、动量、能量守恒建立平衡关系,通过自变量对因变量的影响分析影响规律;最后提出具体措施,以解决实际问题。

第三章内容为蒸气压缩式制冷机和热泵中的主要设备。压缩机是制冷热泵系统的心脏,具有很高的技术含量,由于其产量巨大,品质要求很高,因此近年来其生产工艺和品质管理取得了长足的发展。

通过本课程的学习,让学生知道我国压缩机工厂的智能化水平。通过本章的学习,让学生了解压缩机尚需解决的关键问题:①环保角度,新型工质的替代,包括 R32、R290、R744 等应用问题;②节能角度,产品直流化、变转速、变压比、无油化等的改进;③通过压缩机的新结构设计,扩大冷量范围和应用领域;④小型化、降低成本及工艺改进;⑤新材料的应用,如无稀土或少稀土材料等。换热器是制冷系统的重要部件,由于它是制冷剂与其他介质的换热设备,故具有一定的特殊性,直接影响产品的性能、可靠性和投资成本。主要任务是通过技术创新,在保证工艺和舒适性要求的前提下,解制冷循环的冷凝问题和提高其蒸发温度,提高换热系数,减小传热面积,并保证换热器传热面积能够得到充分利用。节流装置是制冷系统的四大部件之一,为了提高电子膨胀阀的控制水平,应深入研究制冷系统的动态特性,为我国制冷空调产品的智能化发展做出应有的贡献。制冷系统辅助设备是提升系统性能、保证系统安全、拓展系统功能的重要部件,让学生明确各种部件的功能、结构和工作原理。制冷系统辅助设备的研发涉及学科交叉、知识点多、技术含量高,是大有作为的研究方向之一。

第四章内容为制冷系统的冷媒与热媒。制冷剂是制冷循环的血液,需要熟知其作用、种类、命名方法、主要热力学特性和物理化学特性。通过学习,让学生明白应根据实际需要用好并研发新型制冷工质,以推动制冷与热泵技术的发展。制冷剂直接关系环境保护、能源效率、经济发展和制冷技术的发展方向,需要关注其替代现状,深知历史使命。高度重视润滑油对制冷系统的影响,其是制冷装置设计中非常重要的问题,直接影响制冷与热泵装置的可靠性和节能性。

第六章主要内容为溴化锂吸收式制冷系统。吸收式制冷(热泵)的基本原理与蒸气压缩式制冷相同,但必须明确二者的区别与联系。吸收式制冷与热泵有多种类型,需在实际工程中进行技术经济分析,最终选择适宜的技术方案。吸收式制冷机的一次能源效率远低于蒸气压缩式机组,在余热丰富的场合应推广应用吸收式制冷技术。吸收式热泵在热电联产集中供热、工业余热整合利用等领域具有广阔的应用前景。

第七和八章内容为热源部分的燃烧原理和供热锅炉。锅炉是直接燃烧化石燃料、生物质等产生热能的设备,热水锅炉是我国目前主要的建筑热源设备,因此提高其热源利用效率、减少污染排放是目前乃至今后很长时间内的重点工作。今后工作要加大技术投入,研究清洁燃烧、提高锅炉热效率的技术途径和实现方法。同时,研发基于燃料燃烧的其他类型的高效供暖技术,如采用燃气发动机驱动的蒸气压缩式热泵技术和基于燃料燃烧的吸收式空气源热泵、水源热泵技术。肩负应对气候变化、减排 CO_2 的艰巨任务,因此必须实现能源革命,彻底改变能源结构,在保证供暖需求的前提下,降低燃料的使用量,以减少 CO_2 的排放量。

第十三章内容为建筑冷热源设备与空调系统。通过学习,让学生明确冷热源设备与系统的关系,原理是设备的基础,设备是原理的载体和具体实现形式。考虑室内需求与自然、环境的关系,构建高效节能、经济性好的冷热源系统,重点关注太阳能、干空气能、地热等自然能源和工业余热的应用。灵活应用科学原理,提升工程创新能力,针对具体工程的"唯一性"和"当时当地性"的基本特征,灵活应用自然科学和工程技术原理,从全局出发提出因地制宜的创新技术方案和技术实现途径。

5 结语

课程思政与工科专业课程的有机结合是高等学校教学改革的重要探索。本课程在各个章节中充分贯彻节约能源、保护环境的理念,阐明了建筑冷热源设备的工作原理、功能和特性,培养学生具有正确选用和应用这些设备的初步能力。本课程集中数章分类讨论了以冷热源机组为核心的各种系统,培养学生具有根据具体条件选择、规划合理的冷热源系统的初步能力,对目前常用的冷热源设备和系统进行比较详细的叙述,同时介绍了学科当前的新进展和新技术。总之,本课程从课程建设的初衷到在实际教学中获得的学生反馈,都为本课程开展课程思政建设提供了有利条件。

创造健康、舒适的建筑环境,保障实际工艺环境要求,都需要向室内或工艺工程提供一定品位和数量的冷、热量。建筑需要的冷、热量品位较低,应避免高质低用及高品位能源的直接利用,应尽可能利用可再生的自然能源,避免电能和燃料的直接供热。必须从系统观点出发,考察一项技术的适用性。应用所学知识和方法,提升建筑冷热源设备与系统性能,从系统的角度考察整个系统的全工况性能、系统能效和技术经济性。因地制宜、科学客观地确定建筑冷热源方案,用最少的能源消耗,满足建筑和实际工艺的需求。优良的系统是通过合适的设计将合适的技术应用于合适的场所,而不是一系列最新技术的组合。利用建筑冷热源原理,做好自动控制和运维管理,挖掘系统的节能潜力,推动建筑节能工作的开展。

总之,节能减排,任重道远,需要全社会共同参与和努力,建环人责无旁贷,为人类创造美好未来,其功在千秋。让我们响应国家号召,推进建筑节能事业发展,为创造人民美好生活贡献力量。

参考文献

[1] 刘学文, 王旭, 罗素云, 等. 工科"课程思政"教学模式研究与实践: 以《弹性力学有限单元理论及工程应用》为例 [J]. 教育教学论坛, 2019(44):145-147.

[2] 匡江红, 张云, 顾莹. 理工类专业课程开展课程思政教育的探索与实践 [J]. 管理观察, 2018(1):119-122.

[3] 高等学校建筑环境与设备工程学科专业指导委员会. 高等学校建筑环境与能源应用工程本科指导性专业规范 [M]. 北京:中国建筑工业出版社,2013.

疫情背景下大学生生产实习研究——以新能源科学与工程（制冷空调方向）生产实习为例

许树学[1]，孙　晗[1]，勾倩倩[1]，孙尚瑜[1]，牛建会[2]

（1. 北京工业大学环能学院，北京　100124；2. 河北建筑工程学院能源工程系，张家口　075000）

摘　要：本文在了解国内高校疫情期间实施"生产实习"课程现状的基础上，对大学生生产实习新运行模式进行分析研究，阐释新能源科学与工程专业（制冷空调方向）"生产实习"课程性质、课程内容及教学要求，分析目前该专业生产实习存在的问题及困难，提出实施"生产实习"课程具体措施，并对其教学效果进行归纳分析，为疫情时代实践类课程的授课方法提供借鉴。

关键词：疫情背景；工科学生；生产实习；制冷空调

1　引言

在培养方案中，工科大学学生"生产实习"一般安排在大四上学期，是非常重要的实践操作教学环节。通过采用生产实习的方式，让学生借助与自身专业有关的实践，形成较为良好的感性认知，培养基础理论知识综合运用能力，在生产实习过程中掌握基本技能与各种专业知识，可以自主、独立地分析和解决问题，将所学习的理论知识和实践操作相互联系，提升综合的实践操作能力，积累丰富的经验，提升工程素质。

然而，在突发新冠肺炎疫情的背景下，学生无法正常返校，不能深入企业、实习单位开展现场教学，打乱了原有教学计划。为响应教育部"停课不停学"的号召，各高校纷纷开展线上教学模式。在线实习既体现了信息时代"互联网+"发展新业态，也承担着特殊情况下的人才培养任务。如何达到工科大学实习所规定的目标，同时融思想教育于实习之中，成为线上教学的一项重要挑战。文献[1]对疫情条件下无机非金属材料工程专业线上生产实习进行了教学实施与评价，并对线上教学效果进行了分析与评价。文献[2]以工业工程专业企业生产实习为例，为在疫情期间更好地落实专业实习教学，提出了线上闭环实习教学模式。文献[3]对新时代大学

生劳动教育背景下机械类专业金工实习进行了探索。文献[4]提出了建立"互联网＋实习资源共享平台"和在线实习教学基地等改进建议。文献[5]指出线上"云实习"突破了时空限制，丰富了实习内容，是生产实习线上教学的新尝试。文献[6]研究了后疫情时代生物制药专业本科虚实结合生产实习模式，推进了后疫情时代新工科专业生产实习困难问题的解决。为实施突发公共卫生事件背景下，生物工程专业大学生实习教学探索与实践，遵义医科大学珠海校区根据全国疫情防控形势变化、生物企业需求有序启动实习，在做好实习生管理等方面进行了探索与实践，以促进学生全面发展[7]。

由于工程类专业实践课程对培养学生的工程实践能力和创新能力至关重要，因此提出在疫情背景下开展针对工程类专业实践课程改革研究，不仅可以拓展工程类专业实践课程的讲授模式与方法，还可以探讨线上教育在工程类学生实践能力与创新培养中的作用。本文主要针对疫情背景下新能源科学与工程专业（制冷空调方向）线上生产实习的教学设计、教学组织与教学评价进行初步的探讨与研究，以便为今后的工程类专业实践教学改革提供借鉴与参考。

项目资助：2022年北京工业大学教育教学研究课题"新形势下实施三创教育及"工作实习"课程改革与实践"；2022年度河北建筑工程学院教研重点招标项目"新工科人才培养背景下创意创新创业教

作者简介：许树学（1981—），男，博士，副研究员。电话：13810094996。邮箱：xsx@bjut.edu.cn。

育改革探索与实践"

2　课程内容与教学要求

以笔者所在的新能源科学与工程专业(制冷空调方向)为例进行介绍。生产实习是学生培养过程中重要的实践环节,学生通过生产实习,走进制冷企业、深入生产车间、接触各种制冷空调设备及部件和一些制冷空调新技术在设备上的应用。这些实践活动,可以加深学生对制冷空调理论的理解,锻炼学生的动手能力,整合学生的专业知识,为后续的毕业设计及走上工作岗位解决制冷空调领域复杂的技术问题打下基础。

本课程教学目标如下。

(1)将本专业典型的思想和方法用于制冷空调设备的设计与运行。具体锻炼换热器、热泵整机、系统电控的设计与开发,鼓励学生进一步思考开发新型的制冷工艺和制冷设备,并能够在设计环节体现创新意识,考虑社会、健康、安全、法律、文化以及环境等因素。

(2)生产实习中涉及安装传感器、检测系统运行性能、分析数据等实际操作,并通过综合分析获得结论。

(3)能够就复杂制冷系统和工程问题与业界同行及社会公众进行有效沟通和交流,锻炼撰写实验报告、运行分析报告、设计文稿、陈述发言、清晰表达问题的能力,并具备开阔的国际视野,能够在跨文化背景下进行沟通和交流。

(4)通过参观企业,了解企业的工程项目对社会建设、社会发展的影响。

(5)通过实习单位工程师所做的报告,对工程实践对环境及社会可持续发展的影响有初步认识。

(6)在生产实习过程中了解职业规范、人文社会科学素养、社会责任感等在工程实践中的重要性,能够在工程实践中理解并遵守工程职业道德和规范,履行责任。

(7)在生产实习过程中能够承担好个体、团队成员及负责人的角色。

(8)建立终身学习的意识,在实习过程中有自主学习和终身学习的意识,有不断学习和适应发展的能力。

学生集中4周时间深入制冷企业的车间进行生产实习,可选的企业主要在北京。具体实施采用如下方式:学生集中4周时间深入制冷企业的车间进

行工作实习,目前可选的企业包括南京天加环境科技有限公司、清华同方人工环境有限公司、丹佛斯制冷空调有限公司、比泽尔压缩机有限公司等。通过实习使学生实地观察换热器的生产加工过程、风冷与水冷热泵整机的组装过程和胀管、制冷剂充注、检漏及管道保温等操作方法,参观设备的安装与应用,如图1所示。在工厂工程师的指导下,让学生亲手操作一些环节,与技术人员交流制冷热泵设备与整机的前沿技术和发展趋势,如图2所示。让学生了解接触的制冷设备或部件的类型、性能、生产流程及应用领域;认识制冷企业的管理方式;了解并学习节能技术在制冷设备上的应用;根据实习的经历和体会撰写实习报告。这些实践活动,可加深学生对制冷空调理论的理解,锻炼学生的动手能力,整合学生的专业知识,为后续的毕业设计及走上工作岗位解决制冷空调领域复杂的技术问题打下基础。

图1　"生产实习"课程现场图

图2　"生产实习"课程企业报告

3　生产实习面临的困难

目前,除由于疫情原因许多企业无法接待学生实习外,另一个现实也比较严峻,即北京留给学生可

以实习的企业越来越少,而且企业内部留给学生实习操作的岗位也越来越少,一个班的学生下到一个工厂内实习的可能性越来越小。而且实习的经费也不充足,不足以支撑学生到外地多个企业进行长时间的实习。生产型实习企业不多的原因是生产任务逐年减小,而且企业生产自动化程度日益增大,故留给学生实习操作的岗位越来越少。

4 解决方法与讨论

4.1 教学内容的整合与优化

指导教师根据制冷专业生产实习大纲内容要求,结合指导教师专长,按照4周时间对实习内容进行整合优化,每位指导教师负责一周的实习教学任务。指导教师利用相关资源,丰富教学内容。为了让学生了解各部件的生产过程,并将体积较小的部件,如阀件、控制器、分液器等容易看见实物的设备作为重点进行讲解,从而避免讲解大型而又没有条件接触到实物设备的不足。

4.2 教学师资的改变

在已有专业课程建设及模块化实践环节改革和新工科人才创新创业能力的多元化培养模式探索基础上,整合教学资源,优化教师团队,构建由本专业教师、跨学科教师、企业导师构成的多学科、跨行业的师资结构,尤其考虑将企业研发人员、一线技术工人、项目管理人员加入进来。如图3所示为南京天加空调设备厂的工程师远程授课图片。

图3 企业工程师远程授课

4.3 采用多种教学手段提高实习效果

在实习教学中,指导教师运用多种教学手段保障实习质量。为了便于教学和管理,指导教师建立了QQ群,采用以直播教学为主、其他手段为辅的教学形式保障实习质量。如在整机教学中,教师使用在线生产的录像录音方式,为学生讲解生产全过程,如图4所示。在实习教学过程中,邀请空调技术人员为学生讲解部件选型、连接工艺和相关图纸绘制等知识。为了让学生了解安全生产知识,对已经发生的安全事故案例进行播放和解释。这样学生既能看到现场视频,又能听到教师讲解,在一定程度上弥补了不能参与现场实践的不足。

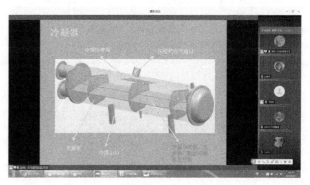

图4 "生产实习"线上教学

5 实习的效果及反馈

学生每完成一天的实习都要在学习通APP上提交实习日志,记录当天的实习内容及心得体会。从学生每天的实习日志及讨论的反馈中可以看出,实习虽然采用线上形式,但学生表示收获满满,有的学生反映当看到我国国企如此强大,更增强了民族自豪感。为了做到更好地了解实习的效果,以便不断推动后续实习课程的教学改革,在实习结束后,对新型能源工程2018级的学生进行了实习满意度的问卷调查。从问卷调查结果可以看出,70%以上的学生对这次实习还是比较满意的,而感到不满意的学生,主要原因还是在于线上实习没有线下实习的参与性高,从而影响实习的积极性,但学生普遍反映线上实习获取专业知识的量及宽度较线下实习更多。

6 结语

由于新冠疫情的突发性和不确定性,倒逼工程专业在专业实践环节进行了教学模式和教学方法的改革。然而,为了推进应用型和技术技能型人才的培养,工程类专业的实践教学还需认真总结疫情下的线上教学效果,在充分利用网络技术的过程中,探讨出提升教学效果的有效方法与手段,以便为后疫情时期的线上线下混合式教学提供可以借鉴的实用经验。

参考文献

[1] 王青峰,钱跃进,赵营刚,等. 疫情条件下无机非金属材料工程专业线上生产实习的教学实施与评价 [J]. 广东化工, 2020, 430(47): 187-188

[2] 马力,田占伟,王一迪,等. 疫情下工程类专业线上实习教学模式初探:以工业工程专业企业生产实习为例 [J]. 科技教育, 2021(14): 183-185.

[3] 李帅田. 新时代大学生劳动教育背景下机械类专业金工实习探索 [J]. 科技风, 2021(10): 156-158.

[4] 代少军,林井祥,等. 疫情背景下采矿工程专业在线实习改革探索 [J]. 教育教学论坛, 2021(20): 89-92.

[5] 李鸿英,苏怀,韩善鹏,等. 疫情防控期间油气储运工程专业生产实习教学新模式探索:以中国石油大学(北京)为例 [J]. 化工高等教育, 2022,39(1): 120-127.

[6] 赵春超,郑昭容,盛莲山,等. 后疫情时代生物制药专业本科虚实结合生产实习模式的构想与实践 [J]. 沈阳药科大学学报, 2022, 39(4): 477-481

[7] 乐尧金,陈晶,阳小燕. 突发公共事件背景下生物工程专业大学生实习教学探索与实践 [J]. 大学(思政教研), 2021, 502: 89-90.

线上线下混合式教学模式在 BIM(MEP)课程中实践

任晓耕，何林青

（北京联合大学，北京 100023）

摘 要："新工科"建设的提出是我国教育界为响应国家提出的实施创新驱动发展战略对工程人才的新需求而在工程教育领域开展的新改革。在基于"传统行业"的新工科改造过程中，本文探索了建筑环境与能源应用专业 BIM 系列课程研究，为新工科改造下建环专业全新人才的培养提供了参考。

关键词：新工科；BIM；课程研究

1 引言

教育部高等教育司司长吴岩表示，要全力抓好高校教育教学"新基建"，抓专业、抓课程、抓教材、抓学习技术方法、抓教师，通过做好这"五抓"来托起高等教育的高质量。其中，学习技术是一种新的教育生产力，是老师的一个新能力，教师的"教"要用新技术，学生的"学"要通过新的技术来实现。技术与教学教育新的融合将引发一场新的学习革命，混合式教学要成为今后高校教育教学的新常态。尤其是新冠疫情暴发之后，各大高校纷纷进行了"停课不停学"网络教学模式的调整，借助各个网络教学平台的推广，这种混合式教学模式更是得到空前的应用和探索。

由于理工类院校学生对工程应用、产业需求、技术创新、前沿科技进展更为关注，虽然在"互联网＋教育"的背景下，公共基础课在网络上已经具备丰富的教学内容和资料等，但相对于比较细分的工科专业，线上学习资源依然有限，课程及教材内容相对滞后，评价体系比较僵化片面，很难有效激发学生的学习积极性和提升课程学习效果。作为高校专业课教师，如何利用网络平台，结合各校的专业课特色，把"新技术、新业态、新模式、新产业"理念和学校教育有机融合，把传统课堂教学延伸和演变到虚拟的网络空间，给学生提供多维度的学习环境，拓宽专业课程的深度和广度，让学生的个性化学习得以实现，

是我们在工作中需要摸索实践的。下面就以"建筑机电系统三维建模"这门课为例，对其实施线上线下混合式教学中的重点环节进行介绍，为同类课程的教学提供参考。

2 "建筑机电系统三维建模"课程情况介绍

"建筑机电系统三维建模"课程属于建环专业学科大类必修课，也是实践必修课，是建设适应建筑工业 4.0 要求的一流建环专业本科课程，是在新工科改造背景下，基于用人单位和建筑市场的需求，新建开设的一门课程。该课程提供有关 Revit MEP 软件的界面介绍和技能应用，通过学习，学生将学会在 Revit MEP 中进行 BIM 机电模型（水暖、电气、消防等专业）搭建，并能将各建筑领域专业模型合并进行碰撞检查，确立协同工作方式和优化方案。该课程在建模的同时，需要依靠建环专业读图能力，结合建环专业的供热、空气调节、给排水等专业课的知识点对建筑机电工程进行模型搭建和优化。虽然表面是以学习 BIM 软件为主的工具课程，但课程的底层设计是依靠建环专业的核心专业能力，可以说是建环专业核心课的表现形式，反过来说这些三维信息模型是依靠核心课的内核而建立的。其作为专业课内容在第 5 学期开设，在最早的 2017 年教学计划中，课时为 60 学时，2019 年教学计划进行调整，课时为 32 学时，而 BIM 类课程内容与时俱进、不断翻新，按照以前的授课方式，教学内容密度大，学生接受强度大，很难保质保量完成教学任务。

作者简介：任晓耕（1970—），女，硕士，副教授。电话：15600562404。邮箱：renxiaogeng@foxmail.com。研究方向：BIM 技术应用，BIM 正向设计，BIM 二次开发。

笔者所在团队近年来一直致力于建筑环境与能源应用专业的基于"传统专业"新工科改造的 BIM 系列课程研究等工作,初步具备了一定的基础。通过多年的本科生持续课程培养研究及分析,结合理工科院校背景及笔者所在专业领域优势,适应建筑工业 4.0 要求,培养具有数字化素养和创新创业能力的应用型专业人才,建立了基于"互联网 +"背景

下的全程融合 BIM 技术的新工科专业新型课程体系,形成了如图 1 所示的三阶递进、产教融通的课程体系结构。"建筑机电系统三维建模"这门课在这个体系中起到承上启下的作用,是传统的制图类基础课的专业延伸,也是后续课程设计、毕业设计、就业的主要专业技能支撑和应用。

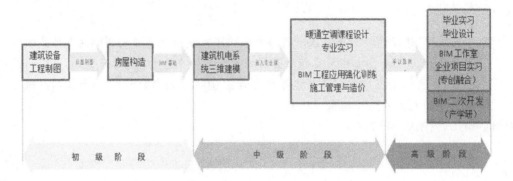

图 1　三阶递进、产教融通的课程体系结构

3　线上线下混合式教学的建设与应用

课程由教学目标重构(六个维度)、OBE 理念深化课程内容(以职业岗位需求反向设计教学项目)、线上线下资源整合(多媒体教学资源)、多元化教学组织(梯队式辅导 + 校企协同育人模式)、学习精准性评价(学习过程评价分析及个性化教学)五方面构成。下面将详细阐述"建筑机电系统三维建模"

课程教学体系的具体内容及部分应用实例。

3.1　基于六个维度理念的教学目标重构

"建筑机电系统三维建模"课程新的教学目标从知识、应用、整合、情感、价值、学习等六个维度重新构架,在强调知识技能的学习目标上,增加了创新意识、合作精神,树立了学生的全局观和可持续设计思想,旨在激发学生的主动学习兴趣和动力,如图 2 所示。

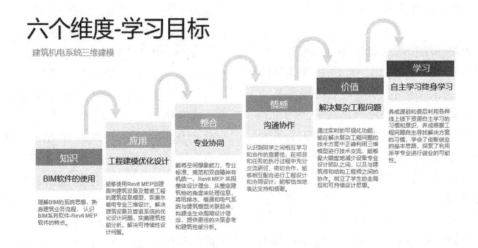

图 2　基于六个维度的学习目标设计

3.2　重塑课程教学内容

深化 OBE 教学理念,根据 BIM 机电建模岗位需求反向设计教学项目,项目案例来自企业一线真

实案例,并加以提炼和去粗存精。以项目为导向,以典型工作任务为驱动,设立课程教学项目,如图 3 所示。

结合企业中 BIM 机电建模岗位的实际能力需求,确定课程的性质和目标。在能力培养目标设置及学习情境的设计上,基于工作岗位,采取"阶段性、梯次递进"的原则,同时遵循 BIM 建模流程确定教学项目,使学生在相对真实的职业情境中完成实际工程任务,在学习过程中掌握必要的综合职业能力和技能。

以"互联网 +"等大学生创新创业活动为导向,在课程中增设"BIM 建模工作室"这一项目,让学生结合创新创业课程中学到的理论知识,自由组合,模拟成立 BIM 工作室,分别调研,并形成简版商业计划书进行公开答辩,训练、培养学生的市场意识、风险意识。在这其中,挖掘思政要素,向学生渗透家国情怀、全球视野、法治意识和生态意识,锤炼自主终身学习、沟通协商能力和工程领导力。

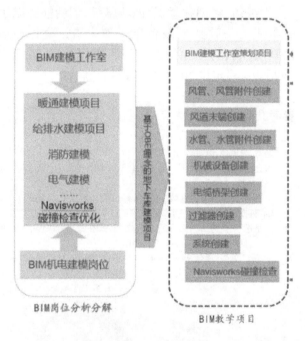

图 3　OBE 教学理念设计

3.3　线上线下资源整合

线上教学资源主要以"云班课"为平台优化重组教学资源,整合网络教学资源,把中国慕课MOOC、智慧树、bilibili 网站、筑龙网等平台的教学资源链接过来,搭建 BIM 相关理论试题库,并上传课程简介、教学大纲、教学日历、考核方式、授课计划书、主要教材与教学参考书、电子讲稿或电子教案、作业、典型工程案例、作业(品)展示、考试大纲和学习指南、常见问题答疑等。

线下教学资源则针对课程特点,基于 OBE 理念重组教学内容开发编写对应校本教材(下一步准备编写多媒体教材),教材在介绍软件技能的基础上,融入大量相关专业课知识点,区别于一般软件类使用手册。以 BIM+ 智慧建筑实验室为基地,在实验室设置图书角,各种 BIM 相关教辅为学生开放,定期利用第二课堂,聘请企业专家进行培训和讲座,拓宽学生的专业面,并及时了解市场前沿知识。课程资源通过整合、分类及分级,以满足不同能力及不同需求的学生,确保学生在学习中灵活开展分层级、多元性、个性化学习,从而保证学习效果。

3.4　多元化教学组织

利用"BIM 建模工作室"的第二课堂空间和时间,聘请高年级学生充当班助,聘请企业相关技术专家作为校外指导教师,线上利用"企业微信"直播课功能和会议功能进行视频教学和讨论辅导,线下开放 BIM+ 智慧建筑实验室,定期聘请校外专家举办讲座、培训和座谈,把企业的经验和行业的前沿信息第一时间传递给学生,打造"梯队式 + 产教结合"的线上线下教学、自学交互模式,形成长效机制。

3.5　学习精准性评价

根据新的教学目标和教学模式,制定科学的评价标准,以检测课程学习目标的达成度为导向,以激发学生学习动力和专业志趣为着力点。

考核过程以解决工程实际问题的能力为导向进行,评分标准重视学生工程应用能力的培养。强调能力和态度并重,学习过程和学习成果并重,线上线下结合考核。线上利用"蓝墨云"平台建设相应题库,理论题采用网络答题评分。建模项目部分采用项目评价方法,提交相应 BIM 模型 + 录屏操作。每位学生通过网络挑选一个知识点,进行软件操作并讲解操作过程,再录屏上交,通过考核反复强化重点知识点和技能,让学生熟练掌握建模技能。在五个建模训练项目基础上增设"BIM 工作室策划"考核一项,突出创新创业能力的评价。每个团队提交一份"BIM 工作室"商业策划书 +PPT,由各团队代表进行答辩,邀请企业指导教师和创新创业部门教师参与答辩。

4　建设成效

4.1　学生学习积极性提高,学习成绩达成度分析

针对 2018 级、2019 级学生采用新的考核模式,并进行了达成度分析。从课程达成度数据可知,课程支撑各毕业要求指标点的达成度均高于 0.7,课程目标达成,整体教学效果良好。

各指标点的达成度评价值数据均相对接近,说明各方面较为均衡,没有某一指标点的要求明显不足的情况。

4.2　产教融合,引入企业的项目资源、专家资源,用真实案例和标准参与教学

通过引进 BIM 相关企业、共建实验室,搭建 BIM 综合实训平台,为学生创造适应且超过当今建筑业水平的实际工作环境,缩短学生适应企业岗位要求所需的时间。项目案例来自企业一线真实项目,并加以提炼和去粗存精,设立课程教学项目,在每一个项目的教学过程中按照实际的企业项目工作流程设计每一个教学环节,使学生在学习过程中能够体验到真实的建模工作流程,实现职业能力、知识技能、专业素养、团队配合、沟通交流、规划决策等能力素质的综合提高。

4.3　采用线上线下混合式教学,形成长效机制

利用"蓝墨云"班课平台,整合建设线上教学资源;利用线上(企业微信)和线下(BIM+智慧建筑实验室)混合式教学模式,聘请高年级学生充当班助,聘任企业专业人员作为校外辅导老师,形成"梯队式 + 产教结合"的长效教学辅导机制,确保课程有效完成。

4.4　科教融合,摸索出新的人才培养方式

课程中嵌入"BIM 建模工作室"创新创业模块,培养学生的市场意识、风险意识,辅助学生社群创建"BIM 建模工作室",参加全国大学生"互联网 +"等创新创业大赛,个性化培养、磨炼学生,增加学生的学习兴趣和动力,真正做到创新创业环节无缝连接,

思政教育润物细无声。学生组建的基于 BIM 技术的创新团队分别在 2019 年、2020 年北京地区高校大学生优秀创业团队比赛中荣获市级一等奖、三等奖;学生参与的第五届、第六届中国国际"互联网 +"大学生创新创业大赛(北京赛区复赛)中荣获二等奖、三等奖。

5　结语

中文基于线上线下混合式教学的课程改革与实践,探索了"建筑机电系统三维建模"课程新的教学模式,融入六个维度的教学目标,以产业需求为导向,引入企业的项目资源、专家资源,用真实案例和标准参与教学,采用"蓝墨云 + 企业微信"为线上教育交流平台,利用第二课堂时间,以"BIM 建模工作室"为载体,将创新意识、创新思维、创新能力融于一体,挖掘思政要素,校企合作,联合培养学生,打造以真实项目为依托的能力型课程,凸显服务北京"四个中心"定位的区域特色课程特点。

参考文献

[1]　谢晖,应琼琼,董明皓,等. 基于"五位一体"新工科智能信息化教学理念的微生物学线上线下混合教学改革及实践 [N]. 微生物学通报, 2022-02-24.

[2]　贾凌杉. 基于教学平台线上线下混合教学模式 C 语言课程改革 [J]. 科技资讯, 2021(11):29-31.

[3]　朱小艳,刘俊男. 线上线下混合式教学模式在 C 语言课程中的应用 [J]. 信息与电脑, 2019(24):250-251.

[4]　刘泽文,刘强,童启. 基于 MOOC 的" C 语言程序设计"混合式教学模式探索 [J]. 科教导刊, 2019(12):101-102.

新工科背景下"热质交换原理与设备"课程的教学探索

王志强

（天津市制冷重点实验室,天津商业大学机械工程学院,天津　300134）

摘　要："热质交换原理与设备"课程是建筑环境与能源应用工程专业一门融合专业基础课和多门专业课程内容的综合性课程,但现有教学过程存在学生普遍反映学习难度较大的问题。本文从"新工科"培养的目标出发,结合笔者的教学体会,从教学内容、教学方式和教学技术手段等三个方面进行了探讨和改进。

关键词：热质交换;教学改革;翻转课堂;虚拟仿真

1　引言

2017 年 2 月以来,教育部大力推进新工科建设,以提升我国高等教育建设。建筑环境与能源应用工程专业(以下简称建环专业)于 2012 年由建筑环境与设备工程、建筑节能技术及建筑智能设施(部分)调整、合并而成[1],专业内容涵盖热工、建筑环境、能源应用、控制和节能等领域,具有显著的新工科特征。

"热质交换原理与设备"课程是建环专业的一门平台课,它将专业中相关的专业基础课和多门专业课程中涉及的大量热质交换原理与设备的共性内容抽取出来,经过充实整理而形成的一门课[2]。在本课程中,既有热质交换原理的详细讲解,又有发生热质交换设备的介绍,将理论与实际紧密结合,使教学上既不会脱离实际讲授理论,又不会离开理论只讲设备。并且在联系理论讲实际设备时,尽量涵盖专业中所有的使用场合,较好地实现拓宽专业面的目的。

本课程教材章节及内容设计是毋庸置疑的,但是在课程讲授的过程中也发现了一些学生学习课程方面的问题。本课程既具有专业基础课程的特点又兼具专业课程的功能,这使得其内容涉及面广,研究方法多样,理论推导与工程经验数据并存,公式繁多,符号体系复杂[3]。而且,本课程一般在供热工

程、空气调节等专业课程之前开设,由于还未进入专业课的学习,学生对热质交换设备及其所在系统、工作条件并不了解,因此授课过程中学生普遍反映学习难度较大。

从"新工科"培养的目标来说,本课程应更加注重学生继承与创新、交叉与融合的能力和意识的培养。为了实现上述目标,需要在教学内容、教学方式、教学考核等方面进行适当的调整。

2　课程教学现状分析

本校"热质交换原理与设备"课程共计 32 学时,其中理论学时 28 学时、实验学时 4 学时,授课对象为本校建环专业大三学生,授课时间为大三上学期,平均每届有学生 60 人左右。理论课教学内容包括传质的理论基础、传热传质问题的分析计算、空气的热湿处理、吸附和吸收处理空气的原理与方法、间壁式热质交换设备的热工计算、混合式热质交换设备的热工计算、热质交换设备的优化设计及性能评价[2];实验包括表冷器性能实验和冷却塔性能实验。

该课程的授课一直以课堂教学为主,授课教师采用 PPT+ 板书的教学方式,成绩考核由课堂提问、课后作业、期末考试和实验成绩共同组成。存在的主要问题：①课程的学时不足,导致理论部分的知识不能涉入太深,否则会影响教学计划的正常进行;②理论部分和设备部分的知识点衔接不够紧密,导致学生对于传质理论的深入理解存在一定困难;

作者简介：王志强(1981—),男,博士,副教授,专业背景为建筑环境与能源应用工程。电话:13512830852。邮箱:zqwang@tjcu.edu.cn。

③考核的方式创新不足,现有的考核方式从本质上看还是应试教育,考察的是学生对教材内容的掌握程度,对学生知识的应用能力和创新能力考核缺少必要的途径,不利于应用型、创新型和综合型人才的培养。

3 新工科背景下"热质交换原理与设备"课程教学的改进

本课程教学改进思路主要围绕教学内容的改进、教学模式的转变以及教学技术手段的革新三个层面进行,打破传统建环专业课程的固有授课模式,提升学生对于"热质交换原理与设备"这门专业课程学习的兴趣感和专注度。

3.1 教学内容的改进

教学内容是课程教学的核心,一般来讲,每个学校对于本科教学的教学大纲都有具体的规定。天津商业大学对于"热质交换原理与设备"的课程教学目标包括:①使学生掌握在传热传质同时发生在建筑环境与设备中的热质交换的基本理论;②掌握对空气进行各种处理方法及相应的设备热工计算方法;③具有对热质交换设备优化设计的初步能力。围绕此教学目标,主要的教学授课内容及要求包括:①在掌握传热学知识的基础上,进一步掌握传质学的相关理论,并掌握动量、能量及质量传递间的类比方法;②熟悉在相变换热情况下发生的以制冷剂为主的热质交换的物理机理和沸腾与凝结的影响因素;③熟悉对空气进行处理的各种方案,掌握空气与水表面间热质交换的基本原理和基本方法;④了解本专业常用热质交换设备的形式与结构,掌握其热工计算方法,并具有对其进行性能评价和优化设计的初步能力。

在新工科学科交叉融合的背景下,有必要在遵循教学大纲的基础上,对授课内容进行相应的改进。在原理部分讲到扩散传质的知识点时,一方面从热传导问题入手,对比傅里叶导热定律和斐克扩散定律,从三传类比的角度逐步讲解传质问题;另一方面从生活中的传质现象入手,讲解传质问题,如春天花香传播、做饭的香味传播、咖啡的溶解过程等。关于对流传质部分的内容,从三传类比出发,比较速度边界层、热边界层以及浓度边界层的相似之处,然后进行相应微分方程的解析。从火箭尾喷管、燃气涡轮叶片以及空调蒸发器和冷凝器等工程实际热质交换过程的分析出发,深入解析热质传递同时进行时传质对传热的影响。对于设备部分的讲授,其中湿空气处理过程,从节能减排的角度出发,从绿色建筑中涉及的空气调节设备应用讲起,然后讲授空气处理的理论,以便于学生理论结合实际;具体应用场景包括独立除湿空调、辐射供冷、溶液除湿、活性炭吸附VOCs等。

具体课程教学内容的改进见表1。

表 1　课程教学内容的改进

部分	知识点	常规讲授内容	基于新工科特色改进
原理部分	扩散传质	传质基本概念:混合物构成的表示方法、传质速率、传质通量、传质的基本方式 基本定律:斐克扩散定律的由来、构成、不同形式及适用条件	一方面从热传导问题入手,对比傅里叶导热定律和斐克扩散定律,从三传类比的角度逐步讲解传质问题;另一方面从生活中的传质现象讲解传质问题,春天花香传播、做饭的香味传播、咖啡的溶解过程等
	对流传质	掌握对流传质的定义、施密特数及舍伍德数的物理意义;会用科尔伯恩类比求对流传质系数	三传类比:边界层的基本概念,动量、热量、质量传输的类比
	传热对传质的影响	热质传递同时进行时传质对传热的影响	引入实际工程案例:火箭尾喷管、燃气涡轮叶片以及空调蒸发器和冷凝器等案例的热质交换过程

续表

部分	知识点	常规讲授内容	基于新工科特色改进
设备部分	湿空气处理的理论基础	空气调节相关概念、常用空调系统形式、焓湿图;对湿空气的处理要求、处理方法与处理途径;间壁式、混合式热质交换设备中湿空气热湿处理原理与基本方程;吸附、吸收处理湿空气的机理与方法	从节能减排的角度出发,从绿色建筑中涉及的空气调节设备应用讲起,然后讲授空气处理的理论,以便于学生理论结合实际;具体应用场景包括独立除湿空调、辐射供冷、溶液除湿、活性炭吸附VOCs等;利用我校的集中空调系统仿真平台学习和认识常用空气调节设备
	热质交换设备的热工计算	表冷器、喷淋水室、冷却塔等热质交换设备的结构、工作原理、热工计算方法;蒸发冷却器的热工计算方法	先讲授热质交换设备的热工计算过程,然后布置表冷器设计作业,鼓励学生利用MATLAB、Python等工具进行计算

3.2　教学模式的转变

传统灌输式教学模式使学生处于被动学习状态,缺乏主动思考,教学效果较差,课程结束后,即便是学习认真的学生也存在大量知识点理解不透彻的现象。为了改变传统教学过程中单向灌输的教学方式,让课堂"动"起来,在课堂授课中引入"雨课堂"软件、"翻转课堂"(图1)和"交互式教学"等形式,在授课过程中及时了解学生的反应,根据学生对知识的理解程度及时调整教学内容和进度,采取恰当的教学方法和手段,及时解决学生在学习过程中出现的问题。将课堂教学与实验教学相互穿插,如表冷器和冷却塔的实验可以在讲授设备之前进行,然后做完实验再讲解涉及的原理及相应计算,保证教学中理论与实践紧密结合,加深学生对专业知识的掌握程度。

图1　天津商业大学2019级建环专业学生翻转课堂

此外,尝试开展引导式教学方法,发展"观察现象—引出问题—解决方法—师生探讨"等四步式教学方法,建立以学生为教学主体的教学新模式。在传热学中,学生已经学习对流换热问题的求解原理与思路及类比方法,而对流传质与对流换热问题存在相似性,在授课过程中可以由教师提出实际对流传质问题,如风吹过湖面这一生活中的常见场景,从现象入手分析此问题背后的本质,并对其传质机理及特点进行分析,引导学生利用已经学过的理论分析方法,建立二维、常物性、不可压缩流体对流传质问题的数学模型,并对模型进行相应的简化求解,找到传热与传质问题的类比关系。

3.3　教学技术手段的革新

现在高校基本已采用多媒体教学,其信息量大,图文并茂,但教学进度较快。所以,对该课程中一些理论性较强的内容,如对流传质的数学描述、同一表面上传质过程对传热过程的影响、麦凯尔方程式等,一定要在课堂上推导,课堂上的板书能更好地引导学生跟随教师的思路,并使学生在推导过程中有足够的时间去思考,跟上教师的节奏,加强对知识点的理解。

此外,该课程最有特色的改进是利用我校的集中空调系统仿真平台(图2)指导学生直观地学习集中空调系统的各种空气处理设备。此集中空调系统仿真平台以我校图书馆空调系统为设计基础,通过建立集中空调系统及其各个部件模型,可以让学生直观生动地看到空调系统各组成部件及其运行过程,学会系统不同工况的运行切换操作,掌握空调系

统性能测试手段和计算方法,能够分析空调系统的实时运行特性。通过对现实机组设备运行的虚拟仿真,可让学生对书本理论知识有更深层次的理解。该系统可进行几种典型工况和空调方式的转换测试,实现虚拟与实际实验的交互理解和深化,突破传统实验教学手段的局限性,有助于深化学生对集中空调系统各种空气处理设备和末端的认识。

图2　天津商业大学集中空调系统仿真平台

4　结语

本文通过分析"热质交换原理与设备"课程教学中的问题,提出了课程教学的改革思路,并在课程教学中进行了尝试和探索。笔者结合自己的教学体会,从教学内容、教学方式和教学技术手段等三个方面进行了探讨。教学内容源于教材但不拘泥于教材,教学过程中融入学科前沿内容。在教学过程中,努力调动学生学习的主动性和积极性,激发学生的热情,培养具有实践能力的应用型人才。尝试开展引导式教学方法,发展"观察现象—引出问题—解决方法—师生探讨"等四步式教学方法,建立以学生为教学主体的教学新模式。为了改变传统教学过程中单向灌输的教学方式,让课堂"动"起来,在课堂授课中引入"雨课堂"软件、"翻转课堂"和"交互式教学"等形式。在教学技术手段方面,利用我校

集中空调系统仿真平台指导学生直观地学习集中空调系统的各种空气处理设备,实现虚拟与实际实验的交互理解和深化,突破传统实验教学手段的局限性,有助于深化学生对集中空调系统各种空气处理设备和末端的认识。总之,高等学校本科课程的教学改革没有一成不变的方法,需要教师在教学过程中不断探索和优化,才能使我们的教学满足与时俱进的需要。

参考文献

[1] 高等学校建筑环境与设备工程学科专业指导委员会.高等学校建筑环境与能源应用工程本科指导性专业规范[M].北京:中国建筑工业出版社,2013.

[2] 连之伟.热质交换原理与设备[M].4版.北京:中国建筑工业出版社,2018.

[3] 张寅平.热质交换原理与设备课教学体会[J].高等建筑教育,2003,12(4):36-38.

内容价值、表现形式与课程思政三位一体式课程资源库建设——以"氢能与燃料电池"为例

吴　曦，秦苗苗[2]，董　波[1]，李　刚[1]，朱晓静[1]，徐士鸣[1]

（1. 大连理工大学能源与动力学院，大连　116024；2. 辽宁师范大学马克思主义学院，大连　116029）

摘　要：课程资源库具有资料内容充实、表达方式生动、学习方式便捷、学习时间灵活的特点，能在线上线下融合式教学中促进教学成效的提升。基于近三年课程建设实践，本文提出了一种基于"内容价值、表现形式与课程思政三位一体式"课程资源库建设方法，强调课程资源库建设应围绕立德树人的根本任务，准确定位，主题鲜明；应瞄准课程内容核心价值，制作精良，要点凸显；应尊重并激发学生的能动性，开发新表达形式，从而实现良好的教学相长。

关键词：课程建设；教学；三位一体；资源库；课程思政

1　引言

大连理工大学重视课程建设，围绕立德树人的根本任务，将在教学理念、教学体系、教学方法以及内容建设、团队建设、资源建设等方面取得的成果与经验融入课程建设，取得了卓有成效的发展。其中，2017 年有 4 门课程被认定为首批国家级线上金课；2018 年再添 19 门金课得到认定；2020 年底，据《教育部关于公布首批国家级一流本科课程认定结果的通知》，大连理工大学共有 53 门课程在列（其中线上金课 34 门），位居全国高校排名第 12 名。

2020 年以来，在抗击新冠疫情大背景下，在线教学形式及相关技术支撑平台，如腾讯会议、雨课堂、超星课堂等，发展迅速，逐渐融入日常教学中。特别是随着互联网短视频行业的兴起，影像资料教学逐渐被越来越多的教师和学生所采纳，例如超星金课、MOOC（慕课）等，若运用得当，能成为一股提高教学成效、扩大专业人才培养范围的重要推力。而这其中的核心工作之一便是课程资源库建设。

课程资源库，以充实的资料内容、生动的表达方式、便捷的学习方式、灵活自主的学习时间，激发学生学习兴趣，辅助学生提升学习成效，有利于学生个性化培养，促进学生养成多学科融合知识体系，也能为相关课程的教学活动提供辅助支撑。

笔者依托大连理工大学金课建设平台（超星泛雅），近三年对所主讲的"制冷技术前沿进展"和"氢能与燃料电池"两门课程进行了全线上授课和线上线下混合式授课探索（图 1），积累了近 200 学时的课程资源建设实践经验，参与学生超过 400 人。总结教学过程，笔者认为"内容价值、表现形式与课程思政三位一体式"是行之有效的课程资源库建设方法。

图 1　2020—2022 年课程资源视频库建设列表

作者简介：吴曦（1986—），男，博士，副教授。电话：0411-84706623。邮箱：xiwu@dlut.edu.cn。

基金项目：国家自然科学基金资助项目（No.51606024）；大连理工大学 2022 年教育教学改革基金项目（YB2022071）。

2　建立课程资源库的必要性

2.1　课程设置立足时代发展需求

当前,很多国家和经济体将发展氢能产业上升至能源战略发展层面。美国设立了"国家氢能纪念日",并宣布了"氢能源地球计划"。日本提出了"成为全球第一个实现氢能社会的国家",近30年投入数千亿日元用于氢能及燃料电池技术的研究和推广。韩国2021年公布了《氢能领先国家愿景》,力图到2030年构建产能达百万吨的清洁氢能生产体系。欧盟2021年发布了《欧盟氢能源战略》,将氢能作为能源安全和能源转型的保障。2020年,《中华人民共和国能源法(征求意见稿)》中第一次从法律上确认氢能属于能源。近年来,氢能与燃料电池产业在我国获得了前所未有的关注,中央及地方政府为打造这一新兴产业,已累计发布了100余个相关政策文件,未来10年年均经济产值规划超过10万亿元。从制氢、输氢、储氢,到加氢站、燃料电池、新能源汽车各环节的产业化布局来看,在技术、研发、管理及市场等多方面需要大量从业人员。

为适应清洁能源发展战略与需求、加强能源学科与人才培养平台建设,国内外很多院校纷纷开设相关课程。加拿大滑铁卢大学将燃料电池教学融入了与巴拉德公司的技术合作中。美国加州大学圣地亚哥分校以固体氧化物燃料电池为重点,扩展了丰富氢能与燃料电池教学。英国剑桥大学在碱性燃料电池领域的技术积累和历史经验为课程教学提供了非常丰富的实例。上海交通大学成立了我国第一家高校燃料电池研究所,每年秋季开设48学时的"燃料电池技术"本科课程。西安交通大学的新能源科学与工程专业本科生要必修44学时的"氢能与新型能源动力系统"课程。华中科技大学为2021级储能科学与工程专业本科生设置32学时的"燃料电池原理与技术"必修课。哈尔滨工业大学新能源科学与工程专业方向本科生可选修16学时的"氢能与燃料电池"课程。天津大学为能源与动力工程专业开设32学时的"燃料电池科学与技术"选修课。

本校近年来也为本科生开设了"氢能与燃料电池"必修及其他相关选修课程,以夯实未来能源教学模块,授课重点包括主流制氢技术和燃料电池基础知识、技术原理、类型特点、影响因素及应用发展。在学生能力培养方面,着重于能量转换方法及流程设计的基础性训练;在教学目标方面,着重于培养学生具有分析、选用、实验、设计的基本能力,并树立正确的技术观念,了解燃料电池在政策性、经济性、环保性、安全性等方面的制约因素。通过课程学习,使学生具备进入企业从事氢能与燃料电池技术开发、产品营销的基本专业能力,以及进入科研单位进行相关前沿或深化研究的基本学术背景。

2.2　线上资源建设助力新形势下的高质量教学

2020年以来,在线教学形式及其技术支撑平台发展迅速,特别是随着互联网短视频行业的兴起,影像资料教学逐渐被越来越多的教师和学生所采纳,课程资源库建设的必要性和紧迫性日益凸显。调研显示,中国大学MOOC平台上有1门"氢能与燃料电池"课程,其是由四川大学开设,介绍制氢技术与储氢技术,以及各类燃料电池的原理、主要材料及典型应用领域;通过超星发现可检索到北京航空航天大学教师主讲的10小节"氢燃料电池汽车的现状与挑战"资料;B站(bilibili)上有天津大学教师录制的4小段"燃料电池——历史、现状及前景"视频;清华大学建立的"学堂在线"MOOC平台暂无相关课程。笔者依托所主讲的"氢能与燃料电池"课程,每学年都会向大连理工大学金课建设平台上传视频教学资料,逐渐夯实课程的资源库建设,对于帮助学生掌握知识、复习要点和拓展思考具有帮助。

经常有我校未选课学生提出希望能旁听本课程,这表明了本课程的开课价值,但也反映出"氢能与燃料电池"可用视频资源的匮乏和难以获取的现实困境。通过分析学生反馈可知,该类课程资源库建设需要在结构完整程度、前沿进展更新、课上课下融合、高质量视频制作、实际生产案例等方面,进行强化。此外,当前领域内相关课程建设较少致力于设计发挥课程思政价值的先例。

总之,从学科发展需求、教学成效提升、强化人才培养等多个层面都彰显了开展"氢能与燃料电池"课程资源库建设的必要性。

3　课程资源库的建设内容

3.1　以课程内容为核心,彰显课程价值

"氢能与燃料电池"课程主要讲授氢能基础、制氢技术、燃料电池效率与电压、质子交换膜燃料电池(PEMFC)、碱性燃料电池(AFC)、直接甲醇燃料电池(DMFC)、熔融碳酸盐燃料电池(MCFC)、磷酸燃料电池(PAFC)及固体氧化物燃料电池(SOFC)等内容。其基本原则和主要特征如下。

3.1.1　在教学材料准备方面遵循以下原则

（1）以权威教学材料为基础，夯实主体，奠定基石。燃料电池方面推荐的教材是由詹姆斯·拉米尼和安德鲁·迪克斯所著，朱红翻译，衣宝廉院士校对，科学出版社出版的《燃料电池系统——原理·设计·应用》；而制氢方面推荐的教材是由毛宗强领衔编著的氢能利用关键技术系列教材《制氢工艺与技术》，该书由化学工业出版社出版，相关作者都是该领域的杰出学者，基础知识扎实、前沿视角敏锐。对于学有余力的学生，还推荐参考其他著作[1-2]。

（2）以产业产品为纽带，紧扣实际，激发兴趣。搜集大量行业知名企业及其新产品与工程案例，以丰富课程内容、调动学生听课热情。从燃料电池产品类型角度，涵盖 PEMFC、DMFC、MCFC、AFC、PAFC、SOFC 等多种类型；从技术成熟度角度，涉及从小试、中试、应用示范到产品化应用的各个阶段；从应用场合角度，对于天上飞的、地上跑的、水里游的装置，都给出了具体实例；从产业链配套角度，重点介绍了质子交换膜、电极、气体扩散层、双极板等核心组件以及空压机等配套部件。

（3）以学术文献为牵引，追踪前沿，探寻新知。由于授课对象是本科生，大多数学生并不具有跟踪科研前沿和科学进展的能力。而作为教学科研型岗位的教师，有阅读科学文献的习惯，除科技工作者熟悉的国内外各大数据库外，还经常关注一些报道行业信息和统计数据。结合具体授课内容，将具有交叉性、突破性的报道，自然地嵌入课程资源库建设中。需要说明的是，该部分内容占用课时不宜过多，也不作为期末考核内容。本课程中关于新型 ePTFE 质子交换膜、橡树岭国家重点实验室的 CO_2 吸附剂等属于此类型。

3.1.2　在视频资料库建设方面表现出以下特征

（1）具有"三性三化"特征。将相关教学材料准备妥当后，逐步完善"氢能与燃料电池"课程资源库的建设。以精心设计的视频资源内容，匹配每个学时的教学主题。具体执行过程表现出"三性三化"特征，即定位准确性、主题鲜明性、支撑有力性以及制作精良化、要点凸显化、学习便捷化。从而真正发挥出课程资源库在教学过程中所特有的作用。

②具有"三度三力"特征。课程资源库与课堂教学在主要课程内容上必须有契合度（关联紧密），但也应注意覆叠度（重复率），主要突破点在于良好的互补度（发挥各自优势）；此外，相关课程内容的设置应考虑对学生具有价值力（愿意学习）和拓展力（发散思维），以强化课程内容的吸引力（主动学习）。

（3）教学全链条特征。视频资料库建设需逐年完善和更新，不断解决教学链条的前端"内容准备—脚本设计—视频录制—试听剪辑—补录修订—上传试播—在线设置"与教学链条的后端"师生平台交流—学情查看比对—后台数据分析—反馈革新资源"之间的紧密衔接问题。

近三年已发布的"氢能与燃料电池"课程学习资源与学情统计如表 1 所示。学生学习次数与学习任务发布量正相关，且每个学习任务的平均浏览量逐年上升，推测视频资料库的逐年完善与更新起到了效果。

表 1　课程资源发布量与学情统计数据表

	2020 年	2021 年	2022 年
发布学习任务数 / 个	128	32	104
章节学习次数 / 次	4 820	1 174	4 343
累计浏览量 / 次	23 358	5911	28 940

3.2　以学生主体为中心，丰富表现形式

（1）考虑学生学习思考节奏，合理把握课程进度。首先应保持视频课程之间的关联性和延续性，消除视频之间的割裂感，以起到承前启后的作用，对学生快速进入状态、从整体把握章节脉络、深入掌握连贯性知识，具有明显的益处。然后根据备课时合理分配的各部分课程内容及时间节点，逐层地将课程内容完整地表达出来。最后在后期处理时，应进行超时删减、不足补录，也可以针对典型例子，单独制造小片段，临近结束前，引导学生快速复习要点。

（2）考虑学生学习复习需求，建立教学互动闭环。以学生为中心，建设"课题教学—金课资源库—QQ 群组—点对点即时通信或现场答疑"的课上课下教学互动闭环，打通线上线下融合式教学最为耗时的关键环节，为学生实施自主学习（回顾重点内容）、兴趣化学习（拓展关联内容）以及灵活性教学互动（不受上课时间约束）奠定基础。教学实践中发现，匿名提问与讨论环节颇受学生欢迎，可能匿名没有思想包袱，满屏活跃着"匿名-大葱""匿名-茄子""匿名-辣椒"的发言与讨论。

（3）考虑学生接受难易程度，融合多媒体与实物。视频和图片资料，相较于纯文字资料，更容易激发学生兴趣，促成知识点的消耗吸收。很多企业会

借助当前多媒体技术的发展,将最新产品做成宣传片,特别是燃料电池及相关汽车制造商。通过把多渠道搜集的由广告公司精心设计制作的视频资料,按照课程内容进行剪辑调整、二次加工,能够丰富课程库建设;还可以通过微信等媒介分享给感兴趣的学生,以便辅助学生课后学习。但也要同时提醒学生严肃对待相关资料的版权问题。此外,一些燃料电池配件实物也是有效的助教工具,如局部剖的小尺寸换热器、电极、质子交换膜等,都会引起学生的兴趣,丰富教学形式。

3.3 以为国育才为目标,融入课程思政

在课程资源库建设过程中,优化设计多处隐性课程思政内容,以领域内实际案例和科学事实为依托,润物细无声地开展课程思政,帮助学生树立民族自豪感、自信心,"激发学生科技报国的家国情怀和使命担当"[3]。例如,介绍 2022 年北京冬奥会上首次采用氢能火炬,实现奥林匹克精神与"绿色""环保"的深度结合;北京冬奥会共计投入使用 816 辆氢燃料电池汽车作为主运力开展示范运营服务,是迄今为止在重大国际赛事中投入规模最大的;北京环宇京辉制氢工厂产氢纯度高达 99.999 99%。"首次""最大""高纯度"等词汇,让学生真实感受到我国在该领域的科技水平、产业能力、前沿视角和应用引领,在增强知识点的关联记忆的同时,树立热爱祖国、报效社会的责任感。

在课程资源库建设过程中的隐性课程思政建设还表现在"产学研用"思维训练和大学生创新创业启迪。其中,邀请一位本学院制冷及低温工程专业毕业的学生"现身说法",该毕业生自主创业,拳头产品是氢燃料电池。在"学长说"板块播放他为学弟学妹们录制的寄语,介绍了他如何从掌握电池冷热管理技术到技术交叉,再到创业生产氢燃料电池产品的历程;还介绍了一款由天津大学研发,经技术转化后在滨海新区一家公司生产的燃料电池无人机等。以领域内实际的创新创业案例为依托,潜移默化地开展课程思政,引导学生开拓思维、勇于创新、学以致用、技术强国,对行业的现状和未来充满信心。

4 结语

内容价值、表现形式与课程思政三位一体式课程资源库建设是可行性方案之一。本文主张以课程内容为核心,彰显课程价值。在课程内容安排上遵循以下三原则:以权威教学材料为基础,夯实主体,奠定基石;以产业产品为纽带,紧扣实际,激发兴趣;以学术文献为牵引,追踪前沿,探寻新知。

课程内容准备妥当后,还需要有良好的表现形式。主张以学生主体为中心,丰富表现形式:考虑学生学习思考节奏,合理把握课程进度;考虑学生学习复习需求,建立教学互动闭环;考虑学生接受难易程度,融合多媒体与实物。

仔细准备材料、制作精良视频、实现线上线下融合式教学是课程建设的核心要求;激发学生兴趣、启迪学生创新是实现课程价值的终级目标;将立德树人贯穿教学始终、为党育人、为国育才、为"中国梦"添砖加瓦是为之奋斗的不竭动力。

参考文献

[1] 本特·索伦森. 氢与燃料电池 - 新兴的技术及其应用(原书第 2 版)[M]. 隋升,郭雪岩,李平,等,译. 北京:机械工业出版社, 2016.

[2] 章俊良, 蒋峰景, 翁史烈. 燃料电池:原理·关键材料和技术 [M]. 上海:上海交通大学出版社,2014.

[3] 教育部. 高等学校课程思政建设指导纲要 [EB/OL]. 教高〔2020〕3 号.(2020-05-28)[2022-06-15]. http://www.moe.gov.cn /srcsite/A08/ s7056/202 006/t20200603_462 437.html.

立德树人视域下"流体力学"课程思政库的构建及实施路径

王砚玲,王　芳,刘　京,伍悦滨,曹慧哲

（哈尔滨工业大学建筑学院,黑龙江　哈尔滨　150090）

摘　要:本文以"流体力学"课程为例,分析了在立德树人目标下课程思政实行的必要性。从课程思政库的构建、应用实例及其与混合式教学模式相结合的实施路径进行了分析,并建立了"流体力学"课程思政库。在超星学习通中建立了混合式教学课程资源,主要包括学习任务单、课程视频、测试题目、辅助学习资源等。该课程将爱国主义、自主创新、哲学思想等相关的思政内容融入授课过程中,对基于"三全育人"教育理念下的课程思政建设进行了探索、实践和创新。

关键词:流体力学;课程思政;混合式教学;三全育人

1　引言

习近平总书记在学校思想政治理论课教师座谈会上指出,"思想政治理论课是落实立德树人根本任务的关键课程"[1],提出思想政治理论课改革创新要坚持"八个相统一",其中包括要坚持显性教育和隐性教育相统一,挖掘其他课程和教学方式中蕴含的思想政治教育资源,实现全员全程全方位育人。如何全面贯彻"三全育人"理念,抓住课程思政这条育人主线,深入开展课程思政建设,在具体课程或学科中融入思政元素,实现在"大思政"格局下,课程门门有思政、教师人人讲育人,是我国各类学校亟待研究和解决的热点问题,具有重要的理论和现实意义。

结合所授课程讲好中国特色的故事,落实立德树人根本任务成为教师的自觉追求。本文以"流体力学"课程授课实践为例,通过深度挖掘课程中的思政元素,将哲学思维、学者事迹、民族精神、自主创新等思政元素与课程内容有机结合起来,并采用混合式教学模式,有效增加授课方式的灵活性,并提高授课效果。该授课实践的总结对于实现全员、全程、全方位育人的"三全育人"目标,具有重要的理论价值和实际应用意义。

2　深度挖掘"流体力学"课程思政素材和课程思政库的建立

课程思政既不能生搬硬套,也不能牵强附会,而是要因势利导、顺势而为地自然融入,因此在授课过程中挖掘"流体力学"课程中所蕴含的思政元素尤为重要。挖掘思政元素要从坚定理想信念、厚植爱国主义情怀、加强工程职业道德、培养科学奋斗精神、增强人文素养等方面下功夫。将课程思政元素融入授课内容中,才会对学生产生潜移默化的影响。

"流体力学"课程是很多工科专业的重要基础课程,如其是建筑类土木工程、建筑环境与能源应用工程、市政工程、环境工程、道路与桥梁工程等专业本科生的主要技术基础课之一;也是学生后续要学习的很多专业课程的重要基础课程,如暖通空调、给水工程、排水工程、桥梁风工程等专业课程都要用到大量的流体力学基础知识;教师还可以指导学生参加流体力学相关的各类创新竞赛活动,培养学生的科学素养和人文精神以及继续学习能力、创新创业能力、综合协调能力等,为国际化、创新型、复合式精

作者简介:王砚玲(1972—),女,博士,讲师。电话:0451-86282123。邮箱:ylwang771@126.com。

基金项目:黑龙江省高等教育教学改革一般研究项目"'互联网＋'背景下的土木类流体力学课程混合式教学模式研究与实践"(SJGY20200228);哈尔滨工业大学教学发展基金项目"流体力学B课程思政"(XSZ2020047);哈尔滨工业大学教改项目"流体力学B混合式教学模式改革"。

英人才的培养打下基础。

"流体力学"的课程思政内容十分丰富,在多年的授课实践过程中,搜集了大量相关课程的思政素材,对其进行分类整理,建立了"流体力学"课程思政库,主要分为科学和人文素养、哲学思维、工程实践和疫情防控等。在授课过程中,采用图片、视频等多种形式的故事讲解或案例分析,将涉及的相关知识点和课程思政内容有机结合起来,并且在不同章节通过布置讨论题和扩展题目,启发引导学生在此基础上对相关知识进行总结和扩展。下面通过几个授课知识点和课程思政的结合来进行具体说明。

在科学和人文素养课程思政库中,收集整理了与课程内容相关的科学家简介及其在流体力学发展中的贡献,如牛顿、帕斯卡、伯努利、欧拉、普朗特、拉格朗日、钱学森等科学家的科研故事及其启发。例如,在流体的物理性质相关知识点的讲授中,结合思政内容让学生对我国人工冰场研究技术的发展、哈工大"八百壮士"之一徐邦裕教授的事迹和北京冬奥会上绿色低碳新技术的采用有了较深入的了解。

在学习流体的物理性质相关知识点时,介绍了在北京冬奥会中很多场馆所采用的 CO_2 跨临界直接蒸发式冰场的基本原理,并追根溯源地介绍了我国第一个人工冰场——首都体育馆冰场采用的 NH_3 作为制冷剂的直接蒸发制冰的制冰原理,该冰场于1968年建成,采用了徐邦裕教授团队的研究成果。徐邦裕教授早年留学德国[2],在民族危难之际,毅然放弃优厚的待遇,冒着生命危险,转道回国,谋求科学救国之路。他为祖国培养了大批人才,为我国暖通空调专业的发展做出了突出贡献。1960年,黑龙江省拟建人工滑冰场,委托哈尔滨工业大学进行研究设计,徐邦裕教授带领多位教师和学生开展了人工冰场的实验研究,并在哈尔滨肉类联合加工厂建造了一个小型的人工冰场模型。在他的指导下,师生群策群力,总结出了12册实验数据,提出了在不同室内温度、湿度条件下,修建人工冰场、冰球场的设计方案和测试资料。图1为1960年人工冰场课题组成员及花样滑冰队队员合影。1966年,在首都体育馆冰场的设计施工中,徐邦裕教授又把这些用心血提炼的数据和资料无偿、无保留地贡献了出来,为我国第一个标准面积的人工冰场建设做出了重要的贡献。在2022年北京冬奥会和冬残奥会举办期间,改造后的首都体育馆采用了 CO_2 跨临界直接蒸发式制冰技术,这也是北京冬奥会绿色、环保和节能的技术亮点之一。

图1　1996年人工冰场课题组成员及花样滑冰队队员合影（廉乐明教授提供）

一代代的学者攻坚克难、前赴后继,将一项项成果写在祖国大地上。通过这样的全方位、多角度讲解,让学生不仅对两种气体的物理性质、制冰技术的发展和应用有较深入的了解,更被老一辈学者的无私奉献精神所深深感动,也对我国科技水平的快速发展产生了很强的自信心和自豪感。

辩证唯物主义的哲学思想在"流体力学"课程中的应用实例有很多,在哲学思维课程思政库中包含的内容也很多,如通过运动与静止的相对关系以及固体与流体的对比,指出流体的绝对运动特性;通过真理、矛盾各自具有的普遍性与特殊性,指出普通物理学定律在流体力学中的表达与应用的特殊性。学生以往在学习过程中形成的固体力学的思维模式,如数学的行程问题采用的轨迹法是拉格朗日方法的思维,学生往往会把固体力学的方法和思维习惯带入流体力学的学习中,在授课过程中教师要将流体与固体的对立统一关系讲解透彻,分析讲解在流体力学中常用的欧拉法和拉格朗日法的区别,对学生后续的学习理解非常重要。通过讨论"兵无常势,水无常形"等说法的原理,使学生对流体的特点与固体运动的差别及其哲学内涵产生更深入的感性认识。

"流体力学"课程在实际工程中的应用非常多,课程思政库中工程案例的实例也很多。如在讲解重力场中流体静压强分布规律的连通器部分的知识点时,引入的实际工程案例是三峡船闸,如图2所示的三峡船闸建成之时是世界上规模最大的人造连通器工程,三峡双线五级船闸的全长是6.4 km,船闸上下落差达113 m。该工程建造难度极大,解决了很多世界性的难题,如三峡船闸是世界船闸衬砌式结构高度之最。三峡船闸完全是中国人自己设计制造的,制造水平达到国际领先水平。通过视频、动画和图片的分析讲解,学生不仅对连通器的原理和应用印象深刻,同时也对我国科研水平的快速发展和实际工程能力达到世界领先水平有深刻的认识,民族自信心和自豪感油然而生,对所学专业和课程的兴趣也更加浓厚。

图2 三峡五级船闸(图片来自网络)

新冠疫情防控工作和每个人的健康都息息相关,在课程的学习中通过讲解一些与新冠疫情防控有关的实例及其原理,如咳嗽、打喷嚏的流体力学相关原理,传染病医院和方舱医院的压差设计原则,香港淘大花园 SARS(Severe Acute Respiratory Syndrome Coronavirus,重症急性呼吸综合征)病毒扩散路径分析及其对新冠疫情防控的启示等,使学生对流体流动的规律、欧拉法的应用、不同功能的空间压差控制、正压区和负压区的设计和分隔、CFD(Computational Fluid Dynamics,计算流体动力学)模拟等知识理解得更加扎实,也对新冠疫情防控中所采取的一些具体防控措施或新闻报道中的相关信息有更

深刻的理解[3]。

3 以价值引领课程思政为基础的混合式教学课程资源建设

通过深入挖掘课程的思政元素,将"流体力学"课程思政内容和授课的知识点有机结合起来,建立在价值引领课程思政基础下的课程混合式教学资源。

已经在超星学习通中建立了"流体力学"混合式教学课程资源。在线课程的主要内容包括在每一章的开始有学习任务单,使学生清楚了解学习的内容和要求,如基本要求、学习步骤、学习重点和难点等,还包括课程课件、课程视频文件、各种类型的测试题目等;课程资源中还有多种类型的辅助学习资源,如图片、视频、动画、网页链接、文章等。课程思政库的内容按照所在章节进行分类,分别放在不同章节的课程资源中。

图3是超星学习通中该课程某章节和学习任务书示例。将课程思政库的相关内容放到课程的相应章节中,学生预习和复习时可以通过图片、文章、链接、视频等多种方式进行学习,并有相关测试题目巩固所学到的内容。如在学习等压面、连通器知识点时,会学习课程思政的三峡船闸内容,并配合有相应的测试题目,学生对这部分的内容从知识点到思政内容都印象深刻,课程思政的授课效果得到了一定的反馈。学生的有效反馈可以有效促使教师在相关教学中继续深入挖掘不同知识点的课程思政要素。

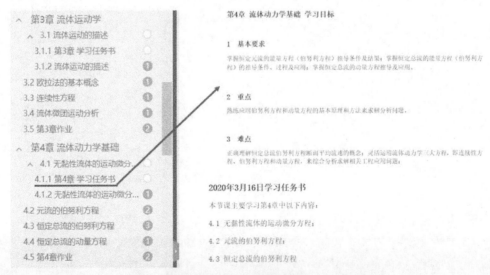

图3 超星学习通中该课程某章节和学习任务书

这种线上和线下相结合的混合式教学方式更加灵活,适应范围更广,无论是在疫情期间的线上授课,还是正常的线下授课时,都可以灵活运用。在疫情授课期间,授课班级中有不能在中国学习的留学生采用此课程资源进行学习,发挥了其不受时间、空间影响的巨大优势,取得了良好的授课效果。该在线课程既可以应用于线上教学,也可以应用在混合式教学和线下教学中,已经经过三轮的教学实践,参与学习的学生人数约 700 人,受到了学生的好评,取得了良好的教学效果。

课程授课过程中还可以灵活地发布多种形式的讨论题目和测试题目,学生回答后可以实时看到统计结果,也可以和学生共同分析探讨答案正确或错误的原因,学生对多种形式的测试方式都很感兴趣,有效地提高了课堂的互动性和授课效果。

4 结语

通过对"流体力学"课程的课程思政元素的深度挖掘,将唯物主义思想、爱国主义、自主创新等融入课程内容中,建立了科学和人文素养、哲学思维、工程实践和疫情防控等多维度的课程思政素材,通过案例分析、课堂讨论、测试题目等多种教学方法进行了课程思政的潜移默化地融入,建立了课程的混合式教学资源,有效地提高了学生的学习兴趣和学习质量,努力打造高质量、互动式的授课课堂,以期达到全员、全方位、全程的"三全育人"目标,努力为实现"两个一百年"奋斗目标和中华民族伟大复兴的中国梦做出新的贡献。

参考文献

[1] 习近平. 思政课是落实立德树人根本任务的关键课程 [J]. 奋斗, 2020(17): 4-16.
[2] 哈尔滨工业大学党委宣传部、教师工作部. 初心的力量: 哈工大"八百壮士"事迹选编 [M]. 哈尔滨: 哈尔滨工业大学出版社, 2019.
[3] 邵菁, 汪长中, 官妍, 等. 新冠疫情下对医学免疫学教学理念的思考 [J]. 中国免疫学杂志, 2020, 36(22): 2783-2785.

基于"一三四"教改方案的"空调工程"一流课程建设

周军莉,文远高,邓勤犁,苗　磊,刘小泾

（武汉理工大学土木工程与建筑学院,武汉　430070）

摘　要:基于"两性一度"教学目标,针对传统工科理论课程授课中存在的问题,"空调工程"课程团队开展"一三四"方案教学改革。课程团队打破理论课程与实践课程的孤立设置状态,将任务驱动型教学方法等应用于线下课堂授课中,并在线上课堂中厘清学习目标和学习脉络,建成线上线下混合式教学模式,达到一流课程建设目标。

关键词:两性一度;一流课程;混合式;任务驱动

1　引言

武汉理工大学建筑环境与能源应用工程专业为国家级特色专业、国家级一流专业建设点、高等学校战略性新兴产业专业、湖北省普通高等学校战略性新兴产业人才培养计划、湖北省专业综合改革试点。"空调工程"为本专业核心岗位课程、必修课程。

本课程授课目标:通过该课程的学习,使学生在素质上具有良好的职业道德和社会责任感,具备节能思维,具有求真务实的作风、实干担当的精神,并具备专业自豪感;在知识层面上,掌握空气调节的基本理论知识,具体包括湿空气的物理性质及其焓湿图、空调负荷计算、空气热湿处理、空气调节系统、空气分布知识,了解最新空调技术;在能力层面上,培养学生具有查阅相关资料、从事空调工程设计的能力,具有适应社会和从实践中发现及提炼工程问题的能力,具有创新意识以及良好的逻辑分析和归纳能力,为注册设备师基本素养的养成奠定基础。

为了响应教育部提出的"淘汰水课,打造金课"的号召[1],基于"高阶性、创新性和挑战度"的一流课程建设标准,课程团队探索了线上线下混合式课程建设思路。

2　需要解决的重点问题

目前,设立本科建环专业的高校有近200所,其中120余所高校开设"空调工程"课程,并选用机械工业出版社出版的教材。据笔者分析,我校传统"空调工程"教学中存在诸多问题。

2.1　传统课程模式需要变革

在新时代背景下,我校建环专业致力于培养"适应能力强,实干精神强,创新意识强"的建筑环境高素质卓越人才。传统授课模式以教师为中心,学生为被动学习接受者,缺少合作学习和拓展思维[2]。此外,专业课课时不断缩减,师生交流时间减少,学生学习习惯已产生变化[3],这些都是课程改革必须面对的问题。

2.2　专业课程理论性与实践性难以辩证统一

本课程与工程实践结合紧密,学生学习时普遍存在积极性不强、学习困难大等问题。在教学计划中,一般理论课与实践课课时完全独立设置。以本课程为例,空调课设一般安排在期末最后两周。

2.3　专业课程教学与课程思政教育融合不紧密

全面推进课程思政建设是落实立德树人根本任务的战略举措,也是提高人才培养质量的重要任务。在以往课程教学中,存在重专业、轻思政的现象。以本课程为例,传统课堂思政内容大多为偶然性教学,无规划,不系统,具有较强的随机性。

3　教学改革方案

基于本课程知识能力素质的课程培养目标,本课程团队开展了以任务驱动型为主的"一三四"方案教学改革。

作者简介:周军莉(1977—),女,博士,副教授。电话:027-87651786。邮箱:jlzhou@whut.edu.cn。

基金项目:2022年教育部产学合作协同育人项目(220506707172803)。

3.1 采用"一轴四环"的教学结构,以整带零

在课程体系中,以实际空调系统为轴心,将空调工程理论课程、设计课程、实验课程以及实习实践紧密结合。以某酒店中央空调系统图纸为蓝本,建设沉浸式虚拟仿真平台,满足实习参观、漫游实验等需求。以该系统设计提出课程设计题目,以该课程设计为整体目标,学习零散知识点。

3.2 采用"三维一体"的课程思政平台,以零促整

在课程思政上,搭建集线上课堂、线下课堂以及专业微信公众号为一体的课程思政平台。以线上线下课堂为主战场,以专业微信公众号"Wuli 建筑环境"为辅战场,发挥微信公众号的跨时空效应,形成全方位的课程思政平台[4],以分散的、润物细无声的思政教育促进学生整体素质成长。

3.3 坚持"四种策略"的教学方法,有效教学

在以上教学结构及教学平台支撑下,主要采取任务驱动教学法、参与型教学法、虚实结合实验法、故事型教学法等四种教学方法。在理论课堂中,实施任务型教学,以设计任务为目标,清晰学习目标;实施参与型教学法,鼓励学生充当课堂管理员,增加学生责任感。在实验教学中,实施虚实结合实验法[5],强化学生对设备及系统的理解。在思政教育中,采取故事型教学方法,通过小故事讲述大道理,坚定中国自信,砥砺奋斗精神。

4 混合式教学设计

遵循以生为本、理论性与实践性结合、线上线下整合的原则,进行本课程混合式教学设计。对应素质知识能力的课程目标,进行混合式教学学习步骤及任务分解。线上学生自主学习基础知识,线下进行测试检测学生学习效果,同时对线上学习起督促作用,进而通过串讲及有针对性的讨论进行重难点分析。

"空调工程"课程设计为该理论课程后续实践锻炼环节。在本课程授课体系中,打破理论课程与实践课程的孤立状态,将课程知识点与课程设计步骤挂钩。在线下课堂中,强调以设计步骤为主线。在第一堂课中,首先发布 CAR-ASHRAE 设计竞赛获奖作品,然后发布课程设计任务,进而将后续教学内容与设计步骤紧密相连,激发学生学习兴趣。在线上教学中,强调以单元学习为主线,将所有资源在网络单元学习中通过视频、测试、讨论等栏目串起,清晰学习目标和学习步骤,避免网络资源淹没感。

以课程设计及 CAR-ASHRAE 设计竞赛为依托,实现本课程的"两性一度"教学目标。在课程的高阶性目标方面,以设计任务为驱动,以"三维一体"思政平台实施课程思政教育,促使知识能力素质课程目标有机融合;在课程的创新性目标方面,通过线上课堂及线下课堂,在课程内容中反映前沿性和时代性,如目前线上课堂中开辟的"双碳目标""科学防疫"等专栏,与专业前沿紧密结合;在挑战度目标方面,在课程考核中加大平时成绩比重,着重强化学生查阅资料、分析思考问题的能力,在结业考试中,增加与热点问题相关的主观题,提升课程难度。

5 结语

本课程已授课 11 年,开展混合式教学 6 年。课程通过"一三四"方案教学改革,实施任务驱动型等教学方法,取得了较好的教学成绩。

2018 年,"空调工程"课程团队获批校级课程教学团队。2021 年,所在能源与建筑环境教学科研团队被评为校级师德建设先进团队,负责人被评为校级师德先进个人。2022 年,课程负责人获得校级混合式教学先进个人称号,课程团队获校级教学成果奖特等奖两项。共有 12 名学生的空调设计作品连续获得建环教指委 CAR-ASHRAE 设计竞赛优秀奖及三等奖,3 名学生获得海尔磁悬浮杯设计竞赛三等奖,1 名同学获建环教指委人环奖竞赛优秀奖,2 名学生获得施耐德创新案例挑战赛中国区金奖,3 位名学生获能动教指委中国制冷空调行业大学生科技竞赛二等奖,获奖学生占比 25% 以上。课程获得师生好评,课程年均评教分均为 90 分以上,课程设计评分更是达到本校最高限值 92.5 分。

教学改革是一项长期的系统工程,本课程团队将以"两性一度"为目标,持续加强课程团队建设,优化课程体系,创新教学模式,完善考核制度,切实提高教学教学质量,为我国培养建筑环境与能源应用工程专业的高素质人才。

参考文献

[1] 吴岩. 建设中国"金课"[J]. 中国大学教学,2018(12):4-9.

[2] 张志红,王嘉悦. 促进学生学习的评价研究[J]. 比较教育学报, 2021(1):99-111.

[3] 于海燕. 碎片化学习背景下大学生移动学习习惯研究[J]. 高教学

刊,2015(24):1-2.

[4] 周军莉,邓勤犁,苗磊,等."三维一体"课程思政建设探索:以武汉理工大学空调工程课程为例[J]. 西安航空学院学报, 2021, 39(5):

76-82.

[5] 周军莉,苗磊,邓勤犁,等. 独立实验课教学改革与实践:以建筑环境与能源应用工程专业为例[J]. 教育教学论坛,2022(15):53-56.

面向工程教育认证的实践教学平台建设

王　宇，周令昌，李艳菊，张楷雨，孙　博

（天津城建大学能源与安全工程学院，天津　300384）

摘　要：根据工程教育认证的要求，本文结合学校办学定位及行业背景，明确了实践教学培养目标。通过持续推进"融知识、能力、素质教育于一体，能力培养贯穿始终"的实践教学改革，构建与"工程认知—实境操作—创新实践"这一学习过程相符合的"基础实践教学平台""综合拓展实践教学平台"和"创新实践平台"，形成一套完整的技术知识体系学习训练平台，支撑实践能力要求，为启发学生工程思维、工程实践能力培养提供质量保障。

关键词：工程教育认证；共享平台；实践教学

1　引言

工程教育专业认证是工程教育质量保障体系的重要组成部分，是连接工程教育界和工业界的桥梁，是注册工程师制度建立的基础环节，也是国际化全球化背景下我国工程教育与国际接轨并实现工程教育国际互认和工程师资格国际互认的重要基础。[1-2]。工程教育认证把对实践教学环节的考察放在突出位置，培养学生的工程应用能力与创新能力是工程教育认证的核心与关键，体现在各个专业补充标准中对实验条件、实践基地及实践环节予以考察和认证，同时明确要求设置完善的实践教学体系[3-5]。强化实践教学环节，促进多学科交叉融合，构建多学科交叉融合的实践教学体系，重点推进具有多学科背景的应用型、复合型、技能型人才培养，是现阶段摆在我国高校面前重要而迫切的任务[6-8]。针对我国城镇化建设对能源应用类工程人才培养的要求，从我校办学定位出发，以学生工程实践能力、探索创新精神培养为核心，坚持实践教学研究与改革，构建科学的实践教学体系、转变教学方式、建立与社会协同培养人才的合作机制，根据学院学科布局及专业建设特色，全面推动建筑环境与能源应用工程专业、能源与动力工程专业、安全工程专业及相关专业实践教学改革与发展，将建筑能源应用领域中的工程设计、技术集成应用与自动控制领域的理论、技术对接，建设集工程基本认知、专业综合拓展、研究创新实践教学于一体的专业共享实践教学平台，为启发学生工程思维、工程实践能力培养提供质量保障。

2　面向工程教育认证的实践教学框架体系

以工程教育认证为标杆，抓住人才培养关键要素与环节，建立"培养目标确立—教学方案编制—教学环境建设—实践过程实施—成果质量评价"的人才培养体系框架或形式逻辑[9]。根据工程教育认证的要求，结合学校办学定位及行业背景，明确实践教学培养目标，持续推进"融知识、能力、素质教育于一体，能力培养贯穿始终"的实践教学改革，形成以工程实践能力培养为核心目标，实验教学中心协同工程中心及校企合作平台为持续改进支撑，多种教学方式（启发式、案例式、探究式等）和传统教学与网络教学互补为手段，多层次实践教学进度安排、多环路反馈持续改进为保障的实践能力培养达成途径的实践教学体系，如图1所示。

作者简介：王宇（1980—），男，博士，副教授，实验中心主任，研究方向为建筑节能与可再生能源利用，实验室建设与管理。邮箱：wy41523@126.com。

基金项目：天津市普通高等学校本科教学质量与教学改革研究计划重点项目（171079202C）；天津城建大学教育教学改革与研究重点项目（JG-ZD-1505）。

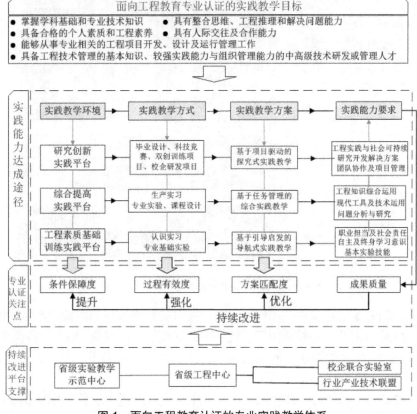

图 1 面向工程教育认证的专业实践教学体系

依据不同阶段的教学目标,建设专业基础实践模块化、综合提高拓展实践系列化、研究创新实践多元化的教学平台。从专业基础到专业综合拓展,再由专业综合拓展到研究创新,进行循序渐进式系统性的实践教学内容整合优化,按照"工程素质基础训练—综合拓展提高—研究创新"的教学思路,统筹规划实验实践项目,形成从低到高、从基础到前沿、从接受知识型到培养综合能力和创新能力型的逐级提高的实验实践项目链。借鉴 CDIO 的工程教育培养模式,通过推动产学研融合、科研成果教学资源转化,分阶段、分层次实施基于启发引导的导航式基础实践教学、基于任务管理的综合拓展实践教学、基于项目驱动的研究创新实践教学。

3 产教融合与建设项目共同驱动的实践教学平台建设

在平台建设上,突破院系、专业之间的壁垒,重组专业实验和基础实验;规范实训的基本内容和要求,强化实训动手能力的培养;以实训、实验、实习为基础,以创新创业为引导,以工程实践能力为核心,不断深化实践教学改革[10]。坚持校内与校外结合,

充分利用学校与企业、科研单位等多种不同的教育环境和教育资源,并进行有效整合,建立联合实验室、研究室等合作实体,建设工程实景化综合实验实训系统,注重将工程应用类和研究创新类相关的科技成果向实践教学内容转化,拓展综合实验系统的实验教学、研究创新承载力,丰富专业综合拓展、研究创新型实验实践项目。

构建与"工程认知—实境操作—创新实践"这一学习过程相符合的"基础实践教学平台""综合拓展实践教学平台"和"创新实践平台",形成一套完整的知识体系构建和工程技能训练平台,支撑实践能力要求。同时,遵循"充实完善基础实践教学平台、优化综合拓展实践教学平台、转化提升创新实践平台"的建设原则,有效通过综合投资、中央财政支持地方高校建设项目、优势特色专业建设项目、实验教学示范中心及工程中心建设项目,不断提升实践教学保障度。

基于校企共建合作实体和专业及学科建设项目的双重驱动,建立并完善了一系列支撑实践教学平台的综合实验实训系统,为工程应用型人才培养创造有利的实践教学环境,如图2所示。

图2　支撑多层次实践教学平台的综合实验实训系统建设

实践教学平台各综合系统的建设进一步促进了校企合作及科研产教融合。实验中心联合国家燃气用具质量检测检验中心、清华大学等多家研发机构和企业成功申报了天津市燃气高效利用技术工程中心，发挥并展现了科技研发、产品孵化、社会服务和产品推广应用科技平台的作用。

为了促进在建筑环境与能源应用技术相关领域的科学研究和技术开发，推动高效节能经济产业的发展，本着优势互补、平等互利和长期合作的原则，实验中心与天津正佑林实业有限公司联合建立和运作建筑环境控制与节能技术研发联合实验室，开展基于新型末端装置的供热空调技术先进领域的研究工作，通过联合研究和合作项目进行技术集成创新和工程示范；结合现有综合实训教学平台，广泛开展调研活动，整合多专业教育资源，以工程能力培养为核心，构建实践教学培养方案。

为了促进在商用燃烧技术相关领域的科学研究和技术开发，本着优势互补、平等互利和长期合作的原则，实验中心与域适都智能装备（天津）有限公司联合建立域适都-天城大能源学院商用燃烧技术研发联合实验室，以商用燃烧技术领域的相关研究工作为重点，扩展至高端燃气锅炉比例调节阀的设计与开发、燃气锅炉自适应控制技术开发和设计燃气锅炉能效测试平台与寿命试验，并面向建筑环境与能源应用工程、能源与动力工程、电气自动化等专业在校本科生、研究生、教师等相关科研人员开放，承担本科生、研究生的相关研究创新性实验项目。

在校企合作共建实体开展的一系列工程实践及技术研发过程中，逐渐促进了产教融合，工程实践及

技术研发成果反哺实践教学，不断吸引多个专业的高年级学生通过生产实习、科技立项等实践参与到技术创新当中，逐步强化实践教学过程的有效度。

4　基于建设平台的实践教学组织及实施

实践教学平台将教学内容与相关专业核心课程、创新实践类课程相结合，依据学生的认知、实践能力形成规律和个体差异，将基础实践内容模块化、专业拓展提升实践项目系列化、创新实践多元化的形式分层次地引入实验实践环节。逐步引导学生建立独立的思维模式和培养创造性解决问题的能力，协助学生完成自我知识体系的建构与能力提升。[11-12]。以学生为主及多维度的实践环境为支撑，分别设计了以引导启发的领航式工程素质基础养成实践方案、以任务管理方式的专业综合拓展实践方案、以项目驱动的探究式创新实践方案。

4.1　工程素质基础实践

工程素质基础实践基于引导启发的导航式教学组织方式，实施方案如图3所示。实践项目内容涉及建筑环境与能源应用工程专业、能源与动力工程专业、安全工程专业流体热工方面的基本物理现象及规律实证、关键技术设备结构原理认知及功用分析、典型能量生产输配及消耗系统的可靠集成和有效运转。结合上述专业知识体系中涉及的基础型实验内容及认识实习内容，联系专业基础课程"流体力学""传热学""热力学""热工测量"等知识要素，开展基本流动传热传质物理现象及规律实证、热力

系统状态监测及热力过程评价相关的实验项目;联系专业基础课程"泵与风机""热质交换原理与设备""流体输配管网""制冷装置自动化""空调用制冷技术""自动控制原理""安全监测技术"等知识要素,开展建筑环境与能源应用工程专业、能源与动力工程专业典型系统热质输配流程认知、热质交换设备和流体输配装置性能测试分析、建筑环境评价、建筑供能及环境营造系统工况测试相关的实践项目,实践内容同时也涉及安全工程专业级自动控制专业的检测技术及测评方法体系,促使学生了解典型供热、空调、制冷系统的工艺流程,掌握主要设备的工作特性测试方法,明确各个参数的实际测量意义,巩固数据处理方法,并掌握常用仪器仪表的合理选择及正确使用方法,具备基本实践技能,初步形成自主学习意识,并明确自身所从事专业的社会责任以及从业所应具备的职业担当。

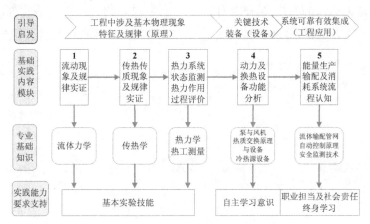

图3　工程素质基础实践教学组织方案

4.2　专业综合拓展实践

针对专业综合拓展实践,以工程实践能力培养为核心目标,充分联系建筑环境与能源应用工程专业、能源与动力工程专业的工程对象,同时涉及自动控制、安全工程的主干课程知识,结合已建设的综合实验系统,按照工程素质养成的要求设置实验、研究实践项目,开展基于任务分解管理的综合拓展实践教学,实施方案如图4所示。实践对象涉及集中供热综合实验系统、制冷及换热设备综合实验系统、空调净化综合实验系统、燃气输配综合实验系统等,实践任务分解为系统工艺流程分析及方案集成、测量控制需求分析及方案设计、典型设备性能测试、系统运行工况分析及调节控制、系统运行性能评价。通过完成各项实践任务,使学生掌握现代测试系统集成方案及工具应用,掌握工程系统中关键设备到整体系统的运行调控问题分析方法和研究方式,最终掌握对所学工程知识的综合运用。

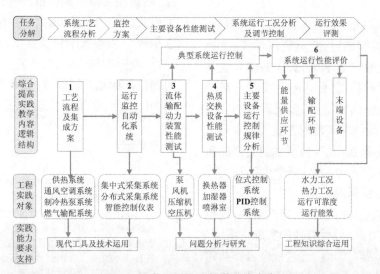

图4　综合拓展实践教学实施方案

4.3 研究创新实践

研究创新实践项目结合科技活动、学科竞赛或者参与教师科研项目进行并不断完善，主要针对可再生能源综合利用和建筑节能领域涉及的工程问题和应用基础问题开展，且实验项目不断积累，实验系统建设成熟后逐步转化为专业综合实验项目。

强化自制实验系统的完善、扩展与改进，结合设备开发及集成中建环、安全、自动化专业涉及的内容，注重与生产企业和技术公司的合作，鼓励科技成果向实验教学的转化和自主实验系统的研发，促进教学科研互动，逐步形成创新型实践教学科教融合实施方案，如图5所示。

创设研究式教学环境和教学氛围，采用工程案例分析讨论等方式进行研讨式教学；采用课内外相结合的多元化实践方式，充分调动学生创造性完成实践项目的积极性和主动性，并向研究式教学模式转变，支撑培养学生的团队协作意识及项目管理能力、研究问题及制定解决方案的能力，促使学生建立本工程实践与社会可持续发展的深刻认识，明确应肩负起的职业责任及社会担当。

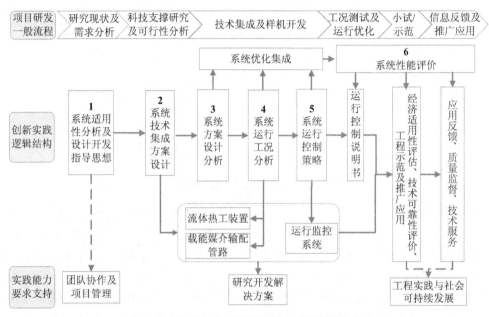

图5 基于研究开发项目的创新实践教学实施方案

5 结语

面对工程教育认证的核心要求，以学生为中心，以成果为导向，坚持持续改进，充分利用学校、企业与科研单位等多元化教育教学资源，开展多专业共享的工程实践教学平台建设，促进专业实验与科学研究、工程训练、社会应用相结合；多渠道鼓励和吸引热爱教学工作且实践经验丰富的专业人员参与实验实践教学，构建教学覆盖面广、科研承载力强的多方协同育人的实践教学平台，为培养学生工程实践能力、研究创新能力提供保障。

根据不同实践教学阶段的特征，建立科学、规范的教学过程有效组织方式，设计有效的实施方案，有效支撑实践教学能力培养要求。通过校企合作共建实体及专业学科建设项目不断促进实践教学与科学研究及工程实践相结合，不断促进相关成果转化为实验教学资源，整合优化实验内容，不断增设综合性、创新性实验实践项目，调动学生从事科学研究及工程实践的积极性，增强学生学习的主动性，促使学生积极参加各项学科竞赛活动、创新创业训练计划项目、教师的科研课题，或者针对感兴趣的学科领域问题自拟课题开展研究，训练基本技能、基本操作得到训练，同时锻炼工程思维，提高工程素养。

参考文献

[1] 陈利华,赵津婷,刘向东. 从工程教育认证视角重构第一课堂实践教学体系 [J]. 中国大学教学,2015(12):60-67.

[2] 戴红玲,胡锋平,彭小明,等. 工程教育认证视阈下专业实践教学体系的构建与实践 [J]. 实验技术与管理,2017,34(11):225-228.

[3] 姜理英,陈浚. 工程教育专业认证背景下环境工程专业教学改革探析 [J]. 浙江工业大学学报(社会科学版),2014,13(3):256-260.

[4] 李建霞,闫朝阳. 工程教育专业认证背景下数字电子技术实验改革 [J]. 实验室研究与探索,2017,36(1):156-159.

[5] 住房和城乡建设部. 全国高等学校建筑环境与能源应用工程专业评

估（认证）文件 [Z].2019.

[6] 胡尚连,龙治坚,任鹏,等. 多学科交叉融合下实践教学体系的探索与实践 [J]. 实验技术与管理,2019,36（6）:210-213.

[7] 王秀梅,胡蝶,房静,等. 工程训练中心利用多学科综合优势开展创新教育的探索实践 [J]. 实验技术与管理,2018,35（2）:6-9.

[8] 龙治坚,胡尚连,向珣朝,等. 基于学生创新能力培养的"互联网 +"背景下实践教学平台构建 [J]. 实验技术与管理,2017,34（8）:23-26.

[9] 施晓秋,徐嬴颖. 工程教育认证与产教融合共同驱动的人才培养体系建设 [J]. 高等工程教育研究,2019（2）:33-39.

[10] 袁华,陈伟,郁先哲,等. 基于 OBE 原则的实践教学体系再构 [J]. 实验技术与管理,2019,36（7）:206-209.

[11] 陆国栋,李飞,赵津婷,等. 探究型实验的思路、模式与路径:基于浙江大学的探索与实践 [J]. 高等工程教育研究,2015（3）:86-93.

[12] 韩涛,姚维,陆玲霞,等. 以创新型人才培养为导向的探究型实验平台建设 [J]. 实验技术与管理,2018,35（7）:19-22.

"空调课程设计"考核的合理化探索

底　冰,马国远,许树学

(北京工业大学环生学部制冷与低温工程系,北京　100124)

摘　要: 本文对"空调课程设计"教学过程中的学生成绩评定进行了连续三年的追踪改进,改进了阶段检查、答辩环节的评价内容,考虑了以小组为单位完成学习任务对评价的影响。结果表明,改进后的评价内容使学生的最终成绩评定更加合理、客观。

关键词: 空调课设;成绩评定;小组作业

1　引言

"空调课程设计"是能源与动力类专业本科实践教学的重要课程。在课程设计过程中,一般会要求学生设计一个小型的空调系统。该课程将有助于学生加深对基本空调原理的认识,掌握查阅国家规范的方法,学会使用相关软件,建立运用工程设计手册及生产厂家的产品样本等进行辅助设计的意识,形成对解决实际工程问题的初步认识[1-3]。

针对空调课设教学的研究大都集中在如何从设计任务安排上避免雷同、调动学生参加设计的积极性等方面。有的教学团队将学生分成若干组,并对课设内容在组与组之间进行区别安排,强调同一组内部的互相配合,使每个学生都承担一定量的设计任务[4]。还有些团队将行业空调设计大赛与课设结合起来,尽量使设计的题目多样化,以提高学生参加空调课设学习的积极性[5]。

该课程在教学中属于实践环节,是以学生自己动手动脑作为主体的学习活动。理论上,其学习成绩评价一方面应与最终成果有关,另一方面也应与学生的设计过程相关。同时,在该课程中按小组进行课题布置,4人左右组成一个小组共同完成一项设计任务。理论上,单个人的成绩与其所在小组的成绩密切相关,并与其在设计过程中的表现相关,以区别于小组中其他的人员。根据这一思路,该课程评价分为设计过程阶段检查、最终计算书与答辩三部分,最终成绩由这三部分成绩综合加权得到。以此为基础,对几个学年学生空调课设的最终成绩进行追踪,以逐渐完善课设评分方法,提高评价质量。

作者简介:底冰(1973—),女,博士,讲师。邮箱:dibing@bjut.edu.cn。

2　历年考核情况

2.1　第一学年学生空调课设考核情况

这一学年学生空调课设平均成绩为77.9分,均方差为13.4分。图1为第一学年学生空调课设成绩分布图。其中,90分及以上人数所占比例为39%,比例较高;80~90分人数为零;而70分以下人数所占比例为39%,比例较高,学生成绩分布不理想。

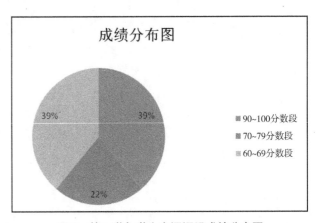

成绩分布图

39%　39%　22%

■ 90~100分数段
■ 70~79分数段
■ 60~69分数段

图1　第一学年学生空调课设成绩分布图

我们反思,在阶段检查时计分以考查学生的出勤情况为主,忽视了将学生在该环节的设计内容评价计入成绩,这或许是使成绩优良与良好之间没有拉开差距的原因。由于阶段检查中有错误的内容会得以改正,进而最终设计是正确的,因此不能反映最初设计合理的那部分同学的成绩。因此,我们决定下一学年改进这部分的评分规则,即阶段检查成绩以学生出勤与设计质量两方面为准。

2.2 第二学年学生空调课设考核情况

这一学年平均成绩为 76.3 分,均方差为 15 分。图 2 所示成绩分布情况表明:本学年 80 分及以上人数所占比例为 46%,比上一学年提高了 7 个百分点;但 70 分以下人数所占的比例却跟上一学年基本持平,所占分布比例依旧偏高。可以看出,以上的成绩分布合理性比上一学年有所改进,但及格分数段的比例很高,这是什么原因呢?

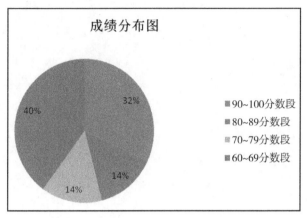

图 2　第二学年学生空调课设成绩分布图

我们在与学生交流的基础上,分析认为其首先与这项作业是小组完成有关系,其次与答辩环节的设计有关。答辩环节的通常做法是在每个学生完成答辩后,由任课老师对学生的答辩情况当场给出评价。而每个人的成绩是在小组成绩基础上,由答辩时的表现来进行小组内每个人的区分,这样只计入了该学生对设计内容的最终理解,而对过程中他在小组中的表现却没有考虑,并不合理。再加上在分组时,没有充分考虑组内成员之间在学习能力、学业目标、性格特点方面的差异,导致有些组的学习气氛不够浓厚,或组织合作不够理想。

因此,我们决定在答辩环节中,除提问知识内容外,加入由小组组长写出小组分工,并与每位小组组员写出自己所做工作进行核对,针对工作量与完成效果,再结合现场答辩给出这一部分分数。这样也给予小组组长一定权利,并且使大家明确小组的成绩是大家共同努力的成果,在小组内贡献做得多,在答辩环节中得分多。

2.3 第三学年学生空调课设考核情况

这一学年平均成绩为 81.7 分,均方差为 7.6 分。图 3 所示成绩分布情况;本学年 80 分及以上学生人数所占的比例为 66%,比前两个学年均有大幅度提高;70 分以下学生人数所占的比例降低到了 7%,显著好于前两个学年。可以看出,这一分布比较合理,

验证了我们在上一学年的分析假设。

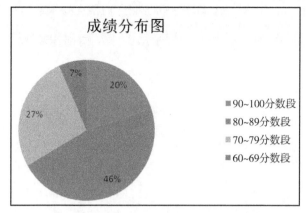

图 3　第三学年学生空调课设成绩分布图

3　结语

课程设计是以学生动手、动脑完成为主,教师指导为辅的实践课程,我们采用的小组制,使这门课还要求学生之间相互合作,因此,其成绩评定具有复杂性。我们根据三个学年的成绩评定结果进行分析与调查,持续改进评定内容,使成绩评价与小组分工趋于合理,主要得到以下结论。

(1)这门课程评价分为设计过程阶段检查、最终计算书与答辩三部分,最终成绩由这三部分成绩综合加权得到。阶段检查环节的学习成绩评价,不仅考查学生的出勤情况,还要记录学生在确定设计方案、计算空调负荷、设计水力系统及设备选型方面初次设计构想的合理性,将有较强设计能力的成绩优秀的学生与经过老师指导改进的成绩良好的学生加以区分。

(2)答辩环节中,除提问知识内容外,加入由小组组长写出小组分工,并与每位小组组员写出自己所做工作进行核对,针对每人工作量与完成效果,再结合现场答辩给出最后一部分分数。这样也给予小组组长一定权利,并且使大家明确小组的成绩是大家共同努力的成果,在小组内贡献做得多,在答辩环节中得分多。

(3)在分小组时,应充分考虑组内成员之间在学习能力、学业目标、性格特点方面的差异,尽量让学生自己组合小组。

参考文献

[1]　于梅春, 李春娥. "空气调节"课程实验教学研究 [J]. 当代教育理论与实践, 2009, 1(6):55-58.

[2] 陈超, 蔺洁, 李俊梅. 课程设计·毕业设计指南 [M]. 2 版. 北京:中国建筑工业出版社, 2013.

[3] 王任远. 空气调节课程教学改革的探讨 [J]. 河南机电高等专科学校学报, 2013, 21(1):76-78.

[4] 吴根树, 刘妍, 陈锋. 建筑环境与设备工程专业课程设计教学模式的改革与实践 [J]. 北华航天工业学院学报, 2011, 21(2):46-47.

[5] 王倩, 徐娓. 行业空调设计大赛与空调课程设计相结合的实践与体会 [C]// 制冷空调学科发展与教学研究:第七届全国高等院校制冷空调学科发展研讨会论文集. 西安:西安交通大学出版社, 2012: 235-239.

浅谈"制冷装置设计"课程教学方法改革

付海玲

（天津商业大学机械工程学院，天津　300134）

摘　要："制冷装置设计"是能源与动力工程专业的主干核心课程。为了提高教学质量和教学效果，发挥其应有的作用，本文从"制冷装置设计"基础课程内容讲授创新、课程改革措施、课程设计方式、课程思政教学改革和考核方式改革五个方面进行了积极的改革与探索，为该课程的创新发展提供参考。

关键词：教学改革；制冷装置设计；课程思政；教学改革

1　引言

"制冷装置设计"是能源与动力工程专业的核心课程[1]。在工业、农业、国防、建设、科学研究等国民经济各个部门中，制冷装置是不可缺少、非常重要的一类设备[2]。本课程系统讲授制冷装置的基本概念、基本理论和基本方法，主要内容包括：制冷系统设计、制冷负荷计算、制冷机器设备的选择方法、管道设计、机房和库房设计、冷藏陈列柜设计以及预冷、快速冻结与冷藏运输等内容[3]。本课程的开设在21世纪的根本任务是为国民经济培养大批优秀的能够掌握流程性材料产品先进技术的高级专业人才。制冷装置设计是根据产品在全寿命周期内的功能和市场竞争（性能、质量、成本等）要求，综合考虑环境要求和资源利用率，运用工艺、机械、控制、力学、材料以及美学、经济学等知识，经过设计师的创造性劳动，制定的可用于制造的技术文件[4]。教学目标是通过本课程的学习使学生掌握有关制冷装置设计的基本概念、设计方法和相关标准，能根据工艺要求进行制冷装置的设计、监控、评估和管理。如果能将学生的心理特征与教学有效结合，进行正面的引导，将思政教育融入专业课之中，将有助于学生建立正确的人生观、世界观、价值观[5]。本文探讨"制冷装置设计"在教学中的改革创新方法，旨在提高教学效果和教学效率，探索培养新型人才的有效途径。

2　课程内容及形式创新

2.1　课程内容讲授创新

本课程包括工程热力学、流体力学、传热学、制冷原理等课程的部分内容，综合交叉，内容较多。其中涉及工程热力学、流体力学、传热学的教学内容是容器设计的知识基础，装备设计是其在工程上具体的实际应用，两者相辅相成。学生在大学二、三年级已经涉及这些基础知识的学习，因此可采用提纲式的复习和讲解。而对于本课程，重点讲授装置设计的内容，可将基础知识与装置设计内容结合起来深入讲授，实现基础知识与专业知识的有机结合，体现理论知识的系统性和连贯性，使学生初步掌握典型制冷装置常规设计的基本方法和设计思路。

工科教育的目的是培养学生工程实践能力、分析和解决问题能力。因此，在教学过程中注重教学内容与认识实习过程中的生产工艺和设备，实际工程设计及其相关设计标准，工程新技术应用与发展等方面，通过观看模拟动画、现场图片和工程图纸等相关资料，使学生树立理论联系实际的思想，建立工程设计的概念，培养其学习的积极性和主动性，扩大其知识面和实践性。把课程内容与社会热点事件联系起来，既激发学生学习的兴趣，又能够正向引导学生树立社会主义核心价值观[6]。

2.2　课程改革措施

采用多媒体上课。课程表格多、图片多，感官性强，因此结合实际形象通过PPT展示与本专业相关的设备和工艺流程，实践性更强[7]。由于本课程理论性强，涉及热力学、流体力学，课程内容枯燥乏味，

作者简介：付海玲（1985—），女，博士，讲师。电话：13752731299。邮箱：fuhailing@tjcu.edu.cn。

传统的"灌输式"理论教学方式不受学生欢迎。因此，在教学内容上采用案例式教学、基于工程项目的教学；在教学方式上采用多元化教学方式，有意识地翻转课堂，以学生为中心，引导学生主动参与教学互动，开展课堂讨论，形成探究式教学、专题式教学、比较式教学、研讨式教学等多种教学模式。

在课程更新方面，结合教学团队在科研过程中所掌握的最新学科前沿知识，精心组织、丰富、调整和更新制冷装置设计的课程内容，结合科研的转化成果提炼制冷装置的典型案例。将制冷装置的理论学习与工程学习紧密结合起来，新增案例库、例题库等，以典型工程案例为引子。结合制冷装置的理论知识着重培养学生的自学能力和科学的思维方法，有力促进学生分析和解决工程问题能力的培养。

在讨论课环节设置"制冷压缩机技术""制冷装置的自动控制""利用可再生能源""应用自然工质"等讨论主题。学生在课余时间提前查找文献资料、形成讨论报告，学生可以走上讲台讲解，专题讨论效果良好，学生投入课堂学习的兴趣明显提高。

2.3 课程设计方式

"制冷装置设计"不仅是一门综合性很强的课程，同时也具有很强的实践性，所以为了巩固理论课上所学的知识，培养学生解决工程实际问题的能力，理论教学完成之后一般都要安排相关的课程设计。一个典型的制冷装置设计主要是根据设计任务提供的原始条件和生产工艺要求（生产规模与工艺、操作及使用条件（压力、温度等）、物料性能等条件），计算制冷负荷，确定制冷压缩机与设备的结构选型，制冷系统管路的计算和布置，机房和库房设计等，最后编制设计说明书和绘制装置的原理图和设计图。

2.4 课程思政教学改革

专业课的思政教育应与课程有机融合，在各个教学环节选择合适的内容进行拓展，将德育内容润物细无声地渗透给学生，使思政教育和专业知识教育达到同频共振[8]。根据课程思政的内在要求和课程的专业知识内容，充分挖掘其中蕴含的思政育人素材，基于学生学习与实习过程找到思政映射与融入点，在课程教学中将思政教育内容与制冷装置知识技能内容进行有机融合，对授课形式与教学方法进行改革创新，充分利用线上线下混合式教学，强化学生的体验感，增强学生的获得感，真正做到学以致用、活学活用[9]。

2.5 考核方式改革

本课程的考核方式包含四个部分：一是平时课堂上的积极性；二是要求在课程学习中通过资料查询，对已有制冷装置部件进行改进或提出一种新的制冷装置相关设备的设计理念，并要求绘制出结构图以及简单的理论计算；三是课程结束后的考试，理论考核为闭卷考试，考查学生理论知识的掌握情况；四是增加能力测试的考核，根据学生任务完成和项目实施情况以及校外实践完成情况综合评定学生成绩。

3　结语

21世纪的高等教育面临着机遇与挑战，一个面向世界、面向未来、面向现代化的综合化、国际化、信息化、个性化的本科教育教学改革正在我校深入进行。根据能源与动力工程专业的发展趋势和前沿，针对我校本专业的具体实际情况，应走"教、研、产"三结合的创新道路。课程教学改革是一项艰巨的任务，需要相关教师长期的共同努力与探索，通过对几届学生进行的课程教学改革实践成果可知，在培养学生树立理论联系实际的思想、技术创新精神、工程设计能力和解决分析问题能力等方面具有积极重要的意义，同时也为学生参加全国相关设计竞赛和毕业设计打下坚实基础。"制冷装置设计"是理论性较强的一门课程，如何上好这门课程一直是能源与动力工程专业教师的教学难点。在教学过程中的改革思路不仅局限于以上提到的几个方面，如何提高学生的自主学习能力和培养学生的创造兴趣将是今后课程改革的重要方向，以期能真正提高学生的设备设计能力。

参考文献

[1] 臧润清. "制冷装置设计"课程实践环节的探讨与实践 [C]// 制冷空调学科发展与教学研究：第六届全国高等院校制冷空调学科发展与教学研讨会论文集. 武汉：华中科技大学出版社，2010：197-199.

[2] 王志远，李健，芮胜军. "制冷装置设计"课程教学方法创新的探讨 [C]// 制冷空调学科发展与教学研究：第六届全国高等院校制冷空调学科发展与教学研讨会论文集. 武汉：华中科技大学出版社，2010：127-129.

[3] 宁静红，申江，臧润清，等. "制冷装置设计"课程实践教学方法的创新探索 [C]// 制冷空调学科发展与教学研究：第六届全国高等院校制冷空调学科发展与教学研讨会论文集. 武汉：华中科技大学出版社，2010：120-126.

[4] 王军，王海霞，毕文峰. "制冷装置课程设计"教改的探索与实践 [C]// 水资源管理与工程国际学术会议论文集，2011.

[5] 刘高洁. 工程热力学课程中开展思政教育的探讨 [J]. 教育教学论坛，2019（5）：31-32.

[6] 姚丽，张琳娜，刘丰榕. 制冷技术课程中的思政教育实践探析 [J]. 安徽建筑，2022，29（5）：90-91.

[7] 庄友明. "制冷装置设计"多媒体课件制作及教学体会 [C]// 制冷空调学科教学研究进展:第四届全国高等院校制冷空调学科发展与教学研讨会,2006:172-175.

[8] 高德毅,宗爱东. 从思政课程到课程思政:从战略高度构建高校思想政治教育课程体系 [J]. 中国高等教育,2017(1):43-46.

[9] 占挺. 课程思政理念下高职创新创业课程的教学设计与实施:以开店课程为例 [J]. 高教学刊,2022,8(15):65-68.

制冷学科大学生创新创业训练项目赋能人才培养的探索与实践——以"2018 级本科大创组"为例

代宝民,刘圣春

（天津市制冷技术重点实验室,天津商业大学机械工程学院,天津 300134）

摘　要: 本案例描述了关于本科生接受国家级大学生创新创业项目训练的方式、过程与成果。通过多种转变传统授课的训练方式,使本科生从多角度、多方面参与到创新创业项目训练之中,切实提高大学生创新创业思维与能力,实现使本科生的综合素质和能力进一步提升的目标。本案例为指导本科生参与创新创业项目提供了可行性的建议,也为高校进一步培养切实符合社会需求的高水平、高素质本科生提供了实际参考方案。

关键词: 大学生;创新创业项目;人才培养;本科生教育;能源类专业

1　引言

随着近年来我国经济社会的不断发展,导致产业转型加速与高技术应用型人才匮乏的矛盾愈加突出。高校作为我国重要的人才培养基地,需要根据形势不断发展改进。党中央、国务院高度重视大学生创新创业工作。习近平总书记指出,创新是社会进步的灵魂,创业是推动经济社会发展、改善民生的重要途径,青年学生富有想象力和创造力,是创新创业的有生力量,希望广大青年学生在创新创业中展示才华、服务社会。大学生是大众创业、万众创新的生力军,支持大学生创新创业具有重要意义。因此,各高校每年都会鼓励本科生参与"大学生创新创业训练计划",使本科生真正参与并接受创新、创业相关的训练,培养本科生创新创业能力,真正提高本科生的综合素质和学术素养。

2　大创培养方式

大学生创新创业训练项目为本科生打开了科研的大门,助其提升科研素养,从而为各领域培养输送源源不断的科研人才。此外,大学生创新创业训练项目选题口径宽,申请者可针对自身学科领域,在一定兴趣范围内自主选题。每个项目均须配备指导教师,主要负责指导学生进行项目管理和研究,监督项目的实施。各项目实施过程中需进行中期检查,并提交季度报告。项目申报者要对研究方案及技术路线进行可行性分析,并在实施过程中不断调整优化,尽量保证在校期间完成。大创项目带领本科生走出课堂,走进实验室,使他们了解专业前沿技术,开阔眼界。在此过程中,通过一系列的线上线下训练、专业比赛、论文撰写等理论与实践相结合的方式,本科生可更加明确自身定位,深刻意识到自己所肩负的使命与担当,进而笃学奋进,为实现人生理想而不懈奋斗。

2.1　线上线下训练

借助大学生创新创业训练项目这个平台,我校2018 级 5 名本科生于大二上学期初进入课题组学习。起初受专业知识薄弱的限制,邀请组内 2017 级本科大创组学生以及在读研究生为其讲解"工程热力学""传热学"以及"制冷原理与设备"等专业课。通过这种方式不仅有助于 2018 级学生快速且高效

作者简介: 代宝民(1987—),男,博士,副教授,研究方向为环保工质制冷热泵系统、多能互补系统、非共沸工质传热传质。邮箱:dbm@tjcu.edu.cn。

基金项目: 2020 年教育部第二批新工科研究与实践项目"工科＋商科"结合的能源与动力工程专业新工科人才培养改革探索与实践(E-NYD-QHGC20202207);天津市高等学校本科教学质量与教学改革研究计划重点项目(A201006901)的子课题。

地掌握重点知识,也帮助 2017 级大创组学生巩固了专业知识,打牢了基础,达到"双赢"目标。

此外,2017 级大创组学生轮流对 2018 级大创组学生进行 MATLAB、Refprop、Visio、Origin 和 Endnote 等科研软件的培训,很好地延续了组内的"传帮带"传统。在此过程中,2018 级学生针对软件问题可与 2017 学生进行沟通和请教,使问题在第一时间得到解决,提高培训效率的同时,还加强了两个年级学生间的沟通交流,为后续课题问题讨论打下基础。

本案例还探索尝试在线下开展论文写作经验分享会,邀请发表过高水平学术论文的学生分享自己的写作经验和科研过程中各类软件的使用方法,学生在分享的过程中积极讨论,传授经验和技巧。分享会在线下也会进行视频录制,会后将视频内容上传到微信公众号,学生可以观看回放,便于进行复习。

后续因受疫情影响,2018 级学生在实践过程中

遇到不能自主解决的问题时,首先通过微信公众号学习此类问题的解决方法,然后借助腾讯会议与教师或者有经验的学生进行交流请教。线上讲解的方式不仅避免了面对面的不好意思,也极大地提高了解决问题的效率,完美做到了停课不停学。

2.2 参加专业竞赛

基于前期对专业知识的积累和行业痛点问题的探索,大二下学期 2018 级大创组学生积极将所学知识应用于实践,自主组队参加专业比赛。突如其来的新冠疫情使很多比赛取消或延期,但参赛队员克服学习和沟通上的重重困难,团结一心,分工明确,积极检索相关文献、反复修改图表以及申报书内容,梳理计算流程,确保计算结果可靠合理。凭着初生牛犊不怕虎的勇气和永不言弃的顽强毅力,取得了天津市制冷大赛特等奖、中国制冷空调行业大学生科技竞赛三等奖等奖项。这些经历促使小组成员熟练使用各类科研软件,极大地开阔了眼界,增强了创新意识,提高了理论成果转化能力。

图 1 专业比赛作品及获奖图

2.3 会议论坛学习

练就本领的同时,也要具备足够的专业敏锐度,摒弃舒适圈,积极探索新领域与新知识。会议论坛是快速汲取新知识和结识行业佼佼者的方式之一。2018 级学生于 2021 年 5 月 14 日参加在天津举办的第七届热力学与能源利用青年学术论坛,认真聆听了专家论坛以及部分分论坛报告,收获颇丰;于 5 月 22 日在天津大学参加江亿院士主讲的 2021 年全

国科技周天津市暖通空调制冷科技报告会,加深对行业问题解决以及未来探索的思考。同时,受疫情影响,许多报告采取线上直播方式进行。小组学生借助网络平台参加 2021 年中国制冷学会学术年会、2021 年中国工程热物理学会工程热力学与能源利用学术会议、第二届国际可再生能源供热技术大会等,领略专业魅力,坚定专业目标。

图 2 会议论坛学习图

2.4　文献阅读分享

在完整的训练过程中,通常利用寒暑假空闲时间安排小组人员进行专业文献的阅读汇报,大约为每周或每两周一次,并且通过线上腾讯会议的形式进行分享。文献通常选择往年经典性高水平文章、近年来原创性论文以及综述类、创新类文章等,从不同的维度了解自己所研究的领域以及不了解的领域,从文献中学习行业的最新研究方向和发展前沿,加深本科生对行业的认知与热爱,提升专业知识的储备量,拓宽专业认识的广度。此外,每次分享过的文献通过微信公众号记录和总结,将碎片化的信息集中起来,学生可以观看回放进行复习,做到随时回顾,随时学习,提高学习效率,潜在提升学生的论文撰写能力。图3所示为每段时间大创组学生文献分享的情况。

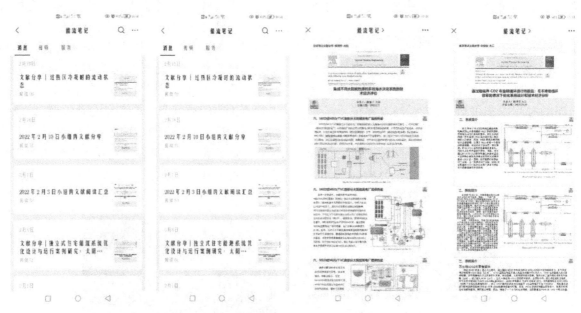

图 3　微信公众号文献分享截图

文献阅读的过程需要每位学生对其进行精读,精读文献可以先读摘要、前言、图表、结论,不急于细读正文,读后思考文章作者要研究的是什么问题,为什么要研究这个问题,得出了什么有意义的结果和结论。通过这些思考,有可能设想出某些处理问题的理论方法,然后再阅读正文,可以比较与作者文中的理论方法有何异同。完成这样的一整套阅读和分享过程,可提升学生归纳总结、报告讲述的能力,使学生感受到如沐春风般的收获,对学生的成长有很强的启发意义。

2.5　课题延续与延伸

结合 2016 级本科生的毕业论文题目,2018 级大创组学生在大二下学期初针对自己的研究兴趣和方向,与对应的毕业生进行分组结对,参与到毕业生毕业论文工作的整个环节流程中。在毕业生完成毕业论文的过程中,大创组学生与其一起学习讨论,从文章的开题到研究思路、从程序编写到数据分析,完整的学习讨论过程有助于学生加深对课题的认知和理解。在保证学生受到全面系统锻炼的前提下,要注重课题的延续性,待毕业生毕业后,大创组学生可承接此课题并开展深度研究,针对毕业生论文撰写过程中由于时间原因没有完善的部分,进行完善和深化,形成自己的研究内容体系;针对以往的问题和错误及时总结和更正,在分析中提出改善建议并完善自己的研究内容,使科研设计成果在广度和深度上进一步扩大和延伸。此外,为了保证大创组学生在科研学习的道路上顺利且高效,大创导师应定期询问进展并解决疑惑,针对思路、编程等问题随时进行指正和给予指导,督促学生开展深入研究,并逐步理解学术研究的内涵。

2.6　论文撰写训练

在课程学习之余,尝试引导学生进行论文撰写实操训练,鼓励大创组学生旁听学术硕士研究生的"专业外语文献阅读"课程,该课程负责教授论文撰写流程,详细介绍学术论文的整体框架以及每一部分的结构、句型、句式等。笔者对高水平论文写作具体流程进行了梳理,对各部分内容通过关键词的形式进行了展开说明,如图 4 所示。

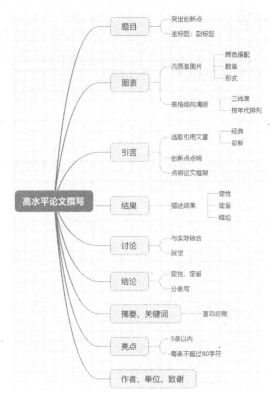

图4 高水平论文撰写思维导图

论文撰写不仅是单纯的文字叙述,还包括思路的展开,合适地阐述问题、解决问题,以及各处的细节,包括参考文献的插入、图表的格式、主题句的构建等。学生可以从训练中磨炼耐心、细心等,培养学生综合运用所学知识、技能以及科研素养,理论联系实际、独立分析和解决实际问题的能力,使学生得到未来从事本专业科研工作和进行相关研究的基本训练。现阶段,大创组学生均有一定成效,在写作能力方面得到提升。

3 成果展示

3.1 论文及专利

以2018级本科生大创组为例,小组成员结合大创项目的研究成果,参与撰写发表SCI检索论文6篇,包括SCI一区期刊 *Journal of Cleaner Production*、*Energy Conversion and Management*;在《华电技术》期刊上发表论文1篇,共计授权实用新型专利7项。

3.2 获奖及深造

大创组学生在各项与学科专业相关的竞赛活动中屡获佳绩。2019—2022年,小组成员累计在各级学科竞赛中获奖20余项。其中,参加"天加杯"第十四届中国制冷空调行业大学生科技竞赛获得三等

奖;"LG中央空调杯"天津市第十五届高校暖通制冷创新设计大赛获得特等奖;第十四届全国大学生节能减排社会实践与科技竞赛获得三等奖;"大金空调杯"第十五届中国制冷空调行业大学生科技竞赛获得二等奖;第七届"互联网+"大学生创新创业大赛获得天津赛区银奖;天津市第十六届高校暖通制冷创新设计大赛获得三等奖一项、优秀奖两项。此外,在其余学科竞赛中,小组成员均取得多项优异成绩。

凭借着认真钻研、刻苦求学的研究及学习态度,2018级大创组中4名成员以优异的课业成绩获得了研究生推免资格,并在夏令营及预推免阶段斩获多所国内知名院校的offer,最终小组成员分别顺利推免至浙江大学、哈尔滨工业大学、同济大学、重庆大学攻读硕士研究生。

4 存在的问题及措施

在大创项目的开展过程中,同样遇到了一些棘手问题,比如:

(1)学生的兴趣受到周围环境的影响发生迁移,导致个别学生出现掉队的现象;

(2)本科生基础知识较为薄弱,对于难度较大的研究题目难以深入或进展缓慢;

(3)指导教师的参与度过高,导致学生缺乏主动思考的意识,探索的能力需要强化。

针对目前存在的问题,思考采用以下改进措施:

(1)对于少数志向发生改变(如对本专业失去兴趣、准备跨专业考研等)的学生,尊重其选择,相信前期的培养对其学习其他领域会有所帮助;

(2)为学生提供有针对性的学习资料(专著、文献、视频等),并定期进行互动讨论,帮助其掌握研究方法,使其对该领域有更深入了解,推动研究题目的开展;

(3)指导教师在学生培养过程中减少主动说教,多倾听学生的想法,增加启发和鼓励学生自主创新环节,放低姿态,加强与学生的交流沟通。

5 结语

本文以天津商业大学2018级本科大创组为例介绍了大学生创新创业训练项目人才培养的探索与实践过程。基于上下届大创组以及本组研究生学生的"传帮带",通过线上线下训练、专业竞赛、会议论

坛学习、文献阅读分享、课题延续与延伸、论文撰写等理论与实践相结合的方式,使学生通过多种方式多维度了解专业、深入课题,启发学生理解创新研究的内涵,提高学生的创新意识,拓宽专业认识的广度,提升学生的专业素养,为本科生人才创新培养提供参考。

参考文献

[1] 张瑞青. 应用型本科能源与动力工程专业课程体系改革探索 [J]. 课程教育研究, 2015(24): 74-76.

[2] 国务院办公厅关于进一步支持大学生创新创业的指导意见 [J]. 中国人力资源社会保障, 2021(11):5.

[3] 任玉成, 谷天天, 李俊峰. 大学生创新创业训练项目对本科生综合能力培养探索实践与思考 [J]. 黑龙江教育(理论与实践), 2021(2):39-40.

[4] 马凤英, 魏同发. 科教融合视角下大学生创新创业训练计划项目培育研究 [J]. 教育教学论坛, 2019(2):3-4.

新工科背景下"制冷机制造工艺"教学内容与模式改革探索

陈爱强,朱宗升,赵松松

(天津商业大学机械工程学院,天津 300134)

摘 要: "新工科"的提出为工程教育的理论和实践探索提供了一个全新的视角,本文以"制冷机制造工艺"课为载体,对本专业课程进行改革探索。将课程教学目的由单纯传授知识转向"专业知识、学习能力、价值观"培养并重,对教学内容进行模块化和数字化,以专业知识讲解、讨论、调研,实现教学内容的逐年迭代,培养学生分析问题、搜集资料、总结归纳等能力;将良好思维模式和效率工具运用融入课程教学,引导学生使用思维导图、流程图、绘图软件等各种效率工具,将结构化思维、成长型思维、指数化思维等融入教学过程,让学生具备不断自我革新的能力、思维模式和积极的人生观,紧跟时代发展对人的需求。实践结果表明,该方法有显著的效果,可为其他专业的课程建设提供参考。

关键词: 课程改革;模块化;制冷;思维模式

1 引言

天津商业大学"依商而建,因商而兴",能源与动力工程专业(制冷方向)是建校之初设立的 4 个专业之一。"制冷机制造工艺"是我校能源与动力工程专业、建筑环境与设备工程专业的专业课程之一,主要目的是让学生掌握制冷装置的加工过程,对所涉及工艺的特点、方法有一定的认知,能进行各种制冷机制造工艺的设计、工艺规程的制订。在新经济形态和新工科建设背景下,能源与动力工程专业(制冷方向)人才培养面临新的挑战,需要不断对专业所含课程进行改革,构筑高质量制冷专业人才培养的牢固基石,以满足制冷行业的人才需求。

2017 年 2 月,教育部在复旦大学召开了综合性高校会议,发布了"新工科"建设复旦共识。"新工科"的提出为工程教育的理论和实践探索提供了一个全新的视角,也是对国际工程教育改革发展做出的中国本土化的回应,丰富了工程教育"中国经验""中国模式"的内涵。本文以新工科要求为基础,以"制冷机制造工艺"为载体,对本专业课程进行改革探索,拓展制冷学科核心专业课程的教学内容,对传统制冷专业课的教学内容、教学目标和教学方式进行改革,将课程教学目的由单纯传授知识转向"专业知识、学习能力、价值观"培养并重,以新理念、新模式培养具有较强学习能力和良好思维模式的工程人才,让学生具备不断自我革新的能力、思维模式和积极的人生观,紧跟时代发展对人的需求,为我国制冷产业的发展提供人才支撑,促进我国制冷产业的高质量发展,同时为其他专业的课程建设提供参考。

2 课程教学体系构建

2.1 原有教学体系不足

现有的专业课程设计是针对工业革命设置的,制冷专业课以传授制冷相关的传统知识为主,随着社会和科技的迅速发展,"制冷机制造工艺"已经日渐无法适用制冷行业未来对人才的培养需求,主要

作者简介: 陈爱强(1987—),男,副教授,博士研究生,主要从事制冷及低温工程专业教学和科研。邮箱:chenaiqiang@tjcu.edu.cn。

基金项目: 天津市一流本科课程项目(20ZXJXZX0144);天津商业大学本科教学改革研究项目(TJCUJG202027)。

体现在以下几个方面：①制冷专业的规模相对较小，"制冷机制造工艺"现有教材、教学资源数量严重不足，且内容更新速度远低于行业发展速度，与现代制造业真实需求存在较大差距；②授课对象的自身特征发生了显著变化，出生于互联网时代的大学生具有较强的自我意识，且真实生活环境和网络环境较为复杂，课堂上单纯的知识学习很难引起学生兴趣，学生对专业课内容的学习动力和注意力均不足，建立以学生为中心的教学方法和模式势在必行；③随着经济和社会的发展，社会和行业的复杂程度大幅提升，制冷行业对于人才的要求更加全面，以专业课程为载体进行学生的综合能力培养势在必行。

2.2 课程体系改革

本文以"新工科"建设为指导，结合学校办学特色、专业发展情况以及本课程定位，着眼于未来需求对制冷专业课进行改革，以专业知识为载体，培养学生的良好学习能力和思维模式。课程体系建设主要基于以下几个原则进行。

（1）紧跟时代发展，满足制冷行业对高质量专业人才要求，构建"及时更新，快速迭代"的动态教学知识内容体系，建立快速发展制冷行业新特征动态切合机制。

（2）教学方法随教学内容变化而不断调整。通过制度化建设，保证教学方法改进与优化达到最好的效果，加强教学方法与教学内容匹配性及两者与行业的协同性。

（3）建立数字化、模块化和标准化的"教学资源库"，始终保证教学资源的更新和行业资源迭代同步，减少教学效果对教师能力的过度依赖。

基于以上原则，对课程教学目标和教学理念进行调整。将课程教学目标由"掌握知识"调整为"以专业知识学习为载体培养综合学习能力"。课程在讲授专业基础知识的同时，向学生传授知识的多种学习方法，从中提炼出良好的思维模式，在训练学习方法和思维模式的过程中逐渐提升学生的认知水平，达到提升学生学习能力的目的，最后促进学生对于专业知识的掌握水平，并形成闭环，具体工作如下。（图1）

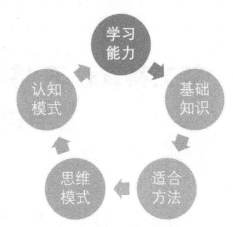

图1 "制冷机制造工艺"课程教学理念

2.2.1 专业知识传授与能力培养相结合的教学内容模块化、多维化重构

教学团队对课程的专业知识进行了结构化和模块化处理，全部专业知识分为机械制造基础知识模块、原材料加工工艺模块和关键部件加工工艺模块三个部分。其中，机械制造基础知识模块包括机械加工和装配两个方面的基本知识，融合了"基本概念"的学习方法和思维导图教学，并通过课上作业进行练习；原材料加工工艺模块包括针对塑料零件的塑料成型工艺、针对表面的表面喷涂工艺、针对金属板材的冲压成型工艺和焊接工艺四个部分，在这一部分内容的教学过程中嵌入了资料检索方法、逻辑分析、结构化思维、文字内容图像化记忆、图像内容文字和表达等能力的培训；关键部件加工工艺模块包括制冷压缩机部件制造工艺和装配工艺、压力容器、换热器和包围结构的制造工艺方面的专业知识，以及课题讨论、练习和课后作业嵌入头脑风暴、价值工程分析、科技写作、深度思考与归纳等能力的培养。（图2）

通过对知识点的学习方法和课后思考题、大作业进行革新，以及对学生使用思维导图、流程图、绘图软件等各种效率工具的引导，将结构化思维、成长型思维、指数化思维等融入教学过程，提升学生的综合素质。（图3）

图2　"制冷机制造工艺"专业知识模块构成

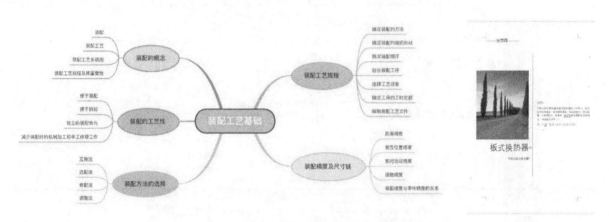

图3　学生思维导图学习工具练习示例

2.2.2　教学环节引入互联网思维,实现教学标准化和数字化

将互联网思维和方法引入教学当中,优化理论教学和实践教学的方法和内容,以此保证教学模式处于动态优化过程中,实现教学方法、教学内容与行业发展的动态匹配;对教学过程进行精益管理,将教学过程和教学方法乃至教学内容逐步标准化,形成标准化教学步骤。将教学内容和教学过程数字化,以此集成教学内容与教学资源,降低本课程的教学方法、教学模式和教学内容对于教师专业背景、经验与经历等软性条件和教学平台等硬性条件的要求,提升本课程的可执行性和可复制性。

2.2.3　建设与行业资源迭代同步的"教学资源库",深化学科交叉融合

社会在进步,行业在发展,在国家政策和行业需求驱动下,行业资源不断重整,作为人才培养基础的教学资源,需要保持与行业资源迭代同步。

资源更新常态化,每一年开展一次专业调研,保持和企业专家的沟通机制,以此为依据,更新教学资源。每两年开展一次专家论坛,根据专家意见,调整教学资源库建设方向;深化与实践基地的新技术产学研合作,通过教师与工程技术人员在实际项目中的专业教学合作,细化教学资源建设,为教学内容和教学手段更新提供支持;加强企业专项经费在教学环节的作用,通过企业赞助成立专项经费,作为教育经费的补充,激励参与教学环节的教师、学生和企业专家,为教学环节的完成提供保障。

科学上的重大突破往往都是多学科的交叉融合、相互渗透而产生的,随着行业的发展,制冷技术也逐渐渗透到更多的行业领域,同时其他领域也对制冷专业人才培养提出了新的要求。因此,要拓宽制冷专业应用领域,开展学科交叉融合资源建设,从

根本上服务于本专业复合型人才的培养目标(图4　　和图5)。

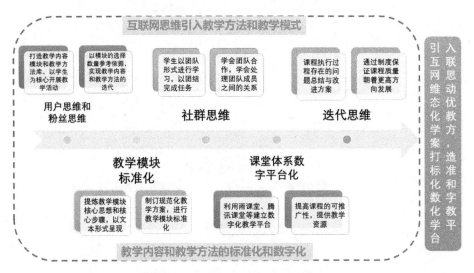

图4　教学方法修订措施路线图

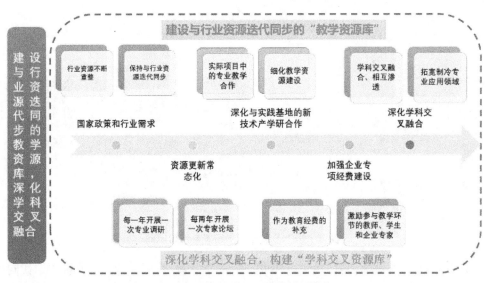

图5　丰富教学资源措施路线图

2.3　教学实施方案

为了配合教学内容的开展,并达到课程的教学目标,教学团队对教学的实施方案进行了重新编排。教学过程包括课堂教学、实验和实践三个环节,课堂教学环节实现专业知识和能力的培养,实验和实践环节实现场景化授课,提高教学效果。期末考试内容分为基础知识和开放性题目两部分,其中开放性题目用于验证学生综合能力的训练情况。

3　课程改革成效

课程的改革实践已进行五年,有500余人参与了该课程的学习。通过本课程的不断改革,使学生在专业知识、学习能力、思维方式等方面的能力和素质得到显著提高,并能够积极参与教师科研活动、各项专业比赛,取得了优异的成绩。

课程的不及格率显著降低,由6%左右逐步降低到1%~2%;学生的出勤率显著升高,由94%左右逐步提高到98%以上。课程结束后,学生的综合能力有一定提升,毕业后选择到国内名校或出国继续深造,近五年有8人进入世界知名大学深造,到国内名校继续读研的200多人。

4　结论与展望

本文以"制冷机制造工艺"为载体,将课程教学目的由单纯传授知识转向"专业知识、学习能力、价值观"培养并重,对教学内容进行模块化和数字化,以专业知识讲解、讨论、调研,实现教学内容的逐年迭代,培养学生分析问题、搜集资料、总结归纳等能力,将良好的思维模式和效率工具运用融入课程教学。对知识点的学习方法和课后思考题、大作业进行革新,引导学生使用思维导图、流程图、绘图软件等各种效率工具,将结构化思维、成长型思维、指数化思维等融入教学过程,让学生具备不断自我革新的能力、思维模式和积极的人生观,紧跟时代发展对人的需求。实践结果表明,该方法切实可用,有显著的效果。

高校办学水平与毕业总学分要求
——以建环专业为例

姜　坪,马景辉,王　征,吴语欣,陈春美

(浙江理工大学建筑环境与能源应用工程系,浙江杭州　310018)

摘　要: 本文对国内260所不同办学水平高校理工类专业毕业总学分进行了调查,得到三种不同办学水平高校理工类专业的毕业总学分平均值。调查结果显示,毕业总学分与高校办学水平密切相关,办学水平越高,毕业总学分要求越低。本文还对比分析了国内高校与欧美国家高校的学分学习量及毕业总学分,国内高校的毕业总学分所包含的课内学习时间已经与欧美国家高校相当,差距体现在课外学习时间没有真正落实。本文研究结论可为高校确定毕业总学分提供科学的依据。

关键词: 高等学校;办学水平;理工类专业;毕业总学分

1　引言

自从我国高校实行学分制以来,各高校都提出了毕业总学分要求。然而,高校在确定毕业总学分时,往往缺乏科学依据,盲目跟随其他高校的做法,导致毕业总学分要求偏高或偏低。毕业总学分与高校的办学水平密切相关,一般而言,办学水平与毕业总学分成负相关,即高水平大学的毕业总学分要求会低一些,普通高校的毕业总学分要求相对高一些。不同办学水平高校的毕业总学分究竟多少是合理的呢? 本文通过对国内25所"985"高校、29所"211"高校及206所普通高校理工类专业的毕业总学分要求的调研,得到了国内不同办学水平高校毕业总学分的基本情况,并与欧美国家高校的学分做了对比,为不同办学水平高校制定毕业总学分要求提供了科学依据。

2　高校办学水平的划分与学分制

社会各界对高校办学水平的划分接受度最高的应该是"985"高校、"211"高校和普通高校的分类,本文即采用此分类来研究分析高校办学水平与毕业总学分要求的关系。

"学分"是用来衡量学生学习量的一种单位。"学分制"是指以学生选课为核心,通过学分和绩点衡量学生学习的量和质的教学管理制度。我国绝大部分高校已经实行学分制,在学分的确定标准上基本采用理论课16学时为1学分,实践性课程1周为1~2学分,毕业设计约为12学分。此外,大部分高校还有第二课堂(课外科技活动、社团活动及社会活动等)学分。

我国高校的毕业总学分从20世纪90年代开始呈现出逐渐减少的趋势,以北京大学计算机专业为例,1982年毕业总学分为160学分、1986年为154学分、1990年为169学分、1996年为159学分、2003年为140学分、2009年为150学分、2014年为143学分、2016年为143学分[1]。毕业总学分要求的下降,让学生有了更多的课外自主学习时间,有利于人才培养。不过毕业总学分要求降低是否能达到预期效果,可能还不能一概而论。通常情况下,办学水平高的学校,学生整体的学习氛围浓,学生自主学习能力也相对较强,课外时间的增多,能让学生学习和掌握更多的知识和能力;办学水平相对低的高校,学生课外时间的增多,无非是增加了学生玩游戏、谈恋爱等休闲娱乐时间,再加上课外学习的考核与管理均未跟上,最终的效果可能是南辕北辙。北京大学的本科生调查问卷表明,每周课余用在与课程相关的

作者简介: 姜坪(1963—),男,副教授。电话:0571-86843374。邮箱:jiangping@zstu.edu.cn。

基金项目: 浙江理工大学重点教改项目。

学习时间平均约为 14 小时（平均每天 2 小时），与课程无关的自主学习和阅读时间约为 7 小时（平均每天 1 小时），学术科研活动时间为 5 小时（平均每天 0.7 小时），社团活动等时间为 5 小时（平均每天 0.7 小时），运动锻炼时间为 5 小时（平均每天 0.7 小时），休闲娱乐时间为 12 小时（平均每天 1.7 小时）[1]，如果按百分比计算，按上述顺序换算后分别为 29.2%、14.6%、10.4%、10.4%、10.4%、25%。这是国内顶尖高校的情况，其他普通高校应该是远远不如。

3 工程教育认证与毕业总学分要求

2016 年，我国正式成为《华盛顿协议》成员国[2]，并开始工程教育专业的认证。工程教育认证的核心理念为"以学生为中心，以产出为导向，质量持续改进"，认证专业需制订学生毕业 5 年后能达到的培养目标及毕业时的毕业要求，毕业要求的通用标准包含工程知识、问题分析、设计开发解决方案、研究、现代工具使用、工程与社会、环境与可持续发展、职业规范、个人与团队、沟通、项目管理、终身学习 12 条要求。人才培养方案的课程设置必须能形成对以上 12 条毕业要求的支撑，同时工程教育认证的要求是覆盖全体学生，那就意味着原来的选修课无法形成对毕业要求的支撑，除非能举证说明全部学生都选修了该选修课。在现有毕业总学分下，如果除去选修课，几乎难以做到现有的必修课程能形成对毕业要求的有效支撑。很多高校对参加工程教育认证的专业网开一面，允许超出学校规定的毕业要求总学分的要求。开展工程教育认证专业的毕业总学分出现了增加的趋势，这是开展工程教育认证以后出现的新情况。

4 不同办学水平高校毕业总学分要求的调研结果与分析

为了厘清目前国内不同办学水平高校对毕业总学分要求的现状，我们调查了 25 所"985"高校、29 所"211"高校及 206 所普通高校理工类专业的毕业总学分要求，调查结果如表 1 和图 1 所示。

表 1　国内高校理工类专业毕业总学分调查统计表

高校类别	数量	最高毕业要求总学分	最低毕业要求总学分	毕业要求总学分平均值
"985"高校	25	180	140	161.63
"211"高校	29	290	145	169.90
普通高校	206	220	132.5	174.08
小计	260			168.54

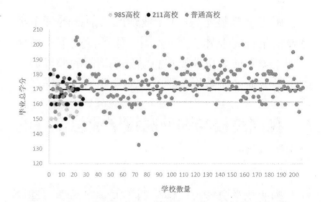

图 1　国内高校理工类专业毕业总学分散点分布图

调查结果显示，国内高校理工类专业毕业总学分平均为 168.54 分，其中"985"高校毕业总学分平均为 161.63 分，"211"高校为 169.9 分，普通高校为 174.08 分，总体呈现办学水平越高，毕业总学分要求越低的态势。"985"高校与"211"高校平均相差 8.27 学分，"211"高校与普通高校平均相差 4.18 学分，从中可以看出，"985"高校与"211"高校相差较大，"211"高校与普通高校相差较小。近年来，一些高校盲目降低毕业总学分，而又没有严格课外学习的管理和考核举措，导致学生大量的课外时间用于休闲娱乐，影响了人才培养质量。尤其是一些普通高校，不顾自身学校的具体情况，盲目向"985"和"211"高校看齐，不断降低毕业总学分要求，使学生花在学习上的时间得不到保证。高校应根据自身办学水平来确定毕业总学分，上述调查结果可以为高校确定毕业总学分提供重要参考。

我们还调查了 10 所"985"高校、21 所"211"高校及 106 所普通高校建环专业的毕业总学分要求，调查结果如表 2 所示。

表 2　国内高校建环专业毕业总学分调查统计表

高校类别	数量	最高毕业要求总学分	最低毕业要求总学分	毕业要求总学分平均值
"985"高校	10	180	150	168.53
"211"高校	21	192	160	174.6
普通高校	106	220	155	176.6
小计	137			173.2

调查结果显示,建环专业情况与前述的理工类专业的情况是基本一致的,因为建环专业本身就属于理工类专业。毕业要求总学分平均值的差异源于理工类专业的调查样本中无建环专业的高校样本。

5　我国高校与国外高校毕业总学分的比较分析

毕业总学分能反映学生四年大学本科学习理论上需要多少标准学习时间,虽然国内各高校在实践性课时上的学分折算略有差别,但大量的理论课学时学分折算还是较为一致的(通常为 16 学时折算 1 学分)。如果将我国高校的学分学习量与国外高校相比较,两者是否一致? 我国高校的毕业总学分与国外高校的毕业总学分要求是否一致? 四年本科的标准学习时间是否一致? 这些都是有意思的问题。下面我们以美国和欧洲高校为例来做对比分析。

美国教育部在 2010 年对学分做了明确的解释,即 1 学分等于每周 1 小时的课堂讲授或教师直接指导,外加每周至少 2 小时的课外学习,每学期的学习周约为 15 周,相当于 15 小时课内教学为 1 学分,毕业总学分一般为 120 分左右[3]。例如,加州大学伯克利分校和宾州州立大学毕业学分要求为 120 学分,普渡大学和科罗拉多大学为 128 学分,得克萨斯大学奥斯汀分校为 126 学分[4]。如果以 30 小时(课内教学)的课程计算,其折算的学分数为 2 学分。由于国内高校 1 节课的时间一般为 45~50 分钟,如果以 50 分钟计算,国内高校 1 学分(16 学时)相当于美国标准的 0.89 学分。根据我们前述的调查结果,我国高校的平均毕业总学分约为 168 学分,折算成美国高校学分则为 149 学分。

欧洲学分转换与累积系统 ECTS(European Credit Transfer and Accumulation System)是欧洲国家为了促进高等教育一体化,提出的一种学分学习量测算系统,ECTS 要求 1 学分的课堂学习时间为 8~10 小时,课外学习时间为 17~20 小时,毕业总学分为 180 学分[3]。如果按美国的标准折算,欧洲 ECTS 的 1 学分相当于美国的 0.53~0.67 学分,毕业总学分相当于美国的 95.4~120.6 学分,与美国高校的毕业总学分几乎相当。

上述分析显示,美国和欧洲国家高校的毕业总学分要求几乎相当,我国高校平均毕业总学分折算成美国标准,比美国高校高了约 29 学分,这是否意味着国内高校毕业总学分还有很大的降低空间呢? 事实上,由于国情不同,国内高校有部分课程是国外高校所没有的,如英语等课程,这部分课程的学分数大约为 30 学分,如果除去这部分学分,国内高校的平均毕业总学分约为 138 学分,折算成美国标准约为 123 学分,与欧美国家高校几乎相当。国内高校与欧美国家高校学分学习量的主要差距在于课外学习时间,欧美国家高校的课内与课外学习时间比约为 1 : 2,国内高校虽然也提出了课外学习的要求,但难以真正实施。上述的折算结果详见表 3。

表 3　中美欧学分学习量级及毕业总学分折算表

国家（地区）	美国	欧洲 ECTS	中国	按美国标准折算的毕业总学分
美国	1	1.89~1.49	1.12	120
欧洲 ECTS	0.53~0.67	1	0.59~0.75	95.4~120.6
中国	0.89	1.69~1.33	1	123

6　结语

对国内不同办学水平高校理工类专业毕业总学分的调查结果显示,毕业总学分与高校办学水平密切相关,办学水平越高,毕业总学分要求越低。国内高校理工类专业毕业总学分平均为 168.54,其中"985"高校毕业总学分平均为 161.63,"211"高校为 169.9,普通高校为 174.08。上述数据为国内高校确定毕业总学分要求提供了科学的依据。

对于开展工程教育认证的专业,由于课程体系必须对毕业要求形成有效支撑,毕业总学分有提高的趋势。

除去部分课程学分,我国高校的毕业总学分所包含的课内学习时间已经与欧美国家相当,差距在于课外学习时间难以真正落实。

高校不顾自身办学水平定位,在毕业总学分上接近甚至低于办学水平高的高校是不可取的,会对人才培养造成不良影响。

参考文献

[1] 丁洁琼. 减负与加压之间:本科课程数量的变迁——学分制是如何失灵的 [J]. 清华大学教育研究,2020(3):129-139.

[2] 方贵敏,王红梅. 面向工程教育认证的应用型本科专业人才培养方案制定 [J]. 高教学刊,2020(2):85-88.

[3] 胡娟,祝贺,秦冠英. 本科教育到底需要多长学习时间:本科生学分学习量的国际比较分析 [J]. 复旦教育论坛,2016(1):87-92.

[4] 张动亮,吴东珍,蔡宁,等. 中美典型工科院校建筑环境与能源应用工程专业人才培养模式比较研究 [J]. 科教文汇,2017(12):56-58.

专业认证背景下建环专业毕业设计教学和评价的探究

江燕涛，赵仕琦，林小闹

（广东海洋大学，湛江　524088）

摘　要：建筑环境与能源应用工程专业（以下简称建环专业）的毕业设计对学生、教师、专业和学校都具有非常重要的意义，广东海洋大学建环专业以工程认证要求对毕业设计课程进行了改革，从毕业设计的开展时间、课题开展的形式、课题的任务和要求以及毕业设计的评价等都进行了调整和改革。本文对毕业设计的实施、毕业设计与毕业生核心能力的关联，以及疫情下远程开展的毕业设计对毕业生核心能力的影响进行了介绍与分析。

关键词：毕业设计；核心能力；工程认证；评价；疫情

1　引言

对于大多数专业来说，毕业设计（论文）是本科教学计划中最后一个重要的综合性实践教学环节，是实现教学、科研、社会实践相结合的结合点，是本科学生在完成教学计划规定的全部课程后所必须进行的工程实践中最重要的实践教学环节，也是对之前各教学环节的继续、深化、补充和完善，是考核学生的基础理论、专业知识与实际应用能力、文字和语言表达能力，以及综合运用所学理论技术知识与生产实践相结合能力的重要依据。而工程认证的总整课程与毕业设计（论文）的内涵是一致的。

总整课程的由来始于 20 世纪 90 年代，社会对于大学绩效责任的要求和企业对于大学毕业生的素质感到不满，认为学生在毕业前应拥有总结先前所学知识的机会，并为衔接未来就业做好准备，美国大学逐渐体会到大四的经验非常重要，并兴起"强化大四经验的运动"，设置了总整课程[1-4]。工程认证要求对高年级大学生开设总整课程（capstone cours-es，美国称为顶峰课程），其开设在已修完多数课程并具备专业领域一定的知识和技能之后，通常在第 7 学期或第 8 学期，课程长度从 1 学期至 2 学期不等，是一个能给学生提供统整、深化四年所学知识的整合性实践过程[5-6]。

总整课程是大四经验的典型模式，扮演检视学习成果的重要工具。总整课程的特点是要对应多数或全部核心能力，强调与未来职业衔接；学生通过与行业人员的交流，了解自己角色及反思学习成果。可见，对于大多数学校建筑环境与能源应用专业（以下简称建环专业）的课程体系，毕业设计课程的任务和要求与总整课程最接近，但要将毕业设计转变成总整课程，还需要多方面的改革[7]。

在毕业设计的改革方面，广东海洋大学建环专业进行了一些有益的探究，如于 2017 年调整了人才培养方案和课程大纲，将毕业设计建设成符合工程认证要求的总整课程，从毕业设计的开展时间、课题开展的形式、课题的任务和要求以及毕业设计的评价等都进行了改革和完善。同时，对三年的改革成效进行了总结分析，并对由于疫情影响，远程条件下开展的毕业设计对毕业生核心能力的影响情况进行了分析。

2　改革内容

建环专业从 2015 届开始将毕业设计（论文）按总整课程要求和国家专业合格标准来修改课程大纲

作者简介：江燕涛（1967—），女，硕士研究生，教授，研究方向为建筑环境评价和制冷设备性能研究。电话：13543551390。邮箱：jiang238@163.com。

通信作者：赵仕琦（1980—），女，硕士研究生，讲师，研究方向为建筑环境评价。电话：13360709220。邮箱：zzq023@163.com。

基金项目：2021 年度广东省省级一流本科专业建设点——建筑环境与能源应用工程专业；2021 年度广东省省级一流本科课程——建筑环境学；广东海洋大学教育教学改革项目（80320078）；2020 年度校级本科教学质量与教学改革工程项目（580320009）；2019 年度校级本科教学质量与教学改革工程项目（570320025）。

并执行，修订了课程教学目标，将教学目标与培养标准建立关联，重视对学生 12 项核心能力（IEET 工程认证是 8 项能力）的培养。该毕业设计（论文）开展情况如下。

2.1 毕业设计（论文）课程时间跨度为半年

建环专业毕业设计（论文）课程是在第 7 学期的第 12~14 周进行毕业设计选题，第 16 周完成开题，寒假和毕业实习期间不间断，第 8 学期返校时应完成毕业设计总任务的 1/4~1/3，4 月底（也就是中期检查时）要完成毕业设计的 1/2~2/3，第 8 学期第 12 周完成毕业设计全过程，时间跨度是半年。

2.2 毕业设计（论文）课题任务要求提高，并以团队形式进行

对于毕业设计的任务和课题要求，根据本专业毕业生就业主要面向南方地区的建筑设计院和施工设计单位，在毕业设计选题和任务上各专业老师达成以下共识：以夏热冬暖和夏热冬冷地区的供暖通风空调和建筑防排烟为主，空调面积在 2 万平方米以上，根据建筑功能特点考虑全年供暖空调需求，在方案选择中考虑全年负荷变化规律、当地能源供应情况以及气候特点和资源情况。在设计的合理性和先进性方面，还要考虑我国国情，进行经济产出分析，鼓励学生使用模拟软件，如 DeST、FLUENT、BIM 等。在课题任务的要求和完整性上参考 CAR-ASHRAE 设计竞赛的要求。在三届执行中，学生对课本中比较少接触的供暖问题、过渡季节节能运行问题、全年运行中空气处理方式的问题、方案的技术经济方法以及高效机房的设计理念、全年负荷计算的软件应用等都有了全新的认识，自主学习能力、对复杂问题的分析能力、对新技术的运用能力、对项目的技术经济分析能力都有前所未有的提高，也正因为团队形式使得复杂课题任务得以实现。

2.3 业界人士参与毕业设计的指导和评价

最近三届有 50% 左右的设计业界人士参与指导，2015—2018 届有 3-4 名设计院高工作为副指导老师，有 6 名左右的专家（设计院、制冷空调设备制造企业、空调机电施工安装企业等高工）参与毕业设计答辩；2016 届有 5 名专家（高校教授、设计院、制冷空调设备制造企业、空调机电施工安装企业高工）参与毕业答辩，并参与毕业设计答辩成绩的评定。

2.4 制定了毕业设计评价标准，引入以毕业生核心能力培养成效为目标的评价方式

毕业设计（论文）课程从两方面评价学生的学习效果：一是传统的以知识为评价目标的体系；二是以毕业生核心能力培养成效为目标的评价。

学生核心能力的评价部分与传统的评价相交，但不完全一致，由于能力的评价相对知识的评价更多元和立体，还有一定的主观因素，因此对毕业设计课程中学生核心能力的评价还处于初级阶段，后续需要进行研究，以建立一套可执行的科学的评价体系。

对于学校目前执行的三项评价，如指导老师评价、评阅教师评价、答辩过程评价，其都是单一分值，三项评价既与核心能力相关也不完全等同，专业根据三项的主要评价内容与核心能力进行关联，并且对三项评价建立量化准则，打通核心能力的评价与毕业设计作品质量、传统评价内容的关系。由于毕业设计以团队形式开展，所以指导老师、评阅老师和答辩过程成绩，均先对小组进行评价，然后再根据个人的表现进行评价，并且小组个人平均分等于小组分数，对于个人表现较差，即使小组评价良好，个人亦可能不及格。

3 毕业生核心能力达成分析

广东海洋大学毕业设计对应的核心能力共有 8 项，如表 1 所示，亦即对应所有核心能力。核心能力的评价包括毕业生在完成毕业设计后离开学校前的自评和教师对毕业设计所体现的核心能力的评价。

表 1　核心能力内涵

核心能力	内　涵
核心能力 1	运用数学、科学及工程知识的能力
核心能力 2	设计与执行实验，以及分析与解释数据的能力
核心能力 3	执行工程实务所需技术、技巧及使用现代工具的能力
核心能力 4	设计工程系统、组件或制程的能力
核心能力 5	项目管理（含经费规划）、有效沟通、领域整合与团队合作的能力
核心能力 6	发掘、分析、应用研究成果及因应复杂且整合性工程问题的能力
核心能力 7	认识时事议题，了解工程技术对环境、社会及全球的影响，并培养持续学习的习惯与能力
核心能力 8	理解及应用专业伦理，认知社会责任及尊重多元观点

毕业生核心能力的达成自评和教师对毕业设计核心能力的达成权重是一样的,如表 2 所示。学生个人总分是某项得分再乘以权重后所得。教师的评价是 100 分制,毕业生的自评采用核心能力的问卷调查获得,将具备核心能力的程度分为五级,分别是高、中上、中、中下和低,对应分值是 5~1。

表 2 是 2019—2021 届教师对毕业设计情况的学生核心能力评价的均值和毕业生的自评均值。为了更直观地了解这些数据反映的特点,对表 2 数值绘图,图 1 所示是毕业设计教师评价 2019—2021 届学生的核心能力平均值,图 2 是 2019—2021 届毕业生离校时对核心能力达成的自评平均值。

表 2　2019—2021 届毕业生核心能力评量

核心能力		1	2	3	4	5	6	7	8	总分
权重		10%	10%	20%	27%	10%	8%	5%	10%	1.0
毕业生自评	2019 届	3.94	3.87	3.78	3.73	3.81	3.55	3.76	3.97	3.79
	2020 届	3.68	3.67	3.75	3.46	3.58	3.54	3.74	3.88	3.64
	2021 届	3.89	3.92	3.88	3.83	3.91	3.8	3.87	4.11	3.89
教师对毕业设计的评价	2019 届	80.0	80.1	81.8	82.0	83.3	80.7	83.4	83.6	81.8
	2020 届	82.1	81.6	81.1	80.4	81.4	77.9	81.8	81.1	80.9
	2021 届	86.1	85.4	84.7	85.1	85.8	83.2	86.4	86.2	85.2

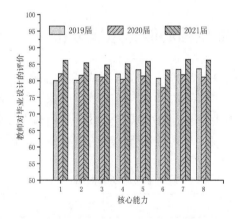

图 1　毕业设计核心能力教师的评价

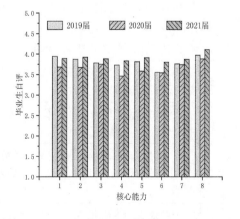

图 2　毕业生核心能力达成的自评

从图 2 可知,教师的评价值绝大多数处于 80~86 分,其中最低值是 2020 届的核心能力 6,为 77.9 分,核心能力 6 是“发掘、分析、应用研究成果及因应复杂且整合性工程问题的能力”,是专业能力中最高价的能力,相比其他能力,该能力的评价三届学生均比其他能力低,三届依次是 80.7、77.9 和 83.2,加权总分平均值依次是 81.8、80.9 和 85.2。

从图 3 可知,学生的自评数值绝大多数处于 3.5~4.0 分,即接近中上水平,最低值是 2020 届对于核心能力 4 的评价,是 3.46 分,核心能力 4 是“设计工程系统、组件或制程的能力”,其次是核心能力 6 (3.54 分),三届学生对核心能力 6 的自评总体来说亦略低于其他,2019 届和 2021 届均处于最低,数值是 3.55 和 3.80,加权总分平均值依次是 3.79、3.64 和 3.89。

结合图 2 和图 3 可知,教师和学生的评价趋势大致相同,2021 届学生的整体水平最高,而 2020 届最低。反思其原因,主要如下。

(1)2021 届学生是 2017 年入学,2017 年专业正式进入以工程认证要求来开展教学,该届学生采用的是以工程认证标准下设置的培养方案,所有专业课程重视核心能力的培养,并加大课程设计课程的数量和提高课程设计任务的要求,其围绕暖通空调及自动化、防排烟工程、建筑给排水的课程设计合计共 5 门,一般从学期初发布设计任务,每门课程设计持续时间一般在 6 周以上,中间多次检查、汇报和退修。2019 届和 2020 届采用的培养方案是 2013 年制定的，只有空调和建筑给排水 2 门课程设计，任务和要求比较简单。所以，2021 届的各项核心能力比前两届均有所提高。

（2）虽然 2019 届和 2020 届执行的是同一版培养方案，并且 2020 届所接受的教学改革比 2019 届更多，但相比 2019 届，2020 届核心能力无论是学生自评还是教师评价均更低。其主要原因是 2020 年春季由于疫情原因，该届学生全程在校外开展毕业设计，教师只能通过线上腾讯会议等方式指导，以团队开展的毕业设计亦只能在线上讨论，再加上疫情使得学生无法正常进行毕业实习环节，这些严重影响了毕业设计作品的水平以及学生核心能力的训练和培养，所以其核心能力的评价中，除教师对核心能力 1 和 2 评价略高于 2019 届外，其他均处于最低水平。

（3）2021 届学生在大三和大四期间不同程度受到疫情的影响，部分时间采取线上教学，但毕业设计期间除寒假外，全程在校，虽然在指导毕业设计时教师略感吃力，但由于毕业设计能线下指导、团队开展，学生之间可无障碍交流，再加上培养大纲的改革，最终使得核心能力达成比 2020 届要明显提高。

由此可见，课程体系的设置和教学目标改革对学生核心能力的达成非常重要，毕业设计线上指导和合作由于少了教师和学生面对面的交流，同样对毕业设计的作品质量和毕业生的核心能力达成有着不可忽视的负面影响。此外，通过这两项核心能力的评价情况能真实反映所支撑毕业设计课程的教学成效，为培养方案、课程大纲的修订以及教学的改革起到反馈和指导作用。

4　结语

毕业设计的学习非常重要。对于学生，毕业设计应具备整合大学所学知识、为大学学习做总结、反思大学学习成果和从大学过渡到下一阶段的职业生涯这四个功能。对于教师，通过毕业设计，应了解学生学习情况，验收学习成果，也给授课教师提供反思的机会，例如课程安排、教学方法与评价方式的适当性以及课程内容与核心能力的相关性改善课程的措施等。对于专业和学校毕业设计，提供了检查专业和学校核心能力培养的最好机会，学生整合大学所学，其所展现的成果正好可以作为学习成效的证据，而学习成果可成为专业进行课程规划和教学修正的依据。

以工程认证要求开展的毕业设计和对毕业设计后进行的核心能力评价，较好地完成了毕业设计所承载的功能和任务。从核心能力的评价结果可以看到，核心能力能较客观地反映真实学习成效，对完善课程设置、进行教学改革有着重要意义。

全程校外进行的毕业设计，尤其是以团队形式开展的毕业设计，对毕业设计的质量和核心能力的达成无疑会产生消极影响，虽然有许多课题对远程毕业设计存在的问题和组织实施进行了研究和探索[7-10]，但对于以团队形式、强调合作能力培养的毕业设计，应引起专业的关注和探究。

参考文献

[1] 董圆媛. 美国大学本科顶峰课程研究 [D]. 济南：山东大学，2015.

[2] 张佩华，WEISS W P，MIDLA L T，等. 美国高校总整课程（Capstone Courses）概况及启示 [J]. 中国农业教育，2014（5）：21-24

[3] 江燕涛，赵仕琦，杨艺. IEET 工程认证下建环专业课程体系和教学评价的探讨 [J]. 制冷，2018，37（3）：71-77

[4] 秦雄志，叶青. 影响远程开放教育工科毕业设计质量因素分析研究 [J]. 继续教育，2012，201（8）：31-33

[5] 刘小强，蒋喜锋. 质量战略下的课程改革：20 世纪 80 年代以来美国本科教育顶点课程的改革发展 [J]. 清华大学教育研究，2010，31（4）：69-76

[6] 卢晓东. 本科教育的重要组成部分：伯克利加州大学本科生科研 [J]. 高等理科教育，2000（5）：67-74

[7] 夏友桦，金友功，葛乐. 基于情感交互的毕业设计远程教学方法研究 [J]. 中国电力教育，2010，173（22）：136-137

[8] 杨晶晶. 现代远程开放教育本科毕业论文（设计）质量管理研究 [J]. 教育现代化，2018（9）：176-178

[9] 朱卫东. 教师在线指导毕业设计的引导作用研究 [J]. 继续教育，2013，217（12）：45-46

[10] 李平. 疫情防控背景下基于 Moon 的高职毕业（设计）论文指导实践探索 [J]. 现代商贸工业，2221（2）：145-146

"制冷压缩机"课程思政教学实践探索

宁静红,朱宗升,陈爱强,胡开永,严　雷

（天津市制冷技术重点实验室,天津商业大学,天津　300134）

摘　要：课程思政对学生构建生态文明世界观具有重大意义。本文通过对"制冷压缩机"进行课程思政的建设与探索,从课程思政总体思路、课程思政体系、课程建设措施等多方面出发,对教学内容、教学方法和课程考核进行优化和改革,有效地激励学生自主学习的热情,增强学生对"制冷压缩机"专业课程学习的获得感以及对我国制冷事业发展的自豪感和实现伟大"中国梦"的使命感,全力实现专业知识能力培养和课程思政教育同向同行。

关键词：制冷压缩机;课程思政;探索实践

1　引言

习近平总书记在全国高校思想政治工作会议上提出："要用好课堂教学这个主渠道,提升思想政治教育亲和力和针对性,使各类课程与思想政治理论课同向同行,形成协同效应"。[1-2]"立德树人"是中国教育的根本任务,课程思政则是实现这一任务的综合教育理念,构建全员、全程、全课程的育人格局[3]。2020年教育部印发的《高等学校课程思政建设指导纲要》提出,"课程思政"是高等院校践行立德育人的重要途径,是新时代高等院校专业课程建设的重要课题[4],将专业课与课程思政有机结合,打破传统课堂教学的时空限制,进行适应新形势、新任务的教学模式改革尤为重要。

"制冷压缩机"课程是天津商业大学能源与动力工程专业的核心课,课程涉及制冷行业领域的各种制冷压缩机的结构特点、工作原理、热力性能、运行耗能等知识,需经多元化教学资源的综合训练,使学生具备各种制冷压缩机的热力计算、结构认识的能力,熟悉制冷压缩机的选型计算要点,按冷冻冷藏领域用冷场合的实际需求,完成合理实用的制冷压缩机选型,具备应用所学知识解决工程实践中的具体问题的素质。因此,将"制冷压缩机"课程教学内容与思想政治教育有机结合,使思政知识点与课程专业知识的教学内容水乳交融,达到润物细无声的思政效果,对培养具有社会主义核心价值观的制冷行业科技人才,实现我国制冷科技强国战略具有十分重要的意义。课程组对在"制冷压缩机"课程中融入社会主义核心价值观、民族精神和时代精神,培养学生高尚的个人品德、正确的价值观和科学观方面进行了多方面的探索与实践。

2　课程建设发展历程

天津商业大学能源与动力工程专业的"制冷压缩机"课程始于1960年北京商学院制冷系的制冷专业,1980年随制冷专业转入天津商业大学(原名天津商学院),现隶属于天津商业大学机械工程学院的制冷及低温工程学科,是专业核心课程。经过多年努力,该课程在冷冻冷藏领域制冷系统方面形成了鲜明的特色。天津商业大学制冷及低温工程学科于1986年获得硕士学位授予权,1993年成为天津市重点发展学科,2006年成为天津市重点学科,2007年获批建立天津市制冷技术重点实验室。在此基础上,2008年热能与动力工程专业被教育部批准为第三批高等学校特色专业建设点,2009年批准成立冷冻冷藏技术教育部工程研究中心,同年获批成立热能与动力工程国家级实验教学示范中心。2011年热能与动力工程专业成为天津市品牌专业,2012年热能与动力工程专业获准天津市专业综合改革试点,2012年热能与动力工程专业获准卓越工

作者简介：宁静红(1964—),女,博士,教授。电话:18602665322。邮箱:ningjinghong@126.com。

基金项目：2022年天津商业大学课程思政建设项目。

程师人才培养实践教育中心，2013 年天津商业大学 - 烟台冰轮股份有限公司国家级工程实践教育中心成立，2015 年"制冷技术与装备"天津市虚拟仿真实验教学示范中心成立，2017 年能源与动力工程获批天津市优势特色专业，2020 年能源与动力工程专业获批天津市一流本科专业，2021 年能源与动力工程专业获批国家级一流本科专业。

3 课程思政的教学目标

该课程围绕制冷系统的核心设备——制冷压缩机，讲述目前各个行业领域制冷系统广泛应用的典型制冷压缩机的工作原理、结构特征、最新进展和实际案例。如图 1 所示，课程思政的教学目标如下。

图 1　课程思政的教学目标

3.1　知识传授

结合国家"碳达峰、碳中和"重大发展战略，传授各种制冷压缩机的结构特点、工作原理、热力性能、能量调节、安全运行、绿色环保、选型计算、适用场所等基础知识，使学生理解制冷系统的心脏——制冷压缩机作为主要耗能设备，其精益制造和大国工匠精神对提高热力性能、安全可靠运行、节能降耗、保护环境的重要性。

3.2　能力培养

激发学生的爱国情怀，通过制冷压缩机拆装、热力性能测试实验、实验实践场所的制冷压缩机测绘和虚拟运行仿真等培养学生的实践能力，结合现代冷冻冷藏制冷压缩机实际应用问题的分组思考、讨论、汇报等工作，锻炼学生的创新、组织、思辨、总结、演讲等能力。

3.3　价值塑造

以"爱国奉献、追求卓越"为指引，培养学生探索未知、追求真理、勇攀科学高峰的责任感和使命感，塑造正确的价值观；引导学生将专业知识与我国冷冻冷藏行业发展相结合，树立在未来工作中为中华民族的伟大复兴贡献自己力量的志向。

4 课程思政的教学内容

"制冷压缩机"是制冷系统的心脏，该课程是能源与动力工程专业（制冷方向）的专业核心课，教学内容蕴含诸多思政元素，在协同育人方面应发挥主阵地的作用。教学团队深入挖掘思政元素，用心设计教学案例，做到立德、树人。该课程章节与思政教育结合，内容有机融入思政教育，对应实现课程思政教学目标，如表 1 所示。

表 1　课程思政教学目标

章节	教学内容	思政要点与教学目标
第一章 绪论	（1）制冷压缩机的分类； （2）制冷压缩机的国内外发展	制冷压缩机在现代冷链物流制冷系统中的重要性、对国计民生的重要意义
第二章 容积型制冷压缩机的热力学基础	（1）理论循环与实际循环； （2）基本性能参数	构建制冷压缩机的安全保障控制体系责任重大，节约能源从我做起

续表

章节	教学内容	思政要点与教学目标
第三章 往复活塞式制冷压缩机	(1)往复活塞式制冷压缩机的基本结构; (2)工作原理及热力性能计算; (3)输气量调节与节能; (4)安全保护与可靠运行	学习老一辈制冷技术工作者艰苦奋斗、自主创新、开拓进取精神,开发具有自主知识产权的新型制冷压缩机组
第四章 滚动转子式制冷压缩机	(1)滚动转子式制冷压缩机的基本结构; (2)工作原理及热力性能计算; (3)结构形式与实际应用; (4)输气量调节与节能环保	家用空调和汽车空调小型制冷压缩机进行技术创新,需要耐得住寂寞,树立甘坐冷板凳的奉献精神
第五章 涡旋式制冷压缩机	(1)涡旋式制冷压缩机的基本结构; (2)工作原理及热力性能计算; (3)结构形式与实际应用; (4)输气量调节与节能环保	树立开拓创新意识,进行积极创新,通过自己的工作服务社会,培养科技兴国意识,理解科技强国梦
第六章 螺杆式制冷压缩机	(1)螺杆式制冷压缩机的基本结构; (2)工作原理及热力性能计算; (3)结构形式与实际应用; (4)输气量调节与节能环保	坚持独立自主的研发活动,培养大型国有企业的担当精神、创新精神、职业素养、开拓性思维,树立环保意识
第七章 离心式制冷压缩机	(1)离心式制冷压缩机的基本结构; (2)工作原理及热力性能计算; (3)结构形式与实际应用; (4)输气量调节与节能减排	树立为人民服务意识,践行大国工匠精神,把工作做到实处,脚踏实地,科技强国,科技兴国

4.1 弘扬爱国奉献精神

注重结合现代冷链物流制冷系统的发展,循循善诱地讲好相关章节内容。不能妄自菲薄,更不能崇洋媚外,强调关键技术要靠自力更生、不断探索、自主创新。使学生领悟到每项关键核心技术的突破,其背后都有一群默默为国奉献的科技工作者,铸就国家发展的中流砥柱和坚挺脊梁。

4.2 培养为人民服务意识

通过制冷压缩机应用知识的讲解,使学生理解制冷压缩机对于人民生活水平提高的重要性。通过冷链物流保鲜冷库、冷藏车、家用电冰箱、家用空调器、超市冷柜中制冷压缩机的实际案例,培养学生通过技术改进、提高能效,间接为人民服务的意识。

4.3 塑造真善美的人格

在课程教学中,有意识地融入"三观"教育,教学中渗透中华优秀传统文化,发挥教师的引领作用,在潜移默化中培养"三观",塑造学生真善美的人格。

4.4 树立开拓创新意识

制冷压缩机与制冷系统的运行性能紧密相关,对节能环保有着重要作用,在传授课程专业知识的同时,培养学生开拓创新思维,树立节能环保意识,提高职业素养,使学生意识到在平凡的工作岗位上也能对中华民族伟大复兴做出贡献。

4.5 践行大国工匠精神

通过对制冷压缩机实际应用的案例技术问题进行分析,强调精益求精的重要性,培养学生精益设计、注重细节、追求极致、艰苦奋斗、坚持不懈、提升技术水平、淡泊名利、心无旁骛,制冷工业报国。

五、课程思政的教学手段

通过课程讲授、课程讨论、课内实验和课外实践四个模块组织教学,利用产学合作、产教融合、科教协同、国际合作等手段,教学手段运用情况如下。

5.1 课程内容与实际结合

启发学生根据生源地环境和特色,分析农产品冷冻冷藏制冷系统的应用与运行工况,对制冷压缩机的结构形式的要求,使学生获得学有所用的成就感,激发学生的学习热情,培养学生的专业成就感以及专业兴趣。通过教学过程中的"互动""质疑"和"辩论",提高学生综合运用专业知识分析问题、解决问题的能力,有效提升课程教学效果。

5.2 场景化与多元化教学

突破课堂教学限制,分别以国有企业、大型外资、军工企业为载体培养学生为人民服务意识、创新创业能力、爱国奉献精神和专业知识报国荣誉感。

案例化实施授课,通过制冷行业大型氨制冷系统制冷压缩机、超市组合复叠制冷系统的丙烷和二氧化碳制冷压缩机等典型案例,对思想政治、产品研发能力、创新创业能力进行有机融合,使学生通过剖析行业典型案例理解掌握课程内容。

5.3　产学合作协同教学

从传授知识到答疑解惑,引领指导学生掌握终身学习和快速适应社会变化的能力,加强课程组教师的能力提升。根据实时授课条件,邀请国内外著名学者以及中国制冷学会、中国制冷空调工业协会、

丹佛斯中国有限公司、烟台冰轮环境股份有限公司、大连冰山集团有限公司、无锡约克有限公司、福建雪人有限公司等校外导师走进课堂,根据课程内容上课,实现人才培养与产业需求的无缝对接。

6　课程思政建设思路

该课程融入思政教育的创新做法和探索如图2所示。

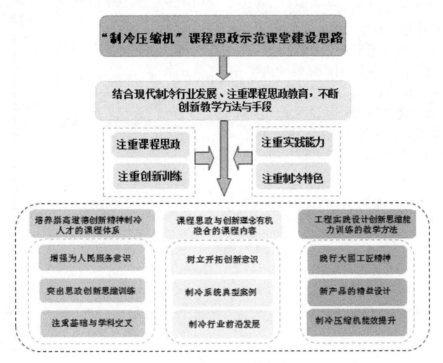

图2　课程思政建设思路

6.1　课程体系的基础性和交叉性

"制冷压缩机"涉及机械制造、工程热物理、制冷及低温等多个学科,技术发展很快,但是基本工作原理没有变化,如制冷压缩机压缩过程的热力学、传热学、流体力学的理论,零部件可靠性、运行性能、能量调节等基本理论。该课程基于基本理论增加相关学科专业知识,增强学生对技术发展的历史、脉络的理解,从而促进学生创新思维的发展。

6.2　课程内容思政教育案例化

通过该课程对思想政治教育、专业研发能力、创新创业能力进行有机融合,使学生具备未来发展所需要的多方面素质能力。对教学内容进行分解,筛选制冷行业冷冻冷藏领域的典型案例,对抽象的教学内容进行教学展示,使学生通过剖析行业内制冷系统、制冷装置中制冷压缩机的典型案例,理解掌握

课程内容。

6.3　课程内容的时代性和动态性

制冷压缩机是制冷行业冷冻冷藏领域的核心技术,涉及产品研发、结构设计、零部件加工、性能测试与运行维护等多个环节,是制冷系统运行能耗和环境影响的重要因素,随着学科的快速发展,课程内容结合当今的冷冻冷藏新技术随时更新,引导学生的创新精神,结合教师科研项目,将相关的最新前沿知识传授给学生。特别是结合当前文化精神要求,将道路自信、理论自信、制度自信、文化自信潜移默化地融于课程教学,达到润物细无声的育人效果。

6.4　教学方法的实践性和多样性

完善线下各种制冷压缩机的拆装、测试实践教学平台,建立线上名师讲堂以及制冷压缩机虚拟拆装、运行性能测试仿真的混合教学资源,通过"名

人、名师、名企"进入课堂和学生亲临其境的虚拟拆装和运行模拟,实现"互动""质疑"和"辩论"的多元教学模式。

7　结语

我国进入生态文明和高质量发展的新时代,迫切需要高等教育事业开创新局面,课程思政实现高等教育全过程、全方位育人,培养高质量合格人才,专业课程内容与课程思政有机结合,应多渠道整合资源,进行教学模式改革与创新,切实将课程思政教书育人贯彻于课程教学、学生学习的方方面面,提升课程思政教学效果,以适应新形势下课程思政的新需求。"制冷压缩机"课程在课程体系、教学内容、教学模式、实践训练、案例设计等方面进行多元化的打造,以及课程思政的建设与探索,从课程思政总体思路、建立思想、建设措施等多方面出发,提出科学设置思政主线,对教学内容、教学方法和课程考核进

行优化和改革,建立课程思政体系,健全课程思政目标,有效激励学生自主学习的热情,增强学生对"制冷压缩机"课程学习的获得感以及对我国制冷事业发展的自豪感和实现伟大"中国梦"的使命感,全力实现专业知识和课程思政教育同向同行,为党和国家培养具有良好思想政治觉悟、有责任、有担当、爱岗敬业、服务社会的高质量制冷专业人才。

参考文献

[1]　习近平在全国高校思想政治工作会议上强调:把思想政治工作贯穿教育教学全过程开创我国高等教育事业发展新局面 [N]. 人民日报,2016-12-09.
[2]　陈权. 高校思政教育课程思政研究 [J]. 中国成人教育，2021，15:41-45.
[3]　浦玉学,许海燕,胡宗军."理论力学"课程思政实践与探索 [J]. 教育教学论坛,2021,2:105-108.
[4]　王丽,翟明,付平,等. 分享式"课程思政"教学模式构建与应用:以新能源及可再生资源为例 [J]. 教育进展, 2022,12(2):431-435.

"工程师职业道德与责任"课程创新创业培养探索与实践

宁静红,陈爱强,胡开永,严　雷,梁　强

(天津市制冷重点实验室,天津商业大学机械工程学院,天津　300134)

摘　要:在新经济和新工科建设背景下,能源与动力工程专业(制冷方向)人才培养面临新的挑战。秉承立足京津冀、面向全国,为党和国家培养具有扎实专业知识和崇高职业道德的制冷领域人才,实现立德树人的根本教育目标,课程组对天津商业大学机械工程学院能源与动力工程专业(制冷方向)本科"工程师职业道德与责任"课程进行了创新创业培养的探索与实践,对该课程体系、教学内容和教学方法进行了改革,立足创新创业教育可持续发展,多元化、全场景、全过程和全方位协同育人,思创融合,将其构筑为高质量制冷专业人才培养的牢固基石,满足党和国家对制冷专业人才的需求。

关键词:工程师;职业道德与责任;创新创业;探索与实践

1　引言

随着当代科技的飞速发展,各个行业领域的技术、知识的更新速度越来越快,许多国家开始调整发展战略,重视教育的创新和发展,在经济社会转型与发展中,创新成为最重要的力量源泉,可帮助行业企业在国际竞争中立于不败地位。同时,经济社会的发展和企业转型也需要有创新创业人才作为支撑,只有全面强化人才培养质量,增强人才输送质量,才可进一步提升高等教育在创新和发展中的水平,不断通过创新型人才强化国家的综合国力。在经济发展新常态背景下,对国家创新能力和水平提出了全面的发展要求,创新已是推动社会结构转型发展、提升核心竞争力的重要引擎。随着高等教育不断改革发展,传统人才培养体系受到冲击。高校需提升对高等教育内涵式发展工作的认知,以创新创业教育为出发点,抓住教育的突破口,对以往人才培养的短板进行有效弥补,造就和培养出更多符合时代发展的创新创业人才[1-3]。

在"大众创业、万众创新"的新时期国家战略发展规划下,需要高等学校加强大学生创新创业能力的培养,将创新创业教育和改革贯穿人才培养的全过程[4]。以塑造大学生创新精神为核心、传授创业知识为基础、锻炼创业能力为关键是高校创新创业教育课程体系建设的三大主要目标。开展创新创业教育课程体系建设是实现创业带动就业、促进高校充分就业的重要举措,更是为国家创新驱动发展战略培养创新型人才的重要渠道[5]。创新创业教育和课程人才培养体系的深度融合,构建课程知识与学生行动相辅相成的教学模式,使学生在课程教学、自主学习、实践探究中提升学习效果,将创新创业教育纳入专业人才培养,对培养学生创业和未来就业的能力,以及提升人才综合竞争实力具有重要的意义。

2　"工程师职业道德与责任"课程建设历程

天津商业大学"依商而建,因商而兴",能源与动力工程专业(制冷方向)是建校之初设立的4个专业之一。"工程师职业道德与责任"是本专业对学生进行思想教育,实践立德树人的核心专业课。在新经济和新工科建设背景下,能源与动力工程专业(制冷方向)人才培养面临新的挑战,需要不断对该课程进行改革,将其构筑为高质量制冷专业人才

作者简介:宁静红(1964—),女,博士,教授。电话:18602665322。邮箱:ningjinghong@126.com。

基金项目:2021年高等学校能源动力类教学研究与实践一般项目(NSJZW2021Y-65);2019年天津市社会实践一流课程;2022年天津市创新创业教育特色示范课程。

培养的牢固基石,满足党和国家对制冷专业人才的需求。秉承立足京津冀、面向全国,为党和国家培养具有扎实专业知识和崇高职业道德的制冷领域人才,实现立德树人的根本教育目标,本课程可分为三个建设时期。(图1)

2.1 萌芽准备阶段

我校能源与动力工程专业始于1956年,是我国最早设立的服务于制冷领域的专业之一。工程师安全设计、工程伦理、商业素养等要素以理论教学方式始终贯穿于"冷库建筑""冷冻冷藏工艺"等核心课程的教学过程。

2.2 积淀成形阶段

1990—2010年,工程师职业责任、创新设计、商

业道德等内容纳入"商用制冷装置""制冷装置设计"课程,并形成部分内容在企业社会实践,提升学生创新意识、责任担当的教学模式。

2.3 特色发展阶段

自2011年开始,整合各课程中的职业担当、道德责任、创新研发、创业素养等知识模块,独立设置"工程师职业道德与责任",实现依托于制冷行业的"思创融合"教育,开创了本专业以社会实践进行创新创业能力和职业道德教育的先河。2019年,本课程获批天津市社会实践一流课程;2022年,本课程获批天津市创新创业教育特色示范课程。

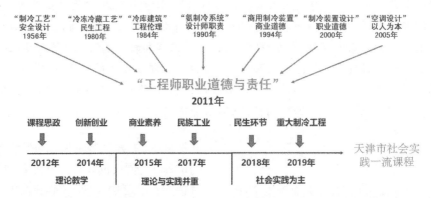

图1　课程建设发展历程

本课程内容贯穿于我校能源与动力工程专业的整个发展历程,不同历史阶段授课班级一般为4~5个,年授课人数为120左右,已培育2 000多名毕业生,近300人成为制冷行业企业的掌舵者,其中85%成为制冷行业的中坚力量。

为保持课程与行业贴近度、强化创新创业能力,教学团队联合天津商业大学微渡众创空间、烟台冰轮股份有限公司、华商国际工程有限公司、天津天商酷凌科技有限公司、天津二商迎宾肉类食品有限公司等5家企业共建本课程,提供课程实践场地及专

业讲解,由10余名企业高级专家针对典型研发、创新设计、创业案例与学生交流,提升学生的创新意识,培养学生的创新创业能力。每年聘请3 ~ 5位行业专家进课堂,进行重大制冷装备创新研发、创新创业典型案例报告,以实际工程和产品研发案例对学生进行创新思维训练。将本课程与"天商制冷大讲堂"活动关联,充分发挥校外导师库和校外资源,发挥第二课堂的补充作用。(图2)

图2　本课程与烟台冰轮股份有限公司、华商国际工程有限公司共建活动

3　课程创新创业教育目标

依托制冷行业对学生进行思想教育,培养学生的创新创业能力,实现立德树人的课程目标。创新创业教育是课程"思创融合"教育核心模块,具体目标如下。(图3)

(1)基础理论知识层面:理解创新创业基本理论,培养具有创新创业意识的复合型制冷人才;使学生掌握制冷工程师的内涵、职业道德责任与创新创业素养,熟悉制冷领域的创新创业技巧和创业基本流程,理解制冷工程师应具备的创新创业能力。

(2)创新创业能力方面:践行创新创业理论知识,内化创新创业能力。通过创新设计制冷产品、创新创业项目申报、制冷空调大赛等多元化的社会实践活动,将创新创业知识内化为实际创新创业能力,提升制冷和商业双层面创新意识和能力。

(3)价值塑造层面:创新精神铸就制冷强国,创业活动服务美好生活。优秀校友创新创业经历和职业道德事迹,将塑造创新创业精神、为人民服务意识与工程师职业道德和责任协同培养,实现"思创融合",让学生感受创新创业价值和奉献精神,深刻体会制冷行业创新创业精神与工程师的职责使命。

图3　学生创新创业获奖

经过多年实践,本课程在创新创业教育方面取得了良好效果,教育目标达成情况如下。(图4、图5)

(1)每年均有学生获天津市优秀毕业设计,80%以上学生参加制冷创新、节能减排、互联网+大学生创新创业大赛,近5年获省部级以上奖励100多项,其中国家级20多项;50%以上学生积极参与教师科研活动,发表论文50多篇,申请专利60多项。

(2)在校生先后依托天商微渡成功创立10余家公司,其中天商酷凌科技有限公司被认定为国家高新技术企业,与30家省级血液中心、京东冷链、海底捞等企业达成长期战略合作,成为行业引领者。校友先后创立天加、维克、冰源、铭星等20余家制冷企业,解决大量就业问题,为社会发展做出重要贡献。

(3)毕业优秀校友在烟台冰轮、大连冰山、格力、海尔等制冷企业担任研发要职,研发制冷装备,推动制冷行业技术进步;完成三大冬奥会场馆的制冷系统创新设计,实现冰雪产业装备自主创新;引领医用空调系统研发,研创多种军用制冷装备,为国家重大工程建设做出突出贡献。

图4　学生创立企业获高新技术企业认证

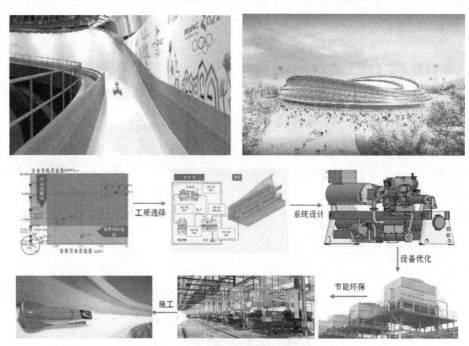

图 5　毕业生创新设计奥运场馆制冷系统

4　课程应用与建设

4.1　应用推广情况

教学团队将课题内容、教学理念和教学体系在我院建环、新能源和包装工程等专业进行推广,兄弟专业对其进行了深度借鉴,学生参加创新创业比赛、教师科研活动人次提高了 40% 以上,获批天津市社会实践一流课程,国家教指委教改项目 1 项、校级 3 项。国内知名设计院和企业也将该课程的教学内容和教学理念作为部分入职培训资料,在社会上产生了广泛的影响力。(图 6)

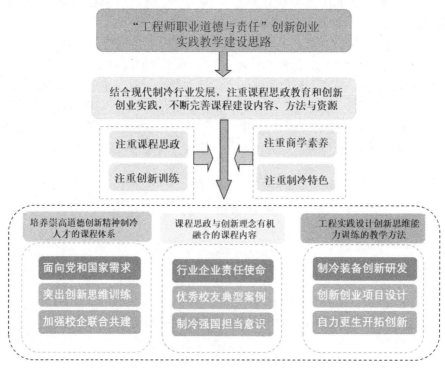

图 6　课程创新创业实践教学建设思路

4.2 课程总体建设

（1）价值观塑造：面向党和国家的人才需求加快教学内容迭代，"思创融合"与时俱进。根据党和国家在制冷行业的人才需求，对制冷装备研发、系统创新设计、创新创业项目等案例进行末位淘汰，制度化保证教学内容与时俱进，保证课程紧跟时代发展快速迭代，融合社会主义核心价值观、创新创业、商学素养、工程师综合素养等要素，以优秀毕业校友为榜样，树立"制冷强国"的使命担当意识。

（2）教学方法与理念：将互联网思维引入实践教学环节，"思创融合"教学过程动态优化，教学环节标准化和数字化。着眼行业、社会环境及学生特点变化，引入互联网思维，不断更新、动态优化教学方法，打造与外部环境和教学过程的参与方联动的动态教学模式，实时复盘和不断迭代教学过程中发现的问题。标准化和数字化教学环节，减少课程对教师、教学平台的依赖，提高课程建设成果的可复制性和推广性。

5 课程的创新点、特色与亮点

为达到教学目的，课程在教学内容、教学方法、教学资源建设等方面进行改革创新。

5.1 创新点

5.1.1 将创新创业教育内嵌于工程师职业道德教育，实现"思创融合"

该课程内容分为理论和实践两大层面（见表1），深度融合创新创业能力、意识教育和为人民服务意识、担当奉献精神、工程与商业道德等思政教育。

表1 该课程理论与实践内容

层面	环节	内容和方法	
理论	创新创业基本概念、职业道德要求	课程基础知识的教师讲授和学生自主学习	
实践	创新创业实践	创新创业项目计划书	学生独立完成作品立意、方案设计撰写和作品展示
	创业素养与商业道德	学生选定主题进行商业方案撰写和路演	国家级众创空间——天商微渡创业实例
	民生保障	校外实践基地进行实践训练	学生以调研、参与设计的方式实践

5.1.2 教学以社会实践为主，打造沉浸体验式"思创融合"教学模式

以社会实践为主开展教学，75%课时为社会实践，以各类竞赛、教师科研项目、国有企业、民营企业等为载体，将抽象的工程师职业道德、创新创业能力培养具象化。（图7、图8）

图7 创新创业实践项目书撰写训练

5.1.3 深植于制冷行业，以身边的"人和事"讲述"思创故事"

建立校内、校外师资库，主要由制冷行业高层领导、技术专家构成；建立线下和线上教学资源库，实现优势资源整合；围绕课程实践内容建立华商国际、冰轮环境、天加等校外实践基地和天商微渡校内实践基地。以实际工程案例丰富课程教学内容，以项目运营案例为依托对学生进行商业思维训练。（图9）

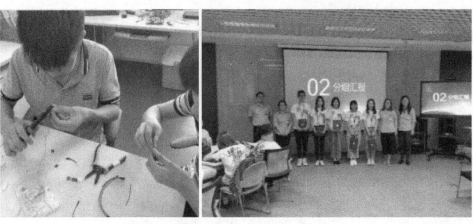

图8 企业参与创新创业训练成果汇报活动

图9 华商国际总工讲述创新案例——"天商制冷与奥运冰雪的不解之缘"

5.2 课程特色

（1）聚焦制冷行业，紧跟学科发展前沿，依托行业背景、党和国家的人才需求，将课程构筑为高质量制冷专业人才培养的基石。

（2）以社会实践为主进行职业道德与责任教育，深度结合理论学习与社会实践进行浸润式教学，注重创新思维和实践能力的培养。

（3）结合学校特色和发展定位，将"商学素养"融入工程师职业道德与责任教育，培养具有创新精神、良好商业道德的制冷人才。

6 结语

高校是培养各个行业领域创新型人才的主力军，深化创新创业教育改革是各个专业发展的趋势，将创新创业教育与专业学科融合发展，培养出更多的创新型专业人才。通过对能源与动力工程专业（制冷方向）大学生"工程师职业道德与责任"课程创新创业培养的探索与实践，立足创新创业教育可持续发展，将立德树人作为教育教学根本任务，多元化、全场景、全过程和全方位协同育人，思创融合，优化课程的创新创业教育，改革课程教学模式，将思政元素融入课程教育教学以及评价体系，引导学生关注行业发展并创新求变，增强学生的创新精神、创业意识，鼓励学生发挥专业所长服务社会，培养学生适应社会变化的能力，成为能干事创业、敢于担当的高素质人才，为培养德才兼备的高素质社会主义合格建设者和可靠接班人提供强有力的保障。

参考文献

[1] 于强,蒋爱军,王岩琴. 融入创新创业教育的应用型本科人才培养模式研究 [J]. 河北农业大学学报(社会科学版),2019,21(6):14-19.

[2] 肖蓉,杨小燕. 融创新创业于专业教育的人才培养体系构建 [J]. 大学教育,2019(9):146-148,158.

[3] 王栓强,王琛,曹静,等. 应用型地方院校将创新创业教育融入人才培养途径的研究 [J]. 教育现代化,2019,6(63):4-6.

[4] 张强,刘丹,夏昕,等. 优化创新创业教育改革人才培养模式:以材料科学与工程专业为例 [J]. 高教学刊,2022(9):51-54.

[5] 申双花. 地方性高校创新创业教育课程体系建设的现实矛盾与提升路径 [J]. 教育与职业,2022(4):79-83.

"建筑环境检测"的生动课堂教学探讨——"电影点评"

邓　娜[1]，王书琪[2]，董胜明[3]，贺佳宁[1]，牛宝联[2]

（1. 天津大学环境科学与工程学院，天津　300073；2. 南京师范大学能源与机械工程学院，南京　210046；
3. 天津商业大学环境科学与工程学院，天津　300133）

摘　要：“建筑环境检测”是建筑环境与能源应用工程专业本科生的专业基础课。本文介绍了一种创设生动课堂的趣味性教学方法，通过布置团队作业汇报的形式，将“电影点评”应用于“建筑环境检测”课程教学实践中。基于耶克斯-多得森定理和“心流”效应，寓知识于简单任务，激发学生对知识的学习兴趣，结合电影点评，主动回顾、复习、分析知识点，达到提高课堂生动教学效果的目的，为专业课程兴趣驱动教学改革提供了新思路。

关键词：建筑环境检测；生动课堂；趣味教学

1　引言

“建筑环境检测”是建筑环境与能源应用工程专业本科生的专业基础课程[1]。本课程任务是培养学生常用参数的测试理论、测试方法和测试技能，使学生具备本专业测试方案设计、数据处理分析的基本能力，具有显著的工科特色。目前，大多数“建筑环境检测”课程的授课方式仍以传统“注入式”讲授教学法为主[2]，因此学生学习积极性不高，存在内容理解不深、死记硬背、教学效果不佳的现象。近年来，随着建筑环境、能源供应与需求、可再生能源系统、传感器等的发展，课程内容与能源、环境、碳中和、智慧生活等普适性问题和热点密切相关，在今后的科学研究和社会服务等专业工程领域中占有重要地位[3]。因此，进行教学内容升级、教学模式改进，结合产业创新需求，培养学生灵活运用知识的能力成为重要课题。基于此，激发学生学习兴趣，进行主动性学习，由“去教”转变为“来学”，是学生适应变化、能力培养的重要前提[4]。

从现代教育心理学角度来看，只有当学生对学习内容产生浓厚兴趣时，才能调动学习热情。据此，刘春元[5]提出采取传统教学与多媒体教学相结合的手段，改变灌输式的教育模式，采用启发式、讨论

式、工学结合等多种教学方法，促进学生主动学习。史新立和张瑶[6]提出将问题引导法、多媒体课件演示教学法、举例法应用到课程改革中。门玉葵等[3]提出在课程中融入项目式教学方法，让学生主动学习、自主探究问题和解决问题。郭思宇等[7]提出利用“线上＋线下”打造混合式教学课程改革，适应信息化时代学习模式，节约线下授课时间，增加学习难度，引导学生多读书、多思考。本文将探讨一种“建筑环境检测”课堂的趣味性教学方法——布置小组任务，团队合作，学生搜集电影等影像资料中的测量实例，进行分组“电影点评”汇报展示，教师对汇报进行点评分析。

2　理论基础

心理学家耶克斯（R.M.Yerkes）与多得森（J.D. Dodson）曾开展关于动机强度、学习难度和工作效率的关系研究，提出了耶克斯-多得森定律。该定律表明动机强度与学习效率之间的关系不是线性关系而是倒 U 形的曲线关系，动机的最佳水平随任务的性质不同而不同：在比较简单的任务中，工作效率随动机的提高而上升；而随着任务难度的增加，动机的最佳水平有逐渐下降的趋势[8]。而心理学家米哈里·齐克森米哈里（Mihaly Csikszentmihalyi）首次提出心流这一概念，心流（flow）也被称为最优体验（optimal experience），指人们的身体或精神沉浸在

作者简介：邓娜（1978—），女，博士，副教授，研究方向为生物质能源、中低温余热利用、建筑综合能源。地址：天津市津南区海河教育园区雅观路135号天津大学。电话：13920024082。邮箱：denglouna@tju.edu.cn。
基金项目：天津大学环境学院“建筑环境检测”课程思政建设项目。

当下着手的某件事情或某个目标时,全神贯注、全情投入并享受其中而体验到的一种精神状态[9]。耶克斯 - 多得森定律和心流理论给予"建筑环境检测"课程的教学内容和教学方法以启示:通过把握学习任务,利用合适的任务激发学生对于课程知识的兴趣,循序渐进地激发学生学习的动机,形成良好的学习氛围,达到教学目的。

在杜威实验哲学基础上,体验式学习可以定义为"一种通过检验转化来进行知识创造的过程,知识来源于对体验的理解和转化"[10]。Moskovich 和 Sharf[11]认为,电影是一种解读认知和情感的有趣的方式,把电影内容与社会科学中的概念和理论连接起来,能够培养学生分析、综合和批判的能力。

因此,将观看电影作为一项任务,在满足学生娱乐活动的同时,也极大地激发了学生对于课程知识的兴趣,以轻松的心态去学习知识,全身心地投入并享受,而带着目的去观看电影,能够捕捉到电影中更多的细节,加深学生对于电影内容的认知和专业知识的巩固。

3 "电影点评"团队作业教学探讨

3.1 教学设计

"电影点评"团队作业任务的发布,包含课程初期布置、中期提醒、后期验收作业三个阶段,明确作业形式、内容和考核方式。

(1)作业实现的目标:以培养学生文献检索、知识灵活运用、综合分析、团队合作、沟通交流等能力为目的。通过课堂教学、任务布置、成果验收,让学生掌握基础知识,并熟练运用。激发学生课程学习的兴趣。在整个教学过程中,学生真正做到自主学习,主动发现问题、解决问题。

(2)作业的形式:采用班内自由分组、小组汇报的形式。天津大学环境学院建筑环境与能源应用工程专业 2020 级共 43 人,5~7 人为一小组,共分为 8 个小组,学生搜集电影、纪录片等影视资料中与测量温度、湿度、压力、物位、流速及流量、热流等参数相关的片段,片段中应展示测量的方法和仪器及参数的数据,并制作 PPT,上课时进行分组汇报。

(3)作业的内容:围绕教学目的,教师布置问题,让学生在作业过程和展示中进行思考和讨论。讨论的主线为测量参数、使用的仪表和测量方法、测量的原理、应用场景和应用条件、误差分析、整体方案设计等是否有不合理之处。

(4)作业的考核:综合小组 PPT 汇报是否超时、PPT 内容、汇报表现、讨论活跃情况,由老师和其他组学生进行公平、公正、客观地打分。

学生执行作业任务:老师布置团队任务后,学生首先根据自身兴趣、想法等因素寻找自己的小组伙伴,组队完成后,组内每位成员一致选举一位组长,由组长分配组员工作,即 2~3 人完成电影中有关片段的截取,突出知识点,将汇总后的材料交给组长,再由 1~2 人负责检索文献,进行知识面的拓展,完成汇总,并将材料交给组长,最后根据小组成员收集整理的资料,有 1~2 人完成 PPT 制作和汇报工作。

教学任务设计框架如图 1 所示。

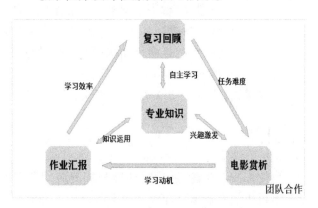

图 1　教学任务设计框架图

3.2 教学实例分析

以下案例为学生的作业介绍。学生分组汇报,介绍测量实例中的测量方案、仪器仪表、测量精度、应用场景和应用条件,并解释原理。

3.2.1 《名侦探柯南》的片段点评

(1)电影场景实例介绍:在温度测量部分,学生选取了《名侦探柯南》的片段,黑衣组织干部基安蒂为了看到贴有黑车窗膜的车内的情况,使用了红外线热像仪,测量结果为车内九人的热成像图。

(2)知识点回顾与拓展:红外线热像仪是根据普朗克定律进行温度测量的,任何物体只要其温度高于绝对零度,就会因为分子的热运动而辐射红外线,物体发出的红外辐射能量与物体绝对温度的四次方成正比,通过红外探测仪将物体辐射的功率信号转换成电信号后,该信号经过放大器和信号处理,电路按照仪器内部的算法和目标辐射率矫正后转变为被测目标的温度值。

(3)课堂讨论:分析电影细节,得出结果,即行驶中的汽车发动机、汽车电器也应该会在热成像图上显示出来,而不仅是车内人的热成像结果,这就是该测量结果的不合理处。

（4）老师点评:学生理解了红外热成像的原理,并能灵活运用,指出电影片段中的不合理处。

3.2.2 《我的祖国》的案例

（1）电影场景实例介绍:在测量方案设计方面,《我与我的祖国》之《前夜》讲述了1949年10月1日开国大典前夜,天安门广场旗杆设计安装者林治远(黄渤饰)等人争分夺秒,克服重重困难,保障开国大典上我国第一面五星红旗顺利升起的故事。影片中为了保证开国大典时电动旗杆的准时启动,林治远等人通过实地测量广场构造,构建了一个3:1缩小的模型,实际模拟了升旗中可能遇上的各种阻力因素,最终准时运行了电动旗杆。

（2）知识点回顾与拓展:片段中林治远利用相似理论进行了模型等精度测量,得到可靠的测量结果。等精度测量是在保持测量条件不变的情况下对同一被测量进行的多次测量。

（3）课堂讨论:分析电影细节,得出结果,即影响和决定误差大小的全部因素(条件)始终保持不变,因此一般情况下只能近似认为是等精度测量。这也是在影片中林治远在不停地强调细节、细节还是细节的关键所在。

（4）老师点评:第一,在实际中难以实现大型试验条件时,可以进行模型测量;第二,为了降低误差,强调测量细节,即实现等精度测量条件,得到的数据更为可靠,再引申出测量值中的系统误差、随机误差和粗大误差等。

3.2.3 其他案例

学生还提出电影《碟中谍》中使用了集成型传感器测温的方法。电影中应用温度传感器进行测温报警,如果有未授权者进入房间,只要让温度升高1 ℃,就会触发警报。集成型传感器通过极小的半导体芯片将温度敏感器件、信号放大电路、温度补偿电路、基准电源电路集成为一体,具有线性度好、灵敏度高、输出信号大和规范化、标准化的优点。

还有《军事纪实》节目中测量流速的实例、《阿波罗13号》中压力表测量太空舱内压力的片段、《机器人总动员》中机器人具有视觉感知功能等,每组汇报结束后老师都进行点评、强调和补充,对其中不合理的地方进行探讨,通过启发式教育启发学生在观摩中观察、在观察中思考、在思考中领悟、在领悟中学会应用。

4 "电影点评"团队作业的效果评价

"电影点评"团队作业降低了任务难度,提高了学生在课堂上的获得感,抓住并保持学生兴趣,让学生对知识的记忆更为深刻。同时,自身的参与提高了学生对任务的认同,小组活动增加了课程的新颖性,有助于提高学生的学习兴趣。

采用以看电影为任务的小组作业形式后,课堂活跃度提高,参与话题讨论的积极性明显增强,课堂的出勤率达到100%,学生学习的主动性和学习效率得以提高。

摘录部分学生评价:"通过电影的方式学习测量知识,使枯燥的理论变得更加直观,如果课堂上单纯讲测量知识,肯定没有拿电影为例具体去分析让人记忆深刻","在听小组汇报的同时,寻找老师提出来的各个问题,带着问题去看电影片段,同时更加深入地了解建筑环境测试技术的意义,测量无处不在","通过电影的学习可以让学习变得更加生动、易于理解"。

5 结语

（1）本文探讨了一种创设生动课堂的趣味性教学方法,通过布置团队作业汇报的形式,将"电影点评"应用于"建筑环境检测"课程教学实践中,取得了不错的效果,提高了学生学习的积极性。

（2）基于耶克斯 - 多得森定理和"心流"效应,寓知识于简单任务,激发学生对知识的学习兴趣。

（3）结合电影点评,主动回顾、复习、分析知识点,达到提高课堂生动教学效果的目的,为专业课程兴趣驱动教学改革提供了新思路。

（4）在完成老师布置的电影赏析、作业汇报任务过程中,学生可以进行知识回顾、知识内化,真正实现了学生的自主、自发学习。

参考文献

[1] 方修睦. 建筑环境测试技术 [M]. 北京:中国建筑工业出版社,2016.
[2] 邓娜. 建筑环境测试技术激励型创新教学方法 [J]. 环球市场, 2017（6）:89.
[3] 门玉葵,宋小鹏,崔佳."建筑环境测试技术"教学探索:针对桂林航天工业学院应用型本科层次教改的思考 [J]. 当代教育实践与教学研究,2019(18):61-62.
[4] 姚利民. 有效教学研究 [D]. 上海:华东师范大学,2004.
[5] 刘春元. 建筑环境与能源应用工程专业建筑环境测试技术课程教学改革探索 [J]. 教育教学论坛,2017(22):117-118.
[6] 史新立,张瑶. 建筑环境测试技术课程改革的探索与研究 [J]. 教育

教学论坛,2019(5):101-102.

[7] 郭思宇,任秀宏,谈莹莹. 基于混合式教学的"建筑环境测试技术"教学改革研究 [J]. 制冷与空调(四川),2021,35(6):933-936.

[8] 李伟伟,柳欣,李香英,等. 学习动机理论指导下的数据结构课程问题驱动教学 [J]. 计算机时代,2021(8):124-126,132.

[9] 郑静. 基于沉浸理论的成本会计课程教学改革方案探索 [J]. 才智,2022(14):75-78.

[10] 孙黎,邹波. 电影教学作为大学创业教育的一种有效方法:理论与实例 [J]. 高教学刊,2021(7):35-39.

[11] MOSKOVICH Y, SHARF S. Using films as a tool for active learning in teaching sociology[J]. Journal of effective teaching, 2012, 12(1):53-63.

建筑环境专业用通风过滤元件性能测试平台建设与性能分析

李艳菊，柴鹏昌，王　宇，李　军，成泽林，屠洪鑫

（天津城建大学能源与安全工程学院，天津　300384）

摘　要：建筑环境领域中通风过滤元件是保证室内环境质量的主要设备和手段，为检测空调通风系统及其他空气净化装置用通风过滤元件的实际性能，搭建了性能测试实验系统，并测试了一般通风用空气过滤器参数。实验台性能如下：测试段空气压降为 0 Pa，风速均匀性变异系数最大为 8.13%，气溶胶浓度均匀性变异系数最大为 14.1%，气溶胶浓度稳定性变异系数为 6.83%，均满足国家标准实验要求，可为通风过滤元件及其他空气净化装置的性能测试提供科学可靠的依据，为建筑环境专业本科生和研究生提供教学及科研平台。

关键词：空气过滤器；平台建设；性能测试；变异系数

1　引言

近两年，室外大气环境污染日趋严重，雾霾已经成为威胁京津冀区域发展的重要环境因素，室内外空气污染治理成为我国环境治理领域重点关注的问题[1-3]。空气过滤系统可保护样品和环境，同时保护人员。通风过滤元件应用的范围越来越广，例如住宅楼、商业办公楼、工业建筑等内部空调系统都需要进行空气过滤[4-5]。为了净化室内环境，越来越多的人选择空气净化器和其他空气净化设备[6]。通过实验研究确定空气净化器净化处理能力[7]。通风及空气净化是目前建筑环境与能源应用工程专业的热点研究内容和重要关注点，开展通风净化设备关键部件过滤性能测试等方面的教学和科学研究迫切而必要。

目前，国内通风过滤元件检测系统分为高效过滤器检测系统和一般通风用通风过滤元件检测系统两类。高效过滤器的检测主要依据《高效空气过滤器》（GB/T 13554—2020）[8]、《空气过滤器》（GB/T 14295—2019）[9]、《高效空气过滤器性能试验方法 效率和阻力》（GB/T 6165—2021）[10]。一般通风用空气过滤器的检测主要依据空气过滤器（GB/T 14295—2019），此标准规定效率检测方法为大气尘粒径分组计数法。本文对一般通风用空气过滤元件性能测试试验系统，结合研发介绍如下[11-12]。

2　实验系统搭建标准

该实验装置的搭建用于检测通风及净化设备的风量、效率、阻力等实际性能，依据 GB/T 14295—2019[9]、EN779：2012[16]、ANSI/ASHRAE 52.2-2012[15]、ANSI/ASHRAE 52.1-1992[16] 相关标准搭建实验台，主要包括风道系统、污染物发生装置、测量仪器三部分，具体参数见表 1。按照 GB/T 14295—2019[9] 对阻力、计径计数效率和容尘量的测试方法，测试不同截面风速下的阻力、计径计数效率值和容尘量。

作者简介：李艳菊（1980—），女，河北沙河人，副教授，研究方向为室内环境与污染物控制，从事建环专业教学和科研工作。电话：13752364750。邮箱：lyj2_118@126.com。

通信作者：王宇（1980—），男，河南漯河人，副教授，研究方向为建筑节能与可再生能源利用技术，从事实验室建设与管理工作。电话：13116111403。邮箱：wy41523@126.com。

基金项目：天津市普通高等学校本科教学质量与教学改革研究计划重点项目（171079202C）——土建类专业集群实践教学平台建设；天津城建大学教育教学改革与研究重点项目（JG-ZD-1505）——面向回归工程的实践教学改革及创新平台建设研究。

表 1　实验台依据现行标准主要性能参数对照表

项目	GB/T 14295—2019[9]	EN779:2012[14]	ASHRAE52.2-2012[15]	本实验台参数
气溶胶发生器	多分散固相氯化钾（KCl）粒子，粒径范围为 0.3~10.0 μm	未经处理或稀释的 DEHS 或具备同等性能的气溶胶	多分散固相氯化钾（KCl）粒子，粒径范围为 0.3~10.0 μm	KCl 多分散固态气溶胶（质量浓度为 1%~23%），粒径范围为 0.1~10 μm
粒子计数器	粒径测量范围 0.3~5.0 μm	粒径测量范围 0.2~3.0 μm	粒径测量范围 0.3~10 μm	粒径测量范围 0.3~20 μm
管道压力	负压	正负压均可	正负压均可	正压
风速均匀性措施	穿孔板	混合孔板和穿孔板	穿孔板	均压板
风量范围	0.8~2.5 m/s	850~5 400 m³/h	850~5 400 m³/h	100~5 000 m³/h
阻力范围	0~70 Pa 时，准确度为 ±2 Pa；>70 Pa 时，±3% 读数	—	准确度 ±2.5%	0~1 000 Pa
计数效率	粒子浓度示值误差不超过 ±30%	0~99.99%	0~95%	0~99.99%
计重效率	分度值 0.1 g	分度值 0.1 g		分度值 0.1 g
一次通过空气净化效率	示值误差不超过 ±20%，重复性不大于 ±10%	—	<99%	0~99.995%
进风类型	室内和室外空气均可	室内和室外空气均可	室内和室外空气均可	室内空气
排风类型	经处理后向室外或者排至进风口以外	排向室内、室外或循环	排向室内、室外或循环	排向室内
温度	10~30 ℃	—	10~30 ℃	10~30 ℃
相对湿度	30%~70%	<75%	20%~65%	20%~65%

注：—代表没有说明要求。

3　实验系统组成

实验系统由喷嘴箱、发尘段、混合段、测试前段、测试后段和末段、KCl 气溶胶发生器、采样和测试系统、电控系统组成。

图 1 为过滤器性能测试实验系统结构示意图。

实验系统在正压状态下运行，空气通过变频风机经过粗效过滤器和高效过滤器后进入测试风道。喷嘴装置用来测量风道中的风量。在待测过滤器的上下游装有采样管，用于计数效率实验。同时，待测过滤器两端装有压力变送器和静压环，用来测量待测过滤器的阻力。末端过滤器用于捕集在测试过程中穿过待测过滤器的污染物。

图 1　过滤器性能测试实验系统结构示意图

实验台可承担测试项目见表 2。

表2　实验台可承担测试项目

测试对象	测试项目	技术指标
粗效、中效、亚高效、高效过滤器	风量范围	100~5 000 m³/h
	阻力范围	0~1 000 Pa
	计数效率	0%~99%
	计重效率	0%~99.5%
	一次通过空气净化效率	0%~99.995%
	容尘量	>0.5 g
	功率	≤ 5 kW

表3　实验台性能要求

过滤器性能测试实验台性能	性能参数	参数要求
风速均匀性	风速均匀性变异系数 $CV_f=\delta_1/M_1\times100\%$	$CV_f<10\%$
气溶胶浓度均匀性	气溶胶浓度均匀性变异系数 $CV_i=\delta_2/M_2\times100$	$CV_i<15\%$
气溶胶浓度稳定性	气溶胶浓度稳定性变异系数 $CV_w=\delta_3/M_3\times100\%$	$CV_w<10\%$
试验段空气阻力	<5 Pa	

注:表中的 δ 为标准差, M 为平均值。

4　实验台性能分析

通风过滤元件性能测试受管道内速度场、浓度场、采样仪器等因素的影响。为保证测试结果准确可靠,满足设计要求,对各项性能指标进行调试。实验台调试流程如图2所示。

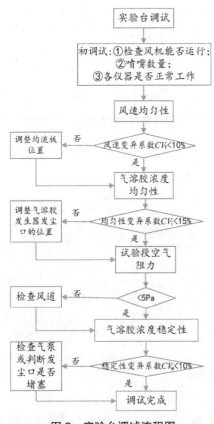

图2　实验台调试流程图

根据 GB/T 14295—2019[9],实验台性能要求见表3。

4.1　阻力测试及评价

在 3 400 m³/h 风量时,不安装待测通风过滤元件的情况下,对试验段空气阻力(如图3所示在待测过滤器前后的两个静压环之间的压差)进行测试,测试结果如图3所示。由图可见,在没有安装过滤器时,空气阻力值在 0 Pa 附近,符合 GB/T 14295—2019[9]的要求(<5 Pa)。

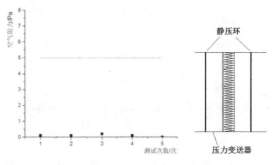

图3　试验段空气阻力测试数据图

4.2　风速均匀性测试及评价

风速的调试采用9点法(将风道断面分成9份,取各份的中心点为测点,各点分布如图4所示),测量各测点风速,测试结果如图5所示。由图可知,待测过滤器截面的速度场分布均匀,计算900 m³/h、3 600 m³/h、5 400 m³/h 风量下的变异系数[9]分别为4.82%、8.13%、5.07%(计算公式见表3),符合 GB/T 14295—2019[9]的要求(<10%)。这主要是因为该实验台为负压系统,并且在喷嘴后面设置了均压板,使其在到达过滤器前,空气已经充分混合。

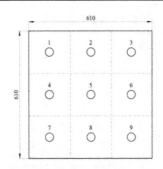

图 4　测量风速和气溶胶浓度均匀性采样点

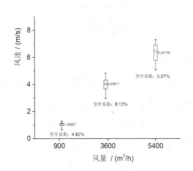

图 5　风速均匀性测试数据图

4.3　气溶胶浓度均匀性测试及评价

气溶胶浓度均匀性的调试和风速一样，也采用 9 点法，在 900 m³/h、3 600 m³/h、5 400 m³/h 风量下测量各测点浓度，测试结果如图 6 所示。由图可知，在不同的风量下，待测过滤器截面的气溶胶浓度分布规律相似，粒径越大，计数浓度越低。通过计算得到气溶胶浓度的均匀性变异系数分别为 14.0%、14.1%、12.5%，符合 GB/T 14295—2019[9] 的要求（<15%）。

4.4　气溶胶浓度稳定性测试及评价

气溶胶浓度稳定性的调试是在 900 m³/h、3 600 m³/h、5 400 m³/h 风量下，气溶胶发生稳定后，测量 30 分钟内气溶胶计数浓度，测试结果如图 7 所示。由图可见，在不同的风量下，气溶胶浓度变化趋势保持一致，不同粒径段浓度值上下波动平稳。通过计算得到待测过滤器截面的气溶胶浓度的稳定性变异系数分别为 6.83%、5.83%、2.22%，符合 GB/T 14295—2019[9] 的要求（<10%）。

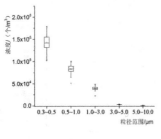

（a）风量为 900 m³/h

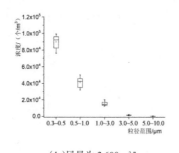

（b）风量为 3 600 m³/h

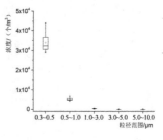

（c）风量为 5 400 m³/h

图 6　气溶胶浓度均匀性测试数据图

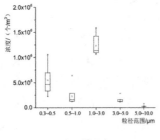

（a）风量为 900 m³/h

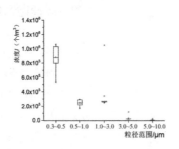

（b）风量为 3 600 m³/h

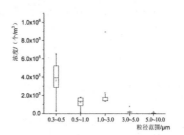

（c）风量为 5 400 m³/h

图 7　气溶胶浓度稳定性测试数据图

5　实验台应用测试案例

依据上面的调试结果可知，目前实验台技术水平已达到 EN779：2012[4]、ASHRAE52.2-2012[5]、GB/T 14295—2019[9] 各标准中规定的要求，下面对袋式化纤过滤器和板式化纤过滤器开展阻力、效率及容尘量的测试。实验选用 2 个 F7 级的板式化纤过滤器和袋式化纤过滤器，板式化纤过滤器尺寸为 590 mm×590 mm×46 mm，袋式化纤过滤器尺寸为 592 mm×592 mm×550 mm，分别编号为 D1、D2。

实验用气溶胶为KCl多分散固态气溶胶,用于测试过滤器的效率。实验用负荷尘为A2尘,用于容尘测试过程中发尘。

两种过滤器的阻力、效率和容尘测试结果如图8所示。由图可知,两种过滤器的阻力随着风量的增大,阻力变大;同一过滤器在相同的风量下,粒径越小,过滤效率越低;随着风量的增大,其各级粒径过滤效率降低。相同的滤料,相同的无量纲过滤阻

力,袋式化纤过滤器的容尘量大于板式过滤器的容尘量;开始容尘时,两者的容尘量是相同的,随着P_{ON}的增大,容尘量相差较大,在最后达到终阻力时,袋式化纤过滤器比板式化纤过滤器容尘量大,这主要是因为两种过滤器过滤面积不同,袋式化纤过滤器的过滤面积为5.32 m²,而板式化纤过滤器的过滤面积为0.51 m²。

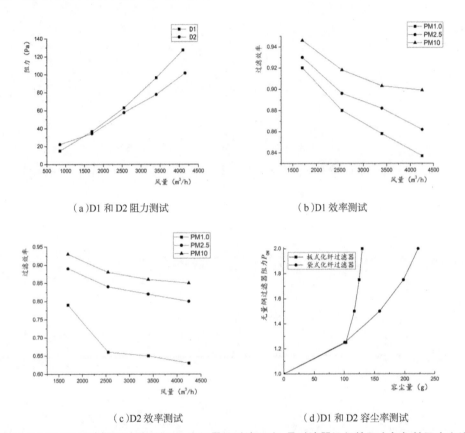

(a)D1和D2阻力测试　　　　　　　　　　(b)D1效率测试

(c)D2效率测试　　　　　　　　　　(d)D1和D2容尘率测试

图8　D1和D2过滤器测试结果(P_{ON}为无量纲过滤阻力,是过滤器运行的阻力与初始阻力之比)

6　结语

通过对常用板式化纤过滤器和袋式化纤过滤器测试结果进行分析可知,实验台能够对过滤元件的净化性能(阻力、效率和容尘量)进行实验研究,结果可为既有建筑改造时过滤器的选用提供依据和技术支持。通风过滤元件的性能参数是用户选用过滤器的重要依据,进行通风过滤元件性能检测是对通风过滤元件性能进行评价或验证最直接有效的手段。

该平台的建设符合国内外通风及空气净化相关工程标准要求,可对通风净化设备所用各类过滤器的性能参数、效能评价进行测试分析,为该类设备的

全工况测试分析、选型应用提供可靠的技术支持;为"建筑环境测试技术""工业通风""洁净空调技术"等专业核心课程实践环节教学提供重要的支撑。

参考文献

[1] 张红丽. 不同过滤级别滤材对室外大气颗粒物净化效果的实验研究[D]. 西安:西安建筑科技大学,2018.

[2] 李耀东,勾昱君,刘江涛. 空气净化技术探究[J]. 洁净与空调技术,2019(3):64-69.

[3] 赵欢,毛华雄,林忠平. 民用建筑控制PM2.5空气过滤器的选型与对比[J]. 制冷与空调,2015,15(10):84-89,71.

[4] 何维浪,林忠平,张晓磊,等. 空气过滤器性能测试方法与标准浅析[J]. 洁净与空调技术,2012(3):15-19.

[5] 于腾,胡晓微. 空气过滤器的分类及特性指标[J]. 山西建筑,2015,41(37):137-139.

[6] 苏亚静,杨士春,负琳琦,等. 尚蒙空气净化器性能的分析 [J]. 实验室研究与探索,2018,37(8):37-41.

[7] 徐筱欣,施锡钜. 某空气净化器净化材料筛选和阻力特性试验研究 [J]. 实验室研究与探索,2004,23(7):14-16.

[8] 中华人民共和国住房和城乡建设部. 高效空气过滤器 GB/T 13554—2020[S]. 北京:中国标准出版社,2020.

[9] 中华人民共和国住房和城乡建设部. 空气过滤器 GB/T 14295—2008[S]. 北京:中国标准出版社,2019.

[10] 中华人民共和国住房和城乡建设部. 高效空气过滤器性能试验方法 效率和阻力 GB/T 6165—2008[S]. 北京:中国标准出版社,2021.

[11] 李刚. 空气过滤试验标准国内外现状浅析 [J]. 汽车零部件, 2017(7):83-85.

[12] 曾心耀. 一般通风用空气过滤器检测系统的设计 [J]. 洁净与空调技术,2015(3):66-69.

[13] 陈毅,温春华,王其,等. 一般通风用空气过滤器常用检测标准对比研究 [J]. 过滤与分离,2015,25(2):41-45.

[14] CEN. Particulate air filters for general ventilation-Determination of the filtration performances:EN779:2012[S].2012.

[15] Method of testing general vbentilation air-cleaning devices for removal efficiency by particle Size:ANSI/ASHRAE 52.2-2012[S].

[16] Gravimetric and dust-spot procedures for testing air-cleaning devices used in general ventilation for removing particulate matter:ANSI/ASHRAE 52.1-1992[S].

基于传热传质学内容框架的课堂设计模式

李　敏，凌长明，赵仕琦

（广东海洋大学海洋工程与能源学院，广东　湛江　524088）

摘　要：传热传质学是本校能源动力类专业的核心课程，课程的教学效果会对学生未来的专业学习和专业能力产生很重要的影响，则契合新工科人才培养要求的课堂教学方案设计就显得很重要。课堂教学过程不仅能让学生互动和有兴趣，且能将思政无声融入课堂教学而达到育人的目的，使学生在提升能力的同时，提高素养，理清学习知识和责任担当的关系。所以，根据不同章节内容设计课堂教学方案就显得非常重要。本文以传热学课程中沸腾换热内容为例，说明基于内容框架下课程设计方案在教学中的应用，课程知识点与育人理念有机结合，为不同章节教学过程及思政的融入提供参考。

关键词：传热传质学；课堂教学；沸腾换热；课程思政

1　引言

"传热传质学"是一门重要的学科基础课程，是能源动力类专业三大支柱课程之一，结合现代科学技术的快速发展和应用范围越来越广，从传统工业到高新技术，从日常生活到节能低碳都离不开传热学原理的分析与指导。由于需求大，校内不同专业都开设了不同学时的传热学课程，本校的机电、机制、电子、海工、轮机工程、交通运输、能源动力等专业都开设了该课程。由于使用量大，对课程的建设力度也大，课程从最初省级精品资源课，到建设成后期的省级在线课程，并认定为省线一流课程，课程组团队也建设成省级教学团队和课程思政教学团队，不断完善教学资源和更新教学模式，让学生爱上传热学，并能通过不同途径学好传热学[1]。

首先根据不同的知识模块特点进行课程设计，并有针对性地采用不同的授课方式，且适时浸润课程思政，使学生在学习知识的同时，能很好地认识到学习的意义。

"传热学"课程以传导、对流、辐射和换热器四大模块为知识体系框架，并形成了不同框架下的知识模块，如图1所示。每个模块按照知识点细分，知识点的学习遵循突出以学生为中心、OBE成果导向和终身学习的教学理念，强化"立德树人"思想[2]。首先提出问题，引入知识的需求；其次学习知识，并用相应的知识来解决实际工程问题；再次分析知识点背后的内涵和逻辑回归探究问题；最后归纳拓展和章节测试。下面以传热学"沸腾换热"的内容为例进行课堂教学方案设计。

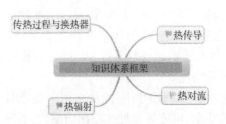

图1　内容知识体系框架

2　学情分析

在进行课堂教学方案设计时，需要提前分析学生的知识储备、能力基础、素质基础和行为倾向，分析结果如表1所示。

作者简介：李敏（1967—），女，硕士，教授。电话：13692419580。邮箱：lim@gdou.edu.cn

基金项目：广东省级质量工程制冷原理与设备在线课程建设（编号010203062101）。

表 1　学生学情分析表

知识储备	1. 已学习对流换热的相关理论及应用,凝结换热的理论及应用; 2. 未曾系统学习沸腾换热的相关知识
能力基础	1. 学生能较为熟练地使用信息化工具开展协作学习; 2. 会利用热阻法分析传热过程及其强化问题
素质基础	1. 工程应用中的沸腾危机及工程参数优化选择的概念尚未牢固; 2. 没有工程全局的思维意识
行为倾向	1. 因为行业应用需要,对知识点的需求目标明确; 2. 能熟练运用网络进行在线学习,具备信息搜集、整理的意识和能力; 3. 喜欢现场互动的教学方式

3　明确教学目标和教学内容

3.1　课堂教学目标

了解沸腾换热的基本概念;理解大容器饱和沸腾曲线及分区的特点;掌握临界热流密度的工程意义;应用气泡生成的特点强化传热。

3.2　课堂教学内容

沸腾换热是对流换热吗(承前启后,引入课程);你所了解的沸腾应用(扩大应用视野);了解沸腾换热的基本概念;为什么会存在沸腾危机(激发需求,引入知识,解决问题);大容器饱和沸腾曲线的分区及特点。

在实际沸腾换热中,为什么用电加热时一旦超过临界功率,可能导致加热壁面的烧毁,而蒸汽加热则不会呢(知识点的升华与应用升级);临界热流密度的工程意义。

气泡是如何产生的,其生成与长大需要满足什么条件(创造条件,脱破局限,积蓄力量,质的变化);气泡生成条件分析与应用。

重点是大容器饱和沸腾曲线的分区及特点,临界热流密度的工程意义,沸腾换热的强化。难点是核态沸腾的特点及应用。

3.3　沸腾换热的内容知识点

沸腾换热的知识点框架如图 2 所示。

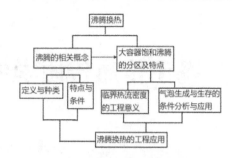

图 2　沸腾换热的知识点框架图

教学内容从沸腾换热的定义和特点开始,以大容器沸腾换热曲线及分区为核心展开。涉及的知识点包括沸腾换热的特点、加热方式、临界热流密度和气泡的生成及其成长的条件等。系统性强,在"传热传质学"中占有重要地位。要求学生在学完本节之后能够利用饱和沸腾曲线分区的特点,分析和解决工程领域的沸腾换热及其应用问题。

4　课堂讲授过程

本节的教学内容在"传热传质学"中是相对独立的。在教学过程中,通过回顾上节关于凝结换热及其强化问题,指出相变对流传热与无相对强制对流的区别及其与本专业应用的相关性,从应用引出课堂内容,如图 3 所示。利用日常生活中的烧开水和蒸煮问题引导学生获得沸腾的概念——沸腾换热的特点及分析。利用日常生活中烧开水热源的差异引出对大容器沸腾与强制对流沸腾的理解,适当插入学习通随堂练习。

图 3　从应用引出课堂内容

然后抛出实际工程应用中可能出现的沸腾危机及与其相关的问题,"在实际的沸腾换热中,为什么用电加热的沸腾一旦电功率超过一个临界值就会导致壁面的烧毁,而用蒸汽加热则不会呢?"提示解决问题需要学习新知识,讲授大容器饱和沸腾曲线及其分区的特点,并通过对气泡生成与离开的动态讲述,让学生理解大容器饱和沸腾不同分区中的换热特点,分析沸腾曲线形成的原因,解释 DNB 点及临界热流密度的工程意义,继而回答沸腾危机相关问题,拓展应用需要,并总结归纳其应用,强调工作态度和工作责任感的重要性[3]。课中实现提问与内容分享,如图 4 所示。

图 4 提问与内容分享

引导学生在解决问题的基础上,进行内容知识点应用的小结,然后以沸腾危机引入端正工作态度、务必细致认真的思政内容,再利用智慧课堂进行课堂讨论,探究知识点背后的内涵和逻辑,阐明临界热流密度在优化设计与优化工艺参数,使工程系统始终处于安全、节能和高效运行状态等方面的重要影响,强调工艺参数的优化和细节是工程技术人员的责任,也体现工匠精神。核态沸腾能实现小过热度大换热,气泡的生成和存在形式发挥着重要作用,气泡生成和长大,最后能突破液相达到气相空间,完成向气相的蜕变。

通过分析沸腾过程气泡对换热过程的影响,对气泡生成和成长的条件进行分析和总结,沸腾的前提是首先在满足条件下产生气泡,然后正确利用内外部条件生长和长大,最后实现蜕变,达到气相空间,气泡在液体中的强烈扰动使核态沸腾换热非常剧烈。气泡的成长过程相当于学生的知识积累过程,积累到一定程度即能实现质的飞跃,具备强国建设和承担行业责任的能力。同时,分析知识点背后的逻辑,为沸腾换热的强化找到原则与机理,为优化沸腾换热过程的方法与措施提供理论支撑,强调成长是需要过程的。所以,学生必须不断学习,必须不断更新知识体系,及时跟进知识的发展,只有不断学习和完成知识积累及更新,才能具备承担时代使命和行业责任的能力,强调终身学习的必要性,及时了解新技术,解决新问题。通过适时的提问及例题分析,培养学生分析问题和解决问题的能力,并学会将

学过的知识应用于实际工程,将知识与实践体会相结合,激发学习兴趣和内驱动力。利用沸腾过程的特点解释一些自然现象,通过不同温度下的水滴蒸干快慢的思考让学生理解,任何时候都不要定性思维,要有科学精神,并做到具体问题具体分析。最后,通过课堂总结和思考题进行章节测试,给学生留下思考的空间,并学会利用课程的网络资源进行复习与预习,课后完成适时互动、讨论与分享,如图 5 所示。课程的教学设计和实施过程均是基于 OBE 理念,以学生为中心、教书育人,强调终身学习的教育理念,融入课程思政[4]。课堂教学流程如图 6 所示。

图 5 课后讨论与分享

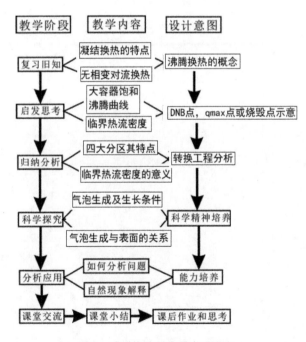

图 6 沸腾换热课堂教学流程图

5 结束语

以上只是一节课堂的设计方案,"传热传质学"

在诸多专业课程体系中有着承上启下的重要作用，课程模块的每个知识内容都对应不同的目标和使命。课程以社会需求为导向，以提高教育质量为核心，以突出海洋应用为特色，围绕工程认证的建设标准，以"立德树人"为根本任务，构建了知识、能力、素养三维度的教学目标，通过教学使学生系统地掌握热量传递规律及其应用，为培养知识、能力、素质协调发展，富有创新意识的应用型高层技术人才，满足强国所需的精尖人才需求添加途径和内容。

本课程在教学大纲中将"价值引领"写入教学目标，凝练每章节的思政引入点；将思政教育体现在精心设计的每一节课或实践环节，并在课程介绍过程有效融入，通过一系列的教学建设、运行和管理环节将这种理念落到实处，结合思政做好每堂课的教学设计，总结课程思政实施方案，在微课视频中融入思政教育，实现多途径贯彻课程思政。

参考文献

[1] 李敏，凌长明. 思维导图在传热学教学中的应用与实践 [J]. 重庆电力高等专科学校学报，2013，18（5）：6-9.

[2] 李敏，凌长明，谢爱霞. 三种教学法在"传热学"教学中的应用和实践 [J]. 中国电力教育，2011（4）：93-94.

[3] 宋小鹏，龙鹏，翁钲翔，等. 新工科背景下课程思政在"传热学"课程中的实践 [J]. 西部素质教育，2022，8（10）：47-49.

[4] 黄新颖，高正阳，孙芳. 理工科课程思政建设理论与实践研究 [J]. 华北电力大学学报（社会科学版），2020（6）：128-132.

城建特色能源动力类专业学位硕士研究生的培养模式探索

杨俊兰，朱玉雯，刘汉桥，李　伟

（天津城建大学，天津　300384）

摘　要：为了适应新经济、新产业的发展，改革能源动力类专业学位硕士研究生培养方案，突出分类培养，构建城建特色的人才培养模式是非常必要的。本文结合学校特色和学科优势，提升能源动力类专业学位硕士研究生培养目标和定位，构建"三模块、四实践"的培养体系，优化课程设置，改革培养模式，完善考核方法和实施方案，注重培养学生的综合素质、工程实践能力、创新能力和国际竞争力，以满足京津冀地区乃至全国对能源动力类高层次人才的需求。

关键词：能源动力类；专业学位硕士研究生；城建特色；人才培养模式

1　引言

随着我国经济社会的快速发展，对高层次应用型人才的需求持续增长。近年来，专业学位研究生的招生比例逐年增加。但在专业学位研究生的培养方面，存在与学术学位研究生培养的趋同化，培养体系中分类培养的体现不足[1]。在国外高校能源动力类硕士研究生的培养方案中，通常加入案例教学、分模块课程等。在能源动力类专业学位研究生培养过程中，应从培养目标、课程设置、实践教学方式等方面进行改革和完善[2-3]。

赵会军等[4]分析了 OBE 理念下高校能源类研究生培养模式的创新切入点，OBE 理念改变了传统以教师为中心和以教学驱动为中心的教育模式，提倡以学生为中心制订教学目标和教学内容，侧重于关注学生的学习成果。江彦等[5]对国外能源动力类研究生培养模式进行了探讨，认为培养方案作为研究生培养的顶层设计，是提高人才培养质量的核心，是进行研究生规范化管理的重要依据。

我校能源动力类专业学位类别已于 2021 年获批，有必要修订完善培养方案，优化课程体系设置，突出实践能力培养，结合我校办学特色和学科优势，

构建具有城建特色的能源动力类硕士研究生人才培养模式，为相关行业输送更多高质量应用型创新人才，对提升研究生培养质量具有重要的理论和现实意义。

2　提升培养目标，加强内涵建设

我校能源动力类专业不断提升培养目标，贯彻落实"立德树人"根本任务，培养热爱祖国，拥护中国共产党，具有坚定的理想信念、良好的政治素养和社会责任感，遵纪守法，恪守学术道德，具有严谨求实的科学态度和勇于创新的思想意识，德、智、体、美、劳全面发展，具有创新精神和创业能力的应用型高层次专门人才；且掌握能源动力领域坚实的基础理论和宽广的专业知识，掌握解决实际问题的先进方法和现代技术手段，具有解决复杂专业技术问题和承担工程管理工作的能力，能够较熟练地阅读专业外文资料。

专业发展旨在支撑京津冀能源治理协同、能源绿色发展协同和能源创新协同等能源协同发展战略举措，加快清洁低碳新型城镇建设，推动能源绿色和生态环境协同发展，培养能源动力类高层次人才。且与行业紧密衔接，建立了多个产学研校外实践基地，获批了天津市专业学位研究生联合培养基地，已为企事业单位培养大批高层次工程技术和管理

作者简介：杨俊兰（1971—），女，博士，教授。电话：13820491855。邮箱：yjlfg@163.com。

基金项目：校级研究生教育教学改革与研究重点项目（JG-ZD-2203）。

人才。

3　凝练专业方向，突出特色优势

我校能源动力类专业侧重能源高效利用与能源环境友好新技术、可再生能源利用新途径、节能降耗新技术和新工艺，有力弥补了地区能源经济发展的人才需求空缺。在城市热能利用技术、能源转换与污染控制技术、新型制冷与热泵技术等研究方向特色鲜明。

3.1　城市热能利用技术

主要研究低品位热能如空气能、太阳能、地热能等，涉及能量的收集、蓄存、传输、提质转化（热泵）、利用等方面的工程应用关键技术；以燃气为能源的供热、制冷、供热水、发电等系统和设备的开发；LNG冷能利用技术。还研究清洁能源和可再生能源在工程应用中的理论问题和关键技术，降低能源转化与利用过程中的环境污染。

3.2　能源转换与污染控制技术

主要研究固体废弃物环境友好型能源化及资源化利用的新技术、新工艺和新设备，包括有机固废的清洁化能源利用技术、热转化过程污染物控制技术；焚烧固废的无害化处理及高附加值利用技术及工艺；环保用多孔碳材料开发；固体废弃物处理及再利用的生命周期评价等，解决固废处理、能源供给与环境污染等多重问题。

3.3　新型制冷与热泵技术

主要研究新型制冷与热泵系统工程应用、设备及系统优化、换热器强化传热及优化控制等，包括CO_2热泵系统及换热设备仿真、优化与运行管理；地源热泵及城市原生污水源热泵系统优化设计与控制技术，地埋管换热器仿真与测试；太阳能吸收式制冷技术，相变蓄热及强化传热技术等。

4　强化实践创新能力，推动联合培养方式

着重培养研究生职业精神、专业技能、团结协作及管理能力等，实践内容包括工程设计、产品开发与生产、系统与设备检测和调试等。通过实践环节达到基本熟悉能源动力相关企事业单位的工作流程和相关职业及技术规范，培养实践研究和技术创新能力。可在已建立的联合培养基地进行实践，也可以结合导师工程项目到用户单位进行实践。研究生能

够独立或组织有关技术管理人员完成项目的立项、方案的设计与论证，并独立或作为主要成员参与项目的实施及验证。

研究生外出实践要由企业和学校导师共同负责，科学评估实践活动的安全风险，加强对研究生的安全教育，使研究生强化实践风险意识，了解和掌握公共安全和专业安全的基本知识，理解职业安全责任。实践结束时，研究生应撰写专业实践报告，经评定小组评审通过后给予相应的学分。

研究生可参加创新创业活动，在校内外进行学术报告或参加校内外学术活动，参加校内外与本专业相关的各类社会实践、教学实践、实验实习、科学研究、社会调查、专业技能培训、专业技能比赛、会议组织与服务、科技竞赛、工程项目、实验室建设等活动。

主要采取课程学习、科学研究与专业实践相结合的培养方式，实行学校与企业联合培养以及双导师制，即学校指导教师（或指导团队）与企业指导教师联合指导，指导教师队伍由具有工程实践经验的研究生导师与企业或行业内业务水平高、责任心强的具有高级职称的人员组成。以校内导师指导为主，校外导师参与实践过程、项目研究、课程与论文等多个环节的指导工作，联合指导学位论文。学校与企业或行业密切合作，依托研究生培养基地，保证研究生培养质量。

5　注重学科交叉，构建多样化课程体系

通过调研行业发展对能源动力类硕士研究生的需求，跟踪调查毕业生就业去向和反馈意见。从培养目标、培养定位等方面进行顶层设计，结合城建特色完善课程体系，推进课程体系与专业技术能力的衔接；构建模块化专业课程体系，突出对专业学位硕士研究生的分类培养，强化工程实践，加大创新训练，设立"三模块、四实践"课程体系。

5.1　"三模块"理论课程体系

根据不同研究方向，不断优化理论课程体系，设立必选、任选和学科交叉的课程模块，强化案例教学，拓展学生知识面，提升多学科综合素质，培养具有创新和实践能力的复合型人才。

5.2　"四实践"实践课程体系

以实践能力培养为中心，构建包括社会实践、助

研助教、专业实践、项目实践的"四实践"培养体系，提高用理论知识解决实际问题的能力。

5.3 "多学科"交叉选修课程

设立多学科交叉选修课，其中设立了"经济学百年""化学与人类""生命科学与人类文明"等人文素养课。专业选修课紧密结合社会经济发展需要，开设"流动与传热数值模拟""研究生论文写作指导""现代测试技术""建筑健康新技术""暖通空调新技术""燃气管网模拟与分析""数据分析与实验优化设计""冷热源优化配置""热泵技术与应用""蓄能理论与技术"等课程。对于跨专业或同等学力硕士研究生，应补修专业基础课如"传热学""工程热力学""流体力学"。

研究生课程学习实行学分制。研究生在学期间课程总学分不低于32学分，其中学位课程不少于17学分，非学位课程不少于7学分，必修环节8学分，包括论文选题报告1学分、创新创业活动1学分、专业实践6学分。

6 制定有效措施，提升培养质量

6.1 思想政治教育贯穿培养全过程

加强研究生思想政治教育融入教学和培养全过程，一是推动导师课题思政的开展，二是加强研究生课程思政建设，制定建设规划。加强导师队伍师德师风建设，加强导师团队建设，提高整体素质和能力，提升研究生的培养质量。

6.2 注重培养环节的规范化管理

注重规范化管理，促进内涵式发展。不断完善研究生管理制度和文件，使培养过程和环节更加规范化。引导和推进学硕和专硕分类培养的实施，加强与联合培养基地的交流与合作，增加研究生校外创新实践基地。

6.3 加强学术创新，提升综合素质

强化研究生创新和实践能力培养。加强研究生培养过程的学术交流，提升科研创新和实践能力。每年举办博士、硕士研究生学术论坛，指导学生积极参加制冷空调创新大赛、"互联网+"大赛、全国大学生节能减排大赛、"挑战杯"大赛等科技活动，树立正确的学术价值观，推动研究生教育高质量发展。

7 结语

结合我校办学特色和学科优势，对能源动力类专业学位硕士研究生培养模式进行了整体规划，明确培养目标和培养定位，构建"三模块、四实践"课程体系，注重学科交叉、案例教学，强化工程实践，为学生职业目标打下坚实基础。

通过完善理论和实践环节考核方式及评价办法，改革创新导师团队、多学科交叉培养方式，形成了具有城建特色的人才培养模式，达到提升能源动力类专业学位硕士研究生培养质量的目的，可满足新产业、新经济对能源动力类高层次人才的需求，可为相关高校同类专业改革人才培养模式提供一定的参考和指导。

参考文献

[1] 赵娜，许海英，刘建生. 分类培养模式下专业学位研究生培养的思考 [J]. 教育教学论坛，2021，41：169-172.

[2] 吴江，张静，张会文，等. 工科院校能源动力类研究生培养模式的探索与实践 [J]. 改革与开放，2015，5：108-109.

[3] 吴易林，赵金敏. 高等教育学研究生培养中课程设置的优化路径：基于中美八所院校培养方案的比较 [J]. 教学研究，2021，44（4）：62-70.

[4] 赵会军，万馨妍，嵇炜. OBE理念下高校能源类专业研究生培养模式探析 [J]. 产业创新研究，2020（21）：187-188.

[5] 江彦，金英爱，赵晓文. 国外能源动力类研究生培养模式探讨 [J]. 中国教育技术装备，2016，12：150-152.

建筑环境与能源应用工程专业课程思政建设实践
——以"通风工程"为例

张浩飞,郑慧凡,马富芹,袁鹏丽,刘 磊,卜伟刚

（中原工学院能源与环境学院,河南郑州 450007）

摘 要："课程思政"是一个巨大的系统工程,将专业课程与"课程思政"相结合,并找到"契合点"是最为核心、最为关键和最难解决的问题。本文以中原工学院建筑环境与能源应用工程专业"通风工程"课程为例,探讨了在专业基础课教学中开展思想政治教育的途径和方法,阐明了课程思政的建设思路、育人目标、映射体系和教学方法,并介绍了该课程初步取得的效果。

关键词:课程思政;通风工程;教学改革;建筑环境与能源应用

1 引言

2020 年教育部印发的《高等学校课程思政建设指导纲要》(教高〔2020〕3 号)指出:"立德树人成效是检验高校一切工作的根本标准","要紧紧抓住教师队伍'主力军'、课程建设'主战场'、课堂教学'主渠道',让所有高校、所有教师、所有课程都承担好育人责任"[1]。

根据教高〔2020〕3 号文件精神,中原工学院建筑环境与能源应用工程专业"通风工程"课程教学开始探索以"立德树人"为根本[2],知识传授、能力培养和价值塑造三位一体,将思政元素融入专业课教学的课程思政教学模式。

本文以"通风工程"课程为例,探讨在专业基础课教学中开展思想政治教育的途径和方法。

2 建设思路

"通风工程"课程思政的建设和实施主要包括以下几个方面。

（1）课程组教师思政育人能力的培养和提升:主要通过参加全国课程思政类培训会议、中原工学院课程思政研讨会、能源与环境学院教育教学交流会、教研室课程思政主题研讨会、项目组集体备课研讨、党史学习、主题党日活动及思政素材库建立等多渠道、多途径、全方位提高课程组教师对课程思政教学理念的认知,提高课程组教师课程思政育人的能力,提高专业知识与思政元素融合和应用的能力[3]。

（2）课程思政的顶层设计:构建"三位一体"育人格局。"通风工程"课程教案在传统知识目标和能力目标基础上[4],增加课程思政目标,三者相互渗透、同向同行、形成合力,构建完整统一的育人格局,如图 1 所示。

（3）构建课程思政映射体系:思政映射体系主题类型包括家国情怀类、职业操守类、工匠精神类。

（4）课程思政设计和实施:课程组教师集体研讨设计实施方案和策略。根据不同知识内容找准切入点和切入方式,既不能显得突兀,又不能占用课堂过多时间,要做到课前预习、课中回顾、课后思考和评价三个基本环节。课前预习主要通过 Canvas 在线课堂、雨课堂、微信群、超星学习通等途径发布思政案例和相关资料,既能启发思考、激发学习兴趣,又能避免占用课堂时间。课中结合具体知识讲解,将思政素材隐性、巧妙融入,达到思政教育润物细无声的境界。课后思政的拓展和评价包括思考题、实际工程案例中遇到的问题、解决方案及反思等。

作者简介:郑慧凡(1976—),女,博士,教授。邮箱: zhenghuifan@163. com。

基金项目:2022 年度中原工学院教学改革研究与实践项目(2022ZG-JGLX004);2022 年度中原工学院课程思政示范课程建设项目(2022ZGSZKC026);2022 年度中原工学院一流本科课程建设项目(2022ZGYLKC016)。

专业人才培养目标	"通风工程"课程思政目标		课程思政挖掘视角	课程思政点举例
面向国家和中原地区社会经济发展的需要，培养具有爱国主义情怀、强烈社会责任感，具备系统解决工业与民用建筑供热、通风及空调系统的设计、安装、调试、设备研发与运行管理的业务能力，具有国际视野、系统思维、协同创新能力，胜任多样性、快速变化和发展的暖通空调领域的高素质复合型人才	知识传授	具备应用数学、自然科学、工程基础和通风工程专业知识解决通风工程问题的能力	**家国情怀**（政治认同，法律规范，传统文化）	通过阐述粉尘、PM2.5及雾霾之间的关系，讲授大气污染防治与经济社会发展的重要关系，以及我国采取的一系列行动，如《大气污染防治行动计划》（即"大气十条"）、《打赢蓝天保卫战三年行动计划》、清洁供暖等，培养学生的环保意识，加强对生态文明建设的理解
	能力培养	具备综合处理通风工程所涉及问题的基本能力，具备科学研究问题的思维能力	**职业操守**（行业规范，职业道德，社会责任）	通过工程实例奥运会主场馆"鸟巢"的自然通风系统、武汉雷神山医院通风空调系统的讲解，增加学生的职业荣誉感和使命感，坚定职业理想
思想引领　习近平新时代中国特色社会主义思想　社会主义核心价值观　职业理想和职业道德　工程伦理教育和大国工匠精神	价值塑造	树立爱党、爱国、爱人民、爱集体的社会主义核心价值观；建立节能、低碳、环保等工程意识	**工匠精神**（工程伦理，勇于探索，精益求精）	通过讲授本行业专家李安桂教授团队提出贴附通风理论及技术、西安工程大学黄翔教授创新了的"蒸发冷却"空调技术，填补了国内空白，为节能减排和可持续发展战略目标做出了杰出贡献，培养学生树立精益求精的大国工匠精神

图1 "通风工程"课程思政设计

（5）课程思政教学反馈：主要包括平时教学效果反馈和期末教学反馈。根据学生对课程思政的反馈信息，及时调整思政案例的选择和授课方式、方法和策略。

（6）课程思政长效机制：立德树人是新时代中国特色社会主义教育发展的根本任务[5]，课程思政在教学中要形成常态化机制。课程思政要形成涓涓细流，沁人心脾，入脑入心，化作每一门课程必不可少的灵魂元素，培养新时代社会主义建设者和接班人[6]。

3　育人目标

"通风工程"课程在教学过程中，坚持将习近平新时代中国特色社会主义思想、社会主义核心价值观、中华优秀传统文化、职业理想和职业道德、工程伦理教育等作为思想引领贯穿始终，从学科视角和思政视角深挖课程思政元素，紧紧围绕"知识传授与立德树人并重"理念，在知识的重组、优化过程中融入"课程思政"内容，最终形成本课程三层次的育人目标——知识传授、能力培养和价值塑造。

（1）知识传授目标：系统地掌握通风的基本理论与工程技术知识；了解通风工程技术发展水平、专业标准和规范；学会对通风工程问题进行分析处理和设计计算的基本方法；了解和掌握通风工程领域的前沿问题与技术、研究热点、技术发展趋势及通风工程领域落实"碳达峰、碳中和"的技术路线。

（2）能力培养目标：具备从事通风工程方案设计、系统分析等基本技能；培养学生建立工程概念，具备扎实的通风专业知识素养、实践能力和较高的思想道德素质和文化素质；树立一丝不苟的工程意识，增强创新能力，培养团队协作精神，能够在通风工程实践中理解并遵守职业道德和行业规范，履行专业责任。

（3）价值塑造目标：树立理论联系实际等马克思主义方法论和社会主义核心价值观；培养学生精益求精的大国工匠精神，激发学生科技报国的家国情怀和使命担当；培养学生的工程意识和科学探究精神。

4　映射体系

通过深入研究本专业的育人目标，深度提炼建环专业知识体系中所蕴含的思维方法、价值理念等，深入挖掘思政元素，为课程思政建设提供素材。同时，科学合理地拓展本课程的深度、广度，从课程所涉及的专业、行业、国家、文化等角度进行剖析，增加课程的知识性、人文性、时代性与趣味性，为讲好本课程提供鲜活实例，将思政元素更好地融入本课程的教学过程，实现课程思政教育和专业知识传授的无缝衔接[7]。

"通风工程"课程的思政教育和专业知识的融合与映射主要体现在以下几个方面。

（1）家国情怀类：主要培养学生的家国意识和民族精神，引导学生传承中华文脉，富有中国心，饱含中国情，充满中国味。例如，我国传统建筑的自然通风设计，我国古代风水理论与建筑环境学的关系等，反映了我国自古以来就追求"天人合一"，人与自然和谐共生的理念。例如，通过阐述粉尘、PM2.5及雾霾之间的关系，讲授大气污染防治与经济社会发展的重要关系，以及我国采取的一系列行动，如《大气污染防治行动计划》(即"大气十条")、《打赢蓝天保卫战三年行动计划》、清洁供暖等，培养学生的环保意识，加强对生态文明建设的理解。

（2）职业操守类：主要教育引导学生深刻理解并自觉践行本行业的职业精神和职业规范，增强职业责任感，培养遵纪守法、爱岗敬业、无私奉献、诚实守信、公道办事、开拓创新的职业品格和行为习惯。例如，通过工程实例奥运会主场馆"鸟巢"的自然通风系统、武汉雷神山医院通风空调系统的讲解，增强学生的职业荣誉感和使命感，坚定职业理想。

（3）工匠精神类：主要进行工程伦理教育，培养大国工匠精神。例如，通过回顾真实案例，2014年江苏昆山中荣金属制品有限公司发生的特别重大铝粉尘爆炸事故，造成146人死亡、114人受伤，教育学生要明白自己做的不仅是一个工程，更承载着许多人的生命安全。从失败的案例中，以反面教材的形式给学生以警醒，让学生意识到要成为未来的工程师必须具备"大国工匠"的责任心、尽忠职守的精神和勇于担当的意识，从而引导学生理解和掌握基本的科学原理和方法[8]。通过讲授本行业专家李安桂教授团队提出贴附通风理论及技术、西安工程大学黄翔教授创新了"蒸发冷却"空调技术，填补了国内空白，为节能减排和可持续发展战略目标做出了杰出贡献，培养学生树立精益求精的大国工匠精神。

5　教学方法

充分利用现代网络技术和平台优势，利用清华大学开发的长江雨课堂、Canvas在线课堂以及微信课程群、钉钉课程群等进行线上和线下混合式教学。

（1）授课方式：首先，课程思政内容一般在线上平台发布，进行课前预习，有效利用学生的课下零碎时间，避免过多占用课堂教学时间；其次，在课堂授课中紧密结合专业知识，简短回顾课程思政内容或进行课堂小讨论，达到激发兴趣、加深理解、学以致用、立德树人的多重教学目的；最后，课后布置相关作业，开展拓展项目，进行思政育人的巩固。

（2）考核方式：①课程思政预习作业；②按要求查阅网络资源；③课后作业；④参与课堂讨论情况；⑤课程小论文；⑥课程思政小讲堂；⑦结合实验课、课程实习等实践活动。

6　建设效果

6.1　学生评教

2019级本科生对"通风工程"课程思政教学效果进行了客观评价，大部分学生觉得思政教育在自己的人生观、价值观、世界观的形成上有帮助，思政教育效果显著，如表1和表2所示。

表1　学生关于思政内容是否有助于形成正确三观的看法

选项	小计	比例
A:完全赞同	94	64.83%
B:较赞同	48	33.1%
C:不确定	2	1.38%
D:较不赞同	1	0.69%
E:完全不赞同	0	0%
本题有效填写人次	145	

表2　学生关于思政内容是否有助于提升职业道德和职业素养的看法

选项	小计	比例
A:完全赞同	95	65.52%
B:较赞同	46	31.72%
C:不确定	3	2.07%
D:较不赞同	0	0%
E:完全不赞同	1	0.69%
本题有效填写人次	145	

6.2　育人效果

课程思政教学改革实施以来，学生不仅掌握了专业知识，思想意识形态方面也有了明显变化，对习近平新时代中国特色社会主义思想中的绿色发展理念及生态文明思想、党和国家的大政方针和"碳达峰、碳中和"政策有了一定的了解，更加爱党、爱国、爱校、爱集体，积极参与疫情防控、核酸检测、科普宣传等志愿服务活动。学生对通风空调行业价值有了新的认识，增强了学习的积极性，明确了专业知识对促进社会可持续发展的重要性，逐步形成职业认同。

7　结语

本文对"通风工程"课程思政的建设思路进行了研究和探讨，结合"通风工程"的课程特点梳理提炼了其中蕴含的思政元素，寓价值观引导于知识传授之中，并提出了合理的思政映射体系，研究成果可为工程类专业课程思政教学提供参考。

参考文献

[1] 教育部. 高等学校课程思政建设指导纲要(教高〔2020〕3 号)[Z]. 2020.

[2] 杨丽萍, 杨芳. 立德树人研究的分布特征及发展趋势: 基于 2010—2020 年研究成果的分析 [J]. 桂林师范高等专科学校学报, 2021, 35(6): 42-46, 51.

[3] 王浩宇, 任晓耕, 吴义民, 等. "课程思政"视野下的专业课程教学改革探讨: 以"空调冷热源技术"课程为例 [J]. 高教学刊, 2018(23): 130-132.

[4] 吴昊, 郑慧凡, 王方, 等. 通风工程课程教学改革探讨 [J]. 高等建筑教育, 2011, 20(4): 71-73.

[5] 武东生, 宋怡如, 刘巍. 立德树人是新时代中国特色社会主义教育发展的根本任务 [J]. 思想理论教育导刊, 2019(1): 66-70.

[6] 刘洪芝. 高校课程思政建设中专业课教师的主体作用: 以"可再生能源建筑应用"课程为例 [J]. 高教学刊, 2020(5): 84-86.

[7] 宣永梅, 李建新, 高夫燕, 等. 能源类专业课程思政建设初探: 以"通风与空调"为例 [J]. 安徽建筑, 2020, 27(8): 161-162.

[8] 冯劲梅, 刘琳, 王聪, 等. 思政融入建筑环境与能源应用工程专业课程教学探索 [J]. 大学教育, 2022(2): 130-132.

"制冷空调自控"课程上调动学生学习积极性的探索

孙　晗,周　峰,许树学

(北京工业大学环境与生命学部制冷与低温工程系,北京　100124)

摘　要:引导学生从被动地听课到主动积极地思考和学习,需要调动学生学习的积极性。通过课堂提问、课堂讨论、大作业、课后作业、小组作业等灵活多样的形式可有效激发学生学习的积极性,而作业的内容及讨论的题目需要任课教师根据自己对课程的理解仔细斟酌。及时批改作业是了解学生学习情况最直接的方法,这种反馈可使教师清楚地了解学生哪些地方掌握得不好,有针对性地讲评作业,及时消除学生学习中遇到的障碍,使后续的教学更顺利。

关键词:自主学习;积极性;作业;讨论;兴趣

1　引言

近年来,国内高校积极借鉴国外高校的一些做法,允许学生在大学期间转专业。例如,我校学生大一、大二各有一次机会转专业,让优秀的学生有机会进入自己感兴趣的专业学习。我校能源与动力类学生则实行大类招生、专业分流的培养方式,出发点也是让学生根据自己的兴趣选择专业方向。我校能源与动力类专业包括两个专业三个专业方向,两个专业分别为能源与动力工程专业和新能源科学与工程专业,其中能源与动力工程专业又分为汽车和制冷两个专业方向。能源与动力类学生前两年的课程完全相同,大二下学期依据学生志愿和成绩将学生分为三个专业方向。

从近几年实行大类招生、专业分流的效果来看,存在的主要问题是大部分学生都希望进入热门的新能源科学与工程专业,进入新能源科学与工程专业的学生全是第一志愿,进入能源与动力工程专业制冷方向的部分学生并不是志愿进入制冷方向,而是因为成绩差没能进入他们志愿的新能源科学与工程专业,所以才进入了制冷方向,这部分学生进入大三后对专业课学习不感兴趣,不少学生希望跨专业考

研。其实这部分学生对制冷这个专业方向并不了解,只是盲目地认为新能源方向热门,所以引导学生对制冷这个专业方向感兴趣,对制冷专业课程感兴趣,就成为专业授课教师的紧迫任务。而引导学生对授课课程感兴趣、激发学生内在的驱动力,使学生自主学习,对提高所有课堂教学质量都是非常重要的 [1-2]。

2　课堂提问与讨论

好的课堂可以吸引学生,让学生跟着老师的思路走。对于个别对专业不感兴趣的学生,可以多提问他们。提问可强迫他们思考,把他们游离于课堂外的注意力重新引回课堂。提问可以帮助学生复习已学的概念、知识点,也可以引导学生思考如何用已学知识解决实际问题,提高学生运用所学知识解决问题的能力。提问的问题能体现教师的水平,也决定着提问在课堂教学中起到的效果。运用好提问,要求教师对教学内容非常熟悉,并且理解得透彻深入,这样才能在课堂教学时适时提出恰当的问题,引导学生思考。

课堂教学也要鼓励学生提问,每当讲到重点难点后,可以问一下学生是否有哪些地方没听懂,让学生提出来,老师再解答学生的问题。这种来自学生的提问是一种反馈,可以直接地了解讲课的效果,知道哪些地方讲得不够清楚,以便于及时解决问题。

在教室上课时,也可以借助黑板,让学生到黑板

作者简介:孙晗(1969-),女,博士,讲师。E-mail:han.sun@bjut.edu.cn。
基金项目:本论文受以下教学项目的资助:教育部教指委高等学校能源动力类教学研究与实践项目(NSJZW2021Y-94)、北京工业大学教育教学研究课题(ER2022YRB04)、北京工业大学"课程思政"示范课程培育项目(KC2021SZ019)。北京工业大学环境学部教育教学课题新形势下大学生实践教学模式改革研究与教学实践。

上画图或解题,这样就很容易发现学生常犯的错误,老师指出问题,并给出正确答案,学生的印象会比较深刻。例如,笔者在"空调原理"的课堂上就常叫学生在黑板上画焓湿图,总会有学生画错,笔者就会指出错在哪,应该如何改正。另外,学生的错误也使笔者意识到,用PPT讲焓湿图的效果不如在黑板上一边画焓湿图一边讲的效果好。

而课堂讨论可以帮助学生学习教学难点。而运用好课堂讨论也不容易,需要教师思考哪些知识点需要引入课堂讨论。适合课堂讨论的应该是课程中的重点和难点,并且单靠教师讲授,学生理解得并不深入的地方。例如,空调房间空调负荷的构成,就可以组织学生讨论。大家你想到一个,我说出一个,一般会想到通过墙、窗、楼板、地面等围护结构的温差传热,通过窗的日射得热,人体的发热形成的冷负荷,电器发热形成的冷负荷,灯具发热形成的冷负荷等,但一般想不到还有新风负荷。学生讨论后,教师再讲,学生理解得就更好一些。

3　作业

做作业是学生掌握课堂所学知识的有效手段。老师可以留日常作业、小组作业及大作业。以前笔者只留课后作业。课后作业可以帮助学生掌握课上所学的概念及知识点,并运用所学知识解决实际问题。及时批改作业非常有助于教学,因为作业也是非常重要的教学反馈。教师批改作业时,能发现学生哪个地方掌握得不好,下节课上课时可及时讲评作业,把学生掌握得不好的地方,再仔细讲一下可起到很好的效果。

而小组作业,可把学生分成几组,每组一个题目,让学生通过查找资料、做PPT、讲PPT,掌握题目所涉及的知识。通过小组作业可提高学生的自学能力,搜集资料及归纳整理能力,精美PPT的制作能力,小组成员间分工合作的能力。而小组作业的题目如果选择恰当,也可激发学生的学习兴趣,使学生对课程感兴趣,并能自主学习。通过小组作业的实践发现,平时对专业课不感兴趣的学生,对小组作业的热情却很高,并积极参与。

由于今年春季学期出现疫情,线下课程改为线上教学,期末考试也改为大作业的形式。由于以前没留过大作业,因此思考好久才确定大作业的题目。对于本科生课程"制冷空调自控",大作业的具体内容如下。

请参考陈芝久、吴静怡主编的《制冷装置自动化》244~245页内容,并利用图书馆的数据库和电子图书等资源完成下面的大作业。

请撰写一篇科普短文介绍风机盘管结构、应用场合、类型及使用风机盘管控制室温的方式。风机盘管的控温分为控风和控水两种方式,重点写清楚每种控温方式自控系统发信器、调节器、执行器的位置,自控系统的构成,并具体描述自控系统是如何控温的。为了描述清楚,请使用必要的图片并画图。

评分标准:满分100分,具体分数分布如下。

(1)风机盘管结构为10分。

(2)应用场合为10分。

(3)类型为10分。

(4)风机盘管的控温方式为60分。控风方式为30分,其中自控部件的位置介绍10分、自控系统的构成10分、描述自控系统的控制过程10分;控水方式为30分,其中自控部件的位置介绍10分、自控系统的构成10分、描述自控系统的控制过程10分。

(5)写作为10分。

作业收上来后,发现那几个平时上课不认真听讲的学生,大作业却做得很好,他们认真搜集资料、认真写报告,找到的控制实例非常有代表性。另外,风机盘管是常用的空调设备,他们在教科书上了解到的风机盘管相关内容并不多,通过做大作业,让他们针对性地搜集资料,能把风机盘管和他们在宾馆客房、餐馆、便利店等见过的各种形式的风机盘管联系起来,引起他们的兴趣。图1是一个学生在大作业中给出的风机盘管结构。

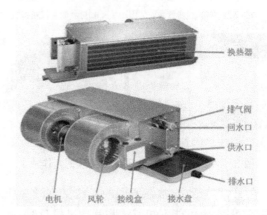

图1　风机盘管的结构(来自学生A的大作业)

而另外一个学生大作业中的风机盘管结构如图2所示。由于每个学生获取资料的来源不同,找到的资料不同,但都起到了了解风机盘管结构的作用。一个学生作业中的风机盘管类型如图3所示。

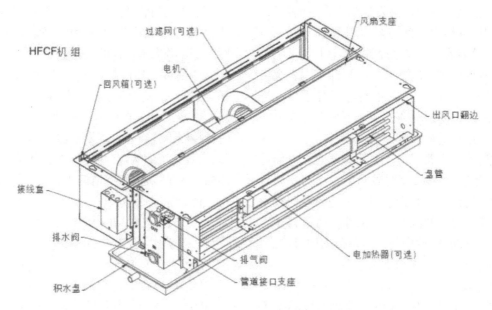

图 2　风机盘管的结构（来自学生 B 的大作业）

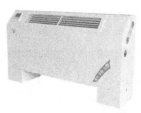

（a）立式明装风机盘管

（b）立式暗装风机盘管

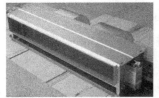

（c）卧式暗装风机盘管

（d）卧式明装风机盘管

（e）壁挂式风机盘管

（f）卡式风机盘管

图 3　风机盘管的类型（来自学生 C 的大作业）

在日常生活中，常在不同的场合见到图 3 所示的设备，但学生可能不知道这些就是风机盘管，通过做大作业，他们会恍然大悟，原来他们对风机盘管并不陌生，原来风机盘管就在他们身边，如学校内有的教学楼的教室中就装有卡式风机盘管。

有的学生画出了风机盘管的安装方式，有非管道型再循环和管道型再循环两种方式，如图 4 和图

5 所示。说明学生不仅搜索了中文相关资料，也寻找了英文资料帮助自己理解。通过图 4 及图 5，学生可以看到天棚上方的暗装风机盘管是怎样安装的，由哪些部分组成。通常天棚上只能看到送风口和回风口，通过自主学习，学生会想到天棚上方有可能藏着风机盘管，或送风风道或回风风道。

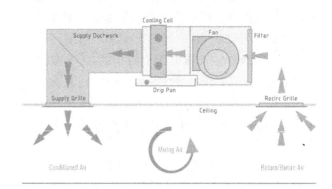

图 4　非管道型再循环方式

图 4 的安装方式，在天棚上方回风口和管道滤网之间没有管道连接。而图 5 的安装方式，在天棚上方回风口和管道滤网之间通过管道连接。

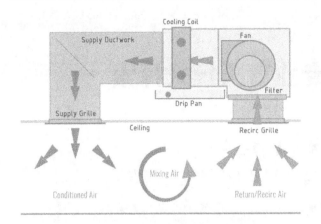

图 5 管道型再循环方式

大作业中,学生还描述了两管制、三管制、四管制风机盘管的区别。

关于风机盘管的控制系统部分,学生找到的实例很丰富。如图 6 所示为手动控制风机三挡转速的原理示意图。如图 7 所示为 DDC 控制的两管制风机盘管。如图 8 所示为四管制风机盘管的控制原理图,其中 TC-1 为温控器,VA-1 为控制冷水流量的电动调节阀,VA-2 为控制热水流量的电动调节阀。

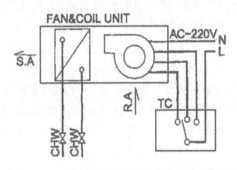

图 6 手动控制风机三挡转速的原理示意图

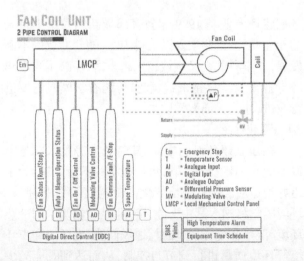

图 7 DDC 控制的两管制风机盘管

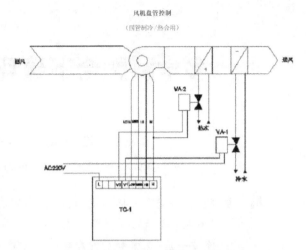

图 8 四管制风机盘管的控制原理图

学生通过做大作业,找到了很多教材上没有,但目前正在应用的风机盘管控制相关知识,开阔了视野。一个学生在大作业的结尾部分写出了自己的感受,他写道:我查阅了各种资料来完成这个风机盘管的大作业,使我对于空气调节和空气调节系统中的自动控制理论更加了解,相当于对整个制冷空调系统和自动控制有一个属于自己的总结,收获很大。

4 结语

通过教学实践,发现课堂提问、课堂讨论、灵活布置各种形式的作业,可有效调动学生学习的积极性,激发学生的学习兴趣,让学生自主学习,并收到良好的教学效果。即使是对所学专业不感兴趣的学生,也可以通过布置小组作业、大作业等灵活形式触发他们对所学专业知识的兴趣,达到意想不到的效果。需要注意的是,采用讨论或大作业的形式,讨论的题目及大作业的题目设定需要任课教师仔细斟酌,题目选得好才能取得预期的效果。这些教学形式同样也可以用在实践教学、课程思政融入课堂的实践中。

参考文献

[1] 梁乐. 基于 OBE 理念高校大学生自主学习能力提升策略研究 [J]. 科技风,2022(1):28-30.
[2] 王姝,朱飞燕,姚锋刚. 以学生为中心的课堂教学模式探索与实践 [J]. 中国教育技术装备,2020(10):77-78.

多学科融合下建环专业育人模式探索

蔡　阳[1]，安荣邦[1]，赵福云[2]

（1. 暨南大学国际能源学院，广东珠海　519070；2. 武汉大学动力与机械学院，湖北武汉　4300772）

摘　要：随着"双碳"目标的提出，构建和完善"双碳"引领的绿色低碳学科体系和培育支撑"双碳"目标的创新型人才，成为当前新工科建设的重要内容。建环专业作为新工科重要一员，探索和发展其育人模式尤为重要。本文结合新工科人才培养特点与多学科融合背景，首先通过对建环专业发展现状及其教学模式进行调研，剖析和反映其专业现状；其次对建环专业特性以及现有培养模式进行精准分析，最终提出多学科背景下线上线下混合式教学与实践相结合的育人模式。

关键词：建环专业；多学科融合；线上线下混合式；育人模式

1　引言

建筑环境与能源应用工程专业（以下简称建环专业）的发展可以追溯到 20 世纪 90 年代。为提倡创新、协调、绿色、开放、共享的理念，教育部于 1998 年将原有的"供热通风与空调工程"和"城市燃气工程"两个专业整合重组为建筑环境与设备工程专业，并在清华大学、同济大学首批设立该专业。将环境调控转向人体健康的热舒适环境的营造，使得专业内涵更加丰富、更加科学。2012 年教育部将建筑环境与设备工程专业和建筑节能技术与工程、建筑设施智能技术合并为建筑环境与能源应用工程。近年来，随着我国科技的不断发展，为适应企业实际需求，2017 年教育部发布了《关于开展新工科研究与实践的通知》，建环专业被列为新工科专业，为专业的进一步发展提供了新的机遇和空间[1-4]。对于现如今产业的不断丰富，相对于建筑环境与能源应用工程专业，未来培养方向必须与企业实际需求结合起来[5]，培养具备较强实践和创新能力的高素质复合型人才。

建环专业[6]是由建筑、环境、土木以及能动等多个学科交叉融合而成，对于本科生需要在掌握各个学科基本知识的基础上，对多个学科知识进行串联。而现阶段的主要问题是传统教学模式中课本上的不同学科内容是相对独立的，学生在掌握基本知识的基础上，无法对多学科专业知识进行融合并有效应用于科学研究和实际生产。针对研究生培养，学生对各个学科知识掌握情况普遍较好，但大多数学生因缺乏学科交叉思维，不仅研究内容较浅，而且研究方向不明显，往往无法进行深度原始创新。

因此，本文针对现阶段建环专业发展存在的瓶颈，进行全面剖析，并提出见解。首先对建环专业的总体概况及其发展现状进行调研，其次根据对现有教学模式进行分析，提出使用多学科融合建环专业育人模式解决当下建环专业发展瓶颈。

2　建环专业现状

建环专业是 1999 年教育部最新纳入招生目录的专业[7]，该专业主要以工科为主，随着专业的不断发展，其学科的交叉领域越来越丰富，反映了当下建环专业涉及学科越来越宽泛，传统教学模式需要进行改进，才能保证教学质量。

2.1　专业介绍

在建立建环专业之前，其前身为房屋水电与空调专业[8]，但随着我国可再生能源的不断发展，为了更好地适应经济和环境变化，该专业不断地将建筑、环境等学科纳入其中。建环专业是对建筑中的冷热环境、湿热环境、空气质量、通风性能、光环境和声环境等环境质量进行调节与控制，从而达到既能减少对环境的破坏和保护环境的目的，又能创造低能耗

作者简介：蔡阳（1989—），男，博士，副教授，研究方向为可持续能源与建筑环境。电话：13995676253。邮箱：thomascai301@163.com。

基金项目：2022 年暨南大学教学质量与教学改革工程项目（JG2022095）。

的建筑设备,提高人体舒适性的工科专业。该专业主要开设公共必修课和专业基础课程,其中包括高等数学、大学物理、大学英语、思想道德修养、中国近代史纲要等公共必修课和工程热力学、传热学、流体力学、建筑环境学、自动控制原理、热质交换原理与设备、建筑电气、空调技术、制冷技术、供热工程、设备自动化、工业通风、建筑设备自动化、高层民用建筑空调设计等专业基础课程。该专业对应研究生的主要研究方向为暖通空调、城市燃气、建筑电气与智能化、可持续能源与建筑等不同方向,涉及学科知识面较广。

2.2 专业发展现状

在"新工科"背景下,现阶段建环专业已经越来越受到重视,但是在教学培养上仍然存在一些问题。例如,该专业学科交叉领域较大,在大学期间,学生在学习完专业基础知识后,无法将各个学科的知识结合起来应用于真正的应用和科研中,导致该专业的学科属性不强,并且各个学科的跨度很大。因此,传统的专业培养模式因其单一性已无法满足该专业的培养目标。

2.2.1 学科属性不强,专业跨度大

随着建环专业的不断发展,该专业所涉及的学科领域也越来越广,涉及环境、能源与动力工程、电气、土木、建筑设计等多个学科。尽管建环专业横跨多个专业,但其专业属性较弱,其本身理论还没有形成较为成熟的专业属性。除此之外,随着各类方法和理论的发展,不同的理论知识已经进入建环专业,如利用大数据或者计算机技术,解决建筑设备故障、预测室内环境、调控特殊设备环境等。因此,在培养建环专业人才过程中,必须了解建环专业学科内涵,从不同角度、不同学科出发,发挥各学科有机融合。

由于本专业包含流体力学、建筑环境学、传热学、工程热力学以及可再生能源利用技术等不同领域的基础理论知识,各个学科之间的专业基础知识跨度很大。在整个教学过程中,需要有一个很好的引导才能够将跨度大的专业知识串联起来,使学生能够更好地掌握建环专业的知识,做到学以致用,服务于专业知识基础之上的工作与科研。

2.2.2 专业培养模式单一,实践基础薄弱

专业知识跨度大,学生很难完全吸收是建环专业目前所遇到的瓶颈。传统单一的育人模式并不能达到真正的教学目标。现阶段的育人模式基本上以理论教学为主,实验教学也是按照实验报告手册进行操作。传统的育人模式存在以下几点不足:①教

师在讲授知识时,课本知识太过宽泛,不成体系;②课程内容太多,由于有些学科知识体系跨度大,教师普遍反映课程"不太好教",理论知识讲得太深,学生无法掌握;③各个学科知识内容相对独立,理论知识太过抽象,学生不容易理解和掌握,无法达到基本教学目标;④各个课程之间的相对独立性使得理论知识与实践知识具有分裂性,并和社会需求脱节。多学科的专业理论知识要很好地被学生吸收本来就很困难,在此基础上还需要将这些学科融合起来以达到专业在实际应用和研究中所需要的基本标准更是难上加难。培养模式的单一化以及传统教学过程中实践基础薄弱,给以建环专业为代表的"新工科"人才培养带来了极大的挑战和困难,亟须探索新的育人模式,以满足社会发展需要。

2.3 专业就业现状

各个课程的开设都是源于经济社会发展的需要,事实已经证明,国家根据经济发展的需求以及按照专业对口的原则,不断调整建环专业的课程体系是合理的,各个建筑公司、设计院等都有相对应建环专业的岗位需求。现阶段建环专业就业形势不容乐观,大部分毕业生存在工作专业不对口问题。事实上,这并不是专业岗位饱和引起专业竞争激烈所导致,而是大部分毕业生并没有找准建环专业的特色定位,无法将所学知识串联起来应用到工程工作中,导致企业在招聘时无法匹配到合适的专业人才。当前,疫情给室内环境品质提出了新的挑战,同时高端制造的快速发展给极端环境控制带来了新的需求点,这些现状势必将大大增加对建环专业人才的需求。

3 多学科融合育人模式研究的必要性

针对建环专业发展过程中面临的学科跨度大、涉及面广以及培养模式单一等问题,有必要探索多学科知识体系融合背景下建环专业育人模式,以满足社会对建环专业人才的需求。其育人模式研究的必要性主要基于以下三个方面:①建环专业涉及领域广泛,所涉及学科侧重点不明显,导致学科属性不强,其专业跨度较大,较难突出建环专业特色,人才培养较为困难;②专业所学各个学科领域涉及很多专业,各个学科的书本知识又是相对独立的,传统育人模式较为单一且实践基础较为薄弱,学生较难吸收所有知识;③该专业的最大优势就是能够将不同学科的知识串联应用于工程问题上,但此优势也是

现阶段最难攻克的难题,学生学到的学科知识相对宽广并且书本知识相对独立,使得学生无法将学科知识串联起来,从而很难与需求匹配,导致学生在就业上遇到瓶颈。根据专业发展现状,提出以培养自主创新实践型人才为导向,构建"多学科融合混合式教学"的开放型实践教学模式。多学科融合育人模式采用线上自主学习方式培养学生的独立思考能力,线下指导学生参加科技创新竞赛,将多个学科串联起来,培养学生的自主创新能力和实践动手能力。通过多学科知识体系融合背景下的育人模式,能够使学生满足社会发展的需求,实现对"新工科"人才培养的实际目标。

4　建环专业育人模式改革与发展

建环专业课程涉及学科比较宽泛,书本内容相互独立,需要通过多学科知识体系相互融合,线上线下混合式教学方法和理论实践一体化等教学方式将学科知识串联起来,提高教学质量和人才培养水平。基于建环专业的特色定位,有力凸显专业优势,改革传统教学方式和培养方案,形成如图1所示的多学科知识体系融合背景下的建环专业育人模式。

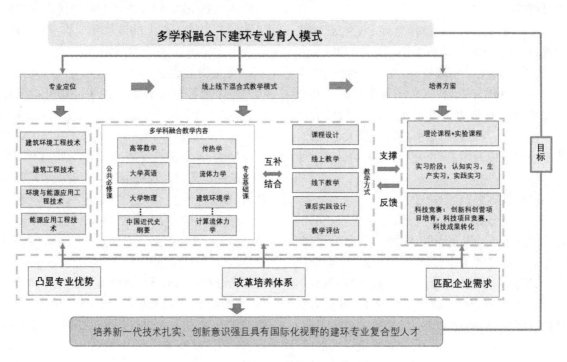

图 1　多学科融合下的建环专业育人模式

4.1　专业定位

由于建环专业的学科跨度大,学科属性不强,学科涉及方向宽泛,学生接收到的学科内容相对独立,使学生无法找准专业的定位。故需要树立明确的专业定位,建环专业主要是由建筑环境工程技术、建筑工程技术、环境与能源应用工程技术与能源应用工程技术四大部分组成,其研究基础与内容广泛,涉及环境、建筑、土木与能动等多个学科。作为一门多学科融合的新工科专业,在学习相关基础专业知识的条件下,还需要将各学科知识体系串联起来,将相对独立的各个相关学科应用到实际工程中,以适应当前技术发展和人民需求。建环专业的特色在于融入了可再生能源利用和传热学、建筑环境学等专业知识,实现建筑节能,同时降低环境污染。

4.2　教学方式

教学方式需要从两个方面确定。首先从学生团体的角度出发,学生是整个教学计划中的主角,学生的接受程度是评价教学模式好坏的最直观、最具决定性的指标。根据学生对于建环专业的教学反馈,发现学生普遍对单个学科的学习存在间歇性问题,传统教学模式下学生容易分心,使获取知识存在间歇性。针对这一问题,提出结合线上线下的混合式教学模式,学生可以通过课前线上自主预习和课后线上自主复习的方式来巩固知识点,线下学习知识重点以及掌握学习方法。其次从教师团队的角度出发,各个学科内容是相互独立的,传统教学方式中按照课本内容讲解知识点远远不能达到教学目的,因此需要对各个学科知识体系进行串联,提前做好课程教学设计是很有必要的,在此基础上采用线下教授重点知识,线上通过学习平台提高学生自主学习能力。此外,通过线上雨课堂、慕课、超星等方式能够有效收集学习反馈,对课程进行过程评估和反馈,大大提高教学效果。

4.3 培养方案

建环专业的培养目标是培养具有较强自主学习能力的创新型实践人才。建环专业采用理论教学和实验教学相结合的培养方案,前期通过线上线下混合教学方式,对多学科交叉理论知识进行指导,在实验教学过程中不断穿插基础知识,以达到更好的教学效果。同时,采用线上线下混合教学的方式培养学生的自主学习能力。除此之外,为了能够跟课程进行对接,秉承科教创新育人精神,根据学生个人兴趣,在原本课程实验基础上进行创新,指导学生参加实习和科技创新竞赛。通过对多学科融合育人模式的探索,增强了学生对本学科的认识和理解,同时也提高了学生的自主创新能力。对建环专业育人模式进行尝试性的改革,收到了良好的效果。

5 总结与展望

综上所述,针对建环专业发展过程中面临的学科跨度大、涉及面广以及培养模式单一等问题,有必要探索多学科知识体系融合背景下建环专业育人模式,以满足当前培育支撑"双碳"目标的"新工科"创新型人才。多学科融合背景下线上线下混合式教学与实践相结合的育人模式,不仅促进理论与实际工程应用相结合,增加教学的系统性和深度,同时能够弥补传统单一教学模式的不足,使学生具备不同学科知识储备,为本专业学生从事建环专业及其相关行业提供坚实的理论基础和实践能力。教学模式需要不断调整,以匹配学生学习能力和进度的需求,为实现培养具有自主创新能力的建环专业复合型人才的目标而不断努力。

参考文献

[1] 贺晓阳,赵昕,王智森,等. 以工程能力培养为导向的多学科融合实践育人平台的建设 [J]. 当代教育实践与教学研究,2020(5):179-180.

[2] 胡笑梅,王梦洁. 多学科交叉融合人才培养的研究热点分析 [J]. 安庆师范大学学报(自然科学版),2021,27(4):37-42,58.

[3] 孙康宁,于化东,梁延德. 基于新工科的知识、能力、实践、创新一体化培养教学模式探讨 [J]. 中国大学教学,2019(3):93-96.

[4] 蔡磊,向艳蕾,管延文,等. 建筑环境与能源应用工程专业新工科人才培养体系探索 [J]. 高等建筑教育,2018,27(5):9-13.

[5] 王颖泽,梁炜,徐荣进. 新型人才体制下建环专业实践教学环节的几点思考 [J]. 创新创业理论研究与实践,2021,4(9):35-37.

[6] 宫克勤,贾永英,刘立君,等. 新工科背景下建环专业实践教学体系研究 [J]. 制冷与空调(四川),2021,35(2):281-284.

[7] 张登春,郝小礼,于梅春,等. 新工科背景下建筑环境与能源应用工程专业创新型人才培养模式探索 [J]. 高等建筑教育,2022,31(3):57-62.

[8] 朱立成,贺根和,肖宜安,等. 基于多学科交叉融合的复合型人才培养体系构建与实践 [J]. 井冈山大学学报(自然科学版),2022,43(1):103-106.

"冷库技术"线上线下混合式教学浅谈

罗南春，张文科

（山东建筑大学热能工程学院，山东济南　250101）

摘　要：冷库在冷链物流中起着至关重要的作用，"冷库技术"是能源与动力工程专业制冷方向一门重要的专业课，该课程不仅需要很强的专业理论基础，而且实践性很强。本文探讨了该课程混合式教学的方案设计、混合式教学的实施和效果；对于如何指导和督促学生线上自学进行了探讨和实践；也设计和实施了线下课堂教学的多种教学方式。混合式教学使得教学方式更加丰富，师生互动和生生互动得以加强，提高了学生的学习积极性，在理论联系实际和创新能力方面也有一定的积极作用。

关键词：混合式教学；冷库技术；线上自主学习；线下课堂教学；冷链物流

1　引言

人才是国家发展之本，培养具有创新精神和实践能力的高级专门人才是高等教育义不容辞的职责。高等学校的教学质量问题值得我们不断探索和研究，教育部出台了相关政策，倡导深入推进高校创新创业教学改革，其中包括教学方式方法的改革；开展启发式、讨论式、参与式教学；坚持以人为本，遵循教育规律，面向社会需求，优化结构布局。

冷库在冷链物流中起着至关重要的作用，它在整个物流冷链中占据着三个位置：在食品产地附近位于冷链起始端的生产性冷库、在交通枢纽处位于冷链中端的分配性冷库和靠近消费者端的零售性冷库。"冷库技术"是能源与动力工程专业制冷方向一门重要的专业课，该课程不仅需要较强的专业理论基础，而且实践性非常强，其内容主要有制冷系统方案设计、机器设备配置、负荷计算、设备选型、机房设计、库房设计、制冷装置的安装调试等。这样一门课程如果采用单一的、传统的教学方法，难以调动学生的学习兴趣，为达到既定的教学目标，教学改革势在必行。

作者简介：罗南春（1964—），女，硕士，副教授。电话：13969139361。邮箱：11419@sdjzu.edu.cn。

张文科（1982—），男，博士，教授。电话：13255695057。邮箱：wenke-zhang2006@163.com。

基金项目：基于混合式教学方法和虚拟仿真平台的冷库技术课程教学改革的研究（M2021185）；2021年高等学校能源动力类教学研究与实践项目（NSJZW2021Y-36）。

2　实施混合式教学方法的必要性和可行性

在传统教学模式中，教师往往对PPT的每个页面进行逐一讲解，再辅以板书突出重点难点。这样做的初衷是把全部知识体系无一遗漏地传授给学生，但教师长篇累牍的讲授，会使学生感到单调、乏味和疲倦，因而难以集中注意力。在传统的全部线下课堂教学方式下，教师授课占据太多课时，导致没有多余的时间和学生进行互动，无法充分地开展问答和讨论，难以加深学生对重点难点的理解，并提高其利用所学理论知识分析和解决实际问题的能力。而采用全部的线上教学也不恰当，因为学生一直接受传统的教育方式，多数学生仍习惯于教师面对面上课的感觉；网络自主学习需要很强的自律性和自觉性，有的学生因为自学动力不足或因为没有老师经常督促而导致观看教学视频的时长不足，即便也有学生能够认真学习每个教学视频，如果没有教师利用线下课堂组织学生对所学内容进行讨论、练习和指导，其学习效果也会大打折扣。基于这些原因，采用混合式教学很有必要。

近几年来，山东建筑大学越来越重视教学改革，"冷库技术"课程建设也投入了很多人力、物力和财力；通过团队的努力，制作了"冷库技术"的教学视频，并在智慧树上成功上线。同时，随着数字科技的发展,在各大教学平台上也涌现了不少相关教学视频和线上资料,这些资源为开展线上线下混合式教学提供了可行性。

3 混合式教学方案的设计

线上线下混合式教学的目的是使教学活动更加合理和丰富,提高学生的学习动力和学习效果,所以有必要引入一些新的教学理念,如"互动式学习""问题式学习""以学生为主体的学习"等。而"冷库技术"的混合式教学也应遵循这些理念,并结合课程的内容和特点进行规划。首先要进行线上和

线下的学时分配,其次要规划好线上学习的学习内容和任务。关于线下课堂教学也要面临如下问题:线上课堂以哪些方式开展(如让老师讲重点难点、让学生讲PPT、讨论、解题、提问等方式);强调哪些重点;讲解哪些难点;以及如何利用线上自学的理论知识,分析和解决工程问题;如何发现现行技术存在的缺点和局限性,并提出创新和改进方法;如何及时检验学生线上学习的效果,并给予合理的评价,以此督促每位学生切实地做好线上自主学习,完成指定章节的线上学习任务,保证线上学习效果。基于以上综合考虑,绘制了如图1所示的工作计划流程。

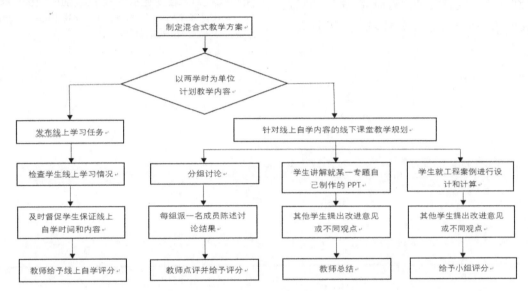

图1 工作计划流程图

围绕这个教学计划,进行了各项准备工作,包括重新分配内容和学时,拟定讨论主题、工程案例、设计案例等,为混合式教学的实施做了充足的准备。

4 混合式教学方案的实施和效果

在2021—2022学年的第一学期,对本科生两个班的"冷库技术"实行了线上线下混合式教学方法,这两个班共69人,因为是第一次尝试,所以选择"机器设备选型"和"冷间设备布置及气流组织"两章作为实施对象,这两章的内容全部采用线上自学,老师以两学时为单位布置每次的学习目标和任务,以及学习中应注意的重点和难点,并考查学生线上学习的各项数据,及时敦促学生保证线上学习时间充足。由于这两章的内容完全靠线上自学是不够的,因此还辅以线下课堂教学,其目的是强化和巩固

线上自学成果,突出重点和难点,验证线上学习效果,引导学生把所学知识应用于工程实践,引导其发现现有技术存在的问题并改进现有技术。所以,我们认真规划了每次(两节课)课堂线下教学的内容、形式和方法,例如在专题讨论时把全部学生分为7组,每组围绕一个专题进行讨论,然后派1个学生陈述讨论结果,在这个过程中发现学生的线上学习还是有一定成效的,还有的组能提出一些创新的想法;不足之处是有的学生在讨论过程中比较拘谨,气氛不够热烈。为了突出重点和难点,还采用了在课堂上让学生用PPT讲重点和难点部分的方法,有的学生思路清晰、概念正确,还有的学生则需要在老师的提醒和引导之下才能完成讲解,学生反映通过这种形式,加深了他们对重点和难点的理解。

关于学习效果,当前的评价体系主要包括课程考核、课程设计和毕业设计的能力和学生毕业后任

职的情况反馈。比较明显的是学生做课程设计时，其设计计算能力得到了较大的提高，特别表现在机器设备选型计算方面，以前双级压缩机选型计算是一个难点，在课程设计时学生虽然已经学过这方面内容，也仍然不知道如何下手，但通过线上线下混合式教学，有足够的时间利用课堂教学让学生对工程实例的某些难点进行设计和计算训练，提高了学生理论联系实际的能力，所以课程设计学生进行得更加顺利。

5 结语

线上线下混合式教学是值得研究、探讨和实施的教学改革措施之一，它充分体现了"互动式学习""问题式学习""以学生为主体的学习"等先进的教学理念，通过让学生线上自主学习基本内容，把学生从被动地听老师长篇累牍地灌输，转变为自主的学习；而线下的课堂教学由于没有事无巨细地讲授所有教学内容的需要，所以可以组织更丰富的教学活动，提高师生互动，拓展和巩固所学知识，提高学生理论联系实际的能力及创新能力。

参考文献

[1] 庄友明. 制冷装置设计 [M]. 厦门：厦门大学出版社，2017.
[2] 唐苏. 翻转课堂：教学流程与技术载体的逆序创新 [J]. 现代教育科学，2018（10）：111-116.
[3] 王晓英，王军锋，王贞涛，等. 结合思维导图的流体力学翻转课堂教学 [C]// 2019 年全国能源动力类专业教学改革研讨会论文集. 镇江：江苏大学出版社，2019.

多样化教学在"锅炉原理"课程中的应用

胡秋冬

（山东华宇工学院，山东德州 253000）

摘　要："锅炉原理"是一门专业性、理论性以及工程实践性比较强的本科专业课程，在授课过程中难免出现学生听不懂以及填鸭式教学的现象。为改变此类现象，本文以"锅炉原理"为研究对象，对课程进行分模块教学，探求多样化的教学方法，激发学生的学习兴趣，提高学生的学习效率。

关键词：多样化教学；锅炉原理；校企结合；教学改革

1　引言

"锅炉原理"课程是能源与动力工程专业的一门必修课程，系统阐述了大型火力发电厂燃煤锅炉的原理及设备，重点介绍了锅炉的工作原理和设计方法，论述了电站及工业锅炉燃烧技术、受热面的布置方式、热力和水动力学的计算方法，以及锅炉设计的指导思想和分析解决问题的方法。本课程内容错综复杂，理论性较强，部分院校会将其设置为考研复试的专业课程。通过本课程的开设，可帮助学生对电站锅炉有一个抽象的了解，掌握锅炉的运行方式以及工作原理，对后续的社会实践过程奠定一定的理论基础。基于上述原因，针对本课程不断探索新的教学方法，进行相关的教学改革，提升教学质量，进一步提升人才培养质量具有重大意义。

2　教学特色与教学目标

"锅炉原理"课程属于多学科交叉课程，不但涉及"传热学""流体力学""燃烧学"等理论课程，还涉及设备检修与选型等相关的实践能力，这就要求任教老师不仅需要具备一定的理论知识，还要具备一定的社会实践经验。

通过本课程的学习，使学生能熟悉锅炉工作的基本原理及炉内的工作过程，了解锅炉安全、经济运行的一般知识，掌握锅炉的设计计算、运行校核计算，培养学生的科学抽象、逻辑思维能力，具有解决实际工程问题的能力，了解锅炉原理学习思想及本学科在研究、发展过程中的特色，同时使学生养成严谨、求实的科学作风，树立节能减排的理念。

3　目前教学模式存在的问题

随着教学模式的不断探索，结合课程的特殊性，目前教学模式仍存在一些不足。

3.1　授课方式

目前，针对"锅炉原理"课程的授课采用线下授课的方式，由学校专任教师进行课堂讲授，对于授课过程中学生难以理解的知识点进行板书讲解。但是，采用此类方法，对于课程中概念性的内容可以方便学生理解，但是对于锅炉的热力计算，如燃料燃烧产生的各项损失计算、锅炉用钢强度计算、锅炉水动力特性以及一些涉及锅炉受热面的布置与选型等相关的知识，一味地采用常规教学方式很难使学生理解。针对上述问题，为提高教学质量，加深学生对知识的掌握程度，探寻新型教学方式迫在眉睫。

3.2　学情分析

"锅炉原理"的授课对象为能源与动力工程专业的学生，学生通过之前学习的专业基础课程，对部分热力计算有了些许掌握，但是学生对锅炉的了解仅局限于书本的介绍以及教师口中的描述，自身对于电厂锅炉并没有一个详细的了解。

3.3　企业需求

随着社会的发展，企业需求也在逐步提高，学生综合能力的提升赶不上社会发展的需求，造成毕业

作者简介：胡秋冬（1994—），女，助教。邮箱：hqd0047@sina.com。

基金项目：2021 年山东华宇工学院校级教育教学改革研究项目——"锅炉原理"课程案例教学法探索与实践（2021JG26）。

季仍然存在学生找不到工作、企业找不到员工的现象。"锅炉原理"开设于能源与动力工程专业大四上半学期,与学生后期即将开展的毕业实习、课程设计均构成紧密相关的课程链,但是在知识的衔接上并不紧密,导致学生在真正求职期间难以满足企业需求。而近年来,企业对能源与动力工程专业应届本科生的技能、技术的要求逐年提高,这对专业课教师提出了新的挑战[1]。

四、教学模式与改革

4.1　理论教学改革

通过分析,将"锅炉原理"课程内容分为基本原理与介绍、锅炉设计与计算、锅炉安全运行三大模块,对各模块的主要知识点内容进行提炼,循序渐进、层层深入,通过运用模块一中的理论知识与基本原理,对模块二中锅炉本体的受热面进行相关的计算,再辅助模块三中的安全运行,完成一整套电站锅炉的设计。同时引入案例库,将实际工程案例穿插到理论课堂中,特别是锅炉设计与计算模块,主要围绕锅炉本体的组成以及相关的计算展开,设置自然循环锅炉、循环流化床锅炉以及直流锅炉三种不同的炉型,让学生进行分组学习,对多种炉型的异同点进行总结归纳,通过课上理论知识的讲解,让学生课下完成简单的设计。结合学科特色,在授课过程中,对于理论课程,以"情境导入"为起点,以"收集资料"为渠道,以"自主协作"为过程,以"成果展示"为工具,以"评估检测"为结果,完成整堂课的讲授。俗话说"民以食为天",人不吃饭不行。同样,若想让锅炉正常运转,就需要及时补充燃料,针对电站锅炉来说,煤粉便是锅炉的食物。不同种类的煤,具有不同的化学成分组成,以无烟煤为例,让学生分组研究调查无烟煤的元素含量,将各小组的成果以课件的形式进行展示,最后由教师进行点评总结,完成本节课程的讲授。通过小组活动的加入,实现了"学生中心、需求导向、全面发展、产教融合"的育人理念。

4.2　实践教学改革

对于实验课程,主张学生实际动手操作,以"情境示题"为起点,以"自由探究"为渠道,以"动手操作"为工具,以"拓展运用"为结果,从而完成实验课程授课。下面以煤的元素分析为例,分析是不是所有的煤种都适用于同一种锅炉,或者说为什么针对不同煤种要选取不同的锅炉。将问题抛给学生,同样以无烟煤为例,学生通过磨粉、检测,获得无烟煤的化学组成,根据前期讲授的理论知识,对检测结果进行汇报并撰写实验报告。结合专业培养需求,以掌握电站锅炉主体设计为教学目标,以培养学生的工程素养为宗旨,体现以学生发展为中心,进行教学内容设计,同时引入课外训练与综合练习环节,做到教学内容与任务融为一体,理论与实践相结合。

4.3　案例教学——理实结合

通过理论讲授与实验操作完成课上授课,在课下除通过布置常规的作业库、试题库检测学生对课堂理论知识的掌握程度外,还根据实际的工程案例建立案例库,在校内完成实际工程的理论知识的讲授,同时组织学生进入现场参观,加深学生对锅炉的直观印象,通过实际数据的采集,现场施工人员的讲解,以及调取施工的监控录像,让学生更好地观看到电站锅炉在安装、运行以及检修过程中的动态画面。通过上述过程完成"锅炉原理"课程知识体系的课外训练环节,切实做到理实结合,以培养出高素质应用型人才。与此同时,通过给定山西某发电厂三期锅炉的纵剖图,让学生通过相关受热面热力计算校核的方式完成对课程的综合练习,帮助学生掌握目前电站燃煤锅炉本体的设计思路以及计算过程,进一步体现本课程掌握电站锅炉主体设计的教学目标。

4.4　信息化教学

受疫情的影响,近两年越来越多的课程由线下授课逐步转变为线上授课,也有部分教师抓住了这个契机,采用信息化教学,而真正的信息化教学并不是将课件原封不动地搬到网上即可,而是需要教师前期投入大量的精力来搜寻与授课内容相关的内容,取其精华,去其糟粕。实验、实践教学在培养学生严谨的科学思维和创新能力、理论联系实际,特别是与科学技术发展相适应的综合能力方面有着不可替代的作用[2]。采取信息化教学,利用网络平台建立虚拟仿真、智慧树、慕课等相关的链接,方便学生后续的预习以及复习。网络平台中可以穿插教学主讲内容以及部分教辅资料,包括集锅炉设备的结构图、系统图、曲线图、数据表和讲稿文本为一体,同时可将现场设备结构照片穿插在课件中,并且也可将设备的立体图用动画形式表达出来。通过采用信息化教学,克服学生对锅炉本身认识的局限性,进一步增强感性认识,通过理论知识与线上动态视频的结合,加深学生对理论知识的理解,有效地提高了学习效率[3]。

5 结语

"锅炉原理"课程的综合实践性很强,对于能源与动力工程专业学生后续的毕业实习以及正式步入工作有较大的影响,通过掌握学科新动态,理解新政策,树立新理念,拓展新视野,掌握新技术,对课程不断地进行完善,实现对标国家一流课程。在建设过程中,希望通过对教学理念、教学团队、教学资源、教学方法、教学实施过程、教学考核以及教学反馈等方面的不断改革,最终打造"两性一度"的金课。

参考文献

[1] 赵鹏飞,王珂.多样化教学方式在"锅炉原理与设备"课程中的研究与探索[J].教育教学论坛,2017(20):2.

[2] 李芳芹,任建兴,吴江,等."锅炉原理"课程实验教学的改革与实践[J].教育教学论坛,2016(18):2.

[3] 孙坚荣,李芳芹,李彦."锅炉原理"课程教学方法改革探索[J].中国电力教育(下),2014(4):2.

基于 OBE 理念和网络云平台的混合式教学设计

刘　岩,李　敏,叶　彪,李诗诗

（广东海洋大学,湛江　524088）

摘　要: OBE 理念是成果导向教育理念,是我国高等教育本科工程类专业改革的目标。本文以 OBE 理念为基础,以"制冷原理与设备"课程为例,对课程进行了网络云平台混合式教学设计,并通过教学过程体会,对教学设计进行了探讨,以期使 OBE 理念深入课程建设和改革。

关键词: OBE 理念;混合式教学;云平台;教学设计

1　引言

OBE(Outcomes-based Education,成果导向教育)理念,最早由美国教育学家 Spady 于 20 世纪 80 年代初提出,并且建立了以学生学习成果为起点和核心,与 OBE 理念相适应的评价机制,以衡量人才培养质量与培养目标达成度[1]。2016 年,我国成为《华盛顿协议》的正式会员,为使工程教育与国际接轨,达成工程教育质量和工程师资格国际互认,随即展开了工程类专业教育模式的改革,在全国推行国际主流工业国家公认的成果导向教育理念,即无论是课堂活动还是学生学习都是基于产出驱动(outcomes-based)[2],以学生为中心和主体的导向[3]。2019 年,教育部发布《教育部关于加快建设高水平本科教育全面提高人才培养能力的意见》[3],提出以学生发展为中心,积极推广混合式教学、翻转课堂,构建线上线下相结合的教学模式,使 OBE 理念在高等教育中广泛推广开来。

而我国基于 OBE 理念的教学研究最早出现在 2015 年[4],随着线上线下混合式教学的推广,OBE 理念目前在数学[5]、英语[6]、生态学[7]、材料学[8]、编程[9]、食品[10]、物理化学[11-13]等多学科多领域都有广泛的研究。

广东海洋大学能源与动力工程专业紧跟教育改革的步伐,采用混合式教学方式,基于 OBE 理念,对多门专业课程的教学方式进行改革,获得了良好的教学效果。本文以"制冷原理与设备"为例,展现基于 OBE 理念的混合式教学设计。

"制冷原理与设备"是广东海洋大学能源与动力工程专业制冷方向本科生的传统专业课,有几十年的教学历史。通过课程学习,学生可以了解并熟悉各种制冷方法的基本原理、理论及热力计算方法,除课堂教学外,还配有课程实验和生产实习等实践环节,使学生得到专业知识与技能的全面培养。在教学过程中,教师通过带领学生参加专业竞赛等方式[14],为学生拓宽专业视野,及时跟进制冷理论及应用的前沿及发展趋势,为学生今后从事本专业技术工作,特别是制冷工程系统、设备和工艺设计方面技术工作打下必要的基础。

"制冷原理与设备"是一门应用性非常强的课程,专业课老师具有丰富的教学和工程实践经验,但由于传统的教学方法中学生是被动接受知识,不能完全调动学生的积极性。因此,借用网络云课堂的建设,基于 OBE 理念对此课程进行混合式教学设计。

2　课程教学设计

2.1　基于网络云平台的在线课程建设

线上课程建设是混合式教学的基本要求,早在几年前就开始进行线上课程建设,并逐步完善,本课程于 2021 年成为广东省级在线开放课程,并于 2022 年在粤港澳大湾区联盟线上课堂正式上线(https://www.xueyinonline.com/detail/223379287),并已经运行一个周期(图 1)。

线上内容除录制的课程视频外,还有基本课程

作者简介:刘岩,讲师。电话:15016472185。邮箱:yliu@gdou.edu.on。

资料(教学大纲、实验指导书、课本 PDF 版等)、试题库、作业库等,已经实施的在线学习情况统计(图 2 至图 4)。

图 1　粤港澳大湾区学银在线首页

图 2　学习通首页课程内容

图3　部分章节测试和作业

图4　部分在线学习情况统计

2.2　混合式教学设计

在 OBE 理念中,教师应当对学生毕业时应该达到的能力及水平有清晰的构想,进而规定其必须取得的学习成果,然后设计适宜的教育结构,并通过配合多元弹性的个性化学习,完成自我实现并达到预期目标,同时将学习成果反馈,进而改进原有的课程设计和教学[1]。根据本专业的培养大纲,"制冷原理与设备"课程具有四个教学目标,对应学习毕业要求所需达到的指标点(表1)。

表1 "制冷原理与设备"教学目标与毕业要求指标点对应关系

教学目标	支撑毕业要求对应指标点
教学目标 1:全面了解并熟悉人工制冷的各种制冷方法的基本原理、基本理论及热力计算方法。包括蒸汽压缩式制冷的原理,吸收式制冷的原理、方法与设备及应用,热电制冷的原理、设备、设计及应用;了解制冷技术的前沿及发展趋势;具备制冷原理基础理论,能结合数学、自然科学相关知识,解决能源与动力工程问题综合推演和分析的能力	1. 工程知识 1-3 具备动力工程及工程热物理学科较宽厚的基础理论,并结合数学、自然科学相关知识,进行复杂能源与动力工程问题综合推演和分析
教学目标 2:掌握单级蒸汽压缩式制冷循环、两级压缩和复叠式制冷循环的装置流程、设备组成和计算特性;透彻理解各类制冷剂的热力性质和工作性能,为设计不同工作温度范围的制冷系统选择合适的制冷剂;应用学过的原理进行方案设计、流程设计和热力计算分析比较;具备基于制冷相关知识及相关文献进行分析和综合的能力,多种制冷方法比较与选择,寻求可替代解决方案的能力	2. 问题分析 2-3 能够基于能源与动力工程领域相关知识,对相关文献进行分析和综合,并能进行多方案比较与选择,寻求可替代的解决方案
教学目标 3:通过课程实验,初步掌握制冷热泵的工作原理流程,掌握冷热介质温度测量及冷热量测量和计算基本方法与技能,对压缩机输气量及其冷量测试有详细的了解,进行安排实验、选择测量仪表、正确进行测量、收集处理实验数据、分析结果和书写实验报告等能力训练;具备正确选用和操作实验装置,正确、安全地开展实验研究和收集数据的能力	4. 研究 4-3 能够正确选用和操作实验装置,正确、安全地开展实验研究,并能正确收集数据
教学目标 4:深入了解制冷机辅助设备的作用原理和计算方法,并会利用相应现场设备及操作示范理解并解决能源与动力工程中碰到的工程问题,通过收集资料、文献阅读和实验数据结合现场设备更好地理解不同形式的制冷机的循环与过程,并学会进行分析和计算,进而获得有效的结论。具备严谨处理、分析与解释数据,研究复杂制冷系统工程问题,并通过信息综合获得合理有效结论的能力	4. 研究 4-4 能够严谨地处理、分析与解释实验数据,研究复杂能源与动力工程问题,并通过信息综合获得合理有效的结论
教学目标 5(课程思政):培养家国情怀,通过制冷原理与设备的课程教学及其制造设备走向世界,增强民族自豪感,提升爱国精神;培养思辨能力;将工程实际和课程知识相结合,通过线上线下的教学模式不断提问和互动,提高学生自主学习与思辨能力;培养绿色环保意识,结合最新的工程应用实例,让学生深刻体会"制冷原理与设备"在解决重大科技问题和民生问题中的重要地位,不断培养责任感和大局意识	不纳入毕业要求评价

"制冷原理与设备"的理论和原理众多,并涉及制冷循环的热力计算,对没有工程经验的学生来说比较抽象,授课教师的教学方法至关重要,传统的讲授式、案例式和问题式等教学方法能够达到一定的教学效果,但是并不能调动所有学生的学习主动性。

因此,教学团队努力打破传统教学方式的授课瓶颈,结合传统的案例式、问题式等优势教学方法,进行混合式课程改革,通过云平台同时支持教师端、移动端和管理端,分别对应课堂教学、学生自学和教务管理,涵盖课前、课中、课后日常教学的全过程。通过开展混合式教学,可实现在线课程建设、在线课程学习、在线教学互动和教学效果分析,实现现代信息技术与教育的充分融合。从而逐步形成一个以学生为中心,以教师为辅助向导的线上线下混合式教学模式,充分发挥学生的主观能动性,为国家和社会输出理论知识更加牢固、专业素养更加完善、爱国敬

业的工程实践类人才。本教学团队以 OBE 理念为核心,对课程混合式教学的设计包括三个部分:课前在线学习、课堂教学实施和课后自主学习(图5)。

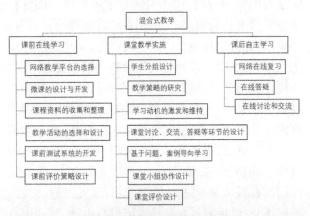

图5 混合式教学总体设计思路

对于课前在线学习部分,旨在使学生能够通过

在线内容的学习,掌握大部分简单的、基础的理论知识和计算方法,并且完成学习目标的基本评价,教师可以在课堂教学前对在线学习情况进行收集和分析,掌握学生课前学习的情况,以对课堂教学的实施进行有的放矢的安排。这就需要为课程制作知识点的视频,并对视频进行剪辑和优化,尽量使每个视频根据内容特点短小精悍,有较强的针对性,学生在学习搜索的过程中也比较方便。由于是自主学习,因此视频长度尽量控制在学生注意力比较集中的时间范围内,符合学生发展特征。"课前在线学习"的过程也是"信息传递"的过程,为了提高学习效果,教师还需要通过网络手段(微信、QQ、学习通消息、企业微信等)进行在线辅导。这个环节的技术难点是如何有效促进和监督全部学生的学习进度,因此这部分的重点在"课前测试系统的开发"和"课前评价策略设计"。

对于课堂教学实施部分,同样时刻围绕 OBE 理念,以"让学生忙起来"为核心,设计课堂教学环节。针对本课程涉及专业工程应用的特点,课堂教学设计主要以案例、问题导向为基础进行学习,学生在课堂上主要通过小组讨论方式学习,同时团队教师对以学生为中心的教学策略要进行讨论和研究,对课堂讨论、答疑、交流环节要设计合理,充分激发和维持学生学习的积极性,并对课堂教学评价进行合理设计。由于混合式课程的重点是课前和课堂,其目的是使学生通过课前和课堂的学习,掌握绝大部分的知识点,而弱化课后的学习。因此,针对课后学习的设计较为简略,主要是通过网络进行在线答疑、讨论和交流。这一环节则是整个混合式教学设计的难点。教学环节的设计应与课前学习无缝对接,讲究关系的系统性,混合式课堂不是传统课堂学习与在线学习的简单混合,而是对两种学习形式中的各种学习要素进行有机融合,运用各种教学理论,协调各个要素,充分发挥混合式教学的优势,实现教学的最优化。因此,课堂教学的实施策略尤其重要,让学生积极地参与学习活动,从信息到教学内容,从知识传授到协作氛围,一起围绕学生展开,而学生对知识吸收内化的过程是通过课堂互动完成的,因此互动策略也至关重要,本课程以学生分组为基础,根据知识点的不同特征,采取问题式、案例式研究法,围绕设计的问题或者案例进行探讨,同时设置讨论、交流、答疑环节,最后对课堂考核内容进行设计,使知识点有效地在课堂上得到消化吸收,充分体现混合式教学的优势。

2.3　课程单元教学环节设计

除对混合式教学总体进行设计外,还要对教学单元进行逐一详细设计。课程单元教学环节设计框架如图 6 所示。这个框架包含单元导学、教学目标、教学资源、教学活动和教学评价五部分。单元导学和教学目标是线上教学前必须让学生明了的内容,以便指导学生的线上学习,因此内容必须简要、清晰而明确,学生用极少量时间阅读单元导学就能明确学习内容和目标,例如课程中绪论和相变制冷部分的单元导学如图 7 所示。对于教学资源,教师团队往往要花大量的时间进行调整和准备,并且随着教学反馈不断进行更新,例如课程视频的录制、教学案例的设计等。对于教学活动,其是教学的主要内容,其重点应该放在课堂活动中,基于 OBE 理念,授课教师应该根据现实教学评价和反馈,对课堂活动进行合理设计,秉承以教师为辅,学生为主的原则,调动学生的主观能动性,强调学习成果、学习需求和学习过程[15]。

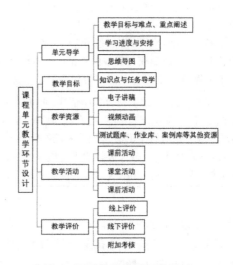

图 6　课程单元教学环节设计

可见,在混合式教学设计中,教师团队的前期准备工作要比传统教学方式多得多,概况来说就是要对每个单元设计单元导学、设置具体的教学目标、建设整理充分的教学资源、设计教学活动、设计教学评价。

3　课程评价设计与持续改进

本课程团队对课程评价的设计包括课前评价、课堂评价和附加考核(实验考核、终结考试等),整个考核是按照专业培养目标规定来设置的,根据培养目标的不同有权重分配,见表 2。

相变制冷

绪论

教学目的：

　　使学生了解相变制冷的相关的概念；重点掌握利用液体气化制冷的原理的四类制冷方法，使学生掌握蒸汽压缩式制冷、吸收式制冷、喷射式制冷和了解吸附式制冷的原理流程，特点及其他们之间的差异和应用。

重点和难点：

　　重点是掌握液体气化制冷的原理，方法及应用。

　　难点是区别四种方法在装置和流程及应用上的差异。

教学方法：

　　多媒体和板书相结合，讲述为主。

内容提要（阅读教材P8-14）：

　　1.1.1 蒸汽压缩式制冷

　　1.1.2 蒸汽吸收式制冷

　　1.1.3 蒸汽喷射式制冷

　　1.1.4 蒸汽吸附式制冷

学习目标：

　　掌握相变制冷的四种方法的区别与联系。

教学目的：

　　使学生了解与制冷相关的概念；普冷与低温的区别；制冷技术的研究内容和理论基础；制冷的发展过程及其在国民经济中的地位和作用；制冷工业的发展趋势。

重点和难点：

　　如何通过基本情况的介绍，使学生对该门学科产生兴趣。

教学方法：

　　多媒体和板书相结合，讲述为主。

内容提要（阅读教材P1-7）

　　1　相关的概念和名词术语

　　2　制冷的分区温度范围

　　3　制冷技术的研究内容和理论基础

　　4　制冷技术的历史和发展前景

　　5　制冷技术的应用与学科交叉

学习目标

　　了解相关的各词术语和课程的主要内容和要求，制冷技术的历史，发展和应用。

图7　课程中绪论和相变制冷部分的单元导学和学习目标

表2　各部分权重分配表

考核项目	平时										对课程目标权重 K_i
	终结考试		作业		随堂练习与课堂表现		章节测试		课程实验		
目标	分配分数	权重 K_{i1}	分配分数	权重 K_{i2}	分配分数	权重 K_{i3}	分配分数	权重 K_{i4}	分配分数	权重 K_{i5}	
目标1	40	0.6	100	0.16	100	0.08	100	0.16	0	0	0.40
目标2	50	0.6	100	0.16	100	0.08	100	0.16	0	0	0.50
目标3	5	0.6	0	0	0	0	0	0	100	0.4	0.05
目标4	5	0.6	0	0	0	0	0	0	100	0.4	0.05
总计	100										1
考核方法	卷面评分		作业评分		卷面评分		卷面评分		实验报告评分：按实验过程表现和实验报告评定等级给分		

第 i 课程目标考核得分 S_i 计算式：

$$S_i=100 \times \sum (K_{ij} \times (\text{考核项}\ j\ \text{在第}\ i\ \text{目标点实际得分} / \text{该考核项}\ j\ \text{在第}\ i\ \text{目标点分配}))$$

式中：K_{ij} 为权重系数，表示第 j 考核项对课程目标 i 的权重系数，j 的值表达的考核项分别为 1——终结考试、2——作业、3——随堂练习与课堂表现、4——章节测试、5——课程实验。

课程得分 S 计算式：

$$S= \sum (K_i \times S_i)$$

式中：K_i 为权重系数，表示课程目标 i 考核成绩对课程考核成绩的权重系数。

从而算得每位学生的考核成绩。

4　思考与体会

　　混合式教学实施以来，教学效果虽然有所波动，但是总体是向好的方向发展。

　　混合式教学刚开始实施的阶段，线上内容的建设不够充分，因此线上部分只是作为课堂教学的补充，这个阶段还是以教师为主，学生的主动性体现不明显。随着教学团队对 OBE 理念的深入学习,为实现以学生为中心的教学改革方向,激发学生学习的主动性和课堂参与度,教学团队对线上课程内容和题库不断进行充实和更新,对教学过程设计不断进行打磨,逐步完善以学生为中心的教学过程。而如何深入践行 OBE 理念,则需要教学团队不断反思和进取。

OBE 理念强调能力本位和个性化评定,在课程大纲的编写上要注意教学目标与专业培养的核心能力相对应,而且最好针对学生的个体差异,制定个性化的评定等级。这在教学中还是很难做到的,例如对于课程学习过程,如何才算个体差异,怎样的评定方式才是个性化的,是教学团队目前正在研究的要点。

另外,如何界定和评价成果导向也是值得教学团队研究的问题,尽管有学者早已经提出测试评估的方法要综合考虑学生表现(performance)、态度(attitude)和进步程度(progress)三个方面[16],但就教师而言,这三个方面的评估又非常主观而难以量化判断,这是教学团队需要思考的另一个要点。

参考文献

[1] 万妍君,曹焱,庞鹏森. 成果导向教育(OBE)的发展历程与争议 [J]. 科学咨询(教育科研),2021(8):49-51.

[2] 何晓蓉,刘爱明,盛欣. OBE 理念下高等工程教育专业人才培养模式改革思考 [J]. 黑龙江教育(高等研究与评估),2018,8:76-8.

[3] 教育部. 教育部关于一流本科课程建设的实施意见 [Z]// 2019-10-30.

[4] 郭兵,林秀珍,徐平如,等. OBE 思维导向的问题启发教学法在物理化学教学中的应用 [J]. 东莞理工学院学报,2015,22(5):104-107.

[5] 徐富强,程一元,查星星. 基于 OBE 理念的混合式教学研究与实践:以数学建模课程为例 [J]. 吉林农业科技学院学报,2022,31(3):96-99.

[6] 宋瑞雪. 基于 OBE 理论的"国际商务英语笔译"混合式教学模式研究 [J]. 湖北开放职业学院学报,2022,35(6):184-186.

[7] 石国玺,周向军,王静. 基于 OBE 理念的混合式教学模式探索与实践:以"基础生态学"课程为例 [J]. 曲靖师范学院学报,2022,41(3):97-102.

[8] 南雪丽,郭铁明,卢学峰,等. 基于 OBE 理念的混合式教学设计探讨:以无机非金属材料工学课程为例 [J]. 高教学刊,2022,8(11):124-127.

[9] 黄坤城. 基于 OBE 理念的混合式教学模式的实践研究:以"数控车削编程与操作"课程为例 [J]. 时代汽车,2022(9):67-69.

[10] 陈通,程谦伟,刘萍,等. 基于 OBE 混合式教学模式在"食品加工与保藏原理"中的应用研究 [J]. 科技风,2022(5):94-96.

[11] 曹姣仙,唐莹,张莉,等. OBE 理念下的物理化学线上线下混合教学模式构建与实践 [J]. 中医教育,2022,41(3):64-67.

[12] 孙占朋,卢佳鑫. 基于 OBE 理念的流体力学课程混合教学实践 [J]. 内燃机与配件,2021(3):214-215.

[13] 赵海波,王金枝,吴坤,等. 基于 OBE 理念的能源与动力工程专业传热学课程教学 [J]. 教育观察,2020,9(29):108-110.

[14] 李敏,叶彪,刘岩. 制冷课程应用问题式教学结合专业竞赛的需求驱动探索 [J]. 中国教育技术装备,2017(20):87-89.

[15] GAW. School effectiveness and classroom management: outcome-based education [J]. A national perspective, 1981.

[16] MCTIGHE J W G. Do we need an assessment overhaul [J]. Better: evidence-based education, Spring, 2011: 16-17.

基于赛事的空调实践教学模式探索

刘俊红,王 强,刘 芳,刘凤珍

（山东建筑大学热能工程学院,山东济南 250101）

摘 要:理论和实践统一是当前推动思政课程改革创新的一个重要原则。本文探索将课程设计和毕业设计与空调相关赛事相结合,并发挥学生传帮带作用,以此来进行"空气调节"的实践教学,并取得了良好效果,且提出了实施过程中存在的问题和相应的建议以供探讨。

关键词:学科竞赛;空调;课程设计;毕业设计

1 引言

把课堂教学和实践教学进行有机结合,坚持理论性和实践性相统一,是当前推动思政课程改革创新的一个重要原则。学科竞赛已经成为当代大学生实践活动的重要组成,"以赛促学""以赛促教"和"以赛促改"带来了人才培养模式的创新。同时,为主动应对新一轮科技革命与产业变革的挑战,主动服务国家创新驱动发展等,2017年2月以来教育部积极推进"新工科"建设[1]。将"新工科"建设与大学生的学科竞赛相结合,在教学过程中进行理论与实践的统一,是一个有意义的探索。

本文在多年指导学生参加各种空调比赛的基础上,探索通过专业课"空气调节"的实践环节,在授课过程中引导学生参加各种空调比赛,使学生在实践中学习成长,并且在实施过程中持续改进,以期寻求一种理论与实践相统一的"新工科"专业课的实践教学模式,提高参赛作品水平。

2 空调的相关赛事

学生运用空调方面的相关专业知识,除可以参加"挑战杯"全国大学生课外学术科技作品竞赛、中国"互联网+"大学生创新创业大赛、全国大学生节能减排社会实践与科技竞赛等外,还可以参加国内外组织的有关空调工程设计的各种比赛。

"CAR-ASHRAE学生设计竞赛"是由中国制冷学会、美国ASHRAE、住房和城乡建设部高等学校建筑环境与设备工程专业指导委员会共同主办的全国性学科竞赛。该竞赛要求参赛团队根据组委会公布的题目,进行相应的暖通空调系统设计,为针对同一建筑的暖通空调同题设计。

中国制冷空调行业大学生科技竞赛由中国制冷空调工业协会主办,教育部高等学校能源动力类专业教学指导委员会联合主办,已成为覆盖包括港台在内全国所有地区的业内知名的全国性竞赛。

山东省大学生制冷空调创新设计大赛是山东省大学生科技节竞赛活动之一,也是齐鲁大学生创新创业行动的重要活动内容,由山东省科学技术协会、山东省教育厅等承办。

"艾默生杯"数码涡旋中央空调设计应用大赛（已经停办）、MDV中央空调设计应用大赛、"海尔磁悬浮杯"绿色设计与节能运营大赛等,都是由企业、行业联盟、协会等所举办的覆盖面广、影响力大的空调赛事。

3 实践教学与空调赛事结合

专业课程的实践环节有课程设计、实习和毕业设计。可以与空调赛事结合进行的主要为课程的设计环节,如"空气调节"课程设计、毕业设计。

3.1 比赛与课程设计结合

课程设计的题目为一人一题。确定题目时,一栋建筑物的空调工程设计为一个小组,分组进行。

作者简介:刘俊红（1973—）,女,副教授,博士,研究方向为制冷空调、建筑节能。邮箱:ljhruby@sdjzu.edu.cn。

基金项目:2021年高等学校能源动力类教学研究与实践项目(NS-JZW2021Y-36)。

学生可自愿报名组成团队参加空调比赛。开始的时候组内可以有不参加空调比赛的同学[2]，以便于参赛学生利用他们计算出来的冷负荷等，减少工作量。课程设计结束后，一般参加比赛的学生无法完成空调比赛要求的设计内容，需要在暑假继续进行，老师则继续针对性地进行辅导。

在实施过程中发现组队的学生都有参赛意愿时，学生更容易坚持到底，在设计过程中更愿意主动学习和了解最新的空调系统与设备，并进行应用。

3.2　比赛与毕业设计结合

毕业设计是本科生最重要的实践教学环节，可以检验学生对所学专业知识的掌握情况，并对学生的学习、应用和研究能力进行综合训练，而缺乏创新性和实践性在毕业设计中普遍存在[3]。

为了解决实践性不足的问题，可以将毕业设计中有关空调工程设计的题目与空调赛事相结合，使学生的毕业设计有所用。此外，为了取得更好的比赛成绩，学生需要进行创新，不能墨守成规，仅沿袭最基本的空调系统来进行设计，而不考虑空调系统的节能、低碳、减排等特性。

3.3　学生之间的传帮带

进入网络信息时代，课程设计也要与时俱进，不能拘泥于让学生手算、手绘。对天正暖通、鸿业暖通等专业软件的学习与应用也应该是实践环节的一部分。但对于一个新的软件，学生自行学习耗时太多，可让毕业设计题目为空调设计的大四学生给大三学生讲解专业软件，学习如何用软件进行冷热负荷计算、水力计算、设备选择与绘图，增加大三学生对软件的认识和熟悉，减少学习软件时间，即是一种很好的"传帮带"方式。此外，还可增加不同年级之间的学生交流。

4　实践效果与建议

4.1　实践效果

将课程设计和毕业设计与空调相关赛事相结合，取得了良好效果，每年教研室老师都有指导学生参加空调赛事的获奖奖项。

从早期的"艾默生杯"数码涡旋中央空调设计应用大赛，到近年来的中国制冷空调行业大学生科技竞赛、山东省大学生制冷空调创新设计大赛、MDV中央空调设计应用大赛、"海尔磁悬浮杯"绿色设计与节能运营大赛等，从一等奖到学生组杰出设计奖，从三等奖到学生组设计优良奖，每年都有

斩获。

4.2　存在问题

4.2.1　积极主动性不够

对于学生来说，大三学生从空调课程设计开始，报名参加空调赛事的人数有限，且很多不能坚持到底。由于暑假是考研的备考期，复习时间紧张，有些报名参赛的学生无法分配好参赛与复习的时间，自动放弃比赛。同时，对于可能有资格获得推免的学生来说，比赛结果公布时间太晚，无法得到获奖学分，也会影响学生的积极主动性。而毕业设计时报名参加空调赛事的学生更少，考研学生复试、找工作占去了大量时间。学生参赛的积极性不高是高校学科竞赛存在的主要问题[4]。

对于教师来说，指导的积极主动性也不够。虽然教师指导学生参加学科竞赛从义务到给予一定的教学工作量奖励，但对于教师付出的精力来说，给予的奖励不足以唤起教师的指导热情。

4.2.2　没有反馈意见

在教师辅导学生参加比赛后，即使获得了奖项，师生都没有得到反馈意见，不知道参赛作品的缺陷在哪里，哪些工作得到了认可。这种没有反馈意见的情况不利于师生参赛水平的进一步提高，也不利于增强参赛欲望。

4.2.3　优秀成果不透明

除CAR-ASHRAE学生设计竞赛会在网站上对获奖的优秀作品进行展示，以便于其他乐于学习的人员共享外，其他赛事都没有展示平台来公布除题目外的优秀成果，让其他参赛和乐于学习的师生失去了学习的机会。

4.3　建议

4.3.1　制定合理管理办法来鼓励学生参赛

学生是参赛的主体。首先需要考虑如何激起学生的积极主动性，让更多的学生参赛，而不是只有对实践感兴趣的学生参赛。

创新学分是鼓励学生参加学科竞赛的一种方法。学生为了完成毕业需要的学分，必须主动参加自己感兴趣的学科竞赛。此外，除一定数量的资金奖励外，还可以与评优推优、研究生推免等结合，制定合理的管理办法。

4.3.2　构建合理的教师指导体系

教师指导学生参赛，肯定会牺牲自己较多的教学和科研时间，与自身的提升不匹配。为了增加教师指导竞赛的热情与积极主动性，需要构建合理的教师指导体系。

对教师指导学生参加竞赛给予教学工作量或科研工作量的奖励,会从根本上提高教师参与指导竞赛的热情,增加教师指导的积极主动性。同时,对于空调赛事来说,指导教师需要加强自身学习,了解空调方面的最新专业知识和设备,并进行应用。

4.3.3 赛事组织机构反馈参赛意见和建立共享平台

组织空调赛事的机构在公布比赛结果的同时,要对所有参赛作品给予反馈意见,即使只有评委的一句话也行,以便于参赛师生了解其不足或优秀之处。此外,建立共享平台,对获奖的优秀成果进行展示,让参赛或者感兴趣的师生学习,以便于参赛作品水平的提高。

5 结语

本文以"空气调节"的实践教学为例,阐述将毕业设计和课程设计与空调相关赛事相结合,并发挥学生传帮带作用,将提升本科生的实践能力贯穿整个教学过程,并在实施过程中持续改进,取得了良好效果。实施过程中存在的问题和由此提出的建议可以促进教学与实践相统一,有助于"新工科"建设大学生专业素质的持续提升。

参考文献

[1] 高等教育司. 教育部高等教育司关于开展新工科研究与实践的通知函 [EB/OL].(2017-02-20) [2022-06-10].http://www.moe.gov.cn/s78/A08/A08_gggs/A08_sjhj/201 702/t20170223_297 158.html.

[2] 刘俊红,刘凤珍,杨丽."空气调节"课程教学改革的思考与实践:以山东建筑大学为例 [C]//2018 年第十届全国高等院校制冷及暖通空调学科发展与教学研讨会论文集,威海,2018,7:128-132

[3] 王迎. 基于创新创业人才培养的本科毕业设计改革研究 [J]. 哈尔滨学院学报,2022,43(3):135-138.

[4] 黄丹琳,梁微,潘利文. 我国高校大学生学科竞赛现状分析 [J]. 教育教学论坛,2020(2):305-306.

科研竞赛双驱模式下大学生创新创业教育

袁俊飞,张敏慧,王占伟,王 林

（河南科技大学土木工程学院,河南洛阳 471000）

摘 要:推进新时代大学生创新创业教育是高校教育改革发展的重要内容。本文从我国大学教育的现状和创新创业教育的时代要求出发,提出科研体系建设和学科竞赛平台相辅相成的创新创业教育模式,即通过优化组织大学本科专业知识、素质教育、在线共享资源、公用机制,建立基于本校特色的大学生科研体系,通过多途径拓展的学科竞赛锻炼学生理论联系实际、创新发展的能力,结合本校的发展成果,打造科研和竞赛双驱模式下大学生创新创业教育体系。

关键词:创新创业教育;科研体系;竞赛平台;实践

1 引言

当前我国正处于深入推进以创新促发展、以创业促就业的新时期知识型经济时代,社会各界对专业研究人才的创新能力要求越来越高。大学生教育作为我国教育系统中精英教育的代表,大学生的培养质量与社会经济的协调发展程度密不可分,随着我国国民经济的发展和国际形势的变化,对大学生实施创新创业教育以及创新创业能力培养,引领大学生在科研领域有所创造、有所成就,对提升大学生的创新实践能力和促使大学生顺利就业有着重要的实际意义[1]。2015 年 5 月,国务院发布《关于深化高等学校创新创业教育改革的实施意见》,明确了创新创业教育改革的指导思想、基本原则和总体目标,并提出了 9 项改革任务、30 条具体举措。此后,创新创业教育在我国高校内如火如荼展开,高校纷纷制定并公布了创新创业教育改革实施方案。

2 我国大学生创新创业教育中的时代要求与特征

高等教育扩招以来,国内大学本科生队伍不断壮大,其就业形势也愈发严峻,随着就业市场的日渐饱和、本科生毕业人数的逐年上升以及用人单位的岗位缩招和严格选拔,使得原本具有稀缺性优势的大学生人才不得不面临巨大的就业压力和竞争压力。自主创业成为改善当前大学生就业难的重要手段。培养大学生的创业能力,加强创业教育,激发大学生的创业意识和创业热情,不仅可以解决自身就业难、难就业的困境,也可以为社会创造更多的就业岗位,对改善就业市场环境提供很大的帮助。因此,培养大学生的专业知识、发展能力与创业能力,促使参与创业的大学生能较好地发挥理论知识优势,进而提升创业的成功率,使大学本科教育成为高质量专业教育的必经之路。

目前,我国已经开展和建设了大规模的创新创业类课程[2],从各院校的实践来看,虽然创新创业教育课程类别、制度和资源等有所发展,但仍存在课程内容单一、“创新创业融合”类课程和实践设置较少、各高校之间以及高校和企业之间创新创业资源共享度低等突出问题[3],无法解决目前大学生创新创业活动中“创新创业”一体化的时代要求。

大学生创新创业教育具有“创新创业”一体化的特征,即以大学生科研创新项目以及学科竞赛项目为基础而开展的创业活动[4-5]。首先,研究生创新创业能力的实现需要以专业知识为基础,而专业知识是反映学科专业领域的前沿知识以及多学科间交流的最新知识。其次,专业能力是开展研究生创新创业活动与培养创新创业能力的基础。大学生在上

作者简介:袁俊飞(1986—),女,副教授,工学博士。电话:18638879273。
邮箱:yuanjy1103@163.com。
基金项目:河南省新工科研究与实践项目:2020JGLX025;河南省高等教育教学改革研究与实践项目;2019SJGLX264;河南科技大学研究生教育教学改革项目:2020YJG-004。

学期间接受的专业知识、学习的专业技能,为其创业活动提供了智力保障与理论支持,以专业为背景的学科技能大赛也为创新创业提供了实践的机会;同时,创新创业能力的发展也为专业知识与专业技能的培养注入了新的思维与活力。

3 科研竞赛相融合的创新创业教育模式的内涵

3.1 大学生科研体系是创新创业教育的专业基础

大学生科研体系是基于大学本科专业知识、素质教育、在线共享资源、公用机制建立的科学研究技术支撑体系,是大学生创新创业体系建设必不可少的支撑。同时,大学生科研体系建设也为提高大学生整体科研水平、促进学科交叉和融合、加强高层次创新人才的培养具有至关重要的作用。

大学生的科研体系主要是将大学期间的理论与实践结合起来,提高学生专业水平,有助于将专业知识运用到实践中,达到学以致用的目的。学生就业时可以把"知识"直接带到企业中,为企业创造更大利益和价值;学生创业时也可以借助科研体系中实践平台的锻炼和学习,认识到实际生产制造中的问题,帮助学生找准创业点,积极响应"双一流"建设的号召。对学生而言,单纯的理论学习只会降低学习兴趣,甚至使学生产生厌恶感,养成惰性的学习习惯。利用科研体系将分散的专业知识构建成完整的知识体系,学生再利用科研体系养成严谨的学习态度和科学的创新思维,有助于在读书期间阅读更多的科学文献,了解科技前沿,激发学习兴趣,更加清晰地明白社会发展和专业发展中的创新点和创业点,在理论的基础上提高创新创业的质量。

3.2 大学生学科竞赛是创新创业教育的实践平台

大学生学科竞赛是在紧密结合课堂教学的基础上,以竞赛的方法激发学生理论联系实际和独立探索的动力,通过发现问题、解决问题的过程培养学生学习兴趣,增强学习自信心的系列化活动,是培养学生创新精神和动手能力的有效载体,对培养和提高学生的创新思维、创新能力、团队合作精神、解决实际问题和实践动手能力具有极为重要的作用。

在大学生的创新创业教育中,结合本校和本专业的实际情况,构建大学生学科竞赛实践平台。以基础学科竞赛、专业学科竞赛和大学生研究训练计划为载体,注重动手实践能力、工程实践能力和创新

创业能力的培养。并承办和参加大学生社会实践与科技竞赛,为学生提供更广阔的竞赛平台,提高学生的竞赛参与度。通过大学生研究训练计划,引导学生在教师的指导下进行科研训练;鼓励学生参加教师的科研课题,与教师合作进行科学研究;鼓励学生申报省级和国家级创新创业项目,通过科研促进教学,提高学生的科学素质,培养学生的科学精神;通过名家名师论坛、企业培训或实习、邀请杰出校友回校进行创业讲座等方式,培养学生的创新创业能力。

4 科研竞赛相融合的创新创业教育模式的实践与探索

在"科研立足本校,技术服务设备"的大背景下,构建基于本校本专业科研成果并具有本专业特色的学术知识库,即将本校教师在教学和科研过程中产生的大量、分散、无序的学术信息通过数字化手段收集起来,实现资源的高度开放和共享以及高低年级学生之间的互动与传承。

近几年,根据建筑节能减排的发展需求,围绕建筑空调冷热源、多相流动与传热、相变储能空调、空调系统故障诊断、微通道流变传热等方面,从先进建筑冷热源、暖通空调系统的能量转换、利用、传输与储存基础问题、蓄冷介质制备与性能评价以及建筑冷热源、暖通空调系统与部件设计等角度建立科研和教学知识体系,邀请学生参与问题的讨论与共建。该教学科研体系内的学术成果都是本校的研究成果,教师在课堂教学中结合课程内容随时展开讨论和引导,学生在课下也可以直接到实验室参观学习,甚至直接参与实验和模拟,能够大大激发学生学习和创造的兴趣。同时,这些知识科研体系也是本校科学研究的主要特色和核心方向,以此作为学生学习和创新创业的知识源泉,引导学生基于该成果进行发掘深化和持续研究,并得出新成果,成为大学生创新创业方面的独特技术和理论优势。

以科研体系为基础,打造参与学科竞赛、大学生研究训练计划项目和教师科研项目三种途径互补的创新创业训练模式,全面促进大学生学科竞赛的参与度。鼓励学生结合项目内容完成毕业设计或论文,结合兴趣申报校级、省级和国家级创新创业训练计划项目,搭建试验台,发表论文和申请专利。在训练过程中,充分发挥科研体系和学科竞赛相辅相成的作用,通过承办相关的学科竞赛,合力为学生提供

创新创业实践的科研条件和硬件条件,构建基于本校特色的大学生创新创业发展模式。首先,建立大学生之间的学习和研究小组,鼓励研究小组内的学术交流和学术传承,在高年级的创意交流会以及高年级的学科竞赛中,邀请低年级学生参与,并辅助完成一些基本工作,且高年级学生务必在学习和科研工作上乐于帮扶低年级学生。在主动帮扶低年级学生的过程中,高年级学生有机会对自己所掌握的理论知识、科研知识与实践技术进行总结和运用;在接受高年级学长指导的同时,低年级学生能够较快地理解到问题的关键点,并与高年级学长共同交流解决问题的思路或提出更多的见解。当然由于不同年级学生之间存在个人知识积累程度的差异,在这个过程中小组指导教师要起到积极引导和鼓励的作用,并对不同年级学生设置不同的考核指标,形成学生之间良好的学术氛围和优秀的上下传承体系,最终促进各年级学生实践能力和创新创业能力的提升,推动团队成员之间的共同进步,营造和谐的科研竞赛创新氛围。其次,小组指导教师在对小组内学生的指导过程中,应加强对学生创新创业能力的培养和培训。例如,指导教师日常教学活动中应渗透创新创业理念,鼓励学生开展创新性的课题,锻炼和培养学生的创新思维模式,提高学生的创新创业能力。为有创业意向的学生聘请经验丰富的创业导师作为兼职指导教师,从而对学生读书期间的创业教育进行全面、系统的培养和定向指导。同时,指导教师可借助本校研究生或博士生建立的实验实践平台,对学生进行针对性的创业实践教学。再者,在专业培养目标、培养方案、教学内容等方面应及时融入创新创业课程和内容,鼓励学生跨专业选择创新创业类的基础课程,定期开展科技类竞赛、创新创业教育讲座、创业经历分享会等,模拟创业流程,激发学生创新创业思维,以便更好地开展大学生创新创业能力的培养。目前,每年我校本专业学生学科竞赛

的参与率均达到 80% 以上,获得国家级奖励 50 余项,省部级奖励 200 余项,大学生创新创业教育已经取得初步成果。

5　结语

随着我国对创新创业教育的重视和发展,"可持续发展"理论也逐渐从社会经济领域进入教育领域。目前,我国绝大部分本科生的培养周期为 4 年,而知识的创新和技术的创业都是需要研究者长期坚持不懈的辛勤劳作和随时随地的知识更新和融合,因此创新创业教育不是单一的某种教学行为,而是要根据社会发展需要、各专业培养目标和各学科发展优势,进行整体设计和全局推进。

通过科研体系的建立为创新创业发展提供专业知识和理论支撑,通过学科竞赛的锻炼让学生的创新思想得到初步实现和探索,科研竞赛双驱模式下大学生创新创业教育实践与探索研究相辅相成,在传授学生理论基础和科研知识的同时,也给学生提供科研和创新创业实践机会,这样才能吸收、巩固科研知识,科研知识只有在实际应用中才能被真正理解、掌握,才能在未来的创业和工作中得到真正的实践、应用、发展和提升。

参考文献

[1] 杨冬. 大学创新创业教育课程建设的元假设、内在逻辑与系统方略 [J]. 当代教育论坛,2022(4):71-82.

[2] 中华人民共和国教育部. 创新创业教育改革晒出"成绩单"[EB/OL]. (2019-10-11)[2021-06-12]. http://www.moe.gov.cn/fbh/live/2019/51 300/mtbd/201 910/t20191011_402 675.html.

[3] 朱恬恬,舒霞玉. 我国高校创新创业教育课程建设的调研与改进 [J]. 大学教育科学,2021(3):83-93.

[4] 王志强. 从科层结构走向平台组织:高校创新创业教育的组织变革 [J]. 中国高教研究,2022(4):44-50.

[5] 李亚员,刘海滨,孔洁珺. 高效创新创业教育生态系统建设的理想样态 [J]. 高等教育管理,2022(2):32-46.

新工科背景下"双师双能型"教师素质培养建设实践

黄晓璜,张 华,李 凌,盛 健

(上海理工大学能源动力工程国家级实验教学示范中心,上海 200093)

摘 要:新工科要求培养出适应性强、创新度高、融合度深的适应新时代的卓越工程人才。新工科卓越人才的培养离不开"双师双能型"教师。本文探究新工科背景下"双师双能型"教师内涵、素质培养路径以及我校在实践"双师双能型"教师素质培养中的具体举措,构建以新工科人才需求为导向,以综合性、复合型、多维度的综合素质为目标,以产教融合为途径的"双师双能型"教师培养机制,切实提升"双师双能型"教师队伍素质与能力,为新工科人才培养培育生力军。

关键词:新工科;双师双能型;产教融合;素质培养

1 引言

2017 年以来,我国高校主动作为,开展新工科建设,以应对经济社会的新一轮变革[1]。新工科是基于国家战略发展新需求、国际竞争新形势、立德树人新要求而提出的我国工程教育改革方向。新工科要求培养出适应性强、创新度高、融合度深的适应新时代的卓越工程人才。

随着新工科建设的开展和工程教育专业认证的不断推进,新能源、新材料、数字制造与互联网等新技术交融的新业态,以及社会生产和组织方式、商业制造模式、社会治理结构及全球政治地理分工等变革,对地方高水平大学的人才培养提出了更新、更高的要求。《国家中长期教育改革和发展规划纲要(2010—2020 年)》[2]提出,高校必须创新人才培养模式,培养社会需要的人才。

李克强总理在 2018 年 9 月的全国教育大会上提出,要增强教育服务创新发展能力,培养更多适应高质量发展的各类人才,突出创新意识和实践能力,培养更多创新人才、高素质人才、高技能人才。2019年 2 月,国务院印发的《中国教育现代化 2035》[3]也强调了强化学生实践动手能力、合作能力、创新能力的培养。

百年大计,教育为本;教育大计,教师为本。只有教师具备相应的知识维度、能力维度、思维维度、价值维度的职业素养,才能培养出德才兼备的人才。能源动力类专业人才的培养离不开一批顺应新要求的师资队伍。目前,高校的教师大部分主要来源于高校毕业生,普遍缺乏深入基层生产一线工作的经历和教学实践经验,实践性知识以及实践能力相对欠缺,知识更新滞后于产业和科学技术发展,同时对学生未来的工作形势与实际行业基本需求的充分了解和整体把握不足,对所教学科的学术前沿和发展动向也不能做到及时掌握。这些都不利于人才的培养,难以适应新工科背景下的人才培养理念。

鉴于此,高校需要不断提高教师素质水平,切实提升教学方法与手段的科学性和有效性,以实现其教学质量的进一步提高。

2 "双师双能型"教师的内涵

"双能型"教师自 20 世纪 90 年代提出,逐渐成为中国职业教育教师的专属名词,也成为衡量职业院校办学水平与教师专业素养的重要指标。"双能型"教师的内涵界定不尽相同,有"双证书"教师、"双职称"教师、"双能力"教师、"双素质"教师等诸多表述。总体来说,"双能型"教师是指既能传授理论知识,又能指导实践操作的教师个体。尽管"双能型"教师的概念主要针对高等职业院校,但是对本科院校师资队伍的建设也有可借鉴之处。"双能

作者简介:黄晓璜(1988—),女,硕士,实验师。电话:021-55272869。邮箱:huangxiaohuang@usst.edu.cn。

基金项目:2020 年上海高校本科重点教育改革项目(20200165);上海理工大学教师教学发展研究项目(CFTD203002)。

型"教师是由于企业对高质量人才和国家对高质量师资的需要而产生的。

在此背景下,上海理工大学能源与动力工程学院着力打造"双师双能型"教师队伍,在能力方面需要具备相应的专业知识维度、专业能力维度、思维维度、价值维度等素养,具有足够的教学能力、专业水平、工程经验、沟通能力、职业发展能力,并且能够开展工程实践问题研究,参与学术交流,且教师的工程背景应能满足专业教学的需要。

"双师双能型"教师的"双"不是表示简单的两种能力,而是表示综合的、复合的、多维度的能力。通过"双师双能型"教师素质培养,促进教师从单一教学型或科研型人才向集教学、科研、实践为一体的综合性、复合型、多维度的人才转化。提高教师教学能力、工程实践能力和实践应用研究能力,从而提升课堂教学效果和教育教学质量,加强学生对专业知识理论与实践应用的了解,激发学生对专业的自主学习兴趣,将学生培养成为兼具广博知识和专门知识的复合型人才,培养学生实践和创新能力,促进学生就业创业。

3 "双师双能型"教师素质培养路径探索

3.1 教师教学能力培养路径

教师深入掌握所承担课程,并在授课中引入学科发展前沿成果,编制课程教学大纲、教学日历等相关教学文件,安排习题、作业等教学环节,开展教学研究,提升教学水平。新进教师在岗前培训结束后,需取得教师资格证。新教师和上新课教师在正式授课前均需担任至少一学期该课程的助教,并通过试讲考核。采用传帮带的途径,加强青年教师的师德师风建设。采用老带青的方式,通过学习老教师的教学思想及教学方法,培养青年教师严谨的教学态度;通过青年教师的助课、试讲、各种教师教学能力竞赛等,保障青年教师教学能力的不断提高。

3.2 教师工程实践能力培养路径

"双师双能型"师资队伍的建设离不开高校与产业和企业的融合。2017 年,国务院办公厅印发《关于深化产教融合的若干意见》(国办发〔2017〕95 号)[4] 中明确提出,用 10 年左右时间,解决人才供给侧结构性失衡的问题,形成教育和产业统筹融合、良性互动的发展总体格局。产业与企业和学校

的合作力度增强,为高校的建设与发展提供了新契机。在产教融合背景下,合适的培训内容是切实提高教师工程实践能力的关键。针对教师的实际情况,结合"双师双能型"教师的内涵和界定,制定教师的培训计划,开发多样化的培训模式和培训内容,及时跟踪培训效果至关重要。

加强专业教师实践能力培养,建立教师社会实践基地,有计划地选送专业教师到企业接受培训、挂职工作和实践锻炼,鼓励和支持教师参与实验室建设、指导学科竞赛、考取职业资格证书,承担企业科研项目和社会服务项目,参与一线科研实践和技术研发,及时掌握产业和技术发展新动态,建立支持教师兼职、在职创业、离岗创业制度。设置一定比例的流动岗位,吸引具有创新实践经验的企业家和科技人才担任专业建设带头人,并作为青年教师的实践实习导师。积极聘请长期在生产一线工作的优秀专业技术人才、管理人才和高技能人才作为兼职教师,努力建设数量充足、结构合理、专兼结合、相对稳定、特色鲜明的"双师双能型"教师队伍。

3.3 "双师双能型"教师培养的管理机制和激励机制

高校在实现"双师双能型"教师素质培养的过程中,应关心教师存在的后顾之忧,其中激励机制作为教师关注的重点,更要作为高校关注的重点。一是要体现公平,根据公平原则对不同专业、不同技能的教师进行标准的评定,根据评定确立激励机制。二是对报酬待遇、进修培训和参与管理等工作的考核机制是高校对教师进行"双师双能型"培育的一个关键点,不能忽视激励机制所带来的效用,对教师队伍建设有保障,才能对教师有吸引力,这样高校对"双师双能型"教师的培养模式才能引导广大教师积极参与,各种措施才能有序进行。例如,培训完成后对形成的教学体系评定优秀者给予绩效奖励,参与培训可增加教师的绩效工资,对培训后进行的试点工作开展专业技能和教学能力评定考核,优秀者给予一定的激励,让教师从中受益处,激发教师的主动性、积极性和创造性。

4 "双师双能型"教师素质培养具体举措

"双师双能型"教师素质培养可以通过校企合作,共建"双师双能型"教师培养基地。结合专业建

设情况,开展师资培养、教师职业技能与素养提升,在企业实践、项目研发等方面开展相关活动。鼓励教师加强与有产学合作关系单位的联系,深入了解行业企业发展最新动态,积极加入行业协会组织,深入了解各方运作,提高自身综合能力。聘请企业技术骨干担任校内教师,传帮带新进青年教师,传承工匠精神,传授精湛技艺,为校内教师的成长提供精准指导。具体建设措施如下。

4.1 依托产业学院,促进"双师双能型"教师队伍建设

结合上海理工大学能源与动力工程学院动力工程及工程热物理一级学科下能源与动力工程本科专业的办学特色,以制冷空调行业人才培养为对象,开展了上海理工大学制冷空调产业学院(含山)建设[5],构建了"政产学研用"多元协同"共建、共管、共享"人才培养体系。依托产业学院,在"双师双能型"师资队伍建设中展开了多项举措。

上海理工大学与上海科技管理学校共建了上海理工大学制冷空调现代产业学院实习实训基地,就"双师双能型"教师的培养等方面展开合作。该基地是国家级重点中等职业学校,"制冷和空调设备运行与维修"是上海市示范品牌专业,是第46届世界技能大赛制冷与空调项目上海选手培养基地,其上海市职业教育制冷与空调技术开放实训中心可满足"制冷设备维修工"(初级-高级技师)与"维修电工"(初级-中级)职业资格鉴定工作。基地包括中央空调三组机组、基础实训和制冷设备实训室,制冷、中央空调系统实训室,制冷电气、自动控制系统实训室,制冷仿真实训室等。

相比具有科研创新性特征的高校实验室,中等职业学校实验室应用性强,面向企业环境,对高校教师特别是实验老师的实践能力培养有非常重要的实践意义。在"双师双能型"基地,教师可动手拆装设备,系统地对制冷设备、中央空调制冷系统、制冷维修行业良好操作、冷库制冷系统操作、制冷电气进行实践。同时,高校与中等职业学校通过课程资源建设、研训项目、实践与科创、毕业设计、毕业实习等方面展开工作,在"双师双能型"教师素质培养方面可实现互助共赢。

4.2 依托教育部协同育人项目,促进"双师双能型"教师队伍建设

学校鼓励教师申报教育部协同育人项目,该项目推广校企共建、共管、共育的人才培养模式,不仅有利于实现校企双方优势互补、资源共享,而且有利

于提高人才培养供给侧和产业需求侧的对接效率[6]。教育部产学合作协同育人项目是校企合作的重要支撑平台[7]。

上海理工大学在2021年立项63项教育部产学合作协同育人项目。通过"教学内容和课程体系改革"项目建成一批高质量、可共享的课程教案和教学改革方案,用于教学和人才培养。通过"师资培训"项目,让教师参与企业安排的相关课程的师资培训,通过学习考核后,获取企业培训资格认证。与企业工程师共同完善相关技术方案,开展相关课程研讨、实验室升级改造研讨,探讨与企业共建联合实验室,推动产教融合。通过"实践条件和实践基地建设"项目,进行深度产教融合、校企合作,共建联合实验室,开展相关课程研讨、技术培训及创新研究。通过教育部协同育人项目,与企业展开深度合作,推动高校工程教育改革创新,促进"双师双能型"教师素质培养。

4.3 依托各类专项产学研计划,促进"双师双能型"教师队伍建设

为了鼓励工科教师加强工程实践经验,学校规定青年教师在职称晋升时必须具有1年以上的产学研践习经验,教师应利用多种形式前往企业、科研院所、政府等部门参与研发、工作或实习,使教师具备较强的解决工程问题和工程实践的能力,促进教师在教学中融入工程实践知识,提高工程教育水平。2022年,上海理工大学有54人参加产学研践习计划,5人参加实验技术队伍建设计划。学校重视各类专项产学研计划,引导教师积极参加,促进"双师双能型"教师队伍建设。

5 结语

"双师双能型"师资队伍建设是一项系统且长期的工程。首先,要探索新工科背景下的"双师双能型"教师的内涵和界定,探寻新时代背景下教师应该具备的素质,为师资建设提供方向和确立目标。其次,针对教师的实际情况,结合"双师双能型"教师的内涵和界定,利用和构建多种平台和机会,为"双师双能型"教师的建设提供路径。最后,针对上海理工大学实践"双师双能型"教师素质培养的具体举措,进一步探索"双师双能型"教师的素质培养,为新工科人才培养培育生力军。

参考文献

[1]　徐晓飞,沈毅,钟诗胜,等.新工科模式和创新人才培养探索与实践:哈尔滨工业大学"新工科""π型"方案[J].高等工程教育研究,2020(2):18-34.

[2]　中华人民共和国教育部.国家中长期教育改革和发展规划纲要工作小组办公室关于印发《国家中长期教育改革和发展规划纲要(2010—2020 年)》[EB/OL].(2010-07-29). http://www.moe.gov.cn/srcsite/A01/s7048/201 007/t20100729_171 904.html.

[3]　中华人民共和国教育部.中共中央、国务院印发《中国教育现代化2035》.[EB/OL].(2019-02-23). http://www.moe.gov.cn/jyb_xwfb/s6052/moe_838/201 902/t20190223_370 857.html.

[4]　中华人民共和国国务院办公厅.国务院办公厅印发《关于深化产教融合的若干意见》[EB/OL].(2017-12-19). http://www.gov.cn/zhengce/content/2017-12/19/content_5 248 564.html.

[5]　雷明镜,张华,武卫东,等."政产学研用"多元协同育人机制探索:以上海理工大学制冷空调产业学院(含山)为例[J].高等工程教育研究,2020(6):81-85.

[6]　李玉倩,陈万明.平台经济模式推进产学合作协同育人研究[J].高等工程教育研究,2020(1):100-105.

[7]　教育部办公厅关于印发《教育部产学合作协同 育人项目管理办法》的通知[Z].教高厅〔2020〕1 号.2020-01-14.

制冷专业课程实践教学方法的探讨

李诗诗，张乾熙，李　敏

（广东海洋大学机械与动力工程学院，湛江　524088）

摘　要：制冷专业课程的教学内容涉及多学科，抽象化的理论知识难以激发学生的学习兴趣，将抽象知识具象化和开展探究型实践教学活动是改变学生思维模式，提高创新意识和实践能力的重要途径。本文探讨了充分发挥教师的教学组织能力，通过制冷专业课程的实践教学活动改革提高学生的教学活动参与度的方法，并探讨了提升教学效果的方案设计。

关键词：制冷专业；实践教学；具象化；探究型教学方案

1　引言

制冷技术是能源与动力工程学科的一个重要研究方向，广泛用于工业生产、农牧业及医疗卫生等行业，在提高人类生活质量方面也发挥了巨大的作用。现代制冷技术已经发展200余年，逐渐形成了一套完整的工艺流程，其目前的主要发展方向是在此基础上完善各环节及优化设备运行管理过程，以实现能源利用最大化。制冷专业课程主要以制冷工艺的原理和设备的应用、设计、运行等知识为核心，以培养掌握现代制冷技术、专业基础理论和专业技能的，具有创新精神和实践能力的高素质工程技术及管理人才为目标，输送制冷、冷藏和空气调节等领域的设备设计制造、工程设计及施工以及系统运行管理与维护的综合型人才。

随着我国社会经济的快速发展，生产活动规模不断扩大，生产效率不断提高，亟须补充大量的工程技术人才。为了全面提高人才培养能力，2018年教育部发布《教育部关于加快建设高水平本科教育全面提高人才培养能力的意见》，指出深化教学改革的方向应围绕激发学生学习兴趣和潜能，加强实践育人平台建设，综合运用校内外资源，建设满足实践教学需要的实验实习实训平台。制冷技术是一门涉及流体传热、工程材料、土建及电气控制等多学科的复杂系统学科，特别是大型低温制冷系统，在构建知识体系的过程中应该格外重视实践能力的培养，实践课程是联结基础理论与工程实践的重要环节，为学生从学校走向工作岗位打下坚实的基础。实践教学过程中应以学生为主体，设计和组织教学活动，让学生充分认识将理论应用于实际生产活动的过程。

2　制冷专业实践教学的特点

实现制冷流程，需要种类繁多的流体机械，包括制冷系统的"心脏"——制冷压缩机，还有各类换热器，包括冷凝器、蒸发器和经济器等辅助设备，实践教学内容涉及设备的工作原理、性能、特点以及运行管理等。而制冷系统涉及大量压力容器和高压设备，基于安全考虑，学生不能进行实际操作，无法切身体会运行过程中的机械运转和流体运动情况，故实践教学的设计主要基于教师在科研及教学过程中的工程实践经验积累，对于学生来说是一种被动的学习过程。现有的实践教学内容通常包括压缩机的结构观察和拆装[1]、制冷机组控制系统的电路原理及组成、制冷系统的故障分析与判断等，主要是演示性及验证性实验，实验流程和预期结果由教师设定，学生的发挥空间不大，限制了学生创新意识的培养和实践能力的提升。

对于制冷行业的从业人员来说，制冷系统的设计与设备选型是在对设备工作原理及性能充分了解的基础上进行的，然而相关理论课程通常较为抽象，机械部件和流体之间的相互作用过程较难理解。因

作者简介：李诗诗（1994—），女，博士。电话：13570311264。邮箱：ssli@gdou.edu.cn。

基金项目：广东省级质量工程制冷原理与设备在线课程建设（010203062101）。

此,实践教学不仅是培养实践能力的重要一环,还是理论教学的补充和拓展。实践教学的设计应以基础理论具象化为主要目标,让学生在观察、讨论和实操过程中掌握制冷学科相关的知识、概念和原理,产生深刻的理解与体会。学生在实践教学活动中应有充分的自主性,通过实践教学活动激发学习兴趣,启发思考,锻炼通过查阅资料、相互探讨获得新知识的能力。

3 实践教学设计改革方案

3.1 抽象知识具象化方案

在理论教学的过程中,学习重点是系统的工艺流程和设备的工作原理,而制冷设备体积大、价格昂贵,难以在课堂上展示,通常引导学生将关注点放在枯燥的概念了解、公式推导及设计计算上,而难以给学生留下深刻印象。而到了实践教学环节,学生难以将所学理论知识对应实际工程问题,缺乏将抽象知识具象化的思维能力。近年来,普遍应用的三维设计和计算流体力学软件丰富了教学手段,为教师在教学活动中帮助学生将抽象知识具象化提供了便利[2]。

制冷压缩机是制冷机组的重要组成部分,它是通过机械部件传递能量从而提升流体压力的设备。其类型丰富、结构复杂,工作原理难以通过文字和图片传达。以螺杆式压缩机为例,转子型面是空间曲面,阴阳转子啮合形成的封闭工作容积也难以从实物中观察到,而3D打印技术的发展为该知识的具象化提供了便捷的途径。3D打印技术是快速成型技术的一种,又称为增材制造技术,通过运用粉末材料逐层构建复杂物体,无须机械加工,可使用的材料广泛[3]。采用透明材料打印阴阳转子,不但能作为教具展示实际的封闭工作容积以及阴阳转子转动过程中工作容积的变化,还能让学生自主设计转子型面,对比不同型面的特点,体会转子型面的机械设计过程,培养学生的创新和实践能力。在此基础上,通过计算流体力学软件对制冷剂在压缩机转子中的流动过程进行模拟,形象地展示制冷剂在压缩机工作容积中的压力和温度等物理场的变化,加深学生对压缩机工作原理的理解。采用线上线下混合的实践教学方式,让学生在线下的实践教学活动前构建完整的知识体系,培养学生自主学习的意识,提升线下实践教学的效果。

3.2 探究型实践教学设计

探究型实践教学方案的核心是以学生为学习主体,教师通过教学设计创设一种科学研究的情景,营造浓厚的自主创新学习氛围,使学生在教学活动中充分利用所学专业知识,发挥自身的创造力,自主设计探究方案,在共同探讨的过程中培养学生的科学精神,加快推进学生将专业知识运用于实践的过程。

以强化换热实验教学为例,教师设定实验目标,学生通过查阅文献资料收集强化换热的相关方法,各小组采用不同的强化换热方法进行实验方案设计,教师在其中扮演技术支持的角色,进行实验方案的论证及实验条件的支持。学生可以通过自主设计肋片、内螺纹和扰流子的几何形状等方式探究提高换热效率的方式,通过3D打印的方式将其应用于实际传热过程,通过不断改进实现强化换热的目的。在此过程中,提高了学生的教学活动参与度,学生体会到产品从设计到应用的全过程,积累了科学研究相关经验,在实践过程中发现并解决实际问题。

4 结语

实践教学是制冷专业课程教学的重要环节,实践教学的水平是衡量教学水平及人才培养质量的重要标志之一。综上所述,制冷专业课程实践教学方的改革考虑了以下两个方面:

(1)抽象知识具象化方案,线上线下混合的实践教学方式,提升实践教学效果;

(2)设计探究型实践教学方案,以学生为学习主体,培养学生的创新实践能力。

参考文献

[1] 孟繁锐,唐奕晨,董帅男,等. 制冷压缩机课程教学方法改革 [J]. 中国冶金教育,2021,207(6):52-53.
[2] 张金亚. 基于CAD与CFD软件的泵和压缩机课程教学改革实践 [J]. 教育教学论坛,2016,12(3):105-107.
[3] 王君,孙卓辉. 流体机械类课程研究型实验教学方法探索与实践 [J]. 实验室研究与探索,2017,36(2):244-248.

基于 CDIO 理念的创新思维与创新能力培养策略分析与探讨

郑晨潇,刘泽勤

(天津商业大学,天津　300134)

摘　要: 大学生创新思维与创新能力的培养与提高关乎我国的核心竞争力,也是新时代教育事业发展的重要课题。本文针对大学生创新创业训练计划项目的现状及存在的问题,引入 CDIO 教育模式与教学理念,探讨构建基于 CDIO 理念的大创项目运行与培养机制的可行性与方法,阐明该机制对新时代创新型人才培养的意义。

关键词: 创新思维;创新能力;大创项目;CDIO 理念

1　引言

习近平总书记提出的新时代中国特色社会主义教育理论体系,为新时代中国特色社会主义教育事业发展指明了方向,为建设教育强国、培养时代新人提供了根本指针[1]。新时代的大学生是民族复兴赛道上的青年力量,亦是实现"中国梦"这场接力赛中至关重要的一棒。大学生创新思维与创新能力的培养与提高关乎我国的核心竞争力,也是新时代中国特色社会主义事业建设的重要内容[2]。对此,为提升大学生的创新能力,培养高水平创新人才,教育部提出并在全国范围内各高校陆续开展实施大学生创新创业训练计划项目(以下简称为大创项目)。大创项目的主体是本科生,老师以指导角色给予学生引导和建议,由学生自主完成创新性教学模式改革与创新教育文化建设。在此过程中,调动本科生学习探索的主动性与积极性,激发其创新思维与创新意识,理论与实践紧密融合,全面提升本科生的创新能力[3]。

由美国、瑞典的多个团队共同创立的,目前国际上较为著名的 CDIO 工程教育模式和教学理念,获得了许多同行与国家的认可和肯定。在 CDIO 中,各个字母分别是 conceive、design、implement 与 operate 的首字母,意为构思、设计、实施与运行[4]。将 CDIO 教育模式与教学理念引入大创项目中,能够促进高校构建更加完善、高效的大学生创新思维与创新能力的培养体系,让学生意识到创新思维与创新能力的重要性,调动学生在创新思维建立与创新能力提升方面的主观能动性,为成为社会主义事业建设人才打好基础[5]。

2　大创项目现状

2.1　项目申报热情高涨,但认识模糊

高校学生是成长在社会与思想相对开放环境中的新时代青年群体,精力充沛且思维活跃,对待事物有自己独特的见解。目前,大创项目的主要参与者为大学二年级的学生,其中相当一部分学生尚缺乏辨别与自我约束的能力,丰富的物质世界造就了发散思维的同时,也带来了诱惑与阻碍。对新鲜事物的好奇使学生积极踊跃地申请参与大创项目,但是缺乏对大创项目的深入了解与认知,"为报而报",过于理想化与简单化导致在大创项目后期进行过程中的重视度与持久度的不足。

2.2　项目开展理论不足

从大创项目开展情况来看,参与学生缺乏专业理论知识。由于大创项目主要参与者年级较低,一些专业课程尚未开展,导致学生相关专业知识不完备,在项目开展的过程中,尤其是理论分析部分存在一些阻力。与此同时,也在一定程度上让部分学生产生畏难心理,进而降低了热情与积极性。

作者简介:郑晨潇(1988—),博士,讲师。电话:15822060356。邮箱:zhengchenxiao2010@163.com。

基金项目:2022 年"三全育人"课程思政研究专项(22SQYR0116)

2.3 项目实践经验缺乏

许多高校的学生在校期间，尤其是大一、大二学年，更专注于课程理论知识的学习，缺乏实践与实操机会，从而导致动手能力薄弱。此外，团队协作能力也是部分学生有待提高的方面。大创项目的开展是团队合作的过程，能否融入团队，直接决定了项目完成的效率与成功率。

3 CDIO 理念的引入

3.1 CDIO 理念

CDIO 工程教育模式与教学理念是兼顾基础理论知识、个人及团队的能力等各方面的先进的国际教育改革成果[6]，科学性、全面性及系统性并存。该理念提出，要改变目前学生被动接受与填鸭式教学现状，通过实践与课程理论有机结合的方式提高学生学习的自主能动性，构建"教、学、做"一体的教学活动实施原则，让学生成为整个教学过程的主动参与者而非被动接受者[7]。CDIO 教育模式与教学理念以学生理解专业技术知识、掌握专业技术能力为目标，注重对学生基础理论知识、专业素养与能力的培养，强调学生学习的自主性与实践性，对学生的学习效果与教学质量的提升影响显著[8]。

3.2 CDIO 理念在我国高等教育中的应用现状

CDIO 工程教育模式与教学理念包括专业培养架构与标准体系、一体化课程体系等，其于 2005 年被引入我国后，课程教授模式与考核内容改革相应进行，对我国的教育发展产生了较为深远的影响[9-10]。

基于 CDIO 理念，我国诸多高校相继选择相应课程作为试点进行改革。广西大学基于 CDIO 理念对"社会研究方法"课程进行了改革，以公共管理 2014—2019 级本科生课程作为改革试点，以考核数据作为评价指标，改革后的教学效果优于传统教学模式[11]。沈阳化工大学将 CDIO 理念与三维参数化设计理念相结合后融入化工设备设计的教学中，提出并构建了基于 CDIO 教学模式与教学理念的三维参数化设计框架，有助于激发学生的学习热情，提高学生的专业设计技能与实践能力[12]。此外，该学校还对 CDIO 理念应用于环境工程人才培养模式中的可行性进行了探讨，并对传统教学方式进行了改革且效果显著，大大提高了该专业的人才培养质量[13]。福建农林大学针对风景园林工程领域教学中所存在的问题，结合现有教学特色，探索将 CDIO 理念

融入"虚拟+"教学过程的可行性，并基于 CDIO 理念构建了更为高效的"虚拟+"风景园林工程课程体系[14]。

3.3 基于 CDIO 理念的大创项目运行与培养机制探讨

将 CDIO 理念中的构思（conceive）、设计（design）、实施（implement）与操作（operate）应用到项目确立与申报、项目开展方案设计与制定、项目具体实施及项目结题等大创项目中的各个环节中，如图 1 所示。

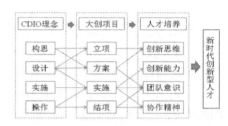

图 1 CDIO 理念 + 大创项目人才培养模式示意图

在大创项目立项过程中，以 CDIO 理念中的构思模式引导学生从自身的兴趣出发，综合考虑该出发点下项目开展的意义与可行性，确定该项目的研究方向。在项目构思的过程中，以学生团队为主体，指导教师给予建议与引导，充分激发学生的兴趣与热情。

在大创项目方案设计与制定过程中，以 CDIO 理念中的设计模式引导学生在自身专业基础知识的基础上进一步发散思维，鼓励团队内部进行积极讨论，制定最初项目开展实施方案。在方案设计的过程中，学生团队依然作为主体，指导教师在适宜时机提供建议，充分启发学生的创新性思维。

在大创项目具体实施的过程中，以 CDIO 理念中的实施与操作模式引导学生依照设计制定的项目方案进行具体的实施与操作，推进项目有序开展。学生团队作为实操主力军，在此过程中理论联系实际，以理论知识为实际应用指出方向，在实际应用中加深对理论知识的理解，有效提升学生的创新能力，同时培养学生的团队意识与协作精神。此外，在具体实施过程中，反思设计制定方案的缺点与不足，从而对项目实施方案进行优化与完善。

在大创项目结题过程中，以 CDIO 理念中的操作模式引导学生对所得到的大创项目成果进行整理归纳，对项目开展各个环节中的经验教训进行总结反思，共同完成结项报告。由于在整个项目开展的过程中，均是以学生团队作为项目主体，学生在共同

讨论、解决问题、完成项目的同时,建立了深厚的团队友谊与集体荣誉感,也使学生具备工作所需的团队协作能力。

4　结语

新时代中国特色社会主义事业建设亟须具有创新思维与创新能力的创新型人才,如何培养此类人才是高等教育面临的重点问题之一。大创项目的初衷即为提升大学生的创新思维与创新能力,而 CDIO 教育模式与教学理念为人才培养提供了新的思路和方法。因此,如何将 CDIO 教育模式与教学理念引入大创项目中,根据不同高校大创项目开展的实际情况将其具体化与细节化,构建出合适且科学的新时代创新型人才培养方案,依然是需要继续探索的课题与努力的方向。

参考文献

[1] 《习近平总书记教育重要论述讲义》编写组. 习近平总书记教育重要论述讲义 [M]. 北京:高等教育出版社,2020.

[2] 张旭,薛博. 高校"大创"活动对大学生综合素质的培养 [J]. 大众标准化,2021(1):145-146.

[3] 崔虹云,宋远航,田国忠,等. 大创项目:学生创新思维和创新能力的培养 [J]. 绥化学院学报,2017(37):124-125.

[4] 陈华辉.CDIO 理念下高职学生创新创业教育模式研究 [J]. 中国成人教育,2019(23):46-48.

[5] 童海玥,陶雪,施明毅. 基于 CDIO 的高校创新创业人才培养模式研究 [J]. 电脑知识与技术,2021(17):246-263.

[6] 喻菲菲,杜灿谊. 基于 CDIO 教育理念的机械工程测试技术课程实验教学方法改革 [J]. 中国现代教育装备,2017(21):58-60.

[7] 贾萌,洪磊,王俭朴,等. 城市轨道交通运营管理课程 CDIO 模式实践教学探索 [J]. 中国现代教育装备,2022(3):136-138.

[8] 张文茹,汤重熹.CDIO 视域下"项目驱动"教学模式研究:以工业设计工程专业为例 [J]. 设计艺术研究,2021(11):123-128.

[9] 朱里莹,黄启堂,李房英,等. 基于 CDIO 的风景园林工程实践教学探索 [J]. 中国园艺文摘,2017,33(1):207-211.

[10] 顾佩华,胡文龙,陆小华,等. 从 CDIO 在中国到中国的 CDIO:发展路径、产生的影响及其原因研究 [J]. 高等工程教育研究, 2017(1):24-43.

[11] 聂鑫,蒙奕多,汪晗. 基于 CDIO 教学理念的社会研究方法课程改革探索 [J]. 高教论坛,2021(12):47-48.

[12] 张静,张平,朱骄阳,等. 基于 CDIO 教学模式的化工设备三维参数化设计 [J]. 化工高等教育,2021(38):66-70.

[13] 赵焕新,张学军,于三三. 基于 CDIO 理念的环境工程应用型人才培养模式探索 [J]. 化工高等教育,2021(38):35-38.

[14] 朱里莹,黄河,闫晨.CDIO 工程教学改革下的"虚拟＋"风景园林工程教学探索 [J]. 绿色科技,2022(24):241-245.

基于"三全育人"理念的能源与动力工程专业人才培养探索与实践

王志明，李雪强，王铁营，王新如，刘圣春

（天津市制冷技术重点实验室，天津商业大学机械工程学院，天津 300134）

摘 要：以"全员育人、全程育人、全方位育人"的教育理念为基础，通过优化完善师资队伍结构，构建分阶段、多层次、开放式工程实践教学方法，天津商业大学机械工程学院能源与动力工程专业以产教融合为主，科教融合为辅，同时嵌入工程素养，构建"职业素养＋理论与实践＋思想价值引导＋商学思维＋创新能力"五位一体的培养模式，形成完善的人才校企协同、产教融合的培养体系，旨在培养具有专业知识体系和商学素养的工程技术人才。

关键词：能源与动力工程专业；三全育人；人才培养；实践教学；校企协同

1 引言

面向新兴产业、电子商务和冷链物流等现代经济的发展[1-2]，结合制冷空调大部分需要以市场为主进行研发和设计工作的产品特点，要求培养的毕业生兼具专业知识、工程实践能力、工程创新能力和商业运营能力，因此亟须培养具有专业知识体系和商学素养的工程技术人才[3-4]。以天津商业大学优势的商科特色资源为依托，以校企合作为载体，将本校传统的能源与动力工程学科的人才培养聚焦于满足现代新兴产业发展，根据"全员育人、全程育人、全方位育人"的"三全育人"理念，以能源与动力工程专业内涵建设为出发点，充分发挥校企协同育人主渠道作用，培养具有扎实专业能力、敏锐商业思维和多学科知识融合应用能力的高素质人才。

2 专业人才培养所面临的问题

2.1 工科教师队伍企业工作经历欠缺，工程实践能力亟待提升

目前，工科专业师资队伍普遍缺乏企业工作经历，对现代产业体系的融入度不足，使得培养学生在现代工业环境中的创新创业发展能力不足，导致毕业生解决复杂工程应用问题及推动行业发展的综合能力不强。因此，亟待增强工科师资队伍人才的企业工程能力培养，构建"理论＋实践"和"校内＋校外"相结合的新工科师资队伍，满足"全员育人"的新要求。

2.2 校企交叉融合有待进一步加强，学生工科实践知识和能力有待提升

能源与动力工程专业深度服务于建筑环境、新能源、制冷空调和冷链物流等基础或新兴产业，现代新兴产业与工程应用的快速融合发展，导致工科实践体系适应经济发展新常态的动态调整机制存在欠缺，工科人才的新工科实践知识和能力亟待提升。必须围绕校企协同、产教融合构建适应现代产业环境的新型工程育人体系，探索"全程育人"的新模式。

2.3 产教融合有待深化，课程思政助力多维度提升亟待加强

传统工科专业人才培养仍然存在"重知识传授

作者简介：王志明（1987—），男，博士，讲师。邮箱：zhimingW@tjcu.edu.cn。

基金项目：2020 年教育部第二批新工科研究与实践项目——"工科＋商科"结合的能源与动力工程专业新工科人才培养改革探索与实践（E-NY-DQHGC20202207）；天津市高等学校本科教学质量与教学改革研究计划重点项目（A201006901）的子课题。

和理解、轻实践和创新"的问题,不够重视职业素养、实践能力、商学价值观和创新能力的协同创新培养。必须深化产教融合平台建设,强化课程思政牵引的校企协同育人,加强职业素养、工匠精神教育,形成家国情怀的基础上,注重能力提升的新工科人才培养模式,达到"全方位育人"的新高度。

3　专业人才培养改革思路和举措

3.1　深化新工科内涵的工程师资队伍引育方案建设,加强工程知识对人才培养的重要作用

基于新工科理念,优化师资队伍结构,突出"厚植商学 + 工程素养"的复合型人才培养的特色优势,构建面向工程技术师资人才的引育体系,从校内教师的工程素质培养到企业工程技术人员的引入等,将具备工程实践能力的师资队伍整合纳入"全员育人"的人才培养体系中,构建"理论 + 实践"和"校内 + 校外"相结合的新工科师资队伍,具体措施如图 1 所示。

3.1.1　师资工程实践能力调研

调研与本专业类型、定位、性质相关的国内优秀院校的师资队伍情况,关注能源与动力工程专业领域,涵盖冷链物流及电子商务等新经济形态,以及新能源科学与工程等新工科专业的人才需求,评估师资队伍的工程能力现状,并分析存在问题,为培养工程复合型、创新创业型应用人才奠定基础。

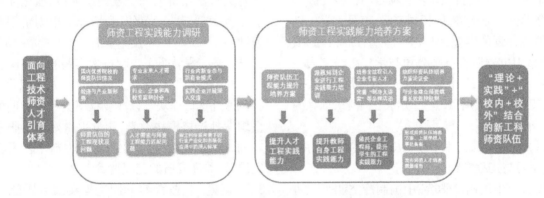

图 1　涵盖工程实践能力提升的师资人才培养方案制定措施路线图

聚焦专业未来人才需求,面向新能源与可再生能源应用、环境保护、电子商务、冷链物流、市场营销、管理学和经济学等现代经济发展重点产业,组织召开相关行业、企业和高校专家参与的研讨会,重点讨论专业发展人才需求与师资队伍工程能力匹配问题。

重点针对与本专业密切相关的行业内新业态(如冷链电商)与新商业模式(如大数据、云监控)的实践企业开展深入交流,了解和掌握新工科体系背景下的行业产业化和市场化应用中的用人标准,着重"双师双能型"师资队伍对人才培养的重要作用。

3.1.2　师资工程实践能力培养方案

根据新形势下工科建设思想,结合专业未来人才需求的师资队伍工程实践能力调研和分析结论,以提升人才工程实践能力的培养为出发点,讨论本专业师资队伍工程能力提升培养方案。

依托天津商业大学 - 烟台冰轮股份有限公司国家级工程实践教育中心、行业知名企业博士后工作站、校企联合研发中心和生产实习等环节,将理论授课教师派到企业中进行短期工程实践能力实训,达到工程实践能力提升的目的。

将企业专家引入专业人才培养师资队伍,参与人才培养全过程,并制定考核机制;丰富和完善"企业工程师进课堂"以及"制冷大讲堂"品牌活动,充分发挥企业工程师的工程实践优势,提升学生的工程实践能力。

组织召开师资队伍引育方案论证会,对修订的师资队伍工程能力培养方案进行广泛讨论和征询建议,形成完成稿后上报学校人事处备案。

与用人单位共同建立工程师资队伍培养质量长效监控机制,每年总结师资人才培养质量报告。

3.2　以工科专业知识与工程实践能力融合为出发点,打造适应现代产业环境的新型实践能力培养体系

深入思考新工科背景下,能源与动力工程等传统工科专业的转型发展,以适应现代产业环境对人

才的新需求,构建新型工程实践体系,具体措施如图 2 所示。

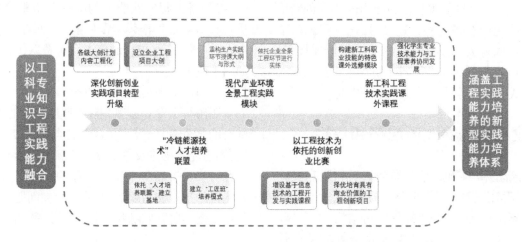

图 2　涵盖工程实践能力培养的新型实践能力培养体系构建措施路线图

3.2.1　深化大学生创新创业实践项目的转型升级

结合学校专业优势,依托国家级、市级大学生创新创业训练计划的实施,引入企业创新训练计划项目(珠海格力电器股份有限公司与学校已经完成一期企业创新创业训练计划),通过企业设计的实际课题,组织学生完成项目,达到实际工程需求训练的目的。

3.2.2　以"冷链能源技术"创新人才培养联盟为载体,理论学习与工程实践同向同行

学校联合中国制冷学会、中国制冷空调工业协会、烟台冰轮环境技术股份有限公司、福建雪人股份有限公司等 27 家单位成立"冷链能源技术"创新人才培养联盟。依托"人才培养联盟"实施"工匠班"培养模式,选拔品学兼优的学生,在第四学年派至企业参与产品的设计、研发、检测等各个环节,提高毕业设计的考核标准,助推新一轮人才培养质量提升,培养以冷链技术为核心的制冷行业卓越人才。

3.2.3　集中实践模块综合工程体系实训的有效实施

重新规划生产实践环节的授课大纲及授课形式,采用线上线下协同育人的模式,以企业发展的全景工程模式为出发点,从产品市场定位、产品研发、工程设计施工、产品生命周期成本、企业营销模式等各个环节对学生进行实际训练,使学生受到现代产业环境下全景工程模式的熏陶,为今后新经济环境下更好地发挥才干储备知识。

3.2.4　以工程技术为依托的创新创业比赛重构

充分利用本专业教师指导的全国"互联网+"大赛和全国大学生节能减排社会实践与科技竞赛转化成果及平台,增设基于信息技术的工程开发与实践课程,发挥企业导师和校内导师的双重优势,择优培育具有商业价值的工程创新项目,强化商业模式引领技术创新的示范作用,培养学生创新创业的积极性。

3.2.5　新工科背景下工程技术实践的课外课程优化

与行业协同构建新工科背景下人才职业技能的特色课外选修模块。以职业证书类项目导向的形式组织课外选修模块教学,让学生做好未来职业发展规划,强化学生工程专业技术能力与工程素养协同发展,培养高素质的工程技术人才。

3.3　创建"职业素养+理论与实践+思想价值引导+商学思维+创新能力"五位一体的培养模式

深化产教融合,以思政教育和商业价值观为引领,引入行业数字培训资源,打造"学校+企业+行业协会+科研院所"联动的工程人才培养体系,创建"职业素养+理论与实践+思想价值引导+商学思维+创新能力"五位一体的培养模式,具体措施如图 3 所示。

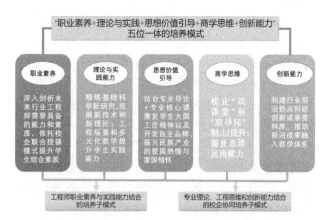

图 3　"职业素养+理论与实践+思想价值引导+商学思维+创新能力"五位一体的培养模式路线图

3.3.1 工程师职业素养与实践能力结合的培养子模式

（1）课程思政与价值引领同向同行。强化思想理论教育和思想价值引领，结合专业导论＋专业核心课的教学内容，从适应当前经济社会发展角度，突出"思想价值引导"，使学生了解能源与动力工程专业在国民经济发展中的重要作用，同时增强环境保护与可持续发展意识，激发学生大国工匠精神以及开发自主品牌、振兴民族产业的爱国热情与家国情怀。

（2）产教融合为主，打造工程素质人才。深入剖析未来行业工程师需要具备的能力和素质，依托校企联合授课模式，深化知识体系改革，发挥已建立的校外导师库和校外基地资源，由企业工程师、市场营销师等针对典型研发、设计、创业案例与学生进行交流，以提升学生精益制造意识、成本意识、专业研发能力等，从而具备工程价值观的综合素质。

3.3.2 专业理论、工程思维和创新能力结合的校企协同培养子模式

（1）科教融合辅助提升人才的创新思维。构建行业前沿热点科研创新成果资料库，推动前沿成果融入教学体系。通过已具备的国内和国际研究平台拓展专业知识体系，深入挖掘基础学科方向与教学内容，并在相关专业课基础课程中设置专门学时，引导学生对本专业理论的深入思考，将"工程设计原理"纳入专业核心课程，强化学生关注行业未来技术发展的思维训练。

（2）校企协同提升育人水平。围绕学科和行业新技术发展，联合企业、行业将"冷链能源技术"创新人才培养联盟制度化，将"工匠班"培养纳入人才

培养体系，定期邀请企业工程师、行业专家学者走进课堂，开展行业技术发展分析、学科前沿技术、产业发展现状等特色报告和研讨会，扩展学生的视野，提升学生的核心价值观。

（3）学校与行业协会联合打造技能提升数字平台。充分利用APP等小程序的便利性，开展与行业协会的合作，将企业已有专业知识学习训练平台纳入教学资源库，打造制冷行业数字学习平台。以"双碳"政策为契机，将绿色材料、绿色技术、绿色能源等知识体系纳入专业知识体系，注重对学生节能管理知识的传授，并进行技能提升培训。

4 结语

本文基于"三全育人"理念，通过制冷空调行业特色鲜明的能源与动力工程专业的师资队伍建设方案和新型工程实践教育体系，构建了一套能源与动力工程专业"职业素养＋理论与实践＋思想价值引导＋商学思维＋创新能力"五位一体的培养模式，形成了可示范推广的经验，可为同类地方院校提供借鉴，为"双一流"建设高校专业、职业院校提供参考。

参考文献

[1] 张帆,侯庆晨. 构建电子商务环境下生鲜农产品冷链物流配送体系[J]. 新农业,2022(12):72-73.

[2] 计娜. 电子商务背景下生鲜农产品冷链物流服务质量评价体系优化策略研究[J]. 科技资讯,2022,20(2):226-228.

[3] 赵程程,刘峥."新文科"背景下冷链物流人才培养模式构建与实现路径[J]. 西部素质教育,2022,8(6):79-81.

[4] 甘俊伟,王喆,李进军. 基于"三融合"的应用创新型冷链物流人才培养路径[J]. 物流技术,2022,41(3):130-134.

南昌大学能源与动力工程专业本科生创新能力培养的探索

戴源德,文 华,张 莹,陈杨华,曾满连

(南昌大学先进制造学院能源与动力工程系,南昌 330031)

摘 要: 本文以南昌大学能源与动力工程专业本科生为研究对象,主要采用行动研究法,将学生课内学习与课外参加科研训练、大学生创新创业计划项目和学科竞赛等创新实践活动相结合,探索一种新型培养模式,以提升学生的自主学习能力,激发学生的科研潜力和培养学生的团队协作与创新能力,取得了较好的成效;最后分析了当前存在的主要问题,并提出了对策与建议,所取得的研究成果对其他专业和学校有一定的借鉴意义。

关键词: 创新能力;人才培养;高等教育;能源与动力工程

1 引言

为建设高等教育强国,提升国家核心竞争力,教育部对各院校提出了创新人才培养的战略任务,力争构建创新型人才培养新格局[1]。习近平总书记在2021年中央人才工作会议中指出:坚持面向世界科技前沿、面向经济主战场、面向国家重大需求、面向人民生命健康,深入实施新时代人才强国战略,全方位培养、引进、用好人才,加快建设世界重要人才中心和创新高地[2]。高校作为创新人才培养的主阵地,要充分发挥培养创新型人才主力军的作用。

对比一些发达国家的教育理念,可以发现,他们经过多年的不断实践和探索,已经逐步形成系统化的创新创业教育模式[3]。尽管我国高等教育在改革中不断进步,但应试教育色彩仍然浓重,教学评价仍以考分为主,重课堂教学,轻实践与创新能力培养,所培养的大学生难以适应国家自主创新发展战略的需要[4]。笔者在开展教学研究中发现,传统工科教育方式不能充分激发学生的求知欲或很好地培养学生的创新创造能力,毕业后难以适应日新月异的科技社会,因此高校在工科领域创新人才培养上仍有很大的提升空间。

教育部自2017年明确提出"新工科"概念以来,就积极推进"新工科"建设,各高校也开始探索"新工科"的建设道路,加强大学生创新创业能力的培养,培养工程技术实践中创新创造能力强的高层次复合型人才[5]。近年来,国内部分高校在本科生创新人才培养方面进行了教学改革研究与探索,并且取得了一定的成效[6-8]。然而,上述教研课题,有的仅关注选拔优秀本科生,忽视普通本科生创新素质的培养;有的仅基于某项创新活动,研究内容较为单一。因此,有必要扩大研究对象范围,采取多元化教学形式,将创新能力培养贯穿于整个本科教育阶段。

2 研究方法及思路

2.1 研究方法

本文采用的主要研究方法为行动研究法。班级导师利用课余时间访谈学生,在专题讲座和专业课程教学上适时采取科研创新活动案例教学,积极宣传并指导本科生开展创新实践活动。

行动研究法主要是针对实际教学活动中产生的问题,采用科学的理论方法去指导教育实践,在行动研究中不断探索、改进和解决实际问题,实施在具体教学过程中适当采用访谈和案例教学的方法。行动研究法将教育教学经验上升到理论的高度,但依托的仍然是自身的教育教学实践。在整个本科生阶段开展理论教学和创新实践活动指导过程中采用行动

作者简介: 戴源德,男,博士,副教授。电话:13707080932。邮箱:ydn-cu@163.com。

基金项目: 江西省高等学校教学改革研究课题(JXJG-18-1-58)。

研究法,有利于将创新能力培养行动与研究工作相结合,使其与教育实践的具体改革行动紧密相连。行动研究法的实施程序如图1所示。

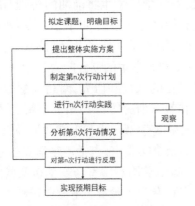

图1 行动研究法实施程序图

2.2 研究思路

从学习、科研和学科竞赛三个方面同时对学生进行创新能力培养,使学生在牢固掌握专业知识和创新理论知识的前提下,开展科研创新实践活动,进一步培养学生的探索精神和创新意识。教师结合能源与动力工程专业特点和未来发展趋势,定期更新所讲授的专业课内容,除课程教学和课程实验外,期间利用课外时间穿插开展班级导师专题讲座、企业参观实习、大学生科研训练、大学生创新创业计划项目和学科竞赛等创新性活动,最终形成南昌大学能源与动力工程专业本科生创新能力培养的新模式。本文的研究技术路线如图2所示。

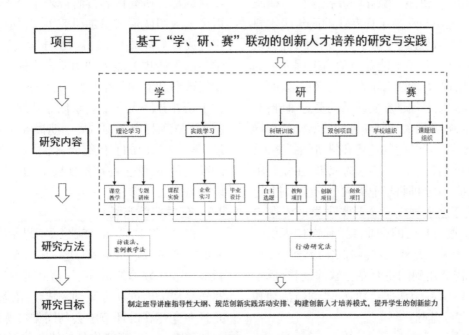

图2 研究技术路线图

3 创新型人才培养模式的探索与研究

以往围绕创新型人才培养的做法主要是针对优秀本科生的拔尖计划,参与科研或学科竞赛等创新实践活动的学生往往只是少数专业成绩优秀的学生,而大多数学生或因为专业知识学习不足有所顾虑,或因为不了解这些项目而选择无视。为了改变这种状况,本文结合南昌大学能源与动力工程专业教学的实际情况,积极探索一种以培养学生的创新能力为目标的新的人才培养模式,研究对象为南昌大学能源与动力工程专业全体本科生而非经选拔的部分优秀学生,创新能力培养过程贯穿于整个本科生教育阶段,而非仅限于高年级,主要从"学""研""赛"三个方面开展。

3.1 在"学"的方面

在"学"的方面,主要分为理论学习和实践学习两种。理论学习包括课程学习和专题讲座学习,实践学习则以课程实验和企业参观实习为主。

3.1.1 课程学习

低年级学生通过学习"学科导论""工程热力学""传热学""流体力学""能源与动力装置基础"等通识类课程,为后期专业知识的学习奠定一定的学科基础,其中对于"学科导论"课程,教师以通俗易懂的方式进行讲解,适时穿插科研案例,激发学生的求知欲;具有扎实基本功的高年级学生再通过修读制冷空调、热电厂和内燃机3个方向的专业核心课程(例如"制冷与低温原理""空气调节""内燃机原理""内燃机设计""锅炉原理"和"汽轮机原理"等),牢固掌握专业知识。教师在课堂讲授专业理论知识时,适时介绍该知识点如何应用于实际工程案例,巩固和强化学生对这些知识点的理解和掌握。为让更多学生得到创新知识,课题组面向南昌大学能源与动力工程专业本科生开设了创新学分课程"制冷空调科技竞赛训练"。

3.1.2 专题讲座学习

针对每届学生的年级特点,每学期会组织开设班级导师专题讲座,讲座中除导师教授学生科研案例外,还会邀请能源与动力工程专业的高年级本科生分享创新实践活动经历。对于大一学生,通过班级导师专题讲座学习,了解能源与动力工程专业的学科背景及应用现状,增强对本专业的兴趣,及时做好学习规划,为后期参加创新实践活动奠定基础;对大二、大三学生,则开展关于创新性实践活动的指导性专题讲座,旨在培养学生的竞赛和科研创新能力,引导学生在科研创新中取得满意的成果,在竞赛中获得优秀的成绩;对于即将毕业的大四学生,则会定期组织一些关于就业规划和企业宣讲类的专题讲座,为学生选择适合自己的企业和工作岗位提供一些建设性指导意见。此外,也会向低年级学生介绍科研创新活动需要用到的主要专业软件,引导低年级学生有针对性学习,为后期参加科研创新活动和学科竞赛打下理论基础。

3.1.3 实践学习

在课程实验的基础上,专业教师通过组织学生去本地对口企业参观实习,现场学习和了解产品及其部件的结构及生产过程,使学生将理论知识与实际生产相结合,为开展创新实践活动奠定实践知识基础。

3.2 在"研"的方面

在"学"的基础上,以教师科研项目和自主选题开展科研训练和大学生创新创业计划项目的科研活动,指导高年级学生完成科研创新实践项目,培养学生的创新实战能力,既是"学"帮助"研",也是"研"促进"学"。在"研"的教学过程中主要采用案例教学法,指导正在参与科研创新实践活动的学生减少盲目设计、准确合理地利用和补充所需学科知识,尽

早进入实质性创新过程,高效地完成并提高创新成果的质量。此外,针对大四学生开展的毕业设计及毕业论文撰写工作是学生在校期间进行综合训练的重要阶段,教师指导学生将前期的科研训练项目尚未完成或有待进一步解决的问题作为毕业设计的内容,通过完成毕业设计任务及撰写毕业论文等诸多环节,进一步提升学生的创新能力。

经过多年的探索和研究,南昌大学能源与动力工程专业在教学研究方面积累了丰富的经验,形成了一支具有较高学术水平和丰富教学经验的师资队伍,拥有10余个实验室,包括传热学实验室、流体力学实验室、制冷空调实验室与发动机实验室等专业基础实验室和专业实验室。本专业教师主持或参与在研的国家级和省部级科研项目多项,将这些科研项目的部分研究内容拆解成若干个子项目,让学生以个人或团队形式参加研究工作,使他们熟悉和自主完成整个科研工作过程,引导学生学以致用,训练学生的科研攻关能力和团队合作能力。此外,教师积极鼓励和引导学生提出自己的创新想法,指导他们申请并开展大学生创新创业计划项目,让学生熟悉和掌握项目申请、开题、中期报告和结题工作。通过"学"与"研"的有机结合,教师与学生建立了良好的师生关系,学生在创新实践活动中的参与程度较以往显著上升。

3.3 在"赛"的方面

在"学"和"研"的基础上,指导学生以个人或团队的方式参加学科竞赛,进一步培养学生的自主创新能力。在教师的指导下,学生熟悉和自主完成竞赛作品从提出创新方案到完成作品设计的全过程,并且在竞赛答辩环节学会与同类参赛作品比较,学会如何突出展示竞赛作品的特点和创新点。

南昌大学能源与动力工程专业本科生除参加学校统一组织的全国数学建模大赛、全国大学生"挑战杯"竞赛和全国大学生节能减排竞赛以外,主要参加由本专业负责组织的学科竞赛,中国制冷学会创新大赛、中国制冷空调行业大学生科技竞赛和美的MDV中央空调设计大赛这三项学科竞赛是专门面向能源与动力工程专业本科生而举办的。近年来,南昌大学还与企业签订了校企合作框架协议,其中将资助学生开展学科竞赛和创新实践活动列入协议核心内容。近十年来,面向能源与动力工程及相近专业,课题组举办了南昌大学制冷空调科技竞赛,并从2020年起连续3年获得了奥克斯集团的资助,设立竞赛奖金,得到了能源与动力工程专业学生的

积极响应和踊跃参与,激发了学生较强的创新欲望。通过鼓励学生参加各类学科竞赛,培养了学生灵活运用知识的能力和实践动手能力。此外,在团队比赛中也提升了学生团结协作、合理分工、独立思考和勇于创新等能力。

4 创新人才培养模式的实践与成效

4.1 学生方面成就颇多

本文围绕培养学生的创新能力这个中心目标,对南昌大学能源与动力工程专业本科生从"学、研、赛"三个方面的教学与实践中,激发了创新精神,获取了创新知识,培养了创新能力。课题实施过程中,学生取得了很多成就,主要表现在创新实践活动参与度、学科竞赛参与度以及读研升学率三个方面。图3所示为南昌大学能源与动力工程专业2016级、2017级和2018级本科生读研升学、参与创新实践及参与学科竞赛人数占比情况。

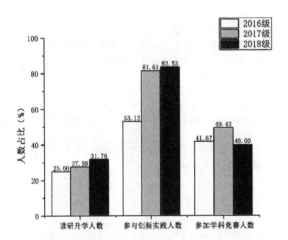

图3 学生读研升学、参与创新实践及学科竞赛人数占比情况

随着本科课题的实施,越来越多的南昌大学能源与动力工程专业本科生开始对科学研究产生浓厚的兴趣,同时也产生了读研深造的强烈意愿。根据统计,读研升学的学生除少数几位外,基本上被"双一流"大学录取为硕士研究生,且保研生均被国内顶尖985高校录取。例如,能动2016级学生读研占比为25%,其中11位学生保研;能动2017级学生读研占比为27.59%,其中9位学生保研;能动2018级学生读研占比为31.76%,其中10位学生保研。

为了更好地为能源与动力工程专业本科学生的创新实践活动提供科研项目支撑,在开展本教研课题的同时,专业教师积极开展能源与动力工程领域的科学理论与技术研究工作,近三年先后获批立项

国家自然科学基金课题2项、江西省自然科学基金课题1项以及企业横向科研课题5项,学生参与科研训练项目和大学生创新创业计划项目的人数占比逐年递增。本教改课题的开展不仅激励了学生参与科研创新实践活动,还让他们从中切切实实地取得了一些高水平成果,部分学生将科研训练项目成果撰写成论文,共有18位学生在核心期刊发表学术论文。

此外,由图3可发现,每届学生的学科竞赛参与度均超过了40%,其中2017级能源与动力工程专业本科生参加学科竞赛的规模甚至达到了50%,并且在各类学科竞赛中获得了多项个人或团体奖。例如,本专业有3位同学在2019年"中国制冷空调行业大学生科技竞赛"决赛中获得团体三等奖,另有3位同学在该项竞赛中获得创新设计优秀团队奖;能动2017级学生在第十届MathorCup高校数学建模挑战赛、"互联网+"创新创业大赛、"丹佛斯杯"中国制冷学会创新大赛等皆有斩获奖项;能动2018级3位同学在"第二十届全国大学生机器人大赛ROBOCON2021投壶行觞比赛"获得国家级一等奖,一位同学在全国大学生先进成图技术与产品信息建模创新大赛获得个人全能国家级二等奖,另有3位同学在2021年"中国制冷空调行业大学生科技竞赛"决赛中获得团体二等奖,等等。

4.2 校企合作持续推进

"学、研、赛"联动的创新人才培养模式离不开企业的支持。近年来,南昌大学能源与动力工程专业分别与奥克斯集团和深圳市卓力能科技有限公司等企业签订了校企合作框架协议,与以往的校企合作协议不同的是,其强调了企业要参与到学校培养学生的创新能力中,例如奥克斯集团已连续三年资助举办南昌大学制冷空调科技竞赛、深圳卓力能接收南昌大学能源与动力工程专业本科生参与该企业的产品研发工作。目前,课题组正在与另一家企业合作,已签署合作协议,积极申报国家产学协同育人项目,建设"制冷系统虚拟仿真实践基地",为南昌大学能源与动力工程专业本科生参加创新实践活动创造更便利的条件。今后,南昌大学将与更多的企业开展合作,争取在校企合作方面取得更多的成绩。

5 结语

5.1 结论

本文依据"新工科"建设背景下教育部对高校

提出的创新型人才培养要求,结合南昌大学能源与动力工程专业的专业特点和发展前景,开展了本科生创新能力培养的教学研究,培养对象涵盖全体能源与动力工程专业本科生,贯穿整个四年本科生培养阶段,涉及理论教学、实践教学、科研创新实践项目以及学科竞赛等多个层次和维度,形式多样,研究交替开展、循序渐进,既能满足学校的课程教育需求,同时也兼顾对学生创新思维的培养以及科研能力的培训,是国家人才强国及培养创新型人才战略的表现形式之一。该研究取得了预期的成果,不仅使学生适应了这种教学模式,使其具备了自主创新、善于创造的素质,团结协作、合理分工、独立思考的能力,以及丰厚的专业知识储备和实践能力,本科毕业后不管是选择升学还是就业,均能够发挥专业特长,实现个人价值,从而为社会培养更多有创新意识与科研能力的创新型人才。

5.2 展望

高校创新型人才培养模式的研究是一项复杂且极具挑战性的课题,需要展开持续研究。本科生创新能力培养需要考虑和解决的问题涵盖很多方面,是一项系统工程,目前尚未形成成熟的实践教学模式,还需长时间的实践探索和经验积累才能日臻完善。通过课题组的教学研究,提出以下建议。

(1)建议学校加大学生科研训练项目和大学生创新创业计划项目的经费投入,出台政策发动和鼓励更多教师积极投入指导学生进行创新性实践活动,进一步提高学生参与创新性实践活动的比例。

(2)开设更多的丰富多元的创新学分课程,设计评估创新型人才的考核标准和激励机制,并将考核结果与学生保研计分、奖学金获取等挂钩,使创新培养工作惠及每位学生。

(3)进一步加强校企合作,与企业建立良好的合作关系,从学生实习、学科竞赛、技术研发等多方面开展友好合作;在培养学生创新能力的同时,也可为企业攻关解决技术难题,真正做到互利共赢、友好合作,实现学校与企业之间的良性循环,最终为社会培养更多的创新型人才。

参考文献

[1] 孙爱花. "大众创业、万众创新"背景下大学生创新创业教育研究 [J]. 高教学刊,2022,8(2):34-37.

[2] 习近平. 深入实施新时代人才强国战略 加快建设世界重要人才中心和创新高地 [J]. 求贤,2021(12):6-9.

[3] 衣志爽,王静,王诗雅,等. 创新驱动背景下大学生创新创业教育体系构建 [J]. 创新创业理论研究与实践,2022,5(4):61-63.

[4] 步杨洋,刘津池. 高师院校大学生创新创业教育途径分析 [J]. 吉林省教育学院学报,2022,38(1):159-162.

[5] 陈祥. 新工科背景下基于创新人才培养的教学生态构建 [J]. 创新创业理论研究与实践,2022,5(10):159-161.

[6] 游畅,王阳,朱晓超,等. 科学选拔创新人才的理念、方法与成效:2006—2017复旦大学改革探索综述 [J]. 华东师范大学学报(教育科学版),2018,36(3):115-124,170.

[7] 莫甲凤. 研究性学习在拔尖创新人才培养中的实现路径:以华南理工大学为例 [J]. 高等工程教育研究,2018(3):158-164.

[8] 王伟,张志强,石端伟. 以学科竞赛促进创新人才培养探索 [J]. 中国电力教育,2018(8):72-73.

[9] 刁立宏. 案例教学法在高校法学教学中存在的问题及对策 [J]. 法制博览,2022(13):160-162.

"新能源／制冷专业英语"教学改革探讨

汪琳琳,邹同华

（天津商业大学机械工程学院,天津 300134）

摘 要: 本文对新能源科学与工程、能源动力类相关专业的基础培养计划进行了简单介绍,阐明了开设"新能源／制冷专业英语"课程的必要性,结合我校多年开设"新能源／制冷专业英语"课程的教学实践,介绍了"新能源／制冷专业英语"课程讲授的主要内容,为进一步探索"新能源／制冷专业英语"课程教学改革提供参考。

关键词: 制冷专业英语；新能源科学与工程专业；教学改革

1 "新能源／制冷专业英语"课程的必要性

随着社会信息化、经济全球化的快速发展和中国"一带一路"倡议的实施,社会对英语人才的素质要求呈现多元化趋势,具有商业英语知识储备、职场英语沟通水平和现代化办公素养等综合能力的应用型英语人才备受青睐。传统的英语教学模式已经不能适应时代的需求,培养目标、教学内容及教学方法都需要进行改革[1]。因此,专业英语在应用型本科高校中的教学改革迫在眉睫,需从改善教学效果出发,丰富教学内容,创新教学方式,探究课程教学改革的方法[2]。

为培养适应新形势的专业人才,新能源科学与工程、能源动力类相关专业的设置也与时俱进,"新能源／制冷专业英语"作为专业的英语培养课程,设置在大学三年级上学期,共32学时。而我校开设的"制冷专业英语"最初以制冷专业基础学习知识为背景,目标培养是学生的专业英语应用能力,学生需掌握制冷空调方面的专业词汇,了解专业文献的语法特点和表述方法,使学生能够以英语为工具在国际会议、技术行业内进行交流,并具有获取专业领域前沿资讯的能力。

2 "新能源／制冷专业英语"课程讲授的主要内容

能源与动力工程专业是 2012 年教育部批准设置的普通高等学校本科专业（原为热能与动力工程专业）,是以工程热物理相关理论为基础,面向能源转化利用及动力系统领域的专业,培养方向主要涉及热力发电、空调制冷、内燃机、新能源等。

新能源科学与工程专业是一门新工科专业,主要研究新能源的种类、特点、应用和未来发展趋势以及相关的工程技术等,包括风能、太阳能、生物质能、核电能等。

"新能源／制冷专业英语"课程教学安排见表1,主要基础专业课常以经典英语教材为基础,对每一门基础专业课挑选重点内容进行讲解。

课堂形式主要采取讲授、提问、互动的形式,让学生以基础专业课为背景,通过深化专业基础理论知识,对专业问题进行更多的思考和讨论。

表 1 "新能源／制冷专业英语"课程教学安排

教学章节	教学内容	课时
1. 专业英语介绍	专业英语与大学英语的区别,基础语法,专业词汇组成,缩写单词,专业英语文献写作特点	8
2. 文献阅读与翻译	文献收集与阅读、翻译能力,翻转课堂,小组模式分工,阅读翻译,PPT 展示和总结	8

作者简介: 汪琳琳(1982—),女,博士,讲师。电话:13821931006。邮箱:wanglinlin@tjcu.edu.cn。

续表

教学章节	教学内容	课时
3. 热力学和制冷循环	介绍热力学重要英语词汇,热力学第一、第二定律,制冷循环基本原理,复叠制冷循环,双级制冷循环,吸收制冷循环等应用循环原理	2
4. 流体力学	介绍流体基本概念,流体静压分析,基本流动过程,流型种类,内部、外部流,CFD 等流体力学简单的基本概念	2
5. 传热学	介绍传热过程,稳态导热,瞬态热流,总传热系统,自然对流与强制对流等传热学相关基本理论知识	2
6. 传质学	传质学的介绍,包括组分、传质系数等概念,分子扩散与对流扩散等概念	2
7. 焓湿图	介绍湿空气的热力学特性与热力学参数的概念及计算方法,焓湿图参数的阅读方法	2
8. 冷链	介绍冷链、预冷与速冻的概念,冷链运输装置,冷冻冷藏系统,冷链控制技术和物理保存技术的利用	2
9. 制冷装置	介绍制冷装置的概念,蒸汽喷射制冷、热电制冷、磁制冷等制冷技术,实验用制冷装置,交通用制冷装置,低温空气分离装置等	2
10. 空调过程与循环	介绍空气调节与过程的概念,潜热与潜冷过程,加湿、制冷与除湿过程,各种典型的空气调节系统	2

3 教学方法改革探讨

我校机械工程学院新能源科学与工程专业的人才培养方案中关于本科毕业生的培养目标与要求中指出:掌握一门外国语,具有较好的听、说、读、写能力,能较流畅阅读本专业的外文书籍和资料。因此,在具备专业知识的前提下,对英语基础能力的要求

与普通英语的要求是相同的。尤其在交流上尤显重要的听与说方面是大学生英语普遍存在的弱项,在授课过程中尝试对学生进行专业工程领域相关方面的听力练习,但效果不理想,例如一个简单制冷系统的英语视频,有声图联系,但"听不懂"是学生普遍反映的问题,听不懂就很难说出口。因此,针对"听"的基本功需通过一定的课程设计进行加强,目的是让本科生可以有效利用英语在特定场合下进行专业的交流与探讨。

另外,"新能源 / 制冷专业英语"在教学内容上主要以制冷专业为背景的基础专业课和制冷系统方面的应用,而"新能源专业英语"在新能源专业方向需增加相关教学内容,例如储能科学、氢能科学与可持续能源等。

此外,由于课时和教材的多方面影响,教学主要以现场授课为主,缺乏实践性教学环节。可以考虑适当给学生布置实践性任务或作业,课下调研取材,拓展实践内容。将部分英语课堂转变为开放式英语实践课堂,英语学习方式多样化,并创新教学方法,在传统讲授式教学中融入启发式教学、讨论式教学、翻转课堂等,拓展学生的英语视野,提升英语实践技能。

4 结语

"新能源 / 制冷专业英语"主要培养新能源科学与工程、能源动力类相关专业的面向应用型人才尤其是专业的国家交流与互动方面的能力。"新能源 / 制冷专业英语"的教授内容交叉融合了主要基础专业课。今后将在扩充新能源学科内容、拓展实践与听、说等方面丰富教学内容,进行更合理的设计与教学方法改善。

参考文献

[1] 吴艳, 杨璐. 应用型本科院校学生英语综合能力培养 [J]. 中国冶金教育, 2022(3): 4-5, 8.
[2] 段欢欢, 杜娟丽, 刘群生. 制冷与空调专业英语在应用型本科高校中的课程教学模式探究 [J]. 教育教学论坛, 2020(21): 303-304.

传热学实验课对卓越工程师培养的思考

王晓华

（天津商业大学机械工程学院，天津 300134）

摘 要：为培养造就一大批创新能力强的高质量工程技术人才，教育部提出了卓越工程师教育培养计划。传热学是一门应用性很强的科学，其与各种工程实践联系密切，本文从传热学实验课出发，以培养卓越工程师为目标，探讨分析了传热学实验课在培养提高学生思维能力、实际动手能力、综合知识体系等方面的作用，从而推进卓越工程师人才的培养。

关键词：传热学；实验课；卓越工程师；人才培养

1 引言

为了增强我国的核心竞争力和综合国力，教育部提出了卓越工程师教育培养计划，希望培养造就一大批创新能力强、适应经济社会发展需要的高质量工程技术人才。面对新一轮科技革命和产业变革，教育部进一步推出了卓越工程师教育培养计划2.0，要求围绕国家战略和区域发展需要，加快建设发展新工科，探索形成中国特色、世界水平的工程教育体系，促进我国从工程教育大国走向工程教育强国[1-3]。

传热学是一门应用性很强的科学，其与各种工程实践关系密切。传热学中的许多知识直接来源于工程实践，大量的研究成果也直接服务于工程实践。作为动力工程及工程热物理专业的专业基础课，"传热学"课程体系的完善提高对卓越工程师培养计划的顺利实施有重要的推动作用[4-6]。在人才培养的过程中，课堂外的实验室是培养创新型人才的重要基地，实验教学也是培养创新型人才的重要组成部分。本文从传热学实验课教学的角度，探讨分析传热学实验课对卓越工程师人才培养的作用，助力推动新工科建设和卓越工程师教育培养计划的实施。

2 传热学实验课对学生思维能力的培养

传统的实验课教学，通常是根据实验目的，按照预先确定好的实验内容进行讲解。这种课程设计，虽然也能起到锻炼和提高学生思维能力的作用，但与工程实践相比，仍存在较大的差异。在实际工程实践过程中，学生需要独立面对各种问题和困难，需要独立思考提出解决方案，通常没有预先设定的方案可以选择。因此，在传热学实验课教学中，必须加强对学生思维能力的培养，在明确实验目的的前提下，引导学生学会如何设计实验方案，如何具体实现方案中的各部分内容，从而提高学生的思维能力。在实验课教学环节，通过小组讨论，对不同的实验内容进行分类，针对某一实验类型，归纳讨论常用的实验方案，使学生掌握设计和选择实验方案的基本规则，提升学生的思维能力。如传热学中需要测定不同材料的导热系数，将这类实验归类于物性参数类实验，对于这类实验，引导学生要从物性参数的物理意义出发设计实验，或者从包含待测物性参数的关系式出发设计实验。

3 传热学实验课对学生实际动手能力的培养

传热学是与工程实践密切联系的一门实用性很强的科学，传热现象广泛存在于各种工程实践中。

作者简介：王晓华（1978—），男，博士，实验员。电话：18722158963。邮箱：wtju13@163.com。

为了培养卓越的工程技术人员，必须强化学生的实际动手能力，而实验课是实现这一目标的重要途径。在过去的传热学实验课中，由于实验条件限制或课程设计不合理等因素的影响，一些学生在实验过程中充当了"计数员""观察员"的角色，只是在一边观看实验或记录数据，实际动手能力并没有得到显著的提高。为了克服这些问题，一方面升级更新了传热学实验系统，购置了高效快捷的仪器设备，大大缩短了单次实验的时间；另一方面还对实验课程设计进行了调整，通过分组实验、多工况实验等方法，扩展了实验次数和工况参数，从而使每一位学生都有动手操作仪器设备的机会，同时还提升了学生的团队合作意识。在实验教学过程中还发现，只有让学生实际动手操作，才能在实验过程中更好地体会实验安全知识的重要性。如当学生实际动手操作空气横掠单管平均换热系数测定实验时，才能真正体会到"先开风机后加热、先关加热后停风"的重要性。通过上述改进措施，让每位学生都积极参与到传热学实验中，都能亲自动手操作仪器设备，在具体操作过程中提升实验技能，从而有效提高学生的实际动手能力。

4 传热学实验课对学生综合知识体系的培养

传热学的许多知识直接来自或应用于工程实践，由于学生缺少工程实践，对相关知识的理解和认识并不全面。"纸上得来终觉浅，绝知此事要躬行。"实验课很好地提供了这样一种"躬行"的机会。例如在课堂教学中，许多学生对努塞尔数与毕渥数的异同理解的并不深刻。而在测量圆管努塞尔数的实验过程中，学生在实验风机的轰鸣声中切身体会到努塞尔数中的流体导热系数。在传热学实验中会用到许多仪器设备，在实验教学过程中，不仅要求学生掌握这些仪器设备的使用方法，还要了解这些仪器设备的工作原理。例如热电偶、比托管、电位差计等广泛应用于传热学实验中，学生在掌握它们使用方法的同时，还要了解它们的工作原理，从而将传热学与物理学、流体力学、电工学等其他学科联系起来，加强对交叉学科知识的理解，使学生逐渐建立综合知识体系，最终成为知识全面、特色鲜明的优秀人才。

5 结语

本文结合卓越工程师教育培养计划和传热学工程实践应用性强的特点，分析讨论了传热学实验课对卓越工程师人才培养的作用，通过对传热学实验课的改进提高，可对学生思维能力、实际动手能力、综合知识体系等的完善和提高发挥积极作用，从而助力卓越工程师人才的培养。

参考文献

[1] 胡刚刚，杨志平. 面向创新人才培养的传热学综合实验平台建设与实验模式探索 [J]. 实验室研究与探索，2021，40（10）：247-251.

[2] 张淑荣，谭鲁志，曲航，等. 工程认证和课程思政视域下能源专业人才培养品质提升建设的思与行 [J]. 吉林省教育学院学报，2021，37（5）：82-86.

[3] 李文强，冯喜平，惠卫华. 新媒体结合工科教学的探索：以"传热学"教学实践为例 [J]. 科技风，2022（8）：90-92.

[4] 蔡佳佳，袁银梅，张超，等. 机械类热工基础课程教学改革研究与实践 [J]. 安徽工业大学学报（社会科学版），2020，37（3）：73-75.

[5] 付越，王新伟. "传热学"创新性实验教学体系的改革与建设 [J]. 教育教学论坛，2016（12）：245-246.

[6] 唐爱坤，潘剑锋，邵霞，等. 卓越工程师背景下"传热学"课程教学的思考 [J]. 中国电力教育，2013（29）：62-63.

面向"计划2025"的毕业设计教学改革

王　芃 [1,2],倪　龙 [1,2],王　威 [1,2],范夙博 [1,2]

（1.哈尔滨工业大学建筑学院,黑龙江　哈尔滨　150001;2.寒地城乡人居环境科学与技术工业和信息化部重点实验室,黑龙江　哈尔滨　150001）

摘　要: 为了实现"双一流"建设目标,哈尔滨工业大学制定了"一流本科教育提升行动计划2025"。针对建筑环境与能源应用工程专业毕业设计环节的现存问题,按照国家、学校"双一流"建设和人才培养的总体要求,根据"新工科"建设的内涵,提出了教学内容更新、教学方法改革和评价体系重构三方面的改革思路,以强化毕业设计在本科人才培养最后环节的"强实践、严过程、求创新"作用。

关键词: "新工科";"计划2025";建筑环境与能源应用工程专业;毕业设计

1 引言

2015年,国务院印发《统筹推进世界一流大学和一流学科建设总体方案》,明确了"双一流"建设的指导思想、基本原则、总体目标、建设与改革任务、支持措施和组织实施。而一流本科教育是世界一流大学的根本特征,是"双一流"建设的核心任务和重要基础 [1]。为深入贯彻落实习近平总书记在全国教育大会上的重要讲话精神和新时代全国高等学校本科教育工作会议精神,哈尔滨工业大学于2019年制定了"一流本科教育提升行动计划2025"(以下简称"计划2025"),着力培养"信念执着、品德优良、知识丰富、本领过硬、具有国际视野、引领未来发展的拔尖创新人才"。建筑环境与能源应用工程专业(以下简称建环专业)属于"新工科"范畴。2017年的"复旦共识""天大行动"和"北京指南"开启了"新工科"建设的序曲,探索以立德树人为引领,以应对变化、塑造未来为建设理念,以继承与创新、交叉与融合、协调与共享为主要途径,培养未来多元化、创新型卓越工程人才 [2]。哈尔滨工业大学的建环专业遵循"计划2025",在"新工科"内涵指引下,探索新理念、新模式、新内容、新方法和新质量。

毕业设计作为建环专业的最后一个教学环节,担负着引导学生运用已学的专业理论、知识和技能解决工程技术问题的责任,是培养学生树立正确的设计观和具有规范的工程伦理素养的重要实践性教学环节。本文通过梳理"计划2025"和"新工科"的要求,分析建环专业毕业设计的现状问题,探讨毕业设计教学内容、方法和评价体系的改革。

2 "新工科"和"计划2025"的要求

2.1 "新工科"对建环专业的要求

建环专业的任务是在充分利用自然能源的基础上,以最低的能源消耗构建适宜的人居环境和适应的工艺环境,以及地下工程环境、国防工程环境、运载工具内部空间环境等特殊应用领域的人工环境 [3]。在吴爱华等 [4] 提出的"新工科"核心内容基础上,借鉴融合创新范式框架 [5],建环专业的"新工科"建设要求如下。

(1)"新工科"强调应对变化、塑造未来的建设理念。科学、技术、经济、管理、社会、文化、制度和环境等方面的变化都对建环专业的发展带来了不可忽视的冲击。探索变化,应对变化,建环专业才能在多变的环境中不断创新,主动肩负起节能减排和智慧能源建设的使命和责任,推动经济社会的发展。

(2)"新工科"的教育模式应以国情为本,追踪国际形势,按需制定。在高等工程教育领域,CDIO、OBE、STEM等教育模式和理念呈现出风格各异的表现方法。借鉴成熟的工程教育模式,开展本土化、时代化和专业化探索不失为建环专业新模式的捷径。

(3)建环专业工程教育应探索教学方法的革

作者简介: 王芃(1981—),男,博士,副教授。电话:18645041026。邮箱: cahnburg@hit.edu.cn。

基金项目: 黑龙江省高等教育教学改革一般研究项目(SJGY20190211)。

新。随着信息技术的发展，MOOC、在线课程、微课成为近年来教学方法改革的热点，云教育、SPOC 教学、智慧教学等方式亦逐渐推广应用。经历了疫情期间的线上教学，线上与线下教学方法的融合更趋成熟。信息技术与工程教育的融合探索，也是现阶段对"新工科"教学方法的反向创新。

（4）建环专业覆盖供热、燃气、空调、制冷、工业通风等多个行业。在节能减排的挑战和国家重大发展战略的驱动下，各行业呈现多元化、智能化和国际化的发展趋势。建环专业的教学内容应与时俱进，及时更新，助力新技术、新产业、新经济的发展。

（5）建环专业评估逐渐向专业认证方式过渡，进一步强化以工程实践能力为目标的教学要求，提出了"一个了解、一个方法和六个能力"[6] 的新要求，即应了解国家注册公用设备工程师执业资格制度，工程师的能力、责任和职业道德；掌握建环专业的设计程序与有关设计文件编制的内容和方法；达到实践与应用能力、解决本专业有关工程实际问题的能力、运维能力、表达能力、计算机应用能力和集成创新能力。毕业设计作为建环专业最重要的一项实践环节，承担了大部分的工程实践教学工作量，担负着新要求的实施和巩固，相应的教与学的标准应适应新要求，确保工程认证达标。

2.2 "计划 2025"对毕业设计的要求

"计划 2025"以习近平新时代中国特色社会主义思想和党的十九大精神为指导，坚持问题导向、一流引领、协同推进的基本原则，提出"厚基础、强实践、严过程、求创新"的人才培养特色，以及到 2025 年本科教育水平跻身世界顶尖大学行列，进入世界一流高等工程教育前列的目标。针对毕业设计及其相关教学环节，提出以下具体要求。

（1）夯实基础，完善实践课程体系。围绕拔尖创新人才培养的总体目标，整合优化基础实践教学体系，构建挑战度高、激励创新的专业实验教学模式，加强师资队伍和实验平台建设，坚持通过实践教育全面育人，使之成为培养学生实践能力和创新精神的有效途径。构建"基础实验＋综合实验＋创新实验＋实习实训＋毕业设计"递进式且与理论教学有机结合的实践课程体系。

（2）科教融合，培育工程科技英才。科研育人，不断深化工程科技拔尖创新人才培养内涵。建立本科生参与科研的常态化培养机制，构建项目牵引和课题牵引模式，改革科研训练、毕业设计（论文）等教学方式，加强本科生科学精神、科研能力的培养，

培育工程科技创新人才。

（3）产教结合，推进校企协同育人。推进行业、企业参与学校的专业规划、教材开发、教学设计、课程设置、实习实训等环节，促进企业需求深度融入人才培养。建立校外行业、企业专家聘任制度，聘请校外行业、企业专家为本科生授课，并提供创新创业及毕业设计指导与评价。

3 毕业设计教学现状与问题

3.1 教学现状

建环专业毕业设计的目标是培养学生掌握应用专业知识分析和解决建筑环境和能源领域复杂工程问题的方法，具有专业相关的政策、法律法规和标准知识，具备通过文献研究、综合运用专业知识和现代工具设计（开发）复杂建筑环境与能源应用工程问题的创新解决方案的能力，具备专题报告文稿撰写、专业图纸绘制和专业知识交流的素养。学生在 14 周的时间内完成设计说明书和至少 12 张 1 号图的设计工作。

3.1.1 教学内容

哈尔滨工业大学建环专业的毕业设计分为空调、供热和燃气三个方向，各方向教学内容如下。

（1）空调方向：包括负荷计算，空调、通风和供暖方案，全空气空调系统设计，空气－水风机盘管系统设计，排风系统设计，防排烟系统设计，冷热水系统设计等教学内容。

（2）供热方向：包括热负荷计算，供热方案，调节方案，管网水力计算，散热损失计算，受力分析，热源设计，供热管网设计和热力站设计等教学内容。

（3）燃气方向：包括城市燃气气源规划，用气量计算，调峰方案，燃气管网系统规划，管网水力计算，天然气门站设计，液化天然气气化站设计和压缩天然气储配站设计等教学内容。

3.1.2 教学方法

毕业设计的教学以空调、供热和燃气设计方向的分组为单元，采取答疑为主、讲授为辅的方法。

（1）讲授：以相似工程案例设计教学为主，在讲授过程中启发学生发现问题、分析问题和解决问题，强化工程思维和工程设计能力。

（2）答疑：每周不少于两次答疑课，对学生进行针对性的辅导。

3.1.2 评价体系

评价体系仅针对学生，考核环节包括开题、中期

检查、指导教师评分、评阅人评分和毕业答辩五个部分,满分 100 分,各考核环节所占分值如图 1 所示。其中,指导教师评分和评阅人评分在毕业答辩前一周完成。指导教师和评阅人评分后至毕业答辩的一周时间,学生可根据指导教师与评阅人意见修改完善设计工作。开题和中期检查由不少于 3 人组成的检查组考核;毕业答辩由不少于 5 人组成的答辩委员会考核。

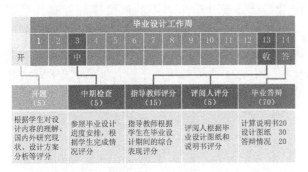

图 1　毕业设计考核方法与 2022 年考核时间点

3.2　存在问题

3.2.1　教学内容更新慢

教学内容维持传统的空调、供热和燃气"老三样"。近些年的热点技术和新兴项目,如可再生能源热泵供热供冷、区域供冷、综合能源规划、智慧供热规划等鲜有在毕业设计中立项。传统毕业设计方向的延续也导致设计项目重复、方案相似、成果雷同等问题,在一定程度上降低了学生的学习能动性,影响了培养质量。

3.2.2　教学方法传统

答疑为主、讲授为辅的传统毕业设计教学方法形式单一、刻板,学生自由探索、自主学习、主动实践的环境还不具备。

(1)工程问题没有具象化。前面实习环节距离毕业设计的时间较长,学生印象较浅,而毕业实习集中完成,常与学生的毕业设计方向不一致。学生通常只能通过图片展示和想象去认识工程问题、解决方法和实现效果,在一定程度上阻碍了工程设计思维的培养。

(2)标准宣贯力度差。讲授环节缺少工程设计原则和方法的引导,标准的存在感不强。主要表现在学生对标准重要条款的理解和掌握不足,设计时多以教材和手册作为参考书,常引用教材和手册中尚未更新的已被废止的标准条款。

(3)设计互动与创新不足。教学方法单一、刻板,缺乏吸引力,加之设计内容大同小异,有相似设计可循,易使学生丧失学习的主动性和求知欲。

3.2.3　评价体系单一

评价体系中仅有学生考核,没有教师考核,缺乏对指导教师的评价机制和奖惩制度,易导致教学惰性。对学生的考核虽是综合考评,但是考评方式存在以下问题。

(1)考核周期过长。如图 1 所示,2022 年毕业设计的开题时间设置在大四上学期期末,由于疫情影响中期检查在大四下学期第 3 个设计周,验收和答辩分别在第 13 和 14 个设计周。各考核时间点之间的周期过长,且设计过程仅有指导教师的监督和 15 分的较低分值,过程考核的监督力量和评价力度均不足。

(2)评分不均衡,答辩环节占比过高。答辩环节仅能展现设计成果,答辩委员会难以从若干问答中全面判断学生分析和解决工程问题的能力。

不可回避的问题是,由于评价体系的不完善,往往使学生在毕业设计阶段产生懈怠情绪。根据 2022 届毕业生(有效问卷 28 份)的调研,在每周双休的情况下,工作日平均学习时间仅为 5.5 h,且普遍认为大四下学期(即毕业设计阶段)是大学生涯中最轻松的时期,如图 2 所示。

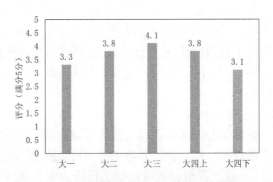

图 2　大学生涯紧张程度评价(分值越高越紧张)

4　毕业设计教学改革思路

根据"新工科"对教育理念、模式、方法、内容和实践方面的要求,以及按照"计划 2025"提出的"厚基础、强实践、严过程、求创新"的人才培养特色,从教学内容、教学方法和评价体系三个方面提出改革思路。

4.1　教学内容更新

围绕建环专业所涉及工程系统的构思 - 设计 - 实现 - 运行,教学内容的更新体现在以下四个方面。

4.1.1 新技术和新设备的更新

瞄准专业发展前沿,面向社会发展需求,以绿色建筑、智慧能源和新型基础设施建设等政策热点为切入点,补充可再生能源供热供冷、区域供冷、分布式能源等相关新技术与新设备的教学和设计课题。

4.1.2 广义设计的更新

计算与制图是狭义的设计内容。广义的设计内容是构思 - 设计 - 实现 - 运行的过程设计,是设计过程中多学科知识的综合、多行业技术的融合以及多种需求的博弈。增加现场勘察、方案优化、协同设计、施工验收等环节的教学与实践,完善广义设计内容。

4.1.3 设计观的树立

工程设计是技术、经济、法律、管理、环境和职业伦理等知识的融合。以工程伦理为职业准则,标准为技术准则,树立正确的设计观,培养多元化的工程思维,才能完成"新工科"赋予的使命和责任。

4.1.4 设计工具的更新

在传统静态设计基础上,借助现代计算机仿真工具,优化设计方案和参数,以适应日趋复杂的能源系统设计与运行。

4.2　教学方法改革

在教学理念上,坚持"以学生为中心""以活动为中心";在培养模式上,遵循"主动实践"的原则,以实际工程为依托;在具体措施上,实习与设计相结合,创造工程环境,从而实现教学方法的改革。具体措施如下。

4.2.1　"设计 + 实习"

设计选题以实际工程为依托,真题假做,有条件可真题真做。指导教师创造条件,引领、鼓励学生走出校园,赴工程所在地或相似工程所在地开展现场勘察,赴相关设备制造厂和行业展会考察产品,实现如图 3 所示用设计复原现场,在现场纠正设计的"设计 + 实习"教学模式。工程问题的具象化,可缓解学生设计入门的焦虑,有利于在现实的分析和解决问题过程中获得成就感和专业认同感。

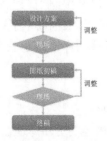

图 3　"设计 + 实习"教学模式

4.2.2　校企协同

通过线上和线下讲座的形式让设计专家走进校园,为学生带来丰富的、各具特色的工程项目;让标准编制人员走进校园,宣贯标准的应用范围、规则和技术条件;让设备制造商走进校园,帮助学生掌握设备的特点,优化选型;让系统运营商走进校园,让学生了解系统运行的技术经济数据。

近两年,通过标准主编人和设计工程师的讲座,标准在毕业设计学生心中的地位逐渐提高。根据2022 届毕业生的调研,图 4 所示标准的使用频率仅次于图集,而教材的作用逐渐淡化,理论知识已经逐步在学生心中扎根并应用于设计实践,教学方法改革的初步成效逐渐显现。

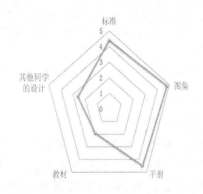

图 4　毕业设计参考资料使用频率评价
（分值越高使用频率越高）

4.3　评价体系重构

借鉴 CDIO 的能力大纲[7]构建全过程的毕业设计教与学评价体系,其层次如图 5 所示。

教师评价体系的一级指标包括知识、指导、技能与道德和过程营造。其中,知识指标用以评价工程知识、技术标准和现代工具等内容的传授;指导指标用以评价在构思 - 设计 - 实施 - 运行的全过程设计中的指导工作;技能与道德指标用以评价师生沟通、工程思维的熏陶和师德规范;过程营造指标用以评价在教学方法中对实际工程项目和虚拟市场环境的改造。

学生评价体系的一级指标包括知识、交流、技能和过程。其中,知识指标用以评价学生对工程知识和技术标准的掌握程度;交流指标用以评价团队协作和沟通的程度;技能指标用以评价分析问题、设计解决方案和应用现代工具的情况;过程指标用以评价工程与社会的思辨,以及构思 - 设计 - 实施 - 运行各阶段的工作表现与成果。

教学评价体系的构建是一项系统工程,图 5 所示评价体系的层次结构反映了"新工科"的新质量建设内涵。但是评价体系的具体实施还需对二级指标进一步细化,明确在毕业设计周期中的时间分布、指标分值和权重。

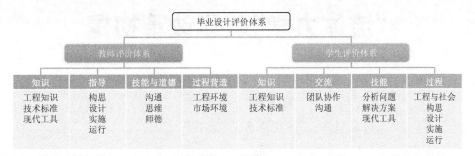

图5　毕业设计评价体系层次

5　结语

本文梳理了"新工科"对建环专业新理念、新模式、新方法、新内容和新质量的建设要求,以及学校"计划2025"夯实基础、科教融合和产教结合的要求,分析了建环专业毕业设计的教学现状,针对教学内容更新慢、教学方法传统和评价体系单一等既有问题,提出了教学内容更新、教学方法改革和评价体系重构三方面的思路,注重"强实践、严过程、求创新",为实现"计划2025",培养"信念执着、品德优良、知识丰富、本领过硬、具有国际视野、引领未来发展的拔尖创新人才",守住本科教育的最后环节。

参考文献

[1] 钟秉林,方芳.一流本科教育是"双一流"建设的重要内涵[J].中国大学教学,2016(4):4-8,16.

[2] 钟登华.新工科建设的内涵与行动[J].高等工程教育研究,2017(3):1-6.

[3] 倪龙,姚杨,姜益强.新工科背景下建筑环境与能源应用工程专业一流本科人才培养探讨[J].黑龙江教育(理论与实践),2020(5):29-31.

[4] 吴爱华,侯永峰,杨秋波,等.加快发展和建设新工科 主动适应和引领新经济[J].高等工程教育研究,2017(1):1-9.

[5] 顾佩华.新工科与新范式:概念、框架和实施路径[J].高等工程教育研究,2017(6):1-13.

[6] 潘云钢,付祥钊,陈敏.对建筑环境与能源应用工程专业本科教育培养工程思维的思考[J].暖通空调,2018,48(4):1-6.

[7] 康全礼,陆小华,熊光晶.CDIO大纲与工程创新型人才培养[J].高等教育研究学报,2008,31(4):15-18.

"流体力学"教学改革初探

赵祎佳，苏新军

（1.天津商业大学机械工程学院，天津　300134）

摘　要："流体力学"是新能源科学与工程专业一门重要的专业基础课，提升其授课水平及学生的获得感，对于培养新能源科学技术应用型人才具有重要意义。本文通过对"流体力学"课程教学现状的分析，总结目前教学方法存在的局限性，并有针对性地提出了教学改革措施，即理论与实践相结合，提升学生学习兴趣，激发学生学习动力，以改善教学效果。

关键词：流体力学；教学现状；面向应用；教学改革

1　引言

在当前"双碳"背景下，国家对新能源科学的重视不断提高，新能源科学与工程专业承担着该方面人才培养的重要任务。流体作为新能源转化与利用的重要载体，是新能源科学与技术发展的重要支撑。因此，"流体力学"是新能源科学与工程专业的重要专业基础课。然而，该课程内容抽象、公式较多，同时研究对象性质、研究方法等与学生原有知识体系（如高中物理、大学物理中的力学、刚体运动等）存在差距。因此，需要学生具有较强的逻辑思维能力及理解能力，以及扎实的微积分等数学计算功底。这也导致很多学生对该课程望而生畏，缺乏学习兴趣及主动性。所以，本文首先对当前"流体力学"教学实践中存在不足进行总结，并进一步探索适合新能源科学与工程专业的教学改革方法，以激发学生学习兴趣，改善教学效果。

2　"流体力学"教学现状

"流体力学"是一门历史悠久且富有生机的学科，作为众多工科专业的专业基础课，它有效地联系了工程领域的基础知识与专业理论知识，具有理论性强、实际工程应用广的特点[1]。"流体力学"的理论体系包含三大部分：流体静力学、流体运动学及流体动力学[2]。当前，该课程教学实践中存在的不足主要体现在以下三个方面。

2.1　前序课程基础薄弱

"流体力学"中很多概念、公式及方程的得出均需基于对高等数学、复变函数、大学物理等前序课程的理解和应用。例如，流体运动控制方程推导中需要用到泰勒级数，速度势函数和流函数的得出是基于全微分性质，简化后流体运动方程的求解本质上是偏微分方程问题，复位势及复速度需结合复变函数的相关性质进行说明，流线与迹线求解、欧拉法与拉格朗日法转化需要微积分的相关知识以及大学物理场论等。然而，大多数学生在大学一年级学习高等数学等相关知识时，对问题的理解仅停留在理论或课后习题的求解中，甚至是不理解或已遗忘，前期基础知识储备十分薄弱。"流体力学"需要对前期相关知识进行灵活运用，在授课过程中一般只会简单抛出这些概念，并不会仔细讲解，导致学生理解起来颇为吃力，进而影响对"流体力学"相关知识的学习和掌握。

2.2　课程理论实践脱节

课程理论抽象，公式推导烦琐复杂，对实际问题进行了极大的简化，建立了大量的理想模型、经验公式等，导致学生很难联系实际和深刻理解其物理意义[3]，对基本理论、基本概念的理解和掌握均达不到理想效果。在教学过程中，一般也仅局限于对已经建立物理模型的例题进行讲解，对学生从实际问题中剥离物理问题的能力培养不足，远远达不到理论联系实际和解决工程中流体力学问题的要求。学生在大量的公式及抽象的物理模型中消磨了学习兴

作者简介：赵祎佳（1992—），女，博士，讲师。电话：13821656281。邮箱：zhaoyijia@tjcu.edu.cn。

趣,无法明确学习课程的实际意义,最终基本丧失了学习动力,更加影响课程的教学效果,进而形成恶性循环。同时还将导致在后续课程学习中(如"流体机械能转化原理与技术""流体输配管网"等)更加迷茫,面对毕业设计无从下手。

2.3 实验课堂衔接受限

受课程安排限制,实验课程和理论课程衔接存在较大问题。理论课程授课在普通教室,无实验设备,不能直观展示和验证。实验教学在实验室,学生在动手的过程中,很多是在单纯地做实验,对实验目的不明确,实验过程照搬操作,实验结果分析缺乏理论支撑。在课程安排上,有时会出现实验课程安排在相关理论课程之前的现象,达不到实验教学应有的效果。"流体力学"实验虽然较为丰富,但是实验内容多为验证性和展示性,且实验内容和实验方法较为传统,难以培养学生的探索精神和创新思维[4]。

3 课程教学改革方法

在对"流体力学"教学现状分析的基础上,针对上述问题,提出以下课程教学改革方法,以提升学生的获得感。

3.1 夯实基础,温故知新

布置课前预习,要求学生提前完成高等数学等相关基础知识复习。翻转课堂,课程开始前由学生讲解相关高等数学等基础知识,检查学生的复习效果和对基础知识的掌握程度。课程回顾,重温关键知识,加强对概念的理解和掌握,引出即将讲授的知识点,梳理逻辑关系。授课过程,从具体应用的角度出发,补充相关高等数学知识,使推导过程有理有据,逻辑清晰透彻。与此同时,要从多个角度出发对流体力学概念进行深入的解析,如在讲解流体速度分解定理中变形速度张量时,一方面从几何的角度,利用简化后的平面矩形控制体对物理含义进行解析,该方法直观易懂,但进行了较多的简化和假设;另一方面从数学推导的角度进行严格证明,该方法虽欠直观但逻辑严谨。两者相辅相成,可以达到更好的教学效果。通过课前预习、翻转课堂、课程回顾及授课过程,全面夯实学生前期基础,以更好地理解和掌握当前课程的知识点。

3.2 联系实际,培养能力

流体力学在日常生活和工程实际中有丰富的应用,因此在授课过程中,知识点的引出和讲解可以和实际问题相结合。如在讲解连续性方程时,首先从

日常生活中常见的现象出发提出问题,如捏水管时为什么水会加速,水流速度和截面面积有什么关系;其次抽象物理问题,即将该问题抽象成变截面管流,取管微元,分析其边界条件及运动情况;再次建立方程,即根据质量守恒定理,对管微元建立方程,即一维变截面管的连续性方程;最后问题解决,即通过对连续性方程的分析,得到一维变截面管流速度和截面面积的关系。在此基础上,将一维管流问题推广到三维,建立一般形式的连续性方程。联系国家重大工程项目,根据实际工程问题对方程进行合理简化。如西气东输中的管道中可以看作一维变截面管流问题,C919大型客机航空发动机中的流动则为三维可压非定常问题等。这样既能激发学生学习兴趣,学有所用,也能达到对课程问题的深入理解,在对具体工程问题的思考和探索中,还能锻炼学生分析和解决具体问题的能力。

3.3 设计实验,兴趣驱动

实验设备进课堂,在讲解理论知识的同时,进行实验演示或验证,同时将实验课程安排在该节课程之后,真正将理论与实验相结合。加强实验环节的开展和考核,不能将实验环节流于形式,严格要求每位学生亲自动手获取实验数据,实验报告整理需结合文献资料,写出自己的想法,真正了解实验设计思路和实验背后的理论知识,明确实验中所用到的假设条件,并进行误差分析。另外,建立兴趣实验小组,每小组结合生活实际,选择感兴趣的流体力学问题,查阅资料,利用现有的资源,设计实验,进行探索研究[5]。将最终研究结果形成报告,并进行结果展示与汇报。这样可以培养学生发现问题、解决问题的能力,也给学生提供了展示自我的机会和平台,使学生的综合能力得到提升。

4 结语

"流体力学"是新能源科学与工程专业的重要专业基础课,是相关专业深入探究的理论根基,同时其研究方法及思路对工程实际问题的解决具有重要借鉴意义。因此,必须全面推进教学改革,以学生为主体,激发学生学习兴趣和学习动力,增加学生获得感,努力培养理论与实践能力兼备的应用型人才。

参考文献

[1] 冯亮花,孟繁锐,霍兆义,等.工程流体力学递进式创新能力培养

[J]. 中国冶金教育, 2020, 5: 62-64.

[2]　龙天渝, 蔡增基. 流体力学 [M].3 版. 北京: 中国建筑工业出版社, 2020.

[3]　李兴华, 孙也. "OBE 理念 + 课程思政" 融入 "流体力学" 课程的教学改革与探索 [J]. 黑龙江教育(高教研究与评估), 2022, 3: 55-57.

[4]　王磊. 工程流体力学的教学改革与应用 [J]. 科教文汇, 2021, 13: 85-86.

[5]　顾媛媛, 梅冠华, 王晓英, 等. "流体力学" 课程教学改革探索 [J]. 科教资讯, 2022, 3: 198-201.

能源类专业课程思政育人体系建设探索

巨福军,郑慧凡,杨凤叶,张浩飞,王　晨,李海军,白　静

（中原工学院,郑州　450007）

摘　要：绿色低碳发展和课程思政对能源类专业的人才培养提出了新的要求。中原工学院能源类专业通过明确育人目标和开展人才培养方案优化、专业教师课程思政意识与能力提升、课程思政元素挖掘与整合、教学方法创新等教学改革措施对课程思政育人体系进行了建设与探索。

关键词：能源类专业；课程思政；人才培养；教学改革；绿色低碳发展

1　引言

课程思政是一种将专业教育与思政教育有机融合的教学方式,旨在实现知识传授、能力培养和价值塑造的全面育人育才目的。课程思政是对习近平总书记提出的"立德树人、协同育人"的具体实践,也是落实"三全育人"理念的内在要求[1]。为全面推进课程思政建设,教育部出台了《高等学校课程思政建设指导纲要》,其对高校课程思政建设做出了整体设计和全面部署,并指出了高校作为主力军、主战场和主渠道的重要作用[2]。国内众多学者先后开展了不同模式下的课程思政建设的探索与研究工作,并取得了较好的教学效果[3-6]。互联网技术的快速发展为学生轻松获取优质教育资源提供了可行性,同时随着学生自主学习意愿与能力的提升,教师的专业知识传授的唯一性已经在逐渐丧失,而在混合式教学的基础上开展课程思政则可以重新焕发专业课程的魅力,在潜移默化中完成知识传授、能力培养和价值塑造的协同育人目标[7]。因此,如何通过构建课程思政育人体系来实现协同育人目标已成为现阶段高校教学改革的研究热点。

2　能源类专业课程思政建设的国家需求

能源的大量消耗维持着人类的生存和社会与经济的发展,同时也带来了气候变暖、环境污染等全球环境问题,严重威胁着人类的生存与可持续发展。为应对上述环境问题,加大节能减排力度已成为各国政府的普遍共识。《巴黎协定》《蒙特利尔议定书》（基加利修正案）、"碳中和"目标等一系列节能减排政策与目标的提出,表明人类的"自救"行动已经开始。2020年,习近平主席在联合国大会上明确提出了我国的"3060"双碳目标。节能减排可以从"开源"和"节流"两方面入手,其中"开源"主要涉及新能源（太阳能、风能、生物质能、地热能、核能、海洋能等）和储能技术等的开发与应用等,而"节流"则主要涉及能源高效利用技术、高效制冷空调与热泵技术等的开发与应用。"3060"双碳目标的实现急切需要能源高效利用技术、高效制冷空调与热泵技术、新能源和储能技术等的开发与应用,其对能源学科领域从业人员提出了更高的要求。能源类专业肩负着培养能够胜任能源学科领域的科研、设计安装、运行管理等工作的高素质复合型人才的重任。因此,对能源类专业课程思政育人体系构建与实施路径的探索是实现培养能源学科领域德才兼备、全面发展人才目标的必然选择和主要措施,其将为实现我国的"3060"双碳目标和绿色低碳发展奠定坚实基础。

作者简介：郑慧凡（1976—）,女,博士,教授。电话：15603900016。邮箱：zhenghuifan@163.com。

基金项目：中原工学院教学改革研究与实践项目（2022ZGJGLX004）；中原工学院研究生课程思政示范课程项目（SZ202201）。

3　基于课程思政的能源类专业育人目标

中原工学院的能源类专业主要涉及能源与动力工程和建筑环境与能源应用工程两个专业,其中能源与动力工程是河南省一流本科专业和河南省特色专业,建筑环境与能源应用工程是国家级一流本科专业。我校能源类专业拥有一支以中青年教师为主的教学与科研经验丰富的教师团队。经过近几年的课程思政建设与探索,结合专业育人目标和课程思政的内涵要求,我校能源类专业制定了专业课程思政的总体设计,如图1所示。基于课程思政的能源类专业的育人目标具体如下。

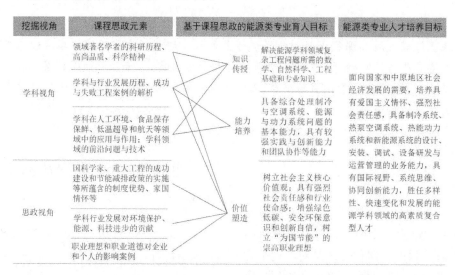

图 1　能源类专业课程思政的总体设计

(1)知识传授目标:解决能源学科领域复杂工程问题所需的数学、自然科学、工程基础和专业知识,了解和掌握能源学科领域的技术发展趋势与研究热点,并清楚能源学科领域实现"3060"双碳目标的技术路线。

(2)能力培养目标:具备采用合理的理论与技术手段开展制冷与空调系统、能源与动力系统等的设计开发、技术研发、运行管理等以及分析与解决能源学科领域中复杂工程问题的基本能力,具有开阔的国际视野以及较强的实践与创新能力、组织沟通能力和团队协作能力。

(3)价值塑造目标:树立社会主义核心价值观,增强民族自豪感、家国情怀和制度自信;具有强烈的社会责任感和行业使命感;增强绿色低碳、安全环保等工程意识、科学探索精神和学术自信,树立"为民节约、为国节能"的崇高职业理想。

4　能源类专业课程思政育人体系的建设与探索

我校能源类专业的课程思政育人体系的建设与探索工作如下。

4.1　人才培养方案优化

人才培养方案是人才培养工作的纲领和行动指南,是基层教学组织开展各种教学活动的基本依据[8]。考虑到我国绿色低碳发展和课程思政协同育人的需求,同时结合本专业的具体情况,完成了融入课程思政的能源类专业培养方案(2022年版)的全面修订,进一步明确了能源类专业的人才培养目标(图1)。课程建设是教学改革的重中之重,相应的课程设置也是人才培养方案优化调整的重点。因此,在能源类专业培养方案(2022年版)中增设了"储能技术及应用""碳捕集与封存技术""燃料电池"和"氢能开发与利用"等富含思政元素的专业课程,进一步完善了课程体系,为培养能胜任能源学科领域的高素质复合型人才提供了必要条件。

4.2　专业教师课程思政意识与能力提升

专业教师是课程思政的"主力军",其课程思政意识与能力的高低直接关系到课程思政的实际实施效果,因此提升专业教师的课程思政意识与能力就显得尤为重要[9]。采取的主要措施如下:一是鼓励专业教师参加以"课程思政"为主题的教学改革研讨会与培训会;二是定期召开课程思政教学经验交流会、"课程思政"教学设计大赛等教学活动;三是邀请知名学者来校为专业教师做"课程思政"专题讲座。

4.3　课程思政元素挖掘与整合

　　根据不同专业课程的授课内容、培养目标等，充分挖掘所蕴含的思政元素（尤其是实时思政元素），梳理课程思政元素与专业知识点间的关系，积极探索思政元素的融合路径，构建能源类专业课程思政案例库。课程思政元素的挖掘与选用可以参考图1。对思政元素在专业课程中的使用进行统一设计，以免出现思政元素重复使用的现象。表1给出了能源类专业课程思政教学的典型案例。

4.4　教学方法创新

　　鼓励学生积极利用慕课等线上教学资源，打破授课的时空限制，拓宽学习渠道，努力培养学生自主学习能力和独立思考习惯，并积极采用"情境式教学＋讨论式教学"相结合的教学模式，充分调动学生的学习兴趣。结合视频、图片、案例等展示在国家重大工程、国家重大成就中应用到的能源学科技术，开展情境式教学，增强学生的社会责任感和职业荣誉感。讨论式教学就是通过积极引导学生就特定问题展开分组讨论，培养学生的团队协作意识、归纳总结能力、语言表达和独立思考能力等。

表1　能源类专业课程思政教学的典型案例

专业课名称	典型思政素材	育人目标
"制冷原理与设备"	素材一：2022年北京冬奥会部分场馆采用CO_2制冷技术助力"零碳"奥运。 素材二：中国科学院金属研究所研发了用于下一代固态制冷技术的塑晶材料	培养学生节能减排与锐意创新思维、爱国情怀，增强为国节能的荣誉感和使命感
"工程热力学"	素材一：第一类和第二类永动机的故事。 素材二：卡诺提出卡诺热机和卡诺循环的故事	培养学生积极向上、努力拼搏的精神，增强探索创新意识
"传热学"	素材一：航空航天、超级计算机、青藏铁路等国家重大工程中传热学技术的应用与创新。 素材二：低能耗建筑的技术要点及基于传热的建筑节能技术的应用与创新	增强学生的民族自豪感、家国情怀和制度自信，培养积极探索、务实创新和节能环保意识
"暖通空调"	素材一：三十多年来我国空调产业发展壮大的历程。 素材二：江亿院士大力倡导温湿度独立空调技术的研究与应用。 素材三：基于人工智能的热泵空调技术进展	培养学生爱国情怀、求真创新、学科交叉、绿色低碳发展的意识，坚定学术自信和为国节能的使命感

5　结语

　　绿色低碳发展和课程思政对能源类专业的人才培养提出了新的要求。本文以中原工学院能源类专业为例，首先明确了基于课程思政的能源类专业的三层次育人目标，然后通过对人才培养目标的修订、课程体系的完善完成了人才培养方案的优化，最后积极开展专业教师课程思政意识与能力提升、课程思政元素挖掘与整合和教学方法创新等教学改革措施，从而进行课程思政育人体系的建设与探索。

参考文献

[1] 中华人民共和国教育部. 习近平在全国高校思想政治工作会议上强调：把思想政治工作贯穿教育教学全过程 开创我国高等教育事业发展新局面 [EB/OL]. http://www. moe.gov.cn/jyb_xwfb/s6052/moe_838/201 612/t20161208_291 306.html. 2016-12-08.

[2] 中华人民共和国教育部. 教育部关于印发《高等学校课程思政建设指导纲要》的通知 [EB/OL]. http:// www.moe.gov.cn/srcsite/A08/s7056/202 006/t20200603_462 437.html. 2020-05-28.

[3] 周军莉，邓勤犁，苗磊，等. "三维一体"课程思政建设探索：以武汉理工大学空调工程课程为例 [J]. 西安航空学院学报，2021，39（5）：76-82.

[4] 胡万欣，孔德龙. "互联网＋"背景下的应用型本科专业课程思政教学实施路径研究 [J]. 轻工科技，2022，38（3）：170-172.

[5] 杨昆，罗小兵，冯晓东，等. 能源动力专业基础课程教学中开展"课程思政"的探索 [J]. 高等工程教育研究，2019（S1）：116-118.

[6] 翟仙敦，秦豪杰，潘新民. 新时代背景下一流课程思政体系构建与探索 [J]. 佳木斯职业学院学报，2022，38（6）：114-116.

[7] 于歆杰. 理工科核心课中的课程思政：为什么做与怎么做 [J]. 中国大学教学，2019（9）：56-60.

[8] 王志刚，杨令平. 应用型高校一流专业建设的路径选择 [J]. 中国高校科技，2020（21）：16-18.

[9] 王珏，毛向阳，巨佳，等. 应用型本科院校材料专业课程思政体系构建 [J]. 中国冶金教育，2021（3）：98-101.

工科专业课课程思政探索——以"建筑冷热源"慕课为例

石文星,朱颖心

（清华大学建筑学院,北京 100084）

摘 要:工科专业课程的课程思政是以工程教育专业课程为载体,挖掘蕴含在课程知识中的德育元素,将思想政治教育课程的育人功能拓展到专业课中,以实现教育的"立德树人"根本任务。鉴于专业课的课程特点和教学内容不同于思政课程,如何在专业课中实现课程思政是需要专业课教师持续探索的课题。本文以"建筑冷热源"慕课为例,介绍在专业课特别是在线专业课中如何挖掘思政元素,以及在课程内容中融入这些思政元素的教学设计和教学方法。

关键词:专业课;课程思政;思政元素;慕课;建筑冷热源

1 工科专业课教学思政的意义

"人往高处走,水往低处流"是我国劳动人民从长期日常生活中总结出来的生活经验和激励人们奋发图强、追求卓越的美好愿望,它也阐释了"教书育人"的热力学第二定律本质。热力学第二定律告诉我们"热量不能自发地从低温物体转移到高温物体"（克劳修斯表述[1]）,换言之,热量可以自发地从高温物体转移到低温物体,就像自然界的水一样,可以在重力势能的作用下自发地从高处流向低处,但如果我们给低处的水提供一定的外部动力（如水泵）,水也能从低处流向高处。人也如此。人从出生开始就不断地得到"外部动力"的输入,并将这些外部动力逐渐转化为内部动力,在自己主观能动性的作用下形成自己的世界观,逐渐成长为国家的建设者和民族复兴的有用之才,实现"人往高处走"的愿景。

推动一个人健康成长的外部动力有很多,其中至关重要的动力之一就是教师。教师是人类灵魂的工程师,其理想信念、道德情操、知识水平和仁爱之心将直接影响学生的人生观、价值观和世界观的取向和形成,因此做"有理想信念、有道德情操、有扎实知识、有仁爱之心"的"四有"好老师[2]是祖国和人民对教师的殷切希望,更是实现"价值塑造、能力培养、知识学习"教育理念的基本前提。可见,无论是人文艺术类课程还是科学技术类课程,都需要把"立德树人"作为教育的根本任务,与思想政治教育理论课程（以下简称思政课程）同向同行、相互协同,以发展具有中国特色、世界水平的现代教育,培养社会主义事业建设者和接班人,这就是"课程思政"。因此,课程思政是每一位老师、每一门课程、每个教学环节都应积极探索和努力践行的任务。

科学求真,人文求善,艺术求美。众所周知,在高校各个专业的课程体系中都包含很多人文、艺术类课程,这些课程是思政教育的主阵地,承载着以文化人、以文育人的功能。如果能够在专业课中融入合理的思政元素,用工科专业课程的内容承载思政课程成果,则可实现将思政课程的育人功能由点到面的拓展[3],实现价值观教育、知识传授与能力培养的有机统一,对于培养学生求真务实的科学作风、精益求精的工匠精神,以及积极向上、追求卓越的价值观和敢于担当、造福人类的社会责任感都具有重要意义。

然而,工科专业课主要是向学生传授工程技术的基本原理、技术方案、设计方法、工程应用等知识和技能,如何在专业课程中融入思政元素,如何将这

作者简介:石文星（1964—）,男,教授。电话:010-62796114。邮箱:wx-shi@tsinghua.edu.cn。

基金项目:清华大学教学改革项目"基于OBE理念的'暖通空调与冷热源'课程重塑"资助（DX02-06）。

些思政元素自然而然地融入课程并转化为学生的知识血液,一直是专业课教师努力探索的课题。本文以"建筑冷热源"慕课为例,介绍在专业课特别是缺少与学生交流讨论环节的慕课(Massive Open On-line Courses, MOOC)专业课中如何挖掘思政元素,以及在课程中融入这些思政元素的教学设计和教学方法。

课程而言,应结合课程特点,从社会需求、技术进展和国人贡献等方面去挖掘思政元素、组织教学设计,并以适当的教学方式传授给学生。(表1)

工科专业课是紧密结合国家和社会需求的技术类课程,包括技术起源、发展动因、技术进展和工程应用等要素,因此可以结合这些要素去挖掘教学思政元素。表1给出了在教学设计中可挖掘的部分思政元素,其中技术历史、激发创新、民族自豪感、社会责任感等元素在讲授类专业课中都能较好地融入教学内容,而在课堂讨论、课程作业、参观实习、课程设计等各种实践类教学中则能自然而然、更为有效地融入诚信守正和团队合作等元素。

2　挖掘专业课程中的思政元素

课程思政是以教师所教授的课程为载体,挖掘蕴含在专业知识中的德育元素,实现专业技术学习与思政教育的有机融合,从而潜移默化地启迪创新思维、强化责任担当、激发爱国热情。对于工科专业

表1　工科专业课教学中的思政元素

思政元素	融入课程的理由	教学设计与教学方式
技术历史	技术从发源到不断发展进步,一定存在需求导向的驱动力,要求学生紧密结合实际,探明需求,鼓励学生解决"卡脖子"问题	在知识传授过程中,向学生渗透知识的形成、发展和完善过程,在介绍一项技术时,同样需要阐明需求、技术思路和发展动因
激发创新	好奇心和批判性思维是创新的源泉;让学生懂得如何做? 为何这样做? 是否有更好的做法? 从而激发学生的创造性	精心准备一项与讲授内容相关的典型创新技术,对其诞生过程、应用原理、实现方法和应用效果进行精细剖析
民族自豪感	民族自豪感是爱国主义的重要因素,强化科技报国和社会贡献,引导学生的价值取向,树立文化自信信念	选取我国具有突出代表性的技术成果,分析其原理和技术实现方法,颂扬我国科技人员的工匠精神和智慧成果
社会责任感	激发学生肩负使命,构建人类命运共同体,让学生思考如何利用和发展所学知识,解决人类或国家面临的重大问题	结合课程内容,阐述解决全球气候变化、能源与环境问题等国际重大问题的基本要求,激发学生创造新技术、解决新问题
诚信守正	诚信守正是社会主义核心价值观的基本内容,需要在课程教学中融入其内涵教育,培养工程师坚持真理、认真负责、诚实守信、公正公平的价值观	对相同功能、约束条件和技术要求的不同技术方案进行技术经济分析,用数据阐释技术方案的优劣,不能人云亦云,培养科学严谨、诚实守信的工作作风和优秀品德
团队合作	合作是工程技术研发和科学研究的重要特征,优良的合作精神和有效的人际交往技能是高质量完成技术创新的前提,要求学生必须学会与人合作,相互配合,以发挥个性与创造性,为学生创造快乐学习的环境和氛围,同时培养学生的领导力和合作精神	采用分组讨论、选代表发言,进行交互性教学;针对特定的任务或技术要求,组织学生多人组队、分工协作,共同完成一个工程方案设计,包括文献调研、技术方案的原理分析、设计计算和特性分析等,并采用集体汇报方式展示团队成果

3　在线课程中思政元素的应用

慕课的传播量大,通过其课程内容传递思政教育思想具有更大的影响力。然而,由于慕课是面对镜头讲课,难以与学生进行面对面的交流、讨论,故

在思政元素的选取和应用方法上需考虑慕课的特点,结合课程内容恰如其分地引入思政元素。下面以"建筑冷热源"慕课为例,通过几个例子说明在慕课中如何融入思政元素并说明其教学方法。

3.1 "建筑冷热源"慕课的教学内容

在建筑环境与能源应用工程(以下简称建环)专业的专业规范中,"暖通空调"和"建筑冷热源"是必修的核心教学内容[4]。

经过长期的教学实践与探索,清华大学在培养方案中,对"空气调节""制冷技术""供热工程""锅炉及锅炉房设备"及"通风工程"等多门课程的大部分内容进行整合,并补充辐射供冷/暖、新型冷热源设备与空调水系统等,凝练为5学分的"暖通空调与冷热源"课程(在2017年版培养方案中降为4学分)。这种凝练整合,不仅是为了满足压缩专业课学时的需要,更是对技术发展本质的清晰梳理和高度挖掘[5]。图1所示为"暖通空调与冷热源"课程的知识逻辑,作为建环专业的第一门专业课,其可为后续专业课"建筑环境测试技术"(2学分)、"建筑自动化"(3学分)、"城市能源系统"(3学分)和"暖通空调课程设计"(12学分)的教学奠定基础。

根据图1所示空气调节系统、冷热源系统和空调与供暖水系统(即能量输配系统)的关联关系,将"暖通空调与冷热源"课程划分为"空气调节"和"建筑冷热源"先后衔接、相互关联的两个教学单元。其中,在"建筑冷热源"单元中讲授冷热源系统和连接冷热源系统与空气调节系统的空调与供暖水系统,据此建设了两门同名慕课,先后于2016年秋和2019年秋上线[6]。

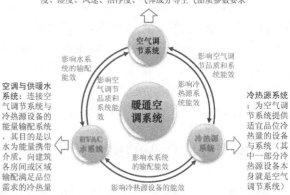

图1　冷热源系统与空气调节系统、HVAC水系统的相互关系

"建筑冷热源"慕课的教学内容如图2所示,针对建环专业的教学要求,以空气调节系统中普遍采用的电驱动冷热源设备即蒸气压缩式制冷(热泵)装置为主,系统地阐述其工作原理、部件构造、系统设计、工作性能与运行调节等问题,并适当介绍热能驱动的吸收式制冷(热泵)装置以及连接冷热源设备与空调末端或散热设备的空调水系统的相关问题。图2中,①~⑩表示慕课各讲的教学顺序,"○"表示其具体教学内容,基本遵循了教材的逻辑结构[7]。

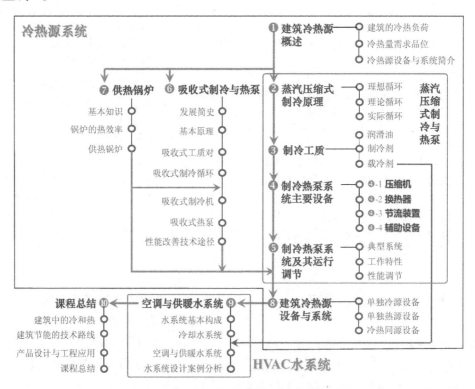

图2　"建筑冷热源"慕课的教学内容与教学顺序

3.2　思政元素在专业课慕课中的应用

基于"建筑冷热源"慕课的教学内容,将长期线下(课堂)教学实践中探索出的思政元素融入慕课教学环节中[8],利用慕课特有的视频动画与细致讲解相结合的表现方式,不仅能恰到好处地融入相关思政元素,同时还有良好的观赏性和吸引力。

3.2.1　技术历史元素

在课程中融入科学技术历史发展元素,可以激发学生发明创造的冲动,让学生体会到科学历程的艰辛。在"建筑冷热源概述"部分,用 Willis Haviland Carrier 发明空调作为课程的开篇,讲述他在 1901 年基于蒸汽供暖原理,将供暖换热器内的蒸汽换成冷水,为印刷工艺提供了所需的温湿度环境,从而发明了世界上第一套空气调节系统,经过大量的实验研究和反复探索发明了空气焓湿图,进而创立了开利公司,研发了世界上第一台离心式冷水机组和家用空调。

从这个例子可以让学生认识到:①观察事物要探求本质,探明需求是技术创新的前提(印刷厂的温湿度是保障印刷质量的重要工艺参数);②技术发明不是凭空想象的,可以借鉴前人的成果(从供暖技术方案联想到制冷、除湿方案);③技术发展离不开理论的支撑,同时又能推动理论的发展(焓湿图的发现与完善),从而为学生指明提高创新能力的技术路线,以鼓励学生深入实际、细心观察、深入思考、发现需求,从而利用所学知识,反复试错、研发满足社会需求的创新技术和理论。

3.2.2　激发创新元素

好奇心和批判性思维是创新的源泉,在课程教学中,不仅应清晰阐述专业课程中的基本概念、技术原理、实现方法,还应将行业中具有重大进展的技术成果纳入课程内容,并阐述其核心思路和重大意义。

在"建筑冷热源设备与系统"部分,将清华大学发明的我国首创、曾获国家发明奖的两项技术(即在集中供热与余热利用领域的全球创新技术"吸收式换热器"和开发利用自然冷源的"间接蒸发冷却技术")作为激发创新元素引入课程,阐述其工作原理和应用场合,分析其发明动因,以激发创新能力、拓展思维方式。

3.2.2.1　吸收式换热器

在学完吸收式制冷与热泵原理后,在其工程应用部分,先介绍第一类吸收式换热器(大温差转化为小温差,图 3),其利用一次网供水(90 ℃)驱动的第一类吸收式热泵和常规换热器分别加热一部分二次网回水,使其从 40 ℃加热至 50 ℃;同时使一次网热水经过发生器、常规换热器和蒸发器等三级串联进行换热,将一次网回水温度降低至(25 ℃)远低于二次网进水温度(40 ℃)状态,突破了常规换热器的极限[8]。在此基础上,阐述该技术的学术和应用价值:①二次网利用热水驱动的吸收式热泵逐级加热二次网热水,避免了大温差传热导致的不可逆损失;②一次网的低回水温度可代替热电厂的冷却塔,将余热转化为供热资源,具有显著的节能效果;③一次网供回水温差增大,使城市热网的输送能力大幅度提高,可降低大量管网投资、减少输配能耗,还能为既有管网扩容提供可能性。

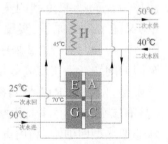

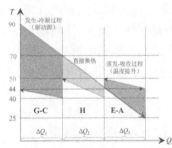

（a）工作原理图　　　　　（b）T-Q 图
图 3　第一类吸收式换热器的工作原理

然后介绍与其结构相似但功能完全相反的第二类吸收式换热器(小温差转化为大温差,如利用 75 ℃进水、70 ℃出水的中温余热为驱动热源,将 25 ℃的一次网回水加热至 90 ℃),并进一步指出由第二类和第一类吸收式换热器将"大流量小温差"的中温余热转化为"小流量大温差"的一次网热水,在用户侧采用"大流量小温差"向用户供暖,这种系统就像变压器输电一样,能够改变热量的品位,实现"变温器"效果。这对于工业余热利用、减少一次网输配泵耗、实现热量的长距离传输提供了重要的技术方案。通过该思政元素,可激发学生对热量转换如此神奇现象的好奇心,强化学生对所学专业的热爱和对自豪感。

3.2.2.2　间接蒸发冷却技术

另一个激发学生创造力的思政元素是基于"间接蒸发冷却技术"的高温冷水机组[8]。间接蒸发冷却冷水机组的基本原理(图4(a))很容易通过空气调节的知识来理解,即采用循环水喷淋进口空气 O,制取其湿球温度状态的冷水 D,再用 D 状态的冷水

去冷却空气 O,使其温度降低至状态 E;再用循环水喷淋 E 状态的空气,制取其湿球温度状态的冷水 F,并用 F 状态的冷水去循环喷淋 E 状态的空气,使之等焓降温至状态 A;这样无限地进行下去,其极限冷水温度就是 O 状态空气的露点温度 L,但是基于该原理构成的产品的结构极为复杂。如何构建空气和水的流程才能获得结构简单、温度接近露点温度的冷水机组一直是专业技术人员不懈努力、以期攻克的技术难题。

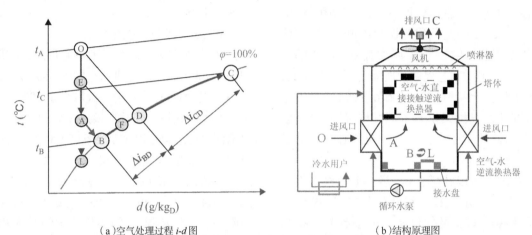

(a)空气处理过程 *i-d* 图　　　　　(b)结构原理图
图4　间接蒸发冷却冷水机组的工作原理

在 21 世纪初期,清华大学提出了在冷却塔进风口设置一个空气 - 水逆流换热器(图4(b))的技术方案,极为简便地达到了制取低于湿球温度且接近露点温度冷水的目的,为全年冷却工艺空调以及温湿度独立控制空调系统提供了节能高效的高温冷源。

这个例子展现了工程中的数学美学和工程创新思维:①可以将图4(b)看成一个收敛级数的收敛式,而按照图4(a)空气处理过程构成的设备流程则为这个级数的展开式;②不是在任何地方、任何场合都需采用人工冷源,而应因地制宜地利用自然能源。这为学生提供了一种开拓思维、灵活应用所学知识开展创新性工作的思维方式。

3.2.3　民族自豪感元素

增强民族自豪感是爱国主义教育的重要内容,在专业课中可根据课程内容,挖掘我国在专业领域的重大成就以及如何攻坚克难、砥砺前行的故事,培养学生的民族自信心和凝聚力。

在讲述"单独冷源设备"时,以笔者在北京燕山石化公司现场考察看到的重庆通用机器厂于 1971年自主研制的用于我国化工领域的第一台大压比KFTL100-41 型离心式低温制冷机组为例(产品编

号为 71 001,图5(a)和(b))[8],展示我国技术人员的智慧和重大创新。

该制冷机组设计极为巧妙,在当时的技术和经济条件下,不仅研发出了四级离心式压缩机,还成功地解决了多级节流稳定控制、满液式蒸发、制冷剂安全回油等技术难题。①采用四级浮球节流阀的经济器,确保机组可靠运行。经济器采用圆筒结构,中间由三个隔板将圆筒形经济器分为四个压力区,利用浮球节流阀既能控制闪蒸器各空间内的液位(流量)又能节流的原理,实现了四级节流的稳定控制(图5(c)和5(d))。②采用满液式蒸发器解决了安全回油问题。为实现高效换热,蒸发器采用满液式蒸发器,但由于 R12 与润滑油在低温时出现分层(富油层在液位上部),为解决安全回油问题,采用外部加热型回油罐,利用重力将蒸发器液面上的富油层制冷剂引入外设的回油罐中,并通过加热回油罐内的含油制冷剂,使气态制冷剂进入压缩机低压级吸气,再将润滑油通过油泵增压返回压缩机(图5(c)),将离心机产品、工程设计和运维管理有机结合,有效解决了满液式蒸发器的高效换热和安全回油问题。

（a）KFTL100-41 型离心机

（b）燕山石化现场安装图

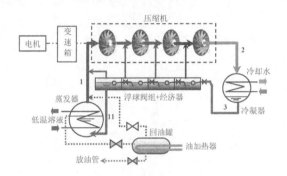
（c）制冷循环原理图

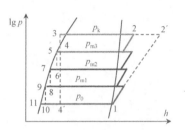
（d）制冷循环 lg p-h 图

图 5　我国第一台离心式低温制冷机组（制冷剂为 R12,低温溶液为 $CaCl_2$）

通过上述巧妙的设计和精心的运维管理,使这台低温离心机至今还能正常运行。通过这个思政元素的引入,使学生不仅为我国技术人员感到自豪,同时强化了学生的工匠精神和爱国情怀,激励学生在今后的工作中以此为榜样,踔厉拼搏,奋发图强,解决国家重大需求中的"卡脖子"问题。

3.2.4　社会责任感元素

建环专业的任务是用合理的能源形式和最少的能源消耗或碳排放,营造满足人们健康舒适和各类工艺需求的环境。因此,能源与环境是建环专业课的教学主线,它是创造人民美好生活和构建人类命运共同体的重要内容,因此能够较为容易地在制冷循环、制冷剂、余热利用、冷热源设备与系统的诸多环节融入社会责任感思政元素。例如,在高效制冷剂绿色替代方案、高效设备与系统、清洁供暖、可再生能源与未利用能源开发与利用等方面指出国际上的技术进展和努力方向[8],以激发学生的社会责任感和勇于担当的精神。

4　结语

课程思政是将"立德树人"作为教育根本任务的综合教育理念,是将各类课程与思想政治教育理论课同向同行,形成协同效应的教育方法,是"三全育人"的具体体现形式。因此,工科专业课教师更要身体力行,在教学内容中融入思政元素,在专业教学中加强社会主义核心价值观教育,以培养学生的爱国情怀、严谨学风、创新精神、团队合作意识和民族自豪感。本文通过长期的教学实践,总结出了在建环专业课教学中的思政教育方法。

（1）根据课程内容和特点,从社会需求、技术进展、国人贡献等方面去挖掘思政元素,组织教学内容,并用案例教学方式传授给学生,具有良好的思政教育效果。

（2）在专业课程中可能挖掘的思政元素有技术历史、激发创新、民族自豪感、社会责任感、诚信守正和团队合作等,这些思政元素能够潜移默化地融入各门专业课的教学过程中。

热力学第二定律告诉我们,"热量不能自发地从低温物体转移到高温物体",学生的培养、人类的进步也必然遵循"教书育人"的热力学第二定律,必然离不开高品位的"外部动力"输入,这个高品位的"外部动力"主要来源于全员、全程、全方位的育人机制,来源于每一位教师、每一门课程和每一个育人环节,使学生将之内化为知识、能力和价值观,因此专业课的课程思政有其独特优势和育人魅力。

参考文献

[1]　朱明善,刘颖,林兆庄,等.工程热力学 [M].2 版.北京:清华大学出版社,2011.

[2] 于鹏飞. 习近平"四有"教师指向"四个导向" [EB/OL]. 人民网 - 中国共产党新闻网, [2014-09-09]. http://cpc.people.com.cn/pinglun/n/2014/0911/c241220-25 644 462.html.

[3] 罗兴宇, 何洁, 杜培. 理工类高校专业课融入课程思政的意义与价值 [J]. 环球市场, 2021(1): 231.

[4] 高等学校建筑环境与设备工程学科专业指导委员会. 高等学校建筑环境与能源应用工程本科指导性专业规范 [M]. 北京: 中国建筑工业出版社, 2013.

[5] 朱颖心, 石文星. "暖通空调与冷热源" 慕课建设与混合式教学 [J]. 暖通空调, 2020, 50(7): 73-77.

[6] 朱颖心, 石文星. 专业课慕课建设与翻转课堂 // 彭刚, 李斌峰. 传承与发扬: 清华优秀教学传统和经验文集 [M]. 北京: 清华大学出版社, 2021: 194-202.

[7] 石文星, 田长青, 王宝龙. 空气调节用制冷技术 [M].5 版. 北京: 中国建筑工业出版社, 2016.

[8] 石文星, 朱颖心. 建筑冷热源. 学堂在线, https://www.xuetangx.com/course/thu08051001870/4 231451.

基于 OBE 理念"传热学"课程目标的达成

崔海亭,蒋静智,刘庆刚,朱海荣

(河北科技大学机械工程学院,河北石家庄 050018)

摘 要:本文基于工程教育认证计划对学生的毕业要求和课程目标,分析了能源与动力工程专业"传热学"课程目标达成评价方法,针对"传热学"教学内容、教学方法、考核方式等方面提出了课程改革的方法,创新教学模式、教学方法、教学手段,建立检验课程目标的考核方式和评分标准,面向产出对其教学效果进行评价,评价课程目标的达成情况,以期实现课程目标的达成,持续改进课程教学质量,为进一步推动能源与动力工程专业"传热学"课程目标的达成及毕业要求的实现提供了借鉴。

关键词:工程教育认证;传热学;课程目标;持续改进

1 引言

OBE 理念的三个核心要素中,首先强调人才培养体系的核心是以学生为中心,且面向全体学生,将学生作为首要服务对象;同时要求以成果为导向,将学生和用人单位对学校或专业所提供服务的满意度作为培养目标达成的主要判据;最后要求各教学环节持续改进,如果在人才培养过程中发现了问题,要根据问题特征寻找改进环节和改进措施,促进人才培养质量的提升[1]。

课程体系是为培养人才所确立的目标,并以此为依据所设计和组织的一系列教学活动,按照一定比例及逻辑顺序排列组成的复杂系统[3-4]。课程作为课程体系中的一个基本元素,从工程教育认证的角度来看,目前多数课程缺乏课程目标达成评价与反馈机制。课程目标达成度是根据一定课程目标的期望水平给出的,它是以目标最小值为参考点,考量所达到的目标值与期望水平的百分比。根据各个课程目标确定目标达成度,能够方便决策者根据实际需要调整各个目标,也可采用某种方式将单目标达成度合成为一个总目标达成度[5-6]。

"传热学"是研究热量传递规律的科学,是能源与动力工程专业的主干技术基础课。它不仅为学生学习有关的专业课提供基本的理论知识,也为从事热能的合理利用、热工设备的设计等方面的工作打下必要的基础。如何分析这类课程的课程目标,如何评价这类课程的学习效果,是本文研究的重点。本文基于工程教育认证计划对学生的培养要求和课程目标,分析了能源与动力工程专业"传热学"课程目标达成评价方法,针对"传热学"课程目标的直接评价和间接评价结果进行了综合分析,提出了持续改进的措施,针对"传热学"教学内容、教学方法、考核方式等方面提出了课程改革的方法,为进一步推动能源与动力工程专业"传热学"课程目标的达成及毕业要求的实现提供了借鉴。

2 "传热学"课程毕业要求与课程目标设计

2.1 课程支撑的毕业要求指标点

本文所分析的"传热学"课程的知识内容一般包括导热、对流传热、辐射传热和换热器四部分,其主要支撑以下 2 个毕业要求指标点。

(1)掌握制图、机械基础、热流体等基础知识,并能够将其应用于能源与动力工程领域的复杂工程问题的表达与分析。

(2)能够对能源与动力工程领域复杂工程问题进行恰当的分析、表达,并寻求解决方案。

2.2 课程目标设计

课程目标要以能支撑毕业要求指标点为前提。本文针对"传热学"课程支撑的上述毕业要求指标

作者简介:崔海亭(1964—),男,博士,教授。电话:13191863327。邮箱:cuiht@126.com。

基金项目:河北科技大学第二批新工科研究与实践项目:(202002)。

点设计了相应的课程目标,要求通过本课程的理论教学和实验教学,能够针对能源与动力工程相关领域的复杂工程问题达到以下目标。

课程目标 1:掌握导热、对流和热辐射的基本原理,并能够正确运用基本概念、基本定律分析过程装备工程实际问题,培养学生具有解决热量传递工程问题所需的专业基础知识和技能。

课程目标 2:具备工程传热学相关方面的分析计算能力,能够利用所学的基本理论解决实际工程热量传递过程中的问题,对于常见传热过程及实验手段和测试技术有一定的认识。

2.3　课程目标的达成途径

为了达成该课程目标,应讲授以下内容。

课程目标 1:讲授稳态热传导、非稳态导热、热传导问题的数值解法,对流传热的理论基础、单相对流传热的实验关联式、相变对流换热。结合 2 次习题,引导学生运用高等数学、物理学基础知识解决能源与动力工程专业具体工程中的传热计算问题。讲授热辐射基本定律和辐射特性、热辐射特点、吸收比、反射比和穿透比,辐射基本定律,辐射换热的强化与削弱、遮热板。结合 2 次习题,巩固学生对基本知识的掌握,能够灵活运用所学知识设计复杂工程问题中的辐射传热控制方案。

课程目标 2:讲授传热过程及传热系数的计算、换热器的传热计算、传热强化与隔热保温技术,让学生理解传热学的工程应用,通过实验加深对传热过程的认识,学习解决实际问题的实验研究方法和有

关测试技术。

3　课程目标达成度评价设计

课程目标达成度评价是对课程各教学环节实施效果进行的质量分析,各课程目标是通过不同的教学环节实现的。各课程目标的评定包括平时教学环节成绩和结课成绩两部分,其中平时教学环节成绩包括平时作业、随堂测验、专题报告和课程实验等。根据平时成绩中各环节的权值大小设置不同的分值,将教学环节的每一组成部分的分值分配到其支撑的课程目标中。对于每个课程目标,其平时教学环节成绩和结课成绩合计为 100 分。表 1 给出了"传热学"课程的课程目标考核评价方式,表 2 给出了课程目标的评价标准、与相应教学环节的关系及教学各环节的分值分配,表 3 给出了作业课程目标达成的评价标准。表 4 给出了课程目标达成值。

表 1　课程目标达成的考核评价方式

课程目标	考核方式					在总成绩中所占比例
	平时作业	随堂测验	专题报告	课程实验	结课考试	
课程目标 1	15%	5%	10%	0	70%	70%
课程目标 2	10%	10%	0%	10%	70%	30%

表 2　课程目标达成的评价标准

课程目标	评价标准				成绩比例(%)
	优秀(0.9~1)	良好(0.7~0.89)	合格(0.6~0.69)	不合格(0~0.59)	
课程目标 1	深刻理解和灵活运用导热、对流辐射的基本原理,并能够正确运用基本概念、基本定律分析过程装备工程实际问题	能够理解和运用导热、对流和辐射的基本原理,并能够正确运用基本概念、基本定律分析过程装备工程实际问题	基本理解和灵活运用导热、对流和辐射的基本原理,并能够正确运用基本概念、基本定律分析过程装备工程实际问题	对导热、对流和辐射的基本原理,正确运用基本概念、基本定律分析过程装备工程实际问题等基本知识理解困难,难以灵活应用	70

续表

课程目标	评价标准				成绩比例（%）
	优秀（0.9~1）	良好（0.7~0.89）	合格（0.6~0.69）	不合格（0~0.59）	
课程目标2	能够很好地应用辐射基本定律计算理想物体辐射问题，能提出并分析复杂工程问题中的辐射传热控制方案	能够应用辐射基本定律计算理想物体辐射问题，能提出并分析复杂工程问题中的辐射传热控制方案	应用辐射基本定律计算理想物体辐射问题，能提出并分析复杂工程问题中的辐射传热控制方案，初步具备运用所学知识解决复杂的工程问题的能力，并提出一些解决方案	尚不能应用辐射基本定律计算理想物体辐射问题，以及提出并分析复杂工程问题中的辐射传热控制方案，不能运用所学知识解决复杂的传热问题	30

表3 作业课程目标达成的评价标准

考核方式	评价标准			
	优秀（0.9~1）	良好（0.7~0.89）	合格（0.6~0.69）	不合格（0~0.59）
作业	知识使用正确，概念清楚，分析或计算正确，结果有效	知识基本正确，概念基本清楚，分析或计算基本合理，结果基本有效	知识、概念掌握一般，分析或计算有少许错误	知识错误、概念模糊，分析或计算存在严重错误

表4 课程目标达成值

课程目标	考核环节	环节总分	实际平均得分	课程目标考核环节权重	课程目标达成值
课程目标1	平时作业1	15	10.82	0.15	0.78
	随堂测验	5	4.06	0.05	
	专题报告	10	8.65	0.10	
	结课考试	70	54.41	0.70	
课程目标2	平时作业1	10	7.26	0.10	0.76
	随堂测验	10	8.13	0.10	
	课程实验	10	8.62	0.10	
	结课考试	70	51.69	0.70	

4 持续改进

通过对课程目标达成情况进行分析可以发现，课程目标1的达成值为0.78，均高于前两届学生，总体比较满意，课程目标2的达成值为0.76，也均高于前两届学生。根据课程目标达成情况的评价结果，发现所采取的持续改进措施有了明显的作用，授课时增加了工程案例的讲解与讨论，以及传热设备实物图片、视频展示，使学生对其外形和结构有更加直观的了解和认识。通过实例对所学知识进行综合应用，锻炼学生综合应用能力，提高学生利用所学的基本理论解决实际工程热量传递过程中的实际问题能力，应继续坚持这些措施。

师生间的互动较差，纯理论的课程缺少师生互动会让课程更加枯燥。除在教学上持续改进外，授课过程中也应适当加强思政方面的内容讲授，重视和加强端正学生学习态度，营造积极向上的学习风气。

5 结语

本文以"传热学"课程为例,分析了工程应用类课程支撑的毕业要求指标点、课程目标以及课程目标与毕业要求指标点之间的支撑关系,并重点分析了课程目标的评价方法。对学生的考评结果表明,基于课程目标达成的课程考核评价方法能找出课程教学中的问题,为相关工程应用类课程的教学效果评价提供了一种参考。本文围绕课程目标达成的主要环节,以毕业要求为导向制定课程目标,明确课程对毕业要求的支撑任务,设计支撑产出任务的课程目标,建立课程目标与毕业要求的对应关系;根据课程目标修订教学大纲,设计重组支撑课程目标的教学内容,创新教学模式、教学方法、教学手段,建立检验课程目标的考核方式和评分标准;面向产出对其教学效果进行评价,评价课程目标的达成情况,以期实现课程目标的达成,持续改进课程教学质量。

参考文献

[1] 梁秀俊,刘璐,刘彦丰. 基于 OBE 理念的"传热学"课程改革探索 [J]. 中国电力教育,2020(4):74-75.

[2] 窦东阳,王艳飞,王启立,等. 工程教育认证背景下过程装备控制技术课程持续改进实践 [J]. 化工高等教育,2018,35(5):1-5,31.

[3] 赵海波,王金枝,吴坤,等. 基于 OBE 理念的能源与动力工程专业传热学课程教学 [J]. 教育观察,2020,9(29):108-110,118.

[4] 崔海亭,郭彦书. 强化工程实际训练,培养学生创新能力 [J]. 实验技术与管理,2010,27(12):13-15.

[5] 彭培英,崔海亭,韦玉堂. 以科研促教学 提高本科生培养质量 [J]. 实验技术与管理,2009,26(8):14-16.

[6] 崔海亭,刘庆刚,蒋静智,等. 我校本三能源与动力工程专业"转型"的思考 [C]// 第 14 届全国高等学校能源与动力工程专业教学与科研校际交流会论文集.

建环虚拟实验仿真实践基地建设与探索

周军莉,苗　磊,康　鑫,单晓芳,刘小泾

（武汉理工大学土木工程与建筑学院,武汉　430070）

摘　要: 为解决传统实验教学中存在的设备台数少、精度差以及专业实践基地难落实等问题,武汉理工大学建筑环境与能源应用工程系建设了虚拟仿真实践基地,在课程体系中实施"一心多课、一轴四环"的实验教学模式,促进了一流专业的建设与发展,提高了专业人才培养质量。

关键词: 虚拟实验;联网式;沉浸式;实践基地

1　引言

建筑环境与能源应用工程专业(以下简称建环专业)为工学门类土木类本科专业,对应的工程教育认证把对实践教学环节的考查放在突出位置,明确提出要设置完善的实践教学体系,培养学生的工程应用能力[1]。《普通高等学校本科专业认证通用标准》要求,校内外实习实训基地稳定,能够在教学过程中为学生的实践活动和创新创业活动提供有效支持[2];同时,《高等学校建筑环境与能源应用工程本科指导性专业规范》也指出,本专业需在理论教学和实践训练之间找好结合点,把实验(试验)、实习、设计、工程案例、课外科技活动等实践性环节作为知识传授、创新能力培养的载体,不断完善人才培养方案,优化教学计划,通过实践教学环节深化对专业理论知识的掌握,加强具有创新性实践能力的师资队伍建设、校内外实践基地的建设与管理、创新平台的建设与完善[3]。在目前我系的建环专业培养方案中,实验、实践总学时占课内总学时比例不少于25%。

因此,为了培养建设中国特色社会主义的"三强"(适应能力强、实干精神强、创新意识强)建环专业人才,建筑环境实践基地建设至关重要。

2　传统实验实践教学中存在的问题

截至 2017 年,我校建环专业实验室面积为300 m² 左右,仪器价值300 余万元,硬件基础基本满足本科教学要求,同时也与部分公司签订了实践基地人才培养协议。但传统实验实践教学依然存在诸多问题。

(1)实验室场地有限。由于场地限制,即便有经费支持,大型设备及开展综合实验的大量设备无法进驻实验室。

(2)设备利用率有限。正常运行的成套实验设备少,不少实验设备都只有1~2 套能正常运转。

(3)实验设备精度低。本科教学实验设备误差大,实操中出现问题也多。即便是正常运行的实验设备,由于其质量一般,设备又需要经常性的维护和校正,也导致实验结果出现极大偏差。

(4)实验模式单一。已有的实验项目强调实验指导书,固定实验步骤,学生只需按照步骤操作,做完实验后增加少许结果分析和误差分析即可,无设计性实验和创新性实验。

(5)综合性实验缺乏。实验项目孤立、不系统。实验项目往往单纯由某一理论课教师负责,单一理论课教师指导下的实验往往无法体现专业知识点之间的关联性。

(6)实习基地难落实。在具体实习执行过程中,通常是授课教师依靠自身力量自行联系安排,实践基地难以落实。随着大家对安全问题的重视,目前多数单位仅接受学生短暂参观实习,而不接受学生长期的生产实习。

作者简介: 周军莉(1977—),女,博士,副教授。电话:027-87651786。邮箱:jlzhou@whut.edu.cn。

基金项目: 2022 年教育部产学合作协同育人项目 220506707172803。

（7）疫情常态化带来挑战。疫情对各种实习环节提出了难题，学生出校园需要各级审批。在疫情常态化背景下，不少高校只能利用远程讲座或者校内参观的形式实习。

实验实操的不良体验直接影响学生对专业的接受程度。据统计，在 2018 年前每年的毕业生座谈会上，都有超过 70% 的学生抱怨专业实验设备故障多、实验结果误差大。总体来说，尽管我系实验室在本科教学及创新实践能力培养中发挥了一定作用，但依然存在实验靠演示、实习靠围观的问题，无法满足具有创新意识、思维、方法的实践型人才培养目标。为上好实验金课，建设建环一流专业，培养"三强"人才，有必要开发建环虚拟仿真实验项目，设置建环虚拟仿真实践基地，为实践教学添砖加瓦。

3　虚拟仿真实践基地的建设

自 2017 年起，我系开始搭建虚拟仿真实践基地。该基地的主要构成部分为中央空调沉浸式虚拟仿真实验项目。该项目通过 3D 仿真建模软件，以 1∶1 比例还原某酒店真实的场景布置、主要设备放置、系统连接形式、设备连接形式、管道连接方式等。该虚拟仿真实验平台中的设备部分可以很好地结合已有实验设备进行虚实结合实验。虚拟实验中的飞行模式部分，则可以布置开放性实验，要求学生自选管路系统进行分析说明。该平台除供本专业学生进行专业实验教学外，还可对建筑学、工程管理、市政工程等专业进行暖通空调辅助学习[4]。

2019 年以来，我系青年教师陆续利用 MAT-LAB 软件自行开发了工程热力学及流体输配管网虚拟仿真实验。这些小型虚拟仿真实验也被集成到虚拟仿真实验室电脑中。此类实验同时可作为互联式项目进行实验授课。

4　虚拟仿真实验教学模式及特点

虚拟仿真实践基地初步搭建完成后，我系开始尝试将虚拟仿真实验应用于多个教学环节，其教学模式和教学特点如下。

4.1　"一心多课、一轴四环"的实验教学模式

基于项目建设，通过虚实结合授课，打造围绕中央空调系统，面向多门课程的系统化的教学模式。空调水系统、风系统与"空调工程"课程紧密结合，其空调机房以及相关空调末端设备则涉及"冷热源工程""热质交换原理与设备"等多门课程。

以中央空调系统为主轴，将实习、理论课程、课程设计、实验四个环节紧密结合，建立空调系统认知—理论课程—课程设计—系统漫游实验的项目闭环式教学体系。在认识实习环节和生产实习环节，都增加了中央空调虚拟仿真实验系统的漫游实习，增加学生对空调系统的认识。以该空调系统为设计目标，设置空调课程设计题目；并以空调课程设计步骤来学习理论课程中的零散知识点。最后在课程设计任务完成之后，在生产实习环节重新安排虚拟仿真实验。一方面，学生可通过对比观察自己设计与实际工程的区别；另一方面，在新一轮的课程学习和设计锻炼后，学生能巩固知识点。

4.2　"两式、三型"的多方位实验教学特点

两式即为联网式和沉浸式。小型虚拟仿真实验可以联网式教学为主，大型虚拟仿真实验则以沉浸式教学为主。三型即为创新型、设计型和互动型。依托虚拟仿真实验平台，设立创新型、设计型及互动型实验，激发学生的实验积极性，培养学生的实操能力、创新实践能力。创新型与设计型主要基于该基地，联合外专业学生，基于学校国创、大创等项目竞赛及创新创业实践课程，设计新型项目，培养学生创新设计能力。

5　结语

随着虚拟仿真实践基地的建设与发展，学生对实验实践教学满意度大幅提高，学生实践能力也有增强。尽管建环专业成立时间短，招收人数少，但目前我系学生已获 3 次 CAR-ASHRAE 设计竞赛奖，2 次人环奖，1 次"海尔磁悬浮杯"设计竞赛奖以及 1 次施耐德创新案例挑战赛中国区金奖。2021 年，获中国制冷空调行业大学生科技竞赛二等奖。2022 年，我校建环专业被评为国家级一流专业建设点。

教学改革是一项长期的系统工程。我系虚拟仿真实践基地也需要不断优化更新。例如，在虚拟仿真实验中，应增加分类图层功能，方便学生将风系统、水系统以及防排烟系统分开进行学习。另外，由于该系统为沉浸式实验，无法连接互联网，因此基地联网式实验项目偏少，还需以本基地为核心进行继续开发，提高联网式虚拟实验比例，进而实现学生跨时空学习。后续我系教学团队将继续加强虚拟仿真实践基地的建设，以全面提高实验实践教学质量，完成由理论知识到实践操作的转化，开阔学生视野，提

高学生科学素养,培养"三强"乃至"三领"建环专业高素质卓越人才。

参考文献

[1] 魏明宝,马闯,张宏忠. 基于工程认证的环境工程专业实习与产学研基地建设探讨 [J]. 广东化工,2017,44(10):254-255.

[2] 王开宇,秦晓梅,赵权科,等. 以专业认证为标准的实践教学精准化管理构建研究 [J]. 工业和信息化教育,2019(10):7-12.

[3] 高等学校建筑环境与设备工程学科专业指导委员会. 高等学校建筑环境与能源应用工程本科指导性专业规范 [M]. 北京:中国建筑工业出版社, 2013.

[4] 周军莉,苗磊,邓勤犁,等. 独立实验课教学改革与实践:以建筑环境与能源应用工程专业为例 [J]. 教育教学论坛,2022(15):53-56.

"专业外语文献阅读"教学改革与实践

赵松松，王相彬，朱宗升

（天津商业大学机械工程学院，天津市制冷技术重点实验室，天津　300134）

摘　要：研究生教育是培养高技能和创新创造人才的重要阵地。专业课程教学是研究生教育的重要组成部分，对提高学生的专业素质乃至整体水平有着非常重要的影响。为了提高研究全教学质量，适应新工科背景下的时代要求，根据目前研究生课程教学中存在的一些问题，以"专业外语文献阅读"课程为例，从教学内容、教学方法和教学评价三个方面进行研究和实践，提出相关的教学改革思路和方法，激发学生的学习能力和研究精神。本文对其他专业相关课程具有启发和借鉴意义。

关键词：研究生教育；新工科；专业外语；文献阅读；教学方法

1　引言

随着我国经济和社会的快速发展，对高质量的创新和创造人才的需求越来越大，这意味着对研究生教育的发展有更高的要求。研究生教育处于国民教育的顶端，是培养高素质人才和科技创新的重要阵地，是知识生产和创造的重要源泉，是实施国家战略的重要力量。习近平总书记对我国研究生教育工作做出重要指示，指出"要高度重视研究生教育，推动研究生教育适应党和国家事业发展需要"。随着教育体系的不断完善，研究生教育的水平也逐步提高。同时，随着研究生人数的增加和培养范围的扩大，研究生教育的任务随之增加，研究生教育的一些问题也随之出现。目前，研究生教育中存在的问题有重科研轻教学、教学方法千篇一律、思想观念与政策结合浅显、监督机制不健全、评价体系不完善等。在新工科背景下，高校在培养全能型、创新型、优秀的工程和科学人才方面发挥着重要作用，其中研究生教育的质量将直接影响国家未来的整体科技实力。因此，探索新工科背景下研究生教育的新思路、新途径、新方法是高校面临的重大挑战[1-6]。其中，课程学习是研究生教育的基础，尤其是相关专业课程的学习，对研究生的专业水平乃至整体教育质量有重要影响。笔者所讲授的"专业外语文献阅读"是借助外语文献，以外语为工具，培养学生参阅外语文献获取制冷专业所需信息的能力，从而了解本专业最新的发展动态、本学科最先进的理论和成果。它是分析和解决实际问题的创新指南，可以培养学生的创造能力和终身学习能力，同时丰富课程思政元素[7-9]。该课程可为研究生后续撰写阅读提纲和报告，摘抄经典的词汇、句型和表达，以及学术论文的写作打下语言基础[10]。但是，笔者在上课过程中发现"专业外语文献阅读"课并没有得到应有的重视，在大部分学生看来，文献阅读课就是教给学生如何查阅文献并进行阅读，没有什么实际用处，从而引起思想轻视、行动怠慢[11]。针对这种情况，笔者认为当前只有深化"专业外语文献阅读"课程的教学改革，才能更好地培养适应社会需求的高素质应用型人才。

2　当前教学现状及存在的问题

笔者发现，当前课堂教学实践主要存在以下四方面问题。

（1）学生对外语文献阅读的认识不够，积极性不高，动力不足，从而影响其能力的培养。大部分学生对外语的学习还停留在本科基础外语的学习方式，忽略了"专业外语文献阅读"课程与"基础外语"课程的教学目的和侧重点的不同[8]。

（2）教学方法和手段单一。"专业外语文献阅读"是实践性较强的课程，但在前几年的课程教学

作者简介：赵松松（1988—），男，博士，讲师。电话：13820590827。邮箱：songsongzhao@tjcu.edu.cn。

基金项目：国家自然科学基金（51906178）。

中,所讲授的形式较为单一,不能充分调动学生的学习兴趣,导致学生不能完全理解作为研究生学会阅读外语文献对以后开展科研工作的重要性。

(3)在课程内容设计方面,教师和学生存在理解偏差。由于课程内容是根据实际课程经验确定的,这与学生存在思维上的差异,从而引起教师和学生的理解偏差[12]。

(4)目前研究生教育主要侧重于培养知识和技能,对研究生在科研工作中的人生观、价值观和世界观缺乏有意识的培养。在当前的高等教育中,国家对如何培养人、为谁培养人、培养什么样的人提出了明确的要求,这就要求研究生教育不仅要强调知识的传授和技能的培养,还要强调学生的价值观的培养[5-6]。

3 扩展实用性教学内容

笔者通过对制冷及低温工程专业已经毕业走向工作岗位的学生进行调研发现,他们在实际工作中最需要的是查阅、撰写与制冷领域密切相关的书籍、期刊、专利等方面的能力。基于上述认识,笔者本着实用的原则,通过对信息检索技术历史的介绍,让学生获得对信息检索技术历史的完整认识框架。为了提高学生的知识产权保护意识,笔者特意增加了知识产权保护方面的内容;通过讲授外语文献阅读,进一步深化学生对理论知识的理解,形成"理论 - 实践 - 理论"的模式,帮助学生灵活运用所学知识[13]。

笔者主要从以下几个方面进行了教学内容改革。

(1)着重于制冷领域词汇的讲解。由于外国术语通常由相应的词根词缀组成,变化的模式很明显,易于掌握,学生学习起来相对容易一些。也可以向学生介绍、操作和演示本专业能用到的一些相关数值模拟软件,深化学生对专业词汇的认识[9]。

(2)讲授文献查阅的方法。通过有趣的小短片讲授中英文文献在日后写作过程中的相同点和不同点,提高学生对本专业的学习兴趣。

(3)让学生撰写小型的外语报告。学生通过查阅文献、制作相关的 PPT 进行汇报,由笔者和其他学生一起进行点评打分。

4 注重多样化教学方法

有调查研究显示,过去在课堂上,教师静态的、单向的、基于独白的讲课方式占据主导地位,而学生只是机械的、被动的听众,这与当今社会的教育本质相悖。教育的目的是培养学生对社会、世界和生活的理性认识,而不是积累不同学科的"知识"。在互联网广泛使用的背景下,一些研究人员呼吁教师改变传统的封闭式教学心态,与学生一起学习、相互启发[14-15]。

因此,笔者认为教师应该坚持"以学生为中心",尊重学生的个体差异,根据学生需求及时调整教学计划和设计,激发学生的学习热情,使其更好地融入学习[16]。例如,通过布置课程作业、学术交流、即兴演讲及专业汇报等形式让学生了解制冷领域的相关知识,并向家人普及制冷知识。在课程开展期间,鼓励学生通过手工检索及计算机检索方式,进行全面的文献查找,理清思路、列好提纲,进行专题综述撰写,提高写作能力,为培养研究生发表高水平外语论文奠定基础,同时可以结合学生课堂互动交流、汇报水平及提交的综述质量评定部分平时成绩。

现代科学技术手段越来越发达,有学者认为,线上学习工具与线下课堂教学形成了补充和扩展的联系[17]。更高质量和更有趣的在线学习材料有助于避免传统课堂的无聊,增加课堂的趣味性,进一步调动学生的积极性。此外,笔者在采取在线课程的过程中,会对重点和复杂的内容进行进一步解释。但是现代教学手段也存在弊端,不能过于依赖现代教学手段,还需要将现代教学方式和传统教学方式有机结合,必要时还可以结合更多的教学手段,例如通过在线直播形式实时示范外语文献、专利检索过程,在线实时修改研究生外语论文等方式,达到教学改革效果[18]。

通过雨课堂事先发布下节课内容,将学生随机分成若干个讨论小组,小组成员通过手机和其他电子设备上网查阅文献。课上随机选取一个小组代表向全班作报告,其他小组成员进行补充和修正,然后笔者对该小组的工作进行点评和打分。这种将课堂转变为学习小组的模式,在课前和课中让学生自由探索和交流他们的问题及疑惑,激发了学生自我探索的兴趣,消除了学生被动接受、教师单方面讲授的现象,在课堂上培养了学生的责任感和领导力。这样一来,学生的自学能力和总结能力以及学生之间的互动都得到了充分的加强。此外,笔者还能了解到学生普遍存在的学习弱点和困难,以便有针对性地进行备课,动态调整后续课程的重点和难度,使学生真正实现知识的系统化和对专业更广泛、更深入的了解,充分利用和调动学生的学习主动性和积极性,提高学生学习的有效性[6, 19-21]。

5　融合服务型思政课程

习近平总书记强调:"应把思想政治工作贯穿于教学全过程","实现全程育人、全方位育人"。在讲授课程的过程中,教师不仅要引导学生进行知识能力的提高,还应注意融入思政元素对学生进行价值观引领。由于大部分研究生的研究课题不同,笔者通过 CiteSpace 寻找共性,同时开阔学生视野,激发学生学习兴趣,并鼓励学生建立为中国制冷领域发展做出贡献的信心,教育学生在今后的学习、工作中,要始终保持求真务实、一丝不苟的工作态度[22],学有所长,继承和发扬大国工匠精神。同时,将专业知识的学习与个人职业规划相结合,将自我成就提升与服务社会、服务人民、服务产业相结合,牢固树立"少年强则中国强"的思想,为中华民族的伟大复兴贡献自己的一份力量。

6　优化综合性考核机制

笔者定期优化更新文献案例库,针对学生反馈、实际授课及课程评价效果,对以文献案例为核心的知识结构进行查缺补漏,优化文献案例教学[7]。本课程采用平时成绩和最终考核成绩按照 50% 和 50% 进行分数加权得出最终分数。平时成绩注重学生课上交流互动程度、专业知识汇报水平及综述翻译能力等多方面因素的综合评价。笔者将平时成绩在最终考核成绩中的占比由原来的 30% 提高到 50%,提高了课堂表现的占比,有助于激励学生主动参与到学习中[23-24],从而避免了学生在平时上课过程中不积极,一心只想依靠期末考试取得高分的现象[17]。

7　结语

根据新时代培养创新型工程人才的"新工科"建设要求,本文紧紧围绕创建"以人为本"的"立德树人"的根本任务,对"专业外语文献阅读"课程的具体应用方法进行了一系列研究和改进,合理设计和确定了教学内容。通过有效利用有限的教学时间和教学资源,完善了课程考核体系,有效促进了学生的创新意识,提高了学生的外语实际应用能力,培养

了学生科学严谨的学习态度,培养了具有国际交往能力、视野开阔、掌握学科前沿的高素质复合型工程人才。改进的教学方法和手段提高了教学质量和效果,得到了更好的学习效果[16, 22-23, 25]。

"专业外语文献阅读"课程可以培养学生综合运用所学知识的能力,也可以激发学生的学习兴趣和热情,充分发挥学生在独立学习和研究中的主动性。然而,如何优化和整合"专业外语文献阅读"的教学手段,提高信息的质量和学生利用信息解决问题的能力,需要在实践中不断探索。

参考文献

[1]　李广强. 新时代背景下工科研究生专业课的教学改革与实践 [J]. 科技资讯, 2022, 20(01): 201-204, 210.

[2]　王战军, 于妍, 王晴. 中国研究生教育发展:历史经验与战略选择 [J]. 研究生教育研究, 2020(1): 1-7.

[3]　韩庆祥. 新发展阶段如何深化习近平新时代中国特色社会主义思想研究 [J]. 中共中央党校(国家行政学院)学报, 2021, 25(2): 5-11.

[4]　卫灵, 张桐晖. 固本培元,推进研究生教育高质量发展 [J]. 思想教育研究, 2021(1): 147-150.

[5]　张海, 谢姣皎, 汤炜. 新工科背景下"微波工程基础"课程的教学改革与探索 [J]. 科教导刊, 2022(11): 103-106.

[6]　周围, 苏宛筠, 孙凌宇, 等. 新工科背景下工科研究生课程教学改革思路 [J]. 科技视界, 2021(35): 18-19.

[7]　白成英, 张晓红, 张丽丽, 等. 科技文献案例在材料类课程建设中的应用研究 [J]. 高教学刊, 2022, 8(10): 74-78.

[8]　黄晓东, 于芳. 工科应用化学专业英语教学改革与创新 [J]. 华东交通大学学报, 2005(S1): 320-323.

[9]　裴鹏. 工科专业课双语教学探索与实践 [J]. 教育教学论坛, 2021(36): 121-124.

[10]　张雪珠, 刘万强. 问题导向式研究生学术论文写作框架的构建 [J]. 当代教育理论与实践, 2022, 14(3): 111-117.

[11]　喻心麟. 工科类高校文献检索课教学改革探讨 [J]. 湖南工程学院学报(社会科学版), 2009, 19(1): 116-118.

[12]　罗廷芳, 南江, 李伟. "新工科"背景下"电工学"课程教学体系的改革与建设 [J]. 南方农机, 2021, 52(22): 150-153, 157.

[13]　王艳力, 杨飘萍, 盖世丽, 等. 案例教学法在催化原理教学中的应用探讨 [J]. 化工高等教育, 2021, 38(1): 128-132.

[14]　王琴. 从教师权威的消解与重构看师生冲突的化解 [J]. 中国教育学刊, 2018(7): 88-93.

[15]　张菲菲, 邹光平. "权利"视域下传统高校课堂师生关系的破解与重构 [J]. 黑龙江高教研究, 2020, 38(3): 152-155.

[16]　徐春雅, 张秀艳, 李牧, 等. 工程教育背景下"食品发酵设备与工艺"课程思政的探索与实践 [J]. 食品与发酵工业, 2022(16): 334-340.

[17]　李文强, 冯喜平, 惠卫华. 新媒体结合工科教学的探索:以"传热学"教学实践为例 [J]. 科技风, 2022(8): 90-92.

[18]　卜海红, 李军, 李干林, 等. 课程思政下工科院校教学改革与实践探索 [J]. 创新创业理论研究与实践, 2022, 5(10): 150-152.

[19]　牟莉, 马井喜, 解迪, 等. "新工科"背景下食品工程原理课程教学改革思考 [J]. 产业与科技论坛, 2021, 20(21): 192-193.

[20]　马小晶, 陈洁, 黄龙, 等. 翻转课堂在能源动力类工科课堂教学中的探索研究:以"热力发电厂"课程为例 [J]. 工业和信息化教育, 2022(1): 29-34.

[21]　马小晶, 穆塔里夫·阿赫迈德, 臧航, 等. 能源类工科线上课堂教学

的调研分析与策略 [J]. 产业与科技论坛, 2021, 20(16): 101-2.

[22] 王波, 庞军, 宁毅, 等. 新工科背景下"机械原理"教学改革与实践: 以滁州学院为例 [J]. 滁州学院学报, 2022, 24(2): 117-121, 126.

[23] 卢会霞, 唐雪娇, 鲁金凤. 新工科背景下环境工程专业英语课程教学改革探索 [J]. 高教学刊, 2021, 7(S1): 123-125.

[24] 黄超叶, 李明, 韩泳. 基于 OBE 的应用型高校过程性考核的研究和探索 [J]. 轻工科技, 2021, 37(9): 193-194.

[25] 王任远, 张敏. 新工科背景下流体力学与传热学课程教学改革探讨 [J]. 时代汽车, 2021(15): 85-86.

"双碳"背景下"制冷装置设计"课程改革及教材优化

朱宗升,刘　斌,邹同华,陈爱强,赵松松,史耀广

（天津商业大学机械工程学院,天津市　300134）

摘　要: 面对"双碳"任务,制冷装置的低碳化、高效化日益重要。为满足行业发展需求,进行针对性的课程改革势在必行。本文通过本专业多年相关领域教学和实践经验,总结"双碳"背景下"制冷装置设计"课程及教材改革面临的困难,积极调整课程及教材内容、教学方式方法,引入智能科技,推动线上数字化资源和虚拟仿真资源共建,促进教学和人才培养水平提升,实现"双碳"大背景下校企成果的高效衔接,从而培养更具复合创新能力的制冷装置设计人才。

关键词: 制冷装置设计;双碳;智能化;全流程

1　引言

在"双碳"大背景下,低碳化、清洁化和高效化将成为各行各业今后的发展趋势[1]。新能源及低污染化石燃料的推广应用是碳减排的重要方面[2-4],同时提高能源需求侧的碳减排能力同样重要[5-8],这两个方面在国务院最新印发的《2030年前碳达峰行动方案》中均得到有效体现。制冷及热泵装置广泛应用于空气调节、食品保鲜、冬季供暖等关系人民生活水平和工业流程控制的领域,其能耗水平也直接影响"双碳"减排任务的完成效果[9-10]。新的智能科技、能源管理方式和制冷技术都在助力传统制冷装置向低碳、节能、高效方向转型。

行业优化和技术进步离不开具有专业素养的人才,作为高校,如何结合"双碳"大背景优化相关专业课程和教材体系,从而培养符合时代需求的未来人才至关重要。本文在结合前期课程教学改革的基础上,进一步总结"双碳"对"制冷装置设计"课程及教材的需求,并给出可实践的改革内容和举措。

2　拟解决的问题

2.1　教材内容跟不上新时期"双碳"背景下冷链行业发展需求,低碳化路径不清晰

在"双碳"背景下,对冷链设施的高能耗提出了新的挑战,而设计的优劣对于系统运行能效和水平至关重要,如何结合新能源利用科技实现制冷应用的低碳化,以及如何综合用能供能方面的内容有待强化。同时,原有课程体系缺乏明确的碳足迹计算方法及高效减排相关技术的量化讲解。

2.2　冷链设备的智能化设计水平过低

过去十几年是智能科技高速发展的时代,智能化带给冷链行业新的发展机遇,本课程及教材内容相对保守,应增加智能科技在冷链设备方面的应用研究,促进学生对于智能冷链设备的理解和掌握。

2.3　制冷系统设计思维落后、单一

原有课程和教材体系主要集中在制冷需求下系统结构的设计,缺乏设计反馈优化环节,未能形成持续优化设计方法、设计理念的闭环系统。

2.4　承接专业基础知识并启发设计创新不足

作为专业核心课,其是检验大学四年学生专业技术能力的重要课程,但本课程和教材有关设计依据和专业支撑的内容过于简单,未能让学生更好地理解设计背后的机理,从而限制了学生设计创新能力的发展。本课程和教材应从表象深入机理,以专业课促进学生对专业基础课的理解,从而指导学生深入理解设计背后的理论支撑,促进优化创新设计。

作者简介: 朱宗升(1987—),男,博士,讲师。电话:13502069739。邮箱: zhuzongsheng@tjcu.edu.cn。

基金项目: 制冷系统典型故障虚拟仿真实验教学项目研究(TJCU-JG202093)。

3 "双碳"化课程改革及教材优化思路

为突出本课程及教材的针对性,切实提高学生的创新设计能力,教学团队提出了针对性的教学改革和教材内容优化措施。

3.1 加强教材数字化资源开发建设,多维度呈现教材内容

完善虚拟仿真技术在制冷装置设计全过程的辅助作用,引入物联网技术实现装置运行数字化,反向评估制冷装置设计与场景需求匹配性,进一步指导设计思路方法的优化改进;围绕大型氨制冷系统、氟利昂制冷系统及小型商用制冷装置等典型制冷装置的工作原理和结构特点,制作实物视频和 Flash 动画进行清晰展示;加大各网络平台教材配套视频投放和虚拟仿真在线平台的开放程度。

3.2 积极引入企业优秀设计案例和科研成果,持续优化教材内容

新科技的不断出现和高速发展对制冷装置的效率、经济性和多样性提出了更高的要求,教材主编团队积极将最新优秀案例和各企业最新产品引入教材,特别是智能化冷链设备的相关设计思路和技术应用,同时融入最新的科研成果和工程技术,保持教材内容与产业需求的紧密联系。

3.3 构建依托实际案例的知识体系,强化工程实践和创新设计能力

顺应新时代人才发展战略,结合实际制冷工程和典型制冷装置设计特点,构建涵盖物流和制冷装置双层面的知识能力体系,形成以教材及教辅资源为主,工程实践提升认知和创新设计实战为辅的教材体系。

3.4 打造以结果为导向的教学组织评价方法体系

结合教学内容,建立分步反馈评价方法,进一步推动教学过程和教学效果的数据化;充分利用挑战性学习和假定设计环节,促进学生知识获取、应用和创新综合素质的培养;推动企业和学生的提早对接,既利用企业先进技术和先进管理方法培养学生,也让学生对行业发展和企业需求有进一步了解,进而明确学习目标和动力;协同知识能力培养和价值引领两个维度,始终明确"立德树人"在教学中的关键引领作用。

4 "双碳"化课程改革及教材优化措施

4.1 教材内容方面

4.1.1 以冷链供冷为依托,打造制冷装置全流程低碳设计体系

制冷技术广泛应用于各领域,在国民经济中至关重要,冷链物流是其典型代表。本课程及教材以冷链物流领域的典型制冷装置为依托,系统性地解析制冷装置的基础知识和全流程低碳设计思路,并结合冷链新技术、新工艺和最新科研成果开展工程实践和创新设计能力的培养;重点优化突出按需设计理念,强调制冷装置与冷链各环节内易腐产品储藏流通特性的匹配设计,并将商学思维贯穿设计全流程,强化实用设计;重视设计思维的拓展性和实用性,不断引入最新成果,保证教材的前沿性和科学性,使学生熟练掌握冷链物流领域各种制冷装置的设计流程。(图1)

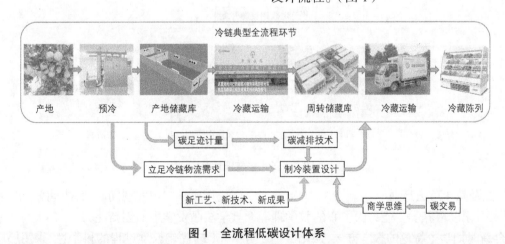

图1　全流程低碳设计体系

4.1.2　教学内容结构化、模块化编排,以工程案例展示设计要点

更新后本课程及教材内容分为制冷系统工艺设计、负荷计算与设备选型、整体方案设计、设备的智能化、冷链环节应用五大模块,结构化呈现完整的制冷装置设计体系。各模块通过融合场景需求细化为相对独立完整的知识点,便于学生体系化学习使用;教材将基本理论与实际应用紧密结合,基于编者及相关企业实际设计经验和国内外典型制冷装置实例进行设计要点讲解,致力于培养学生良好的设计思维模式和综合设计能力,使学生同时具备其他领域能量转换装置的设计能力。(图2)

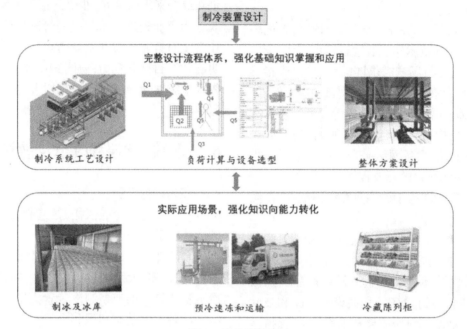

图2　模块化结构

4.1.3　构建丰富的教辅资源,扩展教材内容学习渠道

为突破纸质教材和学校课堂使用方式、使用效果、使用场景等方面的限制,提高使用效果,继续完善线上辅助资源的开发。开发虚拟仿真系统,并对外开放使用,使学生加深对典型制冷系统运行原理的理解;构建涵盖国家级精品资源共享课、企业案例学习、在线实验及创新设计比赛等具有鲜明特色的立体化教学资源,扩宽专业知识范围,拓展教材内容的学习途径;利用在线直播实现沉浸式实验实践学习,扩大实验实践范畴。(图3)

图3　多元化教辅资源

4.2　教学组织及教学方法方面

(1)深入强化以培养学生能力为中心的教学理念,探索符合新时期学生特色的教学方法,强化学生输出占比,以问答法引导学生记忆相关概念,以案例法引导学生理解设计方法,以项目式教学法组织学生应用所学知识发现问题、解决问题,最后以挑战式教学法激发学生的创新能力。

(2)优化教学过程的科学性,采用层层递进、反复强化的教学组织方式:先抛出问题,让学生带着问题进行线上学习,通过线上学习要求学生自主掌握相应知识点;其次通过线下课堂考核学生掌握情况,并梳理重要知识点,结合项目案例促进所学知识的融会贯通;再次利用线下实验和虚拟仿真实验,强化学生对设计理论的理解和设计方法的提升;最后通过实践环节将所学知识与现场场景相结合。

5　改革预期目标

作为专业核心课程,"制冷装置设计"以冷链物流领域典型制冷装置为依托,面向制冷产业需求,融入学科前沿和产业技术最新发展,推动教学内容更新,系统性解析制冷装置的基础知识和全流程设计思路。学生通过课程学习熟练掌握制冷系统工艺设计、负荷计算、设备选型等知识,并构建结构化、完整化的制冷装置设计体系,探索新能源科技利用和智能科技在冷链制冷系统方面的结合应用,做到主观和工具化识别工程应用问题,评估各类系统性能和进行创新性改进设计。结合国家碳减排、碳交易的未来发展趋势和本校深厚的商学思政氛围,致力于培养具备较强制冷装置设计创新实践能力并具有商学素养、爱国奉献的复合型工程技术人才。

6　结语

制冷装置的广泛应用给人类社会发展和技术进步创造了适宜环境和基本条件,其能耗在国家总能耗中的占比居高不下,结合国家"双碳"政策、本校本专业多年教学经验及企业实践成果,针对未来可持续高效发展潜在问题,提出了本课程和教材改革内容及具体思路,为行业培养更多具有创新设计能力的制冷人才。

参考文献

[1] 李小平. "双碳"减排加速推进传统制造业升级换代正当时 [R]. 证券时报, 2021, A04.

[2] 辛靖, 王连英. "双碳"愿景对炼化产业的影响及其路径展望 [J]. 石油学报(石油加工), 2021(6): 1504-1510.

[3] 赵雪莹, 李根蒂, 孙晓彤, 等. "双碳"目标下电解制氢关键技术及其应用进展 [J]. 全球能源互联网, 2021, 4(5): 436-446.

[4] 苏健, 梁英波, 丁麟, 等. 碳中和目标下我国能源发展战略探讨 [J]. 中国科学院院刊, 2021, 36(9): 1001-1009.

[5] 刘文亮, 郭熠昀, 杨琪, 等. "双碳"目标下数据中心节能运行研究综述 [J]. 供用电, 2021, 38(9): 49-55.

[6] 李毅, 陈雷. 超临界 CO_2 制冷技术在 PVC 生产中的应用 [J]. 中国氯碱, 2018, 11: 9-11.

[7] 李金华. 地源热泵系统助力碳中和:以北京地区为例 [J]. 碳中和, 2021(5): 30-31.

[8] 孙健, 马世财, 霍成, 等. 碳中和目标下热泵技术应用现状及前景分析 [J]. 华电技术, 2021, 43(10): 22-30.

[9] 柏静, 段华波, 王慧越, 等. 建筑空调能耗及其制冷剂使用环境影响评价与减排潜力研究 [J]. 环境科学与管理, 2021, 46(6): 165-170.

[10] 邹建城. 基于碳减排的生鲜农产品冷链配送路径优化研究 [D]. 镇江: 江苏大学, 2019.

暖通空调安装与调试专业劳育课程建设与实践

张振迎,王　昆,刘仕宽,黄春松,陈艳华,韩　莹,常　莉

（华北理工大学建筑工程学院,河北唐山　063210）

摘　要: "暖通空调安装与调试"是建筑环境与能源应用工程专业开设的一门专业劳育课程,主要对课程的开设目的、建设过程、授课过程及授课启示进行总结。通过本课程引导学生热爱劳动、尊重劳动,热爱劳动人民,培养学生的规范意识和工匠精神,引导学生坚定学习建筑环境与能源专业和从事相关职业的信心。

关键词: 劳育课程;暖通空调;安装与调试;实践

1　引言

习近平总书记强调,"实现中华民族伟大复兴的中国梦,需要一代又一代有志青年接续奋斗"[1]。高校作为向社会输出高质量人才的重要渠道,肩负着培育理论与实践相结合的高素质人才的使命,要帮助大学生"树立以辛勤劳动为荣、以好逸恶劳为耻的劳动观,培养一代又一代热爱劳动、勤于劳动、善于劳动的高素质劳动者"[2]。让劳模精神回归生活世界,将其融入高校思想政治教育工作,强化学生的专业性、创新性和社会服务性的劳动实践是首要手段[3]。目前,由于新冠疫情的影响,导致学生在实习时很难身临其境地到施工现场进行观摩学习,只能在校园内走马观花似地看一些安装好的设备;在教授专业课时也只能以文字、图片和小视频的形式呈现,难以给学生更生动真实的体验;在实验课上,实验室内的实验器材和实际中应用的暖通空调设备并不一致,甚至物理结构也不完全一样。

基于以上原因,华北理工大学从 2020 年开设了"暖通空调安装与调试"专业劳育课程,旨在通过学生课前准备、老师理论授课、实验设备介绍以及学生实践操作等过程,让学生具有专业设备的安装、调试体验,对本专业有一定了解并产生兴趣,同时为以后从事设计和安装工作打下基础。通过本课程引导学生热爱劳动、尊重劳动,热爱劳动人民,促进学生全面发展[4],培养学生的规范意识和工匠精神,引导学生坚定学习建筑环境与能源专业和从事相关职业的信心。

2　上课内容及过程

本课程主要讲授建环专业中常见管道及设备的拆装、加工及连接方法等劳动技能知识。具体实践包括四部分内容:①管道加工及连接基础知识,包括管道加工准备工作,钢管的加工及连接,塑料管的加工及连接;②采暖管道及设备安装,包括散热器的安装与调试,地板辐射采暖的安装与调试;③通风空调管道与设备安装,包括风机盘管的安装与调试,吊顶式空调机组的安装与调试;④趣味小制作,包括小板凳、小台灯、小沙包等。

暖通空调安装与调试专业劳育基地及授课过程如图 1 所示。

图 1　劳育基地及授课过程

作者简介:张振迎(1979—),男,博士,教授。电话: 18633134827。邮箱: zhangzhenying@ncst.edu.cn。

基金项目:华北理工大学教育教学改革研究与实践项目(L2051, L21107);河北省高等教育教学改革研究与实践项目(2018GJJG213)。

2 结果与启示

课后的反馈表明,大多数学生对劳育课程有很大兴趣,期待更多此类课程的开设。在课程内容学习上,通过前期自主学习和老师授课指导有较为深刻的印象,也对本课程形成基本认识。在实践操作过程中,锻炼了动手能力和协同配合能力,完成拆分、安装后有很强的成就感。在成本上,劳动教育技能课有材料损耗,学生人数较多,课程成本较高;在时间上,学生的动手能力不同,课程时间跨度较大,不易掌控;在安全上,课程中存在高温操作、尖锐工具等,老师不能全方面、全学员照顾。对以上存在的不足,可以对小组内一名学生进行提前培训,待通过老师的考核后在课上帮助老师对其他学生进行监督指导,或让上一届中本门课程成绩较为优异的学生作为老师的助手。

参考文献

[1] 习近平. 青年要自觉践行社会主义核心价值观:在北京大学师生座谈会上的讲话 [N]. 人民日报,2014-05-05.

[2] 习近平. 在全国劳动模范和先进工作者表彰大会上的讲话 [N]. 人民日报,2020-11-25(02).

[3] 陈阳芳. 新时代劳模精神融入高校思想政治教育工作的路径探微 [J]. 湖北经济学院学报(人文社会科学版), 2021,18(7):109-113.

[4] 中共中央国务院关于全面加强新时代大中小学劳动教育的意见 [N]. 人民日报, 2020-0327(001).

新冠疫情背景下"洁净技术"课程教学改革探讨

郭　浩,王新如,王铁营,陈　华

（天津商业大学机械工程学院,天津　300314）

摘　要: 在后疫情时代,为有效防控疫情,空气洁净技术得到了广泛关注,社会对相关的专业人才提出了更多的需求。为满足实际需求,为行业培养更多的专业人才,在建筑环境与能源应用工程专业开设了"洁净技术"课程。本文以提升学生专业能力为目标,以培养学生学习兴趣为手段,综合考量学生各专业课程进度,对课程进行重新规划,从教学内容、教学方法以及教学实践三个方面进行了探索。希望改革后的课程能够提高学生的学习效果,为行业输出更多专业人才。

关键词: 建筑环境与能源应用工程;洁净技术;新冠疫情;课程改革

1　引言

"洁净技术"在防止粒子污染以及微生物污染方面具有重要价值,在工业、生物和医疗行业具有非常广泛的应用[1]。在建筑环境与能源应用工程专业中"洁净技术"是的一门重要课程,并且由于新冠疫情的暴发,诸多学者将目光聚焦于病毒如何通过气溶胶进行传播以及传播过程中的科学问题研究,因此"洁净技术"课程在建筑环境与能源应用工程专业的教学中尤为重要。学院紧密结合社会和行业发展需求,对建筑环境与能源应用工程专业的学生开设了"洁净技术"课程,在此基础上与行业发展实际需求相结合对课程进行了适当改革,努力提高学生的专业素养和技能。同时,此课程的开展和改革对新冠疫情的防控研究具有重要价值。

"洁净技术"课程内容主要包括空气净化系统、过滤器原理、气流组织以及空气净化设备和洁净室设计等,需要学生掌握流体力学、传热学、建筑设计、生物、化学等多学科知识,对学生的综合学习和思考能力提出了较高的要求。因此,通过本课程学生将充分了解洁净室的设计思路和理念,培养学生对多课程知识进行融合的能力。

本课程涉及的专业知识较为广泛,具有理论与实践结合紧密的特征,要求任课教师具备综合的理论和实践技能[2],在教学过程中避免理论和实践"两

张皮"的情况出现,在教学内容上尽量通过简洁的语言对生僻的概念进行讲解,同时利用实际工程进行举例,提高学生由理论到实践的应用技能。本文对本课程教学改革从教学内容、教学方法和教学实践等方面进行介绍。

2　课程内容设计

2.1　课程精简化探索

"洁净技术"课程涉及知识广泛,因此通常安排在大三学年,此时学生通过前两年的专业基础课学习,已经基本完成对本专业的知识框架体系构建。但对学生来说,如何利用先前学习的专业基础知识理解并解决本课程中的科学及技术问题,仍存在一定的挑战。例如,在"流体力学"和"通风工程"课程中,学生学习了如何进行管道中沿程阻力的计算,并对流场概念有了初步认知,而在本课程的学习中会进一步研究洁净室中气流的组织流动特点以及空气中的颗粒沉降等;在"空调工程"中已经学习如何对室内环境的温湿度进行控制,因此在本课程中可直接应用之前的知识,但在洁净工程中除温湿度外,还对空气品质需求进行了严格的限制,这就是两者的不同之处。在深入探究并对比各个课程间的关系后,对所讲授的课程内容进行了调整,即突出讲解"洁净技术"所具备的特点,弱化对前面已学内容的讲解,在课堂中仅做介绍。通过上述方法,不仅可以精简课程,同时可以着重进行本课程的专项练习以

作者简介:郭浩(1990—),男,博士,讲师。电话:17801226519。邮箱:guohao@tjcu.edu.cn。

及实践。

2.2　教学素材收集

洁净技术起源于 18 世纪,并且随着军工产品高精度工艺需求的提高,设备加工环境中的含尘浓度等要求越来越严格,由此发展出了针对航空航天制造、电子设备等的工业洁净室。在生物医疗领域,从 20 世纪 60 年代开始,国外就率先利用洁净室进行了生物实验,防止微生物污染,由此推动了生物医药和医疗水平的快速发展。

因此,在课程教学中,可以通过收集不同行业经典洁净室的案例素材,提高学生对洁净技术应用场景的认知,将课本上的理论知识与工业生产生活相结合。例如,在新冠疫情期间,我国快速建立了火神山和雷神山等方舱医院,并将方舱医院内部划分为清洁区、过渡区和污染区,同时为降低各区之间空气的相互交叉流动,各区域的气压值有所不同。例如,火神山医院中病房、缓冲间、医护走道、办公区的压力值分别为 -15,0,5 和 10 Pa[3]。在教学中可通过分析相关方舱医院或隔离病房案例,对气流组织运行部分进行讲解,讨论为什么要划分区域,为什么要采用负压运行,以及各部分间的压差值的设定规则。再例如,方舱医院中新风取风位置应设置在高处还是低处,怎样才能确保空气的洁净。

3　教学方法改进与特色发展

3.1　线下启发式教学

针对本课程实践性较强的特点,应以线下教学为主,并在中间穿插相关的实验环节,通过简单的实验环节可增强学生对一些专业问题的感性认识,并通过课堂的理论讲解进行深入学习。同时,线下学习中,不应该采取单纯的板书式讲解,还应配合适当的视频等,通过视频不仅可以形象地展示一些难以理解的现象,还可以提高学生的学习兴趣。在课堂中可进一步提出一些课堂问题,启发学生进行独立的科学思考,对一些简单问题不应当只要求学生给出正确答案,同时应注意一些学生的"错误"答案,探究问题答案的多向性。对于一些难点问题进行启发式教学,老师在抛出思路或者切入点后,引导学生进行思考,提出解决思路和方案。

3.2　教学实践

"洁净技术"是实践性很强的课程,单纯的理论教学效果欠佳,而适当添加实践内容则可达到事半功倍的效果。在此提出通过 CFD 模拟和校企合作

的方式进行教学。根据世界卫生组织给出的新冠病毒预防建议,该病毒主要通过飞沫和接触进行传播,欧洲暖通空调学会联盟则给出了新冠病毒的传播机理示意图[4]。可以看出,飞沫在病毒传播中起到了关键的作用,因此研究空气中飞沫如何传播以及通过控制飞沫的传播降低病毒感染率有重要价值。飞沫在传播过程中具有隐蔽性以及很难用肉眼观察的特点,因此为形象地展示飞沫的传播,可通过计算流体力学(CFD)软件设置合适的求解条件进行模拟,获得飞沫传播的流场中各变量的时空分布。通过 CFD 软件教学不仅可形象地展示飞沫以及空气中颗粒的输运以及气流组织运动,同时可提高学生对流体力学的理解和应用,有利于理论知识的实践化。

由于学校位于京津冀核心区域,周围拥有众多相关产业的科研以及实体制造单位,因此在学校教学的基础上还可通过校企合作的方式提高学生在洁净室以及洁净空调等方面的设计能力,这样不仅可以大幅度降低学校在洁净室建设方面的压力,还能促进学生同企业的交流,提高学生解决实际问题的能力。

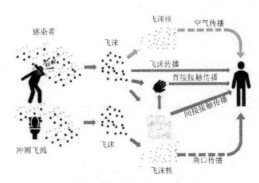

图 1　新冠病毒传播过程示意图

3.3　洁净技术与冷链特色结合

新冠疫情研究统计显示,病毒在冬季传播呈现出高峰态势[5],并且在冷链流通环节出现了疫情暴发情况,尤其是大连港和天津港等相继出现冷链工作人员感染后,国家防疫部门加强了对冷链环节的管理工作。冷库相比于其他建筑的特点是内部温度低、循环模式为内循环、内部货物堆积摆放等。因此,如何在内部死角众多以及低温环境下对内部环境进行洁净处理,降低冷链运输中病毒感染率,是保障民生的关键问题。

天津商业大学机械工程学院在冷链全过程研究中具备多方面优势。经过多年发展,机械工程学院建立了冷冻冷藏技术教育部工程研究中心、天津市制冷技术重点实验室等一批重点实验室,同时是中

国制冷空调工业协会常务副理事长单位。结合建筑环境与能源应用工程专业发展以及学院专业特色和社会发展需求,在"洁净技术"课程中融合冷链过程中的洁净技术具备一定的前瞻性。在课程讲解中,以港口冷链洁净需求为指导,重点对冷库内部气流的组织优化、空气过滤以及消毒液雾化等进行详细介绍。最终借助学院优势学科平台,并与当地产业相结合,结合工程实际对学生展开新形势下的洁净技术教学。

4 结语

"洁净技术"涵盖知识面广,同时要求理论和实践相结合,具有很强的专业性。本文从"洁净技术"课程教学需求出发,基于对建筑环境与能源应用专业培养方案的深度理解,在课程内容、教学方法、实践过程以及学院优势平台交叉等方面进行了改革和探索,提出了专业课程精简融合方法,提高了教学质量;开展启发式和实践相结合的教学方式激发学生的积极性;最后结合当前疫情防控需求以及学院优势平台建设,拓展了相关教学内容。希望通过本文所论述的方法对"洁净技术"课程改革有所贡献,以提升教学质量和成果。

参考文献

[1] 石富金, 李莎. 空气洁净技术 [M]. 北京:中国电力出版社, 2015.
[2] 李浩. "空气洁净技术"课程的教学难点与解决思路 [J]. 国际公关, 2020(10): 124-125.
[3] 马雪兵, 余地华, 叶建, 等. 火神山雷神山医院运行维保关键点研究 [J]. 施工技术, 2021, 50(12): 143-145.
[4] 涂有, 涂光备. 科学地应对新冠疫情:洁净室相应技术措施的探讨 [J]. 洁净与空调技术, 2021(1): 1-7.
[5] 冯虹玫, 尹立, 孙羽, 等. 我国新冠肺炎疫情与气象条件的关系研究 [J]. 中国医药导刊, 2022, 24(4): 350-357.

"传热学金课"建设探讨

王雅博，邸倩倩

（天津商业大学机械工程学院，天津 300134）

摘 要："传热学"作为工程科学的重要领域之一，是综合性很强的理论与实践并重的课程，是大多数工科专业一门重要的技术基础课程。为了使学生更好地掌握传热学的基本规律，为以后的研究和学习打下坚实基础，进一步培养学生分析问题与解决问题的能力，提出打造"传热学金课"的方案，具体包括改革课堂教学模式、开展教学实验、不断开拓第二课堂，采用多种教学手段，强调理论的实践意义等，取得了良好的教学效果。

关键词：传热学；金课；线上线下混合教学

1 引言

2018 年，教育部发布《关于狠抓新时代全国高等学校本科教育工作会议精神落实的通知》，其中明确提出全面整顿教育教学秩序，严格本科教育教学过程管理，要求各高校全面梳理各门课程的教学内容，淘汰"水课"，打造"金课"[1]。这是教育部首次从顶层设计上正式提出"大学金课"的打造与落实，它是在近年来高校办学规模快速扩张、教学质量严重下滑的背景下，对大学教学质量提出的新要求、新挑战。在当前的课程教学中，我们发现许多学生只愿意选择学习内容简单、考试前划重点的课程，而忽略真正显示教学水平和教学质量的课程。

"传热学"作为工程科学的重要领域之一，是综合性很强的理论与实践并重的课程，是大多数工科专业一门重要的技术基础课程[2]。它不但与热机、制冷、热泵、空气调节等传统工程有关，而且正逐步发展到许多新领域中[3]。为了使学生更好地掌握传热学的基本规律，正确应用这些规律进行热量传递过程的分析与计算，为以后的研究和学习打下坚实基础，进一步培养学生分析问题与解决问题的能力，提出打造"传热学金课"的方案。

首先，扭转学生对待课程学习的功利主义思想，正确引导学生进行课程学习，通过大量实验探究和实践活动加强学生对课程的吸收消化能力[1,4-5]。其次，推进教育教学与信息技术深度融合，建立"互联网＋金课"的联动机制，在课前、课中、课后保持充分的师生互动，实现课程质量的动态监控[6-7]。最后，做到"宽严相济"，增加考核弹性，根据课程类型合理调整考核标准，"因课制宜"地进行教学评价。

2 课程教学实施方案

2.1 改革课堂教学模式

在教学过程上，重视师生互动交流，深入开展师生问答、质疑、辩论等，培养学生的探索精神和解决问题能力。以现代教育技术与教育教学深度融合为突破口，积极推广小班化教学、混合式教学、翻转课堂，提高课程挑战度，推进启发式、探究式、讨论式和参与式教学，激发学生的学习动力和专业兴趣。（图1）

图1 改革课堂教学模式

作者简介：王雅博（1984—），女，博士，副教授。电话：18522285716。邮箱：wang_yabo@tjcu.edu.cn。

加强学生互动,提高学生参与感。利用先进的科技技术,例如"雨课堂"等,与学生实时分享教学内容,设置丰富有趣的教学环节,将弹幕、提问等环节融入教学活动中。(图2)

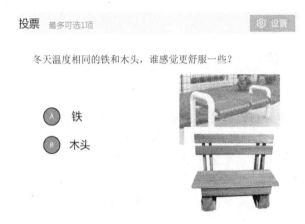

图2　增加课堂提问环节

2.2　教学实验

为了使学生能够更好地理解课程内容,加强动手能力,把理论与工程实践紧密结合,开设了"热流准稳态平板法测定材料热物性""材料表面法向热发射率(黑度)""电场模拟温度场""空气横掠圆柱体时局部换热系数"和"辐射换热角系数"等内容。现有实验台可对学生进行实验研究方法与实验技能的基本训练,培养学生计算能力、动脑动手能力和严肃认真、实事求是的科学工作态度,但目前实验课程学生参与感较差。

为了加强学生的参与度和运用知识的能力,由学生设计实验题目。学生通过实验方案设计,加强对理论知识的理解。

2.3　第二课堂

利用业余时间举办第二课堂,介绍本学科领域的最新发展动态和教师的相关科研成果,通过生活和工程实例说明本课程的重要性和意义,强化学生的工程意识、创新意识和综合设计能力。实验室向学生开放,让学生参与课题组的科研项目。通过建设第二课堂激发学生的创新意识,提高设计能力,将所学理论知识付诸实践,同时也可学习许多书本上学不到的知识,保证学科知识的先进性、逻辑性、系统性。

鼓励学生运用所学知识参与"大创"和比赛。学习传热学的目的之一是强化或削弱换热,利用这一理论可对生活中大量的传热设备进行优化。在课堂中,定期举行"传热知识应用讨论",既可以使学生将理论知识与实际应用结合起来,还可以激发好的策略。(图3)

图3　学生参加各类比赛

2.4　采用多种教学手段,强调理论的实践意义

在教学过程中,考虑到学生机械相关知识较少,为提高学习效果,不断改进教学实验手段,并用模型、实物、电教片、多媒体等方式,增加学生的感性认识。在课堂教学中,注意强调理论对相关实践的指导意义,列举生活和工程实例加以说明,提高学生的学习兴趣,可增加音像视频资源,使学生更加直观地了解热量传递的基本方式。(图4)

图4　音像视频教学资源

在教学过程中,鼓励学生学习线上资源。中国大学慕课提供了诸如西安交通大学陶文铨院士团队、哈尔滨工业大学谈和平教授团队的传热学慕课[8],鼓励学生多多听取国内外知名教授的课程,对拓宽知识结构的思路和层次都有巨大的帮助。(图5)

图5 "传热学"慕课

3 课程建设特色及成果

（1）课程紧密结合技术发展前沿，形成了"理论教学＋实践操作"的授课及学习模式。在授课过程中，一方面向学生传授传热学基本理论知识，合理运用翻转课堂的形式，使学生加深对核心知识点的理解；另一方面通过实践环节，积极组织和培养学生参加大学生创新创业计划以及科技竞赛，让学生在动手实践中学以致用，强化实践能力的培养，提升学生的工程素质、创新意识及能力培养。

（2）教学内容紧跟学科前沿及行业发展对人才培养的需求，实时优化与更新教学内容，提升学生综合工程素质。整编授课内容，补充添加最新的相关科研知识，提高学生对本学科的认识。

（3）教学中始终贯穿思政元素，传热学的发展与节能减排、碳中和等国家战略紧密关联，将课程思政引入传热学教学中，提升学生的国际视野，培养学生的家国情怀。

4 结语

通过"传热学金科"建设，培养学生良好的热能工程素养和能效与节能意识，使学生深入了解热能与动力工程专业领域的技术发展动态及国内外研究现状，面向应用，重视实践，使学生能分析和解决热能与动力工程专业领域的工程传热实际问题，为成为具有创新精神和较强实践能力的高级工程技术人才奠定坚实的理论基础。

参考文献

[1] 教育部《关于狠抓新时代全国高等学校本科教育工作会议精神落实的通知》. http://www.moe.gov.cn/srcsite/A08/s7056/201 809/t20180903_347 079.html.

[2] 姜末汀，张莉，裴薇，等."传热学"课程建设研究 [J]. 中国电力教育，2021（S1）:97-98

[3] 陶文铨. 传热学 [M]. 5 版. 西安：西北工业大学出版社，2019.

[4] 张鸣春，龚玉新. 功利主义视角下的大学生学习态度现状及影响因素分析 [J]. 教育教学论坛，2018(45):113-114.

[5] 董丽，程秀花，张伟. 浅谈如何对大学生进行"去功利主义"教育 [J]. 教育教学论坛，2021(51):181-184.

[6] 白小斌. 价值、原则、途径："互联网＋"背景下高校思政"金课"建设研究. 常熟理工学院学报，2021,11(6):111-115

[7] 阮慧，高天雨. 互联网＋时代金课打造探析 [J]. 中国中医药现代远程教育，2021, 19(7):188-190.

[8] https://www.icourse163.org/.

"工程热力学"课程教学改革思考

李雪强，王志明，刘圣春，李星泊

（天津商业大学机械工程学院，天津　300134）

摘　要："工程热力学"作为三大专业基础课之一，对后续的专业课开展以及对本专业的系统理解具有重要的意义。通过多年的实践教学，本文提出了该课程的教学改革思路：模块化教学用于提高学生对整体的把握；设置课程大纲目录，并且授课时与学生互动交流该目录，强化学生的整体把握情况；在此基础上，对课堂讲授、课程实验以及专业软件进行有效结合，使学生更系统、更全面地掌握理论知识，提高学生的积极性及解决实际问题的能力。

关键词：工程热力学；教学改革；模块化教学；课程大纲目录

1　引言

"工程热力学"是能源与动力工程、建筑环境与能源应用工程专业的三大专业基础课之一，重要程度不言而喻[1-2]。该课程开设于第三学期，为后续专业课的开展做好铺垫。该课程从工程的观点出发，研究物质的热力性质、能量的相互转化与热能的有效利用等问题。该课程的内容较多，涉及一些基本的理论（如工质性质、热力学第一定律、热力学第二定律）以及基本理论的工程运用，探讨影响能量转换效果的因素，以及提高转换效果的途径与方法等。该课程与实践联系密切，具有较强的实践性。按照工程教育认证 OBE（Outcome-Based Education）理念，该课程教学必须对应合理的课程目标，以学生为中心，因此对课程教学提出了更高的要求[3-4]。

"工程热力学"作为三大专业基础课之一，对后续的专业课开展以及对本专业的系统理解具有重要的意义。因此，该课程需要从教学模式、课程体系以及培养目标等方面进行重新优化设计，以充分调动学生的学习兴趣，同时培养学生的专业素养[5]。

作者简介：李雪强（1989—），男，博士，讲师。电话：13920682426。邮箱：xqli@tjcu.edu.cn。

基金项目：2020 年教育部第二批新工科研究与实践项目（E-NYDQH-GC20202207）；天津市高等学校本科教学质量与教学改革研究计划重点项目（A201006901）；天津商业大学首批"金课"建设项目（19JKJS01105）。

2　课程教学中面临的问题

"工程热力学"的基本理论是从事实出发，经过抽象、概括和演绎推理得出科学实践的归纳和总结，然后反过来又用于指导解决工程实际问题。经历了从具体到抽象、抽象到具体的过程，也就决定了该课程的一些特点，即整体逻辑性和理论性较强，其中涉及的公式、概念多，理论推导计算较多。若中间某一环节未较好掌握，会对后续的课程讲授造成较大的困难。近年来，通过笔者的教学实践，发现课程教学中主要存在以下几个问题。

2.1　课程内容较多，学生很难系统掌握各内容间的联系

课程开篇对于热力系统的划分就有开口系统、闭口系统、绝热系统和孤立系统等。如功的概念中既有准净功，又有容积功，容积功中又包含膨胀功和压缩功，此外还有技术功、推挤功、流动功、轴功等。又如热容的概念，可以按照热力过程分为定压比热容和定容比热容；可以从定义出发分为质量比热容、容积比热容和摩尔比热容等；还可以从计算的角度分为真实比热容、平均比热容和定值比热容等。再如循环的概念，按完成热力过程的不同分为卡诺循环、朗肯循环、布雷顿循环、奥托循环、迪塞尔循环、劳伦斯循环、埃尔逊循环、斯特林循环等多个循环。与其他课程相比，体现了该课程概念多的特点，有的概念在不同的使用场合又有不同的延伸，这些概念的出现对于初学者来说，陌生且易混淆。

2.2 课程授课时间较长,学生边学边忘

由于课程内容较多较难,导致学生边学边忘,难以对课程内容进行全面的把握。例如前几章的讲授主要基于基本概念、热力学第一和二定律以及气体的性质,这也是课程最核心的基础理论部分,对后续的实际循环具有重要的指导意义。但实际的教学过程中,学生在学习后边的内容时,可能已经忘记前边的基础理论部分,这对实际循环或过程的学习极为不利。

2.3 课程与实际工程结合较少,学生学习兴趣不高

传统教学模式是以教师为中心的"讲授式、灌输式"教学为主,教师讲授知识,学生被动接收知识,学生的学习参与度和效率都较低。课程的后续内容虽然是针对实际循环开展(如蒸汽动力循环中的朗肯循环与热力发电厂联系紧密,奥托循环、迪塞尔循环等与内燃机等动力机械联系紧密),但依旧按照课本的知识体系进行讲解,学生解决实际工程问题的能力有待提高。只有经过实际知识的掌握,才能对这些理论理解得更为深刻。

3 教学改革思考

3.1 模块化教学

整合课程内容,采用模块化教学,细化"零一二三四五"的模块内容:零即基本概念;一即一种工质——理想气体;二即两个基本定律——热力学第一定律和热力学第二定律;三即三个守恒方程——质量守恒方程、能量守恒方程和熵守恒方程等;四即四个基本热力过程——定温、定压、定容和绝热过程;五即五方面的应用,包括气体的流动压缩、水蒸气及其热力过程、湿空气、动力循环和制冷循环。

改变传统的以教师讲授为主的教学模式,通过教师讲授、学生自学、学生讲授、专家专题讲授、课堂讨论等模式完成热力学整体的教学,主讲教师讲授模块中的"零""二""三""四"以及"五"的部分内容,学生自学模块中的"一"以及"五"中的部分应用内容,调动学生的参与积极性,发挥主动学习的良好作用。

3.2 课程大纲目录设置

在模块化教学的基础上,设置课程大纲目录,上课前以互动的形式讨论大纲目录,并根据课堂讲授进度实时更新细化课程大纲目录,对模块中的内容进行细化,方便学生记忆。同时,课程大纲目录的设置也能帮助学生把握课程的整体内容。根据授课内容,课程大纲目录设置见表1。

表1 课程大纲目录设置

序号	主要内容	重点
零	基本概念	热力系统、状态和状态参数、基本状态参数、过程和循环、功和热量
一	工质(理想气体、实际气体)	一点两线三区五态、实际气体的求解方法、麦克斯韦关系式、普遍关系式
二	热力学第一定律 热力学第二定律	开口系统闭口系统热力学第一定律数学表达式及其应用、熵、热力学第二定律数学表达式、卡诺定理(循环)、克劳修斯不定式、孤立系统熵增原理、Ex效率
三	质量守恒方程 能量守恒方程 熵守恒方程	公式形式及应用场合
四	四个基本热力过程 定温、定压、定容和绝热过程	推导过程、公式形式、热力过程中功和热量的变化趋势
五	气体的流动压缩 水蒸气及其热力过程 湿空气 动力循环 制冷循环	背压变化时喷管流速、流量及压力变化规律 压气机工作原理和理论耗功分析、减少压气机耗功的途径与方法 活塞式内燃机各种(混合、定压、定容)理想循环的工作原理及热力计算 朗肯循环的循环分析与提高效率的措施及途径 空气压缩制冷循环、蒸汽压缩制冷循环的热力分析及提高制冷系数的方法(lg p-h 图) 湿空气及其相关概念、湿空气的基本热力过程及热力计算(h-d 图)

3.3 提高解决实际工程问题能力

前已述及,该课程从事实出发,经过抽象、概括和演绎推理得出的科学实践的归纳和总结,然后反过来又用于指导解决工程实际问题。因此,如何提高解决实际工程问题的能力显得尤为重要。通过课程的讲授及与学生的沟通,笔者认为从以下三个方面进行改进,可有助于培养学生解决问题的能力:①将科研题目或课题引入实际应用中,以课本知识为基础,展示如何使用课本知识解决实际问题,尤其是过程中的思路和定量的结果;②与课程实验的有效结合,该课程设置了气体定压比热的测定、压气机的性能实验、湿空气的参数测定、综合实验 4 个实验,讲授完对应的理论知识后,要及时完成实验的授课,加强学生对课本知识的理解;③专业软件助力解决实际问题,以工程计算软件 EES 为基础,完成各个热力过程及循环的建模,提交程序和模拟结果,并对其进行考核。将得到的结果与实验数据、查图表等方法进行对比,加深对知识理解的同时,也掌握现代的科学解决方法,充分调动学生的积极性。

4 结语

结合“工程热力学”课程的特点和工程认证的能力要求,为调动学生的积极性和对整个课程的整体把握,通过多年的实践教学,提出了关于“工程热力学”教学改革的思路:模块化教学用于提高学生对整体的把握;设置课程大纲目录,并且授课时与学生互动交流该目录,强化学生的整体把握情况;在此基础上,对课堂讲授、课程实验以及专业软件进行有效结合,使学生更系统、更全面地掌握理论知识,提高学生的积极性及解决实际问题的能力。

参考文献

[1] 曹云丽,王莉,李青彬. 基于 OBE 理念的化工热力学课程教学改革与实践 [J]. 教育现代化,2020,7(17):65-67, 77.

[2] 林国庆,高艳,时黛,等. 过程装备与控制工程专业“工程热力学”课程教学改革探讨 [J]. 吉林化工学院学报,2020,37(6):41-44.

[3] 张弦,吴珍,郭乐,等. 应用技术型本科生化工热力学教学改革实践 [J]. 当代教育实践与教学研究,2019(23):168-169.

[4] 方嘉,杨亿,杨言.“工程热力学”教学改革探 [J]. 科教导刊(下旬),2019(21):28-29, 32.

[5] 李爱琴,邹玉,杜文海,等. 能源与动力工程专业工程热力学课程的教学改革 [J]. 课程教育研究,2019(29):238-239.

基于深度学习的"建筑环境学"教学创新与实践

田沛哲,马晓钧,李春旺,张传钊

（北京联合大学生物化学工程学院,北京 100023）

摘　要：本文以建筑环境与能源应用工程专业的核心专业基础课"建筑环境学"为例,提出了基于深度学习开展教学创新的意义,介绍了教学设计的理念和思路,探讨了在理论教学和实验教学中实现深度学习的具体做法和特色,最后介绍了课程考核评价改革。

关键词：深度学习；教学创新；建筑环境学；对分课堂；研究性实验

1 引言

"深度学习"的概念源于计算机科学、人工智能和脑科学的发展。美国学者马顿和萨尔约在 1976 年发表的《学习的本质区别:结果和过程》一文中,针对只是孤立记忆和非批判性接受知识的浅层学习,最早提出了"深度学习"的概念。研究者认为,深度学习是一种高水平认知加工、基于理解、主动的学习方式,与之对应的是低水平认知加工、机械记忆、被动的浅层学习。

张浩等认为,深度学习的主要特征是注重批判理解、强调信息整合、促进知识建构、着意迁移应用、面向问题解决。课堂中深度学习的基本特征,特别关注的是学生积极主动、有深度地参与。有研究强调,深度学习需要学生达成系列的能力和目标,要将标准化测试与掌握沟通、协作、自主学习等能力联系起来。学生通过深度学习获得感知课程价值的能力、批判性思考的能力、解决复杂问题的能力、协作交流的能力、学会学习的能力、迁移应用的能力。由此可见,深度学习应指向多维目标和多重结果——学生不仅要对知识进行迁移和运用,还要实现能力的发展和积极情感的体验。

深度学习的研究给教学创新提供了新的思路。如何通过教学实现学生深度学习、促进学生全面发展,是当前我国教育研究领域关注的一个重点。

2 基于深度学习的"建筑环境学"课程创新的意义

当前,一方面,新工科建设需要面向未来、具有高阶思维力、能解决复杂问题、会学习善合作、服务于国家建设的新型人才；另一方面,学生感到迷茫,不知道学的知识怎么用,不会解决复杂工程问题,自主学习的能力和意识弱,同时他们渴望在实践中思考、自主探索、亲身体验。面对新的时代背景、社会使命和新的学情,传统的灌输式的教和浅层记忆理解的学已经无法满足经济发展对人才的需求,教学必须进行创新。

我校"建筑环境学"共设 48 学时、3 学分,是建筑环境与能源应用工程专业的核心基础课程,该课程充分反映本专业的学科本质特点,有很强的专业导向作用,是正确合理运用暖通空调等专业技术手段的基础。而我校建环专业在 2021 年刚刚通过工程教育认证,作为专业核心课程,持续加强课程建设,培养具有相应知识结构,同时具备科学思维和工程实践综合应用能力,既有专业担当又有可持续发展观的创新应用型人才,是不断提升本专业人才培养质量必不可少的一环。

可见该课程的教学目标是多维度的,从不同维度对课程的教学目标进行细化后,得到的结果如图 1 所示。教学目标是培养学生具有建筑环境的形成原因、评价方法和控制手段的知识结构,发展学生的科学思维方式和工程实践综合应用能力,在营造健康舒适的室内环境的同时,降低建筑能耗,树立实现人与环境可持续发展的价值观和专业担当。

作者简介：田沛哲（1973—）,女,副教授,研究方向为建筑环境与建筑节能。电话:13671334633。邮箱:jdtpeizhe@buu.edu.cn。

基金项目：北京联合大学教学改革项目—校教学创新课程建设项目"建筑环境学"。

要实现这个目标,仅靠传统的讲授法的教学方式是无法达成的。讲授法是与工业化时代相适应的教学模式,能实现系统、高效的知识传递,但学生的主动性得不到发挥,能力无法得到提升。为了促进学生的个性化发展,培养社会责任感和创新能力,增强和谐相处能力,以回应社会发展中不断产生的现实需求,就必须进行课程创新和改革实践。

我们的创新理念是要达到"两性一度"的金课标准,就一定要引发深度学习。深度学习是感知觉、思维、情感和价值观全面参与的活动,是指向全面发展的多维目标和多重结果的。而深度学习发生的先决条件是教师的自觉引导,教师要精心设计具有教学意图的结构化的教学材料以及能有序实现教学目的的教学过程,营造平等、宽松、合作、安全的互动氛围,并依据反馈信息对教学活动进行及时调整。

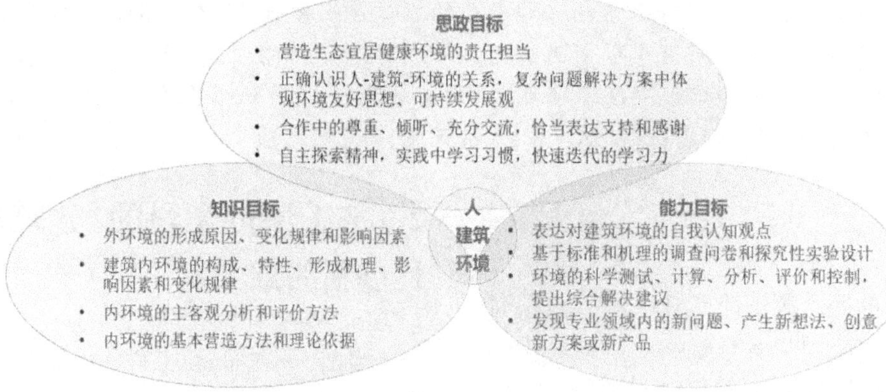

图 1　"建筑环境学"三维教学目标

2　基于深度学习的"建筑环境学"课程创新的探索实践

要达到知识的迁移和运用、能力的发展、积极情感的体验,就要引发深度学习。对比停留在记忆理解层面的浅层学习,深度学习是指向多维目标和多重结果的,是形成核心素养和价值观塑造的基本途径。深度学习是学习活动主体的社会活动,是在教师引导下发生的。

为有利于基于深度学习的教学设计,该课程48学时中设计了36学时的理论课和12学时的实验课,采用对分课堂引发理论教学的深度学习,采用研究导向型实验引发实验教学的深度学习,实现知行合一。深度学习的课堂教学设计思路如图2所示。

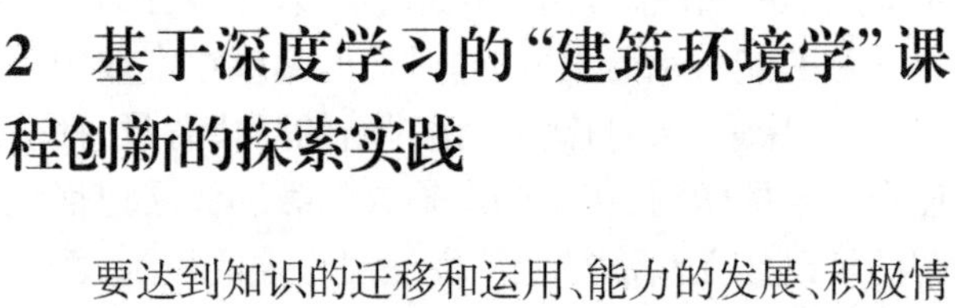

图 2　深度学习的课堂教学设计思路

3.1　采用对分课堂引发理论教学的深度学习

深度学习关注学生"高阶思维能力"的发展,在教学目标分类中表现为分析、综合、评价和创造。但这并不意味着深度学习与浅层学习是完全"对立"和"割裂"的,它与浅层学习是一个连续的统一体,它的开展需要浅层学习提供基础。课堂深度学习既要重视知识的理解和记忆,也要关注知识的应用、分析、综合和评价等相对复杂的高阶思维活动,低阶和高阶思维活动都应该被重视,绝不能以部分代替整体。所以,在有限的学时内,教师就要通过精心的教学设计和教学组织,形成有利于确保学生完整思维活动的教学模式。

对分课堂的核心理念是把课堂时间对半切分,一半给老师讲授知识,一半给学生以讨论的形式进行交互式学习。讲授和讨论在时间上错开,中间学生有一定时间自主学习、内化吸收,以确保讨论质量。其并非严格意义的时间对分,而是讲授和讨论事项对分,是教与学的责权对分,既保留传统教学精华、保证知识体系的传递效率,又充分发挥学生的自主性。

对分课堂的4个教学环节和流程如图3所示,由教师精讲、学生吸收、分组讨论和全班对话构成。其关键创新点在于把讲授和讨论错开,把"即时讨论"改为"延时讨论",让学生结合作业和任务,经过独立学习和思考,对教师讲授内容进行一定程度的内化和吸收之后,再展开讨论,有效提升讨论质量,保证教学效果。表1为采用"隔堂对分"对建筑环境学第一次课和第二次课进行的教学设计。

图3　对分课堂的4个模块及流程

表1　"隔堂对分"的教学设计示例(以每次课2学时为例)

教学顺序	教学环节	教学内容	备注
1.第一次课	教师精讲留白	0　建筑环境学概论 1.1　地球绕日运动规律(自转)	内化吸收环节在课内,就是"当堂对分"
2.课后	学生内化吸收	课后阅读,独立完成作业 进行"初识建筑环境"视频拍摄和制作(小组合作)	
3.第二次课	第1节讨论+对话	针对第一次课0和1.1部分内容结合作业成果进行分组讨论+全班对话	
	第2节教师精讲	1.2　地球绕日运动规律(公转)	

上述设计中,除第一周外,每周课堂的前一半时间均用于讨论上一周课堂上教师讲授的内容。除最后一周外,每周课堂的后一半时间均用于讲授新内容,先讨论后讲授,先温故后知新。在讲授环节,教师通过单向讲授介绍教学内容的框架、重点和难点,不覆盖所有细节,核心目标是激发学生兴趣,让学生在教师讲授后想学习。讲授和讨论两个环节之间,学生有几天的时间阅读教材、观看MOOC等线上资源、完成作业,深入理解、个性化的内化吸收要求独立完成,强调自我掌控的个体学习。在讨论环节,上课后立刻分组,通常按"优中中弱"4人一组进行讨论,互相答疑、互相启发,把低阶问题在组内解决,把普遍性的问题记录下来,提炼收获。小组讨论后,教师组织全班交流,教师对小组讨论中存在的疑难问题进行解答,解决多数学生的共性问题和高阶问题,保障讲解质量,让学生在最大程度上受益,最后进行总结。在对分课堂上,教师通过对规则、环境、行为引导、流程次序的精细设计,既可以创设包容、活跃、宽松的课堂研讨氛围,又可以避免懈怠、气馁的消极情绪,让学生产生归属感和安全感,建立积极的群体经验,促进有效沟通,营造良好的集体学习氛围。其中,学生内化吸收环节很重要,其是确保讨论质量的关键,因此作业或任务的设计十分关键,其是对分成功的关键。作业应该与教师讲授内容直接相关,引导学生温习框架,理解重难点,学习教师留出的空白,形成较为完整的知识结构,既要包含基本内容,又要有一定的难度,同时设计一些能让学生有一定程度个性化发挥的作业,不同的作业各有特色,交流起来趣味性强、效果好、意义大。例如,在第一次课后就设计了"初识建筑环境"的小组微电影作业,让学生走出校园,带着轻松的心态去进行初步的观察和思考,去体会认识,并尝试以一个建筑为例表达出小组对于"建筑环境"的认知。在这个过程中,学生需要充分利用信息化的资源、工具和平台去搜集学习大量信息和表达工具,自主参观建筑、感受环境,明确主题,进行取舍,编辑故事,表达对人-建筑-环境的感受和观点,实现多维度、立体化的互动交流。这个"初识建筑环境"和课程后期"再识建筑环境"的作业都体现了对工科课程进行人文化教学设计的思想,融合美学、历史、文化和社会习俗等多学科内容,触发学生与自我、他人、社会和自然之间的连接,有助于调动学生兴趣,并建立积极正确的价值观。

3.2　采用研究导向型实验引发实验教学的深度学习

为了强化实践对育人的重要作用,按照课程建设精神以及课程教学大纲的要求,12个学时的实验课采用基于项目的研究导向型教学设计,属于综合性、设计性的开放实验,实验难度大幅提升。

由于课程教学内容已经按照未来岗位能力和专业核心能力将原有的九章内容整合成五大教学情境——建筑外环境、热湿环境、室内空气品质环境、声环境和光环境,每一教学情境对应学生解决相对独立工程问题的实际需求,因此课程实验在选题时也分别聚焦这五大教学情境开展研究。

基于项目的研究导向型实验教学中,鼓励自主探索,最终目标指向自主创造。实验课的教学,从选题开始,做什么实验、以哪个建筑为研究对象,都由学生自主商定,由 4 名教师组成的教学团队全程开展一对一指导,从时间维度上打通课上和课下,从空间维度上打通校内和校外,每个实验题目都相当于一个微型的学生科技立项,而每个选题都具备在未来进一步拓展成学生科技立项的基础。学生在教师指导下根据兴趣自主确定选题(图 4 为近两年学生主导确定的实验题目)、开展资料调研、考察和现场测绘、设计实验方案、现场测试和问卷调查、进行数据分析和价值判断、给出研究结论和改进建议,个别小组可以生成创新创业点子或构思,解决实际问题,学以致用,实现深度学习。

"建筑环境学"探究型课程实验项目清单
1. 北京迪卡侬冬季室内环境实测与分析
2. 北京地铁七号线欢乐谷站台层风速研究
3. 冬季公共建筑室内有害物浓度及其对人的舒适度影响研究
4. 垡头永辉电影院舒适性测试
5. 加湿器对室内环境的影响
6. 教室空气环境测评
7. 南院食堂室内环境测试与评价
8. 水幕对 PM2.5 净化效用研究探讨实验
9. 校园宿舍和食堂室内湿环境研究
10. 学生公寓声环境
11. 综合楼 129 热湿环境分析

图 4　近两年学生主导确定的实验题目

深度学习的完成离不开教师的引导。学生能否真正参与实践学习活动,是否对信息进行加工、理解、评价和应用,是否实现高阶思维的发展,虽然直接的决定者是学生自己,但在此过程中教师所给予的方法指导、过程示范、及时提醒、答疑解惑和评价反馈都发挥着重要的引导作用。为确保课程建设质量,实验环节中,针对不同实验方向由团队教师分组指导。课程中会指导学生根据兴趣自主选择适合课程中开展的实验题目,在实验过程中每组实验的实验目的、实验内容、实验方法、数据分析和处理方式等都完全不同,对学生和指导教师都提出了更高的要求。指导教师需要根据学生特点指导选择难度适宜的题目,指导学生查阅资料、进行实验方案推敲,提醒学生实验中可能出现的各种问题,并给予及时有效的引导和支持,指导学生进行实验数据分析处理和展示、撰写实验报告、进行答辩准备,还需要针对项目实施过程中发现的价值观问题对学生进行潜移默化地教育和影响。教师指导基本安排在课下单独进行,每个小组至少要开展 5~6 次深入指导,教师需要付出很多精力,但是看到学生期末答辩时自信满满、侃侃而谈的状态,高质量的实验研究报告和专业化的表达,以及部分学生会在课程结束后积极申请科技立项希望持续深入研究时,教学团队还是收获很多的。

研究导向型实验设计充分体现了专创融合、科教融合知行合一、的理念,让学生在体验、探究、表现中经历深度学习的过程,促使每个学生全身心参与,经历完整学习过程,完成有挑战性的学习任务,让学生得到差异化地发展,无意识地认同生态宜居和绿色环保的理念。

4　基于深度学习的"建筑环境学"课程的考核评价

科学合理、客观公正的考核评价方式对深度学习的实施具有十分重要的意义,在学习过程中无论是正面反馈还是负面反馈都有助于帮助学生及时了解学习效果,深入分析和思考学习内容,修正学习方向,调整和改进学习方法,都要好于没有反馈。在深度学习中,更需要通过评价来为学生"搭梯子",促进深度学习的持续推进。同时,对学习的考核评价也是改进教学的基础,是服务学习、服务社会需求的一种方式。

对分课堂和研究导向型实验都弱化了终结性的考试,学生无法在期末再临时抱佛脚,也无法通过大量死记硬背取得好成绩,课程的考核评价落实到了平时的每一次小作业、小任务和常规性的小组讨论、小组任务上,强调平时学习的重要性。课程考评采用形成性评价,能力和态度、过程和成果并重。

考核评价中,评价应及时和适度。教师的评价只有及时反馈给学生、被学生接受,评价才能发挥真正的引导和推动作用。针对学生的表现,保持足够的敏感,及时做出相应的分析判断和反馈干预,保护学生的学习热情,提升学生的自我效能感。教师评价虽然以鼓励为主,但并不过度表扬学生。学生的学习动机主要是由同伴激发、由自我激发,引导学生逐步提升自我评价的能力。

5　结语

在当前知识爆炸时代,学科知识飞速增长,对于有限的学时,什么是最值得学习的? 如何兼顾经典思维、理论和技术,以及前沿的思维、理论与技术? 如何确保知识传授和自主学习之间不会出现顾此失彼? 如何减少学生学习基础参差不齐给教学带来的难度问题? 如何促进学生的综合素质全面提升? 诸多的困惑和问题在连续几年实施"建筑环境学"课程的创新实践后,逐渐有了相对清晰的答案,课程建设也获得了一些立项和成果。学生课堂抬头率明显提升,参加学科竞赛、科技活动、专业社会服务活动的积极性大大提高,就业质量显著提升。这些都给了我们坚持下去的动力。

　　限于能力和精力的制约,教学中还有大量的问题亟待解决,许多的工作等着开展,这就需要我们加强工程实践、高度关注自己专业和生活生产实践的联系,将焦点放到学生身上,看见学生,研究学生,全面提升自身素养,紧跟时代,坚持不懈地研究和创新教学、实践和改进教学,不断提升育人的能力和

水平。

参考文献

[1] 张学新. 对分课堂 中国教育的新智慧 [M]. 北京: 科学出版社, 2019.
[2] 战德臣, 王立松, 王杨, 等. MOOC+SPOCs+ 翻转课堂 大学教育教学改革新模式 [M]. 北京: 高等教育出版社, 2018.
[3] 朱颖心. 建筑环境学 [M].4 版. 北京: 中国建筑出版社, 2016.
[4] 张浩, 吴秀娟, 王静. 深度学习的目标与评价体系构建 [J]. 中国电化教育, 2014(7): 51-55.
[5] 张浩, 吴秀娟. 深度学习的内涵及认知理论基础探析 [J]. 中国电化教育, 2012(10): 7-11, 21.

疫情下开展线上实验教学的探索
——以太阳能光伏发电系统安装为例

邹同华,汪琳琳,胡开永,郑晨潇,刘　斌

（天津商业大学机械工程学院,天津　300134）

摘　要: 在新冠疫情影响下,全国各高校积极开展"停课不停教、停课不停学"活动,教师充分利用教学资源开展丰富多样的线上教学活动。为了保证学生实验教学的顺利进行,各位教师对新形势下的实验教学进行了改革,通过摸索找到了适合自己课程的线上实验教学授课形式。本文结合"新能源利用"课程教学,以太阳能光伏发电系统安装实验项目为例,介绍了线上实验教学的具体做法,并在实验教学中取得了很好的效果,促进了在疫情期间学习效果的提升,值得进一步研究和推广。

关键词: 新冠疫情;实验教学;线上线下;太阳能光伏发电;系统安装

1　引言

自 2020 年初新型冠状病毒肺炎疫情暴发以来,至今已有两年半时间,期间疫情反复无常,此起彼伏,给复工复产复学带来了极大的麻烦。为防止疫情向校园扩散,全国各高校积极开展在线教学活动,以实现"停课不停教、停课不停学"。疫情防控期间,学生居家学习,给教学带来了极大的挑战和压力,特别是实验教学。实验课程往往配合理论课程的进度开展,将抽象的理论知识具象化,实现教学的步步推进。通过实验教学可以建立直观的印象,加深学生对理论知识的感性认识和理解,提高学生的实践动手能力[1]。

在此背景下,各高校都在探索疫情下的实验教学改革与组织管理,如上海理工大学夏斯权等开展了新冠肺炎疫情视角下模拟电子技术实验线上开课体系构建[2],西南石油大学何雨婷等开展了新冠疫情下国际学生"电子技术实验"课程的教学探索[3],华南师范大学林碧霞开展了新冠状病毒疫情期间化学实验线上教学探索[4],东北农业大学马艳秋等开展了疫情期间食品化学实验课程多平台混合式线上教学探索与实践[5]等。本文结合自身经验,介绍我校开设线上实验教学的做法,与大家交流,以取长补短。

2　实验教学主要形式

实验是加深理论知识理解的必要手段,有些实验单独设课,如大学物理实验、化学实验,但更多的是伴随理论课开设,根据课程的特点,实验学时（或学分）占该门课程的比例基本在 15% 左右,有些可能更高。以我校能源与动力工程专业人才培养方案为例,学科基础类课程 336 学时,其中实验（含上机）48 学时,占 14.3%;专业类课程 288 学时,其中实验（含实践）42 学时,占 14.6%;专业选修课程 744 学时,其中实验（含上机）118 学时,占 15.9%,不包括课程设计和实习之类的实践类教学。由此可见,实验在教学中占有非常重要的作用。因此,国家对实验教学也非常重视,在各高校批准设立了国家级实验教学中心和虚拟仿真实验教学中心上千个。

大学实验有基础型实验、综合设计型实验和研究创新型实验三个层次。目前,实验教学的主要方式有实验室现场进行的真实实验、利用计算机或网络进行的虚拟仿真实验和线上线下混合实验三种。

2.1　真实实验

在没有疫情且能正常在校上课的情况下,不论哪个实验层次,实验一般都在实验室内开展,而且对实验条件有一定要求,例如学科基础类实验要求 2 人一套实验台,台套数要求比较多,而专业类实验一般没有硬性要求,只要满足能开设实验项目即可,这

作者简介:邹同华（1966—）,男,博士,教授。邮箱:zthua@tjcu.edu.cn。

种实验只要有条件都容易实现。实验室建设较为注重实验台的更新换代，根据实验室建设情况，实验室可申报校级实验教学示范中心、省部级实验教学示范中心、国家级实验教学示范中心。我校拥有国家级实验教学示范中心 2 个，天津市级实验教学示范中心（含建设单位）10 个。

2.2 虚拟仿真实验

对于涉及高危或极端环境、不可及或不可逆的操作，且成本高、消耗高、大型或综合训练的实验项目，为了做到可靠、安全和经济，采用虚拟现实、多媒体、人机交互、数据库和网络通信等技术，构建高度仿真的虚拟实验环境和实验对象，学生在虚拟环境中开展实验，达到教学大纲所要求的教学效果，这就是所谓的虚拟仿真实验。2013 年，100 家普通本科高等学校和军队高等学校获得"国家级虚拟仿真实验教学中心"称号，涵盖地理信息、医药医学、电力能源、工业制造、军事战场等各个领域。

随着近十年的发展，虚拟仿真实验中心及虚拟仿真实验项目得到快速发展和完善，并专门建立了国家虚拟仿真实验教学课程共享平台（https://www.ilab-x.com/），目前有 3 250 个实验项目入选，但远远不能满足要求。我校有天津市级虚拟仿真实验教学中心 1 个，国家级虚拟仿真实验教学项目 1 个，天津市级虚拟仿真实验教学项目多个。

2.3 线上线下混合实验

线上线下混合实验实际就是真实实验与虚拟仿真实验的有机结合，上海理工大学机械测控综合实验课程采用了线上线下混合教学模式来完成对所有学生的教学任务。该实验课程具有使用多种仪器设备，且操作过程复杂，需理论知识与实际操作相结合的特点，为解决实验教学过程中学生无法直接实际操作的难题，采用网络多场景线上教学设计克服了该实验课程线上教学的困难[6]。我校氨制冷系统性能实验和压缩机拆装实验也是采用线上线下混合教学模式开展的。我校有一套完整的氨制冷系统实验台，但由于氨的安全问题，系统里并没有充注氨气，不能进行真实运行性能实验，因此采用现场对照实物介绍氨制冷系统的组成及各部件的功能，采用线上虚拟仿真实验开展氨制冷系统性能测试实验。压缩机拆装实验也是如此，在实验室看各种压缩机的实物，并对活塞式压缩机进行拆装，但对于全封闭的涡旋压缩机、螺杆压缩机、磁悬浮压缩机等，则通过网上虚拟仿真实验来进行拆装操作，达到了很好的教学效果。

3 太阳能光伏发电系统安装实验

"新能源利用"课程安排了 2 个学时的太阳能光伏发电系统安装实验，正常情况下，这是一个真实实验，实验室建有小型双轴跟踪太阳能光伏发电系统，学生可以清楚地了解光伏发电系统的组成，以及各组成部分的结构，并可进行数据测试和采集。其系统原理如图 1 所示，实物如图 2 和图 3 所示[7]。学生通过此实验，不仅可以观看实物，进行线路连接，还可以采集相关实验数据，为今后设计安装光伏发电系统打下一定基础。

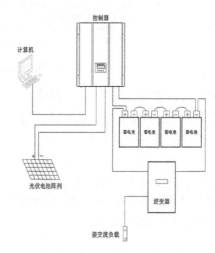

图 1 光伏发电系统原理图

图 2 光伏板　　　　图 3 光伏系统

但在疫情来临时，学生无法返校，课堂教学改为线上教学。其对理论教学影响不大，但实验教学无法开展，因为既看不到实物，也没有现成的太阳能光伏发电系统安装的虚拟仿真实验平台，且要在短时间里开发出来也不现实。为了不影响教学效果，也不影响结课成绩，只能采用临时补救措施，充分利用网络资源，从网上寻找与实验内容相关的图片、视频等资料，精选其中最有价值的素材，将资料发给学生，引导学生观看，并进行必要的讲解，为此共下载18个相关视频，名称和大小如图4所示。

名称	大小
1走进晶科太阳能光伏制造工厂，整个制造流程被曝光 标清(270P)	7,249 KB
2太阳能光伏组件工艺制作流程 标清(270P)	1,343 KB
3太阳能发电系统设计与应用 标清(270P)	11,547 KB
4-简易完整太阳能发电系统安装演示 标清(270P)	11,697 KB
5-光伏系统介绍动画 标清(270P)	5,574 KB
6-五分钟动画告诉你太阳能光伏发电的原理 标清(270P)	10,244 KB
7-太阳能光伏发电 标清(270P)	19,665 KB
8晶澳太阳能组件安装视频 标清(270P)	22,861 KB
9晶澳太阳能光伏发电 标清(270P)	5,666 KB
10合田太阳能发电系统蓄电池电池板并联串联教程 标清(270P)	3,348 KB
11固德威太阳能光伏储能逆变器安装视频 标清(270P)	14,037 KB
12太阳能跟踪器模型实验理论测试 标清(270P)	7,221 KB
13太阳能板动画安装过程 标清(270P)	6,582 KB
14智能模块光伏并网发电系统安装教程 标清(270P)	17,555 KB
15光伏发电系统安装指导 标清(270P)	10,410 KB
16太阳能电站如何安装光伏电站安装过程需要注意什么 标清(270P)	3,097 KB
17太阳能路灯安装视频 标清(270P)	15,138 KB
18太阳能光伏发电之应用篇 标清(270P)	43,877 KB

图4 太阳能光伏发电系统安装实验相关视频名称和大小

从图4可以看出，视频内容不局限于太阳能光伏发电系统安装，还包括光伏发电系统相关厂家产品介绍、组件工艺制作、蓄电池/逆变器/跟踪器等的原理及安装、太阳能路灯安装等，大大扩展了原计划的实验教学内容，学生可根据自己的时间安排，在一定时间内完成视频观看，可以提问，也可以与同学交流，从而达到实验教学的目标。

4 疫情下的线上实验教学效果的检测

专门制作的虚拟仿真实验教学项目在设计时考虑了实验效果考核，但这种临时性的线上实验教学效果如何考核是一个需要思考的实际问题。我们的做法是根据每一个视频材料设计1个问题，在确认学生都看完视频材料后，随机提问学生一个问题，如果能答对，实验成绩即为通过；如果第1个问题答不上来，接着提第2个问题，连续给3次机会；如果3次都答不上，给一定时间让学生继续看视频后再进行考核，直到学生都通过为止。

5 结语

疫情给人们的生活带来了不便，给各行各业带来了影响，也给大学实验教学带来了挑战与机遇。实验教师应该顺势而上、趁势而为，积极思考、大胆探索，开发出适合自身实验课程教学的方法和内容，完善线上开课。线上实验教学在疫情之下形成了一种"新常态"，必将影响未来实验教学改革和发展之路，促进实验教学模式的变革。

参考文献

[1] 徐聪. 疫情下机械原理实验教学模式的探索与思考 [J]. 中国现代教育装备，2022(2)：71-73.

[2] 夏斯权，杨一波. 新冠肺炎疫情视角下模拟电子技术实验线上开课体系构建 [J]. 电子元器件与信息技术，2020，4(12)：164-165.

[3] 何雨婷，孙晓玲. 新冠疫情下国际学生"电子技术实验"课程的教学探索 [J]. 教育教学论坛，2022(4)：15-19.

[4] 林碧霞. 新冠状病毒疫情期间化学实验线上教学探索 [J]. 广东化工，2020，47(10)：164，171.

[5] 马艳秋，迟玉杰. 疫情期间食品化学实验课程多平台混合式线上教学探索与实践 [J]. 中国现代教育装备，2020(11)：59-61，67.

[6] 迟玉伦，应晓昂，刘建国. 疫情下机械测控综合实验线上线下混合教学实践 [J]. 实验科学与技术，2021，19(6)：70-74.

[7] 张明珠. 农户小型离网式风光蓄发电系统容量配置优化研究 [D]. 北京：天津商业大学，2021.

国际背景下能源动力类研究生专业英语的教改分析

宋健飞，赵松松，朱宗升，刘　斌

（天津商业大学，天津　300134）

摘　要：基于全球一体化的国际大背景，能源动力类研究生的专业技能与英语实践能力的相互融合对于培养复合型人才的目标来说十分必要。目前，大多数理工专业研究生英语应用能力薄弱，专业英语课程存在教学目标不明确、教学方法机械、学生学习态度及师资队伍建设不佳等问题。因此，本文基于"因材施教，实践拓展"原则，对能源动力类研究生专业英语的课程学习现状进行了深刻思考，并提出了相应的教改建议，助力于培养更具国际化水准的专业人才。

关键词：能源动力类；专业英语；研究生；教改

1　引言

近年来，随着研究生招生规模的不断扩大，行业以及社会对研究生培养质量的要求也越来越高。面对日益增多的国际合作及交流，学生在掌握专业知识的同时应培养其相应的英语实践能力。能源动力类研究生不但在科研工作中涉及大量的外文文献阅读、论文撰写以及国内外课题交流等，而且就业时也有很多外企合作交流的需要，高水平的英语实践能力可提升学生自身价值，助力其科研及事业发展。天津商业大学机械工程学院于 2017 年联合欧洲高校专家组织成立了工程热物理基础及工程国际联合研究中心，以此为契机以及学校发展需要，亦应对学生的英语能力培养提出新的要求。专业英语课程是与特定学科相关联的英语学习课程，旨在帮助学生扩展行业的国际视野，提升职业英语实践能力[1]。研究生阶段学生的英语水平直接影响其科研及学术能力的培养，但目前能源动力类专业英语并未发挥其应有的课堂效益，课程设置与上述培养目标有一定差距[2]。学生甚至老师对专业英语的学习重视程度不够，单纯的专业词汇及相关语法学习、程序式的课堂形式使学生在课堂上收效甚微。学生经过多年的基础英语学习具有一定的知识积累，但由于应试教育的弊端，面对国际会议的学术交流、专业性较强的外文资料阅读以及逻辑性要求较高的论文撰写时

会有很大的英语使用障碍。因此，明确专业英语的课程目标，有针对性地结合学生自身课题做到学以致用，融合国际前沿专业进展，增强学生的课堂互动及表达，开发学生专业英语方面听说读写的能力等，仍是教学工作中的重点任务[3]。

2　能源动力类研究生专业英语现存问题

2.1　教师及学生重视程度不够

目前，无论从教师还是学生方面，都忽视了专业英语课程设置的重要性，专业英语课程与学生专业知识课程体系的融合度还十分欠缺。教学方面仍停留在理论上，往往未能结合学生的学科专业特性进行相关实践拓展。授课教师对该课程的培养目标理解不到位，课堂形式及内容单调，缺乏对于课堂设计的深层次思考。"灌输式"的教学模式使学生只形成课堂上的短暂性机械记忆，缺乏积极主动性，丧失了学习兴趣。另外，学生对于英语学习往往具有功利性，很多学生通过大量做题来提高四六级的考试成绩，但往往不愿意花费时间去提升自己的英语实践应用能力。作为对学术英语具有一定要求的研究生不要求且不预期自己在专业英语课堂上的课堂收获，学习目标不明确，只是单纯地想要获得相应的学分，完全没有认识到通过专业英语的学习来实现后期科研工作的衔接和过渡。

作者简介：宋健飞（1991—），女，博士，讲师。电话：15900351165。邮箱：songjianfei@tjcu.edu.cn。

2.2 教师队伍建设不完善

专业英语具有其学科特殊性,在学科专业知识和英语知识储备方面都对授课教师有一定的要求。而目前专业英语的授课教师往往具有扎实的学科专业知识储备,但在英语的听说方面有所欠缺,不能给学生一个很好的英语学习代入感。授课教师的英语专业素养不高,使课堂质量受限,例如在学生读句子时不能对其发音进行正确修正,甚至对有些学生的翻译错误不能及时指正等。优化专业英语的教师队伍,强调学术与英语水平并重是增强学生学习兴趣并使课堂效果最大化非常关键的一点。

2.3 教学模式老旧

专业英语的课堂往往采用词汇积累、翻译句子的模式来进行,流水作业般的课堂模式使学生的参与度比较低,课堂氛围沉闷,完全不能调动学生的学习兴趣;而且教学内容泛化,浮于表面,教师没有对本身的课堂质量提出要求。基于高速发展的信息时代大背景,授课教师没有充分利用多媒体的课堂效应,与现代教学模式脱节。专业英语在保持其专业特性的同时,仍需借鉴基础英语的相关教学方法,根据学生的专业特性设计丰富多样的课堂模式,提升学生的课堂主动性,是目前专业英语课程教改急需解决的问题之一。

3　相关教改建议

3.1 因材施教,加强教师及学生课堂投入

对于能源动力类专业研究生而言,应将自身专业、课题研究与专业英语的课堂学习结合起来。教师遵循因材施教原则,鼓励学生进行专业相关的英文文献阅读,根据课堂进度定期总结学习内容,以讲座方式要求学生做 PPT 并用英文汇报,再辅以问题讨论的课堂形式,调动学生听、说、读、写四个方面的学习神经。上课过程中应加强学生主导部分,引导学生多说多写多看多思考,关注并结合专业最新热点新闻,给学生准备相关拓展学习资料。除课堂教授部分外,还应制定专业英语的学生实践环节,结合研究生自身实验室平台,要求学生至少参加一次英语学术讲座并形成学习报告,导师签字后上交,用于平时成绩评分。同时,亦可加强学生专业英语考核成绩与学生学术研究间的关联度,加强学生对专业英语课程的重视程度,例如若学生的专业英语考核成绩低于 80 分,学生当年则不允许参加国际会议。

3.2 优化教师资源,提升师资水平

在指定专业英语授课教师时,应优先考虑有过海外留学背景的教师,同时在授课前及授课过程中应加强教师的考核环节。教师需在课前制定详细的教学计划,尤其对于课堂中多媒体使用的比例、课堂模式多样性的设计、学生课堂的任务指标等。教学计划需充分体现学生对于专业知识方面的学习以及学生在听、说、读、写方面的英语能力训练。依据授课老师的教学计划,学院对其进行考核监督,并通过学生评教来把握教师的课堂质量。此外,能源动力类研究生专业英语的教授应充分借助本校外语学院以及国际研究中心的国外教师资源,将全英文模式的专业学术讲座作为课程实践,锻炼学生英语应用能力。

3.3 利用多媒体,丰富课堂内容

教师应充分发挥“课堂导向作用”,发挥多媒体效应,调动课堂氛围[4]。首先,教师可建立相关专业知识的线上学习资源库,并不定期进行资料的更新,包括发布专业前沿动态的公众号,专业领域内中英文学术讲座音频、视频,可指定学生重点学习其中涉及的专业词汇并熟练阅读、跟读。其次,教师可利用现有英语评分软件,让学生大声朗读句子或者词汇,通过软件评分来提升学生的听说能力,增强课堂的趣味性。另外,教师可组织学生小组竞赛,基于专业英语课外拓展资料锻炼学生的阅读、听力及自由表达能力。

4　结语

能源动力类专业研究生由于科研、工作需求或者国际合作交流等,均对其专业水准、英语能力有一定的要求。而目前的研究生基本整体英语水平欠佳,这在很大程度上阻碍了学生未来的科研进展,削弱了其职业竞争能力[5]。本文依据能源动力类研究生专业英语教学方面存在的问题,分别从教师资源优化、教学模式、教学内容等方面提出了相关教改建议。完善并实现专业英语课程的培养目标有利于开阔学生的国际视野,使其了解最新专业发展动态,亦符合当下社会、行业对国际化高水平专业人才的需求。

参考文献

[1]　王淑香,童军杰,聂宇宏,等. 关于制冷专业英语教学的思考 [J]. 现

代职业教育, 2019(4): 178-179.

[2] 张青,谢晶,王金锋,等. 关于制冷专业英语教学的一些思考 [J]. 教育现代化, 2017, 4(36):151-153.

[3] 张玉洁.ESP 理论下的高校专业英语教学探究 [J]. 校园英语，2021（51）:23-24.

[4] 何晓燕. 多媒体和英语教学的融合对策探讨 [J]. 中国新通信, 2022, 24(5):176-178.

[5] 陈先朝. 对工科院校专业英语教学的几点思考 [J]. 广东工业大学学报(社会科学版),2005(S1):260-261.

一种适合线上教学的新型人才培养模式
——以 Python 课程建设为例

苏晓勤,王　钢,王梦倩

（天津商业大学信息工程学院,天津　300134）

摘　要:针对传统教学模式存在的各种问题,为应对突发情况下的线上授课,有效利用线上交流、录屏讲解等当下网络交流手段,并结合 Python 课程建设,本文提出了一种适合线上教学的新型人才培养模式。新的教学培养模式采用学习理念引导、学习机制护航,再辅以小组共学、班级共建、1+1 结对子和 N+1 多人帮一人的方式,使学生带着疑问和好奇学,使教师带着压力和动力教,使师生共同总结与提高。本学期的教学实践表明,新的教学培养模式能有效克服传统教学模式中存在的问题,对比 2020 年线上授课效果,各考察项均有大幅提高。

关键词:综合教学;模式构建;机制;理念

1　引言

教师在讲课过程中,既能根据学生反馈实时调整授课内容,又能充分启发学生创造力、激发兴趣、挖掘潜能,并提高学生解决问题的能力,这种综合教育模式是教育领域非常重要的一种理念[1-2]。赵玉丽等引入主动学习提高学生的注意力,以此改善教学质量[3]。Wilson 等的研究表明,学生能对单项教学活动保持注意力的时间是 15~20 分钟[4]。张引等将注意力分析系统与课程随访相结合改进教学过程[5]。李庭晓等采用螺旋式教学法构建了"以学生为中心"的教学模式[6]。

本文以本学期 Python 授课为例,提出了一种新的适合线上教学的新型人才培养模式,相较于 2020年同一门课程的线上授课效果,对多个考察项进行了对比分析。

2　传统教学模式中存在的问题

传统教学模式中,学生被动接受知识,自主学习机会少,忽略了学生的学习兴趣及学习能力的引导,学习知识流于表面;教师闭门备课,学生被动听课,

教和学中出现问题缺乏及时沟通与调整;多媒体教学没有从根本上改变学生被动学习的模式;教师提问、学生回答的方式被学生反感;学生之间各学各的,成为熟悉的陌生人,遇到困难得不到及时帮助,从而消磨积极性,不能长久坚持;学生听课过程中存在注意力不集中、被外界环境打扰的问题。面对突发状况新兴的线上授课方式,又出现授课教师无法从学生表情与回复判定其知识的接收程度,学生在网络另一端常被外界环境打扰而无法专心听课的情况。

3　教学培养模式的构建

针对以上教学中存在的问题,明确课程学习理念,制定学习机制,切实落实新的教学培养模式。教学培养模式的总体框架如图 1 所示。

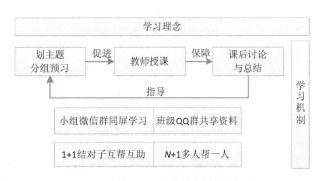

图 1　教学培养模式的总体框架图

作者简介:苏晓勤(1978—),女,博士,讲师。电话:13802102223。邮箱:suxiao@tjcu.edu.cn。

3.1 学习理念

一个人走得快，一群人走得远；将学生划分为几个学习小组，组内成员手拉手抱团学习、共同成长。培养责任意识，组内每个成员既对自己负责又对小组负责。培养担当意识，人人有担当，个个都是小组长，建设小组需要每个人的力量，更需要团结的力量。1+1 结对子模式和 N+1 多人帮一人的模式保障小组每个学生学习、参与的热情，卷起有效势能，点燃全体学生。

任课教师提前将授课内容划分为几大主题，难点部分由教师课上讲解，其他主题分配给各个小组，由小组提前预习、共同探讨，并给出有效讲解方式及存在疑问，彻底摆脱教师授课一言堂的模式。

所有学生进入课程 QQ 群，可以随时发布小组学习动态与效果，可以群里 1 人提问、多人回答，形成比、学、赶、帮、超的氛围；利用 QQ 群文件功能发放资料，并有效保存；利用群通知和 @ 全体成员及时有效通知到全部学生。小组成员不超过 15 个，进入专门的微信群，利用微信视频功能同屏相见、实时共学，保证每个人的学习情况相互看得见。

3.2 学习机制

采用划主题分组预习、教师授课、课后讨论与总结、1+1 结对子和 N+1 多人帮一人的学习机制护航新的教学培养模式。

3.2.1 划主题分组预习

小组接收到教师分配的主题后，在微信群中开展线上共同预习。各成员遵循同心、同屏、同频的要求，共同预习、分享、讨论，并进行记录，记录分为共性问题、有疑性问题，意见达成一致后，小组可以制作有效课件（录屏讲解）以备上课使用。预习即是冲锋号，需要大家共同努力；起点即是高纬度，需要直面主题，并尽量吃透。

小组学习机制要求人人参加和做出贡献，有效调动小组学习热情，讨论过程与结果要共享到 QQ群，既能激励其他小组，也能让大家做到一个主题的预习、多个主题的收获；要及时提交给任课教师，教师针对主题的反馈在课上进行有针对性的讲解和辅导。

3.2.2 教师授课

教师根据各小组反馈结果中的具体问题在课前进行查缺补漏，做到有重点、有针对、高效地备课。教师作为授课主体，要把不同主题按授课顺序穿插到整个课堂中。

（1）小组负责的主题。教师评定小组主题预习的质量，对于好的讲解或是典型的理解错误，可以有选择性地在课堂穿插播放、讲解，引入不同主题、不同知识点的教学活动，提高学生注意力，期间引导学生参与提问、解答，教师辅以把关、讲解。可使学生听课更有目标和针对性，不仅快速弄懂预习中遇到的疑问、解决注意力专注问题，还能提升知识接纳程度、提高听课效率。小组录屏讲解的播放，有利于各小组比赛、相互点评，激发组内团结、组间竞争的氛围，让全体学生在比学赶帮超中学习知识。

（2）教师把控的主题。难点知识作为重中之重由教师把控。难点知识存在讲得太深学生无法理解，而讲得太浅学生不能深入的问题。教师可以衡量学生的预习结果，评测其理解水平，以此作为依据制定难点知识讲解和拔高的程度。教、学互长的模式，可以使教师授课更有针对性，做到简单知识一带而过、重点知识重点讲解、难点知识少量时间突破。

（3）内容衔接。引出下一课时内容的简短介绍，介绍前后内容相互的关联，并将下一课时内容划分为几大主题，分配到各个小组，助推小组持续学习。

3.2.3 小组课后讨论与总结

当堂课讲解结束后，以小组为单位开展整节课中各主题的分享、归纳与总结，依然遵循同心、同屏、同频的要求。着重纠正之前预习的偏差及错误，形成定型、有深度的知识储备，各小组负责各自主题的定稿。

按讲解顺序组合各个小组纠正后的主题内容，更换群文件内容，形成永久保存文件，方便全体学生及时查看、巩固和后续复习。

开启下一课时新主题的分配，做到周而复始、循序渐进。

3.2.4 辅助机制

组内成员如果由于突发原因不能参与上述环节，或由于个人原因不愿意参加上述环节，先是由1+1 结对子的学生进行深入联系，将当前联系学生的状况及时汇报给小组；如果因个人意愿问题仍不能进行小组共学，采用 N+1 模式借助全体小组成员的力量进行联系、劝解与补习，全组一条心，不能丢下任何人。小组也可以借助任课教师、班主任的力量进行个别成员的动员。

4 新模式的实施

如表 1 所示，各考察项指标中，2022 年上学期两个班级的线上授课效果均优于 2020 年, 当然也不排除 2020 年全国第一次开启线上授课存在网速不稳、应用不熟练等问题; 2022 年教学中考察项未达100% 的原因主要是上课时间与学生所在城市核酸检测时间有冲突。

表 1　对比 2022 年和 2020 年线上授课效果

考察项班级	2022 年A 班级	2022 年B 班级	2020 年
出勤人数	95%	98%	85%
在线回复及时性	100%	100%	70%
在线回答正确性	85%	88%	60%
实时线上测评参与度	92%	96%	75%
实时线上测评平均成绩	85	83	68

5　结语

新的综合教育模式采用了高效学习理念引导、学习机制护航, 适于线上、线下教学, 激发学生课上、课下学习的主动性, 变被动接受知识为相互团结、主动进取; 并对教师授课热情和技巧提出进一步要求, 促进教师深入准备授课知识, 提高课堂教学应变能力; 师生相互反馈、共同进步。综合模式也有利于大学期间学生的心理健康, 促进其毕业后尽快融入团队工作, 可以为各科目课程的学习提供有效借鉴, 适宜全校推广。

参考文献

[1] 刘献君. 论"以学生为中心"[J]. 高等教育研究, 2012, 33(8):1-6.

[2] 赵炬明, 高晓卉. 关于实施"以学生为中心"的本科教学改革的思考[J]. 中国高教研究, 2017(8):36-40.

[3] 赵玉丽, 张引, 张斌. 主动学习在"可视化程序设计"课程中的实践[J]. 教育教学论坛, 2018(50):160-161.

[4] WILSON K, KORN J H. Attention during lectures: beyond ten minutes[J]. Teaching of psychology, 2007, 34(2):85-89.

[5] 张引, 赵玉丽, 朱志良. 基于注意力分析的主动学习教学过程改进实践 [J]. 教育教学论坛, 2021(3):1-3.

[6] 李庭晓, 辛斌杰, 郑元生. 螺旋式教学法促进"以学生为中心"教学模式的构建 [J]. 科技视界, 2021(2):31-32.

本科生创新创业实践项目的实践与思考
——以低氧稀释燃烧创新实践项目为例

苏　红[1]，陶俊宇[1]，孙昱楠[1]，颜蓓蓓[2]，王　建[2]

（1. 天津商业大学机械工程学院，天津　300134；2. 天津大学环境科学与工程学院，天津　300350）

摘　要：创新创业实践项目是本科教育中的重要一环，是本科生从以学习知识为目标的学生模式转变为以创造价值为目标的社会劳动者模式的衔接和过渡。中国国际"互联网＋"大学生创新创业大赛是深化高校创新创业教育改革、促进高校学生全面发展的重要平台。本文以暖通专业领域低氧稀释燃烧技术"互联网＋"大赛创新实践项目为例，通过梳理项目指导与管理经验，对本科生创新创业能力培养提供一些建议。

关键词：创新创业教育；暖通热能；实践项目；MILD 燃烧

1　引言

2015 年 5 月，国务院办公厅颁发的《关于深化高等学校创新创业教育改革的实施意见》中明确指出，"创新创业教育理念滞后，与专业教育结合不紧，与实践脱节"是当前我国高校创新创业教育存在的问题。2021 年，教育部印发《普通高等学校本科教育教学审核评估实施方案（2021—2025 年）》，正式将创新创业教育作为单独的审核指标纳入文件评审要求中[1]。中国国际"互联网＋"大学生创新创业大赛（以下简称"互联网＋"大赛）是我国深化创新创业教育改革的重要载体和关键平台[2]。

"互联网＋"大赛是国内级别最高、最具影响力的创新创业竞赛。自 2015 年至今，"互联网＋"大赛已成功举办七届。2022 年 4 月，教育部印发了《教育部关于举办第八届中国国际"互联网＋"大学生创新创业大赛的通知》，正式启动第八届"互联网＋"大赛。本届大赛将进一步回归和突出育人本质，注重引导学生发现问题、解决问题的能力。学生要在不断求索过程中，根据需求自主学习，综合利用资源与工具，以验证和实现创新创业构想；在实践中，充分发挥团队精神，提升分析问题和解决问题的能力，培养企业家精神，提高综合素质。本文以笔者作为指导老师参加的低氧稀释燃烧技术"互联网＋"

大赛创新实践项目为例，对本科生创新创业能力培养提供一些建议。

2　低氧稀释燃烧技术创新实践项目及参赛学生特点概述

在"双碳"目标背景下，大量跨行业创新型人才的培养是关系到我国未来国际竞争实力的重点任务。MILD（Moderate & Intense Low Oxygen Dilution）燃烧方式是 21 世纪最具发展前途的新型燃烧技术之一，具有广阔的应用前景。本次项目立足我国有机固废燃气化利用的战略需求与行业发展现状，致力于 MILD 燃烧方式的设备优化，并构建商业化推广方案。

本次参赛 6 名学生分别来自本科二年级能源与动力工程、新能源科学与工程和建筑环境与能源应用工程专业，专业背景分别注重能源利用、新能源及热能系统设计与优化。目前，以上 6 名学生已修完传热学、工程热力学和流体力学等专业基础课，但是学识尚浅；值得注意的是，以上 6 名学生曾参加过创新训练项目比赛，具有一定经验；在个人技能方面，有的擅长文案撰写，有的擅长绘图模拟，有的擅长演讲等。

作者简介：苏红（1996—），女，硕士，助理实验师。邮箱：suhong@tjcu.edu.cn。

3　项目指导实践

根据"互联网+"大赛要求和参赛学生特点,需要让学生掌握有机固废处置的现状,尤其是燃烧处理与利用的行业问题。引导学生发现问题,提出解决方案,并构建与优化商业推广模式。使参赛学生对产品创新开发及创业过程有直观感受,提升创新能力、团队协作能力,培养技术攻坚的勇气和毅力,实现跨专业创新创业人才培养。要想实现以上目标,对学生学习模式的改变尤为重要,要引导学生学会目标的转变,以应用和产出为目标,尝试体验从学习者到创造者的角色转换。如图1所示,在项目开始之前,笔者增加了学习导引环节,在项目推进过程中规定阶段性产出,旨在取得较好的实践效果。

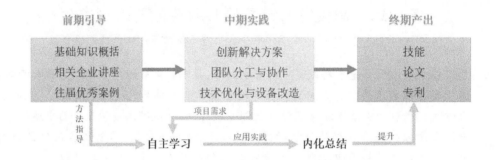

图1　项目指导与实践总体框架

3.1　前期引导——知其然

"互联网+"大赛旨在深化高等教育综合改革,激发大学生的创造力,培养造就"大众创业、万众创新"的生力军。学生发现问题及解决问题的能力对整个实践项目能否达到预期实践目标极为关键,是学习导引部分的重点任务。本项目的参赛学生为本科大二年级学生,生活阅历有限,对社会的认知通常来源于单一的生活场景或者网络信息,缺乏多元环境的历练。因此,课程教学的最开始应进行学习导引,着重帮助学生理解商业模式知识及MILD燃烧技术的整体情况和核心思想,并引导学生发现社会中可用MILD燃烧技术解决的真实问题,做到心中有数,具体包括以下三方面。

(1)在基础知识概述部分,主要侧重商业模式知识概述与典型企业案例讲解,以及MILD燃烧技术的起源、发展现状和未来可能的技术路线和产业背景,使学生有提纲挈领的认识,了解产业整体框架,体会专业特色的思维方式和方法,为项目后续环节中自主发现问题和提出方案打下基础。

(2)聚焦MILD燃烧技术企业应用模式与科学研究,选取具有代表性的企业管理者(技术专业)和学者,着重讲解MILD燃烧技术的应用现状及前景,帮助学生开拓思路,找到自己感兴趣的方面并积极探索待解决的问题,这是保证学生学习积极性和持久性的基础。

(3)将"互联网+"大赛往届优秀作品展示给本届学生,并邀请优秀项目小组代表与参赛学生交流分享自己团队发现问题、提出方案、反复改进试错直到实现产品原型的全过程,为参赛学生提供典型案例和清晰的商业运作及"痛点技术问题"攻关规划。

此外,问题的发现和解决方案的提出往往基于对技术领域的广泛了解、思考和提炼总结,因此要注重引导学生自主查找资料、调研专利,并强调实地调研。

3.2　中期实践——知其所以然

"互联网+"大赛贯穿着强烈的问题意识和实践导向。随着参赛学生对MILD燃烧技术学习与产业化应用现状的理解不断加深,加强实践活动尤为重要。只有深入实践,才能更加清晰地认识到理念、思维方式、工作方法等方面存在的不足,从而更好地贯彻和落实"发现问题、解决问题"的重要方针。

通过引导学生提出解决问题的创新方案,在教师的辅导下,以团队分工协作的方式进行MILD燃烧技术的研究与推广。在完成项目的过程中,团队成员努力找到最适合自己的分工部分,从而使团队分工会越来越明确。同时,根据项目进展中遇到的问题,团队成员充分协作,在教师的指导下通过自主学习来推进。最后,通过路演的方式进行项目成果展示,使学生真切体验创业过程,深刻思考如何找准问题及进行产品优化改进,使创业就业能力得到切实的锻炼和提升。这种边学边做、边做边学,以完成创新作品为驱动力的学习模式,使学生在达到原有学会目标的基础上,努力将知识运用于实际产品创造,对培养学生自学能力和自主攻关能力非常重要。

3.3 终期产出——知其所以必然

在项目开始前,学生往往过于乐观,而一旦项目进展不顺利,就会产生极强的挫败感和退缩心理。因此,在项目推进过程中,需要根据学生兴趣设置多项产出要求,如专利论文、视频制作与剪辑技能等。在这个过程让每个学生都学有所思、学有所悟、学有所得。

4 项目指导思考

随着国家和高校对"双创"教学的重视程度逐渐提升,学生"双创"培养能力质量初见成效,但仍存在一些突出问题,比如"双创"课程设置较少且专业师资不足,学生对本专业前沿知识理解不足,缺少实践学习与调研机会,不清楚企业需求与技术壁垒。因此,建议为本科生配备企业和学业导师,定期开展讲座与实地调研培训,导师利用学验俱丰的自身优势,道术并授,促成学生"双创"思维的整体提升。

5 结语

通过"互联网+"大赛,学生体验了从"学习相关知识—发现问题—解决问题—路演推广"的模拟创新创业过程。通过指导老师引导与相关资源搭建,使学生充分发挥主观能动性,在收获知识、培养能力、锻炼团队协作之余,塑造了自主学习、坚忍不拔、勇克难关的品质。此外,MILD燃烧技术是近十余年国际燃烧领域发展起来的一种新型燃烧模式,被誉为21世纪最有发展前途的燃烧技术,对培养相关"双创"人才具有前瞻性。这种产学研协同进行本科生"双创"实践项目的模式可供参考。

参考文献

[1] 教育部关于印发《普通高等学校本科教育教学审核评估实施方案(2021—2025 年)》的通知. http://www.moe.gov.cn/srcsite/A11/s7057/202 102/t20210205_512 709. html.

[2] 吴爱华, 侯永峰, 郝杰, 等. 以"互联网+"双创比赛为载体深化高校创新创业教育改革 [J]. 高校生物学教学研究(电子版), 2017, 7(1):3-7.

基于建构主义的"低温原理及应用"课程思政供给模式探索

周　峰，马国远，张　英，丁　云，晏祥慧，孙　晗

（北京工业大学，北京　100124）

摘　要：推进专业课程与思政教育的有机融合是落实高校立德树人的根本任务，作为新工科能源动力类专业，如何守好"责任田"，对学生培养至关重要。针对课程思政面临的难点，以"低温原理及应用"课程为例，将建构主义要素与课程教学相结合，构建基于建构主义教学模式的课程思政设计架构，结合多轮教学实践，建立基于"学生中心、产出导向、持续改进"OBE理念的课程思政供给模式，为新工科能源动力类专业系统实施和推进课程思政建设提供借鉴。

关键词：课程思政；建构主义；供给模式；低温原理及应用

1　引言

为深入贯彻落实习近平总书记关于教育的重要论述和全国教育大会精神，贯彻落实中共中央办公厅、国务院办公厅《关于深化新时代学校思想政治理论课改革创新的若干意见》，2020年5月教育部印发《高等学校课程思政建设指导纲要》（以下简称《纲要》）[1]。《纲要》指出，全面推进课程思政建设是落实立德树人根本任务的战略举措，是全面提高人才培养质量的重要任务。《纲要》要求，各类课程应以隐性教育方式配合思政课的显性教育方式，彼此协同，帮助学生塑造正确的世界观、人生观、价值观，构建全员、全程、全方位育人大格局，落实"立德树人"根本任务。特别是随着工程教育体系设计的不断完善，面向未来工程师培养的课程体系对隐性教育的呼唤也更为急切[2]。

专业课程是课程思政建设的基本载体，作为能源动力类专业，课程体系综合复杂，既涉及基础科学，又包含应用技术，也探讨工程和社会、经济、环保、伦理等的关系。工科专业理论课程教学具有严谨的教学体系、教学内容与教学方法，通常以科技的

发展、理念的创新、技术的迭代等作为课程教学内容，而课程思政则是要求教师在科学知识的传播中体现思想政治的元素，如果强制性植入思政元素，不仅很难引起学生的兴趣，同时获得的效果将远低于预期[3]。如何在深入研究专业育人目标的基础上，系统挖掘提炼专业知识体系中所蕴含的思想价值和精神内涵，使课程思政元素与专业课程无缝衔接，进而达到润物细无声的效果，特别是从整个专业体系的宏观角度把握，实现课程思政柔性介入课堂、育人无形间的教学目标，并形成可持续的模式机制，这是当前课程思政开展实施面临的首要技术难关。

2　"低温原理及应用"课程

我校制冷与低温工程专业成立于1990年，在前辈教师的带领下积极进行教学改革，基于战略性新兴产业和国计民生主战场的巨大需要，特别是首都北京创新驱动发展的内在需求，不断探索适应北京经济发展的专业人才培养模式，以"更好地服务社会"为思路，在传统课堂授课的基础上，依托北京市热能与动力工程实验教学示范中心、北京市级校外人才实习基地、科研项目、服务支撑等平台，积极开展教学改革的探索和实践，在本科常规课堂、线上授课、翻转课堂等方面，不断摸索创新，融入新的想法、理念和尝试，初步取得了一些成效。

作者简介：周峰（1982—），男，博士，副研究员，教授。电话：010-67391613。邮箱：zhoufeng@bjut.edu.cn。

基金项目：教育部教指委高等学校能源动力类教学研究与实践项目（NS-JZW2021Y-94）；北京工业大学教育教学研究课题（ER2022YRB04）；北京工业大学"课程思政"示范课程培育项目（KC2021SZ019）。

为更好地服务庞大的制冷产业行业、有效地支撑学校一流建设目标，在能源与动力工程已有的专业课程体系以及制冷、空调、冷冻冷藏等专业特色课程基础上，在2015年版教学大纲中开设了"低温原理及应用"专业课程，以此来进一步完善学生的大专业知识架构，更好地服务大类专业培养和本科专业通才培养，从而拓宽就业或深造领域，为相关行业的科研和工程技术领域输送更多的专业人才。该门课程自2016年开始讲授以来，已讲授过6轮，并在历次教学过程中不断补充和更新有关知识点，尝试融合渗透多种思政元素[4]，在指导学生完成本门课程知识学习的同时，引导学生正确认识和理解理性思考、学在当下、专业报国、价值实现等，进一步获取更多积极、正面、向上的信息传递，从而强化"立德树人"的育人目标，为培养具有卓越工程师素养的专门人才提供助力，为培养高素质创新人才、服务社会经济发展提供有力支撑。

3 建构主义教学模式

新工科建设及《纲要》均倡导"学生中心、产出导向、持续改进"的OBE理念，要求关注学生的学习成效。从课程顶层设计与实施层面分析，以学生学习效果、教师教学效果为中心的教学设计也是保障教学效果与质量的关键所在。为了实现新工科专业课的隐性教育功能，达成课程的预期教学效果，在教学方法设计上应更贴近"学生中心、产出导向、持续改进"的教学理念，鼓励学生自发参与，激发学生了解、探索自身专业的热情，并营造工工交叉、工文渗透的学习氛围。

作为一种以学生为中心的教学模式，建构主义教学模式是一种贴近学生认知过程的模式，强调学习的主动性、社会性和情境性，在促进知识和学习能力的迁移方面较传统教学模式更为有效。建构主义教学环境的四大要素是"情境、协作、会话和意义"，鼓励学生成为"知识意义的主动建构者"，要求教师扮演教学过程的"组织、指导、帮助和促进者"角色[5]。而这与新工科下能源动力类专业课程思政设计无疑是契合的。无论采取何种教学方式，"情境"的选择都是基础且核心的问题，只有选择贴近新工科背景下专业、行业发展特点的"情境"，才有可能满足课程思政隐性教学的要求，最大限度地激发学生主动学习的热情。

4 基于建构主义的课程思政供给设计

为了找到新工科专业课程思政实施的抓手，破解上述难题，结合"学生中心、产出导向、持续改进"的OBE理念，围绕能源动力类专业培养目标，以"低温原理及应用"课程为切入点，对比分析新工科培养目标、课程思政要求及专业课程目标三个层面的教学效果和关系；从课程设计与实施层面入手分析，以学生学习效果、教师教学效果为中心，引入辩证唯物主义和历史唯物主义的分析视角，建立课程逻辑主线；根据《纲要》具体要求，围绕政治认同、家国情怀、文化素养、宪法法治意识、道德修养五个重点，利用建构主义教学情境，优化新工科下能源动力类专业课程思政供给途径，探索课程思政元素与专业课程无缝对接、柔性介入的实践模式和方法，从而提炼得到新工科视角下能源动力类专业课程思政供给新模式。

如图1所示，首先，基于新工科视角下课程思政建设的要求，对课程的顶层设计进行剖析，建立起逻辑主线，明确课程思政教学目标；其次，从教学方法角度，分析基于建构主义教学模式实现上述目标的契合性；最后，以"低温原理及应用"课程为例，结合上述教学目标和建构主义教学模式，探索通过推理、演绎等隐性教育方法解读分析工程理论和技术，开展课程的思政元素挖掘和阐释，引导学生热爱并自主学习，重视不同学科间知识的横向连接，促进知识网络的绵密性，从人文素养角度审视自己的职业发展目标和终极价值，从而推进课程思政建设、达成课程设计目标。

5 教学实践

依托上述基于建构主义要素的课程思政设计模式，在"学生中心、产出导向、持续改进"的OBE理念指引下，开展具体的教学设计和实施（如图2）。从课程思政的内涵、特点以及实现路径等方面入手，按照课程思政的维度和课程教学大纲的培养目标，确定低温原理及应用思政教育的切入点，采用建构主义教学模式，重点关注"情境"的搭建。按照课程章节设置，结合相关内容，分别在课程的不同阶段，采用不同教学方式开展课程思政教学和评价。在具体教学实践中，灵活地融入课程思政内容，在学科内容方面做到详略得当、突出知识主干、重难点精讲、强调实际应用；并以小组合作学习、文献阅读、混合学习等方式开展课程思政教学。在课程环节设计时，采用有助于发展学生发散思维和聚合思维等创造力思维的教学方法、教学手段和教学内容，在传授专业知识和专业技能等的同时，从专业理论的历史发展、与生活的密切联系、专业思维、专业精神、职业情操、专业道德伦理等角度挖掘思政教育基因，让学生从人文素养角度审视自己的职业发展目标和终极价值，并借助媒体等工具引导学生开展协作与对话，最终建构课程的教学效果。

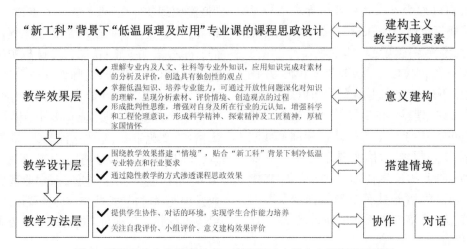

图1　基于建构主义要素的新工科能源动力类专业课程思政设计

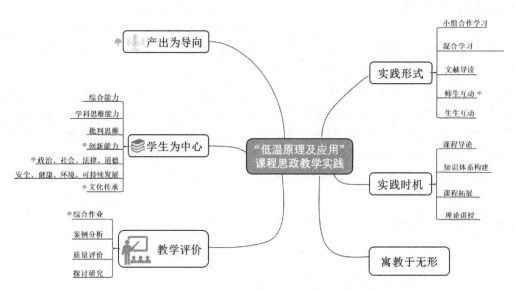

图2　"低温原理及应用"课程思政教学实践模式

以课程中"液氦与低温超导磁体"章节为例，首先由日本福岛核废水事件导入课程主题——可控核聚变能利用，通过大科学仪器装置 ITER，构建低温超导可控磁约束情境，然后讲解低温流体液氦如何在该情境下发挥重要作用，并进一步展开液氦流体的低温特性、三相图以及特殊的两流体模型和代表性低温实验现象，通过抽丝剥茧逐步引导学生找到其在低温超导可控磁约束中具有不可替代作用的原因，并分析中国在 ITER 国际合作中的作用和贡献，以及技术方面存在的不足等，顺势引入家国情怀、唯物辩证的课程思政元素讨论，最后在课后思考和作业中，引导学生对 FAST 天眼中低温液氦如何发挥作用以及面向世界开放事件发表看法，从而完成该章节课上课下完整的教学目标和实践，实现课程思政的有效带入，顺理成章。

6　结语

课程思政是高等学校实现"三全育人"目标的有效途径，也是落实《纲要》的关键"责任田"。如何实现课程思政的如盐入水、入微入味，是一直以来我们在不断探讨和实践的焦点问题。围绕"低温原理及应用"这门专业课，系统梳理了教学内容，并挖掘课程思政元素，基于建构主义教学模式，提出了课程思政的设计架构，利用构建的情境，探索出思政元素与专业知识有机融合的教学实践模式和有效途径，从而为解决工科专业课与思政的柔性融合难点问题提供了借鉴，为进一步优化课程思政建设和供给提供了有益尝试。

参考文献

[1] 教育部. 高等学校课程思政建设指导纲要（教高〔2020〕3号）[R].
[2] 林健. 新工科专业课程体系改革和课程建设 [J]. 高等工程教育研究,2020(1):1-13, 24.
[3] 万慧琳,户国. 工科专业课程践行课程思政的路径探析 [J]. 大学教育,2020(12):87-89, 99.
[4] 周峰,马国远,刘中良,等. 新工科视角下低温原理及应用课程思政教学路径探索 [C]//2021年全国能源动力类专业教学改革研讨会论文集, 2021: 1356.
[5] 曹柳星,贺曦鸣,窦吉芳. "新工科"视角下的"课程思政"实践 [J]. 高等工程教育研究,2021(1):24-30.

贯彻"三全育人"理念下的"工程热力学"教学设计探讨

李星泊

（天津商业大学,天津 300134）

摘 要: 在新时代背景下,高校担负着培养中国特色社会主义合格建设者与可靠接班人的艰巨任务。如何有效贯彻"三全育人"理念是高校教学工作的重大课题。对于学生的培养不应仅局限于专业技能的培养,更应着眼于培养学生的社会责任感和历史使命感。

关键词: 三全育人;工程热力学;教学设计

1 引言

习近平总书记在向全国广大教师和教育工作者的致信中指出:"希望广大教师不忘立德树人初心,牢记为党育人、为国育才使命,积极探索新时代教育教学方法,不断提升教书育人本领,为培养德智体美劳全面发展的社会主义建设者和接班人作出新的更大贡献。"作为新时期青年教师,对于学生的培养不应仅局限于专业技能的培养,更应着眼于培养学生的社会责任感和历史使命感。贯彻"三全育人"理念,培养学生无私奉献、勤奋刻苦、勇于担当、助人为乐的道德品质和精神特质。

2 构建全方位"三全育人"大格局

"三全育人"核心是"人",根本是"育",关键是"全",基础是"合"。习近平总书记指出,培养什么人,是教育的首要问题,人才培养一定是育人和育才相统一的过程,而育人是本。要把思想政治工作贯穿教育教学全过程,实现全程育人、全方位育人,重在协同协作、同向同行、互联互通、形成合力。要构建内容完善、标准健全、运行科学、保障有力、成效显著的高校思想政治工作体系。

"工程热力学"课程学习的最终目的就是合理而有效地利用能源,这正是从消费侧实现"双碳"目标的根本途径。习近平总书记指出,专业课程教学

育人,不仅要实现专业层面的技术能力要求,同时更要注重思政方面的非技术能力的培养。因此,在课程教学中,要厘清工程实践与环境、社会可持续发展的内在联系,分别从节能和环保的联系、节能的本质和如何节能等方面逐步渗透引导,推进课程思政教育。从意识、思维和能力培养不同层面实现完整的课程思政教学逻辑体系设计,使课程思政贯穿于整门课程的学习中。

3 将专业素养与国家战略、人民需求紧密结合

3.1 思政育人方面

通过课程的学习,学生应该培养无私奉献、勤奋刻苦、勇于担当、助人为乐的道德品质和精神特质。学生能够更充分地了解个人与社会的关系,使他们意识到每个人都是社会的一分子,在提高工程技术素养的同时,增加他们的人文主义情怀,将课程中体现的工匠精神与中华传统美德进行对接,有利于践行社会主义核心价值观和社会主义道德风尚,使学生成为具有马克思主义世界观和扎实专业基础的社会主义建设者和民族复兴生力军。

3.2 知识能力方面

通过课程的学习,学生应该了解能源的地位和我国能源面临的主要问题。明确实现 2030 年前碳达峰、2060 年前碳中和(简称"双碳"目标)是党中央经过深思熟虑做出的重大战略部署,也是有世界意义的应对气候变化的庄严承诺。实现碳达峰、碳

作者简介: 李星泊(1988—),男,博士,讲师。邮箱: lixb1988@tjcu.edu.cn。

中和,需要对现行体系进行一场广泛而深刻的系统性变革。改变以煤炭为主的高碳能源结构,转向清洁能源为主的低碳能源结构,是大势所趋,也是必由之路。作为当代大学生,特别是以能源为专业的学生更要夯实专业基础知识,在面对百年变局的复杂国际局势中肩负起国家能源结构转型的重大使命。

4 结语

通过探究式、启发式、案例式、讨论式等方式方法,突出对学生专业创新思维和创新实践意识的培养,提高学生的独立思考和工程实践能力,强化学生工程意识的建立和工程实践能力的培养,让学生了解所学的热力学专业知识与社会需求之间的密切联系,引导学生用所学的专业知识解决工程实际问题。

参考文献

[1] 范晶,宋粉红. 课程思政背景下的"工程热力学"教学探索与改革实践 [J]. 中国电力教育,2021(6):43-44.
[2] 许亚敏,顾力强,曹玮. 工程热力学实践教学改革与探索 [J]. 实验室研究与探索,2021,40(10):232-235.
[3] 裴鹏. 工科专业课双语教学探索与实践 [J]. 教育教学论坛,2021(36):121-124.

"互联网 +"背景下大学生创新训练项目改革的思考与实践

蒋兰兰,宋永臣,杨明军,赵越超,东　明,尚　妍

(大连理工大学能源与动力学院,大连　116024)

摘　要: 我国部分高校开展了"互联网 +"大学生创新训练项目改革。"互联网 +"大学生创新训练项目提供交流平台,互相学习先进经验,有针对性地加大对大学生创新项目的支持力度。本文以指导项目为例,结合"互联网 +"对现有的项目进行探索与实践,围绕大学生创新能力培养,从创新意识的培养、创新技能的训练、创新团队的融合等方面对大学生创新训练能力的培养进行深入分析,为提高大学生创新训练项目的开展效率提供建议。

关键词: 互联网 +;创新意识;创新技能;创新团队

1　引言

2012 年 2 月 22 日,教育部《关于做好"本科教学工程"国家级大学生创新创业训练计划实施工作的通知》指出:通过实施国家级大学生创新创业训练计划,促进高等学校转变教育思想观念,改革人才培养模式,强化创新创业能力训练,增强高校学生的创新能力和在创新基础上的创业能力,培养适应创新型国家建设需要的高水平创新人才[1]。项目的实施,适应了建设创新型国家的需要,是教育部在人才培养模式改革上的重要举措[2]。2015 年,我国《政府工作报告》中提出"大众创业,万众创新"理念,高校作为创新创业的人才培育基地,更是掀起了人人参与大学生创新创业训练项目(以下简称"大创"项目)的新浪潮[3]。"大创"项目是高校实施创新创业教育,培养大学生创新意识与创业精神,提升高校学生参与实践能力的重要载体。高校通过"大创"项目的训练,强化大学生的创新能力以及在创新基础上的创业能力,培养满足创新型国家建设需要的创新创业型人才。

虽然部分研究成果对于"大创"项目实践措施、管理模式等方面值得学习与借鉴,但不同的高校育人环境具有不同的实施情况。2014 年,李克强总理出席首届世界互联网大会时指出互联网是大众创业、万众创新的新工具。自 2015 年国务院印发《关于积极推进"互联网 +"行动的指导意见》以来,"互联网 +"全面推进,我们在共享信息化发展成果上有了很多收获[4]。随着"慕课"平台、微课视频、翻转课堂等的出现,整个教育理念、组织模式和体制都发生了深层次的改变,因此在"互联网 + 教育"改革时代,作为高等教育课程体系的重要组成部分的创新创业课程,必须将互联网引入创新课程中。以"互联网 +"为依托,培养大学生创新能力,激发其创新力与创造力,形成"互联网 +"新业态,推进毕业生更高质量创业就业成为新的发展趋势。"互联网 +"大学生创新训练项目可以提供交流平台,帮助高校向同类典型示范高校学习先进经验,有针对性地加大对大学生创新项目的支持力度,同时为高校大学生创新训练项目提供有效支撑和载体,为国家创新驱动发展战略输送人才。综上所述,互联网引入创新训练项目是时代必然和内在应然的统一。本文以笔者作为指导老师负责的水合物相变蓄冷"大创"项目、CO_2 钙化捕集等项目为例,对本科生创新创业能力培养提供一些建议。

2　在研项目简述

节能减排降耗是实现"双碳"目标的有效途径

作者简介:蒋兰兰(1986—),女,博士,副教授。电话:0411-84708617。邮箱:lanlan@dlut.edu.cn。

之一,培养"双碳"相关跨学科创新型优秀人才是实现国家重大战略目标的基础。近年来,笔者共指导10余名本科生参与"大创"项目,项目内容涉及工程热物理、化学工程、机械工程、力学等多学科。在研的两个"大创"项目包括辽宁省级与校级2项。其中,离峰蓄冷技术得到重视和发展,通过利用低成本的谷电生产和储存冷能,以及在高峰负荷时独立释放冷能,降低对电力系统的依赖,以降低总能源成本,转移高峰负荷对系统的影响。天然气水合物是由天然气与水在高压低温条件下形成的类冰状笼形结晶物质[5]。立足我国"双碳"目标重大战略需求,致力于推动水合物相变蓄冷技术与装置,将冷量以水合物形式储存,在高峰负荷时段利用储存的冷量供冷,达到电力"移峰填谷"的目的。此外,二氧化碳捕集是CO_2捕集、封存与利用的关键环节,以碱性粉煤灰为基底,致力于实现CO_2高效经济捕集。参与的本科生已经完成工程热力学、传热学、流体力学、材料力学等专业基础课程的学习,具备一定的专业知识;前期已经参与专业实验课程,具备一定的研究经验。

3 项目指导思考与实践

合理有序的大学生创新训练教学环节可以提高学生动手操作的能力、巩固学生对专业知识的理解、促进学生创新思维的发展。在"互联网+"背景下,强化大学生创新训练能力的培养,进而保证学生在"大创"项目执行过程中能够提高自身素质。

3.1 培养大学生自主创新意识

构建"互联网+"创新组会+头脑风暴模式。每周组织约30分钟的小范围集会,互相交流、讨论,并总结前一周的"大创"工作,制定下一周的工作计划。通过集会可唤起学生共享信息的意识,提高学生的科学创新水平。讨论时不设立规则约束,开发集体创造性思维,激发产生新观念和创新设想。结合头脑风暴法和创新团队组会机制,关注"大创"项目最新的技术发展方向,以此拓展学生的思维和视野,不断培养学生的团队创新意识,积极调动学生的行动力,了解并学习最新科学技术,提出新思维、新创想。

引导学生发挥自己的主观创新意识。专业课任课教师积极投入,在课堂教学过程中引导、启发和指导学生开展相关大学生创新训练项目的规划与设计,同时在课下及时与指导教师沟通和协调。保证

大学生创新训练项目内容的可行性,尽可能让学生自主完成项目内容的设计和实施。培养学生观察、捕捉大学生创新训练项目过程的实验现象以及正确区分正常和异常研究结果的能力,并能够进行合理的分析和解释。

充分发挥学生在大学生创新训练项目选题过程中的主动性。充分借鉴"互联网+""节能减排大赛"学生作品的模式,让学生自主发现、提出并设计大学生创新训练题目,自主完成项目的调研、实验、分析与成果展示。

3.2 建立跨专业多学科交叉大学生创新团队

深度融合特色专业组建"大创"项目创新团队。以笔者指导的在研"大创"项目为例,其涉及传热传质、多相流、化学工程、油气储运、海洋工程等学科,涉及能源与动力、化工、机械、力学等校内多个学院多个专业。基于能源与动力学院、海洋能源利用与节能教育部重点实验、111引智基地等平台,依托"低碳能源清洁利用与碳中和学科交叉平台"(筹办中),形成多学科交叉指导小组和创新训练小组,联合具有创新思维的中青年专任教师与大学生,组成"互联网+"大学生创新团队(图1),培养符合国家重大需求的能源与动力专业人才。

图1 创新团队框架

弱化指导教师的"经验"指导和掌控程度,给学生更多的空间和资源,让学生自由开发、选择、设计项目,自主设计并完成专业型、综合型、交叉型和创新型大学生创新训练项目;培养大学生管理与分析等技能,提高学生对"大创"项目的精细管理、精准分析与实时决策能力。

3.3 科教融合提高大学生创新训练创新技能

基于"互联网+"开放核磁共振成像仪、X射线CT成像、拉曼等相关实验室,智能化管理实验设备,简化大学生预约实验流程。增加网络科普微课,引导学生自主选择学习内容,在深度强化相关实验基础培训的同时,培养大学生的自主创新实践能力和创新技能。

深度融合"互联网+"教学和科学研究。充分发

挥碳捕集与碳封存、清洁能源开发、天然气水合物开采与应用等科研优势，实践科研育人新思路。同时，开展互联网技术实训，实现原创和项目内容扩展延伸。项目指导教师把握项目的基础知识，了解项目内容发展方向，将相关信息适时、准确地传授给学生，让学生对项目有信心。同时，在基础实验课授课及网络科普过程中严格把关，让学生充分掌握基础实验的基本原理和方法，挖掘学生的创新潜质，并培养学生的创新能力。

4　结语

本文依托笔者指导的"大创"项目，构建"互联网+"大学生创新训练能力培养体系，提高能源与动力类大学生创新能力，培养符合新工科理念的复合型能源与动力专业优秀毕业生。通过培养大学生创新意识，巩固学生对理论研究和工程技术前沿动态的了解，引导、启发和指导大学生规划与设计"大创"项目，提高"大创"项目内容的合理性及创新性，挖掘学生的创新精神和独立工作能力，重点培养大学生的创新实践能力和创新技能；形成多专业融合、多学科渗透交叉、跨界培养人才的创新团队，有效将"互联网+"背景下创新团队的融合思维应用到大学生创新能力培养中，培养满足创新型国家建设需要的创新创业型人才。

参考文献

[1] 教育部. 关于做好"本科教学工程"国家级大学生创新创业训练计划实施工作的通知 [EB/OL].2012.http://www.moe.gov.cn/srcsite/A08/s7056/201 202/t20120222_166 881.html.

[2] 刘长宏,李晓辉,李刚,等. 大学生创新创业训练计划项目的实践与探索 [J]. 实验室研究与探索,2014,33(5)：163-166.

[3] 国务院. 关于大力推进大众创业万众创新若干政策措施的意见. 政府信息公开专栏(www.gov.cn).

[4] 国务院. 关于积极推进"互联网+"行动的指导意见(国发〔2015〕40号). 政府信息公开专栏(www.gov.cn).

[5] SLAN E D. Fundamental principles and applications of natural gas hydrates[J].Nature,2003,426(6964)：353-359.

"新能源/制冷专业英语"教学改革探讨

汪琳琳，邹同华

（天津商业大学机械工程学院，天津 300134）

摘 要：本文对新能源科学与工程、能源动力类相关专业的基础培养计划进行了简单介绍，阐明了开设"新能源/制冷专业英语"课程的必要性，结合我校开设"新能源/制冷专业英语"课程多年的教学实践，介绍了该课程讲授的主要内容，为进一步探索该课程教学改革提供参考。

关键词：制冷专业英语；新能源科学与工程专业；教学改革

1 开设"新能源/制冷专业英语"课程的必要性

随着社会信息化、经济全球化的快速发展和中国"一带一路"倡议的实施，社会对英语人才的素质要求呈现多元化趋势，具有商业英语知识储备、职场英语沟通水平和现代化办公素养等综合能力的应用型英语人才备受青睐。传统的英语教学模式已经不能适应时代的需求，培养目标、教学内容及教学方法都需要进行改革[1]。因此，对在应用型本科高校中专业英语进行教学改革极为迫切，需要从改善教学效果出发，丰富教学内容，创新教学方式，探究课程教学改革的方法[2]。

为培养适应新形势下的专业人才，新能源科学与工程、能源动力类相关专业的课程设置也应与时俱进，"新能源/制冷专业英语"作为专业的英语培养课程，设置在大学三年级上学期，共32学时。而我校开设的"制冷专业英语"最初以制冷专业基础学习知识为背景，培养学生的专业英语应用能力，学生需要掌握制冷空调方面的专业词汇，了解专业文献的语法特点和表述方法，能够以英语为工具在国际会议、技术行业内进行交流，并能获得专业领域前沿资讯。

2 "新能源/制冷专业英语"课程讲授的主要内容

能源与动力工程专业是2012年教育部批准设置的普通高等学校本科专业（原为热能与动力工程专业），是以工程热物理相关理论为基础，面向能源转化利用及动力系统领域的专业，培养方向主要涉及热力发电、空调制冷、内燃机、新能源等。

新能源科学与工程是一门新工科专业，主要研究新能源的种类、特点、应用和未来发展趋势以及相关的工程技术等，包含风能、太阳能、生物质能、核电能等。

"新能源/制冷专业英语"课程教学安排见表1。主要基础专业课常以经典英语教材为基础，对每一门基础专业课挑选重点内容进行讲解。

课堂形式以讲授、提问、互动为主，让学生以基础专业课为背景，通过深化专业基础理论知识，对专业问题进行更多的思考和讨论。

表 1 "新能源/制冷专业英语"课程教学安排

教学章节	教学内容	课时
1. 专业英语介绍	专业英语与大学英语的区别，基础语法，专业词汇组成，缩写单词，专业英语文献写作特点	8
2. 文献阅读与翻译	文献收集与阅读、翻译能力，翻转课堂，小组模式分工，阅读翻译，PPT展示和总结	8

作者简介：汪琳琳（1982—），女，博士，讲师。电话：13821931006。邮箱：wanglinlin@tjcu.edu.cn。

续表

教学章节	教学内容	课时
3. 热力学和制冷循环	热力学重要英语词汇,热力学第一、第二定律,制冷循环基本原理,复叠制冷循环,双级制冷循环,吸收制冷循环等应用循环原理	2
4. 流体力学	流体基本概念,流体静压分析,基本流动过程,流型种类,内部、外部流,CFD等流体力学简单的基本概念	2
5. 传热学	传热过程,稳态导热,瞬态热流,总传热系统,自然对流与强制对流等传热学相关基本理论知识	2
6. 传质学	传质学,包括组分、传质系数等概念,分子扩散与对流扩散等概念	2
7. 焓湿图	湿空气的热力学特性与热力学参数的概念及计算方法,焓湿图参数的阅读方法	2
8. 冷链	冷链、预冷与速冻的概念,冷链运输装置,冷冻冷藏系统,冷链控制技术和物理保存技术的利用	2
9. 制冷装置	制冷装置的概念,蒸汽喷射制冷、热电制冷、磁制冷等制冷技术,实验用制冷装置,交通用制冷装置,低温空气分离装置等	2
10. 空调过程与循环	空气调节与过程的概念,潜热与潜冷过程,加湿、制冷与除湿过程,各种典型的空气调节系统	2

3　教学方法改革探讨

我校机械工程学院《新能源科学与工程专业的人才培养方案》关于本科毕业生的培养目标与要求中指出:掌握一门外国语,具有较好的听、说、读、写能力,能较流畅阅读本专业的外文书籍和资料。因此,在具备专业知识背景下,对英语基础能力的要求与普通英语要求是相同的。尤其在交流上尤显重要

的听与说方面是大学生英语普遍存在的弱项,在授课过程中曾尝试为学生进行专业工程领域相关方面的听力练习,但效果不理想,例如一个简单制冷系统的英语视频,有声图联系,但"听不懂"是学生普遍反映的问题,听不懂就很难说出口。因此,针对"听"的基本功需通过一定的课程设计进行加强,目的是让本科生可以有效利用英语在特定场合下进行专业的交流与探讨。

另外,"新能源/制冷专业英语"在教学内容上主要为以制冷专业为背景的基础专业课和制冷系统方面的应用,而"新能源专业英语"在新能源科学与工程专业方向需增加相关教学内容,如储能科学、氢能科学与可持续能源等。

此外,由于课时和教材的多方面影响,教学主要以现场授课为主,缺乏实践性教学环节。可以考虑适当给学生布置实践性任务或作业,课下调研取材,拓展实践内容。将部分英语课堂转变为开放式英语实践课堂,英语学习方式多样化,并创新教学方法,在传统讲授式教学中融入启发式教学、讨论式教学、翻转课堂等,拓展学生英语视野,提升英语实践技能。

4　结语

"新能源/制冷专业英语"主要培养新能源科学与工程、能源动力类相关专业的应用型人才,尤其是专业的国际交流与互动方面的能力。"新能源/制冷专业英语"的教学内容交叉融合了主要基础专业课。今后将在扩充新能源学科内容、拓展实践与听、说等方面丰富教学内容,进行更合理的设计与教学方法改善。

参考文献

[1] 吴艳, 杨璐. 应用型本科院校学生英语综合能力培养 [J]. 中国冶金教育, 2022(3):4-5, 8.
[2] 段欢欢, 杜娟丽, 刘群生. 制冷与空调专业英语在应用型本科高校中的课程教学模式探究 [J]. 教育教学论坛, 2020(21):303-304.

基于民族自信力的流体力学应用创新型人才培养模式探索及实践

杨文哲[1],苏　红[1],王　雷[2],陶俊宇[1],孙昱楠[1],穆　兰[1],吕鹏飞[3],
李星泊[1],赵松松[1],刘　斌[1]

(1. 天津商业大学机械工程学院,天津　300134;2. 深圳职业技术学院,深圳　518055;3. 中北大学能源动力工程学院,太原　030051)

摘　要:构建民族自信力是培养应用创新型人才的前提和基础,是中华民族伟大复兴的首要条件。依据流体力学都江堰建设的教研内容,形成基于民族自信力为导向的核心素养,探讨流体力学专业应用创新型人才培养体系的构建模式,提出切实可行的教学方案和运行机制,从而建立一套健全的应用创新型人才培养模式,为流体力学专业应用创新型人才培养模式和提升人才培养质量提供实践途径。

关键词:民族自信力;流体力学;应用创新;人才培养

1 引言

作为与能源利用密切相关的专业——建筑环境与能源应用工程专业,培养能够从事高参数、高容量、高科技含量的能源工程和研究领域的“新工科”人才是最终的培养目标[1]。传统高等教育已经不满足于现阶段培养目标的要求,如何培养学生树立民族自信、学术自信、产业自信已成为当今教育面临的重要难题。

2022 年 5 月 10 日,在庆祝中国共产主义青年团成立 100 周年大会上,中共中央总书记、国家主席、中央军委主席习近平出席大会并发表重要讲话,鼓励新时代的中国青年,更加自信自强、富于思辨精神。因此,构建民族自信力的流体力学应用创新型人才培养模式是将自信力培养融合到常规培养中,构建具有民族自信力的人才培养体系和机制,推动教育内容和形式的民族化。谢耀霆与张君劢等人认为“恢复自信力,亦为复兴民族之首要条件”[2]。

本文专门将我国伟大的都江堰工程中的流体力学理论知识作为一个章节内容进行详细讲解,发挥学生才智,利用流体力学专业知识构思古代都江堰工程的现代优化方案,从而使学生在学以致用的过程中树立强烈的民族自信心,最终实现培养高层次、具有民族自信力的高素质复合型“新工科”人才。

2 人才培养模式方案概述

将“流体力学”课程与构建民族自信力的思想政治教育进行结合,在课程的第一章绪论里的流体力学国内发展历程中,将都江堰工程等内容,有机融入构建民族自信力的思想政治教育中,从而实现课程思政的教学目标。构建具有民族自信力的流体力学创新型人才培养模式,添加具有我国元素的历史故事——都江堰建设,通过我国古人利用智慧兴修水利的故事,给学生普及流体力学专业知识,了解通过流体力学知识改变和提升百姓生活状况,为中华儿女谋取幸福的历史典故。让学生通过感受我国古人的智慧,来充分树立民族自信心,启迪学生开拓进取、勇于创新,使学生树立学习流体力学专业课程的信心。

3 人才培养模式探讨与实践

首先,依据流体力学都江堰建设的教研内容,建立与学生有效互动的模式和机制,提出切实可行的教学方案和运行机制,建立一套健全的应用创新型人才培养模式。其次,在保证教学的基础上,设立学生加分制度,通过学生模拟参与都江堰建设,引导学

作者简介:杨文哲(1984—),女,博士,讲师。邮箱:wyang@tjcu.edu.cn。

生勤于思考、理论联系实际，达到学以致用的目的，构建长期稳定的良好教学模式，最终实现基于民族自信力的流体力学专业应用创新型人才培养，为提升人才培养质量提供实践途径。

3.1　树立民族自信力——学生"听"

针对"流体力学"课程第一章绪论的流体力学国内发展历程部分，制作都江堰育人故事短片，通过学习都江堰设计中运用到的流体力学原理，了解中华文明的伟大，建立一套系统的流体力学教学体系和教学大纲，将都江堰工程内容有机融入构建民族自信力的思想政治教育中，从而使学生达到逐步树立民族自信力的教学目标。

在教学过程中，通过启发式教学，让学生在听课的过程中，将理论与实际结合起来，在产生民族自信力和自豪感的同时，启发学生的应用创新能力，寓教于乐。为实现启发式教学，都江堰教学视频制作内容应包括以下三部分：

（1）通过完整的背景叙述，清晰体现出流体力学对人民生活的影响及改变，展现应用创新实例；

（2）介绍都江堰工程整体概况及成就，对其中的流体力学理论加以清晰阐述；

（3）讲述都江堰工程背后的小故事，对其中不完美的地方进行简单叙述，为后续学生的自主发现问题和提出方案打下基础。

3.2　培养创新精神——学生"想"

梁实秋、胡适等人认为"振起民族自信力的方法，不是回忆已往的光荣，而应该是目前做出一点惊人的成绩来"[2]。培养民族自信力，需要在历史基础上做出足以启人自信的实际成绩。因此，通过学生模拟参与都江堰建设工程，引导学生勤于思考，进一步创新。利用一节课时间，让学生自由吸纳并组建团队，通过头脑风暴等讨论方式，分组讨论并找到现有都江堰工程的不足之处，思考如何对都江堰进行适当的改进，并提出完善、易实施的改进创新点，从而落实培养应用创新型人才的目的。

针对流体力学人才培养模式，改变以教师讲解、学生听讲为主导的传统教学模式，在教学模式上进行改进与创新，结合启发式教学和探究式教学模式，充分发挥学生的主导性，建立以学生为中心的教学课堂，切实尊重学生的成人成才教育规律和个性化要求，真正将选择权还给学生[3]。为实现探究式教学，在学生组建团队过程中应注意以下三方面：

（1）为公平起见，学生团队人数应控制在3~6人，不建议多于6人，防止部分学生存在侥幸心理，

出现滥竽充数现象，使后续打分更能反映学生的真实学习情况，得分更加真实公平；

（2）每组需选一名组长负责整理规划及任务分配，例如演讲环节、PPT制作环节、实施方案细化环节等，建议组长比组员多加5分；

（3）鼓励感兴趣的学生积极参与，用兴趣和爱好带动学习，不应强迫学生必须参加团队，不要给学生过度施压，老师应做到尊重学生的选择，对学生一视同仁。

3.3　建立互动机制——学生"做"

建立学生加分奖励制度，鼓励学生独立思考，发挥想象，大胆尝试，在独立的探索和研究中，提高创新创造的能力，引导学生根据所提创新点做成具体实践方案。各团队利用课堂所学的流体力学专业知识，制定具体改进实施方案，做演讲报告，由老师和学生进行点评打分，教师按照成绩排名予以加分奖励。

在教学过程中，善于运用新机制、新模式、新技术激发教育发展活力，推进人才培养模式革新，突出尊重学生主体性和差异性，拓展学生选择面，创建浸润式学习环境，让学生在自主的探究和实践中，提高对理论知识的应用能力[4]。为实现互动式教学，在学生评分环节中应注意以下三点：

（1）评分标准可从原创性、前沿性、实践性、演讲、PPT制作这五方面进行评比，每项20分，共100分，成绩并入平时成绩；

（2）设置多项奖励政策，例如优秀组可以分为最佳创意组、最佳科技组、最佳实践组、最佳演讲组、最佳合作组等，从不同角度鼓励学生，让学生更好地被鼓励和肯定，优秀组多加5分奖励；

（3）各组组长及未参赛学生可作为点评评委，共同参与打分和评优，尽量做到全部师生积极互动。

4　结语

本文依据流体力学都江堰建设的教研内容，形成基于民族自信力为导向的核心素养，探讨流体力学专业应用创新型人才培养体系的构建模式，通过学生模拟参与都江堰建设工程，建立学生加分制度，引导学生勤于思考及创新，建立与学生有效的互动模式和机制，不断优化流体力学专业教学的人才培养效果，以推进高校流体力学课程教学改革，促进学生健康全面发展，推动学生全面发展，为国家培养更多更好的流体力学应用创新型人才。

参考文献

[1] 张登春，郝小礼，等. 胡锦华：新工科背景下建筑环境与能源应用工程专业创新型人才培养模式探索 [J]. 高等建筑教育，2022，31（3）:57-62.

[2] 郑大华. 民族自信力与民族复兴:近代知识界关于"中华民族复兴"的讨论之二 [J]. 学术研究，2016（1）:116-124.

[3] 杨靖，范家茂. 高校人才培养模式改革与创新实践研究 [J]. 质量与市场，2021（21）:73-75.

[4] 汪明义，康胜. 新时代地方高校构建高质量人才培养体系的维度与实践 [J]. 现代教育管理，2022（5）:17-24.

高校能源动力类专业课程数字化育人机制研究

孙海朋，徐瑞莉，单雪媛

（潍坊理工学院，青州　262500）

摘　要：高等教育数字化是影响高等教育高质量发展的重大战略问题，新时代高等教育必须建立在数字化教育的基座上，走数字化发展之路。本文针对高校能源动力类专业课程传统授课模式的现状，开展其数字化育人机制的研究，提出开发利用数字化教学平台，拓宽课程育人渠道；引入数字化虚拟仿真实验平台，补齐传统实验实践短板；创新数字化教学模式，调动学生学习自主性；完善数字化教育资源，打造数字化教育资源共享平台的教改途径。

关键词：数字化；能源动力类；专业课程；育人机制

1　引言

2022 年 2 月，以"深化新教改、打造新形态、提高新质量"为主题的全国高教处长会议指出，数字教育是对数字经济和数字中国的战略应答，新时代的现代化教育必须建立在数字化教育的基座上，实施高等教育数字化战略行动，打造高等教育教学数字化体系势在必行[1]。当前教育改革的核心在于课程改革，而且课程建设始终是本科人才培养的关键。因此，高校课程育人应紧抓新形态教育数字化这一战略引擎，不断寻求课程改革的突破性切口和创新性路径，实现课程育人目标，推动高等教育高质量发展。

能源动力类专业课程包括专业理论课程、专业实验课程和专业实践课程。专业理论课程具有概念抽象、内容繁多、与工程实际联系密切等特点，传统的教学模式多采用讲授法对课本理论进行讲解，不能激发学生的学习兴趣，而且与实际工程脱钩，达不到应用型人才培养目的；专业实验课程在内容方面新技术更新补充滞后，教学模式突出在老师"教"上，学生参与性差，实验可重复性差等，实验实践育人效果不理想；而专业实践课程，"走马观花式"的实践教学现象普遍，"打卡式"毕业实习敷衍应付，

实践课程存在感低，学生实践收益低，并不符合学生实践能力和创新能力的培养初衷[2-4]。

针对上述问题，具有开放性、复用性、延展性、协作性、自主性等特点的数字化教学为高校能源动力类专业课程的人才培育提供了新路径。本文从数字化教学平台、数字化实验实践平台、数字化教学改革以及数字化教育资源共享平台建设等方面入手，对新时代下能源动力类专业课程数字化育人机制进行探索研究。

2　开发利用数字化教学平台，拓宽课程育人渠道

数字化教学平台根据播放形式可分为两类：以腾讯会议、超星直播、钉钉直播、QQ 群直播、ZOOM 直播等为主的云课堂直播平台和以中国大学慕课、国家高等教育智慧教育、智慧树、超星泛雅等为主的开放式在线课程学习平台[5-6]。数字化丰富了课程教学模式，让教学不受时空限制，学习资源随时即得。

云课堂直播设有签到、随机提问、答题发布统计、问题讨论等功能，面向全体学生，学生参与度极高，师生互动性强；教师通过课堂表现数据，如出勤分析、答题准确率、问答讨论情况等，可以较好地掌握学生出勤及课堂学习效果，学生学习信息反馈即时、有效；教师根据直播平台统计反馈的数据，可以第一时间对授课方式做出调整，从而保证教学质量。

作者简介：孙海朋（1988—），男，硕士，讲师。电话：13336364376。邮箱：d88_hp@163.com。

基金项目：潍坊理工学院 2021 年校级课程建设项目——"工程热力学"课程建设项目（KC-X202113）。

此外,云课堂课程具有课程回看功能,方便学生课后进行针对性复习。

中国大学慕课等开放式在线课程学习平台内含海量精品课程,为学生课前预习、课后复习以及拓宽知识面提供了自主学习的机会。这些在线课程设有课件区、测验作业区、考试区及讨论区等,课程教学系统性强,包含课前导学、课中听课、课后复习等全流程学习体验,是对传统教学的继承与补充。

云课堂直播平台解决了时空限制,特别是当前疫情形势下,为课程教学提供了直接有效的教学途径。针对诸如能源动力类专业概念偏多、理论偏难、实践性强的工科类课程,开放式在线课程学习平台让学生有充足的学习资源做好课前预习、课后知识复习以及专业知识延伸,丰富了专业课程育人途径。虽然当前数字化教学平台较好地满足了学生线上学习的需求,但功能、资源等仍需进一步开发和挖掘,做到与时俱进,保证学生线上学习的时效性、便捷性、专业性和高效性。

3 引入数字化虚拟仿真实验平台,补齐传统实验实践短板

虚拟仿真实验较传统实验原理表达简单直观、成本低、风险小,具有沉浸性、交互性、虚幻性、逼真性等特点,能够真实还原实际实验场景,让学生有实际操作感,而且可以反复操作。虚拟仿真实验运行模式通常有两种:针对简单的实验,单一的线上虚拟仿真实验即可;而针对复杂的实验,仿真实验可耦合线下实验采用"虚实"模式。

内蒙古工业大学针对"水轮机能量特性实验"课程,通过虚拟仿真实验平台克服了水轮机能量实验分组多、工况少、耗时长等缺点,真实模拟了原型水轮机的运行过程,学生参与度高、实验成本低、安全性高[7]。烟台大学针对"制冷压缩机拆装实验"课程,采用了虚拟仿真实验和实践动手相耦合的教学模式[8]。虚拟仿真实验设有学习、练习和考核三种模式,每种模式均有拆卸和装配两种学习方式。学生完成虚拟仿真实验学习及考核后,对制冷机各部件有了直观认识,对理论原理有了更深入的理解,然后再进入实验室进行现实实验,由于有仿真基础,实际操作会更顺畅,实践动手能力也将进一步提高,"虚实"耦合教学对此类课程较为合适,可保证学生的参与性,提高学生解决实际问题的能力。

此外,针对认识实习、生产实习和毕业实习等传统线下实习,"虚实"耦合教学模式同样适用,再辅以数字化教学资源,能够有效解决学生参与度低、实操性差、自主学习弱等不足。例如,宋其晖[4]针对贵州大学能源与动力工程专业实习模式进行了探索与优化,以火力发电厂作为实习单位,给出了传统现场实习和虚拟仿真相结合,并利用电厂3D漫游软件辅助现场参观,跟班运行与火力机组仿真操作相结合的实习模式,激发了学生的学习兴趣,提高了学生实习的参与度,而且虚拟仿真系统无限试错的机能较好地锻炼了学生的实操能力,更重要的是虚拟仿真系统对学生现场直观感受有较高的增益,专业实习效果佳。因此,传统实习依托数字化虚拟仿真系统,并辅以数字化资源,可以为能源与动力这类实践性较强的工科专业实践课程提供有效的解决途径。

4 创新数字化教学模式,调动学生学习自主性

传统教学方法以教师为中心,大多以"填鸭式"讲授为主,使教学质量大打折扣。数字信息化的出现产生了一种新型教学模式,即翻转课堂。翻转课堂指利用互联网数字化平台,由教师提前把教学任务、教学资源等发给学生,学生课前完成自主学习,师生在课堂上完成答疑、协作探究和互动交流等环节,最终完成课程育人任务[9]。翻转课堂很好地体现了"以学生为中心"的核心教育理念,发挥了学生的主观能动性,调动了学生的学习主动性、课堂互动性、团队协作性等,也提高了学生自主学习和自我解决问题的能力,对应用型人才培育有重要作用。

为更深入了解学生课程学习情况,培育全面型人才,把翻转课堂升级为"翻转课堂2.0"模式,即将师生角色"完全互换",学生除完成老师布置的课前预习等任务外,还需承担老师分配的章节讲解任务。以"制冷技术与装置"课程为例,第三章制冷压缩机共五小节,且一小节阐述一类压缩机,教师可安排五位学生分别负责一类制冷压缩机课件的制作及讲解,实现真正意义上的角色互换、课堂翻转。这样一来,学生会积极主动地学习课本、检索文献及最新科技成果等,制作相应课件,不仅提高了自主学习能力、逻辑思考能力,还掌握了课件制作能力、沟通表达能力等,实现全面培育发展。"翻转课堂2.0"借

助数字化模式让学生成为课程教学的"主角",也使抽象、无趣、难懂的能源动力类专业课程学习过程更有趣、高效。

5 完善数字化教育资源,打造数字化教育资源共享平台

目前,高校数字化教育虽有较大进步,但数字化教育资源在内容形式等方面尚未达到多而精、个性共性并存、对立统一等,高校"各自为战"现象突出;由于共享意识还不够强,高校间联动性不足,公共共享网络平台尚不健全,导致教育资源共享利用率并不高[10]。上述情况在能源动力类等工科专业课程方面表现较为明显,如专业课程科目涉及面窄,可利用课程资源少;课程内容丰富性不足,部分课程为突出个性,共性欠缺;高校间"取经"途径少,一些重要课程尚未建设并共享至数字化平台。因此,完善数字化教育资源,打造数字化教育资源共享平台是十分必要的。

完善数字化教育资源应充分利用腾讯会议、超星直播等直播平台,以教学需求为依据,整合各平台优势,完善教学直播功能,打造精细化专业教学直播平台;挖掘中国大学慕课等开放式在线学习平台数字资源,拓宽课程建设范围,丰富课程资源及课程内容,保证课程的多而精、多而简、多而特、多而专;升级虚拟仿真实验实践平台,健全专业虚拟仿真实验,针对能源与动力类专业课程实践性强的特点,建设3D数字化模型辅以沉浸式教学,实施实验实践"虚实"耦合教学模式。

加强共享意识,构建"国家-区域-学校"三级教学资源共享平台。国家健全国家级网络资源平台,整合各地区教育资源,设立建设标准、消除信息孤岛、开展示范工程等;各地区建立省市间、城乡间、学校间的区域共享平台,实现教育资源的均衡发展;学校则应积极建设校级教学平台,如借助超星网络教学平台完成特色专业课程建设,开放在线教学资源及线上授课通道,通过"国家-区域-学校"三级教学资源平台联动互通,实现高校教育资源共享、共通、共建[10]。

6 结语

教育部提出新时代高等教育要紧抓新形态,实施高等教育数字化战略行动。高等教育要实现高质量发展,应从课程、教材、实验等方面着力打造高等教育数字化体系,创新人才培养体系,实现人才全面培育。作为老牌专业,能源动力类专业课程要在传统能源及新能源领域实现突破,需要课程教学数字化这一突破性切口和创新性路径,如开发利用数字化教学平台,拓宽课程育人渠道;引入数字化虚拟仿真实验平台,补齐传统实验实践短板;创新数字化教学模式,调度学生学习自主性;完善数字化教育资源,打造数字化教育资源共享平台,构建高等教育数字化教学体系,完成新时代能源动力类专业课程体系建设,实现对数字经济和数字中国的战略应答。

参考文献

[1] 教育部高等教育司. 全面推进高等教育教学数字化 [J]. 中国教育信息化,2022,28(3).

[2] 杜学领,张开智. 基于OBE理念的数字化实验教学改革 [J]. 实验技术与管理,2020,37(1):181-186.

[3] 唐燕娟. "新工科"背景下翻转课堂在制冷原理与装置课程改革中的探索 [J]. 化学工程与装备,2021(9).

[4] 宋其晖. 能源与动力工程专业实习实践教学改革探索:以贵州大学能源与动力工程专业为例 [J]. 中国电力教育,2021(6):41-42.

[5] 张立瑶. 制冷与空调实验课程教学改革 [J]. 教育教学论坛,2020(51):214-215.

[6] 张小彬,王璐,谷德林,等. "工程热力学"线上线下混合式教学改革研究 [J]. 教育教学论坛,2020(6):77-80.

[7] 郑永朋,牟献友,王慧明. 水电站课程实验教学改革探索与实践 [J]. 内蒙古农业大学学报(社会科学版),2022(4):38-41.

[8] 刘焕卫,赵海波. 虚拟仿真实验在制冷压缩机拆装教学改革中的应用 [J]. 中国现代教育装备,2020(8):127-128,131.

[9] 何晓崐,姚江,方海峰,等. 制冷原理与设备课程改革措施的探索 [J]. 中国现代教育装备,2018(1):44-46.

[10] 张倩丽. 数字化背景下应用型高校教育资源共享问题研究 [J]. 教育管理,2022(7):181-183.

"低温生物技术"课程思政实践

张绍志,魏健健,金 滔

(浙江大学制冷与低温研究所,浙江杭州 310027)

摘 要:课程思政在高校落实立德树人、实现人才培养目标方面扮演重要角色。"低温生物技术"作为一门交叉性强的专业选修课程,具有丰富的课程思政素材。通过对思政素材的挖掘和整理,笔者开展了多层面课程思政的实践探索,将各种思政元素贯穿于"低温生物技术"教学和考核全过程,让知识传授与价值引领同行并重,培养学生的综合素质。

关键词:课程思政;案例;交叉课程;切入点

1 引言

大学生是民族的未来和国家的栋梁,大学生的理想信念和人生航向对民族和国家的未来影响很大。在 2016 年全国高校思想政治工作会议上,习近平总书记强调:要用好课堂教学这个主渠道,思想政治理论课要坚持在改进中加强,提升思想政治教育亲和力和针对性,满足学生成长发展需求和期待,其他各门课都要守好一段渠、种好责任田,使各类课程与思想政治理论课同向同行,形成协同效应[1]。2020 年,教育部印发了《高等学校课程思政建设指导纲要》的通知,要求把思想政治教育贯穿人才培养体系,全面推进高校课程思政建设,发挥好每门课程的育人作用,提高高校人才培养质量。众多高等学校教师和高教专家响应中央号召,探索将课程思政融入基础课和专业课的可行方式方法[2-4]。刘大莲等在"高等数学"课堂教学中挖掘出课程思政六大切入点:学科发展史、科学家简介、极限理论和微积分原理、数学与其他学科的交叉、高等数学及其应用的最新前沿、高等数学在当代学生现实生活中的应用[5]。杨强等在"遥感原理与应用"课程教学中建立了思政教学的长效优化机制,将思政教育融入教学活动中,以增强学生对专业的认知度和认同感,引导学生树立正确的人生观、价值观和世界观[6]。

作者简介:张绍志(1972—),男,博士,副教授。电话:0571-87952464。邮箱:enezsz@zju.edu.cn

基金项目:浙江大学课程思政示范项目;高等学校能源动力类教学研究与实践项目(NSJZW2021Y-43)。

2021 年,浙江大学印发了《浙江大学关于进一步推进课程思政建设的实施方案》,强调把思想政治教育贯穿人才培养体系。

2 课程基本情况

"低温生物技术"课程是能源与环境系统工程专业的选修课,主要面对低温方向的高年级本科生,近五年来亦有其他专业学生选修。该课程自 2000 年起开设,至今已有 20 多年历史,使用机械工业出版社的教材《低温生物技术》[7]。该课程具有学科交叉性质,涵盖低温工程、生物学和医学等多方面知识,主要讲授生物材料低温保存、冻干保存以及低温医疗等方面知识,能够开阔学生视野。该课程负责人长期从事生物材料低温保存和冻干保存的相关研究工作,在 *Cryobiology*、*Cryoletters*、《中国生物医学工程学报》和《制冷学报》等国内外期刊上发表了 50 余篇相关论文,并出版了课程教材一本,对授课内容及前沿知识十分了解,这为课程思政素材的收集和挖掘奠定了良好基础。

3 课程思政教学设计

"低温生物技术"课程思政主要从道德修养、家国情怀、全球关切和浙大精神四个层面展开。通过挖掘各章节授课内容中的思政育人元素,找到课程思政融入课程教学的切入点,并对具体实施路径予以科学设计,使课程思政全方位融入课程教学中。

表1给出了"低温生物技术"课程思政素材挖掘及教学设计情况。在教学方式方法方面,通过采用典型案例教学、探究性教学、专家报告、翻转课堂、课程实验等多种形式,提升教学实效。

表 1　"低温生物技术"课程思政教学设计

授课内容	思政切入点	思政层面	教学方式方法	预期教学成效
低温保存技术发展简史	低温保存技术始于 1949 年,当时 Polge 等意外发现甘油能起到在低温下保护细胞的作用	浙大精神	课堂讲述 文献阅读	培养求是创新的科学钻研精神,求是创新是浙大校训
自然界中低温生物现象	低温会对自然界中的生物造成重大影响,包括人们赖以生存的农作物。现代科学技术增强了人类抵抗此类自然灾害的能力	全球关切	课堂讲述 历史故事	科学技术是第一生产力,科学的成果要造福于人类,还需要有"以人为本"等人文思想的指引
人体器官冷冻保存	在《超级战警》《美国队长》等科幻片以及《三体》等科幻小说中,经常出现冷冻人复活的场面,人体冷冻、人体器官冷冻是全球都很关注的技术问题,目前的人体器官冷冻保存技术远未成熟	全球关切	翻转课堂	培养攀登科学高峰、挑战解决人类共同体重大问题的意识
人类生殖细胞的低温保存	精子、卵细胞和胚胎等人类生殖细胞的保存为社会带来了巨大好处,与此同时,该技术也会带来一些社会伦理问题,需要相应立法监督管理、谨慎运用	道德修养	课程实验 课堂讲述	培养技术运用的道德意识,技术是把双刃剑,具有健全人格、良好品德修养,才能用好技术
低温冰箱	医用低温冰箱与家用冰箱相比,技术要求更高。以海尔为例,通过自研和并购,该公司成功实现了在医用低温冰箱领域与国外品牌一较高下的目标	家国情怀	课堂讲述 讨论对比 课后资料	培养学生开放进取、有容乃大的心态,以及献身专业、报效社会的精神
液氮型冷冻治疗器仪	液氮型冷冻治疗器仪有简易、高精尖等各种形式。以浙江大学制冷与低温研究所获得的全国科学大会奖为例,说明如何解决液氮用于冷冻治疗的技术问题	家国情怀	专家讲座 历史追溯	以前辈为榜样,克服困难进行科学钻研,报效国家
人体细胞冻干保存	以浙江大学与浙江省血液中心联合开展的人血小板冷冻干燥保存研究为例,阐述技术难点所在	浙大精神	课堂讲述 启发式教学	培养求真求实、追求真理的使命感和责任心

"低温生物技术"课程思政不仅体现于课程教学大纲、课堂授课、实验实践等环节,还体现于课程考核。在期末考试题中,会安排与课程思政相关的开放性问答题。通过课程思政的全覆盖,努力实现全过程课程育人。

4 思政实践案例

以 2022 年度下学期为例,任课教师通过课程实验(图 1)、专家讲座(图 2)、翻转课堂等形式将思政内容融入课程教学。

图 1　学生开展低温保存小实验

图 2 校外专家讲授低温治疗

案例 1 围绕动物细胞、组织和器官的低温保存展开,思政要点包括全球关切、工匠精神、家国情怀等内容。教学流程如下:①讲授低温保护剂在低温下保护细胞的原理以及低温保存的一般流程;②组织学生开展低温保存小实验,进行活泥鳅和鱼血细胞的冷冻保存,其中鱼血细胞的冷冻分为有保护剂和没有保护剂两种情况,观察泥鳅在液氮冷冻后的存活情况,用显微镜观察鱼血细胞冻存前后的状态;③结合学生上交的实验报告,分析鱼血细胞冻存效果不一样的原因,强调严格遵循程序、工匠精神的重要性;④讲授组织和器官冷冻保存所面临的问题,强调该问题具有全球关注度,播放《超级战警》《美国队长》等电影冷冻人复活片段,布置调研人体低温保存的分组作业;⑤学生进行作业展示,开展人体低温保存前景和挑战的课堂讨论;⑥教师进行总结,强调在人体低温保存这一非常具有挑战性的领域,我国已有机构介入,作为科技高峰课题之一,人体器官和人体低温保存的成功需要多学科合作和基础科学的突破。在学生展示和讨论的过程中,多个小组对人体低温保存带来的伦理问题进行了较为详细的阐述,还有两个小组提到了人体低温保存可能带来的贫富差距加剧问题。

案例 2 围绕冷冻医疗的应用及器械开发展开,思政要点为浙大精神、家国情怀。教学流程如下:①邀请浙江省中医院的专家开展讲座,介绍低温治疗在外科和皮肤科手术中的应用,并就皮肤健康护理与学生进行互动;②讲授液氮型冷冻治疗仪器的工作原理,回顾浙江大学制冷与低温研究所与省内医院的合作,以及在改革开放初期 1978 年获得的全国科学大会奖;③讲授氩氦刀的工作原理、优势及国

内应用现状,强调其高科技特点,激励学生以前辈为榜样,投身相关产业进行技术研发,报效社会和国家。在讲座课后开展的匿名投票调查中,70% 以上的学生认为专家讲座很有价值。

在课程的期末考试中,设计了一道课程思政相关题目:近年来我国人口出现了过快下降的趋势,为此国家和一些地方陆续出台了一些鼓励生育的政策,低温保存技术能够在辅助生殖方面发挥积极作用,请结合本课程所学知识谈谈国家可以出台什么相关措施或政策。从卷面回答来看,大多数学生能够做到结合课程知识予以阐述。

5 总结与展望

高校教师既承担着传道授业解惑的基本职责,又担负着引导大学生树立正确人生观世界观、价值观的重要责任。专业课程有着与基础课程不一样的特点,只要教师做课程思政的有心人,充分发挥学科专业特色优势、挖掘人文历史底蕴,就能找到不少专业课程的思政融入点,实现专业知识传授与价值塑造同频共振。"低温生物技术"是浙江大学一门很有特色的学科交叉课程,选修学生除来自能源与环境系统工程专业外,还有不少来自其他院系专业。目前开展的多层面课程思政仍处在实践探索阶段,虽然在学生教育上取得了一定的成效,但在案例饱满度方面仍有较大的进步空间。接下来可开展的工作包括:①为已有案例搜索更多的素材,并进行更好的组织,让已有案例更加饱满;②将国内近些年迅速发展的行业动态引入课堂,建立更多的家国情怀方面的思政案例。

参考文献

[1] 习近平在全国高校思想政治工作会议上强调:把思想政治工作贯穿教育教学全过程开创我国高等教育事业发展新局面 [N]. 人民日报,2016-12-09.

[2] 高德毅,宗爱东. 从思政课程到课程思政:从战略高度构建高校思想政治教育课程体系 [J]. 中国高等教育,2017(1):43-46.

[3] 刘宝林,李维杰,宋丹萍,等."现代仪器分析"课程思政案例设计及实施:科学与艺术 [J]. 科教导刊(电子版),2020,36(3):112-113.

[4] 孟建宇,冯福应,玛丽娜,等. 基于线上线下的"微生物学"课程思政的教学探索 [J]. 高教学刊,2021,7(14):166-170.

[5] 刘大莲,曹彩霞,刘佳,等. 高等数学课程思政探索及经典案例分析 [J]. 北京联合大学学报,2021,35(3):34-38.

[6] 杨强,陈动,郑加柱,等. 课程思政在教学中的实施与探索:以"遥感原理与应用"为例 [J]. 教育教学论坛,2021(6):77-80.

[7] 张绍志,陈光明. 低温生物技术 [M]. 北京:机械工业出版社,2019.

培养创新学习方法教学体系的构建与实施

薛　绒,吴伟烽,杨　旭

（西安交通大学能源与动力工程学院,西安　710049）

摘　要: 21世纪是一个科技迅猛发展的时代,世界处在以信息技术为标志的高科技时代,高校应该把创新教育作为高等教育的灵魂和高校教学改革的关键,推动科技创新的发展,为实现生产力的转化提供重要的动力。因此,笔者所在团队开设了"再创式学习与技术创新能力训练"本科生通识类核心课程,为了改善和提升教学效果,本文提出了创新学习方法新的教学体系,旨在有效推进对高校学生创新学习能力的培养。

关键词: 创新学习方法;教学体系;创新能力培养

1　引言

创新是一个民族进步的灵魂,是一个国家兴旺发达的不竭源泉,也是中华民族最深沉的民族禀赋。在激烈的国际竞争中,惟创新者进,惟创新者强,惟创新者胜。坚持创新发展,就是要把创新摆在国家发展全局的核心位置,让创新贯穿国家一切工作,让创新在全社会蔚然成风。高等学校肩负着培养国家未来建设者和接班人的重要使命,如何有效地提升大学生的创新能力,已成为高等学校极为关注的焦点之一。培养创新型人才,则需要重视发展学生的创新意识、创新思维、创新能力,使之能应对以创新为核心内容的国际化竞争。

然而,中国传统的教育方式以知识教育为主,强调知识和技能,对个人能力和创新思维的培养则较为缺乏,无法塑造学生跨学科的思维方式、观察和分析问题的世界视野、历史思维与方法、批判创新的理念和积极正确的价值观等。中国学生往往有深厚的、系统的知识基础,却少有惊人的创造和发明。因此,人们普遍认为创新是一件很困难、不可捉摸的事情,需要基于偶然爆发的灵感,是少数天才的工作。但是研究表明,创新思维不是天生就有的,它可以通过人们的学习和实践不断培养和发展起来。培养创新人才是研究型大学的重要使命,创新教育就是让学生解放思想,超越教师,超越课本,是一种自主自为的活动,以培养创造性人格为根本。为了大力发展学生的创新精神和能力,需要建立一套体系,引领学生探讨何为创新、如何创新,激发学生的创新意识,以及引导学生以再创式的方式进行学习。因此,笔者所在团队已经提出并开设了"再创式学习与技术创新能力训练"的本科生通识类核心课程。

2　现有创新学习方法教学体系存在的问题

笔者所在团队开设的创新学习方法教学课程,目的是培养学生的创新意识、提高技术创新能力、掌握再创造式方法、树立再创造学习意识以及养成创新能力自我培养习惯,总结前期开课的效果和学生的反馈,发现课程还存在以下主要问题。

2.1　能力培养部分偏重于技术创新

近年来,选课学生中非理工科学生占一定比例,且以大学低年级学生为主。从另外一个角度来看,无论是理工科还是文科学生,实际上低年级学生在技术创新所需要具备的基础知识方面都稍有欠缺。以技术创新为主的讨论课和案例课,对学生要求有点高。讲述的内容太难或者和他们所接触的环境不相关,就会使学生失去学习的兴趣,参与度较低,师生互动不积极,严重影响课堂效果。

2.2　没有充分发挥学生的自主性

忽略了创新能力是学生个体由内而外自发的主动思考和产生创意的过程[1]。在课堂依然主要是教师讲授为主,学生被动接受知识,不能激发学生的批

作者简介: 薛绒(1983—),女,博士,副教授。电话:18189215525。邮箱:xuerong@mail.xjtu.edu.cn。

基金项目: 国家自然科学基金(51806162);陕西高校青年创新团队。

判性思维以及挑战权威的勇气。所以,导致学生思考问题时依然依赖于过去的知识和经验,这种过分的依赖会造成仅用一种思路思考问题的习惯,可能会造成特定的思维定势——习惯性思维定势,也就是思维沿前一思考路径以线性方式继续延伸,并暂时地封闭了其他的思考方向。这种思维定势养成特定的心理定势,就会使学生的大脑思维僵化。

2.3 思政意识不强

将"立德树人"的教育根本与创新教育理念贯穿地不彻底,忽视学生道德修养和理想信念的培养,更多地重视关于创新概念和创新方法的理论介绍。没有做到将课程思政渗透到课程中,不能激发学生的内驱力,导致学生在学习的过程中不能体会创新对于我国技术发展的重要推动作用,进而缺乏学习的积极性和目标的明确性。

3 创新学习方法教学体系的构建与实施

3.1 构建分层次、模块化的教学内容体系

课程内容将聚焦于"在学习的过程中如何提高创新能力"的主题。考虑到课程内容的完整性和可延展性,将课程内容划分为三个部分:基础篇、思维篇和能力培养篇。

基础篇从自然科学的产生史、王阳明心学两个角度展开,讲述知识产生、创新的一般过程,总结讨论学习与创新的方法;学习的心理与生理学基础,从学习心理学、认知神经科学两个方面探讨抽象的学习与思维和人类脑机制的关联,为后续课程的学习建立方向和信心;探讨再创式学习方法,展示再创式学习的案例;科学地认识脑机制,特别是思维的神经基础,就更容易接受各种学习方法,也更有可能开发与自己更适应的学习方法。思维篇主要内容是创新思维,包括逻辑思维、非逻辑思维和批判性思维的介绍。能力培养篇主要内容是以创新发明原理为基础,开发从现代能源技术开始的涉及多个学科的讨论课。

整个教学过程的主旨是"既授人以鱼,又授人以渔"。让学生意识到知识从来都不是所谓客观之物,它是人类在社会实践中形成并得到验证的,属于人的认识范畴,"知识"更像是一种探究的活动。如果能打破惯性,打破历史规则的沉重束缚,克服习惯性思维定势,勇敢地挑战习惯与不合现实的规则,则

是一种更大意义上的创新。

3.2 教学模式与方法改革

在现代教育的改革中,要尊重学生的主体地位。学习本身就是一个比较个性化的行动,教育活动的开展也应该是一个师生互动的过程。课堂的主人是学生,学生参与积极性提高了,学习能力和兴趣自然就有了。由此可见,创新教育,需要教师真正认识到解放思想的重要性,通过给予学生主体地位来促使学生创造能力和创新思维的培养。

因此,除课堂上教师和学生之间问答式的互动方式外,新的教学体系中还安排了讨论课、辩论赛和实例课,学生可以依据自己的性格特点、兴趣爱好选择相应的模块,尊重学生的主体地位,实行个性化教育,以最大限度地满足学生的学习需要,积极鼓励各种创新思路,突出创新意识,更好地培养学生的创新能力以及创新思维。

(1)讨论课。在创新思维部分,开展实例课或辩论课,针对一种创新思维方法开展实例课,例如学生自由成立小组,用20分钟的时间完成一次头脑风暴训练,鼓励每位组员积极发言,全员参与。

(2)辩论赛。针对某一个观点或者主题,组成小组以辩论赛的形式完成该主题的讨论。

(3)实例课。以教师为引导,学生分组,提前组织准备,查阅资料,集中讨论汇报的形式开展。

教师不应只是知识的传播者,更应是学生思维的启发者。美国心理学家吉尔福特总结创新人格特征为"高度自觉性和独立性;旺盛的求知欲;强烈的好奇心;知识面广,善于观察;讲求理性、准确性与严格性;想象力丰富;有幽默感;意志品质出众"八个方面[2],他认为创新能力的关键在于创造性思维,主要表现为流畅性、变通性和原创性。在课堂中,教师应让学生多发言,让学生讲自己的看法和理解,让学生进行判断、比较和选择,让"教学"在某种程度上成为"导学",把学生摆到一个相对主导的地位,而教师摆到一个相对辅助的地位,充分发挥学生的主动性,调动他们的原创性思维。

3.3 课程思政的融合模式

习近平总书记在全国高校思想政治工作会议上提出,要把思想政治工作贯穿教学全过程,实现全程育人、全方位育人,学校思想政治工作要因事而化、因时而进、因势而新[3]。因此,本课程在传授知识的同时,介绍知识的起源,学科的诞生和革命都是人类创造性思维的成果。让学生了解古代学者和哲人的思想及其思想的起源,会给他们带来许多启迪。从

文明起源的自然环境出发,讲述西方社会发展到民主政治、中华文明发展到社会主义的必然性;从自然科学的产生和王阳明心学两个角度,讲述科学思维方法,并分析未来的社会可能会是两种文明的结合的观点,从人类发展进步历史的高度看待创新。同时,也应该让学生了解目前我国经济进入新旧动能转换关键时期,人工智能、大数据、基因工程等新技术的广泛应用正在催生大量新产业。尽管近年来技术创新取得了一系列重大突破,但我国科研工作仍面临原始创新能力不足、科技成果转化机制不畅等诸多问题。从创新的驱动力方面,讲述中美贸易战和大国竞争的本质,自力更生、自主创新就要突破一批"卡脖子"技术,协同创新、集成创新是必由之路。弘扬爱国主义,激发学生开拓创新的科学精神。

4　结语

"科技兴则民族兴,科技强则民族强",高等教育承担着培养专业性人才的重任,更肩负着国家、民族给予的历史使命。创新教育的目的是培养创新型人才,人才兴,科技兴,人才引领科技创新的发展,可使我国早日摆脱关键领域核心技术受制于人的局面。本文提出的构建与实施培养创新学习方法的新教学体系,是所在团队顺应时代的潮流,在历史的变革中挂起中华民族的伟大风帆、长风破浪的体现。

参考文献

[1]　曾筱. 应用型专业大学生创新能力培养 [J]. 中国高等教育, 2018 (21): 56-57.

[2]　GUILFORD J P. Traits of creativity [M]. New York: Harper & Publisher, 1959: 142-161.

[3]　吴伯志. 因势而动顺势而为做好高校思想政治工作 [J]. 社会主义论坛, 2017(3): 11-12, 19.

碳中和背景下"制冷系统节能技术"课程以"冷链"为核心教学实践探索

李诚展,杨文哲,刘兴华,孙志利,田　绅,刘　斌

（天津商业大学机械工程学院,天津　300134）

摘　要:结合天津商业大学特色学科能源与动力工程的学科发展思想和本科生培养计划,针对"制冷系统节能技术"课程的特点,该课程以碳中和为教学背景,对教学内容进行了有效整合,探讨了新背景下该课程所需采用的教学方法和手段,以互动教学法作为基础教学手段,搜集大量的工程案例来丰富教学内容,以提高学生的实践技能,同时对我校开展的制冷节能方面的前沿应用研究与教学内容进行深入融合,以期培养出满足社会需求的综合型新时代制冷人才。

关键词:冷冻冷藏;冷链技术;碳中和;制冷系统节能技术;教学改革

1　引言

近年来,人们对生活舒适度和健康水平的要求逐渐提高,制冷已成为人们日常生活中必不可少的一部分。制冷行业亦在食品、空调、医疗保健、工业和能源等众多领域中发挥着重要作用。据国际制冷学会（International Institute of Refrigeration，IIR）估算,包括空调在内的制冷行业耗电量约占全球总耗电量的20%,这充分说明了该行业的重要性[1]。国际能源署（International Energy Agency，IEA）预测2050年空调耗电量将增长3倍,基于此 IIR 估算包括空调在内的制冷行业能耗将在2050年翻番,其中家用制冷设备的耗电量约占制冷行业的45%[2]。我国作为制冷设备制造和使用大国,如我国空调持有率占比高达35%以上,冰箱与空调能耗约占全国总能耗的15%以上[2]。从而使提高家用制冷设备能效,减少一次能源使用,成为制冷行业从业者的重要着眼点之一。同时,2021年12月国务院印发了《"十四五"冷链物流发展规划》,其中明确指出,要提高冷链物流各个环节中关键技术和设备的研发力度,提倡节能技术在冷链物流中的应用[3]。面对制冷行业的迅猛发展和低碳化的发展要求,市场对掌握制冷空调技术人员的需求变得更为迫切,且要求技术人员对制冷系统相关的节能知识有系统性的了解,最终实现制冷系统各个环节的节能高效。为使制冷与低温工程专业学生在该行业的竞争中更具优势,天津商业大学制冷与低温工程专业开设了"制冷系统节能技术"课程,结合学校学科优势,结合当前碳中和的能源应用背景,提升学生在制冷方面的全流程节能技术的综合素质,努力实现学生将节能基础知识与实践能力相融合,使之成为基础扎实、多方位、富有创新和实践能力、适应新背景下该行业飞速发展需要的综合型人才。

2　新背景下的教学内容整合优化

在冷冻冷藏相关领域,冷链物流仓储、运输等环节能耗水平较高,在碳达峰、碳中和目标背景下,面临规模扩张和碳排放控制的突出矛盾,迫切需要输送一批掌握优化用能结构基础知识,能够实现制冷设施设备绿色高效节能的高素质人才,以加快减排降耗和低碳转型步伐,推进冷链物流运输结构调整,实现健康可持续发展。因此,为满足碳达峰、碳中和背景下低碳化发展的需要,结合我校在冷冻冷藏相关领域的学科优势,我校为能源动力工程专业的学生开设了"制冷系统节能技术"课程,作为该专业一门主要的专业限选课。该课程开课时间可选择为大

作者简介:李诚展（1992—）,男,博士,讲师。邮箱:lichengzhan@tjcu.edu.cn。

基金项目:天津商业大学大学生创新创业竞赛项目（202210069201）。

四的上半学期,为学生后续的毕业实习、毕业设计或毕业论文提供一定的专业储备。此课程对应的先修课程主要包括"制冷原理与设备""制冷压缩机""制冷装置设计""制冷装置自动调节""食品冷冻冷藏工艺""冷库建筑""热泵技术""制冷机制造工艺"等,这些课程涵盖了冷冻冷藏食品方面的理论和生产工艺技术知识,这些前置课程为本课程的讲授奠定了良好的理论基础。

"制冷系统节能技术"在本专业人才培养计划中所占学时相对较少,仅 32 学时,但前置课程已讲授制冷技术与工艺知识点,可以使学生更容易投入本门课程的学习中。通过本课程学习,使学生了解冷冻冷藏相关领域制冷应用现状以及节能减排对制冷行业发展重要性,进而明白并掌握应用节能的四个层面:从需求端控制热负荷,减少无效负荷的产生;从配置侧选择合理的系统形式、制冷剂种类;从管理侧提高调控效率,发挥系统工作能力;从场景侧结合蓄冷技术、自然冷源利用、可再生能源利用、冷热联供技术等;实现系统从规划到设计到施工再到运行管理各个环节的节能高效。

学生通过运用已学的制冷技术与工艺知识,融会食品冷冻冷藏、冷链运输等节能技术。基于此,笔者对课程内容进行了有效整合,主要包括以下模块,即节能减排的意义(碳中和的基本逻辑)、冷链技术的能耗现状、冷链技术各环节制约因素和节能薄弱点、节能措施评价指标与依据、冷链技术各环节负荷控制与运维管理、特定场景下的制冷技术的节能要点与手段。学生通过学习本课程,对实际案例进行分析,加深对系统节能分析和节能改造关键技术点的理解,从而掌握相关分析改造流程。

3 新背景下的教学方法与手段的探讨与实践

高素质人才的培养与教学内容的设定、有效的教学手段与方法的使用密切相关。要根据不同课程的属性和教学内容的特点选择合适的教学方法,最终服务于教学内容的传授。针对"制冷系统节能技术"课程应用场景多、实践性强、知识面广、与先进技术直接相关等特点,笔者给出了一套切实可行的教学方案,尝试采用以下教学方法与手段。

3.1 基础教学手段与方法——互动教学法

多媒体教学手段是当前课堂教学中的主要形

式,尽管制作多媒体教学课件能够提供较高的信息密度,但该教学方法使学生参与感较低。学生作为课堂教学中的唯一主体,必须加强学生与教师之间、学生与学生之间、学生与课件内容之间的联系,教师在此过程中需要扮演引导者、组织者的角色,使学生更为高效主动地参与学习。首先,互动教学法的前提需要生动的讲授好基础的制冷系统的节能技术知识,因此利用多媒体手段中的动画演示制冷系统、设备结构和工作过程,将冷链技术各个环节所需要用到的节能原理形象、生动、准确地传授给学生,激发学生的学习热情,提高学生的学习兴趣,同时亦能加深学生对相关知识的理解,进一步启发学生的创新思维。其次,组织学生课堂讨论,讨论主要内容由教师给定,学生根据设定的内容进行分组讨论,学生团队人数应控制在 3~6 人,充分发挥每位学生的主观能动性。在团队讨论时,教师要对讨论内容进行正确的引导,鼓励学生提出自己的想法,对冷链技术的各个环节存在的节能制约因素或薄弱点提出问题,并启发在不同场景下选择合适的节能手段,同时对学生提出的不同见解给予鼓励。采用这种讲授与讨论相结合的教学形式,使学生由简单地被动接受的学习形式转变为主动积极地学习形式,能够锻炼学生实际运用所需知识解决问题的能力。另外,课下给学生布置作业,如要求学生通过实际调研、查文献资料等方式了解制冷空调装置运行调节过程中的节能技术,实现对制冷系统中的不正常情况的分析与排除,有效掌握食品冷却、冻结过程中的节能管理技术。同时,查阅一些英文文献,可适当提高学生的专业外语水平,引导学生进行研究型学习、资源型学习等,进一步培养学生的团队协作精神和自学能力。

3.2 丰富教学内容——工程案例分析

"制冷系统节能技术"是一门实践性、综合性较强,且涵盖知识面广的课程。因此,为提高学生对该课程的感性认识,通过实践教学手段巩固理解理论知识,培养学生的实践技能、创新能力是一个必不可少的环节。但该课程作为课时较少的专业限选课,设置课程内实验、课程设计等内容与培养计划不相匹配,故笔者提倡在教学内容中添加更多的工程样例分析,以此来培养学生具备扎实的基本技能与实践能力,最终实现向社会输送掌握制冷系统节能基础知识、熟练运用相关知识、发现制冷系统各环节中节能薄弱点,进而提供合适的节能技术方案的应用复合型人才。

笔者建议教师在教学过程中搜集和整理大量的

工程案例和制冷系统及装备的流程图、实物图等,进而与相对应的节能基础知识相结合,实现理论与实践的有机融合,丰富教学内容。例如,对于冷链技术来说,可以先搜集一些相关的冷链技术全流程、全环节、多场景下对应系统的原理图和所需用到的制冷装备的实物图、结构图,使所讲内容更具直观性。同时,针对冷链技术不同环节来说,可以搜集不同类型食品对应的预冷库冷却过程对应的工艺过程,相类似的还有肉类的速冻库、肉类屠宰加工型冷库以及生鲜物流库等工程案例,通过案例分析,加深对系统节能分析和节能改造关键技术点的理解,从而掌握相关分析改造流程。

4 打造学科特色,将学科前沿深度融入教学

天津商业大学在传统的冷冻冷藏领域多年积累的学科优势基础条件下,开展了冷链数字化应用方面的研究,首先针对现有国内市场的冷链现状进行了全面的调研,其中包括冷链运输的全流程(图1),总结出现有冷链物流中存在的四个层次的问题。

(1)政策环境:基础设施分布不均,存在结构性失衡的现象,物流企业问题突出,监督体系不完善。

(2)行业链条:冷链设施建设滞后,专业性水平不高,冷链设施短板突出,冷链物流体系不健全。

(3)运行体系:缺少冷链物流枢纽,组织化程度不高,骨干网络尚未形成或者网络化程度不够。

(4)发展基础:冷链物流企业发展程度较低,国际竞争仍处于劣势;冷链物流标准体系有待完善,部分内容还处于缺失或空白状态。

其次,对《"十四五"冷链物流发展规划》进行了全面解读,最终打造出"三级节点、两大系统、一体化网络"的冷链物流运行体系。

再次,与全国多地多类型冷库相联合,建立了冷库智能监控平台(图2)。通过用冷冻冷藏的专业基础和新兴技术手段来推动冷库冷链行业数字化转型,抢占未来冷链基础设施建设及服务的重要节点。该平台通过对冷库或冷链关键节点的数据进行监控(主要是热力学参数)、建立制冷数据档案、对制冷系统的能耗进行统计分析、在运行过程中实现对制冷系统的远程控制和远程报警,通过对大量的制冷数据进行分析,最终给出对应的节能运行方案。值得一提的是,对数据监控也包括采用视频监控的方式,如货物安全监控、化霜视频监控和图像识别等方式。

最后,在应用方面,可以实现大数据驱动的个性化节能产品设计、云计算,以实现冷库精细化管理,进行多维度数据融合的最优化管理。

在教学实践中,利用已有的最新研究基础,通过多媒体技术将上述信息有效融合到教学课件中,开阔学生视野,为学生留有一定的自我学习的空间和机会,使教学内容具有科学性、先进性和趣味性[4]。

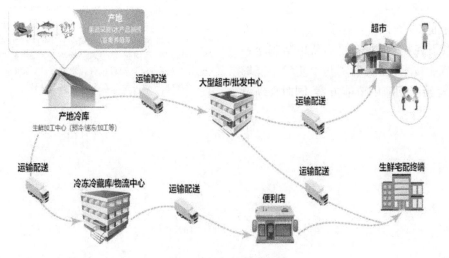

图1　冷链运输的全流程

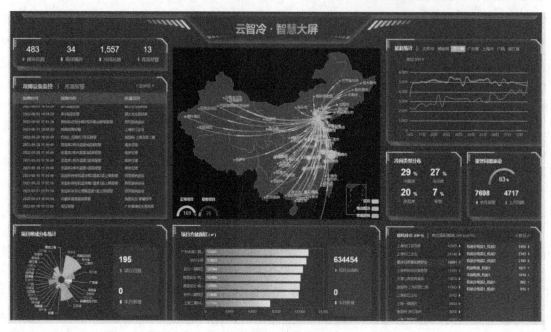

图 2 冷库智能监控平台

5 结语

发展冷链物流是保障人民群众食品药品消费安全、畅通城乡产品双向流通、全面推动乡村振兴的关键举措。根据《"十四五"冷链物流发展规划》，紧密围绕冷链物流体系、产地冷链物流、冷链运输、销地冷链物流、冷链物流服务、冷链物流创新、冷链物流支撑及冷链物流监管体系等，在碳中和背景下，对冷链物流的全流程、全环节、全场景提出更高效节能的发展要求，需要针对冷链物流"最先一公里"和"最后一公里"等行业难题提出了科学可行的节能方案[3]。在新背景下，制冷行业需要不断总结制冷系统不同场景下节能技术，在教学实践中使学生能够在多场景、全流程给出相应的节能方案，同时在新背景下结合学科特色在教学实践中不断总结经验和更新教育理念，积极探索符合教育规律的教育模式，培养出满足社会需求的综合型新时代制冷人才。

参考文献

[1] DUPONT J-L，王云鹏，张晓宁，等. 制冷行业在全球经济中的作用：国际制冷学会第 38 期制冷技术简报 [J]. 制冷技术，2020，40（1）：1-8.

[2] IEA. The future of cooling, opportunities for energy efficient air conditioning[R/OL]. （2018-05-15）[2019-06-19].https：//www.iea.org/futureofcooling/.

[3] 国务院办公厅关于印发"十四五"冷链物流发展规划的通知（国办发〔2021〕46 号）. 中国政府网 [引用日期 2021-12-12].

[4] 晏祥慧，马国远，徐庆辉."冷冻与冷藏"教学改革的实践与探索[C]// 制冷空调学科教育教学研究：第五届全国高等院校制冷空调学科发展研讨会论文集，2008：171-174.

基于虚拟仿真的建筑分布式能源课程实验教学方式探讨

孙方田,赵博文,王瑞祥,高　峰

（国家级建筑用能虚拟仿真实验教学示范中心, 北京建筑大学, 北京　100044）

摘　要: 建筑分布式能源技术是一门专业综合性和实践性均较强的课程。对于建筑分布式能源系统,其容量通常较大,实际运行性能通常取决于电、冷、热负荷全工况匹配情况。传统的实验教学方式难以形象、全面地表达建筑分布式能源系统及其热力设备的全工况运行特性,从而导致实验教学内容碎片化、系统整体性能定量化表述困难。虚拟仿真实验可借助于虚拟现实场景进行形象、全面的表达,以提升教学效果。

关键词: 分布式能源;虚拟仿真;实验教学;全工况性能;系统设计

1　引言

2030 年碳达峰、2060 年碳中和发展战略为我国城乡能源系统低碳转型指明了发展方向,并倡导集中式与分布式相结合的规划与设计理念[1]。集中式能源系统具有能效水平高、管理方便等优点,但也存在多样化需求导致系统能效水平低、运行调控不灵活等问题。分布式能源系统可因地制宜地进行系统设计,具有靠近用户、运行调控灵活、能效水平高的优势,但对电、冷、热负荷分布要求较为苛刻[2]。由此可见,分布式能源技术可用于解决集中式能源系统存在的问题,提高能源系统供能保障能力,因此是集中式能源系统的有益补充。

与其他专业课程相比,"建筑分布式能源技术"是一门专业综合性和实践性较强的课程,其主要内容包括负荷计算、系统形式与设备、系统优化设计及其适用性分析[3]。建筑分布式能源系统较复杂、容量较大、设备类型较多,对系统全工况负荷匹配要求较高。传统的课堂教学和实验教学难以形象地向学生展示系统全工况运行特性,从而导致教学效果不理想。

2　传统教学方式短板

传统教学方式难以形象地描述各种热力过程动态特性,导致教学内容较为抽象。此外,大多数学生在该课程学习之前对各种热力设备运行特性了解甚少,导致学生对系统优化设计理论理解较困难。对于"建筑分布式能源技术"课程,传统教学方式主要存在以下问题。

2.1　负荷动态变化表达缺失

负荷指标法只是给出热用户在设计工况下的负荷需求。然而,实际分布式能源系统在大多数时间内都处于非设计工况区。在此条件下,分布式能源系统设计由于缺乏动态负荷数据支撑,宜出现设备容量配置不合理,进而导致运行过程中的电、冷、热负荷供需不匹配。这势必引起分布式能源系统实际运行过程存在大量的不可逆损失和余热浪费,降低系统性能。

由此可见,建筑分布式能源系统对电、冷、热负荷全工况匹配要求较高,必须在设计过程中考虑负荷动态分布。

2.2　系统运行控制及实施方案制定困难

在一年中,建筑物实际的冷、热负荷均随室外天气的变化而变化,甚至严重偏离设计工况。若两种或三种负荷同时存在非一致性变化,需要对系统中相应的热力设备出力做出适当调控,以实现负荷供需匹配。因此,系统运行需要一种精准的运行控制

作者简介:孙方田(1977—),男,博士,副教授。电话:010-68331450。邮箱:sunfangtian@bucea.edu.cn。

基金项目:北京市自然科学基金(3222027)。

方案,以提高运行效果。

精准的运行控制方案的制定需要了解系统性能的敏感性影响因素,掌握系统在变工况下的负荷需求、各种热力设备变工况运行性能,然后通过综合评价确定分布式能源系统运行控制策略及具体实施方案。

2.3　系统效益评价困难

实际分布式能源系统在大多数时间内是在非设计工况区运行,其运行性能必将区别于设计工况。传统教学方式难以形象而全面地表达出各种工况下的热力设备性能及系统整体性能,从而导致系统的能源效益、环保效益和经济效益评估困难。建筑分布式能源系统由于容量较大而难以通过教学实验进行全面的剖析,从而导致学生对系统设计认识不足。

虚拟仿真技术有望解决上述问题,帮助学生了解不同类型的电力、制冷和采暖等热力设备运行性能,并可通过系统全工况仿真掌握系统设计优化方法及原则。

3　课程教学效果提升方法

虚拟仿真技术起始于 20 世纪 40 年代,是采用一个虚拟系统来模仿另一个真实系统的技术。因此,虚拟仿真有助于学生了解建筑分布式能源系统及其关键热力设备动态特性的高效辅助教学手段,有利于激发学生的学习兴趣,培养学生理论联系实践的能力,提升教学效果。

3.1　虚拟仿真技术特点

虚拟仿真技术具有以下特点[4-6]。

(1)沉浸性:良好的虚拟仿真系统能够给学生带来各种感知信息,使其如同身临其境。

(2)交互性:学生能够对环境进行控制,同时环境也能够作用于人。

(3)逼真性:让学生感受到虚拟环境与真实环境相像。

(4)可编辑性:可根据教学需求和学习需求,灵活构建多种系统流程及系统配置。

(5)经济便捷:采用电脑仿真技术可克服传统实验教学的时间和空间局限性,降低教学成本,提高教学质量和效率。

虚拟仿真平台能够帮助学生熟悉各种热力设备全工况运行特性,掌握不同热力设备的高效运行工况区及利用原则[7-8]。同时,虚拟仿真平台也有助于学生了解不同设备或不同功能子系统集成应用效果

及其相互影响规律,为系统集成、配置及运行优化奠定基础。

3.2　虚拟仿真平台使用方法

"建筑分布式能源技术"课程通常被安排在大三的下学期。此时,大多数学生还没有掌握各个设备仿真软件编制技能,因此该课程在开展虚拟仿真教学之前,需要做以下工作。

(1)虚拟仿真平台需要提前准备燃气轮机、内燃机、余热锅炉、热驱动热泵、电动热泵、储能装置等设备仿真程序,并预留接口,以便于在系统构建过程中连接各个设备。

(2)学生首先通过课堂教学和仿真平台相结合的方法熟悉燃气轮机、内燃机、余热锅炉、热驱动热泵、电动热泵、储能装置等设备技术特征及其全工况运行特性。

(3)在建筑分布式能源系统构建之前,教师需要向学生讲授系统集成原则、方法、步骤和综合性能评价指标,并介绍相关平台操作方法及注意事项。

(4)在建筑分布式能源系统构建之前,学生需要做好建筑分布式能源系统虚拟仿真实验方案,并熟悉平台的操作。

(5)学生对虚拟仿真实验数据进行整理、分析,总结归纳出建筑分布式能源技术适用性,深度理解能量梯级综合利用理论,掌握建筑分布式能源系统设计优化原则、方法及步骤。

4　结语

建筑分布式能源系统设计涉及多种复杂动力设备,其性能在很大程度上受到系统全工况负荷分布的制约。传统教学方式难以形象、全面地阐述建筑分布式能源系统全工况运行特性,从而导致教学内容较抽象,学生理解较困难,教学效果不理想。虚拟仿真平台具有现实场景虚拟化功能,有助于学生熟悉各种复杂动力设备运行特性,了解系统性能敏感性影响因素,掌握系统设计原则、方法及步骤,提高学生的理论与实践相联系能力。因此,虚拟仿真技术是提升"建筑分布式能源技术"课程教学效果的关键手段,应给予重视和推广应用。

参考文献

[1] 国务院. 国务院关于印发 2030 年前碳达峰行动方案的通知. http://www.gov.cn/zhengce/content/2021-10/26/content_5 644 984.htm, 2021-10-24.

[2] 王惠, 赵军, 安青松, 等. 不同建筑负荷下分布式能源系统优化与政策激励研究 [J]. 中国电机工程学报, 2015, 35(14):3734-3740.

[3] 王健, 阮应君. 建筑分布式能源系统设计与优化 [M]. 上海: 同济大学出版社, 2018.

[4] 付冬波, 周富青. 虚拟仿真教学平台的设计与实践 [J]. 电子技术, 2022,51(4):274-275.

[5] 丁明涛, 郑豪, 张露, 等. 基于虚拟仿真技术的"灾害地质学"课程教学模式改革研究 [J]. 中国地质教育, 2022, 31(1):35-39.

[6] SIM J J M, BINRUSLI K D, SEAH B, et al. Virtual simulation to enhance clinical reasoning in nursing: a systematic review and meta-analysis[J]. Clinical simulation in nursing, 2022, 69:26-39.

[7] 叶家盛, 刘青荣, 阮应君, 等. 基于建筑虚拟储能的分布式能源系统优化调度 [J]. 科学技术与工程, 2022, 22(13):5257-5262.

[8] 王哲, 高琪瑞, 李辉, 等. 1000 MW 超超临界火电机组燃烧系统虚拟仿真教学实验系统建设 [J]. 中国现代教育装备, 2022(7):4-6.

"新能源概论"课程思政建设探索与实践

孙昱楠,杨文哲,苏　红,陶俊宇,陈冠益

（天津商业大学机械工程学院,天津　300134）

摘　要:高校人才培养中,课程思政建设将专业授课与思政教育有机融合,可以很好地实现教师"立德树人"的根本任务,全方面培养综合素质人才。当前新能源利用快速发展且面临重大需求,同样也是建筑环境与能源应用工程专业在"新工科"发展中需要关注与学习的重点,在专业培养中"新能源概论"课程思政建设尤为重要。在课程模式、授课内容、课程考核方式等方面,需要对思政教育的融入进行探索与实践,从而形成一套有效的"新能源概论"课程思政教育模式。

关键词:课程思政;新能源概论;课程教学;人才培养

1　引言

中国国务院新闻办公室 2012 年 10 月 24 日发布的白皮书《中国的能源政策》指出,中国将通过坚持"节约优先"等八项能源发展方针,推进能源生产和利用方式变革,构建安全、稳定、经济、清洁的现代能源产业体系,努力以能源的可持续发展支撑经济社会的可持续发展。在当前背景下,新能源发展备受关注,高校作为人才培养的摇篮,在专业培养中需要促进学科交叉,建筑环境与能源应用工程专业的学习及发展与能源领域息息相关,"新能源概论"正是当前环境下了解能源领域发展的首要课程,该课程的教学培养尤为重要。

习近平总书记在全国高校思想政治工作会议上强调,要坚持把立德树人作为中心环节,把思想政治工作贯穿教育教学全过程,实现全程育人、全方位育人。为贯彻习近平总书记关于教育的重要论述和全国教育大会精神,落实教育部《高等学校课程思政建设指导纲要》要求[1],在课程设计及授课实践中,要充分发挥课程思政教育功能,明确价值塑造、能力培养、知识传授"三位一体"的课程目标,并结合"新能源概论"课程特点对思政元素进行融合。

"新能源概论"课程具有典型的多学科交叉性[2],如何在有限的课时内对新能源课程知识进行全面介绍,同时融入思政教育元素,是这门课最困难

也是最重要的地方。需要明确思政内容的融入点、教学方法和载体途径,注重思政教育与专业教育的有机融合。

2　课程思政教学目标

"新能源概论"课程以新能源基础知识、技术前沿、新能源经济与政策等方面的内容为对象,主要介绍太阳能、生物质能、风能、氢能、核能、燃料电池和其他新能源及可再生能源利用的基本原理、关键技术应用现状和发展前景。课程思政的教学目标需要把握以下三点。

（1）立德树人:坚持德育为先,以人为本。通过正面教育引导人、感化人、激励人,通过合适的教育塑造人、改变人、发展人。坚持以德立身、以德立学、以德施教,在授课中注重对学生世界观、人生观和价值观的培养,积极引导学生正确树立国家观、民族观、历史观、文化观,为中国特色社会主义事业培养可靠接班人[3]。

（2）协同育人:深入挖掘课程所蕴含的思想政治教育资源,将思政元素与专业内容有机融合,实现专业课程与思想政治理论课协同育人,既重视专业技能和创新能力的培养,又要把思想引导和价值观塑造融入教学[4],为国家建设培育德才兼备的专业领域人才。

（3）多元育人:注重建立"三位一体"的教学目标,课程讲授的不只是表面知识,要深入地塑造思

作者简介:孙昱楠(1992—),女,博士,讲师。电话:022-26686226。邮箱:sunyunan@tjcu.edu.cn。

想、培养能力,实现多角度培养,打造全方位人才。

结合专业内容,通过本课程学习,希望学生能够了解能源的分类及其分类依据,新能源在能源工业中的应用状况和未来发展趋势;掌握不同种类新能源利用的基本原理,以及新能源技术与设备的应用现状,培养学生在新能源开发与利用方面的分析、解决问题能力;理解国内外各种新能源的发展障碍与推动政策,了解新能源利用技术的前沿动态,激发学生根据所学知识提出开发新能源的构思与方案,学会查找资料与文献调研等技能,培养学生主动学习和创新能力,激发学生的求知欲、探索欲。

3 思政内容融入与实践

课程思政建设需要从多方面入手,将思政元素与授课内容有机融合,包括课程大纲、教学方法、单元内容、知识结构、评价体系等,进行全面的梳理与设计。在课程思政建设的探索与实践过程中,也要经常与专业老师讨论请教,同时在授课阶段多与学生交流,及时了解学生的反馈意见,不断改进教学。

3.1 课程模式

推进教育教学与现代技术融合,充分利用信息技术等多种教学手段,结合课程特点和学生学习实际,将启发式、讨论式、互动式、体验式、案例式等教学方式引入教育教学实践,构建新型教与学的关系。

除传统的课程讲授外,通过实践课程,让学生走进实验室、企业等,以讲座、讨论等形式增强对我国科技和行业发展的了解。课后带领学生延伸思维,结合对当前国家发展、时事政策的解读,针对我国当下需求,引领学生思考本专业、本课程对未来国家发展、社会进步所起到的重要作用,激发学生学习兴趣与主动性,促进创新思维。

3.2 授课内容

优化知识结构,拓宽知识广度,注重学科前沿知识的引入。例如,在关于国内外促进新能源发展的政策措施介绍中,对我国当前政策进行介绍。在介绍技术发展与应用内容时,查找近年相关文献及新闻,与学生分享前沿技术和我国在新能源领域取得的巨大成就,培养学生的民族自豪感,并通过分析科技产业发展背后的大国博弈,培养学生的历史使命感。

实践教学部分,根据授课时间选择合适的方式方法,如带领学生进入本学院能源领域的研究实验室,近距离接触为新能源发展做出贡献的科研工作者,在实践中体会习近平总书记在科学家座谈会上的讲话精神,"党的十八大以来,我国高度重视科技创新工作,坚持把创新作为引领发展的第一动力。"使学生充分认识加快科技创新的重大战略意义。

"新能源概论"课程中思政教育的主要实践内容如表1所示。

表1 "新能源概论"课程中思政内容

章节	主要内容	思政元素
第1章 绪论	能源的概念及分类、新能源及其在能源供应中的作用、新能源技术的发展	介绍"十四五"规划中我国大力发展循环经济,增强学生对专业认可度
第2章 太阳能	太阳能资源与太阳辐射、太阳能热利用、太阳光伏及其他应用、太阳能利用的发展趋势	通过介绍我国太阳能技术发展,增强民族自豪感;介绍我国太阳能资源及国家相关政策,激发学生学习本专业热情
第3章 生物质能源	生物质热解、气化、燃烧、液化等利用技术,生物燃料制备与利用,沼气技术	介绍国家政策给予的支持,以及目前"双碳"目标、循环经济发展需求,增强学生的自信心与使命感,以垃圾分类为例激发学生探索兴趣与创新思维
第4章 风能	风能资源、风力发电系统、我国风能发展概况及展望	介绍我国风力发电技术的发展及世界地位,并以2022年冬奥会应用风力发电技术为例,增强学生民族自豪感
第5章 氢能	氢的制取、储存与利用,氢能安全,氢能应用展望	通过多媒体等方式,观看中国经济大讲堂,干勇院士讲述"氢能如何改变我们的未来",介绍我国自主研发储氢技术,打破国际垄断,激发学生爱国热情,坚定学习信心

续表

章节	主要内容	思政元素
第6章　新型核能	原子核物理基础介绍、核电技术及利用、未来新型核能	介绍大国工匠,我国核物理学家、两弹一星元勋王淦昌,隐姓埋名17年,只为一生以身许国的故事,激发学生报效祖国的情怀;介绍我国华龙一号核电站,自主研发走向世界,增强民族自豪感
第7章　新能源材料——基础与应用	新能源材料概述、新型储能材料、锂离子电池材料、燃料电池材料、其他新能源材料	介绍其鲁教授,作为2008年北京奥运会电动汽车动力电池项目的首席科学家,他的研究成果不但填补了国内空白,也为中国成功举办绿色奥运做出了突出贡献,以增强学生为新能源发展奋进的决心
第8章　其他新能源	地热能、海洋能、可燃冰	以国家大剧院前人工湖为例,讨论如何用科技解决身边问题,介绍地热能的应用,激发学生独立思考能力;介绍我国在可燃冰试采领域取得的突破,在开采利用中,科研人员遇到困难和挑战的解决方式,帮助学生培养攻坚克难的精神
第9章　新能源发展政策	国内外新能源发展相关政策、近年发展政策	介绍习近平总书记强调的"双碳"目标相关工作指示,并介绍国家发改委、国家能源局等出台的相关文件,加快构建清洁低碳、安全高效的能源体系,让学生感受到我国的大国担当,明确前进方向,激发对本专业的热爱
实践课时	新能源领域相关科学研究、产业应用与发展	学习新能源领域国际、国内学术会议报告,与科研人员进行专业知识及思想探讨,培养正确的学习思想

3.3　课程考核

优化课程考核,重视日常教学互动和学习效果的考核占有一定比例。期末考核选择学习报告的考核方式,内容包括但不限于:学习本课程的收获、感悟;对本专业领域的新认识、新想法;新能源领域近几年的新发展、新政策;对本课程的意见和建议。通过日常教学考核与期末学习报告的方式,促进学生自主探索与思考能力,加强对课程内容的理解,加深对新能源发展的思索。

4　结语

通过"新能源概论"课程思政的探索与实践教学,感受到学生的学习热情与积极性。通过学习反馈接收到学生对课程建设的期待,以及对自身发展与专业学习更多的思考。在之后的"新能源概论"课程思政建设中会继续探索对更多的思政元素进行融合,在专业学习与思想培养上都要与时俱进,不断更新、提高教学方法,摸索出更为适宜的"新能源概论"课程思政教育教学模式,为我国新能源领域发展培养素质全面的优秀人才。

参考文献

[1] 于瀛. "计算机视觉"课程思政建设的探索与实践研究 [J]. 工业和信息化教育, 2022, 5: 28-32.
[2] 徐寅, 齐永锋, 王向民. 新工科下"新能源概论"课程教学改革探索 [J]. 教育教学论坛, 2021, 24: 89-92.
[3] 王学俭, 石岩. 新时代课程思政的内涵、特点、难点及应对策略 [J]. 新疆师范大学学报(哲学社会科学版), 2020, 41(2): 50-58.
[4] 金一萍, 马禄彬. "新能源概论"课堂教学融入思政教育探究 [J]. 广东职业技术教育与研究, 2021, 4: 151-153.

线上线下"师生合作"提高"空气洁净技术"的教学效果

李　莎，苏　文，贾　旋

（天津工业大学，天津　300387）

摘　要：针对"空气洁净技术"课程，通过"师生合作"数字化资源建设模式，教师参与教材建设，引导学生利用多媒体技术，线上线下共同实现教学内容的优化和数字化，全面提升课程利用率和学生兴趣，有效提高教学效果。

关键词：空气洁净技术；师生合作；数字化课程建设；教学效果

1　引言

随着科学技术的发展，越来越多的建筑和场所对其内部的空气洁净程度提出了较高的要求，如微电子产品工厂、生物医药生产车间、食品加工厂、医院手术室等，不仅要求空气的温度、湿度、流动速度在一定范围内，还对空气洁净度提出了明确的要求，高洁净、微型化、精密化、高质量和高可靠性控制的室内环境，即"工业洁净室"或"生物洁净室"的需求日渐增多。因此，空气洁净技术成为现代工业生产、医疗和科学实验不可缺少的基础条件，是保证产品质量和环境安全的重要手段，获得了越来越广泛的应用[1]。

近几年来，国家提出统筹推进世界一流大学和一流学科建设，这对大学的教学改革提出了较高的新的要求，一方面要紧扣"应用"二字进行改革，另一方面要继续保证教学质量[2]。"空气洁净技术"课程中的含尘粒子数、尘埃粒径、细菌浓度、粒径浓度、过滤原理等概念多，而且看不见、摸不着，比较抽象，作为建筑环境与能源应用工程类及相关专业的学生，需要通过设计或施工来控制不同需求的空气环境，所以理解和掌握空气洁净的基本知识和技术是非常必要的。天津工业大学从 2014 年开始开设专业选修课"空气洁净技术"，希望培养的学生在供暖、通风、空调的基础上理解空气洁净技术，不仅能设计，还能根据要求做好空气洁净室系统的施工或

者运行和管理工作。但选修课程的课时不多，新课程在有限的课时内，不仅要提高教学效果，还要增强实践应用能力的高要求。因此，如何通过改革教学内容、教学方法和教学手段解决以上问题，成为教学改革中的难点与重点[3]。

目前，数字化资源已成为高校师生不可或缺的教学资源[4]，尤其从 2020 年新冠疫情肆虐开始，深深体会到数字化资源、线上教学的重要性。本课程经过几年的数字化建设与教学实践，在课程内容的适用性、科学性、普及性以及对学生兴趣的培养等方面取得了预期的效果，教学效果明显提高。

2　影响课程教学效果的因素

2.1　课程教学要遵循教学规律，符合学习心理

作为一门选修课，"空气洁净技术"要面向不同专业的学生。由于每个专业学生的实际学习情况以及前期所学基础课程各有不同，所以造就不同专业的学生对空气洁净技术知识需求的差异性。基于此，在本课程线上数字化资源中，需要对"空气洁净技术"的内容体系做出或大或小的修改、增删，还需要在传授同一知识内容时做或深或浅的调整，不同程度的教学内容最好以模块化的形式呈现。

喜新厌旧是普遍的学习心理，作为一门"工程与技术"方向的选修课，在学生心目中的地位一般来说没有必修课的分量重，尤其现在本校采取学分制的模式。所以，如果老师的课堂教课内容不能激发学生的兴趣，光凭学生的一时热情，要想达成整个

作者简介：李莎（1971—），女，博士，副教授。邮箱：lisha@tiangong.edu.cn。

基金项目：天津工业大学"师生合作"数字化建设项目（2018-SZ-18）。

课程的教学目的,实现特定的学习成果是远远不够的。因此,在课程教学中根据教学内容的需求,采用联想式教学、洁净工程案例分析、启发式教学、原理动画、图文并茂等多种教学方法,将课堂教学内容变得更加优化和丰富。

同时,在课程内容体系的教学设计上,适当增加地域性特征,例如按气候分区的严寒地区、寒冷地区、夏热冬冷地区等,或者按环境空气质量分区的一类区、二类区等。可以在课堂教学中根据学生来源地有针对性地讲解洁净技术中教学内容的不同需求。另外,引用一些众所周知的重大空气事件、当前发生的和空气污染相关的新闻事件等,与工程案例进行类比,分析课堂讲述内容的相关性,说明事件发生的空气处理方面的原理、意义等客观原因,符合学生的学习心理,从而激发学生的学习兴趣和创新热情,保持对如何实现空气洁净的探索精神。

2.2　紧密联系实际场景,重视实践教学

"空气洁净技术"课程的教学目的是使学生能够理解对空气净化处理的洁净原理和方法以及设备和系统,初步具备洁净空调系统的设计能力,所以在课程教学中不仅要重视原理等理论知识,还必须与实际使用场景紧密联系起来。加强实践教学环节是工程应用型课程改革的重要内容之一[5]。本课程课时只有30学时,但对应的空气处理设备、部件、系统内容多,也是空气洁净室系统设计不可缺少的环节。将这些与设备内容相关的气流流动、设备部件工作原理等视频以及实际工程的设计图插入专业课程学习中,使教学内容和实际场景建立紧密联系,是很有效的方法。但仅靠教室的面对面课堂教学是不够的。

例如,在洁净厂房中的气流速度和分布是表征洁净室性能的重要指标,通常洁净厂房的气流速度在$0.25 \sim 0.5$ m/s,这是一个微风速区域,容易受到外界条件的干扰。为了在垂直层流方向上保持均匀的气流速度,不仅要求在送风口吹出表面上的风速没有太大的差异,还要求地板回风板风口吸风面上的风速没有太大差别。虽然增加风速可以抑制这种干扰因素的影响,并保持需要的清洁度,但风速的提高会带来噪声以及运行成本的增加,所以一般采用减少工作人员进出和物料输送的方式,或者采用专门的传递窗,进而达到减小外界干扰的目的。

同时,尽可能创造到实际使用现场参观空气洁净车间或实验室的机会,现场看到正在运行的最常用的空气洁净系统,听到设备正常运行的声音,感受到设备规律性的振动,看到特殊实验设备的正常运行等,让学生切身感受到这门课程、这门技术与其他行业密切相关,是保证某些产品质量合格、某些实验设备正常运行的必备条件。例如,学校有恒温恒湿的纺织纤维洁净实验室,通过进入"缓冲区""更衣区""实验室"等洁净要求逐级提高的体验,学生在洁净区可以直观地看到孔板送风口、架空地板回风口以及室内各种温度、湿度、洁净程度的末端传感器等,在设备区可以体验到空调设备、过滤设备平稳工作的振动和噪声等。有些不方便参观的内容可以采用视频播放的形式,让学生或者感兴趣的人在网上课程资源平台更多、更细致地了解各设备的原理及组成等,不受时间和空间的限制,学习非常方便。

明确课程的应用场景,以及对生产和生活的重要影响来进行教学设计,学生的学习目标才会更加明确,学习热情才会被激发,才能取得特定的学习成果。

3　"师生合作"的课程建设优势

现代信息技术的快速发展不仅改变了人们对高校教育以及学生学习、生活方式的认识,也对高等教育产生了深刻的影响。数字化校园建设的目的不仅是实现课程教学的数字化、科学研究发展的数字化、教学管理的数字化和师生服务的数字化,也是整个时代发展的烙印。目前,数字化校园平台的建设正是实现高校教学改革的重要方法和必要手段,是每个高校提高教学水平、更好培养人才、全方位全过程立德树人的必经之路[6]。建立多媒体网络教学体系不仅是将课本知识数字化,而且要对课程体系进行科学重组、优化和改革,通过知识创新研究来开发新型的课程教学体系,是对课程教学的一种有效补充和拓展[7]。但是,课程资源的数字化建设仅靠教师单方面的埋头苦干是远远不够的,其设计的教学内容和形式等还需要从学生思维的角度得到认可。所以,应采用"师生合作"的建设模式,由课程的主讲教师和刚刚学过这门课的学生或者即将学习这门课的学生一起来完善课程建设,实现教学相长。

3.1　"师生合作"建设课程

课程建设内容繁多,教学资源包括教学大纲、电子(纸质)教案、课前课后测试题、教学研究记录、教学思政元素、工程实际案例、教学评估资料、学生考核试卷及成绩分析等,其在教学工作中有重要作用,会直接影响教学质量的高低。"空气洁净技术"虽然是一门选修课,但是面对求知若渴的学生,也应该

不断完善教学内容和教学文件,并自觉运用教育心理和教育理念,结合更加合适的教学方法来教授专业的实践经验和亲身体会,并且引入工程教育认证的思路。这要求教师不仅要努力提升自我在教学过程中的专业素养,还要将对学生敢于钻研、敢于挑战、勇于创新的能力培养贯穿在整个教学过程中。在课程的数字化建设进程中,根据培养目标反馈的教学设计和教学内容以及需求,正确地引导学生积极参与其中。

由于学生的学习任务比较繁重,数字化教学资源的建设一般分阶段引导学生完成。本门课开设在大三下学期,开课过程中招募感兴趣的学生参与到课程相关的资料收集中,包括新闻和案例等。大四上学期引导已经完成课程学习的依然感兴趣的学生,根据上一个学期的学习体验对教学内容中的文字、图片、视频等从学生易于接受的角度进行剪辑和处理等,最后将整理制作完成的"空气洁净技术"多媒体课件分门别类地上传到网上教学平台。此过程不仅是对课程知识地再次消化吸收,还能在收集、处理资料的过程中让学生对和本课程相关的专业知识产生浓厚的兴趣,触类旁通,对专业知识起到融会贯通的作用。课程建设过程中,也可锻炼学生分工管理和团结合作的能力。

3.2 积极开展多媒体课件辅助教学

多媒体教学是有效提高教学效果的途径之一,仅依靠传统的课堂口述和黑板板书,学生对空气洁净系统和流程设备难以形成全面且清晰的认知。而配合数字化课件包则可把空气洁净台设备的外观、结构以及原理、流程等形象直观地展示出来,在有限的教学时间里给学生提供更加丰富的、多维的信息。这不但提高了课程学习的趣味性,也开拓了学生的思维,拓宽了学生的视野。图1是该课程的封面和部分课程视频内容。多媒体课件挂在学校官方网站泛雅超星平台上(https://mooc1-1.chaoxing.com/course/204539641.html)。

多媒体教学课件的应用,另一个优势是能弥补课堂学时的紧缺,提高学生的自学能力,利用学校现有的网络系统,提供流媒体播放、VOD点播等,可以提供课程通知、课件下载或课件在线浏览、课堂在线答疑、讨论、课后练习专区等功能。

图1 "空气洁净技术"课程的网络资源

数字化教学资源摆脱了课堂教学在时间和空间上的限制,不仅面向全体学生,也面向社会工程技术人员,可以让空气洁净行业的管理和工程技术人员克服在时间和空间上的学习困难,为他们搭建一个网络学习与交流共进的平台,全面了解空气洁净技术,重视建筑环境对不同产品质量的影响等,提高他们对生产车间、工艺创新的认知能力。希望利用网络完善数字化教育资源的建设,让更多需要且热爱本门课程的人实现网络自学,更加了解和重视生产工艺、产品质量和环境之间的相互影响,为空气洁净技术行业的发展和进步做出贡献。

4 结语

"空气洁净技术"课程,通过4年的课堂教学,辅助2年的"师生合作"数字化资源建设的模式,主讲教师团队引导学生利用多媒体技术,线上线下共同合作实现教学设计内容的整合优化和数字化,全面提升了课程的利用率和学生的学习兴趣,教学评价一直保持优秀,有效提高了该课程的教学效果,为培养本科生专业知识以外的"工程与社会""环境和可持续发展"两个毕业要求做一点有益的尝试。

参考文献

[1] 石富金,李莎. 空气洁净技术 [M]. 北京:中国电力出版社, 2015.

[2] 马卫国. 大学专业课教学实践与思考 [J]. 中国科教创新导刊, 2009

（32）：148-151.

[3] 付祥钊,邓晓梅,孙婵娟. 建筑环境与设备工程专业实践教学效果调查与分析 [J]. 高等建筑教育 2009,（1）：16-21.

[4] 王晓霞,张惠丽. 信息技术与教育教学深度融合策略及案例研究 [J]. 中国教育技术装备, 2020(23)：8-9.

[5] 汪筱兰. 加强实践教学环节,为工科学生提供施展才能的平台 [J].

中国现代教育装备, 2007(11)：121-123.

[6] 王宗善,冷飞,季晶晶. 高校数字化校园建设的探索与实践 [J]. 实验室研究与探索,2010,29(5)：162-164.

[7] 王楠. 以信息技术为载体打造精彩智慧课堂 [J]. 中国教育技术装备,2019(7)：50-51.

基于开源教育资源的制冷与暖通空调学科研究生培养案例分析

陶俊宇，苏　红，杨文哲，孙昱楠，陈冠益

（天津商业大学机械工程学院，天津　300134）

摘　要：近年来，我国制冷与暖通空调领域学科交叉需求凸显，计算机技术飞速发展也为其带来新的变革。本学科研究生导师面临传授学科交叉知识的巨大压力，而开源教育资源则有望成为解决这一问题的重要手段。本文从本学科研究生培养案例入手，阐述开源教育资源的发展和应用现状，简介案例中研究生的课题内容及与开源教育资源的结合情况，分析开源教育资源的应用效果，并反思开源教育资源应用过程中存在的问题，以期为研究生培养方式提供新的思考。

关键词：开源教育资源；制冷；暖通空调；研究生培养；案例分析

1　引言

开源一词原指开放源代码，21 世纪初，随着开源应用的广泛化，其含义不断拓展。开源教育资源主要指用于向教师、学生和自学者提供免费和开放性的数字化资源[1]。通过互联网，不同学习者可免费获取相关资源信息，并将其用于教学、学习及研究之中。开源教育资源的主要类型包括讲义、文献、阅读材料、实验及其他演示等[2]。此外，教学大纲、课程内容和教师手册等也被归于其中。自 21 世纪开源教育资源诞生、发展，至今适应知识经济发展的需要，开源教育以其"开放与共享"的理念和发展高等教育的崭新视角受到世界的关注[3]。

制冷与暖通空调作为传统的工科学科，在当下的时代背景下，面临两方面新的变化。一方面，当前以温室气体排放为代表的环境问题日益受到关注，制冷与暖通空调作为传统的高能耗领域，其与环境、能源乃至化学、生物、计算机等学科的交叉需求日益凸显[4]；另一方面，以机器学习、人工智能为代表的计算机技术近年来飞速发展，为制冷与暖通空调领域的突破性变革带来了新的机遇。在此背景下，制冷与暖通空调学科研究生导师的专业技能越来越难以满足研究生培养对多学科交叉的需求，而开源教

育资源则有望成为解决这一问题的重要手段[5]。

因此，本文在交叉学科研究生培养经验的基础上，对基于开源教育资源的制冷与暖通空调学科研究生培养案例进行分析，阐述开源教育资源的发展和应用现状，简介案例中研究生的课题内容及与开源教育资源的结合情况，分析开源教育资源的应用效果，并反思开源教育资源应用过程中存在的问题。

2　开源教育资源的发展与应用

追根溯源，开源教育资源运动最初源于美国的麻省理工学院（MIT）[6]。2001 年 4 月，MIT 正式启动"开放课件"项目（Open Course Ware Project，OCW），开始通过互联网向全球免费开放其教学资源，包括教学讲义、实验报告、课后作业、参考书目、实验手册、考试题目等，世界上任何国家的网络使用者都可以通过互联网免费地访问上述资源。由此揭开了"开放式教育资源"运动的序幕。

2002 年，联合国教科文组织（United Nations Educational, Scientific and Cultural Organization, UNESCO）在法国举办了名为"开放式课件对发展中国家高等教育的影响"的论坛，基于"希望共同开发出一种能够为整个人类所共享的具有广泛性特点的教育资源"的设想，首次对 Open Educational Resources（OER）的概念和内涵进行了界定。

作者简介：陶俊宇（1992—），男，博士，讲师。电话：022-26686226。邮箱：taojunyu@tjcu.edu.cn。

此后，UNESCO又多次召开关于开放式教育资源的国际会议，从多个层面促进了开放式教育资源运动的发展。2004年，由UNESCO下属的国际教育规划研究所(IIEP)组织"建立合作关系：拓展高质量开放式教育资源的获得途径"论坛和"自由与开放源代码软件与E-learning"论坛；2005年组织"高等教育中的开放教育资源与开放内容"论坛；2006年11月举办主题为"开放教育资源：机构所面临的挑战"的国际会议，从教育、经济、科技和法律四个角度全方位地探讨开放教育资源的深远影响。在这些会议中，各国学者对"开放教育资源"的定义、类型、实施方式、发展前景及问题等进行了广泛而深入的探讨，对于开源教育资源在各国的推广产生了重要影响。

随后数年中，OER随着互联网超越国界而进入其他国家，开放和自由的理念开始逐步占据各国高校教育资源建设的主流。据不完全统计，目前世界上已有21个国家和地区超过350所高等教育机构开始实施开放课件项目。2003年，中国也启动了"精品课程建设工程"，计划将精品课程上网并免费开放，实现优质教学资源共享。

开源教育资源具有低成本、高效益、低门槛的优势，在教育、科研等领域的应用上潜力巨大；开放教育资源可以实现教育信息的共建、共享，为各类高校的协作、各学科的互通提供实现的可能。构建基于教育开源软件平台的开放教育资源的应用模式将有效解决新建本科院校在师资、经费等教育资源配置方面的不均衡问题，更加有利于信息化时代教育方法的实施。因此，实施基于教育开源软件的开放教育资源的应用模式将成为新建本科院校教育信息化深层次应用的一种有效途径。(图1)

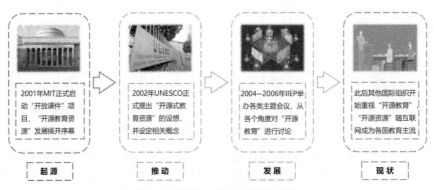

图1　开源教育资源的发展历程

3　案例简介

3.1　研究生课题简介

本案例所分析的研究生课题题目为"基于机器学习与启发式算法的冷链物流过程碳排放模拟与控制方法研究"。该课题从现阶段冷链物流行业的需求及问题入手，通过机器学习与启发式算法对冷链物流过程中碳排放问题展开模拟与控制，希望通过研究对该过程进行优化。

3.2　研究生基础知识与技能需求

围绕该课题方向，研究生所需的具体基础知识与技能如下。

3.2.1　冷链物流各环节的内涵与构成

冷链物流主要包括生产、预冷、运输、储存等环节。其中，生产环节的碳足迹受生产方式和气候条件等影响较大；预冷方式包括强制通风预冷、真空预冷、压差预冷、冷水预冷、冰预冷等[7]，预冷造成的CO_2排放主要源于对预冷进行温度控制过程中的耗电；运输过程指以生产商到批发商、批发商到零售商都需要运输，运输有保温运输、蓄冷运输、机械制冷运输等；存储方式包括冷库、陈列柜(零售商)、电冰箱(消费者)等，其中不同制冷设备的耗电均会造成碳排放，制冷设备制冷剂的泄漏也会造成碳排放[8]。

3.2.2　生命周期评价方法与碳排放核算方法

生命周期评价方法由目标分析与范围界定、清单分析、影响评估、解释及不定性评价等四部分组成。对冷链系统来说，此方法主要是确定系统边界(生产商、批发商、零售商、消费者、废弃)、研究主体、研究目的、相关研究假设等，分析活动及数据，评估环境影响。碳排放核算方法包括排放因子法、质量平衡法、实测法等[9]。排放因子法是适用范围最广、应用最为普遍的一种碳核算方法，该方法适用于国家、省份等较为宏观的核算层面；质量平衡法可以根据每年用于国家生产生活的新化学物质和设备，计算为满足新设备能力或替换去除气体而消耗的新化学物质份额；实测法基于排放源实测基础数据，汇总得到相关碳排放量，包括现场测量和非现场测量两种实测方法。

3.2.3 机器学习算法

机器学习是最近20多年兴起的一门多领域交叉学科，涉及概率论、统计学、逼近论、凸分析、算法复杂度理论等多门学科。机器学习理论主要是设计和分析一些让计算机可以自动"学习"的算法。机器学习算法是一类从数据中自动分析获得规律，并利用规律对未知数据进行预测的算法。由于机器学习算法涉及大量的统计学理论，机器学习与统计推断学联系尤为密切，也被称为统计学习理论。在算法设计方面，机器学习理论关注可以实现的、行之有效的学习算法。很多推论问题属于无程序可循难度，所以部分的机器学习研究是开发容易处理的近似算法。目前，机器学习已经有十分广泛的应用，例如数据挖掘、计算机视觉、自然语言处理、生物特征识别、搜索引擎、医学诊断、检测信用卡欺诈、证券市场分析、DNA序列测序、语音和手写识别、战略游戏和机器人运用等。

3.2.4 启发式算法

启发式算法是一种通过"反复试验"的方式，在合理的实际时间内为复杂问题提供可接受的解决方案。启发式算法是基于直观或经验构造的算法，当问题特征缺失、实际数据有限或不可用而无法用于复杂问题时，它是快速做出明智决策的最佳选择，可行解不一定是最优解。启发式算法可分为简单启发式算法、元启发式算法和超启发式算法[5]。

3.2.5 科研绘图与统计学分析

科研绘图主要以CAD、Origin等绘图软件的学习为主；统计分析是指运用统计方法及与分析对象有关的知识，从定量与定性的结合上进行研究活动。

3.3 开源教育资源的选择与应用

参考目前开源教育资源的实际情况，为了更好、更高效地使研究生掌握相关基础知识与技能，建议研究生针对不同学习内容采用以下方式进行学习。

（1）冷链物流各环节的内涵与构成：基于导师研究团队及学院授课的专业程度，该部分内容以研究生导师及学院授课教师讲授相关研究生课程，从冷链物流生产、预冷、运输、储存等环节展开，使研究生对该部分内容具有一定的研究基础。

（2）生命周期评价方法与碳排放核算方法：基于丰富的线上教学资源，研究生在对该部分内容展开学习时主要以线上开源教育资源为主，如网易公开课、慕课等。通过线上开源教育资源，让研究生对生命周期评价指标及碳排放核算的各类方法加以掌握。

（3）机器学习算法与启发式算法：基于Coursera、Kaggle等国外开源教育资源，研究生主要通过国外相关网站对机器学习等前沿算法进行深入学习。该部分内容为研究生课题核心，希望研究生能一次接触更多相关前沿进展。

（4）科研绘图与统计学分析：基于国内开源教育资源，研究生可通过诸如Bilibili等线上视频网站对该部分内容展开学习。该部分技能相对普适，有很多研究生上传相关教学视频，同龄人进行讲解可能更易接受。

开源教育资源的具体选择与应用如表1所示。

表1 开源教育资源的选择与应用

序号	研究内容	学习方法	相关开源教育资源案例
1	冷链物流各环节的内涵与构成	研究生导师及学院授课教师讲授	
2	机器学习算法与启发式算法	国外开源教育资源	Coursera、Kaggle等
3	生命周期评价方法与碳排放核算方法	国内开源教育资源	网易公开课、慕课等
4	科研绘图与统计学分析	国外开源教育资源	Bilibili等

4 开源教育资源的应用效果与反思

4.1 开源教育资源的应用效果

通过采用上述开源教育资源进行研究生培养，发现与过去言传身教式的研究生培养方式相比，取得了以下突出效果。

（1）提供多学科学习交叉：通过开源教育资源，使研究生在培养过程中，在专业知识与技能的获取等方面不再受限于导师的专业背景，并在交叉学科领域获得更加专业的训练。

（2）提供多样式学习形式：通过开源教育资源，研究生在学习过程中可通过多种学习媒介展开学习，多样化学习内容详细、生动，更容易为研究生所接受。

（3）提供更灵活学习方式：通过开源教育资源，研究生在学习时间方面可以更加灵活，针对线上所提供的学习资源可随时随地、反复观看吸收。

（4）提供更前沿学习内容：通过开源教育资源，研究生在学习过程中能够更好地紧跟世界前沿的研究进展，并及时获取世界级高等学府的教育资源。

（5）提供多方面能力培养：通过开源教育资源，研究生可以通过对源代码的研究来培养独立学习的能力，从别人的经历中学习一些诸如代码编写、文章写作、外语能力等，再到自己模仿、独立修改、开发，整个流程下来，对于个人能力有本质的提升。

4.2　开源教育资源的应用反思

虽然采用开源教育资源取得了上述突出效果，但在研究生培养过程中，也发现了一些值得关注的问题。

（1）开源教育资源易被忽略：相比于传统教育，开源教育的方式普及程度相对较低，其作用容易被研究生在学习过程中忽略。尽管目前开源教育资源尚存在一些问题，但仍然不能忽略开源教育资源的价值，它为传统教育资源提供了很好的补充，因此应给予足够的重视。

（2）开源教育资源水平相差较大：目前开源教育资源涉及范围广，但也基于这一原因，许多开源教育资源的水平参差不齐。研究生在培养过程中如果利用水平较低的教育资源，可能会导致浪费时间和精力，甚至对研究生造成误导。研究生导师应注意配合研究生做好开源教育资源的筛选和把关。

（3）开源教育资源审核存在纰漏：目前的开源教育资源审核存在改进空间，一方面源于相关机构对开源教育没有引起足够的重视；另一方面也源于开源教育资源涉及方面过广，难以展开详细审查。开源教育资源很多未经过专业和官方的审核，尤其

部分国外的开源教育资源，资源上传者和我国在价值观、体制方面存在差异，可能会对研究生的价值观、思想政治造成误导。因此，一方面研究生导师要加强对开源教育资源的筛选，另一方面要在研究生培养的过程中做好思政建设工作。

5　结语

本文针对当下制冷与暖通空调学科研究生导师所面临的传授学科交叉知识的巨大压力，从本学科研究生培养案例入手，阐述开源教育资源的发展和应用现状，简介案例中研究生的课题内容及与开源教育资源的结合情况，分析开源资源的应用效果，并反思开源教育资源应用过程中存在的问题。通过上述分析可见，采用包括但不限于国内慕课网站、国外开源资源、国内视频网站等在内的开源教育资源，可提供多学科学习交叉、多样式学习形式、更灵活学习方式、更前沿学习内容、多方面能力培养。然而，在采用开源教育资源进行研究生培养的过程中，也应注意重视开源教育资源价值，甄别开源教育资源质量，强化教学思政建设。

参考文献

[1]　张大雷, 孙妍姑. 构建基于开源系统 Linux 的计算机教育教学平台：以 Ubuntu 为例 [J]. 淮南师范学院学报, 2012, 14（2）：135-137.

[2]　雷雪. 开源理念及其在教育领域的应用模式研究 [J]. 中国教育信息化, 2010, 7：80-82.

[3]　何雪松, 赵罹淞. 普及开源教育, 提升教育信息化水平 [J]. 南昌教育学院学报, 2010, 25（12）：128.

[4]　杨舒惠, 闫寒, 张彪. 区块链技术下冷链物流环节优化研究 [J]. 科技和产业, 2022, 22（5）：60-65.

[5]　李玉峰, 谌丽, 代田莉, 等. 不同方法下水产品冷链物流需求量预测精度对比分析 [J]. 中国渔业经济, 2022, 40（2）：91-98.

[6]　郭婧. 联合国教科文组织启动开源教育管理信息系统 追踪各国教育进展 [J]. 世界教育信息, 2013, 26（11）：77-78.

[7]　崔思付. 冷链物流迈入"十四五"高质量发展新阶段 [J]. 物流技术与应用, 2022, 27（S1）：10-11.

[8]　郭林. 食品冷链物流现状及问题分析 [J]. 食品安全导刊, 2022（10）：172-174.

[9]　冯侃, 陈姝言. 教育创新中的"开源创新"与"创客文化"[J]. 设计, 2016, 23：106-107.

大学生创新创业课程与专业知识有机融合

董胜明，罗　瑶，王获达，胡晓微

（天津商业大学环境科学与工程学院，天津　300133）

摘　要：我国经济发展模式变化为创新创业教育提供了良好基础，也对大学生创新创业能力提出了更高要求。因此，如何有效提高学生创新创业能力成为一个广受重视的课题。本文以"建筑环境与能源应用工程"专业为例，提出"双创"课程与专业知识有机融合的教学方案。经教学验证，在课堂建设方面，该方案能够有效提高学生主动学习和参与课堂讨论的积极性；在教学效果方面，能够起到专业启蒙、提高学生创业核心竞争力和创新能力的作用。

关键词：创新创业教育；专业知识；有机融合；主动学习

1　引言

21世纪以来，随着我国经济的高速发展，社会对人才的创新创业能力提出了更高的要求。当代大学生作为大众创业、万众创新的生力军，尤其是在企业竞争力日益增强和大学生就业形势愈加紧张的背景下，加强创新创业教育，提高创新创业能力显得尤为重要。

对于国家和个人发展而言，大学生创新创业能力都具有重要意义。因此，我国自1999年开始，就从国家层面加强了对大学生创新创业能力的培养和支持力度，如图1所示。国内各高校也相继以必修课的形式设立了大学生创新创业教育的相应课程，对促进大学生创新能力、创新思维以及创业能力的

提高起到积极作用。广大学者围绕该类课程教育理念、师资建设、教学方式、组织形式和教学内容的优化和改革开展了深入的研究。然而，在实际实施过程中，仍存在一些问题，如学生重理论轻实践，主动创新能力与动力不够，实践能力薄弱[1]；教师考核方式及教学内容传统，缺乏创新，学生学习兴趣低，课堂互动率低[2]；教学内容重创业轻创新，内容架构不平衡；创新创业课程与专业知识融合程度低[3-4]等。其中，"创新创业课程与专业知识融合程度低"这一问题引起了人们的普遍重视。实现"双创"课程教学内容与专业知识的融合对推动本文提到的其他问题的解决具有重要的现实意义。因此，本文以"建筑环境与能源应用工程"专业为例，就"双创"课程与专业知识融合的必要性、融合方法展开深入探讨，以期为该课程的深化改革提供借鉴。

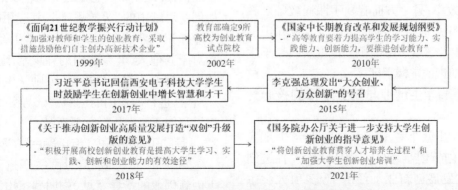

图1　我国对大学生创新创业能力培养的指导政策

作者简介：董胜明（1987—），男，博士，讲师。电话：18222285916。邮箱：dongshengming@tjcu.edu.cn。

2 "双创"课程与专业融合的必要性

大学生"双创"课程是一门普适性的课程,其知识应用范围没有明显界限,造成学生学习时缺乏具体的应用场景和发力点,使学生错误地认为该课程与所学专业关系不大,因而缺乏主动学习的积极性。而建筑环境与能源应用工程是一个专业综合性比较强的交叉类专业,涉及多项学科知识,理论覆盖面较广,因此其专业知识与"双创"课程内容存在较多的融合点,专业所涉及的理论知识、具体热力系统、示范工程和事例可以作为"双创"课程的典型案例。

2.1 有利于实现更有效的专业启蒙

以笔者所在院校(天津商业大学)建筑环境与能源应用工程专业为例,"大学生创新创业教育"课程开设在大一下学期,学习时长为 32 学时,学生在这个时间段主要学习的是公共基础课,对专业知识所知甚少,甚至对专业存在一定的误解,专业认知水平与专业认同感较低,不利于尽早地确定合理学习目标及职业规划。通过在"双创"课程中适当地引入专业知识,利用创新理论或创业知识激发学生对专业知识的学习兴趣,使学生在大学早期阶段对专业特点或相应的专业课程有一个较为细致、准确的理解。

2.2 有利于提高学生学习积极性

目前,学生对于"双创"课程的主动学习积极性不足,认为创新或者创业与专业学习关系不大,不是学习的重点,所以重视程度不够,具体体现在学生上课精力不集中、出勤率低和课堂讨论参与度差等方面。同时,"双创"课程教师多为非专业教师,对于创新创业知识的掌握仅局限于教材层面,内容难以深入、生动地传输给学生。而以专业知识作为"双创"课程内容的载体,一方面能够引起学生的重视,提高上课听课效率;另一方面有利于课程教师对教学内容进行深化。通过"双创"知识与专业知识的"互动效应",激发学生学习的积极性以及改善学生对上述两方面知识的掌握程度。

2.3 有利于提高学生创业与就业过程的核心竞争力

为改善大学生就业率,缓解我国就业压力,顺应全球性大学生创新创业趋势,我国采取了"促进创业带动就业""发展创新驱动经济"等多项大学生"双创"相关政策与发展战略。大学生毕业即创业的比例自 2011 届的 1.6% 上升至 2017 届的 3%,创业大学生的数量超过 20 万,远超发达国家,然而创业成功率不足 5%,远低于发达国家平均 20% 的水平以及社会创业 30% 的成功率[5-6]。夏镇波等指出,大学生创业成功率低的一个主要原因是缺乏核心竞争力[6]。以本校建环专业为例,近 3 年完成大学生"双创"课程的学生共 192 名,从其创业计划书来看,基本没有学生选择专业内创业。图 2 为 192 名学生选择的创业领域,可以看出,绝大多数选择的创业领域局限于自己生活涉及或完全不深入了解的领域,跟风现象严重,缺乏核心竞争力。因此,通过"双创"课程与专业知识的融合,促进学生在专业领域内进行创新和创业,借助专业优势,更准确地认识与评价创业机会,更清楚地了解创业领域的特点以及更有效地整合创业资源,从而实现"扬长避短",提高创新创业过程的核心竞争力,进而提高创业成功率。

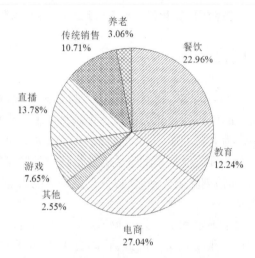

图 2 近三届"双创"课程学生意向创业领域分布

2.4 有助于促进学生创新能力的提高

要想改造这个世界,首先要认识这个世界。因此,一个成功的创新者必然要掌握大量相关知识和技能,有效地创新一定是建立在坚实的知识基础上,如创新思维中的"灵感思维",其应用的前提就是对专业知识的熟练掌握。当代大学生经过专业培训,相对于其他人,其专业内的知识基础更好。通过创新知识与专业知识的融合,鼓励学生不断地结合专业所学,进行专业内的创新尝试与实践,对提高创新质量和创新能力具有重要意义。

2.5 有助于推进高校"专创融合"的教学改革

2021 年,国务院办公厅《关于进一步支持大学生创新创业的指导意见》中明确指出,需"将创新创业教育贯穿人才培养全过程"。而目前,"双创"教育课程无论在课程设置、教学方式还是实践活动环节,都不同程度地出现了与专业教育相脱离的状况,即高校创新创业课程与专业课程存在"两张皮"现象,这种状况很难做到创新创业的全培养过程贯穿。因此,实现"大学生创新创业"课程与专业知识的有机融合,在"双创"课程中引入专业知识,将创新思维、创业精神融入专业知识学习中,培养学生在专业知识学习过程中的创造性思维、创业意识、批判性思维等"双创"能力,有利于实现"双创"课程和专业课程教学质量提升,进一步推进"专创融合"的教学改革。

3　大学生创新创业课程与专业知识融合实施方案

"大学生创新创业"课程内容主要分为两大部分,即创新和创业,创新部分主要由"创新思维"和"创新方法"组成,创业部分主要由"创业方式""创业要素"和"创业实务"组成。在"双创"知识教学过程中,需要引入大量的案例来进行论证或知识点引导。因此,教师可以通过筛选、引入专业知识或其所涉及案例作为"双创"教育的案例,结合"双创"课程知识点,实现"双创"课程与专业知识的有机融合。这种通过"专业情景导入、内外融合"实现专业知识与"双创"知识融合的具体实施方式如下。

3.1　创新思维与专业知识融合实施方案

创新思维是指以新颖独创的方法解决问题的思维过程,通过这种思维能突破常规思维的界限,以超常规甚至反常规的方法、视角去思考问题,提出与众不同的解决方案,从而产生新颖的、独到的、有社会意义的思维成果。在"双创"课程的创新部分,"创新思维"是主要组成内容,同时也是推动学生创新的内在驱动力。在"双创"课程中,创新思维主要包括"求异思维""扩散思维 - 集中思维""联想思维""直觉思维"与"灵感思维"。上述"双创"课程内容主要通过专业案例来与专业知识发生融合。本文以创新思维中的"仿生联想思维"为例,具体说明创新思维与专业知识融合的实施方法(图3)。

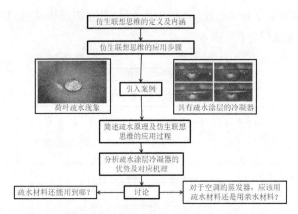

图3　仿生创新思维与专业知识融合实施路线图

如图3所示,实施步骤如下。

(1)双创知识讲授:系统性地讲授"仿生联想思维"的定义及内涵。

(2)筛选专业内适用案例:依据其内涵,筛选建环专业领域内相关案例,最终确定疏水材料。

(3)分析案例:利用荷叶疏水的现象,运用"仿生联想思维"引出疏水材料发明的过程以及简述疏水材料的疏水原理。

(4)"双创"知识与专业知识融合:引入"疏水涂层冷凝器",基于专业课"传热学"中的"珠状冷凝"相关知识,解释疏水涂层大幅度加强冷凝换热系统的机理。

(5)讨论与引申:讨论的主题包括两个方向,一是疏水材料还可以用到哪些领域;二是对于空调系统中的蒸发器,用疏水材料好还是亲水材料好。

基于上述路线,完成了专业课"传热学"中相关知识与"双创"课程内容的有机融合。在实际应用中,学生表现踊跃,积极参与讨论,充分调动了学生的学习积极性。此外,多数学生在回答讨论问题时,主动查阅相关资料,而不是被动消极地听讲,达到了激发学生主动学习积极性的目的。

3.2　创新方法与专业知识融合方法

创新方法是指在创新活动中带有普遍规律性的方法和技巧,是通过深入研究多个具体创新过程,剖析创新流程,从而揭示具有一般规律和方法的创新策略。创新方法对于创新过程而言,是一个重要的外在驱动力。学生在具备创新思维的基础上,需合理使用创新方法,才能进行有价值的创新。"创新方法"作为"双创"课程的一个核心内容,其种类已达340种之多,根据教学时长安排和适用性,本课程主要讲授"列举法(缺点列举法、希望点列举法)""检核表法""组合法""头脑风暴法"和"移植法"五种常用创新方法。以"列举法"中的"缺点列举法"为例,本文对该"双创"知识点与专业知识融合实施步骤展开分析(图4)。

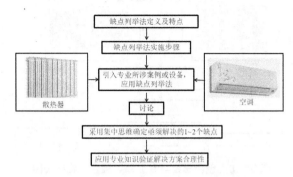

图 4 创新方法与专业知识点融合实施路线图

如图 4 所示,创新方法与专业知识融合的步骤主要分为以下几步。

(1)"双创"知识讲授:基于教材,讲授创新方法中"缺点列举法"的定义、特点、应用前提。

(2)实施步骤讲解:系统性讲授"缺点列举法"的实施步骤,即选定主体—列出缺点—利用集中思维确定应改正缺点—提出解决方案—确定解决方案。

(3)引入专业所涉改进主体:课堂以建环专业所涉及且学生熟悉的设备"空调器"和"散热器"为创新方法应用主体。

(4)讨论:围绕应用主体,通过学生分组讨论的方式确定其缺点。

(5)确定缺点改进方案:首先基于专业知识(需教师协助),确定亟须改进的 1~2 个缺点,应用集中思维和专业知识,确定合理的解决方案。

基于上述路线,在课堂完成"缺点列举法"用于解决专业所涉设备"空调器"和"散热器"创新性优化的过程。在实施过程中,学生积极参与讨论,如在"空调器"缺点列举时,学生提出了包括外形、功能、结构以及智能化等方面共 15 条缺点,其中"户式空调只能除湿而无法加湿"的缺点最终被确定为亟须解决的缺点,如果空调具备加湿功能,则可以取代加湿器,用于冬季房间加湿。课堂上,针对这一缺点,在教师组织和引导下,分析了目前超声波加湿器的缺点、相对湿度对舒适性的影响以及空气加湿原理,最终确定了在空调出风口增设喷淋口,并在出风口增加亲水材料,通过浓度差扩散,实现无水雾加湿功能。

在课堂上,以教师为知识讲授环节主体,以学生为讨论与知识应用环节主体,教师参与讨论并引导"双创"知识与专业知识的融合过程,在深化学生"双创"知识学习的同时,也在一定程度上完成了专

业知识的启蒙。从实施效果看,学生参与积极性有了很大提高,相比以往传统教学方式,课上和课下主动提问的人数大大增加,并有学生将课上讨论结果做成项目书,参加竞赛。

4 结语

本文基于"大学生创新创业教育"课程的实际教学过程,分析了"双创"知识与专业知识有机融合的必要性。以建筑环境与能源应用工程专业为例,探索研究了"双创"知识与专业知识融合的实施步骤,并评估了融合后学生学习积极性、课堂活跃度以及讨论参与度的改善程度,得出以下几点结论。

(1)实现"双创"知识与专业知识的有机融合,有利于实现更早、更有效的专业启蒙,通过加强学生对专业的理解,有利于更科学地制定学习规划和职业规划;有利于提高学生学习积极性,通过将专业知识有机融合进"双创"课程的教学过程,有效提高学习兴趣和主动性;有利于提高创业过程的核心竞争力,通过引导学生进行专业内创新、创业,能够提高创新的有效性和价值,进而提高相应创业过程的核心竞争力和创业成功率,证明了"双创"知识与专业知识融合的必要性。

(2)"双创"课程知识与专业知识具有较多的融合点,通过有效地发掘和筛选,结合合理的融合方法,能够实现深度有机融合,证明本文"双创"知识与专业知识融合的教学方法的可行性。

(3)通过实际课堂验证,采用"双创"课程与专业知识融合的教学方法,学生学习积极性、参与讨论的踊跃程度和创新思考主动性均明显高于传统教学方法,证明该方法的有效性。

参考文献

[1] 吴彬瑛. 基于创新的创业课程设计研究:以江西科技师范大学为例 [J]. 考试周刊, 2016(23):154-155.

[2] 覃彩连, 余永辉, 庞怡文, 等. 国内外高校创新创业教育现状和对策 [J]. 教育观察, 2018(15):49-52.

[3] 吴青松. 浅探创新创业教育与专业教育的深度融合 [J]. 高教学刊, 2016(23):16-17.

[4] 王杜春, 马海鹍, 张伟, 等. 高等农业院校创新创业教育与专业教育深度融合的实践探索:以东北农业大学为例 [J]. 东北农业大学学报(社会科学版), 2016(3):84-89.

[5] 王红茹. 中国大学毕业生创业率升至 3% 但成功率不足 5% 大学生创业喜忧参半 [J]. 中国经济周刊, 2017(39):58-59.

[6] 夏镇波, 张亮亮. 依托高校科技成果转化支持大学生创新创业的模式研究 [J]. 创新与创业教育, 2020(5):18-25.

"双碳"背景下人工环境学科专业实践课程案例式教学模式应用研究

关　军，余延顺，章文杰，张国强，曹　琳，周媛媛，金　琦

（南京理工大学能源与动力工程学院，江苏　南京　210094）

摘　要:为实现"双碳"人才培养目标,本教改研究围绕人工环境学科建设体系及专业实践课程建设目标,以各类典型人工空间为对象,探讨采取案例式教学方法,并通过现场调研、实验研究、模拟仿真等手段开展课程教学实践。初步实践效果表明,学生对"双碳"背景下人工环境控制及节能技术的主要技术特点、关键科学问题以及发展前沿等有了更加全面深入的掌握。该研究以期为进一步完善人工环境专业实践教学模式提供参考。

关键词:"双碳"目标;人才培养;人工环境学科;实践课程;教学模式

1　引言

随着我国提出"3060"双碳目标,建筑业的减碳已成为我国实现"碳达峰、碳中和"目标的关键一环,并相应采取了一系列应对措施[1]。最近,围绕"3060"双碳目标人才培养,教育部制定并实施了《加强碳达峰碳中和高等教育人才培养体系建设工作方案》[2],为推进高等教育高质量体系建设,提高碳达峰、碳中和相关专业人才培养质量提供了政策指引。在此背景下,对不同类型的人工环境控制性能提升潜力进行物理环境实验与模拟仿真分析、全生命周期碳排放测算,探讨与我国现实国情以及新时代发展需要相适应的技术路径,助力城市及建筑规划、设计、建设和运营的理念、模式、技术体系的转型升级,对提升城市可持续建设水平和功能质量,推进我国生态文明建设,履行全球气候变化责任等具有显著的社会、经济和环境效益。

在此过程中,通过人工环境学科专业实践类课程建设与学生参与实训,进一步促进学生全面深入了解绿色建筑技术的特点以及实现"双碳"目标技

术路径的更新迭代过程,为未来建筑业低碳化快速发展的技术人才储备奠定更加坚实的基础。

本教改研究以人工环境学科专业总体发展规划为指导,围绕"双碳"目标和专业人才培养及学科发展需求,进一步梳理人工环境学科方向的学理基础、学科前沿以及其他与实践教学相关的工程实践内容与特点,探讨大学生实践能力培养过程中行之有效的实践教学模式。

2　主要举措

2.1　走访调研

通过电话访谈等方式对国内典型的一流高校师资队伍、案例式教学经验、实践平台建设等具体情况进行调研。重点关注与"双碳"相关的大学生实践能力培养成效、典型实践教学案例、毕业生就业特点等情况,总结梳理可供参考的案例库建设内容及案例式教学模式。与此同时,对相关行业领域的代表性用人单位进行电话访谈或实地了解,以掌握行业低碳发展的典型工程案例以及专业人才需求的基本特点。

2.2　案例库建设

根据人工环境学科专业课程体系建设总体思路,结合行业发展特点及已开展的相关领域工程应用类科研成果,专业实践课程主要围绕本学科专业涉及的典型人工环境行业领域建设案例库,包括民

作者简介:关军(1978—),男,博士,副教授。电话:025-84315475。邮箱:guanjun@njust.edu.cn。

基金项目:2022年南京理工大学本科教学改革与建设工程实践类项目;2021年能源与动力工程学院青年教师发展基金;2022年教育部产学合作协同育人项目(220604225023536);2020年南京理工大学研究生课程建设专项。

用建筑实践案例(如住宅、公共建筑)、实验检测环境实践案例、交通运载工具舱室环境实践案例等。教学案例主要内容包括案例背景信息、案例主题、案例正文摘要、案例使用说明、案例在教学使用中拟采用的方法与手段、案例应用效果及前景等。结合上述内容,撰写案例教学指导书。

2.3　实践平台建设

结合案例库特点及专业实践环节的需求,依托校级实验室建设专项经费、本科教学改革与建设工程实践类项目、研究生课程建设专项,提升现有的实践教学平台;积极开展教育部协同育人项目申报,建立校企合作实践基地,以更好地满足学生进行实操与分析的需求。

(1)实验平台建设。根据部分实践案例分析需要,依托本学科专业相关开放实验平台以及校企实践基地的基本实验条件,开展本课程实践教学。其主要包括人工环境保障及能效综合实验平台、冷热源综合性能测试平台等。主要建设内容包括实验项目内容设计、实验系统调试、实验教学文档建设等。

(2)模拟仿真平台建设。根据部分案例分析需要,并综合考虑疫情防控以及线下实操环节组织烦琐等不利因素,本课程的部分实践环节依托实践基地或现有的专业软件分析平台,供所选实践题目进行上机实操和数据分析。其主要软件平台工具包括建筑能耗分析软件、环境模拟软件、数据分析软件等。整理可供参考使用的分析软件版本及操作手册、规范数据分析目标及基本流程、明确注意事项等。

2.4　课程实施

本课程案例式教学主要采用关键知识点讲授、典型案例分析、特邀或发布近期线上/线下行业专家学术报告、学生亲身实践以及专题研讨等相结合的方式,并重点围绕实践教学所选案例进行授课和专题研讨。授课期间,引导学生根据自身兴趣与基础,进行自行选题、自主确定实践方式、引导开展课堂/课外实践。为加深选课学员对工程案例所涉及知识点的认识和理解,针对学员所选的典型案例的实践效果和问题进行专题研讨,并结合实践环节,与学员进行课堂互动。教学结束后,邀请学员对授课效果进行后评估,对案例式实践教学存在的问题进行进一步完善。

3　效果及改进分析

3.1　初步成效

截至目前,从所完成的两个校区的试点效果来看,选课学生人数较往年有较大提升,听课积极性及课堂氛围得到显著改善,课程考核的完成度得到一定的提升。为提升教学效果,教学计划将实践课程调整到主要专业课程结课后的学期进行,以便学生在掌握一定的专业课程基础后再进行具体案例的实践。此外,课程案例进一步整合优化案例资源,并加大在实践环节的投入力度,以有效发挥教学改革在提升"双碳"战略实施人才培养能力中的重要作用,预期具有更加突出的教学应用前景。

3.2　改进分析

结合教学实践过程的问题反馈以及当前"双碳"人才培养的需要,提出进一步的改进思路。

(1)规范化案例库管理。进一步规范案例库的呈现内容与形式,完善所有案例的书面材料。

(2)丰富多样化实践平台。继续完善现有的实践平台,并结合疫情常态化背景下的实践教学需要,进一步探讨开展线上、线下相结合的实践教学方式,以确保实际的教学效果。

(3)增设企业导师授课环节。为丰富案例教学的内容和实际授课效果,依托协同育人项目等校企合作平台,开展校企导师联合授课。

(4)开展教材编写。经过持续开展的实践教学的试点探索,总结完善现有教改素材,并着手自编教材。

4　结语

本文以人工环境学科专业实践教学为对象,结合所在高校的实际情况,通过课程初步实施的效果分析,初步探讨了"双碳"背景下案例式教学在专业实践课程的具体实施效果,取得了阶段性成效。后续应继续围绕"双碳"人才培养的总体要求,进一步梳理专业实践课程内容与呈现形式,完善案例库建设和实践平台建设,探讨校企导师联合授课等多种形式的授课方式。

参考文献

[1] 住房和城乡建设部关于印发《"十四五"建筑节能与绿色建筑发展规划》的通知(建标〔2022〕24号).2022-3.https://www.mohurd.gov.cn/gongkai/fdzdgknr/zfhcxjsbwj/202203/20220311_765109.html.

[2] 教育部关于印发《加强碳达峰碳中和高等教育人才培养体系建设工作方案》的通知(教高函〔2022〕3号).2022-4.http://www.moe.gov.cn/srcsite/A08/s7056/202205/t20220506_625229.html.

疫情期间建环专业实习教学的组织与应对

王海英,胡松涛,王　刚

（青岛理工大学环境与市政工程学院,青岛　266033）

摘　要: 为应对新冠疫情对正常教学活动的干扰,高校推出了新的教学管理与组织模式。实习是建筑环境与能源应用工程(建环)这类工科专业重要的实践环节,一般需在校内外实践基地内完成。面对疫情原因学生未正常返校、校外实践基地无法安排等困难,本文总结了本校建环专业认识实习、专业实习、毕业实习等环节所采取的应对方法和措施。相关教学组织经验可用于指导实践环节的教学活动,所采取的实习教学模式对教学改革也有较好的借鉴意义。

关键词: 疫情;建环专业;实习教学;教学改革

1　引言

建筑环境与能源应用工程专业(以下简称建环专业)培养具备较强工程实践能力与知识应用能力的专业人才。在教学培养计划中,实践环节占比较高,其中专业实习环节包含认识实习、专业实习及毕业实习等重要环节。针对不同的实习环节,一般会集中组织学生在相应的实习基地内完成实习任务。自2020年初以来,新冠疫情的暴发对正常的教学组织带来了较大的影响。面对"停课不停教、不停学"的要求,课堂教学环节可以借助线上教学平台开展教学活动,对实习这类实践活动的组织和开展,则提出了更高的要求[1-3]。本文对青岛理工大学建环专业疫情期间的教学组织情况进行了介绍,相关经验可供同行学校借鉴和参考。

2　疫情期间的实习组织

2.1　专业实习计划

青岛理工大学建环专业2019年获批国家级一流本科专业建设点,以培养应用创新型人才为目标,注重学生工程实践能力的培养。在现有的培养方案中,专业实习环节主要有认识实习、专业实习(2018级及以前)、生产实习(自2019级)、毕业实习。

自2020年初疫情以来,主要涉及的专业实习环节为2019级、2020级、2021级认识实习,2018级专业实习,2016级、2017级及2018级毕业实习。

在正常教学组织过程中,认识实习安排在第二学期,为期1周,主要通过现场参观等形式,使学生对本专业内容、相关设备系统和应用领域等有所了解,提高学生专业认识和专业学习兴趣;专业实习安排在第六学期,为期2周,在具备一定专业基础及知识基础上,通过实习进一步加强专业知识认知,根据实习基地情况,主要以现场参观为主;毕业实习安排在第八学期,为期2周,由各组毕业设计指导教师根据学生要完成的毕业设计任务,组织相关的实习参观活动。

2.2　疫情期间的专业实习组织

2020年初疫情形势严峻,学生一直未返校,课堂教学一直采取线上教学,直至6月学生才陆续返校,因而2019级的认识实习及2016级的毕业实习均全部采取线上教学模式。本专业前期建设的虚拟实习实训平台发挥了巨大作用[4]。该平台以青岛市某高层办公建筑为原型,搭建了建筑、机房层、裙房层、标准层、全空气层等空调场景,并配套了各设备及附件的原理说明、结构图、动画等内容,基本能满足空调、通风、供暖等专业方向的实习知识需求。学生可以通过虚拟漫游形式,实现沉浸式参观和学习。

在具体实施过程中,针对2019级认识实习,制定了一周的线上实习计划,每天均安排指导老师以

作者简介: 王海英(1975—),女,博士,教授。电话:0532-85071710。邮箱:wanghaiying@qut.edu.cn。

基金项目: 教育部产学合作协同育人项目;建筑环境与能源应用工程专业生产实习虚拟工程案例研究(201902210015)。

线上直播形式,统一讲解基本知识,带领虚拟参观,并安排学生自主完成相应的学习模块。对于虚拟实习平台中未包含的内容,则由指导教师提前查找资料、视频等,在讲解环节展示给学生,并要求学生进一步自主查阅相关资料,完成学习内容。通过缜密的安排和监督,学生线上实习期间均认真完成了实习任务,最终上交的实习日记和报告图文并茂,质量也较高。图1为认识实习期间学生线上实习考勤照片及实习日记实例。

图 1　认识实习期间学生线上实习照片及实习日记实例

2016级毕业实习也采用线上形式,针对毕业设计任务的不同需求,由各指导教师具体指导学生完成线上实习;同时积极利用其他高校的线上资源,作为实习内容的有效补充,如清华大学魏庆芃老师开展的"魏在现场"一系列线上直播活动及视频资源,均及时发布给教师和学生,大大丰富了实习内容。此外,注意收集行业专家的各类线上会议、报告信息,筛选与专业发展及毕业设计相关的部分,也及时发布,供学生有选择性地学习。通过线上毕业实习

的组织和开展,顺利完成了两周的实习活动。

2021年疫情形势好转,2020级的认识实习、2018级的专业实习及2017级的毕业实习均采取了传统实习方式为主、线上实习为辅的模式。线上实习安排中,保留了虚拟实习实训平台及"魏在现场"等优质的实习资源。由于校区转移,本专业所在学院由原来的市北校区整体搬迁至黄岛校区,原有的部分校外实习基地不便安排。为了保障实习环节的开展,一方面加强新校区校内实习基地建设,另一方面积极拓展新的实习基地。黄岛校区的图书馆、食堂、行政办公楼等均设置了中央空调系统,包括空气源热泵及多联机等不同空调形式。此外,校区内还有集中供暖及换热站等设施,主要办公建筑下设置有车库通风及人防等设施。通过和学校后勤及管理部门的沟通,以上设施均成为建环专业校内实习基地,部分地解决了校内实习基地建设问题。在校外实习基地方面,在继续与优质校外实习基地合作的同时,通过学院、校友等多方渠道的沟通,与新的实习基地建立合作关系。本年度实习安排中,学生实地参观了荣华建设集团的施工项目(被动房建筑、中德生态园低能耗建筑、区域能源站)、大金中央空调产品展厅、海信日立空调生产线、金海牛暖通空调产品平台、远洋大厦空调机房等。实习组织中积极配合实习基地防疫要求,提前收集学生健康码、行程码等信息,并集中包车前往,实现现场实习的有序组织。

2022年上半年,主要涉及2021级的认识实习及2018级的毕业实习。受青岛市3—4月疫情影响,学校封校一个月。毕业实习安排在5月,认识实习则安排在6月。因受疫情影响,部分校外实习基地难以组织前往。已有的校内实习基地结合虚拟实习实训平台,基本能够满足认识实习要求。具体安排时,积极对接校外实习基地,集中包车参观了金海牛暖通空调产品平台,拓展实习内容。毕业实习则仍然由各指导教师具体安排,以校内实习基地及线上实习资源结合的形式开展。

疫情期间的实习组织形式总结如表1所示。

表 1　疫情期间的实习组织形式总结

年度	实习类型	组织形式	依托资源
2020	认识实习	线上	虚拟实习实训平台
	毕业实习	线上	虚拟实习实训平台、"魏在现场"、行业专家报告

续表

年度	实习类型	组织形式	依托资源
2021	认识实习	线下为主	校内实习基地、校外实习基地、虚拟实习实训平台
	专业实习	线下为主	校内实习基地、校外实习基地、虚拟实习实训平台、"魏在现场"
	毕业实习	线下为主	校内实习基地、设计院专家现场报告、校外实习基地、虚拟实习实训平台、"魏在现场"
2022	认识实习	线下为主	校内实习基地、校外实习基地、虚拟实习实训平台
	毕业实习	线下为主	校内实习基地、虚拟实习实训平台、"魏在现场"、行业专家报告

3 实习组织效果及评价

持续近三年的疫情，给专业实习环节的组织形式带来了很大改变，线上实习形式得到了广泛的使用和认可[5-6]。线上模式或线上线下结合模式的具体教学效果，还需要从学生角度进行分析和反馈。

从学生完成的实习日记和报告来看，整体质量较好，内容相比于之前的线下实习甚至更为丰富，这得益于优质实习资源的保障和不断积累。建环专业2018级学生经历了线上专业实习和线下线上毕业实习。通过问询等形式，对部分同学进行了两种实习方式的调研。结果发现，大部分同学反馈更愿意参加现场实习活动。在现场学生可以触摸、操作部分设备阀门、读取相关数据，具有更强的感官认知，对系统设备也可以得到更直观的认识，印象会更为深刻。线上实习过程，容易存在互动交流少、注意力不易集中、专注时间短、自主学习有些盲目等问题。为保障线上实习质量，应注意避免线上实习容易产生的以上问题。

从实习环节的实践教学属性来看，线下模式必然是无可取代的。在可能的前提下，应优先考虑线下实习。线上的优质平台、资源等，则建议作为实习教学的补充手段，在学生具备一定现场认知的基础上加以利用，并应加强线上环节的组织和监督，以取得更好的学习效果。

4 结语

新冠疫情持续已近三年时间，对传统的实习教学组织产生了很大的影响。本文针对青岛理工大学建环专业三年来的专业实习组织情况进行了简要介绍。面对疫情，在教学中充分利用线上资源优势，主要以线上及线上线下相结合的实习方式，完成了实习环节的教学任务。

目前，线上实习方式及线上线下相结合的实习方式，逐渐成为实习安排的重要形式，为疫情下有序执行教学计划提供了可能[7-8]。线上实习也以形式灵活、内容丰富的特点，得到更多的关注。对建环专业而言，也出现了一批优质的实习共享教学资源。从学生角度，实习这类实践环节，还应以线下组织形式为主。在线上资源的使用中，也应注意学生专业知识的掌握程度、认知特点、实习目标等，进行有效组织并加强监督；在充分发挥线上教学的辅助优势的同时，保障实习质量。

参考文献

[1] 李鸿英,苏怀,韩善鹏,等. 疫情防控期间油气储运工程专业生产实习教学新模式探索:以中国石油大学(北京)为例 [J]. 化工高等教育,2022,39(1):120-127.

[2] 高鹏,余建文,韩跃新,等. 疫情下"虚拟仿真与线上直播"相融合的工科实习教学创新与实践:以矿物加工工程专业生产实习为例 [J]. 高教学刊,2021,7(15):23-26.

[3] 朱火美,吕焕培,朱美珍. 新冠疫情期间高校开展毕业实习教学的对策研究 [J]. 中国多媒体与网络教学学报(上旬刊),2020(12):179-181.

[4] 王海英,胡松涛,王刚,等. 建筑环境与能源应用工程专业数字化教学探索与实践 [C]// 第十一届全国高等院校制冷及暖通空调学科发展与教学研讨会论文集. 长沙:中南大学出版社,2020.

[5] 李洪强,翁孝卿,罗惠华,等. 疫情背景下"毕业实习"线上教学的实践与思考. 高教学刊,2021(7):95-98.

[6] 温伟斌,韩衍群,侯文崎. 生产实习线上线下混合式教学模式改革与探索:以工程力学专业为例. 教育教学论坛,2022(22):73-76.

[7] 代少军,林井祥,董长吉,等. 疫情背景下采矿工程专业在线实习改革探索 [J]. 教育教学论坛,2021(20):89-92.

[8] 舒建成. 疫情期间在线教学在"环境工程认识实习"中的实践探索 [J]. 广东化工,2021,48(7):250.

中外学生混合上课的全英文专业课程建设的实践创新

钱 华¹，郑晓红¹，程 云²

（1. 东南大学能源与环境学院，南京 210096；2. 南京市职教（成人）教研室，南京 210002）

摘 要： 随着中国经济和科技的快速发展、综合实力的提高，以及"一带一路"倡议的提出，来华的留学生数量增长显著，且留学生主体专业已经由汉语言学习转化到各种专业学习。此外，中国高教水平的迅速提升，国际化教学要求越来越高，中国学生和来华留学生混合上课现象越来越普遍，采用全英文进行专业课授课成为国际化交流发展的必然趋势。但是，中外学生学情不一的现实状况，给教学带来了极大的压力。需要破解该难题，使学生能够跟得上、跟得住全英文课程教学。本文作者在长期的教学实践中，构建了启发式和讨论式教学方法，加大了师生交流、生生交流，吸引不同水平学生协作和增加课堂注意力，从而达到良好的教学效果。

关键词： 全英文专业课；启发式；讨论式；留学生和中国学生混合教学

1 引言

随着中国经济和科技的快速发展、综合实力的提高，以及"一带一路"倡议的提出，中国的国际影响力和国际化交流需求越来越大。中国已经连续13年成为全球第一出口大国及贸易国，2021年国际货物贸易达到6.5万亿美元，已经占到全球总额的13.5%，较2012年增长56%[1]。改革开放初期，我国对外交流致力于"走出去，引进来"，主要目的是走出去留学，学习发达国家先进的科学和技术，引进来外资和先进的管理经验和理念；现在及将来我们国家对外交流的"走出去，引进来"，除上述目的外，可能额外增加的是走出去投资，将中国的成功经验和理念带到其他国家，引进来更多的外智，利用全球的优秀人才发展我国的科学技术和经济。

在这样的前提下，吸引来华留学生就特别重要，2010年9月教育部出台了《留学中国计划》，鼓励来华留学。在经济和政策的刺激下，来华留学生人数飙升[2-3]，已超过50万人次每年，且预计10年内会超过80万人次每年[3]，且学历学习比例飞速上升，占比越来越大，高学历尤其是研究生学历的留学生越来越多。相较纯语言学习的汉语言专业，医、工、理、管理等学科的比重越来越大，尤其学历留学生中，专业学习的留学生比例远远超过汉语言专业。另外，中国学生的英文水平也越来越高，很多高校和海外高校联合办学，进行全英文授课，取得了较好的效果，因此对普通学生进行全英文授课也成为可能。在这样的前提下，全英文的专业课需求越来越大。在中国本地学生和留学生混合教学时，参差不齐的英文水平和本科基础教育的功底，给教学带来了极大的压力。全英文专业课程建设的"未然状态"：中外学生学情不一的现实状况（统计）、学为中心的教学理念的匮乏、全英文专业课程建设的庞杂无序等。对于如何破解该难题，使学生能够跟得上、跟得住全英文课程教学，本文在长期的教学实践中，探索了一些思路和方法。

2 全英文专业课建设困局

2.1 参差不齐的英文水平

来华留学生有来自英语国家的，有来自非英语国家的。中国学生的英文水平也存在较大差异。加上授课老师也多数为中国人，不可避免地存在英语口音不够纯正，英语口语也不如英语母语使用者自然流畅。对于英文水平吃力的学生，仅纯英文就已经很难集中精神，时间长了，难免分神。再加上专业课知识环环相扣，一部分走神了，就会造成后续的课

作者简介：钱华（1978—），男，博士，教授。电话：13645186001。邮箱：qianh@seu.edu.cn。

基金项目：东南大学教改项目。

程很难听懂。若英语和专业课难度都不能跟上，就很难收到应有的效果。这样就会造成，只有英文水平好的学生可以跟上课程水平，尤其是以英语为母语的留学生；而其他学生很可能会放弃全英文课学习，变为不及格或者混学分。因此，在进行全英文课建设的时候，需要考虑这方面因素。

2.2　不同的专业课背景和教育水平

目前，来中国留学的学历留学生，大部分为研究生，少部分为本科生。由于其在本国的本科专业设置和中国不一致、专业基础课不同、使用的教材不同等差异造成专业的基础不同，在进行研究生专业课教学的时候，必须考虑这些差异。再加上医、工、理、农等专业的留学生，大部分来自亚非拉国家，每个国家的教育水平也不同。这种差异，造成在进行进一步教学的时候，难以设置统一的基础起点。

3　困局原因与应对思路

在国际合作交流的过程中，不可避免地存在语言、文化、生活背景、宗教信仰等之间的冲突。在我国持续加大开放的过程，中国已经融入世界大家庭，且中国的文化影响越来越大，进入我国的留学生的人数越来越多。但中外学生在课程衔接和基础教育上还没有形成统一的质量体系。主要原因如下。

（1）我国的教育体系，尤其是理工科教育已经形成自己的特色，我国的学科分类越来越细，与国外大学的学科和系的分类并不能完全对应，来华留学生和中国学生混合上课时，不可避免地会碰到前序课程不完全一致的情况。

（2）面对我国的工业化进程中的问题，经过常年的工业实践，教材上已经不完全采用英文教材的中译版，而是加入了我国自己的理解和工业实际经验与科研进展，而且我国的教材主要是中文，很少有教师编写英文教材。这样在专业基础的衔接上，不可避免地存在不一致的情况。

（3）我国改革开放以后，为了融入世界，对英文教学和考核设置了较高的标准，中国学生的英文水平大幅提升。英文科技论文数量和质量的不断提升，充分说明我们巨大的进步。但是由于英语非日常用语，中国学生的听说能力还有所欠缺。香港的学校从小要求双语教学，高校甚至要求全英文教学和工作，在这样的前提下，香港学生的英文理解能力和听说能力尚不能满足专业学习要求[4]。

（4）虽然中国作为留学目的地的吸引力越来越大，且目前来我国的留学生数量越来越多，但目前来我国的留学生还处于量重于质阶段，对研究生的学术背景和学习水平还未能做到很好的筛选，加上"一带一路"很多国家整体水平偏低，来华留学生整体水平尚偏低，整体尚未能跟上同一学校中国学生的专业水平。

以上现状，短时期内无法解决。对于任课老师而言，要达到全英文课的教学效果，解决全英文课教学中的问题，只能另辟蹊径。在教学实践中，任课老师要是准备全英文PPT，并用英文照本宣科，很多学生就会打瞌睡，留学生也很难跟上讲课节奏，教学效果不能满足留学生来留学，学习中国先进经验的需求。

目前，国际上开始盛行"少即是多（less is more）"概念，即给学生灌输的少，但思考的要多。把照本宣科的时间，变为学生自学的时间。上课时间，帮着学生提炼内容，提出问题，促进思考。真正地把最重要的部分，让学生理解消耗。因此，在全英文专业课上，大幅加大学生研讨时间，使所有学生能够跟上上课节奏，也能锻炼英文的听说能力。

4　教学实践

本文作者承担了全英文研究生课程"Technology for Improving Indoor Air Quality"和本科生双语课程"建筑环境学"。在教学活动中，尝试采用了圆桌讨论式、启发式以及易质教学等方法，取得了较好的效果。

案例1：某年共30名学生选修了全英文研究生课程"Technology for Improving Indoor Air Quality"，其中6名来华留学生，包括4名法国交流生和2名来自巴基斯坦的研究生。教学环节，分为6组，每组5名学生，每组都有留学生。在一节课上，先开始用英文简单介绍背景后，学生基本上都能保持注意力，但部分学生开始有走神情况出现，用英文在课堂上布置了分组讨论的"what the impact factors on the indoor air quality？"研讨题。给每组发了纸和笔，要求画出脑图（mind map），可以查资料。本文作者在各组之间查看，对不那么积极讨论的小组稍加引导。结果显示，各个组很快画出脑图的初稿。有以污染物种类为特征分类，如颗粒物、甲醛；有以污染物来源分类，如室外、室内装修等；也有以污染物来源分，再每个来源分下一层次污染物；也有以污染物分第一层次，再下一层次分污染物来源。再采用易质化教学,每组出一名组员,轮换到各组,一方面介绍本组的脑图思路,另一方面学习其他组的思路和优点,轮换回本组以后,给一定的修改时间,将脑图修改完毕。修改完成的脑图,经全班投票,选出最好的一幅。教师在此基础上进行详细点评。通过这次研讨,学生基本上掌握了污染物分类结构,相关的英文专业词汇,并使中外学生得到很好的互动。课堂上气氛活跃,虽然授课和代表小组回答问题时使用的是全英文,但小组讨论时,中英文混杂,使英文水平较差的同学也跟上节奏。

案例 2:在讲授结束室内污染物浓度控制方程的基础上,给学生观看一些广告宣传视频,根据商家在 3 m³ 测试舱得出的结果,即颗粒物 4 小时移除率99%,甲醛 4 小时移除率 85% 的宣传语,让学生根据控制方程计算,并说明该方法是否有效。在分组做题时,中国学生良好的数理功底很好地帮助了留学生。在各组出代表论述自己结果,并和其他产品进行 CADR 值比较,从而获得最终结论时,留学生和英文突出的中国学生充分论述了观点。

5　结果和问题

最后课程结束时,计分采用全英文期末考试 +平时分 + 分组 PPT(一个组 15 分钟,5 人分角色讲)。英文试卷很多题目来自文献或者直接的例子,最终结果显示,积极参与分组讨论的学生,在填空、简答方面都得分较高,基本上能采用英文回答问题,且回答正确。在分组 PPT 部分,很多学生都得

到了全英文演示锻炼,根据学校网站的学生评价反馈(匿名),学生的评价也比较高,都认为能跟得上、听得懂全英文课,课程收获很大。

圆桌研讨式教学适合 30 人以下的班级,但随着课程好评度提高,选修课选修的学生越来越多,最多时达 60 人,时间和原有安排的教室已无法安排圆桌讨论式教学。此时,进行了简化,和身边学生讨论,再随机点名进行回答,后续点名其他学生根据前面的答案进行补充,效果就大打折扣。疫情暴发以后,线上教学时无法安排讨论,尽管采用了 Kahoot 网站讨论,但很难进行干预,在线讨论效果不佳。对于新的形势和要求下的混合教学方法,还需要进一步的探索。

6　结语

全英文教学,采用讨论式、启发式等方法有助于保持学生注意力,同时加强生生和师生交流,加强了不同背景学生的互补性,克服了非母语教学的困难,达到了较好的效果。

参考文献

[1] 赵子健. 中国外贸发展实现量与质"双提升"商务部:全力以赴稳住外贸外资基本盘 [N].21 世纪经济报道,2022-05-23(001).

[2] 方宝,武毅英. 高等教育来华留学生的变化趋势研究:基于近十五年统计数据的分析 [J]. 高等教育研究,2016,37(2):19-30.

[3] 雷红艳,权哲亭,林泽华, 等. 双循环新发展格局下来华留学生教育规模预测模型 [J]. 高师理科学刊,2022,42(5):23-30.

[4] 顾永琦,董连忠. 香港双语教学尝试的经验教训及启示 [J]. 现代外语,2005(1): 46-55.

工程类研究生培养模式的改进及探析

杨 昭，贺红霞，付泉衢

（天津大学机械学院，天津 300350）

摘 要：在工程技术领域选拔和培养高层次卓越人才是我国高等工程教育面临的重大而紧迫的战略任务，不断培养和造就高层次工程技术领军人才是我国高新企业创新发展和工业化进程的重要支撑，而提升工程类研究生培养质量是高层次工程技术领军人才培养的关键，重点在于加强对工程化培养模式与培养过程的研究、管理和实践。本文通过分析工程类硕士及博士研究生培养现状，剖析存在的问题，探讨适用于工程类高层次技术人才培养的合作模式，以期建立高校与企业"无缝连接"的工程类研究生校企联合培养的长效机制。

1 引言

互联网的快速发展加速了传统工业的转型与升级，以智能制造为主导的工业信息化道路为工程技术的发展指明了新的道路。此外，工程实践也越来越呈现出多元化的表现形式[1]。高层次工程技术人才的数量和质量决定着一个国家是否能够掌握引导产业发展的话语权。近年来，我国研究生培养暴露出多以学术型为主，工程应用型研究生的规划设置及培养模式较为匮乏的问题。然而，高校的培养形式在一定程度上与当今企业的用人需求无法准确相对应，高层次工程应用型人才的数量及质量显著影响企业的未来创新转型及长久发展。

图 1 为 2015—2020 年我国研究生招生与毕业人数趋势图。从图中可以看出，我国研究生的招生人数随着年份呈现递增趋势，特别是 2017 与 2020年增幅显著。相比于招生人数，我国研究生毕业人数也呈现稳步递增趋势。2020 年，我国研究生招生人数约 110 万，毕业人数达到 73 万人。

我国正处在科学技术快速发展和企业转型升级的关键时期，高层次工程技术人才对于科学技术的发展以及企业的转型升级至关重要。在深化工程类研究生教育改革的战略下，建议逐步开展对研究生培养模式的改革与探索，其中校企合作是一种重要的产学合作方式。

作者简介：杨昭（1960—），女，博士，教授。电话：022-87894028。邮箱：zhaoyang@tju.edu.cn。

基金项目：国家自然科学基金重点项目（51936007）；天津市一流建设课程。

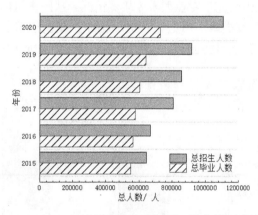

图 1 2005—2020 年我国研究生（硕士、博士）招生与毕业人数趋势图[2-3]

与欧美发达国家相比，我国专业型人才的培养工作起步较晚，我国虽然在工程硕士的培养工作中取得了显著成绩，但对于工程博士培养模式方面的理论和经验较为缺乏。天津大学是一所高层次工程技术人才培养的高水平大学，在近年来工程类研究生校企联合培养的过程中进行了一系列改革、探索与实践，作为首批招收培养工程博士试点院校，至今已有三届毕业生。学校以实践创新为导向，培养了多名优秀的工程技术创新等专业型领军人才，但与传统学位研究生培养相比，各方面均具有很大差异，且存在很多问题亟待改进，特别是针对工程培养模式的研究和探索势在必行。本文旨在探析工程类研究生校企联合培养模式，探讨适用于工程专业的高水平应用型人才培养的长效运作，为继续完善工程类研究生校企联合培养模式提供参考。

2 工程类研究生校企联合培养的现状及存在的问题

图 2 为 2019、2020 年我国研究生学位授予情况。从图中可以看到,2019 年我国硕士研究生招生总人数达到 81.1 万,其中专业型硕士研究生占比达到 58.5%,这与近年来我国专业学位研究生教育体系的完善密切相关。工程硕士成为我国硕士研究生教育阶段覆盖领域最广、培养规模最大的一种专业学位类型。相关研究表明,相比学术型研究生,专业型研究生的实践创新能力、应用与创造能力具有突出优势。2020 年,我国专业型硕士占比提升至 60.8%。然而,对比 2019 年和 2020 年博士研究生的招生与毕业人数可以发现,工程类博士研究生的占比为 9%~11.8%,毕业人数占比为 3.4%~4%,远小于工程类硕士研究生人数占比。图 3 为 2015—2020 年我国研究生专业型人才培养情况。从图中可以看到,工程类博士招生与毕业人数的结构比例偏低,为适应我国科技创新能力的提升,可逐步加大此比例。

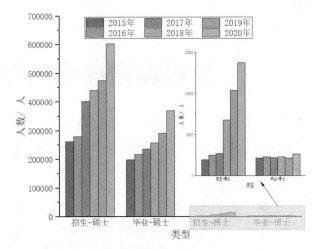

图 3　2015—2020 年我国研究生专业型人才培养情况 [2-3]

长期以来,高校的研究生教育主要是以培养学术型人才为主,校内教师的重心放在科学研究上,具有工程实践经历的人占少数,工程类研究生与学术型研究生在教育培养方面有相同之处,也有自身的独特性 [4]。因此,高校在开展工程类研究生校企联合培养工作时要从以下几个方面深入探索(图 4)。

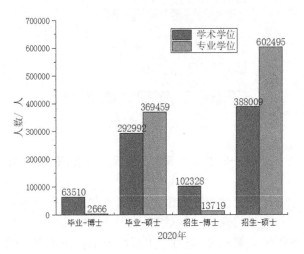

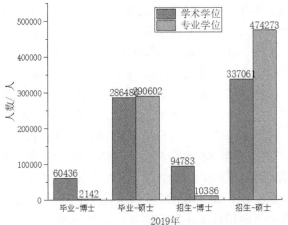

图 2　2019、2020 年我国研究生学位授予情况 [2-3]

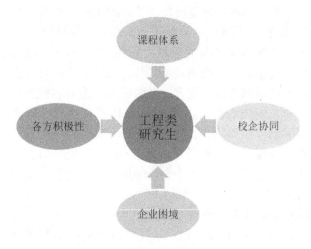

图 4　工程类研究生校企联合培养主要影响因素

(1)课程体系设置和毕业要求的特色化需求。工程类研究生的培养目的是具有扎实理论基础,并适应特定行业或职业实际工作需要的应用型高层次专门人才,其与学术型研究生的区别如表 1 所示。尽管各个招生单位针对工程类研究生出台了明显区别于学术型研究生的培养方案,但受限于资金支持、制度建设的不足,在实际课程设置、导师指导、专业实践和论文考核等方面,依然存在与现有学术型研究生人才培养趋同的现象,为培养有特色的企业创新人才,建议避免沿袭传统学术型研究生培养模式。

表1　学术型与专业型研究生的主要区别 [1,6,8]

区分	专业型	学术型
培养目标	以实践为导向,注重理论与实践的有机结合,重在培养在专门技术上受到正规训练的高层次人才。学生毕业后从事有职业背景的工作,如工程师、医师、会计师等	按学科设立,以学术研究为导向,偏重理论研究,主要给国家培养大学教师和科研机构的研究人员
招生专业	招生专业比较有针对性,主要集中在管理、工程、建筑、法律、财经、教育、农业等专业领域	招生专业比较全,包含教育学、经济学、哲学等13个大类和其下设的二级学科,基本涵盖所有专业方向
导师制度	实行双导师制,有校内和校外两个导师,校内导师主要负责教授理论知识、学术指导,而校外导师则培养技能、指导实践	实行单导师制,导师全程负责学生的课程学习、论文写作指导和答辩申请等环节

（2）院校与企业/院所协同的培养过程需求。校企合作一直是培养应用型工程人才的重要方式,对于培养学生的工程实践能力和问题解决能力具有巨大作用。然而,在现实的操作过程中,校企合作却总是陷入形式单一、企业积极性不佳和难以持续等困境。

（3）提高参与者的积极性。根据人才培养的需要,高校方面参与工程类研究生培养形式改革的积极性较高;作为研究生的第一责任人,导师通常督促研究生将重心放在科研项目当中,致力于让学生更多地参与实验室的科研项目,而指导学生实践的积极性普遍不高。此外,部分企业由于商业竞争、行业内幕等因素,针对与其进行核心技术方面的深度合作具有明显的抵触或躲避心态,致使校企合作的参与者的积极性受到一定程度影响。

（4）提高校企联合培养过程中企业的参与度。着重关注人才储备及转型升级向上发展的企业,通常积极参与工程类研究生的校企联合培养工作。但在实施过程中往往会出现一些问题,如校内导师安排的科研项目与企业实际需求的研究项目不能对接,企业技术发展方向的选择与资金投入持续性存在问题,导致联合培养的人才无法被留任等。

3　解决该问题的必要性

目前多项结果 [2-4] 显示,部分高校工程类研究生的培养过程与一般学术类研究生几乎无异。尽管各高校均以校企合作的方式进行工程类研究生的培养,但这一培养模式并没有对工程类研究生的成长产生明显的影响。新工科专业 [6-7] 要求学生具备知识整合和实践创新能力,面向行业需要,注重工程实践能力和职业素质的培养,在开发设计、组织领导和解决复杂工程问题上,要有扎实的实践能力、创新意识、沟通能力、团队精神、人文素养和国际视野。因此,只有以工程实践创新为导向 [8-9],深化落实校企合作、产教结合,进一步完善和创新工程类研究生培养体系,才能促进我国企业的转型和高质量发展以及社会经济的高效率发展。

4　校企联合培养模式探析

通过探索校企双方共享教学与科研资源、为工程类研究生配备校-企双方导师团队指导组,共同推动工程类研究生的培育培养工作,提升工程类研究生的工程实践能力和职业素养。从以下方面对工程类研究生的联合培养模式进行探讨。

4.1　课程与课题紧密结合的教学培养方式导向

积极探索并创新工程类研究生的教学方式,确定课程学习和从事工业项目研究的时间比例;训练内容聚焦到企业/社会需求的具体工程问题、实际案例和工程项目,特别是依托于国家重点研发/攻关项目,让工程类研究生自主发现工程类问题、讨论分析案例、提供方案,并在规定的时间内提交团队成果,形成学生主动参与课程全过程实施的机制。

4.2　加强工程类研究生实践课程与实践环节

通过与企业合作,使培养的工程类研究生不仅能获得满足实践训练所需的真实工程实践环境、设计开发先进设备仪器的条件,还能与工程实践经验丰富的企业工程师和高级管理人员一起交流探讨企业实际的课题与工程问题,从而帮助解决我国工程教育与就业能力脱节的问题。探索加强工程博士实践课程与实践环节的可能性,由校企双方组成导师团,根据学生学习特点、职业规划,制定"一对一"的培养方案,特别是工程实践教学体系。

4.3　建立不同的多种联合培养模式

结合我国企业的实际情况,在与企业合作的长期探索与磨合中,可采用联合培养模式,包括:①企业和高校双导师进行阶段性协同培养和指导;②企业团队参与学生的选、育、培养过程;③企业和高校共同出资建立实践基金与实训基地,共建实验室联合研发工程类课题,让工程类研究生团队参与其中。多种联合培养模式都以行业的基本需求为出发点,根据不同企业制定各自适用于该企业的用人培养方案,构建企业的人才选拔和培训机制,在此基础上开展校企合作项目。此外,研究生的研究课题与国家/企业重点攻关领域和科研项目精准结合,企业研发团队与高校团队之间的协作关系是保证企业与高校的合作顺利进行的重要因素。

4.4 建立"无缝连接"的工程类研究生实践能力培养体系

当前合作培养模式多采用"课程学习—校内实习—学位论文"的形式。虽然研究生在培养过程中通过努力取得了相应的学位,但与用人单位所需的理想人才仍有一定差距。因此,在课程学习和学位论文之间增添"校内实训"环节,进而满足行业工程技术人才的需求,逐步建立完备的工程类研究生培训体系,并依托学校与企业共建联合实验室等校内外实践培训平台,开展一系列专业实践能力训练,建立符合行业要求的评价体系,有效地提升工程类研究生的实践能力。

5 结语

与学术类研究生相比,工程实践能力是工程类

研究生的一大突出特点,也是工程类研究生培养的主要目的。新型"校企联合培养"是提升工程专业学生实际操作技能的一种有效途径,对培养高层次工程技术领军人才具有重要意义。工程类研究生培养模式的改进需要高校与企业之间的相互协调和积极配合,并逐渐创新和完善高校工程类研究生的教学改革和新工科建设体系,最终培养出高水平的应用型、复合型工程技术人才,真正解决研究生就业难和企业用人难并存问题,满足我国科技发展的现实需要及第四次工业革命的人才需求。

参考文献

[1] 吴卓平. 工程博士培养模式研究 [D]. 大连:大连理工大学,2016.
[2] 中华人民共和国商务部,中华人民共和国国家统计局. 教育统计数据.http://www.moe.gov.cn/jyb_sjzl/moe_560/2020/.
[3] 2005—2021 年全国教育事业发展统计公报.
[4] 桂志国,赵冬娥,王晨光. 电子与通信工程全日制专业学位硕士人才培养模式的研究实践 [J]. 中国教育技术装备,2014(4):7-9.
[5] 董宪姝,赵阳升,樊玉萍,等. 新工科背景下矿业类专业协同育人初探 [J]. 高等工程教育研究,2022,194(3):21-25.
[6] 王亚煦. 软硬资源协同驱动的新工科人才培养模式构建 [J]. 实验室研究与探索,2021,40(11):253-257.
[7] 阎跃观,刘吉波,郭俊廷,等. 新工科背景下工科类高校协同育人与实践基地共建模式 [J]. 测绘通报,2021(11):155-160.
[8] 李丙红,吴玉胜,王鑫,等. 工程类专业学位研究生培养模式探析 [J]. 高教学刊,2021,7(15):64-67.
[9] 郑中华,秦惠民. 工程类学科研究生导师校企循环流动的机制设计 [J]. 学位与研究生教育,2020(4):35-39.

工程导论课堂多维场域教学实践探索

余晓平，居发礼

（重庆科技学院,重庆 401331）

摘 要：工科专业导论课程是本科新生工程认知和专业导入的必修基础课。本文通过对工程专业导论课程教学理念与目标的分析,提出多维场域教学设计与行走的课堂实践方法,基于大工程观的工程教育理念,在教学全过程实践中注意融入工程历史与社会文化,通过多元教学主体、多维学习实践和全过程评价等实现对学生工程系统理念和项目实践方法的引导。本文以建筑环境与能源应用工程专业导论教学为例,课堂多维场域教学实践方法可供其他工程专业导论课程教学参考使用。

关键词：工程教育;教学场域;专业导论;建筑环境与能源应用工程

1 引言

工程教育是面向新时代工程人才需求培养未来的工程师,肩负着构建工程知识体系、培养工程能力和养成工程师素质三大任务。王章豹等[1]认为,我国工程师素质平均水平不高,主要表现为知识面较窄、能力结构不合理、工程伦理观念和可持续发展意识较淡薄等,认为我国工程教育中长期存在"重物轻人、重理轻文、重智轻能"的现象。李培根[2]认为,工程教育改革必须从人文情怀的角度去审视工程实践,加强学生宏思维能力的培养,要引导学生关注社会重大问题。一大批工程教育改革的先行者,通过全方位的、系统化的实践探索形成共识,逐步实现从教育理念的转变到人才培养模式的变革和创新[3]。因此,在工程教育实践活动中,专业课程的课堂教学如何拓展教学场域,并加强对学生学习全过程的引导和评价,将是工程专业课堂教学改革的重要内容。

CDIO 国际工程教育组织在力推工程导论课的教育理念,将是否开设"工程导论"课以及开设效果如何作为其 12 条标准之一;导论课是 CDIO 课程计划中规定要修习的第一门课,将之看作支持和构建整个框架体系的结构性基础。专业导论课程作为前导型课程,对大学新生的学习具有认识论和方法论

作者简介:余晓平(1973—),女,博士,教授。电话:13368192573。邮箱:yuxiaoping2001@126.com。
基金项目:重庆科技学院教育教学改革研究项目(201933;YJG2019y005)

的引导意义[4]。本文以土木类建筑环境与能源应用工程(以下简称建环专业)导论课程课堂教学改革为例,重点从教学场域设计与实施入手,探索融入人文历史教育的大工程观的专业导论课教学方法,可为工程类专业导论课程教学改革提供参考。

2 立足行走课堂的工程导学教学场域设计

专业导论课程以"工程导入和专业导学"为教学目标,传统的专业导论课程课内学时有限,主要通过单一的课堂教学,从知识传授的角度回答本专业从哪里来、本专业学什么课程、毕业后从事什么职业等问题,而缺少对为什么学、为谁学和如何有效学等问题的回应,难以形成对工程的初步认知,也不利于引导初入大学的新生形成对专业领域未来工程师职业角色的认同感。

因此,教师作为课堂教学的总设计师和教学活动的实践者,应剖析专业导论课程特点,以项目为载体,引导学生认识工程,打破课堂的空间与时间限制,融入"三全育人"理念,结合工程专家讲座、企业项目现场教学和学生团队课外实践等联动课堂内外活动,形成"行走的课堂"立体多元教学场景。导论课程教师不再是一个任课教师,而是一个包括工程大师、企业导师、专业导师和小组学习团队的教学主体。任课教师变身导演和策划,工程大师结合自身工程实践引导学生认识专业领域相关的工程宏大场

景,企业导师现场教学引发学生思考专业领域的工程问题,专业导师指导学生课外调研实践发现生活中的专业问题,学习小组实践研学后课堂分享交流,通过教学团队角色的多元化,实现课堂内外融合、多主体育人,教学场域通过课堂时空的延展,形成以学生为中心的课堂教学理念与方法,如图1所示。图(a)为笔者邀请重庆市工程设计大师艾为学教授级高工进导论课堂,讲述他从业50多年的职业经历,并回顾我国社会经济发展对专业人才需求的变化,鼓励青年学子工程报国;图(b)为学习小组开展实践性研讨学习,并在课堂分享交流;图(c)为专业导师指导学习小组开展校园建筑项目室内外环境的考察,发现身边的专业问题;图(d)课外组织学生到校企合作单位或专业展会等现场体验教学,听企业导师介绍行业发展。

3　工程导论课程的多维教学场域实践

3.1　教学场域设计与实践过程

建环专业导论课程目标围绕"培养什么样的人?为谁培养人?"的基本问题,教学内容设计围绕

"专业是什么?从哪里来?到哪里去?"的问题,课堂教学需要解决"学什么?如何学?如何评价?"的问题。在教学全过程设计中,从教学多元主体、教学场域开放性、教学评价与反思环节贯彻以学生为中心、人文价值引领相融合的教学理念,知行合一,问题导向,落实"三全育人"的教育理念,把专业导论上升到工程导论的层次和高度。专业导论第一个教学单元的具体实施情况如表1所示。

(a)工程大师讲课　　　　(b)课堂汇报小组交流

(c)专业导师课外指导　　(d)企业导师现场教学

图1　教学场域多维拓展现场

表1　建环专业导论单元教学实施案例

方式	教学内容	教学方法及教学场景设计要素
预习	1. 教材第一章绪论; 2. 查阅专业网站的介绍; 3. 观看老师提供的宣传视频	学生能正确说出专业名称及其更名历史,初步认识专业发展,开展小组交流
暖身	提问:两个不同气候地区的建筑形式有何不同?要从建筑发展历史(露宿→穴居→建筑→城市)探寻建筑适应气候的异同	学生举例说明不同时期的建筑特点和不同气候地区的建筑环境特点。引出讨论:不同居住水平的室内环境品质和能源消耗
引入知识点	建筑环境的营造历史	学生从历史发展观剖析社会生产力是居住环境改善的决定性因素
问题引入1	新中国成立以来,我国人均居住面积的发展变化?人们对居住环境品质的需求发生了哪些变化?	学生查文献:1950年我国人均居住面积4.5 ㎡,城镇居民人均居住面积从1978年的6.7 ㎡增长至2018年的39 ㎡
问题引入2	如何理解专业名称变更的社会背景?如何理解暖通空调技术从工业建筑应用到民用建筑应用的发展路线?	展示专业名称演变历史:卫生工程→暖通工程→燃气工程→建环工程,讨论特定时期的社会发展经济进步对专业人才的需求变化
讲授	1. 国内高校专业设置及演变; 2. 国内外专业高等教育差异	要求理解高校专业的设置是社会发展对人才需求的体现,面向社会需求的高等教育和人才培养的动态调整
案例讨论	国内最早工业领域的暖通技术应用为什么在纺织厂?	学生查阅纺织厂生产环境需求,并分组开放讨论,要求: 1. 每组独立提出理由; 2. 把理由写在纸上,对比哪个组的理由多; 3. 小组展示,汇总点评

方式	教学内容	教学方法及教学场景设计要素
课程思政融入工程人文教育	纺织厂生产环境需求:棉尘、高热高湿环境影响工人健康、工作效率和产品质量。作为暖通工程师,要牢记使命	1.思考并讨论生产环境温湿度控制的必要性,进而了解空调制冷技术演变; 2.了解车间棉尘的产生及其危害,通风除尘来满足职业卫生保障要求
教学反思	1.教学案例涉及建筑环境营造与能源应用民生需求与社会发展; 2.工程应用场景强调社会经济发展决定建环专业的技术进步,同时环控技术进步促进社会生产力发展,并满足社会民生需求	

3.2 融入工程历史文化观的课堂实践

专业导论离不开专业发展历史,尤其是专业名称的演变和学校的办学历史。倪龙等[5]从专业办学历史发展总结了建环专业名称在不同时期的变更,如图2所示。

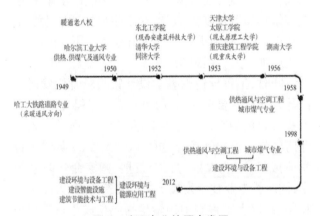

图2 建环专业的历史发展

植根于时代发展的脉络讲授专业发展历史,引导学生从社会历史维度思考专业名称变更表象下的内涵发展。从新中国成立初期的百废待兴,到改革开放后四十年,建环专业培养的人才从单一的供暖、通风、空调技术型人才转向"双碳"目标下的室内环境综合调控与建筑能源应用复合型工程人才,需要培养具有人类与自然命运共同体的工程价值理念的工程创新人才。

因此,从教学设计上,教学内容要紧密结合当下国情、社会发展中的大事件,如新冠疫情防控、节能减排国家战略等。2021年正逢建党100周年,通过引入历史观教育,从建筑与人类社会发展历史回顾中认识专业发展的历史必然;结合2003年SARS和2020年新冠疫情以来的全球抗疫大事件认识建筑环境调控中人、建筑与自然的关系,引申出建筑环境营造的工程理念和价值原则,初步开展对工程伦理

的反思;从气候变化、国家能源战略引申到"双碳"目标、能源安全、可持续发展等,引申出建筑能源应用的未来发展方向,激发学生工程报国的职业梦想等。

3.3 开放性"行走的课堂"教学场域实例

由于建环专业知识具有交叉学科知识特点,任何一项复杂工程问题的解决都需要跨学科知识的综合运用。可见,工程教育需要树立大工程观[6]。教师在专业导论教学实践中,引导学生从时间、空间的大尺度去观察、思考工程现象和认识工程问题,从而理解自然-人-工程-社会之间的关系,初步形成工程系统思维。

教学场景一:利用校企合作开放平台育人,紧跟时代发展,带领学生到重庆海润节能技术有限公司现场教学,通过参观海润新风系统、负压环控系列抗疫产品,了解建环人在新冠疫情以来的抗疫故事,听企业专家报告、校友经历分享,将专业报国情怀教育做到润物无声、潜移默化,帮助学生建立"人民生命至上"的以人为本的工程价值理念,并形成对建环专业未来职业发展的初步认识。

教学场景二:学习小组通过"行走的课堂",将社会实践与专业实践相结合,开展校园建筑环境调查与实践。为促进建环专业人才培养适应新时代社会发展需求,贯彻"三全育人"理念,准确把握"双碳"目标下建环专业工程教育新内涵,人才培养主动融入四部委发布的"公共机构绿色低碳引领行动"促进碳达峰实施方案[7]。专业导师引导实践性学习小组开展实践活动,包括绿色校园、低碳建筑科普宣传实践、校园建筑室内外热湿环境调查;同时,利用绿色建筑测评协会专业社团平台,组织学生利用周末或假期参与地方学会、协会组织的志愿者活动,开展企业调研、人物专访、绿色建筑、绿色住区、

低碳城市调查实践,并制作成宣传视频展示,部分成果如图 3 所示。

（a）行业专家人物访谈　　（b）绿色建筑科普现场

（c）制冷空调企业访谈　　（d）专业展会现场参观

图 3　学生课外拓展实践自制视频资源

通过"行走的课堂",结合专业社团组织的绿色建筑科普竞赛组织学生深入项目现场开展教学,并结合专业认识实习过程录制导论课教学视频,通过走访企业、行业前辈等进行专访,录制访谈视频用作课程教学视频辅助教学,给学生展示行业发展对专业人才的需求特征。通过信息化的手段,开阔学生视野,提升对专业和行业的认知,最终体现在大学学业规划和职业情怀培养上。

4　课程考核与教学评价

除教师课堂讲授外,课程教学还包括现场调查研究、小组研讨、专家讲座、交流汇报等,进行开放式、多场域实践性学习。课程教学评价围绕课程目标的达成,以产出为导向,体现以学生为中心,引导大学新生逐步适应大学多元化开放学习的环境,将课堂学习与课外实践相结合,将个人自主学习与小组研学相结合。通过在实践中强化反思与批判思维,培养学生在实践中主动发现问题、分析问题和解决问题的系统思维能力,增强学生获得感。

课程考核采用多元评价,通过非标考核的综合评价机制,包括文献总结、调查报告、小组互评、线上测评和课程总结论文等环节,体现产出导向、过程评价理念,以及以学生为中心的教学理念。同时,本课程利用课程中心线上平台开展了教学后评价,通过设计调查问卷,尤其是发起学生课外开展专业认知调查实践活动,实时掌握学生的学习需求,教学相长,教学效果持续提升。连续 3 年的教学评价中,

85% 以上同学表示满意,对建环专业的认识得到显著提升,尤其认为现场教学、开展小组研学活动对自主学习、团队学习的能力有显著提升;企业调研和专家讲座让学生深刻理解了专业发展关系民生冷暖和"双碳"目标下的能源安全,强化了工程报国的职业情怀和专业归属感。

5　结语

作为工程专业的导论课程,教学实施注重对学生学习方法的引导和大学学习思维的培养,把"以学生为中心"的教学理念融入教学方法设计,教学场域多维设计,体现对学生成长成才规律的充分把握,初步形成工程认知和专业认同。导论课程教学不仅要引导学生了解所属学科专业的技术发展,还要强化工程人文思想引领,帮助学生从工程与社会的大历史维度充分认识专业发展的历史与前景,通过多维场域开展实践教学,让学生更快适应大学学习环境,在实践中提升工程认知能力,形成初步工程系统思维和大工程观念。

同时,工程导论课教学设计紧跟新时代发展对高等人才培养要求,融入历史人文与工程文化,落实课程思政的教育思想。在教学实践中,通过引入专业历史与工程文化教育,初步认知工程,引导学生将学业成长、职业规划与社会发展、国家命运联系起来;同时将专业技术发展历史与建筑历史、人类历史相结合,以大工程观引领学生的成长成才与工程报国的志向,培养新时代中国特色社会主义事业建设者与接班人。

参考文献

[1] 王章豹,石芳娟. 从工程哲学视角看未来工程师的素质:兼谈工科大学生大工程素质的培养 [J]. 自然辩证法研究,2008(7):63-68.

[2] 李培根. 人文情怀与工程实践教育 [J]. 高等工程教育研究,2010(4):10-13.

[3] 邱学青,李正,吴应良. 面向"新工业革命"的工程教育改革 [J]. 高等工程教育研究,2014(5):5-14,45.

[4] 范春萍. 工程导论课程建设研究 [J]. 高等工程教育研究,2014(2):176-183.

[5] 倪龙,姚杨,姜益强. 新工科背景下建筑环境与能源应用工程专业一流本科人才培养探讨 [J]. 黑龙江教育(理论与实践),2020(5):29-31.

[6] 李培根. 工程教育需要大工程观 [J]. 高等工程教育研究,2011(3):1-3,59.

[7] 国家机关事务管理局,国家发展和改革委员会,财政部,生态环境部. 关于印发深入开展公共机构绿色低碳引领行动促进碳达峰实施方案的通知 [N]. 2021-11-24,https://www.cabee.org/site/content/24 210.html.

建环专业英语"寓教于趣,融学于乐"教学浅见

郑　旭,刘利华

（浙江理工大学 建筑环境与能源应用工程系,杭州　310018）

摘　要: 在当今经济全球化背景下,专业英语课程的有效开展能帮助建环专业毕业生适应本行业国际化发展和提高就业竞争力。针对目前建环专业英语课程教学过程中存在的主要问题,结合笔者对该课程教学的思考与实践,浅谈通过优化课程教学内容、丰富课堂教学手段和深化教学考核机制三个方面展开课程教学改革,尽可能变沉闷式课堂为"寓教于趣,融学于乐"的课堂,提高学生的学习积极性和课堂参与度。

关键词: 专业英语;建筑环境与能源应用工程专业;教学改革

一、引言

21世纪以来,人类社会发展面临来自健康、环境、能源三大领域的各类问题。人的一生有大半的时间在室内度过,为了培养建筑领域的全能型人才,教育部于2012年将建筑环境与设备工程(传统的建环专业)与建筑设施智能技术(部分)和建筑节能技术与工程合并,更名为建筑环境与能源应用工程(目前的建环专业)。合并后的建环专业力求为人类生产、生活和工作创造节能高效、健康舒适的人工环境[1-2]。

在当今经济全球化背景下,社会各行业亟须既懂专业知识又懂专业英语的复合型人才,这就要求大学教育既要培养学生的专业知识和技能,又要培养科技英语的实际运用能力[3-4]。建环专业培养的人才不仅应具备扎实的理论知识和专业技能,更要能与国外专业人士沟通与交流[5]。因此,提升本专业人才的专业英语水平越发重要。专业英语课程的有效开展能帮助建环专业毕业生适应本行业国际化发展和提高就业竞争力。

然而,不少高校对专业英语教学缺乏重视。一方面,在我国高等教育体制改革的要求下,各专业的总培养学时均受到不同程度的压缩。另一方面,在工程教育专业认证背景下,很多高校未将专业英

课程纳入课程体系与毕业要求的关系矩阵中。因此,不少高校对建环专业英语课程进行了不同程度的"牺牲"。例如,有些高校的建环专业不设置专业英语课程,有些将专业英语设为专业选修课,有些虽为专业必修课,但课时数相对较少,学分也相对较低。以笔者任教的浙江理工大学的建环专业为例,专业英语为专业选修课,于大三下学期开设,总学时为32学时。

结合笔者对建环专业英语课程教学的思考与实践,本文针对目前该课程教学过程中存在的主要问题,探讨如何通过课程教学改革,尽可能变沉闷式课堂为"寓教于趣,融学于乐"的课堂,激发学生的学习兴趣,提升学生的学习主动性。

2　建环专业英语教学存在的问题

除不少高校对专业英语教学缺乏重视外,本课程授课教师普遍反映"教得累",而学生普遍反映"学得累"。总结起来,主要有以下三方面问题。

2.1　课程教学内容涵盖面广

专业英语的学习需要以专业知识为背景,内容涵盖专业涉及的专业基础课和专业课[6]。建筑环境与能源应用工程由三个专业合并而来,故建环专业英语涉及专业基础和专业应用两大领域。专业基础课程主要包括流体力学、工程热力学和传热学;专业知识涉及通风、空气调节、供热、制冷、建筑环境与能源学等多个学科。课程教学内容繁多、专业词汇量巨大,加之专业英语多采用复杂的长句,如何让学生

作者简介: 郑旭(1989—),女,副教授,研究方向为低品位热能利用技术,空气热湿处理技术。电话:0517-86843374。邮箱:cindy1989v@zstu.edu.cn。地址:浙江省杭州市浙江理工大学7号楼221室。

基金项目: 2021年浙江理工大学研究生课程建设项目(No.YKC-202110)。

在有限课时内掌握专业词汇,了解专业文献的语法特点和表述方法,并能用英语和业内人士进行交流,是本课程教学的一大难点[7]。

2.2　课堂气氛不浓

一方面学生的英文水平参差不齐,另一方面教学手段单一,从而造成学生学习兴趣低迷的沉闷式课堂。例如,殷维等[7]对83名建环专业本科生的问卷调查发现,通过大学英语六级或雅思考试6.5分以上等更高级别英语测试的人数仅占12%,虽然大半学生通过大学英语四级,但仍有30%的学生未通过。另外,大多数专业英语课程基本上采用教师讲授为主的灌输式教学方式[8],任课教师通常依照教材讲解,以阅读理解和词句汉英互译为主,难以调动学生的学习主动性和创造性。

2.3　考核方式单一

目前,大多数高校的专业英语课程的期末考核方式为闭卷考试。考试内容多采取从课程教材、外文书籍和文献等资料中选取相应段落,让学生进行英汉互译。还有的高校期末考核方式为交一份翻译大作业[9]。这类考核方式不但难以激发学生的学习热情,也难以评判学生的课程学习效果。此外,专业英语课程兼有专业课和语言课的特征,仍需要训练学生的听、说、读、写能力。

3　课程改革与实践

针对以上问题,笔者从优化课程教学内容、丰富课堂教学手段和深化教学考核机制三个方面展开课程教学改革。

3.1　优化课程教学内容

教材是教师备课的主要依据,也是学生学习的重要资源。近年来,不断有建环专业课程的教材出版,图1所示为部分教材。这些教材的内容均涵盖建环专业的专业基础课和专业课知识,但侧重不同。其中,重庆大学出版社出版的白雪莲等主编的教材、中国建筑工业出版社出版的王方和张仙平主编的教材以及大连理工大学出版社出版的张琨编著的教材侧重专业知识体系的建构,每个知识领域包含若干个知识单元,每个知识单元包含若干个知识点。中国电力出版社出版的张喜明等编写的教材和石油工业出版社出版的侯向秦编写的教材则偏重学生阅读理解能力的培养,每课由精读课文、泛读课文和阅读材料组成,精读课文后附有词汇表和习题。这两类教材侧重不同,各有千秋。在实际教学中,教师可取两类教材的精华,互为补充。例如,以知识体系建构类教材为主教材,阅读理解能力培养类教材为辅助教材,在相关课程结束后,选择相应的精读课文进行课堂测试。此外,精选教材中的部分内容进行课堂详细讲解,剩余部分和相关拓展内容则以小组专题汇报的形式留给学生课后自主学习。

图1　部分建环专业英语教材

3.2　丰富课堂教学手段

以往教师讲解专业词汇时通常会将英汉翻译逐一对应,学生则机械式地记录、划线。现在,以激发学生的学习兴趣和提高课堂参与度为抓手,开展多种形式的课堂教学方法探索,充分发挥多媒体教学、比较法教学、启发式教学、小组讨论式教学、引入问题教学法等教学方法,变一板一眼的纯讲授式教学为多方引导式教学。例如,通过改善PPT,变满页文字型课件为含有恰到好处的动静图、视频等图文并茂的课件,将专业知识和相关词汇变抽象为具体,变枯燥为生动。又如,借助国内外名校公开课资源,引入精彩片段,提高课堂氛围,拓宽学生视野。在讲解热力学相关知识点时,引入麻省理工学院的公开课"热力学与动力学"(Thermodynamics and kinetics)中Moungi Bawendi教授将热力学四大定律和经济学关联的有趣介绍。再如,在讲解通风工程知识前,导入趣味问题和短片,提问学生美剧《越狱》男主角身上的文身暗藏什么,以及清华大学朱颖心教授

"暖通空调"课程中关于欧美大片中无所不能的通风系统制作的教学小短片《暖通大电影——好莱坞电影遭暖通工程师怼》,如图 2 所示。

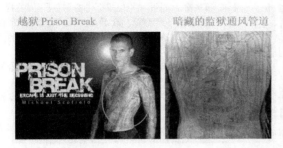

图 2 美剧《越狱》男主角身上的文身(左图)和《暖通大电影——好莱坞电影遭暖通工程师怼》
(清华大学"暖通空调"课程在线资源)

3.3 深化教学考核机制

以考勤、课堂表现、小组出考卷、小组专题汇报、期末闭卷考试等方式实现教学评价的多样化考核,使考核更具过程性和丰富性。例如,平时成绩不再由以往的"考勤 + 课后作业 / 课堂测试"组成,而由"考勤 + 课堂表现 + 小组出考卷 + 小组专题汇报"组成。对于小组专题汇报环节,待课程教学过半,教师发布系列和课程教学内容相关的拓展课题,如 Natural ventilation、Absorption refrigeration、All-water systems、District heating、Fans and valves、Green building、Renewable energy sources except solar energy 等,学生可自行组队和选取课题,以小组为单位搜集相关资料,将知识点制作成 PPT,在课堂上进行展示和讲解,并通过组内自评和组间互评的方式进行考核。为了规范学生自评和互评,设置了小组专题汇报评分细则,如表 1 所示。又如,要求学生以小组为单位出考卷,鼓励思考创新题型,提升学生的创新能力和团队协作精神。图 3 为学生出考卷中的部分创新题型。此外,结合学生小组汇报的内容和自行出考卷的题目,展开期末试卷题型多样化探索,由单一的段落英汉互译变为专业词汇互译、看图填空、长难句互译、填词游戏等题型,以进一步提高学生的学习积极性,鼓励学生的探索精神。

表 1 小组专题汇报评分细则

讲解内容 （30分）	讲解技巧 （10分）	汇报语言 （30分）	PPT 制作 （10分）	汇报时间 （20分）	总分
内容完整,重点突出,图文结合	精神状态,与听众互动	全英文,30分 中文 <5 min,25分 中文 <10 min,20分 此外,15分	字号≥20,字体恰当	14~16 min 满分,之后每 ±1 min,扣5分	100分

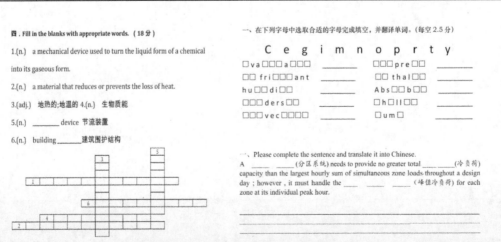

图 3 学生出考卷中的部分创新题型展示

4 结语

专业英语课程的有效开展有助于建环专业毕业生适应本行业国际化发展和提高就业竞争力。针对目前专业英语课程教学过程中存在的课程教学内容涵盖面广、课堂气氛不浓、考核方式单一等问题,笔者结合对该课程教学的思考与实践,通过优化课程教学内容、丰富课堂教学手段和深化教学考核机制三个方面展开课程教学改革,尽可能变沉闷式课堂为"寓教于趣,融学于乐"的课堂,促使学生从被动接受变为主动学习。

参考文献

[1] 汪峰,杨卫波,杨秀峰,等. 建筑环境与能源应用工程"专业英语"课程教学改革实践 [J]. 教育现代化,2020,7(1):37-38.

[2] 蔡磊,向艳蕾,管延文,等. 建筑环境与能源应用工程专业新工科人才培养体系探索 [J]. 高等建筑教育,2018,27(5):9--13.

[3] 段欢欢,杜娟丽,刘群生. 制冷与空调专业英语在应用型本科高校中的课程教学模式探究 [J]. 教育教学论坛,2020(21):303-304.

[4] 黄晓庆,张东亮,管天. 暖通制冷专业英语教学的信息化策略探析 [J]. 科教文汇(上旬刊),2018(3):67-68,82.

[5] 魏莉莉,张丽娜,巩学梅,等. 建环专业英语综合能力培养方案探析 [J]. 大学教育,2015(5):82-83.

[6] 吕原丽. 建环专业英语教学方法改进 [J]. 教育教学论坛,2017(19):9-10.

[7] 殷维,付琳莉,王天文,等. 建环专业英语的中译英教学探索 [J]. 制冷与空调(四川),2020,34(5):634-641.

[8] 王淑香,童军杰,聂宇宏,等. 关于制冷专业英语教学的思考 [J]. 现代职业教育,2019(4):178-179.

[9] 于泽庭,韩吉田. 制冷与低温专业英语教学实践探讨 [C]// 第十届全国高等院校制冷及暖通空调学科发展与教学研讨会论文集,2018,山东威海.

建环专业"智能建筑"课程教学改革实践

王新如，陈　华，郭　浩

（天津商业大学 机械工程学院，天津　300134）

摘　要：随着智能化建筑不断增多，对智能建筑专业人才的需求也不断增加。智能建筑作为建筑环境与能源应用工程专业课程之一，该课程的发展时间较短，在课程建设方面还存在不完善。本文针对以往教学中存在的问题，对智能建筑这门课的课程体系和实践教学进行改革探索。将理论与实践相结合，突破传统的灌输式教育方式，实践与理论结合，构建智能建筑课程教学新模式，培养智能建筑所需专业人才。

关键词：建筑环境与能源应用工程，智能建筑，教学改革

1　引言

建筑环境与能源应用工程专业主要研究建筑物理环境、建筑节能、建筑设施智能技术等方面的基本知识和技能，对建筑设备的运行进行节能控制，对室内环境的空气进行净化调节等[1]。随着城市化进程的快速发展，高层建筑大量出现，这些建筑对建环专业人才培养提出了更多更高的需求。建环专业作为培养智能建筑人才的专业，更需要与时俱进，不断进行课程探索，为社会输出更多满足需求的人才。

智能建筑是指通过将建筑物的结构、系统、服务和管理根据用户的需求进行最优化组合，从而为用户提供一个高效、舒适、便利的人性化建筑环境，是集现代科学技术之大成的产物。在我国，智能建筑结合可持续发展的理念，为实现碳达峰和碳中和目标，智能建筑更加注重节能减排[2]。智能建筑的基本功能主要由三大部分构成，即建筑设备自动化（Building Automation，BA）、通信自动化（Communication Automation，CA）和办公自动化（Office Automation，OA），它们是智能化建筑中最基本的且必须具备的基本功能，从而形成"3A"智能建筑[3]。对于建筑环境与能源应用工程专业，主要针对的是建筑设备自动化（Building Automation，BA），也称作建筑设备自动化系统（Building Automation System，BAS）。

与其他国家相比，中国未来的智能建筑发展前景巨大，根据数据显示2012年我国新建建筑中智能建筑的比例远低于美国和日本等发达国家，市场拓展空间巨大[4]。同时，我国经济的快速发展和城镇化建设，也为未来智能建筑的发展提供了便利条件。目前，设计院智能建筑方面的人才处于短缺现状[5]。

目前，我国设计人员从事的专业主要是建筑、结构、水、电、暖五方面，负责建筑设计中建筑、结构、水、电、暖五个方面，但还没有专门从事建筑智能化系统设计的人员。为了跟各专业设计人员相互配合，需要培养专业的智能建筑设计人才。建筑环境与能源应用工程专业对于智能建筑的课程建设时间较短，课程建设不全面，这些因素都为智能建筑课程设计、讲授内容和方法提出了要求。在助力实现建筑行业"双碳"目标的背景下，建环专业应以新型建筑能源系统新需求为导向，从多学科交叉融合视角对"智能建筑"课程体系进行改革。

2　目前课程存在的问题

2.1　教材资源匮乏，专业针对性不强

目前，涉及"智能建筑"课程的教材资源匮乏，常见的有《智能建筑概论》《智能建筑基础教程》等，还没有针对性的更深层次的教材。此外，该课程的专业针对性不强，大部分处于普及基础知识的阶段，如高校涉及智能建筑的专业不统一，主要包含在自动化专业、土木工程和建环专业等。这些问题导致缺少专门从事建筑智能化系统设计的人员，并且由于建筑设计中建筑、结构、水、电、暖各专业均由设计

作者简介：王新如（1991—），女，博士，讲师。电话：18810364697。邮箱：xinru5263@tjcu.edu.cn。

院设计,系统集成商只进行智能化设计,与各专业配合困难。甚至由于建筑智能化系统工程设计未与建筑设计一起委托,导致滞后而未参加评审。今后教材或者课程需要结合实际工程应用中存在的问题,以暖通设备智能化为例,课程需要的不仅是讲授暖通设备智能化有哪些功能,更应该讲授原理,即如何实现该功能。将实际与理论结合,对智能建筑所能涉及的系统,包括水、电、暖等各专业设计的深层理论进行详细教授。

2.2 教学方式和内容传统

由于"智能建筑"课程建设时间不长,课程实践与实验建设不充分,当前主要的教学方式仍然集中在"灌输型"和"记忆型"模式。"智能建筑"课程本身对于实践和实验操作要求较高,从自动控制等原理出发,知识点较多,且有些内容从传统的讲授方式出发,内容比较晦涩难懂,学生的接受度较低。单纯的理论和原理的讲授,学生在课程理解上有难度。

目前在内容方面,课程主要还是普及各种不同的系统,如照明、消防、建筑设备、通风系统等,进行定义方面的讲授,内容比较浅。学生对于智能建筑的认知浮于表面,实践应用能力缺少培训和锻炼。

2.3 考核方式陈旧

目前的考核方式主要还是以考试为主,结合学生日常出勤率,这种模式难以考察学生的实践能力和学生对智能建筑不同系统智能控制的掌握程度。并且考试由于题型的限制,大部分还是考核学生的概念,学生对于课程的学习大部分是背诵而不是理解,课程学习的效果差,学生的学习兴趣较低。

3 教学改革措施

就以上现阶段"智能建筑"课程中存在的问题,为提高教学效果,为社会培养更专业的人才,需要进行相应的教学改革,主要内容包含以下三点。

3.1 结合实际,明确教学内容和目标

"智能建筑"是一门包括信息与计算机网络技术、建筑设备智能控制技术、消防联动智能控制技术与建筑智能化集成技术的应用型技术科学。该课程的主要任务是介绍建筑智能技术的一般常用知识,熟悉现代智能建筑中所涉及的计算机网络技术、自动控制技术、现代通信技术的基础知识,掌握相应的通信自动化系统(CA)、建筑设备智能控制系统、建筑设备运行监控与能效监管系统、办公自动化系统(OA)以及建筑消防、安全防范等系统的结构、功能

和配置要点等。首先,在教材内容的基础上,增加典型案例,并进行详细分析和讲解,让建环专业的学生在熟悉智能建筑技术的基本内容的基础上,对智能建筑不同系统有一个全面的认识,初步掌握智能建筑的基本设计内容和设计方法。其次,课程设计中加入思政元素,保证学生更深刻地理解智能建筑与社会发展的关系。最后,课程教授采取多种方法和模式,能够与建环专业其他专业课程如"流体输配管网"和"空气调节"等结合,让学生能够对专业知识进行融会贯通。其目的是通过本课程的学习,学生在将来实际应用方面,能够同时满足对建环系统和智能控制两方面的设计需求。

3.2 实验平台建设,实践与理论相结合

我校围绕"管网设计与平衡调试"知识点,采用虚拟仿真技术,复现大型空调风系统运行实际场景,设置"管网设计校核""风量平衡调试"两项工程实践训练,帮助学生掌握大型复杂空调风系统管网设计及调试技能,提升学生的工程素养和综合能力。

实验软件采用虚拟仿真技术,能够通过预设参数进行风机盘管系统调试(包括三速风机盘管、直流无刷风机盘管两种类型),实时观察室内温度/湿度、风机状态、水阀开度、供冷/热量以及系统能耗等运行变化情况。实验软件界面设计美观,具有良好的交互实验功能。实验界面需展示风机盘管空调系统的主要构成、主要运行参数、控制调节参数和能耗数据。允许用户选择制冷或制热工况进行仿真实验。允许用户设定夏季或冬季典型日的逐时参数,包括室外环境温度、湿度、人员散热量以及设备散热量。允许用户设定冷热源系统的供水温度。风机盘管运行调节实验应可实现以下功能:用户可选择三速风机盘管或直流无刷风机盘管进行仿真实验;允许用户设定室内温度,仿真系统根据室内温度和设定值的差值调节水阀开关和风机转速,其中水阀和三速风机转速采用位式控制算法调节,直流无刷风机转速采用 PI 控制算法调节。

实验前应预先了解风机盘管的构成和基本原理。实验过程中,比较三速风机盘管和直流无刷风机盘管的运行特性,掌握风机盘管运行调节方法,了解室内设定温度对空调能耗的影响。实验风机盘管系统参数如表 1 所示。风机盘管具有两种型号,即 HFCF-03 和 DCBL-03。其中,HFCF-03 具有低挡 (260 m³/h)、中挡(390 m³/h)和高挡(530 m³/h),可以进行三挡风量的调节;DCBL-03 可以进行风量的连续调节,调节范围为 0~530 m³/h,两者的水阻力均

为 15 kPa。

表 1　风机盘管性能参数表

型号	风量（m³/h）			制热量（kW）			输入功率（kW）			水阻力（kPa）
HFCF-03	高挡	中挡	低挡	高挡	中挡	低挡	高挡	中挡	低挡	15
	530	390	260	4.2	3.28	2.47	0.030	0.021	0.017	
DCBL-03	直流无刷 0~10 V 控制									15
	0~530			0~4.2			0~0.014			

3.3　教学实施和考核方式改革

在线下课程教学过程中，熟练使用各种设备和教学工具，多对学生进行实际案例讲解，便于学生将理论与实践结合，对智能建筑有进一步的认知。在线上课程讲授过程中，要突破空间的限制，加强远距离授课过程中的师生互动。

在实验方面，实验软件具有自动评分功能。可考核学生的空调风系统管网设计与调试工程实践能力，对学生的设计结果与调试结果自动给出考核证书和成绩。此外，对学生多方面进行考核，包含学习结果、实验实施结果和小组内部评价、学生自我评价、思想道德以及教师评价等多方面，将实践和理论考核结合，进一步对学生的理论知识和实践能力进行考察。

4　结语

高校课程改革对于社会的发展和进步有重要的影响，促进学生具备应用实践能力。因此，高校课程的改革需要与时俱进，需要不断探索。伴随新的技术和知识的增加，高校教师也需要与时俱进、不断学习，讲授与社会时事和行业需求密切相关的知识和技术。同时，由于社会也越来越强调学生的实践能力，在教学改革的过程中，也要提升学生的实践和动手能力。

参考文献

[1] 余晓平. 建筑环境与设备工程专业综合课程设计建设初探 [J]. 高等建筑教育, 2010, 19(3): 112-116.

[2] 吕石磊, 王冉. "30-60" 双碳目标下建环专业的教学改革与思考 [J]. 高校教学, 2021, 30: 62-69.

[3] 何偷舟, 韩传峰. 基于物联网和大数据的智能建筑健康信息服务管理系统构建 [J]. 建筑经济, 2015(5): 101-106.

[4] 2022—2027 年中国智能建筑行业发展前景与投资战略规划分析报告.

[5] 李奉翠, 宋艳苹. 基于 STEM 建环专业实践教学改革的探索 [J]. 科技与创新, 2021(13): 155-157.

理工融合型"工程热力学"教学改革初探

王宝龙,陈 群

（清华大学建筑学院,北京 100084）

摘 要:西方国家为阻碍中国崛起掀起的逆全球化浪潮促使中国必须重新思考科学技术发展的自主性和全面性。同时,中国科学技术的创新已进入深水区,需要更为重要的原始创新的驱动。基于此,我国提出了在部分高校开展基础学科招生改革试点的"强基计划",致力于选拔培养有志于服务国家重大战略需求且综合素质优秀或基础学科拔尖的学生。清华大学建筑环境与能源应用工程专业作为基础理科工程衔接类数理基础科学专业的12个衔接工程方向之一,需积极改革课程教学内容,以满足强基学生培养需求,建设理工融合型"工程热力学"是课程教学改革之一。

关键词:工程热力学;建环专业;强基计划;理工融合;基础学科招生改革

1 课程改革背景

自21世纪20年代以来,持续了30余年的"超级全球化"进程发生了根本性的逆转,国际政治局势发生了巨大变化,西方国家针对中国发展的"围追堵截"迫使我们不得不重新检视对国际政治经济秩序的认知,从各方面调整我们的战略和部署。在全球化时代,受全球经济一体化思维的影响,许多人认为,我们没有的东西,通过买或者租的方式获得比自己研发更省钱、省事且见效快。但是,近年来我国遭遇了多起在关键技术上"卡脖子"、受制于人的事件,譬如高端芯片制造、先进材料、人工智能等。为了在关键技术上不再处于"卡脖子"的被动状态,我们必须增强自己的科技实力,由此必然要求重视和加强基础学科建设。与此同时,中国科学技术的创新已进入深水区,需要更为重要的原始创新的驱动。基础学科是所有技术产生的源头和土壤。从世界范围来看,基础学科研究的确不是人人都想参与且都能参与的,它只属于少数热爱科学、对精神生活的追求超过对物质生活的追求的人,政府的教育与科学相关部门,需要做的就是建立有效的制度,把具备这样特质的人选出来、培养出来。重视和加强基础学科不能光靠激动人心的口号,它需要实实在在的资源投入,需要对科学和科学家给予充分的尊重、信任、信心和耐心。今天的外部环境迫使我们必须耐下性子,尊重科学规律,从源头抓起。这个源头,就是人才选拔和人才培养机制。

在此背景下,2020年1月13日,教育部印发了《教育部关于在部分高校开展基础学科招生改革试点的意见》,正式明确自2020年起在部分高校开展基础学科招生改革试点。基础学科招生改革试点也称强基计划,主要选拔培养有志于服务国家重大战略需求且综合素质优秀或基础学科拔尖的学生,聚焦高端芯片与软件、智能科技、新材料、先进制造和国家安全等关键领域以及国家人才紧缺的人文社会科学领域,重点在数学、物理、化学、信息学、生物学及历史、哲学、古文字学等相关专业招生。（图1）

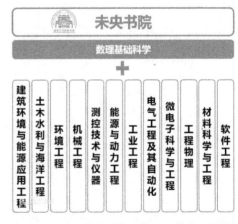

图1 清华大学强基计划数理基础科学专业衔接专业

作者简介:王宝龙(1976—),男,博士,副教授。电话:010-62786571。邮箱:wangbl@tsinghua.edu.cn。

基金项目:2021年清华大学"本科教育教学改革项目"（DX07_02）。

作为第一批次强基计划试点高校,清华大学自2020年开始招收强基计划学生。清华大学围绕"为国选材、厚植强基、拔尖领军、创新未来"的强基人才选拔培养理念落实强基计划,重点为国家基础学科的长期发展及高端芯片与软件、智能科技、新材料、先进制造和国家安全等关键领域的重点突破培养拔尖创新人才。清华大学强基计划招生分为3类(基础理科学术类、基础理科工程衔接类和基础文科类)11个专业(数学与应用数学、物理学、化学、生物科学、信息与技术科学、数理基础科学、化学生物学、理论与应用力学、中国语言文学类、历史学类和哲学类),分别设立了致理、未央、探微、行健、日新五大书院统筹推进强基计划人才培养。与一般强基计划专业不同,清华大学基础理科工程衔接类的专业,在突出基础学科支撑引领作用的基础上,按照理工双学士学位进行交叉特色培养、本研衔接培养,本科毕业时符合清华大学免试攻读研究生资格的学生,可优先推荐免试攻读相关专业的硕士、博士研究生。建筑环境与能源应用工程专业作为清华大学基础理科工程衔接类数理基础科学专业的12个衔接工程方向之一,承担了本衔接方向学生的工程相关内容的教学工作。由于数理基础科学专业学生强调数学和物理学方向的基础强化,因此在基础课程教学中,学生已经学习超过24学分的物理学课程,其中热学教学内容已经将热力学基本概念、基本定律等深度涵盖。因此,建环方向强基学生的工程热力学必须调整,以适应教学改革的整体变化。

2 教学内容的调整

表1给出了高校常规建环专业"工程热力学"教学内容及课时安排示例。可以看出,实际上其教学内容包括基础热力学和工程热力学两部分。基础热力学部分的教学内容一般包括热力学基本概念、热力学第一定律、气体和蒸汽的热力学性质、理想气体的热力过程、热力学第二定律和热力学微分关系式等。不同学校在热力学第二定律和热力学微分关系式部分的教学内容,根据需要和学时有较大的调整。工程热力学部分的教学内容包括动力装置循环、气体和蒸汽的流动、气体压缩机热力过程、制冷循环、混合气体及湿空气、溶液热力学基础等内容。不同学校在工程热力学部分的教学内容也根据学校科研特长等有所调整。

表1 常规建环专业"工程热力学"教学内容及课时安排

序号	教学内容	授课方式	学时
1	绪论	讲授(LEC)	3
2	热力学基本概念	讲授(LEC)	3
3	热力学第一定律	讲授(LEC)	3
4	气体和蒸汽的热力学性质	讲授(LEC)	3
5	理想气体的热力过程	讲授(LEC)	3
6	热力学第二定律(1)	讲授(LEC)	3
7	热力学第二定律(2)	讲授(LEC)	3
8	热力学微分关系式	讲授(LEC)	3
9	动力装置循环	讲授(LEC)	3
10	气体和蒸汽的流动	讲授(LEC)	3
11	气体压缩机热力过程	讲授(LEC)	3
12	制冷循环	讲授(LEC)	3
13	制冷循环试验	实验(LAB)	3
14	混合气体及湿空气	讲授(LEC)	3
15	溶液热力学基础	讲授(LEC)	3

依据强基计划中建筑环境与能源应用工程专业学生的教学安排,普通物理学教学中已经对热学的相关内容有较多较为深入的讲授。学生对包括热力学基本概念、热力学第一定律、气体状态方程、热力学第二定律中熵的相关内容都基本已经掌握。因此,强基方向建环专业"工程热力学"课程教学中应大幅降低基础热力学部分的教学内容,并增加工程热力学部分相关的教学内容,以实现理科教学与工科教学的良好匹配和衔接,实现学生基础理论和工程能力的双加强。

具体地,清华大学强基方向建环专业本科生的工程热力学教学拟从以下角度进行调整。

2.1 理工融合,重心后移

强基计划的主要目标是强化学生在基础学科的学习深度,为以后的重要科技攻关储备符合要求的高级人才。强基计划建环专业学生在基础课程教学中已经深入学习热力学基础知识,因此"工程热力学"课程教学中不再将上述内容作为重点,只采用回顾方式在较短时间内进行本课程与普通物理学课程的衔接。在此基础上,课程重点将放在原热力学教学内容的后半部分[1],强调热力学基础理论的工程应用,以期达到理工融合。整体来看,通过普通物理学与工程热力学的理工融合,一方面强化科学基础教育使学生获得一种可以在工程实践中终身受益的理论功底、科学素养和发展后劲;另一方面借助强化工程背景教育来培养学生理论联系实际的精神和学风,从而使学生的理学优势能够在工程意识的引导和促进下得以充分发挥[2]。

2.2　面向重要科技演进和国家发展重大需求,积极引入新内容

当今社会处于科学技术快速发展期。热力学基础理论虽然没有太多变化,但热力学的工程应用领域和应用方式发生着明显变化。同时,我国某些关键领域的技术突破也对热力学在特定领域的发展和应用提出了新的要求。当前,碳中和是影响我国未来近半个世纪的长期国家战略,我国从能源生产到能源使用的众多领域都要发生显著调整和变化。相关热力学知识的掌握和应用是实现上述技术突破的重要保障。例如,在空调制冷领域,固态制冷技术由于以电力为能源输入且无含氟制冷剂使用,将是我国碳中和末期的重要技术选项。因此,本课程将加入一定篇幅的内容讲授固态制冷相关热力学内容,为我国该方向高素质人才的培养奠定基础。

2.3　提升课程挑战性

根据前期对毕业学生的调研反馈,清华学生受益良多的往往是要求比较高的课程。"工程热力学"教学内容对于后期在本领域继续开展相关学习、研究和工作的学生而言,是非常重要的,有的甚至将陪伴其一生。对于以服务国家重大战略需求为目标的强基计划学生而言,更是要深入掌握工程热力学相关知识及其应用能力。因此,本课程在前期面向普通本科生的热力学基础上,更为强调对于热力学知识的深入掌握和灵活应用能力。

表2给出了根据上述原则初步拟定的强基方向建环专业"工程热力学"教学内容及课时安排。

表2　强基方向建环专业"工程热力学"教学内容及课时安排

序号	教学内容	授课方式	学时
1	衔接课:热力学基本概念、热力学第一定律、熵、气体状态方程等	讲授(LEC)	3
2	理想气体的热力过程	讲授(LEC)	3
3	热力学第二定律:㶲	讲授(LEC)	3
4	热力学微分关系式	讲授(LEC)	3
5	动力装置循环	讲授(LEC)	3
6	气体和蒸汽的流动	讲授(LEC)	3
7	气体压缩机热力过程	讲授(LEC)	3

续表

序号	教学内容	授课方式	学时
8	制冷循环I	讲授(LEC)	3
9	制冷循环II	讲授(LEC)	3
10	制冷循环试验	实验(LAB)	3
11	混合气体及湿空气	讲授(LEC)	3
12	溶液热力学基础	讲授(LEC)	3
13	燃料电池基础	讲授(LEC)	3
14	固态制冷基础I	讲授(LEC)	3
15	固态制冷基础II	讲授(LEC)	3

3　教学方法的改进

由于教学内容向工程应用方向的偏移,相应地强基方向建环专业"工程热力学"教学方法也应有所调整。

(1)遵守"工程—理论—工程"的工程热力学教育规律。"工程热力学"是一门来自实践和观测的课程,通过总结规律形成完整的热力学体系,最后热力学知识又被用于指导实际系统的设计和运行。因此,"工程热力学"教学应首先展现相关工程问题,激发学生解决问题的兴趣,而后逐步引导到相关热力学内容的讲授。以往的教学实践表明,这种方法的教学效果明显好于传统的先理论后实践或者纯理论知识传授的教学方法。

(2)强调"三位一体"教学中的价值导向。当今社会,中华民族的发展不能依靠别人,只能依靠我国自己培养的优秀人才。强基计划中的学生更应该明白国家设置强基计划的深层次原因。通过课堂价值塑造、能力培养、知识传授"三位一体"的教育教学,使学生能够在学习工程热力学知识的同时,尽早明白自己的责任,明白自己能为我国社会发展贡献的力量,提升自主学习动力,也能够实现我们人才培养的最终目标。

4　结语

建筑环境与能源应用工程专业成为清华大学强基计划基础理科工程衔接类的重要组成部分。作为理工衔接的重要内容,"工程热力学"课程教学需要做出及时调整。依据前期教学经验和调查研究,本文就新的课程教学内容和教学方法给出了初步的课

程教学改革方案。后期将根据教学反馈,及时调整
改革方案,以期培养出满足要求的强基计划学生。

参考文献

[1] 谭羽非. 突出专业特点改革工程热力学课程教学的研究与实践 [J].
高等建筑教育, 2004, 13(1): 39-43.
[2] 肖井华. "理工融合"的物理实验课程改革 [J]. 北京邮电大学学报
(社会科学版), 2003, 5(4): 59-62.

适应新工科的建环人才培养模式探索

倪 龙,董建锴,姜益强,姚 杨

（哈尔滨工业大学建筑学院,哈尔滨 150090）

摘 要:以新经济和新产业为背景的新工科的提出为建筑环境与能源应用工程专业人才培养提供了前所未有的机遇和挑战。本文以哈尔滨工业大学建环专业建设为例,分析信息化、人工智能、大数据等新技术革命对建环专业传统培养模式的影响,建立建环专业培养引领行业新发展的拔尖创新人才培养目标和培养标准,并提出建环专业与人工智能、大数据等新兴技术的融合方式,构建智慧建筑能源新型专业融合方向,拓展多学科、跨学院育人机制。

关键词:新工科;建筑环境与能源应用工程;人才培养;改造升级

1 引言

新工科以新经济、新产业为背景,按照新工科的内涵,里瑟琦智库高等教育委员会梳理了 2012 年专业目录和 2015 年本科专业备案与审批结果（2016年 2 月发布）,081002 "建筑环境与能源应用工程"（以下简称建环）均入选新工科专业[1]。绿色经济的倡导和节能环保理念的推崇,为建环专业的发展提供了前所未有的机遇,同时也面临新的挑战。新工科背景下,一个直接相关的问题是建环专业人才培养模式如何改造升级？因此,本文以哈尔滨工业大学建环专业建设为例,探索新工科背景下建环专业人才培养模式改造升级的实践,供同行批评指正。

2 建环专业的新工科性质

建环专业是我国土建领域高级人才培养的重要方向,作为"双碳"目标和"健康中国"战略的重要支撑,在国民经济与社会发展中发挥着重要作用。其前身是供热、供燃气、通风与空调工程专业,最早于1949 年在哈尔滨工业大学由苏联专家指导创建[2],当时专业名称为"供热、供煤气及通风",其历史沿革如图 1 所示。其从 2002 年开始进入住建部组织

作者简介:倪龙（1979—）,男,博士,教授。电话:0451-86286338。邮箱:nilonggn@hit.edu.cn。

基金项目:新工科研究与实践项目（E-TMJZSLHY20202114）;哈尔滨工业大学第七批教学发展基金项目（课程思政类）。

的土建类学科专业评估,工程领域从 2003 年开始实施执业注册考核、考试制度。截至 2020 年,全国设置本专业的高等院校办学点发展到 193 个（不包括军队院校）,在校生人数约 4 万人,毕业生人数约 20万人。

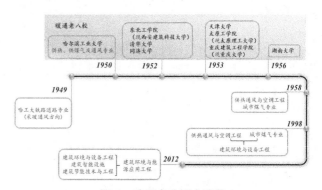

图 1 建环专业历史沿革

该专业是以建筑等人工围合空间和能源应用为主要对象,采用人工环境营造理论方法与能源利用工程技术创造舒适、健康、节能、环保的人工环境,以满足人民生活需要,满足产品生产与科学实验要求的工艺环境需求,满足地（水）下工程环境、极端气候工程环境、国防工程环境、运载工具内部空间环境等特殊环境需求,并保障能源应用中的安全、低碳、节能与供应韧性。其学科基础跨土木工程、建筑学、环境科学与工程、工程热物理等 4 个一级学科。该专业的主要任务,一方面是人工环境营造,满足人居舒适健康环境和工艺定量精准环境的日益增长的需求,另一方面是建筑能源高效利用。数据表明,按照

50年的建筑寿命来算,建筑运行能耗是建筑材料（132 kgce/m²）和建造能耗（7 kgce/m²）总和的8~10倍。目前,我国建筑运行能耗约占全社会总能耗的25%,发达国家则通常占1/3左右,美国则达40%左右。在我国建筑能耗中,暖通相关能耗占2/3以上,是建筑能耗的主要组成部分。

因此,为满足人居环境需求与建筑能源高效利用,应促使建筑理念不断向前发展,如图2所示。目前,该专业以促进健康和可持续发展理念为指导,服务国家创新驱动发展战略,紧密结合节能环保、新能源开发利用等热点方向,利用"互联网+""大数据""云计算"等先进手段提升建筑能效、发展智慧建筑能源和智能热网,成为不折不扣、名副其实的新工科专业,助力以新技术、新业态、新产业、新模式为特点的新经济。

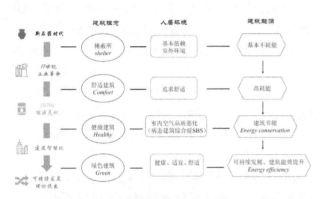

图2　建筑理念的发展

3　建环专业在新工科背景下的挑战

近年来,随着人民生活、工农业生产、人防国防等对室内环境要求的进一步提高,尤其是"双碳"目标的提出,如何培养出一大批服务于"双碳"战略的建环专业高水平人才,成为建环专业人才培养面临的重要任务和挑战,具体如下。

3.1　建环专业发展面临新挑战

建环专业是一门注重创新与工程实践的传统工科专业。源于苏联的培养理念,以知识和技术传授为主,旨在进行"专才教育",培养口径窄。面对第四代工业革命和日益复杂的城市建筑环境与能源问题,其内涵与外延发生了深刻的变化。

人居环境可持续发展对建环专业提出了新的要求,以绿色技术、BIM技术和建筑工业化等新兴热点的科技创新为中心的建筑产业现代化成为行业发展的动力。"专""通"结合、交叉融合、满足行业科

技创新需求的宽口径人才培养问题亟须解决。以"互联网+"、人工智能、大数据为主要增长点的新经济模式日益影响社会生活,建环专业如何适应这一发展是需要思考的重要问题。

因此,面对新技术对传统建环专业人才培养体系的挑战,亟须剖析建环专业传统内容与新技术革命的切入点,探索适应新技术革命的培养理念和标准。

3.2　传统建环专业人才培养模式面临新挑战

我国传统建环专业教育以《华盛顿协议》为顶层指导,形成了对应建筑设备师所需要的知识、能力和职业情感培养的建环专业教育评估标准。然而,在当今社会和生活变化的新形势下,单一指向的培养模式已较难应对产业发展的新需求。在全球一体化和人工智能影响下,社会对人才培养的要求越来越高。我国高校推行的大类招生培养的目的是建立符合时代要求的跨学科人才选拔和培养模式。面对全球化和智能化背景下的转型升级,建筑环境与能源应用领域迫切需求大量基础知识扎实、学科背景丰富、兼具实践与创新能力、具有国际化视野的复合型人才。

3.3　传统建环专业人才培养机制亟待拓展

传统建环专业人才培养过程中,通常以本专业教师课堂讲授方式为主。随着新技术革命的到来,知识专业性越来越明显,授课方式越来越多样。疫情期间的网络授课为未来授课提供了借鉴。因此,亟须结合建环专业对新技术的需求,建立教师跨学院授课机制,保障专业交叉融合课程的教学质量。同时,亟待构建虚拟仿真教学、线上线下相结合的授课方式,进一步提高授课质量。

4　人才培养模式改造升级探索

为应对新一轮科技和产业变革的挑战,以服务节能减排和健康中国的国家战略和区域发展需求为目标,以新结构、新质量、新理念、新体系和新模式的新工科思路与理念为指引,分析信息化、人工智能、大数据等新技术革命给建环专业传统培养模式带来的机遇与挑战,剖析建环专业传统内容与新技术革命的切入点,探索学科交叉,拓宽培养口径,坚持专业建设与人才培养的中心地位,构建适应新工科背景的建环专业人才培养模式,制定新的培养方案和课程体系。

4.1　应对新一轮科技和产业革命的挑战,分析新技术革命对建环专业人才培养的新要求,建立培养引领行业新发展的拔尖创新人才培养标准

当今时代,新经济蓬勃发展,未来 30 余年,新一轮科技革命和产业变革将改变传统生产模式和服务业态,推动传统生产方式和商业模式变革,促进工业和服务业融合发展,这必将塑造新的建筑产业格局。建筑环境与能源行业也因此面临新的挑战与发展机遇。在此形势下,建环专业在人才培养定位上要实现"内需型、工程师型、单一型"与"国际化、精英型、复合型"相结合,培养兼具实践与创新能力、具有国际化视野、适应新技术革命的宽口径工程科技人才。

面向新技术革命背景下当前和未来建筑环境与能源产业的发展,反思传统建环专业教育与行业发展的关系,建立新技术背景下多学科复合知识培养的专业教育理念,整合教育资源,增强"人才培养""科学研究""设计实践"三方融合互动,以全周期创新和实践能力塑造为目标,深化人才培养改革,升级建环专业培养标准。培养既具备扎实的理论基础、专业知识和先进的分析技能,又能及时响应前沿科学问题和国家重大需求,富有开拓和创新精神的复合型拔尖创新人才。

通过前期跟踪调查本校毕业生工作状态及反馈,遵循创新的专业培养理念,将建环专业的人才培养目标确立为培养面向国家节能减排的重大需求和国民经济主战场,掌握坚实的建环专业工程领域理论知识,具备开放的知识结构和综合运用多元知识解决建环领域问题的实践能力,具有较强的沟通能力、表达能力、良好的职业道德,信念执着、品德优良、勇于担当,具有创新思维和国际视野,能够引领本领域及相关领域未来发展的复合型拔尖创新人才。建环专业人才核心能力与课程体系关系如图 3 所示。

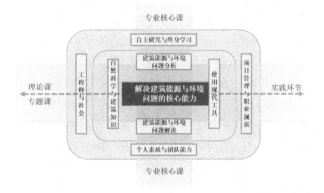

图 3　建环专业人才核心能力与课程体系关系

在此基础上,充分调研国内外知名院校,深入剖析建环专业人才培养规律,以及新技术革命和国际化趋势下的专业人才需求,制定毕业生要求,系统建立专业培养标准。

4.2　适应信息化革命的时代要求,改革教学内容和方法,探索建环专业深入信息化和数字化的途径与方式

"十四五"是中国特色社会主义进入新时代的第一个五年,也是城市进入治理现代化的关键时期。建环专业对于转变城镇能源消费模式,推进智慧城市建设,提升城镇人居环境品质,加快建筑业产业升级,带动建筑能源行业信息化革命具有重要意义。然而,目前建环 + 信息化领域人才的培养是迫切需要解决的问题。

(1)深入推进 BIM 技术与建环专业融合,优化课程内容和外延建设。为了适应未来建筑总承包的管理模式变革,分析建筑信息化技术 BIM 在建环专业中的应用前景,研究 BIM 技术与现有专业知识的结合,探究对相关专业方向带来的变革及其相应的应对措施,探索将 BIM 技术用于相关设计课程的实施路径。

(2)分析 5G 技术对行业的影响,建立适应的教学内容与方法。分析 5G 技术与专业知识的契合点,设置或更新相应的课程内容。基于 5G 技术,构建支撑建环专业全尺度教学进行实操的数据库,结合虚拟仿真、大数据分析、寒地人居环境等国家级和省级重点实验平台,研发适用于 PC 终端、手机终端以及 AR 终端的案例模拟、实训教学模块。

(3)推动虚拟仿真实验教学建设,改革现有教学手段。针对传统实验中涉及的城镇热网和燃气管网等大尺度实验,以及燃气性质和燃烧特性等高危险性实验,以及室内环境参数等需大量重复性工作的实验开设虚拟仿真实验课程。利用建筑学院数字创新中心,建设"供热工程"和"燃气输配"等相关虚拟仿真实验课程平台。基于线上和线下相结合,开展相关实验课程。

4.3　分析人工智能、大数据、云计算、物联网等新技术与建环专业传统领域的结合点,提出专业发展的新方向

人工智能是新一轮科技革命和产业变革的重要驱动力量,加快发展新一代人工智能、促进其同经济社会发展深度融合已经成为事关我国能否抓住新一轮科技革命和产业变革机遇的战略问题。在此背景下,云计算、大数据和物联网等先进技术逐渐融入建环专业相关的供热、供燃气与通风空调系统中,智慧供热及智慧供燃气等技术发展从"自动化"向"数字化"演进。充分将建环专业与人工智能融合,在智慧城市体系内发展智慧供热与智慧供燃气已经成为当前发展的重要方向。

为了适应新形势的发展,在建环专业传统方向布局的基础上,充分考虑人工智能、大数据和云计算等新技术革命的影响,将物联网等新技术与建环专业传统内容相结合,形成智慧建筑能源的培养方向。明确新方向的培养目标,分析与传统学科方向之间的内在联系,确定新方向的课程设置,积极发挥本专业和本校相关专业的师资力量开设相关课程。从而拓展至智慧供热、供燃气、供配电等新型专业融合方向,培养国家急需的智慧建筑能源复合型人才。

5　结语

在新工科背景下,应积极分析信息化、人工智能、大数据等新技术革命对建环专业传统培养模式的影响,建立建环专业培养引领行业新发展的拔尖创新人才培养目标和培养标准,并提出建环专业与人工智能、大数据等新兴技术的融合方式,构建智慧建筑能源新型专业融合方向,拓展多学科、跨学院育人机制。

参考文献

[1] 李华,胡娜,游振声. 新工科:形态、内涵与方向 [J]. 高等工程教育研究, 2017(4): 16-19, 57.

[2] 哈尔滨工业大学建筑学院建筑热能工程系. 与祖国同行:哈工大暖通燃气专业 70 年(1949—2019)[M]. 哈尔滨: 哈尔滨工业大学出版社, 2019.

"建筑环境学"双语研究型教学设计与实践

杨　斌[1]，吴延鹏[2]

（1. 天津城建大学能源与安全工程学院，天津　300384；2. 北京科技大学土木与资源工程学院，北京　100083）

摘　要："建筑环境学"是建筑环境与能源应用工程专业四大专业基础课之一，是区别于能源与动力工程等相近专业的学科代表性课程。在本课程的教学中采用双语教学，有利于教学内容与国际接轨，培养学生跨文化交流的能力。以研究型专题的形式对教学内容进行设计，做到科研反哺教学，学生不但能够牢固掌握基础知识，同时也能了解国际前沿。通过双语教学和研究型教学模式的有机融合，可以提高学生的综合素质和创新能力。

关键词：建筑环境学；双语教学；研究型教学；创新能力

1　引言

建筑环境与能源应用工程专业（以下简称建环专业）属于土木工程一级学科下属的二级学科，研究生授予学位专业为供热、供燃气、通风及空调工程。该专业的本科生专业基础课为传热学、工程热力学、流体力学和建筑环境学。"建筑环境学"是建环专业最核心的专业基础课，是本专业区别于能源与动力工程等相近专业的学科代表性课程。建筑环境学是一门跨学科的综合科学，包含建筑、传热、声、光、材料以及人的生理、心理等多门学科的知识。本课程选用的教材是吴延鹏主编，2017年由科学出版社出版的《建筑环境学》教材。本教材分为三篇11章，三篇将课程分为建筑外环境、建筑室内环境和建筑环境与能源应用三个大的模块，11章分别介绍建筑气候学基础、建筑外环境对室内环境的影响、建筑热湿环境、室内空气环境、建筑光环境、建筑声环境、建筑电磁环境、建筑环境的健康与舒适、工业建筑的室内环境营造机理、建筑环境与节能、绿色建筑的基本知识[1]。本教材被科学出版社列为卓越工程师培养计划规划教材，是按照高等学校研究型教学的需求以及卓越工程师培养计划的培养要求编写的，体现了先进的教学理念和特色。在本教材的基础上进行教学设计，开展基于双语教学的研究型教学，对于培养学生跨文化交流能力和创新能力具有重要的作用。

2　双语研究型教学设计

"建筑环境学"课程涉及许多建筑环境工程领域的前沿问题，虽然学生对此课程有很大的兴趣，但由于时间短、概念多、内容多，学生往往抓不住重点。此外，学生对课程的学习容易停留在表面，而利用本课程所涉及的概念、原理来解决实际建筑环境问题或对复杂建筑环境问题进行分析有一定的难度。本科生对研究型学习模式要有一个适应的过程，这也是本课程的难点。著名教育家陶行知曾说过："先生之责任不在教，而在教学生学，更要教学生行。""建筑环境学"课程以研究型教学和产出导向（OBE）理念为指导，将课堂讲授、实验（包括课外创新性实验）、研讨、工程案例、科研训练等有机结合，促使课程目标的达成。"建筑环境学"课程的能力培养要求主要有：① 通过研究型学习模式培养学生自主学习能力和主动发现问题、自主分析问题和解决问题的创新性思维能力；② 通过对建筑环境与设备领域中前沿科学问题的讲解，培养学生关注国内外科技最新成果，跟踪本学科研究前沿的兴趣和初步能力；③ 通过本课程的学习和研究型大作业的完成，培养学生通过各种途径查阅文献，独立思考、调查研究、模拟分析、实验研究等初步的科学研究能力，鼓励本科生撰写论文，提高书面表达能力。

作者简介：杨斌（1978—）男，博士，教授。电话：022-23085227。邮箱：binyang@tcu.edu.cn。

基金项目：建筑环境学双语教学模式改革与实践（JG-ZD-22014）。

2.1　研究型专题设计

研究型教学需要"研究型学"和"研究型教"的到位和二者互动机制的形成,在研究型教学中,课堂实际上成为教师引导学生学习的重要指导环节,课前需要认真阅读和学习相关知识,发现困惑和待研讨问题以便课上讨论,课后学生需要按小组完成团队合作和研究型专题,很可能是课堂1小时、课外5小时[2]。

建筑环境学的研究方法包括调查研究、实验研究和理论分析方法。对于大量不同的建筑环境现象,需要通过调查研究的方法积累基础数据,通过实验研究验证建筑环境现象的科学性,通过理论分析奠定建筑环境的理论基础,揭示其共性规律。学生不但要仔细阅读教材,理解掌握、基本概念、基本原理,还要采用上述方法动手实践,通过教师设置的研究型专题积极开展研究型学习。表1为研究型专题示例。

表1　研究型专题示例

序号	题目
1	北京地区不同建筑围护结构的热工性能与能耗关系探究
2	PM2.5对室内外环境的影响及其引起的人群暴露分析
3	家用空调对冬夏季室内热环境改善效果研究
4	不同空调末端和送风形式下对人体局部热舒适影响的对比分析
5	换气次数对室内复合污染物浓度的影响分析
6	图书馆和教室光环境对人员主观评价、视觉和学习效率的影响
7	空调运行噪声对人群睡眠的影响调研
8	家用电器、笔记本电脑和手机对人体电磁辐射影响的对比
9	轧钢车间油性颗粒物暴露及其防护措施研究
10	夏季室内空调设定温度对学生宿舍制冷能耗的影响分析
11	实地调研学校附近的三栋绿色建筑,并比较它们的主要技术特点、能耗水平和环境性能
12	静电纺丝纳米纤维膜高效过滤与抗菌性能测试
13	与热管结合的相变蓄热模块性能实验研究
14	Combined thermal effect of convective and radiative terminal devices

续表

序号	题目
15	Behavior adjustments survey of adaptive thermal comfort
16	Investigation of thermal and acoustic combined effect in daily life
17	Task and ambient lighting test
18	Field test of indoor environmental quality

2.2　研究型教学实施

采用贯通式、参与式、研讨式、案例式等"多模式协同"的研究型教学新模式。采用参与式教学模式,学生亲自参与教学全过程,自主进行工程考察,撰写考察报告并讲解[1]。采用研讨式教学模式,如在讲授热舒适时,采用课堂调查问卷的方式,让学生对自己的热感觉进行投票,然后对投票结果进行分析讨论,并和教材上国际公认的热舒适公式进行对比,让学生完全参与到教学活动中,真正深入理解和掌握基本概念和理论。关于热舒适和热感觉的关系,国际上也有很多学术争论,先让学生阅读外文原著,如 Fanger 教授的经典著作 *Thermal Comfort-Analysis and Applications in Environmental Engineering*,采用课堂辩论的方式,教师进行点评,对于论点正确,特别是能提出新问题和独特视角的学生给予奖励,使学生意识到独立思考的重要性,自己应该有所发现、有所创新,从而增强学生的自信心和探索未知的动力。

各种教学模式合理安排、协同发挥研究型教学的作用。教师在课堂上只讲授重要的、新的、学生理解起来有难度的内容,学生自己能看懂的完全交给学生的,然后通过提问、随堂测验等方式检查学习效果。如果时间允许,由学生讲解部分内容或做大作业汇报,提高学生的分析问题能力和表达能力。在讲授室内空气净化方法时,让学生动手制作空气净化器,并测试其各项性能,通过这种实践环节,学生不但对空气净化的基本原理有了深刻理解,而且对新产品的开发也产生浓厚的兴趣,为将来的科技创新打下坚实的基础。

人工智能技术系统性、实用性强,已在智慧城市、智慧安防、智慧医疗等国计民生诸多领域广泛应用。因此,人工智能相关的教学内容应注重培养学生运用人工智能相关技术系统性解决实际问题的能力[3]。将智能化建筑环境营造的科研成果融入课堂教学中,实现科研反哺教学,使学生对建筑环境的新技术产生浓厚的兴趣。

随着网络化和云端资源的不断发展,使学生随时随地学习成为可能,强大的搜索引擎解除了人们对"无知"的顾虑,使学生通过网络扩充知识的"广度"变得很容易实现,这为开展基于双语的研究型学习提供了技术支持。向学生推荐本专业国外网站最新的技术进展,让大三学生能够了解国际前沿动态。充分利用学堂在线、中国大学慕课等资源,向学生推荐本课程和相关的课程,利用课余时间选择性学习,扩充学生的知识面。本课程采用最多的是清华大学朱颖心教授在学堂在线录制的慕课,选取其中的重点难点让学生进行学习强化,感受不同的教学风格,取得了良好的学习效果。

2.3　课程考核方法改革

传统的课程考核主要依赖于期末考试,往往一卷定成绩,平时作业存在抄袭现象,因此成绩并不能真实反映学生的学习状况[1]。为了改变以上情况,在期末考核中增加面试环节。面试一般占 10~15 分,通过中英文面试能了解每一位学生的学习状况,增加教师和学生的相互沟通和充分了解,增进师生的感情,改变传统教学中个别任课教师不了解甚至认不全自己教的学生的情况。平时成绩包括考勤、作业、课堂回答问题表现、研究型大作业完成情况、PPT 的制作、研究报告、研究论文的撰写情况等,比例达到 50%。

在期末考试环节,也进行了相应的改革,考试分为两部分:第一小时闭卷考试,采用中英文双语试卷,侧重基本概念和基本原理的考察,大大减少需要死记硬背的题目的比例,将只需要记忆就能答对的题目控制在 30% 以内,大部分的题目需要学生真正理解才能答对;第二小时开卷考试,考查学生能否利用学过的基本概念和基本原理解决实际问题,重点考学生是否真正掌握基础知识。设置需要利用整门课程知识回答的综合题,比较灵活,密切结合实际,有的题目没有唯一的标准答案,这不但契合复杂工程问题的特点,而且避免抄袭现象。课程考核办法的改革,使考核结果更能反映学生的真实水平,成绩更加客观公正。

3　结论

通过基于双语研究型教学的"建筑环境学"课程的教学设计和实践,改变了传统的课堂填鸭式的教学模式,提高了学生的学习积极性,激发了学生对专业的兴趣,使学生能够学以致用,将会大大提高学生的综合素质和创新能力。

参考文献

[1]　吴延鹏. 建筑环境学 [M]. 北京:科学出版社,2017.

[2]　席酉民. 研究型教学:并非在传统教学中加点研究佐料 [J]. 中国高等教育,2016(21):42-44.

[3]　李家俊. 以新工科教育引领高等教育"质量革命"[J]. 高等工程教育研究,2020(2):6-11,17.

天津大学建环新工科人才培养模式实践

郑雪晶*，王雅然，龙正伟

（天津大学环境科学与工程学院，天津 300350）

摘 要：建筑环境与能源应用工程领域迫切需求大量基础知识扎实、学科背景丰富、兼具实践与创新能力、具有国际化视野的复合型人才。本文介绍了天津大学建筑环境与能源应用工程专业在 CDS 工程教育模式探索、人工智能与大数据相关课程建设、项目式教学设计、新工科毕业设计指导等方面的实践，为构建新工科背景下建筑环境与能源应用工程专业人才培养体系奠定了基础。

关键词：新工科；建筑环境与能源应用工程；人工智能；项目式教学；毕业设计

1 引言

在全球一体化和人工智能影响下，社会对人才培养要求越来越高。新知识和新技术的产生与应用速度快于大学教育模式、培养体系、课程内容等的修订和更新周期，高等工程教育必须进行深刻变革和全面创新[1]。建筑环境与能源应用工程（以下简称建环）以建筑等人工围合空间和能源应用为主要对象，采用人工环境营造理论方法与能源利用工程技术创造舒适、健康、节能、环保的人工环境，以满足人民生活需要，满足产品生产与科学实验要求的工艺环境需求。本专业是一门注重创新与工程实践的传统工科专业。面对第四代工业革命和日益复杂的城市人居环境可持续发展问题，以绿色技术、BIM 技术和建筑工业化等新兴热点的科技创新为中心的建筑产业现代化成为行业发展的动力。建筑环境与能源应用工程领域迫切需求大量基础知识扎实、学科背景丰富、兼具实践与创新能力、具有国际化视野的复合型人才。

2 天津大学建环专业发展

天津大学建环专业的前身是供热、供煤气与通风工程，成立于 1956 年，是全国成立最早的八个高校"暖通"专业之一。办学 60 多年来，陆续获批高等学校特色专业建设点，并被列入卓越工程师教育培养计划、天津市品牌专业，顺利通过由住建部组织的全国高等学校建筑环境与设备工程专业（本科）教育评估，于 2020 年获批为国家级一流本科专业建设点。以专业教师为基础，建立了天津市室内空气环境质量控制重点实验室、天津市建筑环境与能源重点实验室、天津市生物质废物利用重点实验室以及天津市有机固废安全处置与能源利用工程研究中心等支撑平台。在建筑节能技术、建筑环境营造、智慧供热系统、地铁穿山隧道防排烟技术和有机固废能源化利用技术等方面做出了显著贡献。本专业毕业生已经成为国有大中型企业、科研院所和设计院等的技术中坚力量，在航空航天、建筑业、制造业、服务业等众多领域服务国民经济建设。

在新工科建设背景下，面对第四代工业革命和日益复杂的城市建筑环境与能源问题，尤其是"双碳"目标的提出，天津大学建环专业积极探索信息化、人工智能、大数据、云平台等新型技术与传统专业的融合方式，以推动新技术革命与专业的知识、能力、素质要求深度融合为导向，定位培养引领建筑环境与能源应用工程领域未来发展的创新型拔尖人才[2]。

3 新工科背景下建环人才培养模式的探索

天津大学建环专业依托学院创新性人才培养工

作者简介：郑雪晶（1979—），女，博士，副教授。电话：022-27400832。邮箱：zhengxuejing@tju.edu.cn。

基金项目：天津大学本科教育教学改革研究项目"产学协同以产出需求为导向的毕业设计模式改革与探索"。

程平台,以新工科理念实现专业的改造升级,探索信息化、人工智能、大数据等新型技术与传统建环专业的融合方式,以推动新技术革命与建环专业的知识、能力、素质要求深度融合为导向,定位培养引领建环领域未来发展的创新型拔尖人才,构建适应新工科背景的建环专业人才培养模式。

3.1　探索适用于建环专业的 CDS 工程教育模式

以一个建环工程的设计到模拟运行的生命周期为载体,即以"空调制冷通风课程设计"为载体,让学生完成空调制冷通风设计、建筑给排水系统设计、建筑照明设计、建筑设备自动化设计、施工组织设计、空调系统能耗和室内速度场及温度场模拟。将适用于产品制造类专业的 CDIO 工程教育模式,引入设计、施工类专业,修正为 CDS 工程教育模式,即构思(Conceive)、设计(Design)和模拟(Simulation)模式,让学生在学中干、干中学,使学生以主动的、实践的、课程之间有机联系的方式学习,更好地培养学生的主动性和创造性。

3.2　人工智能与大数据在建环专业中应用课程建设

为适应新形势的发展,在建环专业传统方向布局的基础上,充分考虑人工智能、大数据和云计算等新技术革命的影响,天津大学建环专业在本科生培养方案中增加了高级语言程序设计、大数据分析及智能调控方面课程,目前已增设"人工智能理论与应用""JAVA 语言程序设计""BIM 技术在暖通空调工程的应用""AI+暖通空调系统"等选修课程。

以"AI+暖通空调系统"中的智能热网案例为例,通过人工智能理论的学习,结合供热工程的专业知识,搭建软硬件平台,如图 1 所示。通过调度中心服务器,使热源 DCS 和热力站 PLC 实现双向通信;开发热网监测与调度系统,实现热源和热力站数据交换和参数设定;通过嵌入专业知识的软件驱动,实现硬件功能化。通过人工智能理论的应用,改变集中调度 + 分散控制的供热管网传统控制方式。

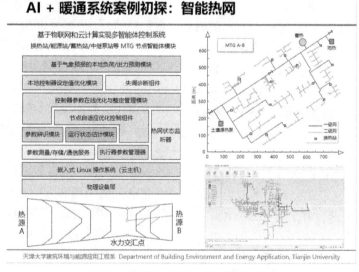

图 1　人工智能理论与应用课程举例

3.3　项目式教学设计

项目式教学任务包括建立课堂文化、设计与计划、与课程目标对应、管理教学活动、评估学生学习、搭建学习平台、参与和指导学生。其可以分为建立课堂文化、设计与课标对应的方案、管理教学活动、评估学生的学习等四个实施的阶段。教学过程中,教师的角色定位不再是负责课堂讲授、测验、考试的教师,而是转变为学习的引导者[3]。项目式教学的设计包括以下三方面内容。

(1)专业针对性,结合新工科建设要求,根据专业领域的特点和人才培养目标,融入人工智能、大数据、云平台等新技术,综合智慧建筑环境能源系统要求进行项目设计。

(2)知识的更新,着眼工程教育的本意,优化知识结构,在教学内容中渗透新科学、新技术、新方法,淘汰陈旧内容。

(3)可实现性,因材施教,考虑学生的个性化,根据学生的自身兴趣、知识层面和能力水平,设计学生能力水平能够完成的项目。

建环专业项目式教学设立两种层次的实践性项

目,鼓励学生以3~5人为团队,结合课程内容,进行软硬件设计,并制作演示系统,期末进行展示,作为大作业考核。鼓励参加校内外各种大赛,包括但不限于挑战杯比赛、创新创业大赛、节能大赛等。

图2为天津大学建环专业项目式教学实践性项目设置方案,分为目标导向型实践项目和开放式实践项目。

图2 天津大学建环专业项目式教学实践性项目设置方案

目标导向型实践项目要求学生进行软硬件设计,并购买元器件搭建系统,包括建筑给排水演示系统、建筑空调系统演示系统、建筑光伏演示系统、建筑空气质量监测系统、气象参数监测系统等。典型的案例如下。

(1)电动机的控制:电动机是建筑供能与供水控制系统中最核心的动力设备,包括水泵、风机、空调等,因此电动机的运转控制是建筑电气系统中最基础但最核心的一个控制系统,要求学生组织队伍,可以针对不同的场景(水泵控制、空调控制、防排烟控制)设计电动机的控制系统。

(2)智能热网:云计算、大数据和物联网等先进技术已逐渐融入供热、供燃气与通风空调系统中,智慧供热及智慧供燃气等技术发展从"自动化"向"数字化"演进。通过建筑用能大数据分析,研究建筑用能规律,要求学生组织队伍,制定热网调控策略,可以通过手机、电脑进行控制,实现热网调控。

(3)室内空气质量的监测:分析我国住宅室内空气污染的原因,一方面是劣质建材和家具产生大量的化学污染,另一方面是室外大气PM2.5等污染通过各种通风路径进入室内,造成住宅室内空气质量差,严重威胁我国居民的身体健康。要求学生组织队伍,针对室内主要的污染物(PM2.5、VOC),设计室内空气质量监测系统,可以是离线手持装置,鼓励开发基于物联网的室内空气质量监测系统,调动学生的积极性。

(4)空调系统监测系统:实现室内二氧化碳、风管温度、水管温度、风管孔板压差的监测,集成显示空调机组实验台数据。

开放式实践项目目标是引导学生发挥创造性,鼓励参加各种创新性大赛,如挑战杯、创新创业大赛,给学生提供一个目标系统的描述,不限定具体形式,让学生自己发挥,进行软硬件设计,制造出系统,如零能耗建筑系统、舒适性空调系统、智能通风系统、空气病毒探测系统等。典型的案例如下。

(1)建筑电气演示系统:建筑电气包括配电系统、空调系统、消防系统、照明系统,要求学生组织队伍,选择一种典型的建筑电气系统,开发演示系统,动态演示其运行与功能。

(2)新型建筑给排水系统:本项目是开放式的题目,不做任何的限定,任由学生发挥创造性,调动兴趣,提出愿意实现的建筑给排水系统,实现水资源可持续利用,但要求有创新性,鼓励参加国家和学校组织的科技竞赛。

3.4 新工科毕业设计

新工科毕业设计研究与实践项目以明确的研究目标为牵引,坚持面向未来、面向国家重大战略,推动教育模式由学科导向转向产业需求导向。各项目组将不同学科的指导教师和本科生组织成一个跨学院、跨专业的多学科交叉团队,相互学习和启发,完成一个工程系统。在提升工程实践能力的基础上,培养学生的批判性思维、团队合作意识和可持续发展能力,解决现实问题。2022届建环专业毕业生完成的新工科毕业设计(论文)有:智慧水务的智能水质传感平台中《基于健康需求的智能建筑通风策略研究》《区域供热系统自动化故障识别与诊断方法研究》《基于强化学习的中央空调系统PID参数自动优化方法》《相变储热供暖工程监测方法与运行优化研究》;基于现代信息技术的建筑全生命期一体化设计平台中《蓟州区西井峪教育文化中心接待楼暖通空调系统设计》《基于建筑柔性负荷的暖通空调系统运维策略研究》;智慧社会与大数据智能项目平台中《建筑环境影响新突发传染病案例知识图谱构建与可视化分析》,部分新工科优秀毕业设计如图3所示。

4 结语

在新工科背景下,面对全球环境与能源问题,尤其是"双碳"目标的提出,为满足建筑环境与能源应用工程领域的人才需求,天津大学建环专业积极探索信息化、人工智能、大数据等新型技术与传统建环专业的融合方式,以推动新技术革命与建环专业的知识、能力、素质要求深度融合为导向,定位培养引领建环领域未来发展的创新型拔尖人才,构建适应新工科背景的建环专业人才培养模式。

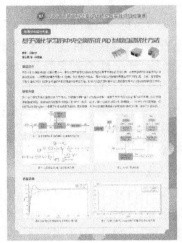 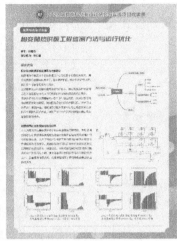 

图3 部分新工科优秀毕业设计

参考文献

[1] 王红雨,于张娜,闫广芬.新工科背景下工科专业的调整、布局及衍生机制:基于33所代表性高校的分析[J].高等工程教育研究,2021(6):24-30.

[2] 丁研.新工科思维引导下的人工环境学教材改革实践[J].天津教育,2020(34):22-23.

[3] 刘广平,陈立文,党子芳.案例教学与项目式教学比较研究[J].黑龙江教育(高教研究与评估),2016(3):27-28.

工业 4.0 背景下新工科人才培养研究与实践

王铁营,王志明,郭 浩,刘圣春

（天津市制冷技术重点实验室,天津商业大学机械工程学院,天津 300134）

摘 要:在工业 4.0 的背景下,新工科建设如火如荼,为高校的工程人才教育拉开了新的篇章。同时,新工科建设也对新工科人才培育提出了新的要求与期望。本文对新工科人才培养中高校教师定位、实验实践及校企协同育人三方面现存问题进行了分析,并介绍了本校在这三方面的改革实践,通过双师双能型教师培养计划、新式实验教学方法及良好的校企协同育人机制,为培养复合型和创新型新工科人才提供有力支撑。

关键词:新工科;工业 4.0;工程教育

1 引言

自有历史记录以来,工程师通过技术发展逐步带来福祉,并增强与环境互动的能力,帮助建设文明社会。在土木、水利和海军工程方面的开拓性努力实现了埃及金字塔的建造、亚历山大港灯塔的建造,印度和埃及古代城市的灌溉系统、中国河流的第一个分流大坝以及对海洋的统治、商业路线的建立和文化的发展,遍及亚洲、欧洲和非洲。

技术教育逐步发展,通常与艺术和工艺相关。然而,直到 18 世纪下半叶,作为第一次工业革命的结果,以开创性的技术大学为基础的现代工程教育才建立起来。如今,大多数研究把现代工程的演变解释为四次工业革命的结果:第一次工业革命与蒸汽机的发明及其在运输和生产中的应用有关;第二次工业革命来自化学和电力的进步,也涉及新能源和运输方法的发现;第三次工业革命与从模拟电子到数字电子的转变有关,通常被称为数字革命;正在进行的第四次工业革命基于互联智能技术,通常被称为"工业 4.0"[1-2]。为应对"工业 4.0"的发展,2015 年 5 月国务院印发《中国制造 2025》,指出未来社会是数字化、网络化和智能化的高度结合,是制造业与信息技术的深度融合。

新工科人才培养是我国迈向工程教育强国的关键,肩负着培养新型工程人才和科技人才的目标。社会各界围绕如何架构面向"工业 4.0"的育人新模式、新机制和学习共同体开展了一系列理论研究与实践探索[3-5]。而作为教育载体的高校,需要结合现代制造业对人才能力和结构等方面的新需求实施改革与创新,以更好地支撑人才培养目标的实现和"社会义务"的履行。

2 当前新工科人才培养方面存在的问题

2.1 新工科背景下高校教师发展机制的困境

建立一套完善的教师发展机制,对于调动教师的主观能动性,实现高校健康、迅猛的发展具有重要的意义。然而,当前我国高校教师队伍建设与发展机制尚不健全,难以满足新工科教师队伍建设需要。

高校引进教师的渠道过于单一,多来自研究类大学的工学博士,他们在校着重于学术能力的培养,往往更关注事物背后所蕴含的机理,对知识在工程中的应用有所忽视。此外,这些博士一般缺少教育教学方面的实习、实践,在教学初期会显得力不从心。对于工科教师的培训则是重视岗前培训,轻视在岗培训,忽略工程思维的培养,并没有把教师培养成"双师型"。除教师引进和培养外,高校教师的评聘机制也存在不足。随着职称评审权力下放到高校,行政强势主导、重学历轻能力及重项目轻教学等

作者简介:王铁营（1988—）,男,博士,讲师。邮箱: wangtieying@tjcu.edu.cn。

通讯作者:刘圣春（1976—）,男,博士,教授。邮箱: liushch@tjcu.edu.cn。

基金项目:2020 年教育部第二批新工科研究与实践项目—— "工科＋商科"结合的能源与动力工程专业新工科人才培养改革探索与实践（E-NY-DQHGC20202207）;天津市高等学校本科教学质量与教学改革研究计划重点项目（A201006901）的子课题。

问题也逐渐显现出来。同时,科研型、教研型及教学型三类教师评定职称时,各成果比重分界不清。这些问题都严重阻碍了新工科教师的发展。

2.2　新工科背景下实验教学存在的困难

实验教学是工科本科教学的重要组成部分,在培养适应工业 4.0 的新工科人才方面起着关键作用。实验教学可以激发学生的学习兴趣,提高学生对知识转化的能力。但是,现在实验教学理念滞后,实验老师对教改缺乏激情,实验教学照本宣科,沿用传统的教学理念,不能与时俱进;教学内容陈旧,现有的实验教材大部分仍然是十几年前的教材,里面的实验方法和内容没有得到及时的更新,没有将学科的新发展引入实验教学之中,与生产实践脱节,不能满足科技的飞速发展;实验设施、仪器落后,由于实验场地和资金问题,无法购置大量相关的、先进的实验设备,无法使学生在第一时间掌握新技术手段。此外,随着 2020 年突如其来的新冠疫情席卷全国,学生无法返校,使实验教学的问题更加突显,只靠单一的 PPT 讲解,很难使学生掌握实验方法和技术。

随着新工科的发展,实验教学正向着科学前沿、行业现场应用等方面发展。上述问题使实验教学已无法适应新工科实验教学的发展,实验效果与期待的教学目标相比有很大的差距。

2.3　新工科背景下校企协同育人现存问题

受传统工科教育思想的影响,高校和企业对新工科背景下的协同育人认识还不足,制度机制还不完善。

目前,校企合作的初心就是通过企业的优势对教学成果进行转化,形成具有竞争力的商品,致使在合作中,以科研项目为重点开设课程教学,导致重科研轻教学的严重问题。此外,教师仍以"填鸭式"的教学方式给学生灌输知识,缺少与企业的沟通,导致实践教学的整体质量不高,对学生的就业发展造成一定的影响。此外,由于企业的日常业务繁杂,很难组织专人配合学校进行教学,进而使企业教育资源不能得到有效发挥。同时,对于企业来说,他们所追求的是市场竞争力和利益,因此多数企业要看校企合作协同育人能否给公司带来利益,这使得学生的实践教学达不到预期的成效。

3　新工科人才培养实践

3.1　双师双能型教师培养实践

前文讲到一些博士教师只注重理论学习,忽略工程实际,缺乏工程生产经验。高校在应对这一问题时,应该为缺乏生产经验的教师提供更多的培训机会,鼓励其前往企业学习,进而实现理论与实践有效结合,培养扩大双师双能型教师队伍,使教师队伍结构更加合理。此外,高校应积极聘请企业的优秀工程师、大工匠作为兼职教师,到学校教学,把行业最新的技术和经验传授给学生,提升学生的就业能力和意识,弥补学校课程教学的局限性和部分缺失。

近年来,我校鼓励教师聚焦中小微企业,积极申报天津市企业科技特派员,鼓励教师参与企业研发,帮助解决企业技术难题。企业科技特派员在促进校企合作有效对接、产教融合深入实践、提高教师技术研发与服务水平、促进科研成果转化等方面,发挥了重要作用。通过企业科技特派员的锻炼,使学校双师双能型教师队部不断壮大,并有多位教师评上了高级工程师,为新工科背景下本科的教育教学提供了有力保障。

3.2　新工科背景下实验教学实践

对于传统由老师指导"复刻"教材上的实验,然后填写实验报告的模式,可以进行相应的改进,变为"复刻—优化—设计",首先根据教学安排对需要做的实验按照老师的指导进行操作并得出结果,即"复刻";其次,在复刻过程中,小组就实验操作和结果进行总结讨论,通过头脑风暴,形成新思路,对实验过程、目标进行优化,改进原有的实验方案,即"优化";最后,通过优化,结合理论知识和课程特点,设计一个新实验方案,即"设计"。通过对实验的"复刻—优化—设计",学生可以实现知识、能力和素养三个层面的提升,实现对本专业培养目标的有力支撑。

在实验教学体系方面,构建分阶段、多层次、开放式实践教学新模式,形成具有综合工程实验教育特色的"3+X"实验教学体系(图 1),即基本实验模块 + 校内实践(开放实验)模块 + 校外实践模块 + 科研创新创业训练(竞赛)模块的教学体系。建立冷冻冷藏技术教育部工程研究中心、热能与动力工程国家级实验教学示范中心和天津市制冷技术与装备虚拟仿真实验教学中心等实验平台,并获批天津商业大学 - 烟台冰轮股份有限公司国家级工程实践教育中心,为培养学生工程素质提供了有力支撑。此外,为使本科生与国际接轨,学习先进的科学技术,我校邀请英国爱丁堡大学、法国巴黎高等师范学院等学校优秀教师来校对学生进行指导,在开阔学生视野的同时,也学习了国外先进的实验教学理念。

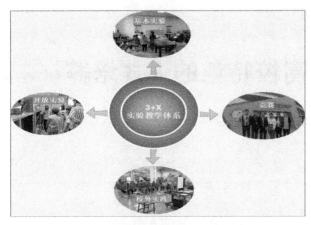

图 1 "3+X"实验教学体系简图

3.3 校企协同育人实践

在新工科背景下,教育部依次开展了"复旦共识""天大行动"和"北京指南"研讨活动,以针对"新工科"建设进行教育改革及人才培养方案的探索[6]。这是我国工程教育改革的新方向,也是为了积极应对新一轮的科技革命与产业变革,不断进行课程改革与教育模式的创新。我校在新工科的建设方面也进行了积极探索和实践。

以能源与动力工程专业为例。能源与动力工程专业建设除要紧跟能源工业技术和信息技术革命性的发展步伐外,还亟须建立面向新兴产业、电子商务和冷链物流等现代经济发展的需求,培养具有专业知识体系和商学素养的工程技术人才。以"产教融合为主,商学素养嵌入,科教融合为辅"三位一体,建立"工科 + 商科"结合的新工科人才培养方案、课程体系和培养模式,通过改革实践,形成完善的人才培养体系。图 2 为"工科 + 商科"结合的能源与动力工程专业新工科改革思路简图。

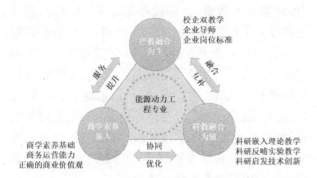

图 2 "工科 + 商科"结合的能源与动力工程专业新工科改革思路简图

深度融合现代工业环境,以产学研合作为依托,以强化工程实践能力、工程创新能力和商业创业能力为核心,以社会和制冷行业需求为导向,构建卓越工程师基本知识、基本技能及商学素养三个层次能力兼具的综合素养兼备的人才培养体系。卓越工程师班学生通过 1 年理论学习后,进入企业进行工程实训和商业运营认知实践,并增设了"工程师职业道德与责任""冷冻冷藏工程标准与规范""专业开发能力实训"及"产品认证"等实践课程,在企业实习内容中增加商业营运、管理、销售等教学内容。此种形式也为校企协同育人提供了新途径。

4 结语

随着进入工业 4.0 时代,新工科人才培养成为我国迈向工程教育强国的关键,肩负着培养新型工程人才和科技人才的目标。作为教育载体的高校,需要结合现代制造业对人才能力和结构等方面的新需求实施改革与创新,以更好地支撑人才培养目标的实现和"社会义务"的履行。

参考文献

[1] Bundesministerium für Bildung und Föschung, Digitale Wirtschaft und Gesellschaft: Industrie 4.0. https://www.bmbf.de/de/zukunftsprojekt-industrie-4-0-848.html.

[2] VON HENNING K, WOLF-DIETER L, WAHLSTER W. Industrie 4.0: Mit dem Internet der Dinge auf dem Weg zur 4. industriellen Revolution, VDI Nachrichten, 2011.

[3] 章云, 李丽娟, 杨文斌, 等. 新工科多专业融合培养模式的构建与实践 [J]. 高等工程教育研究, 2019(2):50-56.

[4] 杨毅刚, 宋庆, 唐浩, 等. 新工科培养的工程科技人才应具有经济决策能力 [J]. 高等工程教育研究, 2017(5):32-36,65.

[5] 单莎莎. 面向"中国制造 2025"的高校工程类人才培养模式改革研究 [D]. 武汉: 武汉理工大学, 2017.

[6] 张艺鸣. 新工科背景下工匠精神的培育研究 [D]. 天津: 天津大学, 2020.

新工科背景下融入地方高校特色的人才培养探索与实践

史耀广,刘　斌,陈冠益,刘圣春

(天津商业大学,天津　300134)

摘　要: 新工科背景下,能源与动力工程专业工科专业人才培养面临新的挑战。为培养具有创新创业意识、数字化思维和跨界整合能力的人才,根据自身的优势、特色,融入最新的"新工科"理念,针对人才培养模式和体系的不足,在人才培养方案、课程体系、培养模式等方面进行了改革探索,为培养具备解决现代商业背景下复杂工程问题能力和应对未来变化的综合素质人才提供了坚实保障。

关键词: 新工科;能源与动力工程;人才培养改革;地方高校

1　引言

在新经济和新工科建设背景下,工科专业人才培养面临新的挑战。能源与动力工程专业作为我国传统的工科专业,需要适应工业技术革命和信息技术的高速发展,特别是要面向现代商业模式需求。而能源与动力工程专业在生源质量、培养目标、课程体系、教学模式与培养资源等方面与热门或新兴专业存在较大差距,相关问题一直困扰国内高等院校的教育管理者和广大专业教师[1]。同时,我国开展能源与动力工程专业的高等院校众多,各自的培养特点和特色方向不同,因此在新经济和新工科建设背景下,如何将新工科建设理念和高校独有的特色、优势融入能源与动力工程专业的人才培养,已经迫在眉睫,需要改革、探索新背景下的人才培养模式。

2　能源与动力工程专业国内高校培养特色和我校现状

目前,我国大概有 250 所高校开有能源与动力工程专业,有的历史悠久,有的具有地方特色。有的高校侧重航空领域和发电行业,如贵州大学、华北电力大学、东南大学以及浙江大学;有的高校主要服务于流程工业自动化,如东北大学、北京科技大学以及中南大学;有的偏重于风电利用,有的侧重于电厂方向;有的偏重于船舶动力领域,有的侧重于内燃机领域。可以看出,根据各个高校的资源不同、历史不同、地域不同,很多学校走出了一条具有自己学校特色、符合学校实际的专业发展方向,尽管在基础课程和专业基础课程设置上大同小异,但是这些院校的能动类专业在发展建设过程中保持专业传统,并不断拓宽专业领域,进行学科的交叉融合,形成了其不同的办学特色[2]。

天津商业大学"依商而建,因商而兴"。1980年,以天津市财贸学校和北京商学院制冷系为基础,天津商业大学前身——天津商学院获批设立。按照"围绕商业办教育、办好教育促商业"的思想,建校之初设立了制冷、冷冻工艺、商业自动化、企业管理(商用信息)4 个专业,经过 40 多年的发展,在能源与动力工程专业方面紧跟行业发展动态,明确商科特色和社会需求,边摸索边研究,形成了自己的特色,选择了制冷空调、食品冷冻冷藏和冷链物流为重点的"商科 + 工科"融合建设方向,致力于培养具备解决现代商业背景下复杂工程问题能力和应对未来变化的应用型综合素质人才。

3　我校能源与动力工程专业人才培养体系的不足

《"新工科"建设行动路线(天大行动)》中提到,

作者简介:史耀广(1990—),男,硕士,助理研究员。邮箱:shiyg@tjcu.edu.cn。

新工科建设要推动现有工科交叉复合、工科与其他学科交叉融合、应用理科向工科延伸,孕育形成新兴交叉学科专业[3]。

在新工科建设背景下,如何将现代商业模式需求与专业教育教学有机结合,将"新商科"与"新工科"深度融合,是地方商科大学教育教学面临的一项挑战[4]。

3.1 工科＋商科结合的特色和优势不突出,商业素养培养重视不够

能源与动力工程专业源自 20 世纪 80 年代制冷设备专业和冷冻冷藏工艺专业,以传统工科思维制定的培养方案,不能与现代产业经济体系环境下的行业发展相适应,导致毕业生解决复杂性工程问题及助推行业发展的综合能力不强;同时作为一个地方商科院校,商业素养培养不够,商业素养和创新创业能力较为缺乏。

3.2 多学科、新技术交叉融合不够,新工科内涵特征不够突出

制冷空调、食品冷冻冷藏和冷链物流等行业的社会服务性很强,新技术发展与应用需求更新非常快,导致课程体系的动态适应能力不足。目前,大数据、物联网等新技术的快速发展,专业技术的学科交叉和新技术应用的创新内涵的特征凸显愈加明显,因此需围绕学科交叉和新技术发展,构建特色鲜明的新型工程课程体系。

3.3 产教融合、校企合作的培养模式有待完善和拓展,实践能力和创新能力的培养还比较缺乏

经过几十年的发展,专业人才培养依然存在"重理论、轻实践、轻创新",不够重视工程伦理、职业道德、实践能力和创新能力的培养,卓越工程师与应用型服务人才缺乏。因此,需要深化产教融合的平台建设培养模式,强化校企协同育人,加强职业道德、"工匠"精神教育。

4 建设具有地方高校特色的人才培养体系

新工科建设正在引领高等工程教育的深刻变革。未来的工程教育应以新科技革命和产业变革为驱动,整合多个学科领域的知识[5]。

创新型人才培养模式是培育新工科人才的关键命题[6]。我校秉承建设高水平大学的奋斗目标,学科门类相互支撑、协调发展,形成了"大商科"学科

专业体系,在新工科背景下,根据我校商科特色和社会需求,明确了培养"工科＋商科"结合的应用型创新型人才。

以新工科内涵建设为出发点,结合融入学校优势特色商科培养力量,探索和实践工科商科结合的人才培养新模式,突出培养具备解决现代商业背景下复杂工程问题能力和应对未来变化的综合素质人才。

通过更新改革,建立以制冷空调、食品冷冻冷藏和冷链物流为特色的"工科＋商科"融合的人才培养方案、课程体系和培养模式,并进行实践完善。

5 具体实践举措

5.1 制定"工科＋商科"结合的人才培养方案

5.1.1 行业未来专业人才需求调研

调研与本专业类型、定位、性质相关的国内优秀院校的专业改革和发展情况,聚焦行业未来人才需求,组织制冷空调、食品冷冻冷藏和冷链物流全行业、企业以及高校专家参与的研讨会,重点讨论专业发展新形势和新方向,论证"工科＋商科"结合的专业发展方向与实施思路,形成行业人才需求分析报告;了解和掌握企业用人标准,分析商学素养对行业内工科人才晋升和发展的影响,形成企业用人标准分析报告。

5.1.2 人才培养方案修订

根据新工科建设思想,结合行业未来人才需求的调研和分析结论,遵循"工科＋商科"结合、重视新技术应用、提升工程实践能力的培养理念,讨论修订本专业人才培养方案,同时与用人单位共同建立人才培养质量长效监控机制,总结人才培养质量报告,通过企业行业对本专业毕业生的动态综合评价,持续优化人才培养方案。

5.2 构建新型工程课程体系

5.2.1 改革专业核心课程群

在专业核心课中增加工程技术市场化与企业实践案例内容,以制冷空调的专业核心课程为例,着眼制冷空调领域全产业链,针对"制冷装置设计"专业核心课,邀请制冷领域企业专家和工程师开设产业前沿、技术推广和企业技术实践案例讲座,帮助学生建立工程技术应用实践思维;结合智能制造、大数据和人工智能专业,将相关工程案例模拟、制冷装备信息管理和大数据能耗监控等软件的基础理论课纳入到"制冷装置自动控制"课程,增加新兴技术的

占比。

在专业必修课中增加物联网与大数据理论及其软件实操应用内容；结合学校优势特色商学课程，通过商学课程优秀教师和本专业教师协作编制教案，将市场营销、公共管理等商科课程纳入选修课模块，创立制冷空调与人工智能、智能制造的融合课并纳入选修课模块，增设基于物联网平台的理论与实践选修课程。

5.2.2 优化新技术、新实践特色的课程体系

Uerz 等人研究发现，随着技术的进步，学生期望教师运用新的教学技术进行知识的传递[7]。

利用学校已建成的装备研发的真实工业软硬件环境，在专业核心课中增加实践课时，以项目导向的教学组织形式，让学生动手完成设计、制造和实验测试的一体化实践流程，强化学生本专业技术运用和技术研发能力。

组织本专业教师结合自身科研方向，注重本专业与材料、环境、机械、智能制造、信息和物流技术等专业的交叉融合，在主讲的专业课中设置探索性实验课，并利用已建成的科研平台构建开放实验室平台，为学生提供具有选择性的实验探索题目，提升学生学科交叉的工程实践能力。

5.2.3 创建多位一体的培养模式

将"课程思政"融入专业课程教学中，使学生了解能源与动力工程专业在国民经济发展中的重要作用，同时增强环境保护与可持续发展意识，并激发学生大国工匠精神与家国情怀，将工程伦理学相关的优质资源与本专业教学内容融合。

能源与动力工程类专业要培养专业能力足够强的复合型新工科技术人才，学生拥有过硬的专业知识和科研创新实践知识是非常有必要的[8]。因此，在集中实践课程模块中优化生产实践环节，围绕"互联网+""中国制造 2025"等国家战略，发挥已建立的校外导师库和校外基地资源，采用场景化、多元化教学组织形式，深入企业生产制造一线，由企业工程师针对典型研发、设计、创业案例与学生进行交流，以提升学生精益制造意识和专业研发能力。

注重科研创新成果向教育教学转化，通过已具备的国内和国际研究平台拓展专业知识体系，精炼基础研究学科的新方向、新领域，深入挖掘基础学科方向与教学内容，并在相关专业课基础课程中设置专门学时，促使学生深入思考专业理论。此外，在专业课中设置前沿技术讲座，促进学生进行理论与创新思维的融合。

6 结语

为了将新工科建设理念和高校独有的地方特色融入能源与动力工程专业的人才培养，天津商业大学能源与动力工程专业结合自身的地方特色和历史优势，明确了商科特色和社会需求，以新工科内涵建设为出发点，确定了新的人才培养目标，更新了人才培养方案，重构了课程体系，结合学校优势特色商学课程，探索创建了"职业道德+专业理论+实践能力+创新能力"多位一体的培养模式。最终实现以新工科建设为基础，结合地方高校特色的新商科优势，为培养具备解决现代商业背景下复杂工程问题能力和应对未来变化的综合素质人才提供了坚实保障。

参考文献

[1] 路勇,郑洪涛,谭晓京,等."新工科"背景下能源动力类人才培养模式探索与实践:以哈尔滨工程大学船舶动力创新人才培养实验班建设实践为例 [J]. 高等工程教育研究,2019(S1):14-16.

[2] 廖艳芬,余昭胜,马晓茜. 新经济形势下的华南地区能源与动力类本科专业人才培养改革研究 [J]. 高等工程教育研究, 2019(S1):45-48.

[3] 刘吉臻,翟亚军,荀振芳. 新工科和新工科建设的内涵解析:兼论行业特色型大学的新工科建设 [J]. 高等工程教育研究, 2019(3):21-28.

[4] 王敬童. 新工科背景下地方商科大学公共数学课程教学改革与创新 [J]. 当代教育理论与实践,2020,12(6):57-62.

[5] 裴钰鑫,汪惠芬,李强. 新工科背景下跨学科人才培养的探索与实践 [J]. 高等工程教育研究,2021(2):62-68,98.

[6] 王永华. 新工科人才培养模式创新的三个维度 [J]. 中国高等教育, 2021(19):50-52.

[7] UERZ D, VOLMAN M, KRAL M. Teacher educators' competences in fostering student teachers' proficiency in teaching and learning with technology: an overview of relevant research literature[J]. Teaching and teacher education, 2018, 70: 12-23.

[8] 路朝阳,赵宁,张志萍. 新工科建设背景下能源与动力工程类专业"四年制科创法"教学创新 [J]. 中国大学教学,2022(Z1):52-57.

基于科技创新竞赛的案例教学模式初探

许媛欣，赵　军，安青松，梁兴雨，朱　强

（天津大学机械工程学院，天津　300350）

摘　要：提高大学生创新创业能力是培养高素质人才的核心内容，教学案例是培养学生能力的重要载体，因此基于学生科技创新竞赛的案例库建设及案例教学模式探索具有重要意义。本文提出了构建分类别、分层次、规范化的教学案例资源库建设途径。同时，为推进"协同育人"模式，坚持"专创融合"理念，提升创新创业教育实践指导能力，提出"一核两翼，双轮驱动"的贯穿式案例教学模式。

关键词：科技创新竞赛；案例库；案例教学

1　引言

我国高校正处于深化教育体制改革的新时期，提高大学生创新创业能力是培养高素质人才的核心内容。在新的时代背景下，传统的教学模式已经不能适应双创教育要求，案例教学法作为一种启发式教学方法，是对传统教学方法的扩充和革新，具有必要性和实际意义。

全国大学生节能减排社会实践与科技竞赛（以下简称为节能减排大赛）紧密围绕国家能源与环境政策，是能源环境领域影响力最大的大学生科创竞赛之一，我校每年都有几十支队伍参加校赛的选拔。然而，一个普遍存在的问题是只有少数有积极性、主动性的学生和老师参与其中，受益人群少，培训时间和内容十分有限且层次不一，缺乏系统化的教学资源，且存在资源壁垒，各院系之间缺少交流合作。因此，对节能减排大赛的优质案例进行总结凝练，形成案例库并开展案例教学具有重要意义。

2　研究背景及意义

2.1　案例教学法及案例库研究现状

案例教学法最早是由美国哈佛商学院创设并加以应用[1]，20世纪80年代开始引起国内教育研究者的注意，并逐渐推广给高校教师[2-4]。案例教学法在我国经历了理论引进、本土化案例开发和案例教学实践三个阶段。作为新型开放式教学方法，案例教学法改变了传统教学模式中以书本为基础、以理论为依托的教学方式，通过对典型案例进行阐述，启发和引导学生思考、分析和讨论，以达到提高学生独立思考能力和解决实际问题能力的目的[5]。在新的时代背景下，传统的教学模式已经无法满足双创教育要求，案例教学法作为一种启发式的教学方法，是对传统教学方法的扩充和革新，具有必要性和实际意义。典型案例的编写及案例库的建设是案例教学的基础，是实施案例教学法的必要准备，可以打破专业视野界限，更好地结合实际、激发创新理念。

2.2　节能减排大赛案例库的重要意义

2019年2月，中共中央、国务院印发了《中国教育现代化2035》。根据教育现代化的总目标，提出了推进教育现代化的十大战略任务，其中一项任务是提升一流人才培养与创新能力，加强高等学校创新体系建设，建设一批国际一流的国家科技创新基地，加强应用基础研究，全面提升高等学校原始创新能力。

大学生通过参加科技创新创业竞赛，积极主动组建团队、联系指导老师、确定研究主题，在这一过程中协作意识和协调能力得到了提升，创新意识和创新思维得到了培养，综合能力得到了全面发展。同时，浓厚的科创氛围让更多的师生认识到科技创新竞赛对推动全社会创新创业水平的重要意义。目前，各类竞赛普遍存在的问题是只有少数有积极性、

作者简介：许媛欣（1990—），女，硕士，工程师。电话：15620523682。邮箱：yuanxin_xu@tju.edu.cn。

基金项目：天津大学2021年本科教育教学改革研究项目（重点项目）：基于OBE的教学评价方法量化平台建设与实践——以能源与动力工程专业为例。

主动性的学生和老师参与其中，受益人群少，且存在资源壁垒。根据调研发现，虽然全国多数高校都积极参与节能减排大赛，部分高校也开展了与竞赛相关的培训、专题讲座甚至通识教育课程，但仍存在素材来源单一、内容分散、信息封闭且开放度不高的问题，高校之间、高校院系之间、校企之间存在资源壁垒、缺少合作，并未形成可共享使用的系统化的优质案例库资源。

至今，节能减排大赛已走过 15 年历程，是凝聚学生创新能力和教师实践育人的重要平台。伴随节能减排大赛的举办，成长起来了大量的优秀学生和团队，大量优秀作品得到成果转化，大量优秀组织单位持续创新锐意进取，他们并未止步于比赛的结束，而是进一步在更高层次的平台造福人民群众、服务国家重大需求。因此，对这些优质案例进行总结凝练，形成案例库并开展案例教学具有重要意义：一是能够总结经验，在教学中融入双创元素，激发高校师生创新意识，服务创新创业教育；二是响应国家"双碳"战略目标需求，为社会、企业各界提供创新思路和转化路径；三是致敬经典、撒播火种，传承与发扬大赛"节能减排，主动作为；实践创新，交融育人"的精神内涵。

3　案例库建设途径及案例教学模式初探

3.1　案例库建设途径

3.1.1　融合开源理念，协同校企资源，探索校企联合的案例库建设新模式

国内很多高校有丰富的节能减排大赛参赛经验，已有 15 所高校成功承办该大赛，历届参赛高校数 700 有余，面向这些高校进行优质案例素材征集，是丰富案例库体系的重要途径。根据案例资源类型，可以进行不同类别的"模块化"建设——优秀学生和团队成长案例、优秀作品成果转化案例、优秀学校组织发展案例。此外，校企合作也是丰富案例库资源的重要方式：一是邀请优秀企业的高级工程师参与案例编写和案例课程教学；二是与企业合作开展课题研究，并开发教学案例。

3.1.2　建立层次化的实践教学案例库

针对节能减排大赛优秀案例内容与课程之间的对应关系，建立"基础训练→能力提高→综合创新"循序渐进的实践教学资源库，吸引各种类型的学生主动参与和学习实践，以满足不同年级、不同水平学生的实践需求，实现从基础到实践、从拓展到创新的"层次化"实践教学。使每个学生都可以根据自己的学习需要和兴趣爱好，选择合适的实践教学内容与合适的学科竞赛活动。

3.1.3　构建案例库资源共享机制及多维协作的质量保障机制

建立优质教育资源共享机制，各高校、校内和企业之间建立信息交流平台，实现资源和信息的有效共享。资源共享机制能够促进信息的多向流动，实现跨区域的资源配置。建立案例资源库持续更新、完善的机制，教师新增科研项目、学生课外科技成果、企业实战教学示范应用等案例的定期规范入库和管理维护方案，形成常态化的案例研讨与更新机制。

构建以国家级、省部级竞赛为切入点的实践教学案例库的质量管理体系，以保证案例库可以更好地为培养学生实践能力而服务。在构建过程中，教师要对实践教学案例的需求分析、方案论证、设计调试、项目总结等进行考核，要保证学生在学习方向、学习方法和实践项目上的有效进展，及时解决学生的难题。在学生实践过程中，教师需要及时完善不足、优化方法，进而达到提高学生实践能力的目的。

3.2　贯穿式案例教学模式的构建

本文提出"一核两翼，双轮驱动"的贯穿式案例教学模式。如图 1 所示，以贯穿式案例教学为核心，双创竞赛和案例库建设为"两翼"，以专创融合和协同育人为"双轮"。具体含义为通过案例库资源建设提供理论与经验指导，以双创竞赛为抓手开展创新教育实践，同时结合专创融合与协同育人教学理念，作为核心驱动力，推进开展贯穿式案例教学，有效实现理论联系实际、多方协作、专业教育与"双创"教育有机融合的一体化教学体系。具体举措可归纳为以下三点。

（1）推动以赛促教、以赛促学、以赛促创。将创新创业大赛实践纳入教学体系，每年组织开展节能减排大赛、"互联网+"大赛、挑战杯、大学生科技创新大赛等创新创业类竞赛活动。

（2）建设一支专兼结合、数量够用、素质过硬、结构优化的创新创业教育师资队伍。将创业者、企业家、专业导师、朋辈导师、团委教师融入创新创业教育导师队伍，形成"五位一体"的协同育人模式。

（3）加强校外创新创业实践基地的建设，推进创新创业共同体的形成。积极联合企事业机构，建

立多种类型的校外创新创业实践基地。以基地活动带动及构建学生团队，以团队型项目模式促成技术创新。建立学校与企业行业的交流通道，激发学生创新创业热情，共同培养创新创业型、复合型专业人才。

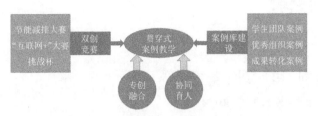

图 1 "一核两翼，双轮驱动"的贯穿式案例教学模式

4 结语

高校创新创业教育不仅有利于提升大学生的综合素质，而且符合国家创新驱动发展战略，有利于完善协同创新体系，促进经济发展，是建设具有国际竞争力的现代化国家的有效举措。高质量的教学过程是培养学生能力的重要途径，教学案例是培养学生能力的重要载体，因此基于学生创新创业竞赛的案例库建设及案例教学模式探索具有重要的意义。本文以提升大学生创新创业能力为目标，通过建设节能减排大赛创新创业案例库资源，弥补优质教学资源案例库空白；通过建立案例资源共享机制及质量保障机制，促进知识、信息、技术的有效整合，实现资源的有效配置；通过探究基于创新创业竞赛的案例教学模式，有效实现理论联系实际、多方协作、专业教育与"双创"教育有机融合的一体化教学体系。

参考文献

[1] 宋耘. 哈佛商学院"案例教学"的教学设计与组织实施 [J]. 高教探索, 2018, 7: 43-47.

[2] 郑晓齐, 马小燕. 专业学位研究生案例教学的相关问题辨析 [J]. 北京航空航天大学学报（社会科学版）, 2021, 34(2): 147-153.

[3] 杨满平, 施而修, 韩鑫. 案例教学在"高等油藏工程"课程的实践及应用 [J]. 教育教学论坛, 2022, 5(18): 149-152.

[4] 韩宪军, 王立平. 地下工程结构案例库教学改革与实践 [J]. 大学教育, 2021, 4:52-54.

[5] 王梅, 康美玲, 张可佳, 等. 案例教学研究现状综述 [J]. 科教导刊, 2021, 34: 9-11.

基于新工科背景的"制冷装置自动调节"教学改革探索

胡开永,郑晨潇,孙志利,田　绅,董胜明

（天津商业大学,天津市制冷技术重点实验室,天津　300134）

摘　要: "制冷装置自动调节"是能源与动力工程专业的必修课,在专业课体系中占有非常重要的地位,新工科建设为本课程的开展提出了新的要求。针对本课程特点和不足,从体系构建、课堂情景模式和教学评价体系三方面提出了相应的改革措施。通过改革,可有效提高学生的学习兴趣,加深对课堂理论知识的理解和在实践中的应用。

关键词: 制冷装置自动调节;教改;新工科

1　引言

"制冷装置自动调节"是能源与动力工程专业的必修课,在专业课体系中占有非常重要的地位,特别是在未来智能化时代。

作为以教学为主的本科院校,教学的主要目标是培养高级应用型人才,一方面需要学生具备扎实的专业理论基础,另一方面需要学生具备较强的解决实际问题的动手能力。而作为能源与动力工程专业,高级的应用型人才培养需要有自己的特色和优势,才能在未来智能化时代具有立足之地,满足现代工业体系对于人才的需求。因此,作为一般的本科院校,在专业教学上要有自己的特点,不能采用"填鸭式"教学模式,应当与时俱进,借助互联网技术,结合新工科的要求[1],进行教学改革。

2　课程存在的问题

"制冷装置自动调节"是一门涉及制冷装置、电气控制、计算机科学、PLC 技术等的一门综合性交叉应用学科[2]。其在实际教学过程中存在以下问题。

2.1　知识点庞杂且抽象,学生兴趣低

"制冷装置自动调节"是一门交叉课程,在电路基础上,学生要有一定的电路基础知识,能够看懂目前制冷装置的电路控制图;在数学方面,学生要具备一定的数学基础,在自动控制理论的理解过程中会涉及矩阵、拉普拉斯变换、傅里叶定律、微分和导数求解等内容;在计算机方面,涉及编程以及程序流程的设计等内容;在实际实践过程中,学生往往因为数学知识的欠缺,不能很好地理解自动控制调节的原理,或因为对计算机编程不熟悉,在学习 PLC 和制冷装置远程控制时,不能跟上教学步骤。在初学阶段,需要学生耗费大量时间和精力,因此导致学生产生不良情绪,在产生学习效果之前,由于兴趣降低而放弃对本门课程的深入学习。

2.2　教学手段单一,学生配合差

目前,教学模式主要以课堂授课为主,主要是老师备课,然后将准备的知识展示给学生,学生通过听的方式被动接受,从而达到获得知识的目的。虽然有实践环节,但往往由于最初理论知识不清楚,实践时也难以顺利开展。总之,目前不管是在课堂授课,还是在实践环节,师生之间互动较少,学生主要以被动方式学习,教学效果欠佳。在课下环节,学生主要以复习老师所展示的内容为主,不会主动查找相关内容来拓展自己的知识。因此,目前的教学方式限制了学生的主动性和创新性,不符合新工科建设的要求。

作者简介:胡开永(1987—),男,博士,讲师。邮箱:hky422@tjcu.edu.cn。

基金项目:2022 年"三全高人"课程思政研究专项(ZZSQYR0116)

3 新工科建设下改革举措

3.1 基于项目教学的体系构建

课程涉及知识点多、理论抽象,需要学生融入课程中,才能达到学习本课程的目的。为了使学生充分加入"制冷装置自动调节"的学习中,课程教学过程以完成项目的方式进行。结合课程知识和教学目标,设计不同题目类型的项目,如冷水机组自动控制系统设计、一机多库控制系统设计、船用冷库控制系统设计等。项目的分配采用演说的形式,让学生组队,通过调研资料,然后竞争选题,从而增加课堂的多样性,激发学生学习的兴趣。

虽然项目题目不同,但是每个项目完成过程中需要掌握的知识,以及完成项目过程中需要用的软件是相同的。针对不同类型的项目题目,学生组队,通过分工完成各自题目,项目在一开始即分发给学生,并且告诉他们完成项目需要的知识点,从而让学生有目的地去学习,最终利用自己学到的知识解决项目中涉及的问题。

此外,项目完成过程中除课堂教学外,还涉及实践教学,实践能力是目前教学中的缺陷,主要原因是学生不能充分参与到实践教学环节。为了鼓励学生积极参与实践环节,做到人人动手,项目中会涉及动手环节。因此,在项目教学体系中,学生能够更充分地利用实践环节,通过实践环节充分完成自己承担的项目。

3.2 基于互联网技术的课堂情境模式建设

课堂情境的构建是上好一门课的基础。传统教学模式中,课堂教学主要以老师讲为主,学生通常是被动接收,虽然老师也采用多媒体等技术,但由于学生之间互动较少,学生并没有作为科技教学手段的实际参与者。因此,科技手段的应用无非是另外一种形式的"黑板",从而失去了"新工科"对教学的要求。

随着"互联网+"思维的涌现,出现了多种基于互联网技术的课堂教学模式,如"翻转课堂""互动课堂""慕课"等[3]。2020年,由于疫情原因,推动了"网络直播"授课的新形式,有利于今后线上线下相结合的教学情境模式的构建及推广。其实,不管哪种形式的课堂情境模式,最终的要求都是达到学生和老师之间互动,并且不是简单的"一问一答"的形式。老师问学生答,不是真正意义上的互动。真正意义上的互动是探讨式问答,需要互相有问有答[4]。传统的课堂情境,学生只是回答老师提出的有关课本对应章节的问题,答案固定,缺乏探索性。

为了打破传统课堂老师唱独角戏或者简单的"一问一答"的教学情境模式,本课程在构建的项目教学体系下,以学生探索项目为主,老师教学为辅的方法,课堂上首先由老师讲解理论知识,然后将理论知识融入项目解决问题中,由学生自己建立理论知识和要完成项目之间的关联,学生在带着问题的前提下,有目的地听课,最终实现"讨论式"课堂情境模式。

3.3 以结果为导向的评价体系改革

"制冷装置自动调节"是一门理论性很强,但又具有很强的实践性的课程。学生除学习自动控制的抽象理论知识外,还可以利用实践环节,进行编程和动手训练,传统的平时成绩+期末考试的方式并不能完全反映学生的真实水平。基于以上原因,本课程以项目完成情况为主要考核指标,项目完成结果通过以下几点考核:①项目中涉及的理论知识点;②项目完成的方法和具体内容;③项目中涉及的程序;④项目结题报告,同时综合考虑上课和实践环节学生的表现,得到本课程的最终成绩。

4 结语

制冷技术在国民经济和生产中发挥的作用越来越大,在智能化时代的背景下,"制冷装置自动调节"课程的重要性越来越突出。本文以新工科建设要求,针对"制冷装置自动调节"课程提出了新的改革措施:①结合课程特点,构建基于项目的教学体系;②利用互联网技术,创建师生讨论式课堂情境模式;③综合学生学习过程,以项目完成结果为主的评价体系。

参考文献

[1] 钟登华. 新工科建设的内涵与行动 [J]. 高等工程教育研究, 2017, 3: 1-6.

[2] 庄小东. 电气控制与PLC技术教学改革探讨 [J]. 教育现代化, 2019, 4(28): 83-84.

[3] 汪志刚, 齐亮, 朱志云, 等. "新工科"背景下"金属材料及热处理"课程改革探索 [J]. 高教学刊, 2018, 10: 121-123.

[4] 胡开永, 刘兴华, 康博强, 等. "制冷装置自动调节"课程思政教学探索 [A]. 刘益才. 2020年第十一届全国高等院校制冷及暖通空调学科发展与教学研讨会论文集 [C]. 长沙:中南大学出版社, 2020: 85-88.

课程思政在"传热学"教学中的实践

杨庆忠，王雅博，王誉霖，代宝民，邸倩倩

（天津商业大学，天津 300134）

摘 要：将思政元素融入专业课程是实现协同育人的有效途径。"传热学"专业性强、知识点多、应用广泛，需要认真进行课堂设计，才能达到思想政治教育与专业知识教育并重的效果。基于此，本文挖掘了"传热学"课程中的思政元素，融入了辩证法与爱国主义教育，引导学生在学习过程中不断提升自身科学素养与工程素养，达到专业课思想政治育人成效。

关键词：课程思政；教学设计；传热学

1 引言

"传热学"是研究由温差引起的热能传递规律的科学。我校"传热学"课程采用西安交通大学陶文铨院士等编著的《传热学》作为教材，教学课时为56课时，实验课时为8课时。传热学主要包含四大部分：热传导、热对流、热辐射和换热器。其中，热传导、热对流、热辐射三部分既相对独立，又互相关联，传热过程与换热器是前三部分的综合运用。"传热学"是能源动力类、建筑环境等专业的核心专业基础课。

大学生是最有朝气、最富有梦想的群体，其价值取向决定了未来整个社会的价值取向，而青年又处在人生观、价值观、世界观形成和确立的关键时期，最需要精心引导和栽培，高校的专业课程需要积极发挥思想政治教育的作用，用好专业课教学的渠道，充分挖掘课程内的思政元素，不仅要培养学生科学的思维方式，更要树立学术道德，增进家国情怀。

2 提高专业课教师政治理论素养

课程思政过程中教师是关键因素，是课程思政的具体实施者，教师的思政育人能力直接决定了课程思政的效果。做好课程思政要求教师从以下两方面着力。

2.1 在课堂上，不仅要讲授知识要点、技术手段和运用方法，而且要主动将价值传播融入课堂中

在传统的理工课程讲授中，大多偏重讲解知识与技术，而忽视了课程中的价值传播。"传热学"与所有自然科学一样，最终要学生学以致用，然而知识与技术掌握在什么人手中，运用到什么地方，如何运用，是每个教师都需要思考的问题。习近平总书记指出："好老师应该取法乎上、见贤思齐，不断提高道德修养，提升人格品质，并把正确的道德观传授给学生。"传热学教研室依托系党支部的定期集中学习，持续学习党的精神、全国高校思想政治工作会议精神，以及习近平总书记系列重要讲话精神，深入思考、研讨将思政融入课堂教学，编写了思政教学大纲及思政要点，加强了课程中的价值引领与思想启示。特别注意对学术讨论与政治问题做区分，不把探索性的学术讨论等同于严肃的政治问题，同样也不把严肃的政治问题当作一般的学术讨论，使课堂既正面向上，又活泼生动；既保持"传热学"自身的特点，又与思想政治理论同向而行。

2.2 课堂外自觉遵守师德师风，修身立德，做出示范，在潜移默化中影响学生

"学高为师，身正为范。"教师不仅要在课堂上按时上课、用心备课、认真讲课，认真批改作业，耐心答疑，而且在课外要通过自己的言行为学生树立榜样，以自己严谨的作风、积极的生活态度感染学生，在授课的同时，努力以自己的作为赢得学生的尊重，向学生渗透学术诚信与理想信念，努力成为学生的一面镜子。

作者简介：杨庆忠（1975—），男，博士，讲师。电话：022-26686251。邮箱：yangqz@tjcu.edu.cn。

3 融入辩证法

当今社会需要的是能自主学习、独立思考和解决问题的创新型人才,爱因斯坦说"高等教育必须重视培养学生具备会思考、探索问题的本领"。本科阶段教育已不能仅"灌输式"教授基础知识和专业技能,这也是高等教育与中学教育的主要区别之一。

"辩证思维对今天的自然科学来说是最重要的思维形式。"在现今,一名合格的工科生不仅要有扎实的专业能力和基础知识,而且要具备较强的思维能力与思辨能力。我国高校学生必修"马克思主义理论",但是辩证法对大部分学生来说可能还是抽象的。而学生独立钻研、发明创造的本领需要在专业课的学习过程中有意识地加以培养,让大学生观察如何学习、总结归纳知识,以及逐步掌握如何学习知识的方法,并应用这些方法自主学习新知识,解决新问题。

首先,注重培养学生类比、对比、综合分析,抓主要矛盾解决问题的思维。例如,为便于学生理解,"传热学"将热阻与电学中的电阻相类比,二维温度场实验时亦通过电场来比拟温度场,还有热边界层与流动边界层的对比分析等,厘清不同物理量间的相似点与不同点,可让学生对科学研究以及认识新事物过程中的类比、对比方法有更深刻的认识。此外,在换热器以及传热过程中导热、对流、辐射各个传热环节的分析中,可培养学生综合分析的能力。在强化传热中,从热阻最大的环节着手又体现了辩证法中的抓住主要矛盾。

其次,培养学生从个别到一般再从一般到个别认识事物的思维能力。"传热学"特别注重对物理现象进行数学描写,导热微分方程的推导、对流传热控制方程的推导与边界条件的提炼,都体现了对传热现象的认识从个别到一般的升华。而后,依据具体问题,如有无内热源、是否非稳态等条件,对控制方程进行简化、求解,又体现了从一般到个别的实践和指导。

最后,任何学科的发展历程其实都能生动地体现对事物认识的否定之否定规律,"传热学"也不例外。例如对沸腾传热中表面哪些地方最容易成为汽化核心的认识,在 20 世纪 50 年代初,苏联科学家认为表面上的凸起最容易成为汽化核心;在 50 年代末,已经有科学家逐渐纠正这一观点,认为表面上的凹坑最容易成为汽化核心,这一正确观点的建立,为后来强化沸腾传热表面结构奠定了理论基础[1]。又如,辐射换热中普朗克定律与维恩位移定律的发现过程。这些生动的例子充分体现了人们对正确事物认识的曲折性与前进性。

4 树立家国情怀

课程发展内的科学史、人物史以及运用本课程促进科技进步的事迹都是引导、教育学生树立理想信念、培养家国情怀的生动例子。"传热学"涉及工业与生活的方方面面,在课堂中讲述好传热学实践的例子,可以让学生在课程中增进对传热学应用的了解,提高自己的国情意识,增加社会责任感。例如,具有国家战略意义的青藏铁路建设过程中,为保护冻土层,避免冻土层热融导致路基下沉,解决方案正是采用传热学中的热管[2];另外,随着科技的发展,电子元器件热流密度越来越高,而体积越来越小,随之而来的散热要求也越来越高,正是新的强化传热技术的不断涌现为其提供了解决方案[3];此外,还有航天隔热防护材料的突破等在我国航天事业的推动作用等[4]。另外,还可融入"传热学"的前辈为学科发展、为祖国重大需求做出的贡献。这些生动的例子,不仅促进了学生将所学的知识融入实践的思考,而且潜移默化地影响了学生的学术与职业道德。

5 结语

本文阐述了将思政元素融入"传热学"的一些尝试,并从教师自身学习、课堂辩证法元素融入与家国情怀培养三个方面详细展开。融入课堂思政后,学生的学习积极性、思维能力、实践能力与工程素养都有了明显提高,思维能力、实践创新能力、工程素养都得到了提升,爱国情怀得到了培养。

参考文献

[1] 陶文铨. 传热学教材 60 年的主要变迁及《传热学》(第 5 版)简介:纪念杨世铭、陈大燮编《传热学》出版 60 周年 [J]. 中国大学教学, 2020(1):93-96.

[2] 赵永虎,崔雍,米维军,等. 机械式制冷热管对多年冻土的制冷效果研究 [J]. 铁道标准设计,2019,63(1):34-39.

[3] 邹磊. 液滴撞击亲 - 疏水混合表面运动行为及传热特性研究 [D]. 重庆:重庆大学,2020.

[4] 戴勇超,王新升,黄海,等. 航天器多层隔热材料边缘漏热分析与设计 [J]. 宇航学报,2014,35(1):76-82.

浙江大学制冷与低温学科课程思政体系建设探索与实践

金　滔,张绍志,李裴婕,魏健健,徐敏娜,俞自涛,王　凯,徐象国,黄群星,岳思聪

(浙江大学能源工程学院,浙江杭州　310027)

摘　要: 课程思政是立德树人和一流专业建设的重要环节,本文对浙江大学制冷与低温学科课程思政体系的现状进行了梳理,提出建设既满足《纲要》要求,各课程在思政融入点上又有所侧重的课程思政体系,从家国情怀、科学精神、人文素养、工匠精神等四个方面对课程进行侧重分组,根据理论课和实践课特点分别制订措施,着重介绍了理论课、实践课和社会实践环节的几个课程思政建设实践案例,相关工作已取得初步的预期成效。

关键词: 课程思政;体系建设;案例;实践

1　引言

课程思政是将立德树人和思想政治教育贯穿于专业课教育中的一种新教育理念,倡导在专业课教学过程中将价值观、历史观、国家观等与专业知识结合起来,培养青年人的"四个自信"意识,增强年轻人的政治认同和国家认同。

一流专业建设是提升高校办学水平的有效策略,能有效提高专业核心竞争力,打造特色人才培养模式,加快"双一流"大学建设步伐。当前,在中华民族伟大复兴、多元文化并存、国内外意识形态复杂的时代背景下,高等教育一流专业建设内涵发展的核心是将思政教育体系融入专业体系、课程体系、教学体系中,形成专业建设与思政育人协同发展。

青年人寄托着国家的未来、民族的希望。现代高等教育教学中,不缺乏卓越的师资力量、先进的教学设备、突出的教学理念,但在新媒介技术大发展、多元文化并存、国内外意识形态复杂的时代背景下,多元思想和价值观正以新媒介为载体向广大大学生渗透,少部分大学生专业知识能力出众但是理想信念缺失、家国情怀淡薄、价值导向偏差,成了所谓的"精致的利己主义者",传统高校思政教育受到前所未有的挑战。因此,在一流专业建设的过程中,如何进一步加强思想政治教育,让学生树立价值追求,涵养家国情怀,引领社会风尚,传播中国声音,对人格塑造、素质提升、能力培养、知识传授、专业建设进行有机融合,是现代高等教育管理者和参与者需要重点思考的问题。

浙江大学秉持"知识、能力、素质、人格并重"的育人理念,发布了《浙江大学一流本科教育行动计划(2018—2020)》,提出要深度发掘各类课程的思想政治教育资源,推进"学科育人示范课程"建设,实现从"思政课程"主渠道育人向"课程思政"立体化育人的转变,要深化完善国防教育,深入开展社会实践。浙江大学能源工程学院多年来始终面向国家重大需求,坚持教学、思政协同育人,扎实推进教育教学改革,为国家培养了一大批政治素质过硬、专业能力扎实的交叉复合型创新人才。近三年,学院毕业生前往军工单位和基层选调的人数持续上升,位居全校前列。在已有基础上,紧紧围绕立德树人的根本任务,以《浙江大学一流本科教育行动计划》为指导,厚植爱国主义情怀,开展以学科专业一体化为导向的一流专业建设,使思想政治教育和德育贯穿人才培养全过程,落实四课堂融通式的思政教育,为祖国培养更多家国情怀深厚、忠诚干净担当的社会主义伟大事业建设者和接班人。

作者简介: 金滔(1975—),男,博士/教授,从事教学科研和思政管理工作。电话:0571-87953233。邮箱:jintao@zju.edu.cn。

基金项目: 全国高等学校能源动力类教学研究与实践项目(NS-JZW2021Y-43, NSJZW2021Y-04)。

2 课程思政体系建设目标

课程思政体系建设旨在解决在一流专业建设的背景下,高等学校的专业院系如何从人才培养、课程建设、师资配置、条件保障等不同角度循序渐进地做好专业课程与思政教育的深度融合,将科学精神、理想信念、爱国主义和国情校情教育做深、做实,实现从"思政课程"主渠道育人向多渠道、立体化育人转变,引导新时代大学生牢固树立正确的价值观、坚定的报国信念,为祖国培养家国情怀深厚、忠诚干净担当的建设者和接班人,进而实现思政教育与卓越创新的一流专业建设协同发展。主要包括以下两方面的目标。

(1)建设基于专业特色课程的思政教育体系:从一流专业建设角度统筹考虑本科教学思政教育,积极建设示范课程,将专业领域最新理论成果转化到教学教材中,培养学生"四个自信"意识,增强学生的政治素养、国家认同感和专业认同感,贯彻习近平总书记系列讲话精神、满足教育部《高等学校课程思政建设指导纲要》(以下简称《纲要》)要求的课程思政体系。

(2)培养政治素养过硬、专业能力扎实的交叉复合型人才:以为祖国培养家国情怀深厚、忠诚干净担当、能够弘扬科学精神和工匠精神的社会主义伟大事业的建设者和接班人为目标,实践类专业课程充分发扬专业特色、发挥专业办学优势,实现"教学—思政、课堂—课外、校内—校外、学校—企业"多层次协同、立体化的思政教学,将爱国主义教育、理想信念教育和国防意识教育贯穿于一二三四课堂,厚植于实践教学各环节,实现知识传授、能力培养、素质提升、人格塑造相统一,为我国在世界能源革命和产业变革中拔得先机,为实现我国国防和军队现代化提供强大的人才支撑。

3 课程思政建设基础

浙江大学能源工程学院多年来始终面向国家重大需求,坚持教学、思政协同育人,扎实推进教育教学改革,以及专业思政协同、科研实践育人等方面的工作。制冷与低温学科历来重视教育教学工作,特别注重学生家国情怀的涵育工作,积累了丰富的育人经验。

3.1 教师队伍思政教学改革经验丰富,建立了良好的重点单位合作交流基础

在思政教育和一流专业创新发展方面积累了丰富的实践经验,"以专业课程改革为牵引的制冷与低温创新人才培养探索与实践"项目获得2021年度浙江大学教学成果一等奖,"建设三位一体实践教学体系,培养具有自主创新创业能力的能源与动力拔尖人才"项目获得2016年度浙江教学成果奖一等奖。此外,在浙江大学推进"学科育人示范课程"建设、"三全育人"校级试点单位建设的支持下,学院组织多项以"爱国情怀""科学精神""国之大者""人文素养"为主题的军工行活动。通过多次走访专业相关重点国防军工单位,积极引导毕业生赴军工、基层选调就业单位,充分邀请优秀校友做专题讲座,加强联合重点企事业单位进行校企联合授课,建立了良好的重点国防单位合作交流基础和系列化植入优秀思政元素的校企联合课程。

3.2 课程思政核心理念协同专业建设创新发展有广泛深入的理解

近年来,教学团队承担各级各类实践相关的教学改革研究项目10余项,包括教育部能动类教指委教改项目"能源动力类卓越工程师培养新机制探索研究"和"能动类专业本科生自主科研创新实践教学体系建设"等。同时,熟悉能源动力类专业的培养方案和课程体系,能准确把握专业课程中的核心思政元素,对课程思政核心理念协同专业建设创新发展有较广泛和深入的理解。

3.3 多平台的实践基地为广泛的思政元素教学植入提供了较好的基础

已建成C9高校首个能源动力类国家级实验教学示范中心,将高水平的科学研究成果转化为丰富的教学资源,将多层次的科学研究经历转化为典型的思政题材,是课程建设团队致力于专业课程思政体系建设的一个重要特色。同时,建有国家级虚拟仿真实验教学项目、33个本科生校外实践基地和协同创新实践基地,其中包括5个首批国家级工程实践教育中心,以此为依托建成线下线上混合式实践课程。多平台、宽领域的实践基地为实践课程多元化开展提供了丰富的资源,通过从科研项目、实践课程中凝练典型案例,对应不同核心思政元素,为广泛的思政元素植入提供了较好的基础。

4 课程思政改革思路与举措

4.1 改革思路

将思政建设与一流专业建设融合考虑。2020年,教育部发布了《高等学校课程思政建设指导纲要》,要求:①把马克思主义与科学精神培养结合起来,提高大学生认识、分析、解决问题的能力;②开展科学伦理教育,培养大学生探索未知、追求真理的科学精神;③开展工程伦理教育,培养大学生精益求精、专注认真的工匠精神;④开展爱国主义教育,激发大学生科技报国的使命担当。为落实教育部文件精神,能源与环境系统工程专业最新培养方案将这些精神内涵体现于专业毕业要求中,包括:①能够基于能源与环境工程相关背景知识进行合理分析,评价专业工程实践和复杂工程问题解决方案对社会、健康、安全、法律以及文化的影响,并理解应承担的责任;②具有人文社会科学素养、社会责任感,能够在能源与环境领域的工程实践中理解并遵守工程职业道德和规范,履行责任。

针对《纲要》要求,结合能源与环境系统工程专业现有专业课程体系(以低温方向为例),建设一个满足《纲要》各方面要求,同时各门课程在支撑点上又有侧重的课程思政体系。该体系从家国情怀、科学精神、工匠精神、人文素养等四个方面将专业课程和实践类教学环节予以侧重分组,其中家国情怀组包含四门课程,即低温原理、暖通与空调、节能减排创新实践、生产实习;科学精神组包含四门课程,即工程热力学、工程流体力学、传热学、制冷原理;工匠精神组包含四门课程,即流体输送及控制、制冷与低温设备、低温环境绝热技术、建筑节能技术;人文素养组包含四门课程:能源与环境系统工程概论、制冷与人工环境课程设计、低温生物技术、学术表达与沟通。

4.2 实践举措

对于理论类课程,各门课程在课程思政的内涵建设方面有所区别和侧重,每门课程均结合课程内容和专业发展,打造了一个内涵丰富、能给学生留下深刻印象的精品案例,“低温原理”这一类具有特色优势的专业核心课程可以打造多个案例。同时,采取以下举措为课程思政的顺利开展提供保障。

(1)课程方案体系化:加强专业课程教师的课程思政理论学习,优化课程思政教学方案设计,改变教学方法及手段,配套修订课程大纲、教学日历、教案设计,使课程思政作为一条主线有机贯穿于专业课程的各个教学环节。

(2)教学模式创新化:进一步革新授课方式,采用信息化技术手段,基于“学在浙大”等平台,实现学生学习方法的转变,让学生亲身参与到课程思政的教学环节之中,增强课程的时代感和吸引力。

(3)考核形式多样化:进一步优化课程考核方法,加强过程考核,采用小组讨论、文献点评、案例分析、案例式考试多维考核方式,使课程思政元素贯穿于教学全过程。

对于实践类教学环节,结合专业特色和优势,采取以下措施。

(1)加强实践育人示范课程建设:结合专业人才培养目标和学科特点,建设有“课程思政”属性的特色创新创业类课程——“节能减排创新实践”,重新编写课程教学大纲、教案(课件)等教学文件,采用典型案例教学、探究式教学、混合式教学、校友报告等多种教学形式,建立成效评价体系,建设教学案例库,提升教学实效。进一步整合学校、企业资源,在校企联合课程中充分挖掘工匠精神、育人元素,准确把握“课程思政”的融入点和载体途径,通过课堂授课、现场教学、实践活动相结合的教学方式,体现“课程思政”属性。

(2)提升 SRTP、SQTP 等计划的思政内涵:发挥科研优势,支持和鼓励学生参与国家级项目和军工项目研究工作,通过导师讲授、集中报告、小组讨论、现场走访等形式将课程思政教育融入科研训练。在 SRTP 立项、中期检查和结题各环节中,加强科学精神、工匠精神等要素考核。加强 SQTP 项目选题的引导,鼓励学生进行有助于自身人格修养提升方面的课题研究,在立项、中期检查和结题各环节中,加强家国情怀等要素考核。

(3)有机融合社会实践、企业实习与思政教育:依托与军工企业、西部基层选调单位的良好互动,建设大学生社会实践校外基地,打造大学生社会实践品牌项目,增强学生服务国家、服务社会的责任感和使命感。依托与能源行业央企、国企和其他重要企业的战略合作,建设产学合作协同育人基地,将企业文化、企业责任、企业担当等育人元素融入校企协同育人体系,让学生在了解行业、学习技术、锻炼能力的同时,提高责任担当意识。

5 思政实践案例

在理论课方面,打造了如表1所列的一系列课程思政案例。下面举三门课程以及社会实践环节的　　案例,对课程思政的教学实践情况进行简要介绍。

表1　理论课典型思政案例

序号	课程名称	学习单元内容	典型案例	思政元素
1	能源与环境系统工程概论	百万立方设计	过往综合人居环境、能源资源、法律社会的优秀设计	人文素养 科学精神
2	制冷原理	新型制冷循环	激光制冷与诺贝尔物理学奖	科学精神
3	低温原理	用于液化氖和氢的预冷林德-汉普森系统	浙江大学低温科研组氢液化实验	家国情怀 大国重器
		脉管制冷机	浙江大学深低温脉管制冷机	科学精神 工匠精神
4	暖通与空调	空调冷热源	校友领衔研发格力永磁同步变频离心式冷水机组	工匠精神 家国情怀
5	制冷与低温设备	板式换热器	空调用板式换热器的国产化历程	工匠精神
6	低温生物技术	人体相关保存	人体器官冷冻保存问题、人类生殖细胞的低温保存	全球关切 伦理道德

案例1为"能源与环境系统工程概论"课程,这是一门专业通识课程,着重介绍世界各国能源结构、能源利用技术、环境保护等相关现状与趋势,通过课程授课、课程论文、工程案例分析、项目设计和小组讨论多维度强化学生对我国能源政策和"双碳"目标重要意义的认识,培养正确的生态文明观,树立能源与环境危机意识,坚持可持续发展,充分理解经济建设、能源利用与生态环境保护的关系。课程教学内容与时俱进,融合国内外能源动态,兼顾中国现状与国际前沿,将能源领域发展趋势与国家政策和需求结合起来分析;教学方法方面,注重学生参与以及师生互动,采用课堂授课、课程论文、工程案例分析、项目设计相结合的多维度教学方式,锻炼学生的综合分析能力、创新能力、合作意识及工匠精神。课程特别设置了开放和创新兼具的项目设计环节,学生组队自由设计、规划特定能源系统,综合考虑成本、环境与人文因素,最终进行项目展示。该环节极大地激发了学生的参与热情,培养了协作精神,提升了创新能力。项目设计创意层出不穷,涵盖学校食堂能源系统改造、地下城市能源系统、未来氢城、火星移民城市能源系统设计等,展现出天马行空的想象力、创造力,有效培养了学生的工匠精神,锻炼了学生对于能源与环境的系统思维。

案例2的切入点为《暖通空调》教材14.1节"建筑、暖通空调与能源"。随着我国经济和社会发展水平的提高,空调已经成为大型公共建筑的标配,例如学生宿舍使用分体空调,教室使用集中式空调。根据统计,大型公共建筑中空调用电占总建筑用电的50~60%。在大型中央空调中,冷水机组耗电又占空调用电的大部分,因此开发大型高效冷水机组十分关键。大型冷水机组以离心式为主,十年前该领域外资品牌如开利、特灵占领主要市场。近年来,以格力、美的为首的国产离心制冷机组迎头赶上,2020年国内品牌的国内市场占有率已达到19.4%。1996级本科校友刘华在此历程中做出了积极贡献,他负责的大容量高效离心式空调设备关键技术及应用项目获得了2019年国家技术发明二等奖,并捐献两套大型制冷机组用于现场教学。该案例蕴含两方面育人元素:①家国情怀,鼓励学生投身民族产业,报效社会和国家,实现个人与集体共赢;②浙大精神,以杰出校友为榜样,求是创新、追求卓越。在教学方法上,以列举数据、课堂讲授为主,辅以课堂提问。

案例3是关于实践类教学环节。专业始终秉持培养行业领导者和领军人才的目标,引导学生深入一线了解行业现状,通过培养动手实践能力和沟通领导能力,进一步加深毕业后投身报国事业的热情。在大学生科研实践项目(SRTP)、大学生素质训练计划(SQTP)和社会实践项目的选题中,均融入了思政元素,例如红色基因提升计划和"双碳C+"大学生就业引领与职场竞争力提升计划等。在此基础上,积极组织学生参加节能减排社会实践和科技竞赛活动。专门开设了"节能减排 创新实践"课程,凝聚以"绿色能源"为主干的核心思政要素,以节能减排重大需求为导向,紧密围绕国家能源与环境政策,在课程教学中凝练"红船精神、绿色能源、蓝天守卫"等思想政治教育资源。以全国大学生节能减排社会实践与科技竞赛的创办背景为例,从竞赛的创办缘由讲起,从前些年兴起的"山寨经济"引出我国原始创新意识薄弱的问题,指出创新意识不强会给我国经济的发展带来负面影响,进而导致目前在许多重大工程的关键领域,存在许多"卡脖子"问题。以优秀院友李启章及其团队的"空气洗手"装置获得全国节能减排大赛特等奖,进而在全球重大挑战峰会学生日竞赛单元中击败来自麻省理工学院、剑桥大学、香港大学等14所全球著名高校参赛团队并以最高分获得唯一金奖的事迹为例,向学生介绍节能减排竞赛的历程、经验,以及在"大众创业、万众创新"的背景下,如何响应国家号召,开创自己的事业,服务社会,贡献自己的价值。

与此同时,深挖学科育人"文化源",传承历代能源人坚守的"五爱精神"(爱祖国、爱人民、爱浙大、爱专业、爱学生),邀请校友走进来,带领学生走出去,弘扬红船精神,利用已经建成的"红船精神在心中"学生思政现场教学基地,首创"红船精神数字课堂",实现红色教育全覆盖。近三年,结合学生实际情况和学科特色,累计组织了45支暑期社会实践队伍,涵盖本科生和研究生近430名,前往全国各地10余个省份。同时涵盖"追寻红色印记,献礼建党百年""深化服务为民,助力家乡建设""弘扬西迁精神,传承浙大文脉""强化专业引领,履行社会责任""发扬志愿精神,传递公益力量""巩固脱贫成果,投身乡村振兴"等主题,特别设计"党史青年行"等专项社会实践行动,鼓励青年在基层学党史,在一线悟党建,传承红色基因,铭记党的奋斗历程,引领学生赴基层一线开展政务实践、企业实践、兼职锻炼等实践活动,帮助和引导求是青年深入基层、认识基层、服务基层,增强回报国家的责任感和使命感。

6　总结与展望

本文介绍了由浙江大学制冷与低温基层教学组织统筹规划,在本科生专业课程和实践活动中实施的课程思政建设体系。强化思政教育和专业教育的深度融合、统筹谋划、多点布局、全线推进,融通课内课外、校内校外,将科学精神、理想信念、爱国主义和国情校情等教育融入教学各环节,在提升本科生工程素养、实践能力、科学素养、创新能力、团队精神的同时,强化学生的家国情怀和社会责任感。

参考文献

[1] 习近平在全国高校思想政治工作会议上强调:把思想政治工作贯穿教育教学全过程开创我国高等教育事业发展新局面 [N]. 人民日报,2016-12-09.

[2] 高德毅, 宗爱东. 从思政课程到课程思政:从战略高度构建高校思想政治教育课程体系 [J]. 中国高等教育, 2017(1):43-46.

虚实结合－产教结合－专创融合 构建面向产业需求的综合创新教学平台

李裴婕,赵伊健,张绍志,俞自涛,周　昊,郑成航,金　滔

（浙江大学能源工程学院,浙江杭州市　310007）

摘　要: 为应对新的国家战略和产业需求,持续改进新工科背景下的教学模式,浙江大学能源工程学院利用新思想、新手段,搭建了一个以成果为导向,虚实结合、产教结合、专创融合的综合创新教学平台,培养知识、能力、素质、人格俱佳,具有全球竞争力的能源动力与环境工程领域拔尖创新人才和行业领导者。

关键词: 新工科;工程教育;虚实结合;产教结合;专创结合;创新教学平台

1 引言

在构建人类命运共同体的大背景和实现可持续发展的要求下,习近平总书记做出"中国力争在2030年前实现碳达峰、2060年前实现碳中和"的庄严承诺。"双碳"目标为能源行业推进绿色低碳转型发展指明了前进方向。能源动力类学科也面临为"双碳"目标提供科技支撑和人才保障的新挑战。

在新工科建设的发展趋势下,2018年教育部发布"卓越工程师教育培养计划2.0",提出加快开发新兴专业课程体系和新形态数字课程资源,深入实施新工科研究与实践项目,更加注重产业需求导向,推动创新创业教育与专业教育紧密结合。2021年7月,教育部印发《高等学校碳中和科技创新行动计划》,提出"鼓励高校与科研院所、骨干企业联合设立碳中和专业技术人才培养项目"的举措。以上国家战略在加强校企合作,利用数字媒体技术,培养学生创新创业能力等方面,为高校工程实践教育提出了新要求。

浙江大学能源工程学院积极响应国家战略导向,面向产业需求,将现有教学资源数字化、系统化、深度化融合,着力构建虚实结合、产教结合、专创融合的综合创新教学平台,推动人才培养质量持续提升,旨在为社会提供能动类高水平创新创业人才。

二、"双碳"目标与新工科背景下能源动力类专业教学的新挑战

传统工程教育着眼于基本工程原理的掌握,在实验实践教学方面也侧重于基础实验的课堂教学和生产实践的参观式教学。对于解决工程实际复杂问题所需要的综合分析能力、沟通协调能力和创新创造能力的培养相对欠缺。这就导致毕业生入职后需要花较长一段时间适应工程实际。因此,如何培养能够迅速适应国家战略、产业需求的应用型人才已成为亟待解决的问题。

2.1 打破传统实验教学模式陈旧的困境

传统实验教学因受到实验课时有限、实验场地固定、实验设备更新缓慢等因素限制,存在实验教学与理论教学联系不紧密,学生实践、创新能力培养不充分,与行业技术发展需求不匹配等问题。由于传统实验课时、设备,教学步骤均已设定好,主要采取教师演示、学生模仿的教学模式,再加上实验场地和台架有限,只能分小组进行,一方面会造成学生对于实验原理、实验规范等一知半解,缺乏主观能动性和创新意识,另一方面会造成学生课堂、实验所学与行业发展需求、企业实际生产过程脱节[1-2]。

对于实验教学而言,新工科需求与传统教学模式的矛盾日益突出。在发展大背景下,创新实验教学组织模式,就是要摆脱匮乏的实验教学资源和落

作者简介: 李裴婕(1993—),女,工学硕士,从事本科与实验教学管理。

电话:0571-87951466。邮箱:lpj0318@zju.edu.cn。

基金项目: 2021年全国高等学校能源动力类教学研究与实践项目(NSJZW2021Y-48, NSJZW2021Y-05)。

后的教学方式对学生培养的束缚,积极发展"互联网＋教育",推动信息技术与教育教学深度融合,形成符合新工科人才培养需求的实验教学模式。

2.2 提升工程实践教学环节的重要性

目前,能源动力类专业实践教学体系主要涵盖工程训练、专业实验、认知实习、生产实习、毕业论文(设计)等。师资主要由中青年教师构成,大多为"高校-高校"型,缺乏工程实践经验,在现场教学过程中无法结合课堂教学有效回答工程实践问题。考核评价以提交实习报告为主,注重形式考核,忽视过程表现,对学生的实践教学学习效果无法客观全面评价。总体而言,实践教学存在内容与工程实际应用结合不足、各实践环节相互关联性较差、工程伦理意识与职业道德教育缺位、企业参与不足等问题[3]。

为加快适应产业变革的新趋势,紧紧围绕国家"双碳"目标,迫切需要对实践教学体系进行改革创新,进一步推进产教融合、校企合作的机制创新,深化产学研协同育人,以国家"双碳"目标、产业技术发展的最新需求推动实践教学改革。

2.3 加强创新创业能力培养的针对性

创新教育是创新能力提升的基础,目前能源动力类专业学生在专业学习研究中缺乏自主创新能力,主要存在教学模式仍为"传递-接受"模式,教学课程中缺少对学生创新创业能力的培养,学生创新实践应用能力训练不充分等问题[4]。

"双碳"目标的实现需要依靠科技创新,能源动力类专业在培养人才时需要推动创新创业教育与专业教育紧密结合,注重培养学生创新思维,提升创新精神和创新能力,需要通过改进教学方法,改革课程评价考核方式,结合创新竞赛、教师科研、校企联合建设创新平台,进行以"双碳"目标为核心的学生创新创业能力培养。

3 构建面向产业需求的综合创新教学平台

从新工科建设工作开展以来,浙江大学能源工程学院面向国家"双碳"战略需求,依托科研与学科优势,围绕"夯实基础、注重素质、培养能力、鼓励创造"实验实践教学指导理念,结合学校培养目标,以"培养知识、能力、素质、人格俱佳,具有全球竞争力的能源动力与环境工程领域拔尖创新人才和行业领导者"为宗旨,不断打造能源动力类专业本科实验教学体系,为适应产业发展需求不断探索和完善,最终形成虚实结合、产教结合、专创融合的综合创新教学平台。

3.1 虚实结合的实验教学平台

为解决线下实验课堂教学内容单一、时间空间受限的问题,一方面大力推动开发创新实验教学项目,另一方面搭建打破时空限制的虚拟平台,让学生能随时随地对感兴趣的知识点进行探索和学习。通过融合实操实验平台、线上课程平台、虚拟仿真实验平台,构建一个完整的线上线下虚实结合的实验教学平台。

实操实验平台是学生将课堂知识转化为动手能力的平台,在完成正常的课堂实验教学任务后,实行开放式教学运行模式,实验室和校内创新实践基地、大型仪器和高精尖仪器设备、实验技术人员和实验助理队伍均面向本科生科研开放。学生的学科竞赛、创业项目、科研训练项目以及毕业论文实验等均可在相应的实验室和实践基地完成。

线上课程平台利用新兴互联网教学手段,把基础实验课程录制成视频,将课程视频和学习资料制作成可灵活学习的线上课程,弥补课堂教学不足,给自主学习提供支撑。

虚拟仿真实验平台依托虚拟现实、多媒体、人机交互、数据库和网络通信等技术,推进专业实验实践课程群的虚拟仿真教学改革,建设"互联网＋"环境下的能源与动力工程实验实践教学体系。

3.2 产教结合的实践教学平台

为了打破课堂教学的单一性、时空局限性和抽象性,浙江大学能源工程学院整合优质资源,拓宽合作渠道,打通课内课外,以实习实践类课程为契机,带领学生走出去,走进产业最前线,了解产业发展中的困境和壁垒,体悟产业应用中的真实感受,明晰产业未来的发展方向,从而更好地在掌握课堂知识后,将理论应用于实际。通过不断的摸索和实践,在各大企业单位的大力支持下,形成国家、校级、院级基地层次建设,融合创新实践基地的综合实践教学平台,体现浙江大学"开环整合"的办学理念。

3.3 专创融合的双创教育平台

浙江大学在双创教育方面成果斐然,学院在实践教育方面也始终秉持培养创新型人才的目标,鼓励学生发明创造、敢想敢干。全国大学生节能减排社会实践与科技竞赛(以下简称节能减排竞赛)是能源动力类专业重要的国家级竞赛,浙江大学从首届起持续培育队伍参赛,至今已有15届,成为学生提升创新能力、初尝创业成果的重要平台。

在学生修读创新创业类通识课程的基础上,学院开设了融合知识传授、价值塑造、能力培养理念的"节能减排创新实践"专业课程,旨在更加全面地培养具有家国情怀的工程应用创新型人才。课程以节能减排竞赛的实践创新目标为主线,培养提高大学生信息检索、科技写作、实验安全等基本科学素养,引导大学生正确运用科学原理和交叉学科知识技能并进行动手实践,强化节能减排意识,提升创新实践能力,培养创新创业精神,锤炼强工报国本领。

4 综合创新教学平台建设成效

4.1 虚实结合的实验教学平台建设成效

浙江大学能源工程学院整合优势资源,打破地理和空间隔阂,开发实践教学云平台,开展线上线下混合式教学。目前,多门理论课程和实践类课程均利用平台开展。

在实验项目方面,学院结合专业内容,将交互式教学应用于能源动力类专业教学中,搭建"超低排放火力发电站3D虚拟仿真实验仿真系统",构建与真实火电厂一致的虚拟环境。仿真教学系统主要包括发电厂三维漫游、主要设备虚拟拆解和DCS系统热力参数调节三个部分实验内容。2018年,该系统被认定为国家级虚拟仿真实验教学项目。

在课程方面,2020年,"热工实验""暖通与空调"课程获评浙江省"互联网+教学"示范课堂。线上平台教学资源实时更新,学生实时观看,在新冠疫情防控期间,打破了空间的限制,多门实验课程顺利完成线上教学。

在多方支持下,经过五年的打造,平台目前拥有17个虚拟仿真实验教学项目,涵盖能源与环境系统工程、过程装备与控制工程、车辆工程、新能源科学与工程专业实验实践教学内容。在此基础上,浙江大学能源工程学院即将建设完成一个完整的包括资源管理、资源共享、在线学习、在线考试、成绩管理、教学管控、教学互动、效果评估、实训管理等全方位的实验实践教学平台。

4.2 产教结合的实践教学平台建设成效

2018年9月,浙江大学能源与动力国家级实验教学中心牵头,与光大环境科技签订合作协议,联合建设"浙江大学-光大环境科技科教协同实践教学基地";2019年7月30日,与杭州市燃气集团签订

战略合作协议,浙江大学-杭州燃气集团产学合作实践基地同时揭牌成立;2020年11月,浙江大学-杭锅集团先进能源联合研发中心成立。目前,学院已与35家行业领军企业联合建设校外实践教学基地,其中5个为首批国家级工程实践教育中心建设单位,2个为省级产学合作基地,1个为校级科教协同实践基地;建成系列化校企联合课程24门,累计开课92门次,受益学生7 000余人次。

近三年来展开企业生产实习、认知实习辐射学生1 000余人次,实现全院学生全覆盖。除相应的课程外,校外产教结合基地还为学生进行科研训练、学科竞赛提供了支持和保障,卓越人才计划的学生还会前往基地进行深度实习实训,完成毕业设计。实现了学生、学校、企业的互利共赢,是校企协同开展本科人才培养模式的新起点。

4.3 专创融合的双创教育平台建设成效

学院立足国家节能减排重大需求,聚焦专创深度融合,构建"课程-教材-竞赛-基地"四位一体的创新创业教学平台,提升学生的动手实践能力和创新创业能力。

学院开设的浙江大学专创融合示范课程"节能减排创新实践",以知识讲授、案例分析、校友分享、实地参观等多种形式,以双创教育为导向,在教学中讲解创业政策,引入实际工程问题案例,讲述"双碳"目标下能源行业所遇到的难点和痛点,以问题为导向激发学生的创新意识。学生在掌握能源高效清洁转化利用的原理和知识后,能够正确运用科学原理和交叉学科知识技能进行动手实践,为节能减排竞赛等学科型竞赛活动打下基础,并为今后在"双碳"领域的研究打下理论和实践基础。2019年完成的《节能减排创新实践》教材获评2020年电力教育学会高校能源动力类专业精品教材。

通过课程,学生掌握了一定的理论,在节能减排竞赛中进一步提升创新实践能力。与节能减排竞赛一样,浙江大学节能减排大赛已连续举办15届,覆盖全校所有本科专业,已成为交叉融合创新实践的重要平台。此外,基于节能减排竞赛,首创的"创新实验室""节能减排基地""节能减排协会"等模式已在各兄弟高校能源与动力类院系推广。

5 结语

以培养各领域各行业高层次碳中和创新人才为目标的实验实践教学平台建设,是理论联系实际,让

学生走出课堂,培养动手实践能力的重要途径,通过夯实基础教学、强化工程实践、放手创新创造等多种具有能源动力类专业特色的创新实践教学方法,培养具有突出创新创业能力的能源动力类专业拔尖人才,始终需要统筹规划、克服困难、坚持实施新工科教学方略,需要高校、产业、社会共同支持,相信在各方的通力配合下,高校会培养出大批聚焦"双碳"目标,胸怀"国之大者"的产业亟须人才。

参考文献

[1] 金克盛,黄英,张科. 新工科高校实验课程教学模式改革探索 [J]. 课程教育研究,2021(6):183-184.

[2] 王文豪,杨小平,何清. 新工科背景下能源动力类专业实验教学模式探索 [J]. 广东化工,2020, 47(24):175-176,180.

[3] 陈家星,崔国民,张冠华,等. 新工科背景下能源动力类专业实践教学的复盘式教学法 [J]. 创新创业理论研究与实践,2022(5):38-40.

[4] 冯荣. 能源动力类大学生创新创业教育实践体系构建 [J]. 冶金管理,2021(9):178-179.

认证标准下的暖通空调综合课程设计教学

李先庭,朱颖心,石文星,李晓锋,王宝龙,刘晓华,赵家安

(清华大学建筑学院,北京 100084)

摘 要:专业认证对我国工程教育与国际接轨并得到国际互认至关重要,是我国工程教育的发展方向。清华大学建筑环境与能源应用工程专业基于长期的教学实践,整合各门专业课程的分类课程设计,创立了 12 学分的综合课程设计课程"暖通空调综合课程设计"。本文介绍了该课程践行专业认证理念的教学改革成果,重点阐述了对认证标准中 9 大项共 11 个子项能力的培养途径、考核方法和培养成效,以期为各高校建环专业的专业课程教学改革提供参考。

关键词:专业认证;暖通空调;综合课程设计;教学改革;培养成效

1 我国建环专业评估标准对专业课程教学提出的要求

进入 21 世纪后,为了加强国家对建筑环境与能源应用工程(以下简称建环)专业教育的宏观管理,保证和提高建环专业教育的基本质量,使我国高等学校建环专业毕业生符合国家规定的申请参加注册公用设备工程师考试的教育标准,并与其他国家相关专业教育相协调,为相互承认专业教育评估结论创造条件,2001 年 10 月建设部印发《全国高等学校建筑环境与设备工程专业教育评估文件》,并成立建设部高等教育建筑环境与设备工程专业评估委员会(以下简称建环评估委员会)。

自 2002 年起到 2019 年底,建环评估委员会分别对清华大学、同济大学、天津大学、哈尔滨工业大学、重庆大学等 49 所学校通过了专业首次评估或复评,为我国建环专业本科教学质量的提高做出重要贡献。

随着国家对本科教学认证工作的全面推开,住建部于 2019 年重新制定了《高等学校建筑环境与能源应用工程专业评估(认证)标准》[1],建环专业的评估工作进入评估(认证)阶段。该评估(认证)标

准与此前的评估标准相比,明确提出了 12 项毕业要求以及课程体系对毕业要求的支撑作用。由于专业课程既肩负专业知识传授与能力培养职责,又对综合能力的培养起到非常重要的作用,因此评估(认证)标准非常注重各核心专业课对综合能力的培养,这就要求各核心专业课程在传统教学模式基础上,探索适应评估(认证)要求的新的教学方法。

本文以清华大学建环专业"暖通空调综合课程设计"为例,介绍该课程在适应评估(认证)标准过程中的教学改革情况,希望为各高校建环专业的专业课程教学提供参考。

2 清华大学"暖通空调综合课程设计"的演变情况

20 世纪,清华大学建环专业的课程设计为若干个小的课程设计,分别服务于供热、通风、空调、制冷等某一门课。由于每门课程的设计学时较少,其课程设计只能围绕该课程的核心内容展开,学生虽然完成了这些分块的课程设计,但仍然对实际暖通空调系统没有完整的印象和系统的关联性。

针对原有课程设计安排存在的不足,时任清华大学建环专业教学负责人的朱颖心教授对建环专业的课程体系进行了大刀阔斧的改革,将原来的 4 个小课程设计整合为一个 12 学分的综合课程设计课程——"暖通空调综合课程设计"[2],占用大四上学期整个学期,并与我校建筑学专业学生协作,在建筑

作者简介:李先庭(1967—),男,教授,清华大学建筑技术科学系主任,教育部建筑环境与能源应用工程专业教学指导分委员会秘书长,住建部高等学校建筑环境与能源应用工程专业评估委员会主任委员。电话:010-62785860。邮箱:xtingli@tsinghua.edu.cn。

基金项目:清华大学教学改革项目"建筑环境与能源应用工程专业"暖通空调课程设计'教学改革"资助(ZY01-02)。

学学生完成的建筑基础上进行暖通空调系统的综合设计。同时，为了更好地培养学生的知识学习和综合能力，采取了如下措施与教学安排。

2.1　采用 4 人一组完成一个完整项目设计的方式，培养学生的团队协作能力

由于综合课程设计通常为酒店、医院等公共建筑，建筑面积较大，一人难以完成全部设计任务，因此综合课程设计采用 4 人一组的方式（设组长 1 名），组内学生既有分工又要相互协作，每人均要完成课程设计的所有环节，从而全面培养学生的团队合作能力。

2.2　分为方案论证、详细设计和施工图设计三个阶段

为将学生前期所学的各门课知识很好地串起来，综合课程设计分为方案论证、详细设计和施工图设计三个阶段。其中，方案论证阶段需要完成负荷计算、空调分区，最终完成冷热源与空调系统方案的技术经济与环境影响分析比较；详细设计阶段需完成风系统、空气处理设备、水系统、冷热源机房的详细设计，以及全年运行调节与自动控制方案；施工图设计阶段则需完成各种类型一定数量的施工图纸，并提交设计方案论证报告与最终的设计说明书。

2.3　采用边教边干、边干边学的教学模式

将课程设计每一周的任务和目标明确，在每周的前半程集中一个时间讲授与本周任务相关知识，采用大信息量教学方式，让学生在课后的设计实践中继续消化所学内容，并及时组织答疑。

2.4　各阶段采用"课程考试 + 设计报告 + 口头答辩"的方式进行考核

方案论证、详细设计和施工图设计阶段各小组均需提交设计报告（图纸），列清小组成员的分工和报告撰写情况；同时在各阶段均进行笔试和口头答辩，根据笔试成绩、书面报告和口头答辩情况给出小组各成员的考核成绩。

2.5　鼓励学生开展相似工程调研及应用先进工具进行设计

由于学生没有工程设计经验，指导教师鼓励学生对与设计项目类似的实际工程进行现场调研，撰写工程调研报告，并将调研结果用于自己的设计中。与此同时，还鼓励学生采用负荷模拟工具、气流组织仿真工具等手段进一步完善自己的设计。

上述综合课程设计的教学改革和课程培养目标与新评估（认证）标准提出的毕业要求完全吻合。中国工程教育专业认证协会秘书处在对毕业要求中各项标准的"内涵解释"中，在"工程知识""问题分析""设计／开发解决方案""研究""使用现代工具""工程与社会""环境与可持续发展""沟通"等 8 项能力中都包含"复杂工程问题"一词[3]，实质上就是要求各工科专业必须培养能够解决"复杂"工程问题的人才，以适应社会发展的迫切需要。实际上，仅通过较简单的小课程设计的学习，在较短的课时内是难以实现对复杂工程问题的深入分析、系统方案的论证比选和完整工程的统筹设计的，而"一人一题"的设计则难以完成团队协作能力的培养目标。因此，传统独立完成式的小课程设计向团队协作式的综合课程设计转变是必要的。

可见，清华大学从 20 世纪末就开始实施的综合课程设计改革完全契合专业课教学规律和人才培养方向。上述综合课程设计的教学改革使建环专业学生全面梳理了所学专业知识，并将其用真实工程串起来，不仅能使学生快速胜任设计任务，而且也对实际工程的理解上升了一个大台阶。以清华大学"暖通空调综合课程设计"为基础的形式已被全国高等院校建环专业教学指导委员会与中国制冷学会联合组织的 CAR-ASHRAE 全国暖通空调学生设计竞赛所采用，清华大学建环专业学生也在该竞赛中屡创佳绩。

CAR-ASHRAE 设计竞赛不仅对全国建环专业设计课教学模式的改进与教学质量的提高起到了推动作用，而且课程设计综合化也成为全国建环专业教指委倡导的专业设计课教学改革的发展方向。

3　适应评估（认证）标准的"暖通空调综合课程设计"教学改革

在 2019 年出台《高等学校建筑环境与能源应用工程专业评估（认证）标准》后，清华大学建环专业基于评估（认证）标准制订了新的培养方案，明确了各门课程对培养目标、毕业要求的支撑作用。"暖通空调综合课程设计"也在原有做法的基础上，根据总体培养方案的要求对该课程支撑的能力培养、课程教学内容和考核方法进行了进一步的调整与完善，以适应评估（认证）标准的要求。

3.1　综合课程设计支撑的能力培养与考核方法

综合课程设计支撑专业认证要求培养学生的 9 项能力中的 11 个子项能力，新方案对 11 个细目分别设定了相应的评价方法，并逐项在教学过程中进

行考评,确保每项能力细目都能量化考查。各项能力的具体培养途径和考核方法如下:①"问题分析"能力通过全过程进行培养,根据课程设计的三个阶段(方案论证阶段、详细设计阶段和施工图设计阶段)答辩前的考试成绩确定;②"设计/开发解决方案"能力也通过全过程进行培养,根据最终提交的设计图纸质量确定;③"使用现代工具"能力则根据设计中对 DeST、CFD 软件等现代工具的使用情况确定;④"工程与社会"能力根据《技术与产业调研报告》的完成情况以及提交的"详细设计阶段"的设计报告的完成质量确定;⑤"环境和可持续发展"能力根据《实际工程调研报告》和《方案论证报告》确定;⑥"职业规范"能则根据三个阶段的答辩和课后答疑情况确定;⑦"个人和团队"能力根据组内合作情况及成果的一致性确定;⑧"沟通交流"能力根据三个阶段答辩的沟通表现确定;⑨"项目管理"能力则由方案设计阶段的答辩情况及方案论证报告的质量确定。

以上 9 项能力权重分别为问题分析 20%、设计/开发解决方案 20%、使用现代工具 2%、工程与社会 23%、环境和可持续发展 9%、职业规范 5%、个人和团队 10%、沟通交流 5% 及项目管理 6%。其中,在工程与社会、环境和可持续发展两项能力中各包含两个子项,针对每一个子项也设立其考核环节,以便全面衡量学生在整个课程过程中的综合表现。依据对学生掌握每项能力的评价和相应的权重系数,最终确定学生的课程成绩。

3.2 综合课程设计支撑能力的考核标准

针对各项能力均制订了具体的评价标准。这里以其中两项能力为例进行说明。

3.2.1 设计/开发解决方案

该项主要需培养学生对建筑环境与能源应用领域的人工环境系统因地制宜地提出科学合理的工程设计方案,并完成其设计开发以解决实际工程问题的能力。本考核环节占总成绩的 20%,主要考察施工图的绘制情况,从每位学生提交图纸的数量,系统设计的合理性,设备和附件绘制的完整程度,平面图、剖面图、轴测图之间的一致性,尺寸标注的正确性及完整性,图面布局及其整洁情况等方面进行评分。具体考核的评分标准见表 1。

3.2.2 个人和团队

该项需培养学生在解决复杂工程问题时,在多学科组成的团队中承担好个体、团队成员或专业负责人角色的能力。

本考核环节占总成绩的 10%,主要考查小组成员之间的合作情况及成果的一致性。课程总体的任务量较大,完成课程任务需要进行大量的计算、查阅大量的规范文献、辅助以计算机模拟,因此需要通过小组内合理的分工共同合作完成设计任务,充分发挥团队合作的优势,相互配合,才能高质量地完成课程任务。

该项能力根据组内工作量分配,团队设计方案的完整性,设计内容各部分的一致性,答辩准备的充分程度,内容结构安排情况等方面进行评分。具体考核的评分标准见表 2。

表 1 "设计/开发解决方案"考核的评分标准

得分范围	"设计/开发解决方案"考核内容
90~100	●至少 4 张图纸,内容任务量较大; ●系统设计合理,设备及附件绘制齐全; ●各图纸相互一致; ●尺寸标注完整且正确; ●布局合理,图面整洁美观
80~90	●至少 4 张图纸,具有一定任务量; ●系统设计合理,设备附件基本齐全,无明显疏漏; ●各图纸相互一致; ●尺寸标注基本正确,无明显错误,且没有缺失; ●布局合理,图面整洁
70~80	●3 张图纸,具备一定工作量; ●系统设计基本合理,错误较少,设备及附件存在一定量缺失; ●各图纸之间存在少量不匹配; ●尺寸标注错误较少,有少量缺失; ●布局较为合理,能够看清绘制内容
60~70	●3 张图纸; ●系统设计存在明显错误,设备及附件缺失较多; ●各图纸之间存在较多不匹配; ●尺寸标注较多错误;较多缺失; ●布局不合理,辨识图纸存在一定困难
<60	●不满足 3 张图纸; ●系统设计存较多明显错误,设备及附件大量缺失; ●各图纸之间存在较多不匹配; ●尺寸标注错误明显,大量缺失; ●布局不合理,难以辨识图纸内容

表 2　"个人和团队"考核的评分标准

得分范围	"个人和团队"考核内容
90~100	● 工作量分配合理; ● 设计方案内容完整; ● 设计内容各部分一致; ● 答辩准备充分,内容结构安排合理
80~90	● 工作量分配合理; ● 设计方案内容基本完整; ● 设计内容各部分一致; ● 答辩准备较充分,内容结构安排较合理
70~80	● 工作量分配较为合理,队员无明显闲散情况; ● 设计方案缺少部分非主要内容; ● 设计内容存在少量不一致; ● 答辩准备较到位,内容结构安排存在部分瑕疵
60~70	● 工作量分配存在一定问题,存在队员闲散情况; ● 设计方案缺少较多非主要内容; ● 设计内容存在一定数量不一致; ● 答辩准备不够完善,内容结构存在明显问题
<60	● 工作量分配较差,队员闲散情况较多; ● 设计方案内容有大量缺失; ● 设计内容存在大量不一致的地方; ● 答辩准备仓促,内容结构安排存在大量问题

3.3 各种能力的培养成效与考核情况

下面以 2021 年秋季学期的教学情况为例进行分析,选取"问题分析"和"工程与社会"两项能力进行说明。

对学生"问题分析"能力的培养成效如图 1 所示(学生总数为 20 人)。"问题分析"能力由方案论证阶段、详细设计阶段的两次考试成绩决定。绝大部分学生的成绩在 60~90 分,平均分为 75.7 分,最高分为 94 分,最低分为 54 分。该成绩表明学生能够掌握基本知识,但灵活运用知识的能力略有欠缺,极个别学生得分很低。

对学生"工程与社会"能力的培养成效如图 2 所示。该项能力有两个细分能力项目,分别考查技术与产业调研环节及详细设计阶段设计报告的质量。其中,技术与产业调研环节占考核总分的 8%,学生的表现超出预期,通过各种方法取得了大量宝贵的数据和资料,对产业现状及发展都有深入的调研和讨论,在产业调研的深度及广度方面得到了老

师的高度评价。该细分项目得分在 60~100 分,大部分学生取得了 80 分以上的高分。详细设计阶段设计报告,占考核总分的 15%,学生撰写的报告内容满足任务书中的各项要求,具有一定的深度及广度。该细分项目得分在 65~95。根据以上细分项目进行加权,得到"工程与社会"能力的总分,该项能力取得了良好的成绩,最高分为 97 分,最低分为 69 分,平均分为 82.6 分。

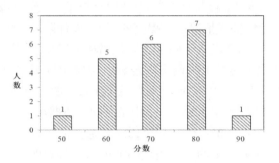

图 1　对学生"问题分析"的培养成效

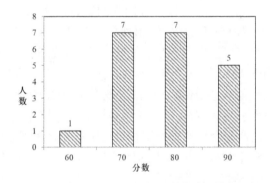

图 2　对学生"工程与社会"的培养成效

全班学生的综合课程设计的综合评价见表 3。最终采用等级制对 20 位学生进行评分,取得 A- 的共 1 人,占 5%;B 共 4 人,占 20%;B- 共 2 人,占 10%;C+ 共 3 人,占 15%;C 共 2 人,占 10%;C- 共 2 人,占 10%;D+ 共 4 人,占 20%;D 共 2 人,占 10%。总体来看,本学期的课程设计全面培养了学生的各方面能力,通过详细、全面的考核,学生的最终得分与整个学期的学习表现相吻合。

表3　课程对学生培养成效的综合评价结果

组别	暖通空调工程设计题目	学生姓名	(1)问题分析(20%)			(2)设计/开发解决方案(20%)		(3)使用现代工具(2%)		(4)工程与社会(23%)		
			第1阶段考试成绩 占比50%	第2阶段考试成绩 占比50%	得分	施工图的图纸质量 占比100%	得分	第3阶段设计报告 占比100%	得分	技术与产业调研报告 占比35%	第2阶段设计报告 占比65%	得分
1	CAR-ASHRAE竞赛工程	A1	97	90	19	78	16	85	1.7	100	95	22
		A2	82	80	16	58	12	75	1.5	100	90	21
		A3	76	86	16	70	14	80	1.6	100	93	22
		A4	85	73	16	60	12	75	1.5	94	85	20
2	城市商务旅馆1	B1	75	83	16	85	17	70	1.4	100	90	21
		B2	74	74	15	53	11	60	1.2	100	85	21
		B3	79	88	17	73	15	50	1.0	94	87	21
		B4	65	63	13	73	15	40	0.8	88	75	18
3	城市商务旅馆2	C1	81	92	17	60	12	85	1.7	88	87	20
		C2	68	64	13	25	5	80	1.6	75	84	19
		C3	64	79	14	71	14	85	1.7	88	65	17
		C4	71	83	15	45	9	75	1.5	75	70	16
4	综合医院1	D1	72	87	16	89	18	80	1.6	88	86	20
		D2	74	93	17	38	8	85	1.7	63	88	18
		D3	62	45	11	63	13	65	1.3	88	65	17
		D4	73	57	13	69	14	65	1.3	75	70	16
5	综合医院2	E1	83	91	17	91	18	75	1.5	88	78	19
		E2	76	95	17	95	19	80	1.6	88	68	19
		E3	67	53	12	44	9	75	1.4	75	68	16
		E4	66	62	13	70	14	45	0.9	75	66	16

组别	暖通空调工程设计题目	学生姓名	(5)环境和可持续发展(9%)			(6)职业规范(5%)			(7)个人和团队(10%)			(8)沟通交流(5%)		(9)项目管理(6%)		课程总分
			第1阶段设计报告 占比50%	空调工程现场调研报告 占比50%	得分	第2阶段答辩 占比60%	课后答疑情况 占比40%	得分	组内合作 占比50%	成果的一致性 占比50%	得分 10	三个阶段沟通协调 占比100%	得分	第1阶段答辩 占比100%	得分	
1	CAR-ASHRAE竞赛工程	A1	95	93	8	95	85	5	85	85	9	85	4	95	6	90
		A2	88	93	8	90	75	4	75	75	8	75	4	88	3	77
		A3	90	93	8	93	80	4	80	80	8	80	4	90	3	81
		A4	94	93	8	85	75	4	75	75	8	75	4	94	3	76
2	城市商务旅馆1	B1	60	86	7	90	70	4	70	70	7	70	4	60	2	79
		B2	70	86	7	85	60	4	60	60	6	60	3	70	2	69
		B3	75	86	7	87	50	4	50	50	5	50	3	75	2	73
		B4	70	86	7	75	40	3	40	40	4	40	2	70	2	65
3	城市商务旅馆2	C1	60	79	6	87	85	5	85	85	8	85	4	60	2	76
		C2	65	79	6	84	80	4	80	80	8	80	4	50	2	63
		C3	50	79	6	65	85	4	85	85	8	85	4	50	2	71
		C4	60	79	6	70	75	4	75	75	8	75	4	60	2	65
4	综合医院1	D1	98	64	7	86	80	4	80	80	8	80	4	98	3	82
		D2	95	64	7	88	85	4	85	85	9	85	4	95	3	71
		D3	85	64	7	65	65	4	65	65	7	65	3	85	3	64
		D4	90	64	7	70	65	4	65	65	7	65	3	90	3	67
5	综合医院2	E1	80	71	7	78	75	4	75	75	8	75	4	80	2	80
		E2	70	71	6	78	80	4	80	80	8	80	4	70	2	81
		E3	70	71	6	68	70	4	70	70	7	70	4	70	2	61
		E4	50	71	5	66	35	3	45	45	4	45	2	50	2	60

4 "暖通空调综合课程设计"教学改革成效

"暖通空调综合课程设计"占据大四整个秋季学期,是学分最多的课程,承担了将所学专业知识串起来并培养学生综合能力的重任。综合课程设计支撑的9大项、11个子项能力,分别通过考试、调研、答辩等方式进行培养与考核,全面地培养了学生的综合能力。执行评估(认证)标准三年来,取得了较好的效果,具体表现如下。

(1)学生解决复杂工程问题的能力和研究能力均得到提高。综合课程设计改革注重培养学生的问题分析能力和现代工具应用能力,学生在课程设计过程中,学会全面地分析工程对象的特点,以此为基础提出适应当地气候条件和能源、资源、环境条件的优化解决方案,同时掌握应用全年负荷模拟、气流组织仿真等多种先进工具开展研究的方法,更好地培养了学生解决复杂工程问题的能力。

(2)对行业前沿技术更加了解,国际视野更加开阔。综合课程设计增加了技术与产业调研环节,让各组学生对相关技术方向进行调研分析,不仅使其更好地了解该方向的技术发展历史、当下最好的技术情况,还要求他们对未来技术发展方向进行分析,使学生对前沿技术有更深入的了解。在调研过程中,学生要了解国内外最优秀的企业,还要了解最新技术发展情况,并通过不同组的答辩与交流,使学生的国际视野更加开阔。

(3)考虑问题更加全面,团队协作与沟通能力得到提高。综合课程设计注重培养学生环境和可持续发展理念,通过实际工程调研和不同方案比较,树立其可持续发展理念;同时各组内部的沟通与协调,各阶段的答辩,以及与外界调研企业的交流,显著提高了学生的团队协作与沟通能力。

(4)终身学习意识和能力显著增强。综合课程设计采用边讲边干、边学边干的做法,同时需要学生自学许多知识,包括大量课程中未涉及的规范、标准与技术手册的应用,以及计算机绘图方法等内容;大量的调研和分析过程中,也需要学生学习许多新知识。因此,综合课程设计不仅培养了学生干活的能力,更培养了不断学习新知识的意识和能力。

此外,综合课程设计改革三年来,学生参与各类竞赛的积极性也显著增强,在 CAR-ASHRAE 设计竞赛等行业竞赛中取得的成绩也较过去几年有很大提升,获得了 2020 年 CAR-ASHRAE 竞赛二等奖、第十八届 MDV 中央空调设计应用大赛优秀设计奖、第十九届 MDV 应用大赛杰出设计奖,这些竞赛成果也说明"暖通空调综合课程设计"改革的路子走对了。

5 结语

专业认证对于我国工程教育与国际接轨并得到国际互认至关重要,是我国工程教育的发展方向。建环专业目前的评估(认证)标准与我国采用的专业认证标准基本一致,以此为基础的工程教育对建环专业与国际接轨意义重大。

当前我国各校建环专业均在积极努力争取通过评估(认证),专业课教学质量是专业评估(认证)中的核心考察内容。而专业设计课的教学质量不仅是专业课教学质量的综合体现,其教学改革也会带动或倒逼专业课程的教学改革。希望清华大学建环专业在"暖通空调综合课程设计"中践行评估(认证)理念,探索培养学生知识水平和综合能力的一些做法与经验,能够对各校建环专业的专业课教学改革有一定的参考价值。

最后,希望各校建环专业的同仁积极分享在认证标准下的专业教学经验,共同促进建环专业的教学改革,使建环专业的人才培养更好地适应我国国民经济发展的迫切需要。

参考文献

[1] 住房和城乡建设部高等教育建筑环境与能源应用工程专业评估委员会. 全国高等学校建筑环境与能源应用工程专业评估(认证)标准, 2019.

[2] 朱颖心, 石文星. 专业课慕课建设与翻转课堂 // 彭刚, 李斌峰. 传承与发扬:清华优秀教学传统和经验文集 [M]. 北京:清华大学出版社, 2021:194-202.

[3] 中国工程教育专业认证协会秘书处. 工程教育认证通用标准解读及使用指南(2020 版,试行)[R]. 2020.

"课赛联动"提升建环专业课程设计教学成效

刘晓华,李晓锋,王宝龙,李先庭,朱颖心,石文星,赵家安

（清华大学建筑学院,北京 100084）

摘 要:建筑环境与能源应用工程专业课程设计中的"课赛联动"可以使学生"面对真需求,拿出真方案",将课程教学和工程实践大幅拉近,不仅能大幅缩短学生进入工程设计行业后的"适应期",也能提升非设计行业就业毕业生对实际工程的理解。设计竞赛为学生提供了学以致用的机会,有助于激励学生更为积极主动地思考,也为学生提供了跨地域交流、学习平台,而且通过竞赛评委的反馈意见可以发现课程设计教学中存在的漏洞和不足,有助于提升整体教学水平。

关键词:暖通空调;综合课程设计;课赛联动;教学成效

1 建环专业课程设计教学目的、内容及模式

工程类专业要求毕业生不仅具有扎实的基础理论和深厚的专业知识,还要具备出色的学习、分析和解决工程问题的能力[1]。因此,专业课的教学要注重培养学生灵活、综合运用基础课程知识来解决专业问题的能力。"授人以鱼,不如授人以渔",应该改变传统专业课面面俱到的"知识点灌输型"教学方法,而转向"系统思维启发型"教学方法[2]。

1.1 教学目的

"暖通空调课程设计"是建筑环境与能源应用工程专业（以下简称建环专业）课程体系的重要环节[3]。该课程具有很强的工程性和实践性,必须有实践环节与课堂讲授配合,二者相辅相成[4]。课程目的就是让学生综合运用所学知识,解决实际工程设计问题,同时进一步巩固和提高理论知识,培养学生下列9种能力。

（1）问题分析:能够应用自然科学和工程科学的基本原理,识别、表达,并通过文献研究分析复杂工程问题,以获得有效结论。

（2）设计/开发解决方案:能够设计针对复杂工程问题的解决方案,设计满足特定需求的系统、单元（部件）或工艺流程,并能够在设计环节中体现创新意识,考虑社会、节能、健康、安全、法律、文化以及环保等因素。

（3）使用现代工具:能够针对复杂工程问题,开发、选择与使用恰当的技术、资源、现代工程工具和信息技术工具,包括对复杂工程问题的预测与模拟,并能够理解其局限性。

（4）工程与社会:能够基于工程相关背景知识进行合理分析,评价专业工程实践和复杂工程问题解决方案对社会、健康、安全、法律以及文化的影响,并理解应承担的责任。

（5）环境和可持续发展:能够理解和评价针对复杂工程问题的工程实践对环境、社会可持续发展的影响。

（6）职业规范:具有人文社会科学素养、社会责任感,能够在工程实践中理解并遵守工程职业道德和规范,履行责任。

（7）个人和团队:能够在多学科背景下的团队中承担个体、团队成员以及负责人的角色。

（8）沟通:能够就复杂工程问题与业界同行及社会公众进行有效沟通和交流,包括撰写报告和设计文稿、陈述发言、清晰表达或回应指令,并具备一定的国际视野,能够在跨文化背景下进行沟通和交流。

（9）项目管理:理解并掌握工程管理原理与经济决策方法,并能在多学科环境中应用。

作者简介:刘晓华（1980—）,女,博士,教授。电话:010-62785860。邮箱:lxh@tsinghua.edu.cn。

基金项目:清华大学教学改革项目"建筑环境与能源应用工程专业'暖通空调课程设计'教学改革"资助（ZY01-02）。

1.2　教学内容及模式

清华大学建环专业"暖通空调课程设计"教学团队经过 20 余年的教学改革探索,形成了"课程设计综合化"教学成果,即通过 1 个综合的课程设计,将前期学习的暖通空调与冷热源、建筑自动化等知识综合应用于本课程。

"暖通空调课程设计"课程要求设计一个约 30 000 m² 的酒店建筑、办公建筑或医院建筑的暖通空调系统,并撰写设计报告、绘制主要的施工图,形成一个完整的暖通空调系统项目的设计训练。由于题目较复杂,要求以项目小组形式完成,以保证课程设计成果的质量,并培养小组成员的上述 9 种能力。任课教师共同指导所有小组,并安排固定的授课和答疑时间,每组配备一名联系老师,方便小组成员与老师沟通日常有关课程设计的问题。

依据设计进度,将教学过程分为三个阶段:方案论证与确定阶段、详细设计阶段、施工图设计阶段。每个阶段进行针对性的授课,一方面指导学生的设计,另一方面巩固深化之前所学知识,在最后一个阶段聘请具有丰富设计经验的暖通工程师进行授课。课程每周都会讲授该阶段内容对应的设计知识,学生按照教学计划及时完成每周的任务,遇到问题及时与联系老师沟通,保证课程的顺利推进。在每个阶段结束后,对该阶段所学知识及阶段性设计成果进行考核,采用"笔试 + 答辩 + 报告"的形式,对学生的知识应用、沟通交流、工程设计等能力进行全面、综合考核。

除建筑空调系统设计、施工图绘制、答辩及考试环节外,课程还安排了两个调研环节,即产业调研和同类型建筑暖通空调系统调研,分别安排在方案论证与确定阶段和详细设计阶段。产业调研的目的是让学生真正深入了解自己所从事领域的产业发展状况,从更加宽广的视角分析产业发展及未来趋势,为学生走向工作岗位能够解决复杂工程问题奠定坚实的基础。同类型建筑暖通空调系统调研则要求学生通过自身努力获取调研机会,并开展实地调研,为自己的设计提供参考和借鉴,锻炼学生与社会人士进行交际、处理人际关系的能力。在调研环节结束后,学生需提交相应的调研报告,并通过答辩方式进行考核,使各个小组共享调研成果,并应用于各自设计作品中。通过两个调研环节,让学生走出课堂,走向社会,走到自己所从事的行业之中,从一个全新的视角审视自己的专业,认识社会,培养为人处世的能力。

2　创新的"课赛联动"的课程设计教学模式

2.1　"课赛联动"引入本课程教学的背景

"暖通空调课程设计"能够培养学生的问题分析、设计 / 开发解决方案、使用现代工具、环境和可持续发展等能力。虽然每年课程设计采用的建筑形式有所变化(采用当年建筑学本科生课程设计的新建筑方案),但是从整体而言这些建筑方案均较为常规,缺乏挑战性,从而导致建环专业学生设计的暖通空调方案也较为常规或相似,不利于学生创新意识的培养。为解决这一问题,我们创新性地引入了"课赛联动"的课程设计教学模式。

自 2009 年起,中国制冷学会(CAR)、教育部高等学校建筑环境与能源应用工程专业教学指导分委员会(以下简称建环教指委)和美国供热制冷空调工程师学会(ASHRAE)共同倡议发起 CAR-ASHRAE 学生设计竞赛。清华大学建环专业在课程设计课程中,将全班每 4~5 名学生分为一组进行暖通空调系统设计,安排优秀学生组队或者其中一组学生代表学校参加 CAR-ASHRAE 学生设计竞赛。

2.2　课程与竞赛的相互作用机制

2.2.1　课程是竞赛的基础

建环专业课程设计强调对暖通空调设计基础知识与技能的学习和掌握,通过既定的课程教学大纲与教学步骤,进行暖通空调设计知识、技巧与能力的夯实与锻炼。学生在课程的不同阶段,需学习并掌握不同的专业能力,为深入了解专业内容、未来从事相关专业工作打下坚实的基础,具体表现在以下三个方面。

(1)课程为竞赛提供了专业知识培训。空调负荷计算让学生掌握建筑的冷热需求。课程设计从空调负荷计算这一需求出发,按照"是什么? 为什么? 怎么样?"的工程教育思路,教导学生什么是空调负荷,为什么需要计算空调负荷,以及怎样准确计算空调负荷。学生在这样的教学过程中从需求出发了解专业知识,结合暑期运行实习的空调系统性能测试实践,深入了解专业需求。从负荷计算到绘制图纸的课程进程中,学生掌握了各阶段的基础专业知识,为设计能力的提升与竞赛打下理论基础。

(2)课程拓展了学生的专业视野。清华大学建环专业课程设计在常规教学内容的基础上,增设了

"行业技术进展"的调研环节。聚焦空调设备历史发展与前沿、设计思路变革与创新两个方面,让学生从"时""空"两个维度理解暖通空调技术的时代变革与地域差异,立体地拓展了学生的专业视野。了解技术的过去,可以让学生理解空调技术的发展历程和不同时代的技术特点;了解技术现状,可以让学生领会空调系统的常用技术和性能现状;了解技术前沿,可以让学生认识空调系统的未来发展趋势和发展潜力,为学生将来投身相关行业拓宽专业视野。学生设计竞赛在一定程度上也是开阔专业视野的竞赛,拥有更为广阔的设备与技术视野,学生在竞赛过程中可以更为灵活地选择技术路线、空调方案和空调设备。

(3)课程锻炼了学生的设计能力。综合课程设计从设计方法到图纸落地,可以全过程地培养学生空调系统的设计能力。空调系统设计可大致分为三大设计主体:冷热源、输配系统、空调末端。清华大学建环专业课程设计聚焦此三大主体,将相关专业研究方向的教师科学分组,最大限度利用现有教师资源,匹配相关设计能力的教学环节,让教师发挥特长,有效提升学生对三类主体的设计能力。学生通过上述训练,提升了空调系统的设计能力,也为竞赛方案的选择奠定了基础。

2.2.2 竞赛是课程的延伸与实践

竞赛活动是专业课程的延伸与实践。清华大学建环专业课程设计强调"学以致用",学生通过竞赛活动可以将所学到的知识灵活运用,将所掌握的能力灵活施展。

(1)竞赛活动提供了学以致用的机会。"学以致用方为远",清华大学建环专业将CAR-ASHRAE学生设计竞赛融入课程设计环节中,让学生在学生阶段就有深入运用所学施展所能的机会。学生在自主调动所学专业知识与设计能力的过程中,可提升自身的设计能力,践行"知易行难,行胜于言"的校风。同时,竞赛过程与课程教学互动互补,在竞赛过程中发掘基础知识与设计能力的不足,并及时补充、完善。

(2)竞赛活动提供了专业设计的跨地区交流平台。竞赛活动为学生提供了专业设计的交流平台,平台提供的机遇体现在学生之间的跨地域交流与专家的跨地域指导两个方面。一方面,该交流平台聚集了国内近百所高校建环专业学生的参与,不同地域、不同高校的学生各施所长,在交流的过程中增长见识、拓宽视野。另一方面,平台汇集了国内知名专家学者,针对学生的设计方案,进行深度点评与指导,为学生专业能力的成长提供了宝贵的机会。

3 "课赛联动"的教学效果及改进

课程设计中的"课赛联动",一方面可以使学生"面对真需求,拿出真方案",将课程教学和工程实践大幅拉近,不仅能大幅缩短学生进入工程设计行业后的"适应期",也能提升非设计行业就业毕业生对实际工程的理解;另一方面通过竞赛也有助于激励学生更为积极、主动地思考,提升其设计能力;还能通过竞赛评委的反馈发现课程设计教学中的漏洞,以提升整体教学水平。

3.1 "课赛联动"的教学效果

自2009年起,我校组织大四年级学生利用"暖通空调课程设计"环节,参加CAR-ASHRAE学生设计竞赛。除2012年和2017年未参赛外,其余年份均有代表队参赛并取得较好的成绩(表1)。从2020年起,我校学生也开始参加由暖通空调产业技术创新联盟和美的楼宇科技主办的MDV中央空调设计应用大赛,连续两年获得"优秀"成绩。此外,在2015年北京市大学生暖通空调工程设计实践大赛中获得"特等奖"。

表1 2009—2021年清华大学参加CAR-ASHRAE学生设计竞赛情况

年份	2009	2010	2011	2012	2013	2014	2015	2016	2017	2018	2019	2020	2021
获奖等级	一等	二等	二等	—	一等	三等	三等	优秀	—	优秀	三等	二等	三等

近年来,我校参赛小组学生的"暖通空调课程设计"课程成绩平均值,在同年6~7个小组中位于第1~2名。可见,参赛学生的分析能力、创新能力和设计能力均较其他小组学生有一定优势,这也间接证明了"课赛联动"的教学效果。

3.2 "课赛联动"教学的改进

分析表1参赛和获奖情况可以发现,参赛学生的成绩并不稳定,在2016—2018年出现明显下降。

造成这一问题的主要原因是课程与竞赛(题目发布)的时间错位。我校的"暖通空调课程设计"安排本科四年级的秋季学期,在一学期内完成。本科四年级春季学期,学生需要进行"本科生综合论文训练"(即毕业设计研究及论文撰写)课程,整个学期的工作内容复杂且饱满,很难抽出时间开展其他工作。然而,CAR-ASHRAE 学生设计竞赛的题目一般在秋季学期中期发布,因此学生实际用于竞赛题目完成的时间相当有限。为了解决这个问题,要求参赛小组在课程设计前半段在完成相关学习和设计的同时,构建可用于未来快速设计的模板,以提高对竞赛题目的设计速度。同时,利用春季学期开学前和结束后的一段时间完成竞赛设计的完善和优化。因此,最近几年"课赛联动"的效果又稳步回升。

4　结语

　　"暖通空调课程设计"是建筑环境与能源应用工程专业课程体系的重要环节。课程目的就是让学生综合运用所学有关知识,解决实际工程设计问题,同时进一步巩固和提高理论知识,培养学生包括问题分析、设计/开发解决方案、使用现代工具、工程与社会、环境和可持续发展、职业规范、个人和团队、沟通、项目管理等各项能力。

　　为进一步提高教学效果,清华大学建环专业创新性地引入了"课赛联动"的课程设计教学模式。一方面,可以使学生"面对真需求,拿出真方案",将课程教学和工程实践大幅拉近,不但能大幅缩短学生进入工程设计行业后的"适应期",也能提升非设计行业就业毕业生对实际工程的理解;另一方面,设计竞赛为学生提供了学以致用的机会,有助于激励学生积极、主动地思考,也为学生提供了跨地区交流学习的平台。此外,通过竞赛中评委的反馈,可以发现课程设计教学中存在的漏洞和不足,有效地提升整体教学水平。

　　清华大学的教学实践表明,"课赛联动"可明显提升课程的教学成效;对于将"暖通空调课程设计"安排在本科四年级秋季学期的学校,通过主动调整教学安排,也可在一定程度上保证"课赛联动"的教学效果。

参考文献

[1] 项长生, 李喜梅, 乔雄, 等. 基于工程教育认证理念的专业导论课教学改革研究与实践:以道路桥梁与渡河工程导论为例 [J]. 高等建筑教育, 2022, 31(3): 142-148.

[2] 朱颖心, 石文星. 对工科专业课程教学方法的思考 [J]. 高等建筑教育, 2011, 20(5): 78-82.

[3] 朱颖心. 暖通空调课程设计的改革与实践 [J]. 制冷与空调, 2002(4): 7-11.

[4] 李锐, 郭全, 郝学军, 等. "暖通空调"课程设计性实验教学研究 [J]. 中国科技信息, 2009(20): 217-218,227.

土木工程类专业实践教学优化研究

陈国杰,谢 东,周立峰

(南华大学土木工程学院,湖南衡阳 421001)

摘 要:土木工程类专业实践设备庞大、系统复杂,实践教学优化难度大,工程教育专业认证又对实践教学提出了新的要求。本文分析了土木工程类专业实践教学中的主要问题与研究现状,然后提出了校企共建"BIM+IOT"创新实践平台、构建"产学研协同驱动"的工业级实践教学平台等优化措施,并予以实施。结果发现,教学优化收到了良好的效果,学生实践创新能力显著增强,解决复杂工程问题的能力显著提升。

关键词:工程教育专业认证;土木工程类专业;实践教学;优化

1 引言

工程教育是高等教育的重要组成部分,高等教育三分天下有其一;我国已经建立起全球最大的高等工程教育系统,高等工程教育规模位居世界第一,截至2017年6月,我国有1 047所本科院校开设工科专业,占全国本科高校的91.5%,我国本科工科专业布点数达到15 733个,总规模已位居世界第一[1]。

工程教育专业认证是国际通行的工程教育质量保证制度,也是实现工程教育国际互认和工程师资格国际互认的重要基础,截至2018年底,全国共有227所高等学校的1 170个专业通过工程教育专业认证。《华盛顿协议》是国际上最具权威和影响力的工程教育学位互认体系[2],我国于2013年成为该协议的观察成员国,2016年成为正式成员国。加入《华盛顿协议》对我国工程类人才的培养具有重要作用,标志着我国工程教育迈向国际化[3-7]。

南华大学土木工程类专业齐全,设有建筑环境与能源应用工程、给排水科学与工程、土木工程、道路桥梁与渡河工程、建筑电气与智能化等5个专业。其中,建筑环境与能源应用工程、给排水科学与工程、土木工程均通过了专业认证。在此,结合工程教育专业认证背景,研究优化土木工程类专业实践教学。

作者简介:陈国杰(1981—),男,博士,副教授。电话:15364263580。邮箱:410563871@qq.com。

基金项目:湖南省普通高等学校教学改革研究项目(HNJG-2021-0092,HNJG-2020-0467);湖南省学位与研究生教育教改研究项目一般课题(2019JGYB193);南华大学教改课题(202JXJ093)。

2 问题分析

土木工程类专业实践教学是一个难题。土木工程类专业实验设备体型大、系统复杂,实验综合性强、危险性高,学生开展效率低。土木工程类专业实验施工周期较长、工程规模大,而学生实习时间短,故往往不能完整参与重要工序工种的施工,对于一些隐蔽工程的完整工艺过程,学生更难以在学习实践环节中有所了解。土木工程类专业实验周期长、费用高,实验项目多,实验操作复杂,组织工作量大[2]。

在工程教育专业认证背景下,实践教学的优化尤其迫切。课程建设过程,例如教材选用、课程内容、教学方法、考核方式等,已经能做到对标工程认证,然而实践体系一直以来都难以契合国际工程认证标准,实践平台、实践内容、实践方法以及实践管理体系等都很难跟进国际高等教育的最新发展动态。工程教育专业认证标准对土建类专业本科实践教学及人才培养提出了更高要求。当下高校存在的学生动手能力弱,协同设计能力不足和人才培养与产业需求脱节等问题,是地方高校土木工程类专业实践教学改革中亟须解决的重大课题。

遵循"学生中心、成果导向、持续改进"理念,培养学生解决复杂工程问题的能力是工程教育专业认证的核心要求,而实践教学是培养土木类专业学生解决复杂工程问题能力重要的着力点。在土木工程类专业实践教学中,面对庞大而复杂的结构、基础、设备和管线等,容易出现"只见树木,不见森林"

现象。

3　研究现状

许多学者研究了如何优化开展土木工程类专业实践教学,也取得了一些成效。

张经双等以土木工程本科专业为例,探讨系列实验内容和实验教学标准,有机融合形成以传统实验为基础和以创新性、研究性、设计性实验为有益补充的实验教学体系[8]。阎西康等针对土木工程现场实验教学周期长、费用高、难度大等问题,提出结合虚拟仿真实验项目和实验平台建设,利用网络技术、多媒体、人机交互技术等构建了“互联网＋实验教学”新型实验教学模式[9]。

胡振华等阐述了虚拟仿真实验教学中心服务于本科土木工程专业人才培养的建设思路、多平台多层次虚拟仿真实验教学资源体系,以及虚拟仿真实验教学的实际效果[10]。黄正均等通过整合实验教学资源、改善教学条件、修订重构教学课程体系、完善实验教学内容、改革实验教学模式、强化教学过程指导和保障评价及实验教学师资队伍建设等措施,对土木工程专业实验教学改革进行了探索实践[11]。

尽管许多学者对土木工程类专业实践教学优化做了大量研究,也提出了许多有效的措施策略,然而有鉴于土木工程类专业实践教学的复杂性与困难性,以及专业认证的“持续改进”理念,相关优化研究亟须开展。

4　优化措施

结合南华大学土木工程学院实际情况,本文开展实施了以下两方面的实践教学优化措施。

首先,校企共建“BIM+IOT”创新实践平台,解决学生新一代信息技术的集成应用能力和协同设计能力不足的问题。建设“BIM+IOT”创新实践平台,实现“三化”实践教学。紧密结合行业发展趋势和物联网、云计算和大数据等新一代信息技术,打造可开展BIM正向设计、建筑施工可视化管理、建筑设备智慧运维和建筑节能设计等多学科、多层次、多项目的“BIM+IOT”创新实践平台,实现实践教学的教学资源数字化、教学硬件智能化、教学方法信息化,提高学生对新一代信息技术的集成应用能力。

建设“BIM+IOT”创新实践平台,开展跨校跨专业的协同设计。协同建筑工程、建筑环境与能源应用工程、建筑电气与智能化及给排水科学与工程等多专业开展工程项目全过程设计;与美的空调设备有限公司、湖南核工业建设有限公司和衡阳市网大物联科技有限公司等企业合作,整合学校与企业资源,以实际工程项目为设计题目开展校企联合毕业设计;组建多专业设计团队,参与国际、国内高校竞赛型毕业设计,如广联达全国高校BIM毕业设计大赛、全国MDV中央空调设计应用大赛等,增强学生的团队协作意识、沟通能力及多专业协同设计能力。

其次,构建“产学研协同驱动”的工业级实践教学平台,解决人才培养与产业需求脱节的问题。校企协同建设工业级实践教学平台,建设省级校企人才培养基地、创新创业基地、教育中心和校外实践示范中心等人才培养基地,深入开展校企协同合作,与具有区域特色的企业共建实验中心,先后与唐山同海净化设备有限公司共建唐山企业诊所,与远大、美的等企业合作建立产学研基地等,推进产学研合作,建设工业级实践教学平台。

科研教学融合深化与企业合作机制,实现对学生的工业级训练。选派教师入驻企业锻炼,与企业共同开展关键技术研发;企业选派技术骨干参与专业课教学,指导实习和毕业设计,组建校企联合教学团队。将教师与企业的科研项目相结合,企业的典型工程案例引入实践教学内容,学生针对这些具有工程背景的技术问题提出自己的解决思路,并通过实践环节验证,实现对学生的工业级训练。

5　效果分析

上述优化措施实施5年多以来,取得了良好的效果。

首先,学生实践创新能力显著增强,解决复杂工程问题能力显著提升。近五年,学生在全国大学生结构设计竞赛、全国大学生智能建筑工程实践技能竞赛、CAR-ASHRAE学生设计竞赛、全国大学生给排水科技创新大赛、全国高校BIM毕业设计大赛、高等学校建筑电气与智能化专业联合毕业设计、全国大学生混凝土材料设计大赛、全国大学生先进成图技术与产品信息建模创新大赛、全国高等院校建筑软件技能认证大赛等全国性大学生学科竞赛中表现优良,在湖南省大学生工程综合训练大赛、湖南省大学生数学建模竞赛等取得上百项奖励,反映出学生解决复杂工程问题能力显著提升。年均获批省级以上大学生创新创业项目20余项、年发表科研论文

10余篇、授权专利10余项。

其次,实践平台交叉融合,学生受益面广。空调水系统水力平衡调节虚拟仿真实验教学系统校内外累计访问量为18 529人次,涉及南华大学土木工程学院所有专业以及核技术、安全工程、核资源、环境工程等专业;依托"BIM+IOT"创新实验平台,平均每年参加校内和跨校协同设计毕业设计人数达500余人,覆盖土木工程、建筑环境与能源应用工程、建筑电气与智能化等土木工程学院专业,参加学生占比82%左右;建筑与土木工程省级虚拟仿真平台,每年服务学生600余人。虚拟仿真实践平台与课程为校内、校外学生开展虚拟实践提供了条件,提升了学生的工程实践能力。

6 结语

土木工程类专业是我国高等工程教育的重要一环,土木工程类专业实践设备庞大、系统复杂等特征使得其实践教学研究面临一系列难题。工程教育专业认证是实现工程教育国际互认和工程师资格国际互认的重要基础,在此背景下,研究优化土木工程类专业实践教学更为迫切。

本文首先分析了土木工程类专业实践教学中的主要问题与研究现状,然后提出了以下优化策略:①校企共建"BIM+IOT"创新实践平台,解决学生新一代信息技术的集成应用能力和协同设计能力不足的问题;②构建"产学研协同驱动"的工业级实践教学平台,解决人才培养与产业需求脱节的问题。实践之后发现,学生实践创新能力显著增强,解决复杂工程问题的能力显著提升,教学优化工作收到了良好的效果。

虽然在实践教学中取得了显著成效,但还存在成果的理论价值需深入挖掘与凝练,社会服务和推广价值需进一步加强等问题,在下一步的工作中将继续完善。

参考文献

[1] 韩丞彦,金雨晨. 高等教育大众化背景下工科类大学生就业问题与对策研究 [J]. 当代教育实践与教学研究,2019,10:152-153.

[2] 王志勇,刘畅荣,寇广孝. 基于工程教育专业认证的建环专业实践教学体系改革 [J]. 高等建筑教育,2015,24(6),44-47.

[3] 李志义. 适应认证要求 推进工程教育教学改革 [J]. 中国大学教学,2014(6):9-16.

[4] 罗正祥. 工程教育专业认证及其对高校实践教学的影响 [J]. 实验室研究与探索,2008,27(6):1-3.

[5] 姚韬,王红,余元冠. 我国高等工程教育专业认证问题的探究:基于《华盛顿协议》的视角 [J]. 大学教育科学,2014(4):28-32.

[6] 孙娜. 我国高等工程教育专业认证发展现状分析及其展望 [J]. 创新与创业教育,2016,7(1):29-34.

[7] 曾德伟,沈洁,席海涛. 剖析专业认证标准与理念提升工程教育质量 [J]. 实验技术与管理,2013,30(12):169-171.

[8] 张经双,袁璞,雷小磊. 地方高校土木工程专业本科实验教学体系的创新 [J]. 黑河学院学报,2022,1:78-79.

[9] 阎西康,梁栋,张静娟,等. 虚拟仿真在土木工程类实验教学中的应用 [J]. 实验技术与管理,2021, 38(3):207-209.

[10] 胡振华,王颖,王崇革,等. 土木工程虚拟仿真实验教学中心建设与思考 [J]. 实验技术与管理,2019,10:218-220.

[11] 黄正均,苗胜军,张磊,等. 基于工程教育认证的土木工程专业实验教学改革与实践 [J]. 实验技术与管理,2019,36(1):209-212.

建环专业"空调用制冷技术"课程思政教学改革探索

陈 华,何 为,王志强,张鹤丽,孙志利

（天津商业大学,天津 300134）

摘 要:本文以"空调用制冷技术"课程思政教学改革为例,结合课程人才培养目标,将思政教育充分融入课程教学的各个环节,充分发挥专业课的思政育人功能,提出了课程思政的教学改革思路和具体措施。加强教师德育能力培养,深入挖掘课程思政元素,创新教学模式,改革教学手段,为提高高校工科专业课程教学水平进行有益探索。

关键词:建环专业;课程思政;课程建设;改革探索

1 引言

为深入贯彻落实习近平新时代中国特色社会主义思想和党的十九大精神,深入落实《高等学校课程思政建设指导纲要》《高等学校思想政治理论课建设标准（2021年本）》要求,落实《关于深化新时代学校思想政治理论课改革创新的若干意见》文件精神,把思想政治教育贯穿人才培养体系,全面推进高校课程思政建设,实现课程思政在人才培养体系中的全覆盖,提升人才培养质量,是培养符合社会需求的德才兼备的中国特色社会主义事业的合格建设者的重要保障。

作为一名高校一线专业课教师,作为课程思政的主角,通过课程思政理论研究和教学实践,积极探索专业课程思政建设方法和路径,提出具有推广价值的经验做法和研究成果,持续提升专业教学质量和水平,具有重要意义。本文就建筑环境与能源应用工程专业的专业课程之———"空调用制冷技术"课程思政教学改革为例,提出将"课程思政"融入"新工科"背景下的工科课程教学之中,旨在提升思政课程的价值引领作用,挖掘工科课程的思政元素,充分发挥工科课程的自然科学知识传授和工程能力培养的课程功能,实现高校教学中"把立德树人作为中心环节,把思想政治工作贯穿教育教学全过程",实现"价值塑造、能力培养、知识传授"三位一体人才培养目标。

2 课程思政的总体建设目标

"空调用制冷技"是建筑环境与能源应用工程专业必修课,是制冷技术方向其他所有专业课的基础,结合学校"立德树人"和"应用型、创新型、复合型"人才培养定位,思政教学改革课程的教学目标是培养"重视基础理论,强化应用实践,精通冷源技术"的具有大国工匠精神的暖通空调技术人才,把社会主义核心价值塑造有效融入新工科创新工程人才培养中,在教学过程中既注重理论知识的教学,又关注专业应用、工程实践、新产品开发的综合能力培养。通过课程学习,使学生了解中国的制冷技术发展史,引导学生树立自强不息的精神,坚定中国制造的信心和决心,熟悉制冷系统设备构造,熟练掌握制冷系统的基本原理、热力学分析方法、评价体系及运行调试方法;具备制冷系统的性能分析、主要部件的选择与设计能力,满足暖通空调行业对人才的要求,并为其他专业课学习打下坚实的理论基础。

3 课程思政设计思路

教育之本,在于育人,这就要求高校课程思政建设在纯粹的知识传授和能力培养的基础上,对学生进行价值教育。课程思政在本质上是以课程为教育载体,促进各门课程在思想政治教育方面相协同,以共同提高学生思想政治素质的课程理念。课程思政能够有效引导学生在接受专业知识教育的同时内化思政内容信息,树立正确的价值取向。在"空调用制冷技术"课程思政建设中,从教学手段与方法的

作者简介:陈华,女,博士,教授。邮箱:huachen@tjcu.edu.cn。

角度开展探讨专业课程思政的实践。

3.1 理论教学采用问题导向型混合教学方法

突出以学生为中心,教学目标为驱动,全员参与的教学模式。学生学习过程分为课前、课堂和课后三个部分。课前教师通过雨课堂发布预习内容和视频,并开展答疑,学生预习教学内容;课堂上教师讲授理论内容,开展课堂互动等教学活动,学生通过雨课堂、动画 PPT 等教学工具参与课堂教学;课后教师布置作业及思考题,在线进行答疑互动。在课程讲授过程中,以"润物无声"的方式将正确的人生追求、理想信念、创新创业、家国情怀、报效祖国有效地传递给学生,在塑造其大国工匠、精益求精的职业与执业精神的同时,激发学生的新时期历史使命感,达成课程的思政实效。

3.2 实践教学采用多样化模式

本课程是一门实践性很强的专业课程,有些设备和部件的内部构造和工作过程非常复杂,完全靠书本图片或者课题动画演示不能让学生充分的理解,采用网络多媒体、虚拟仿真实验室和现场实物演示可以让学生有更直观的感知,加深对书本理论知识的理解和掌握,对于提升能力大有裨益。通过数字影像等多媒体资料扩充课堂、丰富课堂内容,观看制冷空调技术对人们生活、国家发展的影响。通过增加对制冷空调这一课程以及行业的了解,学习优秀企业家、制冷技术人员的实践精神、科学精神和创新精神等,提高学生学习本课程的兴趣。

带领学生进实验室做相关实验,培养动手操作、绘图、处理数据等能力以及运用已有知识解决实际问题的能力,做到知行合一,对道德素养和行为规范起到一定的引领规范作用。

3.3 校企互动实践教学体系

借助天津市工程热物理基础及工程国际联合研究中心,利用校内实践教学平台以及校外工程学践基地平台,开展学生走进企业、企业专家走进校园的互动实践教学体系,利用校内外拥有的生产实训相关设备,聘请企业技术工程师担任实践操作指导教师,开展设备工程实训,提升学生的工程实际操作能力。通过与企业专家共同开展各类培训讲座和专业竞赛活动,增强实践体验,加深学生对课程内容的理解。通过实践,让学生在深化课题理论知识的同时,接触行业,开阔视野,了解和认识到制冷空调是年轻而又充满勃勃生机的学科和工业领域,巨大的市场增长潜力和新技术的交叉渗透为其开辟了广阔的发展道路;引领学生深度思考,用辩证的眼光看待制冷

技术的新进展和新挑战。

4 课程思政具体措施

工科专业应当结合自身应用性强和工程化的特点,从课程细节设计入手,提高政治思想,挖掘课程思政元素,改革教学方法,积极推进课程思政工作,实现全程育人、全方位育人,具体建设计划如下。

4.1 加强本课程教师德育能力的培养

课程思政改革与实践工作对课程的授课老师也提出了极高的要求。课程老师首先要完善和提升自身政治思想水平,任课教师需要首先学习和了解相关思政教育理念,除加强自己的专业技术水平外,还要注重加强思政教育培训,提高思政能力。通过与马列学院老师的沟通交流,在思政课程老师的培训指导下,加强教师德育能力的培养。要想做到课程思政,专业课教师的思政能力和思政意识必须得到提高和加强。进一步明确思政内容在学生全面发展以及职业生涯发展上的作用,提升任课教师对思政理念的了解与运用程度,深化教师对制冷空调技术与思政理念结合的理解,从而进一步挖掘这两门课程内容之间的契合点,在实际教学过程中将二者有效结合,进一步推动我国高校实践教育教学质量的提升。

4.2 不断凝练与提升本课程所蕴含的思政元素,优化课程思政内容

进一步丰富"空调用制冷技术"教学内容,注重课程理论教学与思政元素的有机结合,充分发挥专业课程教学优势,将文化基因和价值理念融于课堂教学中,实现思想政治课程教育目标与专业课程知识点的精准对接,达到知识传授与德智体美劳全面发展的有机统一,加强社会主义核心价值观在专业课程教学的引领作用。

提炼"空调用制冷技术"专业课程蕴含的思政元素,如发扬工匠精神与创新精神;不怕吃苦与敬业精神;弘扬契约和诚信精神,规范职业与执业道德;紧密团结与协作精神;以人为本、爱国与爱民族精神等。以学生为中心,宣贯民族与爱国、工匠与科学、创新与创业、执业与敬业、契约与诚信、自信与报效精神,实践思想政治教育无缝连接专业知识教育,且贯穿于专业课程教学全过程。

4.3 丰富教学方式,促进教学理念更新

对本课程内容进行模块化分割,并对不同板块的内容与思政教育内容进行充分匹配,确保实际课

堂教学过程中与思政教育内容相契合,促进学生在理解专业课程知识的同时,深化对相关思政理念的认识。为了加深学生的理解,除讲授法外,还需要在教学方法上不断创新,采用丰富多样的教学方式,例如通过项目教学法、故事讲授法等方式进行教学,并配以多媒体技术和"互联网+云"技术为核心的教育技术以及"智慧树"在线教学平台,促进教学观念、教学过程、教学模式等的深刻变革。

注重知识、能力与价值观引领"三位一体",精心研究和把握思政教育融入课堂的方式,注重问题设置、课堂互动、场景设置等,创新教学方法,也可以转换课堂教学环境,鼓励学生在专业实践过程中对相关专业理论以及思政观点进行实践,从而进一步加强学生专业实践能力以及思政实践能力的培养。

参考文献

[1] 李永华,刘红,马明. 高校工科专业课程思政建设探析 [J]. 教书育人,2022(3):70-72.

[2] 李荣. 新工科背景下课程思政融入工程热力学课程中的研究 [J]. 化工时刊,2020,34(10):60-62.

[3] 孙佳佳,杜冰. 高校工科专业课程思政教学改革探索:以通信原理课程为例 [J]. 教育教学论坛,2020(40):15-16.

[4] 金正超,方光秀. 土木工程专业课程思政示范项目建设的实践 [J]. 山西建筑,2021,47(24):192-193,198.

[5] 雷晓辉,柴蓓蓓,龙岩,等. 讲好智慧水电故事,培养新时代工程人:"水电站"课程思政建设与实践 [J]. 学科探索,2021,22:84-86.

专业学位硕士应用型人才工程实践能力培养探索与实践

陈　华，何　为，王志强，姜树余

（天津商业大学，天津　300134）

摘　要：为了能够更好地适应专业学位硕士研究生培养的需求，结合我校能源动力专业全日制专业硕士人才培养定位和需求特点，从培养方案、教学模式、规范专业实践形式和创新专业实践基地等方面探索改革和建设，以期提升研究生实践创新能力培养，促进能源动力专业人才培养与行业需求衔接。

关键词：专业硕士；应用型；人才培养；工程实践

1　引言

教育部于 2009 年明确提出高等教育全日制专业学位硕士研究生的培养目标是培养以专业实践为导向，重视应用能力和动手实践能力，掌握扎实的理论知识，并能够适应特定行业实际工作需求的应用型高层次专门人才。专业学位硕士研究生培养的实质是建立以职业需求为导向的发展机制，满足行业对高层次应用型人才的需求，应用能力和实践能力是专业硕士人才培养体系的核心，也是专业学位研究生与学术型研究生培养模式的重要区别，因此与职业相关的实践能力的培养应该贯穿于专业学位硕士研究生的培养全过程。

对专业学位硕士研究生的培养，必须将理论教学和实践教学相结合，重点在培养学生的创新能力。十九大政府工作报告明确提出，要进一步深化产教融合，提升学生的创新实践能力。天津商业大学机械工程学院充分依托相关学科和科研平台的优势，从 2011 年开始能源动力专业学位硕士研究生的招生和教育培养工作，近几年来，专业学位硕士研究生招生规模逐年扩大。为了提高能源动力专业硕士教育质量和研究生教育教学培养水平，我校在专业硕士培养上全面落实"产学研"一体化联合培养，积极改革实践，以期提升专业硕士应用型人才工程实践能力。

2　能源动力专业学位硕士研究生培养的探索与实践

根据学院研究生培养和管理工作的具体过程，结合学院的实际情况和实践经验，本文将从培养方案、教学模式、规范专业实践形式和创新专业实践基地四个方面阐述能源动力专业学位硕士研究生应用型人才培养的相关改革措施，切实提高专业应用型人才培养的质量。

2.1　人才培养方案更新，突出实践能力培养

能源动力专业硕士研究生教育代表着高等教育的高水平和高质量，其人才教育与培养，特别是实践创新能力的培养，对我国能源与动力工程产业的发展和能源发展重大战略具有重要的作用。能源动力专业硕士研究生的人才培养方案应该要求在人才培养过程中不断强化和改革学生实践创新能力的培养。

我校能源动力专业硕士研究生主要培养具备良好职业素养，掌握能源与动力工程基础理论知识及制冷及低温工程、空调工程以及其他与能源领域相关的专业知识，具有较强的分析解决工程实际问题的能力的应用型、复合型工程领域高层次专门人才。在本专业硕士研究生的培养中，突出工程应用实践技能的培养，使学生毕业后可以在制冷空调行业、节能环保领域、政府部门等从事科学研究、工程设计、产品开发、项目运营与管理等技术或管理工作。

作者简介：陈华，女，博士，教授。邮箱：huachen@tjcu.edu.cn。

在能源动力专业硕士研究生的培养方案设置中,在参照动力工程及工程热物理学术型硕士研究生的培养方案基础上,在学习年限、学分要求、毕业论文等方面的要求上进行了差异化设置,并设置了专门针对全日制专业硕士研究生的培养需求制定的课程,如现代制冷技术、现代冷冻冷藏技术、分布式能源系统、供热技术及太阳能利用、蓄能技术等课程,这些课程更加贴合行业领域最新工程和国家"十四五"规划、节能减排、能源发展变革、绿色生态发展等重大战略需求,授课内容重点为冷链技术、农产品加工及贮藏、节能减排、能源供给等领域相结合的实践教学内容,部分更新速度尽量做到与行业发展同步。

2.2　教学模式多样化,切实提高课程教学质量

传统的讲授式授课模式,学生以接受式听课为主,对课程内容缺乏主动性和独立性思考,难以提出问题,不利于培养学生形成主动思考问题和解决问题的习惯。结合当代研究生对新生事物的兴趣,并借助互联网的优势,将互联网技术与教育相融合,适当地引入互联网手段以优化教学手段,如利用互联网平台的慕课、微课程、雨课堂等网络教学模式,突破传统教学中时间与空间限制,实现教育的灵活性与便捷性,促进教育资源的共享,这些教学方式也对学生创新思维和实践能力的提高提供了基础。

新的教学方式和手段也为培养学生的思考与创新能力提供了便利,如在授课过程中,教师提前通过雨课堂 APP 等布置任务,由学生在课下查阅大量文献资料,提前预习,并发现问题。在课堂上,通过"翻转课堂"和现场教学提高学生的课堂参与度,由学生汇报讲授部分预习内容,而其他学生不明白的地方可提出疑问,由教师或其他学生解答。通过学生自主发现问题、提出问题、解决问题,以增强学生对知识的掌握和理论的深入理解,从而激发学生学习的主动性,把理论和实践紧密结合,培养和提高学生分析问题和解决问题的能力。

2.3　专业实践规范化,完善双导师制度

学院在能源动力专业硕士研究生培养中严格要求实行双导师制,即以校内导师为主、企业导师参与负责指导的课程学习、开题报告、专业实习实践训练和学位论文相结合的培养方式,其中企业导师为校外与本领域相关的专家。校内导师着重培养研究生的理论知识,校外导师着重培养研究生的实践能力,并基于此构建专业硕士研究生培养的教学体系。在研一阶段,主要由校内导师负责研究生的基础课程的教学,着重研究生的专业理论知识和科学素养培养;研二阶段,在企业实习实践,由企业导师负责实践课程的教学和研究项目的开展,着重研究生工程实践能力培养;研三阶段,则由双导师的培养相结合,完成研究生科研训练和学位论文撰写。

专业实习实践的过程考核对保证实践教学的质量至关重要。现有专业学位研究生实践教学大多是以实践总结或实验报告等形式进行考核,只要有实践单位加盖的印章就基本上可认为完成了实践教学环节。这种"形式上"的考核方式是无法保证"实质上"的实践教学质量,必须加强实践过程的控制。因此,学校应尽可能地实行研究生集中实践,教师或导师可以随时进行有效监控。对于在本地实践的研究生,可以随时现场检查随时指导;对于在外地实践的研究生,导师通过合作导师反馈,可以随时了解每日现场实习实践情况。

2.4　深化校企合作,建立创新实践基地

建立校内外创新实践基地,为学生提供稳定的创新实践能力培养基地,并加强校企的合作联系,依托具有行业背景的企业打造创新实战训练平台,让学生在创新设计竞赛、创业竞赛和科研训练计划等系列实战训练中提高创新实践能力。校企双方形成合作共赢的局面是双方达成实际有效合作的前提条件,加强校企科研项目的合作,围绕企业和产业需求设立科研攻关项目,以校企科技合作项目为纽带把校内外导师紧密联系起来,使校内外导师都能更好地参与研究生培养的全过程,给予研究生更加精心的指导,让全日制专业学位硕士研究生深度参与到合作科技项目中,努力为企业、产业解决更多的技术难题。

我校与南京天加空调设备有限公司、山东贝莱特空调有限公司、山东格瑞德集团有限公司、杭州三花集团、上海汉钟精机股份有限公司等 10 余家企业开展合作,开展制冷装置设计开发、商超 CO_2 制冷系统能源高效利用、新型换热器研发等课题研究。在研究生培养过程中,既帮助企业解决了生产过程中的技术难点,实现了校企合作共赢,使"双导师制"得以长效运行,又利用项目课题推动了实践教学和研究生应用实践环节的培养,提升了能源动力专业学位硕士研究生的工程能力和技术创新能力。

3　结语

随着国家各领域对专业学位硕士研究生需求规

模的扩大,如何提高专业学位研究生的实践能力是专业学位硕士研究生培养的关键。本文从培养方案、教学模式、规范专业实践形式和创新专业实践基地四个方面阐述了我校能源动力专业学位硕士研究生应用型人才培养的相关改革措施,逐步引导学生主动创新,以此来增强学生的实践创新能力,全面提升能源动力专业硕士研究生人才培养效果,为我国能源与动力行业的发展培养高层次、应用型、复合型的合格人才。

参考文献

[1] 高亚锋,丁勇,陈金华,等."双一流"背景下建筑环境与能源类专业型学位硕士研究生培养模式探讨[J].高等建筑教育,2020,29(3):10-16.

[2] 李娟华,刘昆明,刘晋彪,等.新工科背景下地方院校化工专业硕士研究生"双导师制"培养模式浅析[J].广州化工,2020,49(6):169-174.

[3] 何岚.全日制专业硕士培养现状及对策:以北京航空航天大学机械专业为例[J].北京航空航天大学学报(社会科学版),2021,34(2):154-159.

[4] 古绍彬,康怀彬,徐宝成,等.专业学位硕士应用型人才培养体系的构   建与实践[J].农产品加工,2021,5:104-106.

[5] 杨泰华,雷学文,姜天华,等.地方高校全日制硕士专业学位研究生基于能力培养的实践教学模式探索[J].教育教学论坛,2020,23(6):230-232.

应用型热泵类课程"两性一度"实践探索

林　琦,楚化强,汪冬冬

（安徽工业大学能源与动力学院,马鞍山　243000）

摘　要:随着我国"3060双碳目标"的提出,热泵技术的重要性日益突出,热泵类课程被诸多高校设为本科生选修课。本文依次从课程、学生、专业、学校等不同角度分析了热泵类课程在普通本科院校开设过程中所存在的问题,提出了应用型热泵类课程可以通过引入"两性一度"理念来提升学生的学习兴趣和成就感,进而促进课堂教学效果。实践表明,课程改革建设在实际教学过程中能起到良好的效果,对同类课程建设具有一定的参考价值。

关键词:本科院校;热泵类课程;两性一度;教改探索

1　引言

随着碳达峰、碳中和的提出,节能增效技术逐步受到各行业的关注。热泵技术可通过有效利用低品位废热达到节能目的,切中现阶段国家战略性的"3060双碳目标"[1],因此热泵类课程具有较强的前沿性和实效性。

"热泵原理与应用"是一门兼具理论性和应用性的综合类课程,被许多高校的建环、能源类专业列为重要的研究生专业课,部分学校也将该课程列为本科生的选修类课程[2]。为了让学生更深入地理解国家前沿政策与技术,从而更好地服务社会,本校将"热泵原理与应用"课程作为能源与动力工程专业（以下简称能动专业）的本科生专业任选课,总学时为32学时。由于该课程的专业性和综合性强,对全国多数普通本科院校的高年级学生而言具有明显的难度,处理不妥容易出现学生消极学习的现象。因此,如何针对普通的本科院校的学生实际进行该类课程的教学设计,在有限学时内达到良好的学习效果,亟须探索和研究。

本文通过分析现阶段普通本科院校高年级学生特点,提出了以学生兴趣和成就感为主导、以"两性一度"理念为核心的教学改革思路,利用实践探索论证了该教学改革的可行性和合理性。

作者简介:林琦(1987—),男,博士,讲师。电话:17100212886。邮箱:linqi1987@163.com。

基金项目:安徽工业大学教育教学研究项目(2021jy08)。

2　课程现状与分析

2.1　热泵类人才培养需求

对于普通本科院校而言,在本科阶段设立的热泵类课程应以培养应用型人才为目标,这要求在教学设计和实施过程中均要以学生的应用型能力培养为出发点[3]。为了正确把握学生能力的培养方向,有必要深入调研热泵市场及其相关技术人才的需求情况,如图1所示。通过调研分析可知,自"双碳"目标提出之后,热泵市场规模开始呈现出快速增长趋势[4]。在热泵类技术人才的需求占比之中,设计类人才占比(44%)显著高于其他类别,而运行维护类(4%)所需人才最少,其余类型人才需求相对平衡。此外,相关企业在招聘时也往往会提出有热泵类工作经验的本科毕业生优先等条件。

2.2　热泵类课程现存问题

近年来,随着热泵技术的日趋成熟,越来越多的高校将热泵类课程增设为本科生课程。但是,现有热泵类课程多是作为建环专业的先进技术类专业课程[5],对于能源与动力工程专业而言,热泵类课程尚处于课程建设的初级阶段,受到课程、学生、专业、学校等多方面因素影响,普遍存在以下问题。

从课程角度分析,热泵属于前沿技术,热泵类课程具有较强的前沿性、专业性和综合性[6]。但对国内多数高校的能动专业而言,"热泵原理与应用"课程不属于专业核心课程,专业对课程重视程度不够。授课学时少和课程内容多的矛盾尤为突出。

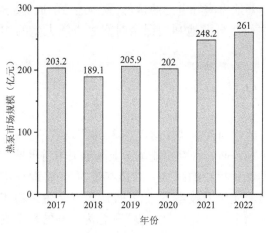

（a）热泵市场规模及预测

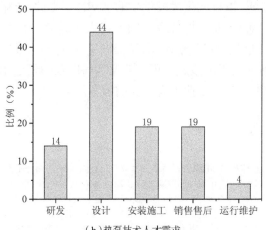

（b）热泵技术人才需求

图1　热泵市场规模及其技术人才需求

从学生角度分析，高年级是本科生知识体系综合训练与提高的关键阶段，但高年级学生往往面临较大的考研或就业压力，由此牵扯了学生大量的时间和精力，导致学生容易呈现出课堂学习不积极、课程考核得过且过等消极表现，影响本科生培养质量。

从专业角度分析，虽然能动专业与建环专业的专业基础课基本一致，但两者在专业课程设置上具有明显的区别。现有教材多是针对建环专业编写的[7]，导致能动专业学生在热泵类课程的学习过程中存在理解不够透彻的问题。

从学校角度分析，本校属于普通本科院校，课程目标的定位对于学生毕业能力的达成情况至关重要。明确本校与"双一流"院校、专科类院校在学生培养目标中的区别与联系，才能更好地实现对学生毕业能力的培养和支撑。

3　课程改革方向与举措

3.1　课程改革方向与定位

结合学校和院系的实际情况，"热泵原理与应用"课程定位为培养应用型技术人才，因此在教学设计和课程建设时应以学生的应用型能力为出发点。传统课程的授课模式多以知识点传授为主，通过课后作业和考核等方式强化学生对知识点的掌握程度。从前文分析可知，高年级学生受各种因素影响，已普遍存在学习积极性不够高的问题，而此时采用传统授课方式往往会进一步加剧该问题，导致学生仅为了考试不挂科而学习，学习效果往往不佳。通过与高年级学生的课下交流，发现除考研和工作压力大等客观因素外，还有很多学生是对课程内容没有兴趣或产生畏难情绪。

针对上述学生现状，本课程改革提出以提升学生对课程学习兴趣为主导，以提升学生在学习过程中的成就感为支撑的思路。该教改思路的核心思想是"两性一度"教学理念，即创新性、高阶性、挑战度。以创新性提升学生学习兴趣，强化学生的内驱力；以高阶性增加学生成就感，满足学生的心理需求；以挑战度激发学生求知欲，培养学生的自主学习意识。结合本校学生的学习水平和能力，在培养学生解决复杂问题的综合能力和高级思维方面以"个人思考＋教师启发＋随堂测试"方式为主，着重学生在复杂问题解决过程中的成就感体验，坚定学生克服难题的决心。

3.2　课程改革举措与实践

3.2.1　课程内容规划

"热泵原理与应用"课程涉及基本原理、装置设备、系统设计、技术措施等诸多内容，若不进行合理规划，不仅难以在有限时间内完成课程授课，更无法保证学生的学习效果。以应用型人才培养为目标，课程重点应集中于学生工程应用能力的培养，适当结合国家最新政策和前沿技术，而对于技术理论部分则需压缩甚至删减部分内容。

结合本校能动专业学生的具体实际，将课程内容切割为理论和应用两个部分。理论部分主要讲授各类热泵技术的通用原理，重点介绍蒸汽压缩式热泵原理，对于吸收式、吸附式等形式的热泵原理则以理解为主。应用部分主要讲授空气源、地（水）源、太阳能等各类热泵技术的优缺点和设计要点，并预留一个课时为学生进行热泵应用领域与行业优势的前沿讲座，帮助学生开拓视野。

3.2.2 课堂教学方式

课堂教学采用多媒体教学 + 课堂讨论 + 情景模拟方式。

首先,在无法带领学生现场参观的情况下,利用计算机辅助教学,以实景图片、3D 剖视图、视频等方式,多视角、多维度为学生呈现热泵机组的组成和应用,增强课程对学生的吸引力。对于热力循环等难以理解的部分,采用热力图 + 分步动画形式,细致呈现循环的绘制过程和图表信息的查取方法,便于学生对相关知识的理解。

其次,课堂讲授过程中设置不同难易程度的开放或半开放式问题,通过启发式提问方式,一步步引出后续教学内容。该方式有利于集中学生的课堂注意力,同时还可以通过对学生回答问题的肯定,增强学生的自信心,在一定程度上缓解学生压力,增加学生下次参与互动的积极性,形成良性循环,最终增强学生学习的主动性与自觉性[8]。

此外,本课程探索性地增加了情景模拟环节,以角色扮演游戏的方式让学生多方位、多角度的全面认识热泵技术。例如,在最近一次授课中,以"学校图书馆热泵系统招标会"为主题,让学生分别扮演招标方、外聘专家组、投标方,通过互相辩论和竞争,学生更为深刻地理解了不同热泵形式及其优缺点,同时招标方和专家组学生还表示,站在不同位置和角度,分析热泵技术优劣后所得到的结果甚至可能是相反的。

3.2.3 课外拓展学习

针对高年级本科生的特点,以作业等强制方式布置课后任务的效果往往不佳。本课程采用非强制方式,在整个教学期间穿插分享课程相关的新闻或者短视频,供学生闲暇时间观看,在增加学生对热泵前沿技术知识储备的同时,潜移默化地提升对本课程的学习兴趣。此外,在进行情景模拟环节之前,为

了更好地扮演好自己的角色,赢得最后的成功,学生也往往会自发地利用课余时间去查阅大量的相关资料。

4 结语

通过对热泵类人才需求和课程现状的分析,指出了在普通本科院校能动专业高年级本科生推广热泵类课程存在的困难。结合本校情况,将课程定位为培养应用型技术人才,并提出了以学生兴趣和成就感为主导、以"两性一度"理念为核心的教学改革思路,即以创新性提升学习兴趣、以高阶性增加心理成就感、以挑战度激发学生的求知欲。据此,压缩了技术理论部分占比,采取了"多媒体教学 + 课堂讨论 + 情景模拟"方式,明显提升了学生的学习兴趣和教学效果。该成果可在普通本科院校的相近专业推广,对其他专业也有一定的参考意义。

参考文献

[1] 张朝晖, 刘璐璐, 王若楠, 等. "双碳"目标下制冷空调行业技术发展的思考 [J]. 制冷与空调, 2022, 22(1): 1-10.

[2] 刘丽莹, 余晓平, 王静. 热泵技术课程建设与教学方法探讨 [J]. 重庆科技学院学报(社会科学版), 2012, (17): 173-174, 187.

[3] 饶国燃, 宋侃, 廖爱群. 应用型"低品位热能利用"课程教学改革探索 [J]. 产业与科技论坛, 2021, 20(21): 148-149.

[4] 中商情报网. 2022 年中国热泵行业市场规模及发展前景预测分析. 2022-07-14. https://3g.163.com/dy/article/HC8NNJAF051481OF.html.

[5] 吕石磊, 王冉. "30·60"双碳目标下建环专业的教学改革与思考 [J]. 高教学刊, 2021(30): 62-69.

[6] 张昌. 热泵技术与应用 [M]. 3 版. 北京: 机械工业出版社, 2019.

[7] 姚杨, 倪龙, 姜益强, 等. 关于研究型大学工科专业教材编著中的几点思考: 以《暖通空调热泵技术》教材编著为例 [J]. 长春理工大学学报, 2011, 6(1): 135-137.

[8] 阳琴, 杨江红. 建筑冷热源课程案例教学方法与效果分析 [J]. 学园, 2021, 14(8): 32-33.

"新能源系统"教学实践与教材

李　勇[1]，王如竹[2]

（1.东华大学环境科学与工程学院，上海　201620；2.上海交通大学制冷及低温工程研究所，上海　200240）

摘　要：教育及培养具备新能源原理及技术知识的人才也是当前高校的重要任务。本文结合笔者"新能源系统"研究生课程的教学实践与经验，对《新能源系统》教材的目标和内容特点，教材相关内容的教学实践及教材的推广进行介绍，提出为促进新能源教学及新能源技术的推广，应注重外部专家的引导作用，学科交叉与文化交流对培养学生以国际视野从事新能源工作的重要意义。新能源教育引入思政内容有利于培养学生责任感及学好本课程，并主动进行创新。

关键词：新能源系统；教学实践；教材；能力培养

1　引言

我国能源消耗巨大，且随着经济和人民生活水平的可持续提升，能源的需求也会保持稳定的增长。而我国能源结构仍以煤为主，石油的对外依存度已达到70%左右。同时，我国也是二氧化碳排放最大的国家之一。从环境保护、气候变化、能源安全等多个角度考虑，为达到"3060双碳"战略目标，我国必须在能源开源和节流方面迅速做出巨大的努力。特别是新能源推广及规模化利用属于开源的一个重要方面，是我国能源转型和可持续发展的重要战略[1]。发展可再生的新能源是当前科技界及产业界的当务之急，培养具备新能源原理及技术知识的人才也是当前高校的重要任务。

一般认为，新能源是以新技术和新材料为基础，使传统的可再生能源得到现代化的开发和利用，主要包括太阳能、风能、生物质能、潮汐能、地热能、氢能和核能（原子能），用于取代资源有限、对环境有污染的化石能源。以太阳能、风能和生物质能为代表的可再生能源，其资源可谓无限，但又存在不稳定、间歇性、能源密度不高等缺陷。要增大可再生能源占总能源的利用比例，解决这些问题，新的材料及技术不断涌现。而未来的能源系统便是可再生能源和化石能源混合的系统，这里称为新能源系统。较以往单纯的化石能源系统，新能源具有结构与控制复杂、能源协同互补等特点[2]。因此，多种能源的输送、储存、协同互补也成为当前研发的热点，相关原理和技术需要深入总结及介绍。由于电能使用具有很大的便捷性，电力系统已经有较好的基础设施，电能占总能源的比例必然上升。为适应新能源系统，电网系统也要发展为智能电网系统。因此，正在发生的波及全球的能源变革将使传统的能源系统演变为经济持续、稳定可靠、高效环保、多能协同、智能互联的新能源系统[3]。

2012年起，上海交通大学多位教师组成教学团队，对本科高年级及研究生开设了双语课程"新能源系统"，本课程面向全校全体研究生及高年级本科生，增加及提升研究生在新能源技术及建筑利用以及能源政策等方面的知识，以国际视野了解新能源产业及其地位和对社会可持续发展的作用，为有意从事新能源工作的各专业学生预备基础知识。同时，该课程还注重培养进行科学研究的基本素养和能力，培养多学科交叉及合作的能力，培养多文化交流能力。本课程2016年成功申报学校品牌课程，2018年在形成大量相关课件及教学资料基础上，撰写《新能源系统》教材，2021年该教材由机械工业出版社正式出版。

本文将对《新能源系统》教材的目标和内容特点，教材相关内容的教学实践及教材的推广进行介绍，目的是交流及提升新能源技术、新能源系统的教学及科研能力。

作者简介：李勇（1969—），男，博士，教授。邮箱：liyo@dhu.edu.cn。

基金项目：东华大学2021年研究生课程（教材）建设项目。

2 《新能源系统》教材的目标和内容特点

《新能源系统》教材为"十三五"国家重点出版物出版规划项目,属于"能源革命与绿色发展丛书"及"平台高等教育能源动力类教材"。本教材的对象为研究生及高年级本科生,也可供相关工程技术人员参考。本教材的目标是介绍可再生能源技术、储能技术、能源系统以及能源政策等方面的知识,使学生了解我国及世界新能源特别是可再生能源资源情况,掌握太阳能、风能、生物质能、海洋能、波浪能等可再生能源以及核能等新能源的特点,掌握新能源利用的基本原理、主要转换技术、应用领域以及发展趋势。培养分析及构建以低碳为目标的新型能源系统的技术能力,以国际视野了解可再生能源在新兴产业中的地位及社会可持续发展的作用,介绍世界各国可再生能源的有关政策及效果,为有意从事可再生能源工作的各专业学生预备基础知识。

本教材的前几部分侧重于新能源的转换技术,包括太阳能、风能、生物质能以及其他可再生能源转换技术。为使这些能源能够单独或者与化石能源协同可靠运行,稳定满足用户需求,本教材接着介绍储能相关原理及技术,包括电能储存及热能储存,然后通过对混合能源系统、智能电网及综合能源系统最新进展的描述,为读者提供现代能源系统发展的全景图。由于气候变化是当前全球面临的共同挑战,也是新能源系统需要应对的重要问题,本教材在最后一章还介绍了碳减排技术评价与分析的内容。《新能源系统》教材还配备了对应的章节PPT,并根据能源技术的发展对教材内容进行不断更新。

3 "新能源系统"教学实践

"新能源系统"课程教学过程中,注重知识传授与能力培养并行,团队以新能源技术、系统、城市应用为重点,以多形式教学手段为载体,通过多种形式的授课方式开展教学工作,包括传统的课堂讲授传授、讲座、实验参观和小组项目活动,调动学生兴趣,并使他们将知识应用于实际。

由于该课程属于系统级别,涉及知识面广,部分还涉及学科交叉。课堂讲授的教授都是某一单项能源的专家,对专业相关能源的特点及转换原理理解深刻。因此,各个教授负责自己擅长专业相关知识

内容的教学,并结合课题研究介绍特定能源技术发展趋势及从事研究的经验。选修课程的学生不仅对相关能源转换原理及技术有了更深入的了解,还作为从事研究的新人获得了专业研究的经验和方法,并对能源技术的发展产生更大兴趣,学生普遍反映课程对全面了解新能源技术帮助很大。

邀请相关专家和专业技术人员讲座,使学生接触技术前沿,并获得做好能源相关研究和开发新技术的良好经验。例如,2018年教学团队邀请学者包括:*Renewable Energy* 主编 Dr. Soteris Kalogirou,讲座题目为"可再生能源系统现状与前景";*Energy* 主编 Dr. Henrik Lund,参与学术沙龙、砺远学术讲坛邀请报告。丹麦奥尔堡大学 Henrik Lund,就100%可再生能源的利用和设计进行了演讲,介绍了智能能源系统的概念和指出将现有能源系统转变为可持续的100%可再生能源系统的挑战。两位世界能源著名期刊主编,都就能源相关论文撰写及评审的要点发表了看法及建议。

本课程属于工程应用学科,新能源系统相关技术处于快速发展及演进阶段,不仅需要从业者具有扎实的专业知识,更需要具备理论联系实际、创新设计、交流沟通的能力。而对于能源变革的专业交叉及全球属性,选修该课程的学生构成也说明了该特点。图1为2018学年选修课程学生的国家分布及人数,图2为2018学年选修课程学生的专业分布及人数。可以发现,选修该课程的留学生比例远高于上海交通大学留学生占研究生的比例,说明新能源系统是全球关注的课题。

为做好多学科、多文化交叉与交流,在与挪威科技大学科技合作的基础上,同时开展教育合作,引进其团队合作专家合作学习方式(Experts in Teamwork, EiT)。在团队合作专家合作学习方式中,学生通过反思和学习项目实施过程中的具体合作情况来培养团队合作技能。学生与来自不同专业、多元文化背景的参与者组成跨学科团队。跨学科团队合作被看作培养协作技能的机会,从而提高团队合作的效率。现实生活及工程的相关问题领域构成了团队合作的基础,团队取得的成果用于造福内部和外部合作伙伴。EiT 中的学习方法是基于经验的,学习过程的一个重要部分是团队合作时出现的问题及挑战。学生通过在整个项目生命周期中解决系列问题来培养协作技能。团队成员在交流沟通、权衡协作、团队合作训练、反馈及相互激励下完成开放性问题的解决。基于研究前沿的开放项目问题研究及案

例分析,培养了学生协同解决问题的能力,也获得了新能源应用研究与产业发展的前沿动态。

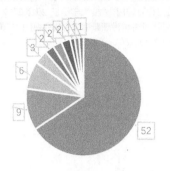

图1　2018学年选修课程学生的国家分布及人数

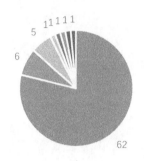

图2　2018学年选修课程学生的专业分布及人数

课程考核采用多种方式,力求结合课程特点对学生进行专业分析、合作、表达等多方面能力的培养。2018年课程个人作业包括阅读文献回答问题、家乡的可再生能源情况、100%可再生能源可行性探讨,小组作业包括可再生能源技术与应用、智能绿色校园探讨、国家100%可再生能源方案及挑战。

本课程的开展获得了学生的好评,学生认为本课程设计得非常好,先通过老师的授课对新能源有一个宏观全面的认识,然后分为小组作业,通过对绿色能源手段的分析,进而对建设绿色校园提出建议,最终实现绿色国家的建设,层层递进,收益颇丰。而且,本课程有众多外国学生,使学生的研究不拘泥于中国,而是放眼于全球的绿色能源建设,具有较大的格局。在学习调研的过程中,学生了解了很多国外的能源建设及人文情况,丰富了阅历,并与外国学生结下了深厚的友谊。

4　《新能源系统》教材推广

《新能源系统》教材在东华大学获得应用。本文第一作者申请了以可再生能源为重点的专业学位课程研究生思政示范项目课程"太阳能利用技术",将该教材作为重要参考书。在专业授课的同时,包含思想政治教育的内容,培养工科大学生的伦理情感、正确的职业价值取向[6],帮助他们清楚地认识到自身应承担的工程师责任,以及如何在未来的工程活动中践行责任[8-9]。

在课程教授过程中,介绍我国能源进口来源、输送通道相关知识,强调国家能源利用安全问题,构建安全、稳定的新能源利用体系的必要性及紧迫性,促使学生思考发展新能源系统解决我国能源问题的路径及技术选择;突出中国政府在利用光伏技术进行脱贫工程、改善环境(光伏扶贫、沙漠治理、增加就业)中的贡献[9-10],对提升工科学生的社会责任感,培养学生正确的职业价值取向、精益求精的职业精神,激发学生科技报国的家国情怀和使命担当进行了有益尝试。

5　结语

新能源教学势在必行,需要对系统、技术进行全面总结,并不断更新。《新能源系统》教材顺应了这一重要需求,该教材基于长期教学实践,通过对单项能源转换原理及混合能源系统、智能电网及综合能源系统的最新进展的总结了为读者提供了现代能源系统发展的全景图。"新能源系统"教学实践的目标是知识传授与能力培养并重,注重对基础知识的学习及掌握,注重技术发展趋势分析及创新能量培养。能源革命是全球潮流,也是长期的工作,需要各国协作、多专业协作,在教学实践中应尽可能提供不同专业、不同文化背景学生间沟通交流的机会,融入国家需求、政策与战略及世界能源格局相关内容,使学生获得知识,培养能力,树立信心及责任感。

参考文献

[1] 文云峰,杨伟峰,汪荣华,等.构建100%可再生能源电力系统述评与展望[J].中国电机工程学报,2020,40(6):1843-1855.

[2] 屈小云,吴鸣,李奇,等.多能互补综合能源系统综合评价研究进展综述[J].中国电力,2021,54(11):153-163.

[3] 丁涛,牟晨璐,别朝红,等.能源互联网及其优化运行研究现状综述[J].中国电机工程学报,2018,38(15):4318-4328.

[4] 杨挺,赵黎媛,王成山.人工智能在电力系统及综合能源系统中的应

用综述 [J]. 电力系统自动化,2019,43(1):2-14.

[5] https://i.ntnu.no/wiki/-/wiki/English/Experts+in+Teamwork.

[6] 郭欣瑜. 资助育人模式下高校学生思想政治教育探究:以南京工程学院能源与动力工程学院为例 [J]. 现代职业教育,2021(6):8-9.

[7] 吕波,代晓敏,王金鹏. 能源化工类学生专业素养思想政治教育途径探析 [J]. 广州化工,2020,48(23):229-230.

[8] 刘娟. 转型提升背景下的高校思想政治教育创新研究:以银川能源学院为例 [J]. 文化创新比较研究,2019,3(25):17-18.

[9] 李娜,张广来,周应恒,等. 中国减贫实践:农村 "光伏扶贫" 政策的社会经济效益评价 [J]. 中国农业大学学报,2022,27(2):294-310.

[10] 王睿. 库布齐沙漠可持续治理典型模式研究 [J]. 西华师范大学学报(自然科学版),2019,40(1):92-97.

本研贯通课程"传递过程原理"建设

綦戎辉[1]

(华南理工大学化学与化工学院,广州 510641)

摘 要:"传递过程原理"重点讲授动量、热量及质量传递的基本原理、数学描述及求解方法,可同时作为高年级本科生及一年级研究生课程。本文简介了华南理工大学化学与化工学院本研贯通课程"传递过程原理"专业课程的建设要素,并介绍了教学实践中所实施的研究生开放式探索(科研热点速递)及本科生开放式探索(传递过程发展史)等具体案例,以及辅助课程的在线课程建设等。

关键词:传递过程原理;本研贯通课程;开放式探索;在线课程

1 引言

目前,很多院校本科与研究生人才培养工作存在断层,不利于拔尖创新人才的系统培养[1]。例如,能源化工学科研究方向与本科专业学习缺乏有机衔接,科研创新训练难以实现梯度递进,降低了工程及研究人才的培养效率[2]。因此,华南理工大学化工学院近年来持续强化课程改革,作为第一批本研贯通课程,"传递过程原理"专业课程首次纳入化学工程与工艺专业及能源化学工程专业的本科生培养方案,并已于2021—2022年度第一学期进行了开课实践。

"本研贯通"尚属于新兴事物,教学、考核等具体应如何进行仍需要大量的摸索与实践。"传递过程原理"重点讲授动量、热量及质量传递基本原理、数学描述及求解方法,并揭示这三者之间的相互关系。该课程涉及诸多物理本质、大量数学推导过程以及实际工程应用等,要求学生具备较强的抽象思维能力和逻辑推理能力,有一定的难度,对学生理解能力及课堂专注度,有较高要求。对于这类既需要学生掌握大量基础知识又需要将理论知识融会贯通并学以致用的课程,传统的教学模式难以激发学生的求知欲和学习的积极性,易造成教师与学生隔离、理论和实践脱节[3-4]等问题,作为本研贯通课程,面向基础及学习能力不同、兴趣各异的本研同学时,问题更加严重[5]。其次,传递过程在能源、化工领域应用广泛,领域前沿发展很快,仅靠教材、课件的更新远远不够。因此,教学中要注意引入新理论和新方法,这对学生的创新能力培养尤为重要。针对"传递过程原理"课程实施教学改革势在必行。

本文基于新工科背景,采用"本研贯通"人才培养思路,简介了华南理工大学化学与化工学院"传递过程原理"本研贯通课程建设,以及教学内容及教学方式重构、考核方法改革等教学实践探索。

2 课程建设要素

"传递过程原理"课程为能源化工专业课程,共48学时、3学分,开课学期为本科生第五学期(化学工程)或第七学期(能源化工)及研究生第一学期。该课程主要讲述动量传递、热量传递和质量传递的基本原理、数学描述及其求解方法;阐明三类传递过程的类似性、三者之间的密切联系和传递理论的一些工程应用等。通过学习本课程,使学生理解动量传递、热量传递和质量传递的基本原理以及三者之间的关系,掌握建立、求解传递过程数学模型基本方法,提高学生分析问题、解决问题、批判性思考的能力。为实施"传递过程原理"本研贯通课程建设,具体建设要素如下。

(1)重构课程教学内容:梳理课程教学内容,将知识分为层流流动、湍流流动、传热、传质及综合传递五大部分,充分考虑基础知识的广度与深度;拓展

作者简介:綦戎辉(1984—),女,博士,教授。电话:020-87112053。邮箱:qirh@scut.edu.cn。

基金项目:华南理工大学2021年度本科教研教改项目;华南理工大学2021年度研究生重点课程建设项目;广东省高层次人才项目(2017GC010226)。

与传递过程相关联的新技术、新知识、新理论和新工艺,保持教学内容的先进性,反映当代新工科工程科学领域发展的前沿,强化学生创新能力、综合实践应用能力。

(2)优化课程考核方法:对学生的考核扩展为两个维度:一是基本知识、理论、概念的理解掌握程度;二是对所学理论知识的综合应用及对能源、化工领域前沿的思考。考核内容可包括以下三部分:课堂讨论及平时作业、课程报告、期末综合测评等。期末综合测评突破传统做题模式,纳入主观讨论题、能源问题辩论题、实事及工程案例分析题目等,全面考察学生的创新及实践能力。

(3)教学梯队建设:授课过程中,积极吸引青年教师,加强对青年教师的培养;重视新的教育理念,加强教学经验交流,切实提高教师的教学水平;通过参加 EMI 培训课程、教学会议等,加强教师队伍的理论深造和国际交流。希望通过本课程建设,建设一支具有现代教育思想和方法、适应现代化教学手段的高水平教学队伍。

3　教学改革方式

基于"本研贯通"人才培养思路,实施"传递过程原理"教学方式改革,形成基础理论教师讲授、专业学科导论、小组讨论、课程报告等贯穿本科至硕士阶段项目学习的主线。采用小班式教学模式,突出交互式教与学的模式,调动学生的积极性和主动性,使学生的学习更具有针对性和有效性,具体如下。

(1)教学方法改革:根据本研学生基础不同、兴趣各异的特点以及研究生自学能力、文献检索较强的优势,进行小班制交互式教学,安排科研热点速递、案例分析等分组及个人报告,充分调动学生的积极性和主动性。

(2)教学内容:笔者所在的华南理工大学"室内环境技术"团队在传递过程方向上的研究水平处于本领域学术前沿。基于传递过程应用广泛、发展迅速等特点,发挥笔者及所在实验室科研优势,注重结合学生化工、化学及能源等不同背景,突出传递过程在交叉学科研究及工程应用中的重要性,使教学工作和科研工作、工程实践紧密结合,注重科教融合,强化学生创新能力和综合实践应用能力。

(3)考核方式:面向多学科融合和创新能力的培养要求,突破传统作业 + 做题考核模式,在平时成绩中引入课堂讨论及案例分析、热点分享等课程报告,在期末成绩引入主观讨论题、批判性思考、工程实例分析题目等,全面考察学生的创新及实践能力以及文献调研、报告撰写和语言表达能力等,形成多样化的评价形式和多元化的评价主体。

4　教学实践过程

下面简介在 2021—2022 年度第一学期教学过程中的一些探索及典型案例。

4.1　科研热点速递——研究生开放式探索(个人)

发挥研究生文献检索、分析报告能力较强的优势,引导学生关注国家及世界科技相关最新研究及应用进展,设立开放式课题,如"层流流动的工程应用""微尺度对流传热""ECMO 与传质""如何实现高导热或绝热过程""相变材料中的传递过程"等,如图 1 所示。在这一过程中,学生可更深入地理解传递过程的物理本质及应用,能够灵活运用所学的基本原理及研究方法分析科研或工程中遇到的实际传递问题。

图 1　研究生开放式探索课程实例

4.2　传递过程发展史——本科生开放式探索(团队)

本科生以 3~5 人组成团队,以"流动过程的研究进展及应用"为题,通过查找文献、阅读相关书籍等方式,合作完成汇报 PPT 的制作、讲解及录制,并将最终作品上传至公众平台,如图 2 所示。在这一过程中,发挥学生的主观能动性,扩展学生的知识面。

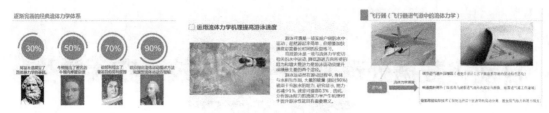

图2 本科生开放式探索课程实例

4.3 在线课程建设

"传递过程原理"内容难度较高,学生需要复习、预习,而暂时尚无系统的在线课程。在本学期授课过程中,同步建设了"传递过程原理"在线课程。本在线课程包括 36 节 5~10 分钟的视频微课,以及教学计划、多媒体 PPT 课件、微课视频、习题、考试题及讨论题等。该课程已于 2022 年 5 月在智慧树网站上线,网址为 https://coursehome.zhihuishu.com/courseHome/1 000 072 581#teachTeam,并开放了公众选课及跨校共享学分课选课。具体课程信息如图3 所示。

图3 "传递过程原理"在线课程信息

5 结语

这一本研贯通课程的建设及教学实践基于新工科背景,以自主学习能力、工程实践能力、研究创新能力培养为重点,既可为有较强潜力、有志深入学习的本科生提供深度学习的机会,同时又是相关方向研究生的学位课程,可有效解决有意读研的大三、大四本科生在本研衔接阶段的学习问题,有效促进学生实现知识、能力、实践、创新的系统训练和长程培养。经过这一个学期的教学实践,教学评价学院排名前 5%。

部分学生评语摘录如下。

教师的知识渊博,因此讲授的很有深度,并且在书本知识基础上也有所扩展。跟研究生一起上的课确实干货会比较多,本研同上这一举措给人以新鲜感。

老师上课的时候讲得很好,有发散、有重点,个人听得很认真,是一门好的课程。

教师基本功扎实,知识讲解准确,教学设计合理,始终以学生为主体,自主学习,小组交流讨论、上台交流展示等形式,师生配合默契,取得了较好的学习效果。

可能是最有深度且不乏广度的一门课了,对数学功底的要求相当高,好在考核方式是录制讲解视频,也练习了文献阅读、模拟软件使用和媒体传播。

参考文献

[1] 王海明,曾令艳,宋彦萍,等.本研一体化教学培养模式改革实践:以哈尔滨工业大学能源科学与工程学院为例 [J]. 黑龙江科学,2020,11(17):26-27.

[2] 何益海,戴伟,康锐,等."质量工程技术"本研课程四位一体式研究性教学探索与实践 [J]. 教育教学论坛,2019(8):159-161.

[3] 熊海贝.基于本研课程一体化设计的教学方法和质量控制:以"高层建筑结构"为例 [J]. 科教导刊(下旬),2019(10):134-135.

[4] 刘遵春,王琦,张博,等.本研贯通课程"高等物理化学"的实例教学 [J]. 化学教育(中英文),2017,38(22):1-6.

[5] 姜宝成,翟明,帅永,等.能源动力本研一体化多层次实验教学体系建设 [J]. 中国电力教育,2019(12):69-70.

自动化数据处理及PPT生成技术在大学生竞赛中的应用

李　扬[1]，李文甲[1]，马　非[1]，邓　帅[1]，齐建荟[2]，赵　军[1]

（1. 天津大学机械工程学院，中低温热能高效利用教育部重点实验室（天津大学），天津　300350；
2. 山东大学能源与动力工程学院，山东济南　250100）

摘　要： 党的十八大以来，党中央高度重视高等教育工作，作为实践交融育人理念的重要途径，全国各项大学生竞赛的参赛规模、作品质量不断提高，对赛事承办单位的筹备水平提出了新的挑战。本文以第十五届全国大学生节能减排社会实践与科技竞赛为例，介绍了自动化数据处理及PPT生成技术的应用实例，主要包括通过VBA程序实现成绩自动化统计校核、PPT自动生成、双S形分组、PDF自动核对等技术，同时分析了各项技术与传统方案相比的改进效果。

关键词： 大学生竞赛；VBA；PPT自动生成；S形分组；节能减排竞赛

1　引言

高等教育发展水平是一个国家发展水平和发展潜力的重要标志。党的十八大以来，以习近平同志为核心的党中央高度重视高等教育工作，为新时代高等教育改革发展指明了前进方向。作为实践交融育人理念的重要途径，全国各学科大学生竞赛如火如荼的举办，大赛规模、作品质量、与新时代背景的契合度等都在不断提高[1]，这对赛事承办单位的筹备水平提出了新的挑战和新的要求。

以全国大学生节能减排社会实践与科技竞赛（以下简称节能减排竞赛）为例，其自2008年起已成功举办14届，本届即第15届由天津大学承办。在历届教指委的领导下，节能减排理念辐射全国，竞赛规模不断扩大，已成为一个富集高实践性和高创新性的大学生竞赛[2]。本届大赛更是达到了创纪录规模，共601所高校、6 233件作品成功参赛（含境外高校/作品共12所/15件），分别比第14届提高了19.6%和14.6%。为了保证大赛高效有序进行，本届组委会在提高办赛效率方面进行了一些新的尝

试，并取得了较好效果，受到参赛专家的肯定。

本文以本届节能减排竞赛为例，介绍自动化数据处理及PPT生成技术在大学生竞赛中的应用实例，并与传统方案对比分析改进效果。

2　成绩自动化统计校核及PPT生成

成绩统计是保证大学生竞赛公平公正的关键环节，不容许有任何错误。对于线下会议评审，成绩统计通常需要在评审结束后一天内完成，时间紧、任务重，且由于保密等原因通常不宜有过多人员参与。随着竞赛规模的不断扩大，成绩统计速度逐渐成为制约办赛效率的重要影响因素。

以本届节能减排竞赛为例，大赛会评于2022年6月17—19日进行，其中18日9：00—12：00进行分组评审，当日14：00即召开专家组长会讨论确认评审结果，意味着组委会必须在中午的2个小时内完成2 000余件作品成绩的录入、统计、校核、PPT制作等工作，任务量极大。此外，受新冠疫情影响，可到现场的工作人员有限，难以通过多人协作完成成绩统计工作。因此，组委会提前准备，从2022年3月起即开始会评预演及自动化统分方案设计工作。下面对快速成绩统计及自动校核、PPT自动化生成两个方面介绍具体方案及效果。

作者简介：李扬（1990—），男，博士，助理研究员。电话：13702157073。邮箱：liyangtju@tju.edu.cn。

基金项目：天津大学2021年本科教育教学改革研究项目（重点项目）"基于OBE的教学评价方法量化平台建设与实践——以能源与动力工程专业为例"；中国博士后科学基金资助项目（No.2022M712347）。

2.1　快速成绩统计及自动校核

各组会议评审结束后,会场工作人员首先誊抄各组评审结果,并到统一地点进行成绩录入。为了保证成绩录入的效率及准确性,本届设计了"成绩代号"规则,四类成绩分别对应字母 R、T、Y、U,并按此规则编制了统分表格,如图 1 所示。

纸质（专家评审用）表	序号	若干作品信息列	推荐决赛	推荐二等奖	推荐三等奖	不推荐	序号	
	1		√				1	
	2				√		2	
纸质（工作人员誊分表用）	序号	若干作品信息列	推荐决赛	推荐二等奖	推荐三等奖	不推荐	序号	
	1		R√	T	Y	U	1	
	2		R	T	Y√	U	2	
电子录分表（组委会分用）	序号	若干作品信息列	推荐决赛	推荐二等奖	推荐三等奖	不推荐	序号	录入代号
	1		√				1	R
	2				√		2	Y

图 1　成绩统计相关表格示意

工作人员 A 首先将专家组完成填写的纸质评审表中的成绩原样誊抄到纸质誊分表中,在纸质誊分表成绩列打印有浅灰色"RTYU"成绩代号,工作人员 A 唱票时即可按照"1R、2Y、3T……"的方式快速唱票。

唱票时,工作人员 B 在电子录分表的"录入代号"列中输入成绩代号,左侧成绩列即可通过设定好的公式自动显示"√"标记,且本行背景色自动变为条件格式预设的成绩对应颜色。与此同时,工作人员 C、D 分别核对唱票、录分过程,在录分结束后,由工作人员 D 重新唱票,工作人员 A、B、C 共同核对表格中录入的成绩是否有误。

此外,在电子录分表中设有自动校核区,通过预设公式自动计算各类奖项数量、是否超过章程要求上限等,不符合要求的数字将通过预设条件格式自动标黄,以提醒工作人员及时查对。

技巧:采用 RTYU 作为成绩代号的原因如下,(1)RTYU 在键盘上相连,左手键入成绩代号,右手按回车键进入下一行继续录入,两只手分工明确,且位置基本不变,录入效率高;(2)RTYU 发音及外形均相差较大,不易误读误认。

改进效果:基于上述改进及多轮提前演练,本届节能减排竞赛会评成绩统计环节未出现任何失误。

2.2　PPT 自动生成

上述成绩统计完成后,需制作 PPT 以展示推荐三等奖、二等奖及决赛作品,并在专家组长会上讨论确认。相关作品 1 500 余项,每页 PPT 展示 12 项左右,即需制作 100 余页 PPT。往届较多采用多人分别手动制作再汇总的方式,但本届作品基数大,获奖作品多,所需人手更多,且因疫情影响难以同时聚集大量人员参与本工作。此外,该方式容易出现人为错误。因此,本届组委会采用了 VBA 技术实现 PPT 自动生成。

VBA(Visual Basic for Applications)是美国微软公司所开发的 Visual Basic 的宏语言,用于 Office 系列软件中,如 Excel、PowerPoint、Word 等,可便捷实现主程序所不具备的功能。本实例的主要步骤如下。

在成绩统计表格中添加公式生成 VBA 所需代码。例如,每页需要展示 10 个作品,每个作品包含两项作品信息(如题目、奖项),分别位于 Excel 表 B、C 列, A 列为序号,则可在 D、E、F 列添加公式生成 VBA 代码。假设 Excel 表格第 1 行为标题,第 2~11 行分别为 10 个作品,则

D2 中的公式为

`="data( "&A2&",1 )="""&B2&""""`

E2 中的公式为

`="data( "&A2&",2 )="""&C2&""""`

F2 中的公式为

`=D2&":"&E2`

需要注意的是,若 Excel 公式中字符串内需有英文双引号,需用两个双引号转义为一个双引号;而两句独立代码在同一行内时,可通过增加 ":" 加以间隔。表格第 1~3 行中实际显示的效果如图 2 所示。

	A	B	C	D	E	F
1	序号	题目	奖项	VBA程序分句1	VBA程序分句2	VBA程序合并粘贴至PPT VBA对应位置
2	1	XX研究	特等奖	data(1,1)="XX研究"	data(1,2)="特等奖"	data(1,1)="XX研究":data(1,2)="特等奖"
3	2	XX装置	一等奖	data(2,1)="XX装置"	data(2,2)="一等奖"	data(2,1)="XX装置":data(2,2)="一等奖"

图 2　用于 PPT 自动生成的 Excel 表格效果

新建一个启用宏的 PPT 文档,保存为"结果展示.pptm"。在 PPT 中新建一个 11 行 3 列的空表格,按"Alt+F11"调出 VBA,添加模块并输入如下代码:

```
Sub ppt_generate( )
    Dim data( 10,2 )As String
    ' 将 Excel 表格 F2~F11 内容同时选中后粘贴至此
    Dim oPPT As Presentation
    Set oPTT = PowerPoint.Presentations( " 结果展示.pptm" )
    For i = 1 To 10
        oPTT.Slides( 1 ).Shapes( 1 ).Table.Cell( i+1,1 ).Shape.TextFrame.TextRange.Text = i
        For j = 1 To 2
            oPTT.Slides( 1 ).Shapes( 1 ).Table.Cell( i+1, j+1 ).Shape.TextFrame.TextRange.Text = data( i,j )
        Next
    Next
End Sub
```

运行程序后,表格内容即可自动生成。需要注意的是,上述代码仅为针对 1 页的简化版,对于多页 PPT 展示,还需将 Slides(1)中的 1 更换为变量,并在 Excel 表格中计算出每一个作品所在的页码,增加相应公式,此处不再赘述。

技巧 1:若在成绩统计 Excel 表格中编写 VBA 操作 PPT,可获得同样的结果,且代码更为简单,但由于需跨软件操作,实测生成时长显著增加 3~4 倍。因此,对于页数较多的 PPT 自动生成,应尽可能将数据导入 PowerPoint 的 VBA 程序中,在同一软件内运行程序。

技巧 2:当作品数量较多时,粘贴至 VBA 中的代码字节数较大,容易超过 VBA 单个子程序的字节数上限。对于该情况,可将子程序起始行"Sub data_1( )"和结束行"End sub"也编入公式中,自动变更子程序名称,并使其出现在适当位置,以实现自动拆分为多个子程序。

改进效果:140 余页 PPT 表格生成仅用时 5 分钟,且只需 1 人操作,相比往届需 5~6 人耗时 30 分钟,效率提高很多。

3 双 S 形作品分组

S 形分组或蛇形分组是一种常用的均衡分组方式,常用于各类赛事中[3],以单 S 形分组最为常见。单 S 形分组可同时保证组间平均排名基本一致、组内高低排名均布,是一种较为理想的分组方式,在算法上也较容易实现。

而节能减排竞赛网评分组采用的是双 S 形分组方式,除需考虑排名均衡外,还需考虑高校分布的均衡性。例如,有 A、B、C 三个高校,每个高校各有 4 个作品参赛,每个作品的校内排名已知,如 A1 代表 A 校第一名。若分三组进行评审,则双 S 形分组下各组作品如表 1 所示。

表 1 双 S 形分组示例

组内序号	第一组	第二组	第三组
1	A1	B1	C1
2	B2	C2	A2
3	C3	A3	B3
4	A4	B4	C4

由表 1 可以看出,双 S 形分组的基本逻辑为第 1 个学校第 1 名→第 2 个学校第 2 名→第 3 个学校第 3 名→⋯。表 1 为各校作品数量相等的理想情况,但实际竞赛中大部分高校的作品数是不同的,对于这种情况,组委会相关负责人员经反复尝试,寻找出一种较为理想的算法逻辑,基本流程如图 3 所示。

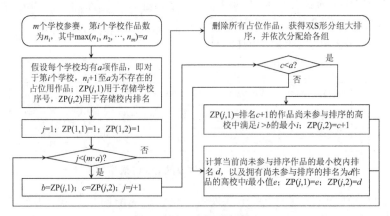

图 3 双 S 形分组流程图

技巧：双 S 形分组可使各高校作品尽可能均布，当高校数显著大于分组数时，一般同一组内不会出现同一学校的两件及以上作品。若高校数较少，则需在图 3 基础上增加相应判断逻辑。

改进效果：图 4 为本届与最近某届节能减排竞赛网评分组效果对比，两届的同校最大作品数均为 15 件，同一组内作品数量均为 30 件左右。可以看出，本届各校内排名作品分布更加均匀，避免了某届曾出现的某一校内排名在同一组内扎堆出现的现象。

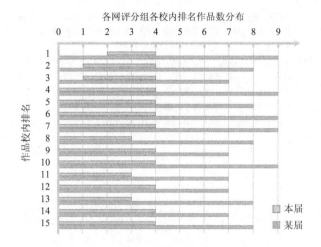

图 4　本届与最近某届节能减排竞赛网评分组效果对比

4　其他自动化处理技术应用

4.1　作品材料 PDF 自动校核

参加节能减排竞赛的作品需在网站系统上传 PDF 格式申报书，同时需在网站系统中填写作品类型、团队类型等信息。这两个类型是会评分组的关键依据，因此需要核对申报书中填写的类型与网站系统中填写的类型是否一致。由于上会作品超过 2 000 件，若全部采用人工核对工作量较大，因此本届通过编写 VBA 程序实现了 PDF 文字自动提取，并通过 Excel 公式加以核对。

假设共有 1 000 个作品需要核对，Excel 表格中第 1 列为文件路径，第 2 列用于存储 PDF 文字信息，第 1 行为标题行，每个作品 PDF 页数为 1，则提取各 PDF 文件文字信息的核心代码如下：

```
Function getTextFromPDF( )
    Dim strFilename As String
    Dim objAVDoc As New AcroAVDoc
    Dim objPDDoc As New AcroPDDoc
    Dim objPage As AcroPDPage
    Dim objSelection As AcroPDTextSelect
    Dim objHighlight As AcroHiliteList
    Dim pageNum As Long
    Dim strText As String
    For i = 1 To 1000
        strFilename = Sheets( "XX" ).Cells( i + 1, 1 ).Value 'XX 替换为实际工作表名
        strText = ""
        If  ( objAVDoc.Open( strFilename,  "" ) ) Then
            Set objPDDoc = objAVDoc.GetPDDoc
            Set objPage = objPDDoc.AcquirePage( 0 ) ' 提取第 1 页
            Set objHighlight = New AcroHiliteList
            objHighlight.Add 0, 10 000 '10 000 为文字数,可按需调整
            Set objSelection = objPage.CreatePageHilite( objHighlight )
            If Not objSelection Is Nothing Then
                For  tCount = 0 To objSelection.GetNumText - 1
                    strText = strText & objSelection.GetText( tCount )
                Next tCount
            End If
            Sheets( "XX" ).Cells( i + 1, 2 )= strText
            strText = ""
            objAVDoc.Close 1
        End If
    Next i
End Function
```

技巧 1：读取 PDF 需要在 VBA 中引用 Acrobat 库，具体步骤是单击菜单栏中的"工具"→"引用"，选中下方列表中的"Adobe Acrobat 10.0 Type Library"或其他同类库，也可通过单击"浏览"来选择 Acrobat 软件目录中的"acrobat.tlb"文件以建立库引用。

技巧 2：当作品数较多时，读取 PDF 时间较长，可建立用户窗体并通过 Label 控件实时输出读取进度。

改进效果：将需人工核对作品由 2 000 余份降至 800 余份（仍需人工核对作品，包括 PDF 为图片形式或材料编写格式，与要求不符等），工作量减少

约 65%。

4.2　图片比例自动校核

　　为展现优秀队伍风采,本届大赛在闭幕式公布获奖名单环节展示队伍合影及作品宣传图。为了避免格式混乱,统一要求图片比例为 16∶9,但由于少部分队伍对通知理解有误,提交图片比例不符合要求。为了方便通知修改,通过 VBA 程序实现图片比例自动校核。核心代码如下:

```
Set objWIA = CreateObject( "WIA.ImageFile" )
objWIA.LoadFile path    'path 为图片文件路径
pic_ratio = objWIA.Width / objWIA.Height
'pic_ratio 为图片比例
```

5　论语

　　本文以第十五届全国大学生节能减排社会实践与科技竞赛为例,介绍了自动化数据处理及 PPT 生成技术的应用实例,主要结论如下。

　　(1)经实践检验,通过 VBA 实现快速成绩统计校核、PPT 生成及作品材料核对可有效提高办赛效率并降低失误率,契合当前大学生竞赛规模不断扩大及新冠疫情背景下的新要求。

　　(2)采用合理的双 S 形分组算法可有效提高作品分布的均匀性,避免同一评审组内出现过多相同校内排名的作品。

参考文献

[1]　中国高等教育学会"高校竞赛评估与管理体系研究"专家工作组.全国普通高校大学生竞赛白皮书(2014—2018)[M]. 杭州:浙江大学出版社, 2019.

[2]　夏侯国伟,鄢晓忠,田向阳,等. 实践教学中创新人才培养的思考与探索:以节能减排大赛为依托 [J]. 湖南科技学院学报, 2019, 40(5): 57-58.

[3]　周近,田磊. 数据库环境下蛇形排列分组算法的实现 [J]. 江苏第二师范学院学报(自然科学), 2015, 31(6):14-17.

浅谈全国大学生节能减排大赛作品的地区分布特点

马　非,李文甲,李　扬,邓　帅,赵　军

（天津大学机械工程学院,中低温热能高效利用教育部重点实验室,天津　300350）

摘　要: 节能减排是建设绿色低碳社会,实现"双碳"目标的必然选择。全国大学生节能减排社会实践与科技竞赛以加强节能减排重要意义的宣传,增强大学生节能环保意识、科技创新思想、团队协作精神、工程实践能力和社会调查能力为主旨。本文以第十五届全国大学生节能减排大赛为例,结合近三年大赛举办情况,对大赛的参赛高校、参赛作品以及网评专家的地区分布特点进行分析,为高校、地区和全国大赛的筹备提供参考。

关键词: 节能减排大赛;参赛高校;参赛作品;网评专家;地区分布

1　引言

全球气候变化已经成为 21 世纪人类面对的最为严峻的挑战,是当今社会关注的焦点。中国作为世界上最大的碳排放国之一,高度重视应对气候变化。习近平总书记在第 75 届联合国大会上提出了"二氧化碳排放力争于 2030 年前达到峰值,努力争取 2060 年前实现碳中和"的"双碳"能源战略目标。国务院于 2021 年底发布了《"十四五"节能减排综合工作方案》[1],强调要"加快建立健全绿色低碳循环发展经济体系",从而助力"双碳"目标的实现,这不仅需要树立节能减排的全民意识,还需要加快科技创新和进步。大学生作为社会的新生力量和科技创新的主力,有必要通过各种形式强调节能减排重要意义,强化节能减排意识,提高科技创新能力 [2]。

全国大学生节能减排社会实践与科技竞赛(以下简称节能减排大赛)是由教育部高等学校能源动力类专业教学指导委员会指导,全国大学生节能减排社会实践与科技竞赛委员会主办的学科竞赛。该竞赛充分体现了"节能减排、绿色能源"的主题,紧密围绕"双碳"战略目标等国家重大需求,在教育部的关怀指导和广大高校的积极协作下,该大赛已发展成为起点高、精品多、覆盖面广且影响力大的全国大学生实践创新活动 [3]。

作者简介: 马非(1987—),男,博士,讲师。电话:15026688587。邮箱:mafei@tju.edu.cn。

基金项目: 天津大学 2021 年本科教育教学改革研究项目(重点项目)"基于 OBE 的教学评价方法量化平台建设与实践——以能源与动力工程专业为例";国家自然科学基金青年基金(No. 51906176)。

全国大学生节能减排大赛自 2008 年开始每年举办一次,目前已举办 14 届,承办高校依次为浙江大学、华中科技大学、北京科技大学、哈尔滨工业大学、西安交通大学、上海交通大学、昆明理工大学、哈尔滨工程大学、江苏大学、华北电力大学、武汉理工大学、华北理工大学、重庆大学和山东大学,分布在 11 个省 / 直辖市,累计参赛作品近 4 万件。2022 年"六百光年杯"第十五届全国大学生节能减排大赛由天津大学承办,目前已进入决赛阶段,大赛充分体现"节能减排,主动作为;实践创新,交融育人"的精髓以及"点亮生命之光,绽放生命之魂"的价值追求。

图 1 展示了全国大学生节能减排大赛历届参赛规模,无论是参赛高校数量还是参赛作品数量(文中参赛高校和参赛作品均为有效参赛高校和作品,仅报名无参赛队伍或参赛队伍未提交作品材料均不计算在内),整体上呈现出逐年增加的趋势。参赛高校数量从第一届的 88 所增加至第十五届的 589 所,参赛作品数量则从 505 件增加至 6 218 件。第十二届和第十三届,作品数量基本不变,主要是因为 2020 年突如其来的新冠疫情使广大师生的学习和工作受到较大影响。近年来,虽然仍有疫情,但由于防控得力,参赛作品总数量保持 20% 左右的增幅,从第十三届到第十五届,每年均增加上千件参赛作品。另外,第十五届还邀请了港台以及海外等 11 所高校、14 支队伍参加比赛,并设置了单独赛道。本文后续关于地区分布特点的分析主要集中在内地 31 个省、直辖市和自治区(以下简称省市),不含港

澳台地区及海外参赛队伍。

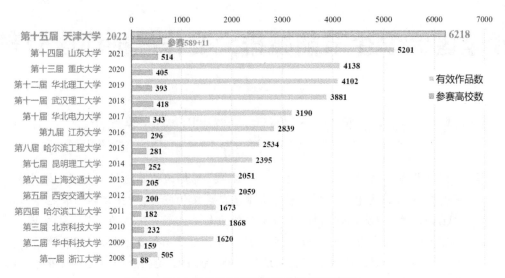

图1　全国大学生节能减排大赛历届参赛规模

本文以第十五届全国大学生节能减排大赛为例,结合近三年(2019—2021年)大赛举办情况,通过各地区参赛高校比例、校均作品数量和上会作品比例等数据,对参赛高校、参赛作品以及网评专家的地区分布特点进行分析,为高校、地区和全国比赛的宣传、导向等提供参考,从而提高参赛作品质量,更好地培养大学生节能减排意识、科学创新思想、工程实践和社会调查能力等。

2　分析讨论

2.1　参赛高校分布

由于全国大学生节能减排大赛是以高校为单位进行报名,且每所高校推荐作品数量不超过15件,因此参赛高校数量对于作品数量影响较大。图2给出了第十五届全国大学生节能减排大赛参赛高校数量在各省市的分布。可以看出,参赛高校大多集中于东部和中部地区,与我国普通高等学校在各地区的分布基本一致[4],但是河南和四川地区虽然拥有较多的高校(分别为156所和134所),参赛高校相对较少,未达到第一档的数量。参赛高校数量超过40所的地区共有4个,从高到低依次为江苏、山东、河北和广东,这些地区拥有的高校数量在全国均排在前列,从基数上来说具有较好的参赛基础。

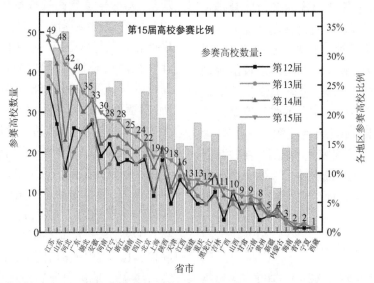

图2　第十五届全国大学生节能减排大赛参赛高校数量分布和近三年参赛高校数量分布

图2也给出了近三年全国大学生节能减排大赛参赛高校数量分布的变化，并与第十五届参赛高校情况进行对比。从点线图可以看到，大部分省市参赛高校的数量逐年增加，而且整体分布与第十五届参赛高校分布具有一定相似性。其中，第十三届由于疫情的原因，不仅总的参赛高校数量与第十二届相近，而且各省市的参赛高校数量第十二届和第十三届也极为接近。值得注意的是，第十五届个别省市的参赛高校数量与之前三届的数量变化趋势并不一致。如陕西、江西和吉林的参赛高校数量在第十五届有所下降，出现该现象的原因可能是由于疫情的影响，这三个省市在2022年的2—4月或5月期间均有较多新冠肺炎确诊病例。然而疫情较为严重的上海并未受到影响，参赛高校数量相比往年仍略有上升，可能的原因是上海疫情起始于3月，此时大部分学生已结束寒假返回学校，对学校报名和学生参赛的影响相对较小。而陕西、江西和吉林三个省市的疫情起始于2月，对部分学校的开学影响较大，因此参赛高校数量有所下降。

此外，河北和天津两个省市第十五届的参赛高校数量相比往年有明显提升，其中天津因为是大赛承办高校所在地，在宣传动员方面较为方便。河北参赛高校数量的增加，一方面与天津有相似的原因，另一方面是因为河北于2022年举办了第一届节能减排大赛省赛，为全国大学生节能减排大赛的举办进行了预热和宣传，大部分河北高校在参加完省赛后继续参加国赛，极大地推动和促进了全国大学生节能减排大赛的发展。相似的现象也发生于第十四届，江苏于2021年举办了第一届节能减排大赛省赛，因此第十四届江苏的参赛高校数量相比于第十三届有大幅提升。

上述数据反映了各地区参赛高校的数量，但是由于各省市所拥有的高校数量并不相同，仅凭参赛高校数量难以完全反映该地区参赛情况，因此以各省市所拥有的高校数量[4]为基础，计算了各地区第十五届参赛高校比例，如图2中柱状图所示，更能反映各地区高校参加节能减排大赛的积极性。全国高校参赛比例为21.35%，从图中可以看出，有11个省市的参赛高校比例高于全国高校参赛比例，而参赛高校数量相对较高的河南、湖南和四川，由于省内高校数量较多，参赛比例明显较低；仍有将近三分之二的地区参赛高校比例小于全国高校参赛比例，而且全国高校参赛比例也相对较低，这说明各地区在参赛高校数量方面仍有较大的提升空间，全国大学生节能减排大赛的规模远未达到极限。

2.2 参赛作品分布

图3给出了第十五届全国大学生节能减排大赛参赛作品数量在各省市的分布，与参赛高校数量分布相似，参赛作品仍主要集中在东部和中部地区，而且整体上参赛高校越多，则参赛作品数量越多。参赛作品数量超过400件的地区有3个，从高到低依次为山东、江苏和河北，这也是参赛高校数量最多的三个地区。此外，山东作为第十四届全国大学生节能减排大赛承办高校所在地，河北和江苏作为举办了省赛的地区，也会对本地区参赛作品数量的增加起到促进作用。而广东虽然参赛高校相对较多，但是参赛作品数量明显少于前三个地区。

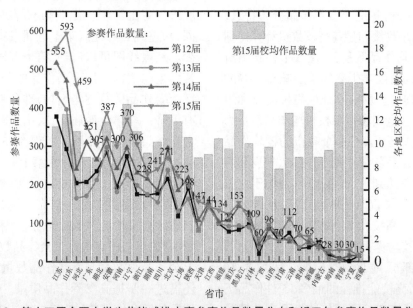

图3　第十五届全国大学生节能减排大赛参赛作品数量分布和近三年参赛作品数量分布

图3也给出了近三年全国大学生节能减排大赛参赛作品数量的分布，并与第十五届的参赛作品情况进行对比。其中横坐标与图2横坐标排序相同，按第十五届各地区参赛高校数量降序排列，即越靠近横坐标轴左侧，则该地区在第十五届全国大学生节能减排大赛中的参赛高校数量越多。从点线图可以看到，第十五届参赛作品的分布与之前三届参赛作品的分布基本一致，大部分省市参赛作品的数量也是逐年增加，说明学生的参赛热情持续上升。最左侧9个参赛高校数量较多的地区，第十五届参赛作品数量相比于第十四届有明显增多。疫情对参赛作品数量的影响与对参赛高校数量的影响相似，但对参赛作品数量的影响相对较小，此处不再重复分析。

北京、陕西和江西地区第十五届的参赛作品数量相比于第十四届略有下降，但由于下降幅度不大，无法确认是由于疫情的影响，还是由于个别高校参赛作品数量波动导致。参赛作品数量增加最多的地区为河北，其原因同参赛高校数量增多的原因相同，河北省赛的举办极大地激发了河北师生的参赛热情，同时由于离承办高校所在地天津较近，受到一定的宣传影响，因此作品数量大幅度提高。值得注意的是，云南地区的参赛作品数量也有明显提高，这是因为云南在2022年也举办了第一届节能减排大赛省赛，但与河北不同的是，云南的参赛高校数量并没有较大变化，仅参赛作品数量增多，说明省赛的举办使云南地区参赛高校学生积极性提高，每所参赛高校都能推荐较多的作品参加全国大学生节能减排大赛。

为了更进一步分析各地区参赛作品分布特点，采用各省市参赛作品数量和参赛高校数量计算得到各地区第十五届校均作品数量，如图3中柱状图所示，更能反映各地区高校学生参加节能减排大赛的积极性，并在一定程度上反映该地区高校动员和组织学生参赛的能力。全国参赛高校校均作品数为10.56件，从图中可以看出，有8个省市的校均作品数量高于全国校均作品数量。其中，青海、宁夏和西藏的校均作品数量都达到了15件上限，但由于这三个地区的参赛高校数量仅有1所或2所，从统计学角度难以反映该地区高校和学生整体的组织和参赛情况；广西地区的校均作品数量仅有5.45件，远低于平均水平；大部分地区的校均作品数量在8.5~10.5件，与每所高校能推荐的最多15件作品仍有较大差额，说明即使在参赛高校数量不变的情况

下，参赛作品数量仍有较大的提升空间，各参赛高校可通过积极宣传和组织、激发学生兴趣，提高校均作品数量，从而进一步扩大全国大学生节能减排大赛的规模。

2.3　上会作品分布

全国大学生节能减排大赛的所有参赛作品将首先经过多名专家进行网络评审，然后综合每位专家的成绩对所有作品进行排序，取成绩排前三分之一的作品进入会评阶段，会评阶段评出部分拟推荐获奖的作品以及进入决赛的作品。由于第十五届全国大学生节能减排大赛的决赛尚未进行，而会评评出的拟推荐获奖作品还需在决赛结束后经过竞赛委员会确认，因此第十五届的获奖作品目前未知，无法得到获奖作品在各地区的分布数量。考虑到上会作品为网评阶段成绩排前三分之一的作品，也可在一定程度上反映各高校参赛作品质量，本文仅对上会作品的分布进行讨论。

图4给出了第十五届全国大学生节能减排大赛上会作品数量分布，与参赛高校数量和参赛作品数量的分布具有一定相似性，但又不完全一致。山东和江苏的上会作品均为212件，远远高于其他省市。河北和广东虽然参赛高校及作品数量都较多，但是上会作品数量仅略高于100件，处于第二梯队，有大量作品在网评阶段被淘汰。值得注意的是，北京地区在参赛高校数量和作品数量都不突出的情况下，上会作品数量达到132件，处于第二梯队，说明该地区高校的作品质量相对较高。

图4也给出了近三年全国大学生节能减排大赛上会作品数量的分布，并与第十五届的上会作品情况进行对比。其中横坐标仍是与图2横坐标排序相同，从左到右各地区第十五届参赛高校数量逐渐减少。从点线图可以看到，第十五届上会作品的分布整体上与之前三届上会作品的分布一致，大部分地区上会作品数量逐年增加，部分地区变化不大或略有下降。与第十四届相比，山东和河北两个地区的上会作品数量增加最多，分别为50件和46件，增幅远高于其他地区。河北在第十五届全国大学生节能减排大赛中从参赛高校数量、参赛作品数量到上会作品数量都有明显提升，充分说明省赛的举办对于本地区高校参赛水平的提高有积极作用。但需要注意的是，虽然河北地区上会作品数量有显著提升，其上会作品总数量与参赛作品数量相比仍相对较低，还需进一步提高参赛作品质量。湖北、辽宁和浙江地区的上会作品数量也有一定提升，增幅达到20件

以上。然而,湖南地区的上会作品数量减少了12 件,是所有地区中减少数量最多的。

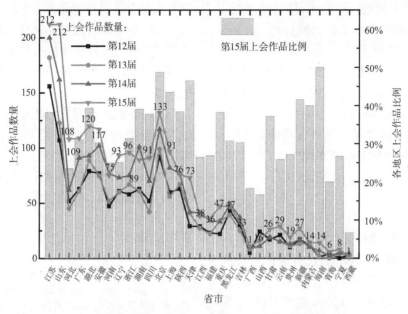

图7　近三年全国大学生节能减排大赛上会作品数量分布

　　考虑到各地区参赛作品数量不同,为进一步分析各地区上会作品情况,采用上会作品数量和参赛作品数量计算得到各地区上会作品比例,如图4中柱状图所示,更能反映各地区高校的参赛作品质量。全国上会作品比例为三分之一,从图中可以看出,有14个省市的上会作品比例高于三分之一。其中,上会作品比例排前三的为海南地区50%、北京地区48.71%和天津地区46.5%。海南地区参赛作品数量相对较少,上会作品数量近年来逐步提高,使得上会作品比例增长较快。西藏和山西地区的上会作品比例最低,分别为6.67%和16.67%。可以看到,上会作品比例分布极不均匀,说明各地区参赛作品质量相差较大,在后续举办比赛过程中,大赛组委会有必要对作品质量较差的地区增加宣讲或经验分享等,或在教指委以及大赛竞赛委员会的指导下协助相关地区举办省赛,从而促进参赛作品质量的提升。

2.4　网评专家分布

　　图5(a)给出了第十四届全国大学生节能减排大赛作品数量比例和专家数量比例的对比,分别通过各地区参赛作品数量/网评专家数量和总参赛作品数量/网评专家数量计算得到。可以看到,同一地区的作品数量比例与专家数量比例相差较大,或者作品数量多的地区网评专家少,如安徽、辽宁等,或者网评专家多的地区作品数量少,如湖北、黑龙江等。虽然网评专家数量与本地区参赛作品的质量没有必然联系,但是考虑对于参赛作品比较多的地区

适当增加网评专家,提高该地区专家参与度,有助于对节能减排大赛作品形成更深入的认识,从而促进专家所在高校或所在地区参赛作品质量的提升。因此,第十五届全国大学生节能减排大赛组委会在征

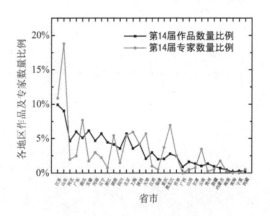

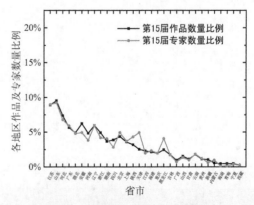

图8　全国大学生节能减排大赛作品数量比例和专家数量比例对比

(a)第十四届　(b)第十五届

集网评专家过程中参考第十四届作品数量比例分布,有倾向性地针对不同地区征集不同数量的专家,尽可能地扩大地区和高校覆盖面,使网评专家分布更为合理。图5(b)给出了第十五届大赛作品数量比例和专家数量比例的对比,可以看到两者之间吻合得较好,这意味着参赛作品多的地区,网评专家也随之增加。图中部分偏离的地方是由于专家的数量是参考第十四届的作品数量比例分布预估征集的,与第十五届作品数量比例分布略有偏差。

3　结语

本文以第十五届全国大学生节能减排大赛为例,结合近三年大赛举办情况,通过各地区参赛高校、参赛作品、上会作品和网评专家分布等数据,对节能减排大赛作品的地区分布特点进行分析,主要结论如下。

(1)各地区参赛高校数量、参赛作品数量、上会作品数量分布存在一定相似性,且整体分布与近三届的分布较为一致,主要集中在东部和中部地区,数量上大部分地区逐年增加。

(2)各地区省级节能减排比赛的举办对本地区参赛高校数量、参赛作品数量和质量的提升有明显的促进作用,有助于推动全国大学生节能减排大赛的发展。

(3)各地区参赛高校数量和参赛作品数量均有较大提升空间,全国大赛竞赛委员会、组委会以及各地区高校有必要通过宣讲、指导、组织省赛等形式促进大赛作品数量和质量的提升,从而有力提高大学生科技创新能力和社会实践水平。

参考文献

[1] 国务院关于印发"十四五"节能减排综合工作方案的通知. http://www.gov.cn/zhengce/content/2022-01/24/content_5 670 202.htm.
[2] 俞自涛. 节能减排,创新实践[M]. 北京:中国电力出版社,2019
[3] 全国大学生节能减排社会实践与科技竞赛官网. http://www.jienengjianpai.org/.
[4] 全国高等学校名单. http://www.moe.gov.cn/jyb_xxgk/s5743/s5744/A03/202 206/t20220617_638 352.html:

参照《悉尼协议》范式开展中高职衔接专业建设的基本策略研究——以供热通风与空调工程技术专业为例

逯彦红[1],赵春晨[2]

(1.天津职业大学机电工程与自动化学院,天津 300410;2.天津市制冷学会,天津 300134)

摘 要:通过分析目前中高职衔接人才培养模式存在的问题,以《悉尼协议》对毕业生毕业素质的要求为指导,打破中高职各自为战的局面,从行业发展和区域经济发展对技能型人才的需求出发,整体设计人才培养方案,中高职校双方资源共享,共同培养。这将对中高职衔接专业建设起到一定的指导意义。

关键词:《悉尼协议》;中高职衔接;专业建设;供热通风与空调

基于《悉尼协议》范式,开展中高职衔接专业建设。以供热通风与空调工程技术专业为例,将专业建设成为当地离不开、业内都认同、国际能交流的高水平优质专业。即中高职衔接顺畅、职教理念先进、专业特色鲜明、育人绩效突出、产教融合紧密、对当地行业产业服务贡献大、各方满意度高、中国体系标准、国际等效质量、国际先进水平。

1 中高职衔接专业国际化建设的必要性

教育部等六部门印发的《现代职业教育体系建设规划(2014—2020 年)》,提出"到 2020 年,形成适应发展需求、产教深度融合、中职高职衔接、职业教育与普通教育相互沟通,体现终身教育理念,具有中国特色、世界水平的现代职业教育体系"[1-2]。

2 中高职衔接专业现状存在的问题

近年来,我国职业教育取得长足发展,从政策层面来看,并未要求所有专业都开展中高职衔接教育,而是指在重点领域内重点专业要优先实施中高职衔接教育。但从中职和高职教学工作衔接的角度

出发,人才培养定位不衔接和课程结构衔接错位是影响中高职协调发展的关键因素。

(1)人才培养目标一体化设计不够。中职教育和高职教育分属职业教育的不同层次,均为各自为战的现状。但对于中高职衔接的专业,人才培养的最终目标定位必须以职业岗位需求为共同目标,而中高职院校恰恰在这方面缺少沟通,缺乏实质性的突破。

(2)课程结构不衔接。高职阶段的人才培养方案通过减少学时、降低理论难度来迎合中职生的学习基础,结果使中职学生出现理论课知识点断档或专业技能训练课内容重复的现象。中职学生的高职阶段学习只有学历提升的表面现象,感受不到层次上的实质性提升,缺少职业能力显著提升的吸引力。

(3)中高职衔接教育亟待纠正的思想偏见。中高职衔接教育不是学历层次的简单衔接,也不是单纯地解决生源保障问题,而是现代职业教育体系构建的重要组成部分。不是实力弱的专业才开展中高职衔接,而是要经过中高职衔接,双方共同努力,使专业成为各方满意度高的优质、国际先进专业。

3 教育教学理念的提升

对于中高职衔接教育,目光应该更多地投向国家教育事业的发展趋势,教育本就以满足社会经济发展为基本前提,社会发展需要更多的高素质劳动

作者简介:逯彦红(1980—),女,博士,副教授。

基金项目:"十三五"天津职业大学教育教学改革研究项目。

者,中高职衔接教育应运而生,它是现代职业教育体系构建的重要组成部分[3]。

以学生观、教学观和质量观为核心理念,即以学生为中心,关注学生的表现与评价,以成果为导向,关注能力培养,课程体系支撑毕业要求,培养全过程评价以及建立包含行业、企业的开放式评价系统[4]。

中高职衔接专业的专业建设应整体规划,以区域经济发展和行业发展对技能型人才的需求为目标,中职院校和高职院校共同设定统一的专业建设方案和人才培养体系,打破各自为战的局面,整体设计,整体推进,资源共享,共同培养。总体思路如图1所示。

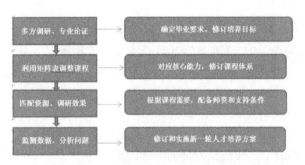

图 1　中高职衔接专业的专业建设总体思路

4　中高职衔接专业人才培养方案的编制与落实

成立专业指导委员会,包含中职院校、高职院校、政府部门、行业协会和企业在内的专家组,多方共同进行中高职衔接专业人才培养方案的编制,以及课程建设、教材编写、社会培训、科研开发等。

4.1　构建动态调整的中高职人才培养一体化方案

要从行业发展、区域经济发展的角度,考虑中高职人才培养方案的编制。从岗位需求出发,与暖通相关的制造生产、工程设计与管理以及系统运行与维护等企业密切联系,从高职毕业生的毕业要求考虑顶层设计,整体推进,并不断完善和更新一体化方案[4]。

4.2　创建毕业需求与课程映射关系

毕业要求体现专业核心能力培养的需求,核心能力的提升依靠课程体系来实现。

《悉尼协议》提出的12个毕业生素质包括工程知识、问题分析、设计、开发解决方案、现代工具的应用、工程师和社会、环境与可持续发展、职业道德、个人和团队、人际沟通、项目管理和财务、终身学习。

以供热通风与空调工程技术专业为例,专业基础课程与专业核心课程主要包括热工学(A)、流体机械与工程(B)、热工测量技术(C)、制冷原理与设备(D)、空调工程(E)、供热工程(F)、供热工程系统设计(G)、空调工程系统设计(H)、暖通CAD(I)、暖通工程施工组织与预算(J)、暖通安装实训(K)、暖通空调维修实训(L)、新能源技术应用(M)、岗位实习与毕业实践(N)等。毕业需求、核心能力与课程体系对照见表1,其中课程以课程名称后面括号里的大写字母表示。

表 1　毕业需求、核心能力与课程体系对照表

毕业需求	核心能力	课程体系	课程内容对核心能力的支撑分析
工程知识	了解暖通工程需具备的基础知识和专业知识,学会使用现代工具和设备,分析诊断设备与系统存在的问题,对存在的问题进行改进与设计	A、B、C、D、E、F、J	传热学、工程热力学、流体力学专业基础知识;热负荷计算、水力计算等工程知识;制冷原理、制冷工艺等专业知识
问题分析		A、B、C、D、E、F、G、H、K、L、N	课程均采用任务导向,所有课程都包含分析问题的能力
设计开发解决办法		E、F、G、H、I、J、K、L、M	根据图纸对暖通工程相关参数进行计算和选取,并进行科学合理的设计
现代工具的应用		B、C、I、J、K、L、M	专业相关参数检测设备的使用;建筑制图软件、预算软件的应用;暖通系统新材料管道的连接方法与连接工具的使用

续表

毕业需求	核心能力	课程体系	课程内容对核心能力的支撑分析
工程师和社会	提升社会责任感、节能与环保意识、工匠精神、团队沟通与合作及职业道德	G、H、I、J、K、L、M	所有课程均包含社会责任感的培养
环境与可持续发展		L、M、N	良好操作模块,环保制冷剂使用以及绿色能源的应用等
职业道德		G、H、I、J、K、L、M	理实一体化课程与实训课程中均体现
个人和团队		G、H、I、J、K、L、M	分组练习、团队完成课程任务
人际沟通		G、H、I、J、K、L、M	分组练习、团队完成课程任务
项目管理和财务	项目各团队的管理与组织能力,终身学习的能力	J、N	暖通工程的预算与施工组织管理
终身学习		A、B、C、D、E、F、G、H、K、L、N	课程、社团活动、实习等环节

学校对学生的培养是全方位、全过程的。学生除专业课程学习外,还包含基础课程、社团活动、技能比赛等学校其他活动,培养学生的社会责任感、沟通与协调、团队合作、节能环保以及终身学习的能力。

4.3 建立教学资源共享机制

虽然中职院校和高职院校是不同的院校,但学生是同样的学生,双方的培养对象没有变,故以培养共同的学生为共同的总体目标,加强中职院校和高职院校的交流,高职院校应提前介入中职院校前三年的教学管理工作,中职院校也要进入学生后期的岗位实习以及毕业实践环节,从课程建设需求出发,合理共享双方的实训实验条件。从师资特点分析,打破各自在本校承担课程的现状,中高职教师成为一个专业团队,整体考虑课程任务的承担与分工。形成"整体规划、教师互派、合作共享"的机制[5]。

5 中高职衔接专业持续改进

通过问卷调查、学生岗位实习跟踪调查、企业走访等方式,对12项毕业生能力、知识、素养达成情况进行调查分析,反推人才培养方案核心能力与课程体系中存在的问题,以及在人才培养方案中高职院校合作落实中存在的问题,进行评价和持续改进。

参考文献

[1] 柯政彦,罗应棉. 基于《悉尼协议》的双高院校特色专业建设途径 [J]. 中国职业技术教育,2019(23):59-62.

[2] 于才成. 成果导向与工作过程导向课程开发异同分析与融合应用 [J]. 中国职业技术教育,2019(32):30-34.

[3] 胡宗梅.《悉尼协议》框架下高职现代学徒制课程开发与实践研究 [J]. 济南职业学院学报,2020(4):26-28,84.

[4] 刘乙橙,以《悉尼协议》为范式的城市轨道交通运营管理专业毕业要求实现矩阵 [J]. 教师,2020(9):111-114.

[5] 唐红雨,王琦,欧阳菲菲,等.《悉尼协议》范式下德技并修型人才培养路径研究 [J]. 天津职业大学学报,2021,30(3):35-40.